Gunar Musik

Die Schule der Liebe und der Schrecklichen Künste

Zweiter Band

Über die allmähliche Verfertigung junger Götter

1.Auflage 2009 © Gunar Musik
ISBN 978-1-4092-8616-5

Archivkennzeichen mus0815p2p4upuzley. Einige Filme auf einem USB-Stick, die einen unbekannten Planeten von einer wilden Schönheit zeigen. Die Bilderfolgen waren von einer bannenden Fremdheit aber ohne Bedeutung und von einer Handlung war offensichtlich abgesehen worden. Allerdings fielen die extremen Helligkeitsschwankungen auf, aus denen sich eine digital kodierte Datei erstellen ließ. Die unruhig über die Landschaft zuckende Schrift aus Licht ließ sich über die Regularitäten des Laserimpulses zurückrechnen und ergab dann einen sprachlichen Code. Und auf einmal lagen uns Dateien vor, die kein Werk des Zufalls oder einer willkürlichen Interpretation waren, aber erst einmal einer weiteren Entschlüsselung unterworfen werden wollten. Anhand der Dateigröße war zu vermuten, dass es sich um einige längere Texte handeln musste – zu sehen war aber nur weißes, unbedrucktes Notenpapier, bei dem die schwarzen Linien immer wieder durch weiße Blöcke unterbrochen wurden. In einem ersten Schritt entdeckten unsere Kryptologen, dass diese Blöcke tatsächlich eingeblendete Grafikseiten waren: Weiße Schrift auf weißem Grund. In einem nächsten Schritt zeigte sich, dass die vermeintlichen Notenlinien eine Dreipunkte-Schrift darstellten, die auf Normalmaß vergrößert die Gegenstimme oder den philosophischen Kommentar zu den in den Blöcken gespeicherten Wechselreden lieferte. Wir hatten damit die Dialoge einiger Unsterblicher und dazu noch die Kommentare und Materialien der Dialoge.

2.Tag

In den frühen Morgenstunden, noch lange bevor mich ein Gleiter abholen soll, werde ich in meiner Baumhütte von Stresswellen aus dem Schlaf geschüttelt. Der Magen krampft, ich habe Hitzewellen und einen enormen trommelnden Druck auf den Ohren, das Herz rast, die einzelnen Schläge sind ein vibrierender Schmerz. Habe einen ganz trockenen Mund und kalten Schweiß auf der Stirn, irgendeine bösartige Kraft hat sich an mir versucht, während ich schlief. Ich fühle mich unbeweglich und zerbrechlich wie aus Glas, kann mich ganz von ferne an verschiedene anstrengende Träume erinnern, die sich irgendwie zu einem schwarzen und lichtlosen Traum zusammen setzten, in dem nur noch über die Geräuschkulisse alle Bedrohung und Überformung präsent war, der ich mich schon ausgeliefert gefühlt habe. Nur einmal, die Träume nach Dresden wurden jede Nacht intensiver und körperlicher – einige dieser Verfolgungsjagten und Vernichtungsspektakel aus dem multimedialen James Bond Universum habe ich an anderer Stelle und ohne dass meine Urheberschaft irgendwo dokumentiert wird, veröffentlicht –, hatte ich noch eine Steigerung erfahren, als mich nach hektischen Verfolgungsjagden und der Erfahrung, dass der Körper in Stücke zerspringen wollte, ein solcher schwarzer Traum schluckte, wie er bei Roszak beschrieben wird und dann nach einer letzten Empfindung weiterer Beschleunigungen plötzlich auch die Ohren ausgefallen waren: Eine Ewigkeit an Stresswellen in einer unendlichen Schwärze und ohne noch irgendeinen Laut zu hören. Ich hätte nie gedacht, dass es solche Steigerungsmöglichkeiten des Todseins gab, solche Potenzierungen der Vergeblichkeit.

Dieses Mal war es nur eine finstere Steppenlandschaft, die immer wieder von zischenden Blitzen erleuchtet wurde, ein in düsteren Grau- und Lilatönen nachleuchtender Horizont, das wilde Getrampel unsichtbarer Herden auf der Flucht, später der barbarische Rhythmus eines Hubschrauberrotors direkt über mir, und dann fällt auch noch eine Dampframme ein und bringt den ausgedörrten Boden zum Schwingen. Eigentlich geschieht nichts, von einer düsteren Hütte im Busch geht eine besondere Bedrohung aus, ein unheimliches dunkelrotes Glühen dringt durch die Wände, die dürren Gräser und Halme krümmen sich unter der Hitze und zerfallen zu Asche ohne zu brennen. Es geschieht gar nichts, nur die Luft ist unerträglich, ich habe Asche im Mund, jeder Atemzug brennt noch tief in der Lunge – ich weiß, dass in der Buschhütte ein niederträchtig böser Magier an neuen Geschlechtern experimentiert und währenddessen mit der Verschmelzung der verschiedensten Körperteile spielt, um den Weltenbrand in Gang zu setzen: Kopflose Wesen mit sechs Beinen und vier Armen; Monster, die nur aus einem hypertrophierten weiblichen Genital bestanden, das zugleich ein mit taktilen Fertigkeiten versehenes Gehirn war; Hände mit Augen an den Fingerspitzen, die an einem extrem aufgeblähten Schlangenleib saßen, der sich stoßweise auf der Spannkraft erigierter Schwänze in meine Richtung flüchtete. Und dann hatte ich es nicht mehr ausgehalten und mich ins Erwachen gerettet.

Ich kann mich jetzt erinnern, dass ich früher eine ähnliche Traumsequenz durchlaufen habe: in der Nacht, nachdem ich den letzten Job, bei dem die Leute, die uns vernichten wollten, Einfluss ausüben konnten, aufgegeben hatte – und kurz kommt auch die Erklärung: die Musch im Busch, der Zauberer im Busch – der Zauberbusch – in manchen Trivialromanen meiner Jugend war das Schamhaar der Frau als Busch bezeichnet worden, um damit anzudeuten, was in der normalen Sprache noch nicht existent sein durfte: Dass auch die Frauen ein Geschlecht hatten. Damals ging es für mich noch um die Erfahrung der Frau, während jetzt ganz eindeutig die Intervention eines Mannes, der sich weiblicher Strategien bediente, der im Behördenapparat sogar gewohnt war, die eigene Frau als Machtmittel einzusetzen, entscheidend werden sollte. Was gab es schlimmeres, als zwei Simulanten! Einer war schon schlimm genug, aber wenn zwei, die es nicht brachten und gemeinsam um die Wette logen, der restlichen Welt beweisen mussten, was für begehrenswerte Wesen sie waren, konnte es für den, der sich von dem Schauspiel nicht hatte blenden lassen, nur noch ums reine Überleben gehen. Damit die Lebenslüge nicht aufgedeckt würde und die Gefahr über sie hereinbrach, dass die Wahrheit offenbar werden konnte, wurden solche Leute unerbittlich – was für eine Anmaßung es doch war, über das Leben eines anderen verfügen zu wollen. Es wunderte mich nicht, dass diese Leute es zustande brachten, dass andere, die sich darauf gefreut hatten, mit ihnen zusammenarbeiten zu können, an einem Hirntumor krepierten, an einer schweren Krankheit dahin siechten oder nach einem Infarkt wunderlich wurden und die Kommunikation verweigerten.

Die körperliche Gegenwart dieses unerbittlichen Hämmerns der Dampframme, dieser von den Rotoren gepeitschten Luft, hatte mich noch den ganzen folgenden Tag begleitet und ich hatte mir damals gesagt, dass es die psychischen Energien waren, die den sozialen Körper der Geisteswissenschaftler ausmachten, die sich vergeblich versuchten, an meiner Biographie anzuklammern und die, weil sie keinen Halt mehr fanden, in die böseste Negation abglitten. Das war nur zum Teil richtig gewesen, denn nachdem sie keine Anknüpfungspunkte mehr hatten, mussten sie sich so eine Geschichte wie den Gründungsrat in Dresden zunutze machen, um wieder Anknüpfungspunkte zu finden.

Ein Gebet von Valérys Monsieur Teste fällt mir ein und ich bemühe mich um eine Variante meiner Variationen und atmete gleichförmig: Mein Gott! Gib mir Kraft und erhalte uns gesund, ich war im Nichts und unendlich nichtig und ruhig. Du hast mich aufgestört aus einem wohligen Status und in diesen Karneval geworfen, damit ich Dich erfinde. Herr dieser Nacht: Ich akzeptiere Deine Aufgabe, hilf mir, mich zu bewähren, Licht in diese Dunkelheit zu bringen. Den letzten Gedanken werde ich Dir widmen, wenn Du Licht geworden bist. Und dann wird gesagt werden können, dass es gut gewesen ist. Nun gib mir Kraft, wir sind ein Teil von Dir, schütze uns, erhalte uns gesund, wir preisen Dich mit unseren Säften.

Bei Durrell hatte ich erst vor einigen Tagen während der Vorbereitung gelesen, dass Gebete, wenn man in der Lage war, sie in die richtige Bahn zu lenken, zu einer exakten Wissenschaft werden konnten. Ich hatte viele Jahre nicht geglaubt, nachdem mir während der letzten Phase des Ehekriegs meiner Alten schon das Beten vergangen war, hatte es für schieren Unsinn gehalten – ich hatte den Glauben nur mit den verkrüppelten und über Jahrtausende von den institutionalisierten Hochreligionen domestizierten Funktionsträgern in Verbindung gebracht. Unter LSD oder Meskalin waren mir die tatsächlichen Sphären der Kraft aufgegangen, aber ich wäre nie auf die Idee gekommen, diese Erfahrungen mit dem Glauben in Verbindung zu bringen. Doch dann mussten nur alle Türen zugeschlagen worden sein, dann musste nur der Punkt erreicht sein, an dem nichts mehr weiter gehen sollte, und das Beten stellte sich von alleine wieder ein. Wobei ich dann auch kapierte, warum Ernst Jünger zur Überwindung des Nihilismus einen Rückbezug auf den Willen zu glauben gefordert hatte, auf die Fähigkeit, selbst einen Sinn zu stiften. Und seine Forderung, die Theologie müsse wieder die oberste der Wissenschaften werden, meinte sicher keine Anknüpfung an die Kriminalgeschichte des Christentums, sondern an der ursprünglichen Erfahrung des Numinosen, des Heiligen, wie es Rudolf Otto beschrieben hatte. Für Jünger stand fest, dass die besten Forscher und Künstler immer am Rande des Unerklärlichen arbeiten! Mit diesem Hintergrund konnte ich schnell bemerken, dass es Gebete verschiedener Reichweite, verschiedener Intensität, verschiedener Durchschlagskraft gab. Der Glaube war wirklich eine Kraftmaschine und wenn es gelang, jene bild- und begriffslose Entität in einer Anrede zu adressieren, die noch vor der Unterscheidung in Gut und Böse, in oben und unten, in männlich und weiblich, in Teil und Ganzes angesiedelt war, wurde auf einmal ein mächtiger Schutz freigesetzt. So, wie an den Stellen und Situationen, die uns zum Lachen bringen konnten, immer ein Bezug auf die Tragödie auszumachen war – Versagen, Impotenz, Tod –, war es nun im Durchlaufen der zwangsweisen Stillstellung notwendig, die Komik wieder freizusetzen, die sich in den Vernichtungsimperativen eingekapselt hatte. So wie die Weisheit einmal eine Frucht des Wahnsinns gewesen war, um dann in den Formalisierungen und Generalisierungen der Philosophie stillgestellt zu werden, bis der Bezug auf den göttlichen Ursprung verloren gehen sollte, mussten wir durch den simulierten Wahnsinn einiger Bildungsbeamter hindurch gehen, um auf der Rückseite des mimetischen Taumels wieder aufzutauchen. Tatsächlich war es absurd, was einige Professoren versuchten, mit ihrer Verfügungsgewalt über den universitären Apparat, in die Wege zu leiten – und dennoch brauchte es Gebete, die die Absurdität auf ein ganz anderes Level potenzierten, um die Macht freizusetzen, über diesen ganzen Schwachsinn wieder lachen zu können.

Als ich wieder eingeschlafen war, stellten sich die verschiedenen Zitate von Durrell, Paz und Huxley, von Benjamin und Adorno, Leiris, Klossowski und Bataille, Sloterdijk, Macho und Theweleit und der ganze Bombast noch einmal ein, den ich am Vortag gehört habe. Eine Wüste aus Schrift, unendlich weiter Sand aus Ziffern und Buchstaben, der von unvorhergesehenen Böen ständig neu verwirbelt wird. Schwarze Scherenschnitte vor dem nebligen Hintergrund eines Traumgeschehens, Puzzlestücke, die sich unter meinem Blick wie von alleine anordnen, die kurz eine Bedeutung freigegeben und dann wie in einem Kaleidoskop in ein graues und milchiges Buchstabengestöber zerfallen, um im nächsten Augenblick erneut mit verführerischen Gestaltwahrnehmungen zu locken. Wieder einmal beginnt es in der Region des Sonnengeflechts unwillkürlich zu brummen und die Erinnerung wird wach, dass mich einmal eine Woge getragen hat. Der Hinterkopf scheint sich zu verengen, in der Schläfengegend beginnt es zu ziehen und der Blick schaltet auf eine andere Intensität um. Im momentanen Feld meiner Selbstwahrnehmung wird das Wissen freigesetzt, dass ich einmal an einer Unsterblichkeit teil hatte und bevor ich noch drauf gefasst bin, werde ich einer enormen Beschleunigung unterworfen. Genau das ist es! Als ich eines der höheren Levels erreicht hatte, kurz vor dem Abheben, war ich von einem Moment auf den anderen voll ausgebremst worden. Seitdem fehlen mir etwa zehn Jahre meines Lebens, und wenn ich noch einmal an der ursprünglichen Beschleunigung anknüpfen könnte, müsste es auch möglich sein, diesen hinter grauen Schleiern verkümmerten und zu blassen Schemen degenerierten Lebensabschnitt zu einem Teil meiner Erinnerung zu machen.

Archivkürzel mus0815p2p4me. Eine Abschweifung über das Eigenleben der Archive und die realitätsstiftende Kraft der Schrift, die in den Speichern ohne unser Zutun aufgetaucht, die uns quasi zugeflogen ist.

Wachablösung eines uralten Archivars:

Neben dem Eingang lag das Bordbuch des Diebes, aufgeschlagen die Speicheradresse 91114 – in einer anderen Welt hatte ich an einem Experiment teilgenommen, bei dem aus bitterster Qual Erleuchtungen gekeltert wurden und währenddessen waren mir diese Texte schon einmal begegnet: „... Du atmest das Universum / unerreichbare Sphinx / Traurigkeit und Gewitter / Du / ich nenne verfabelt / die Geschöpfe, die nicht ähnlich sind / den anderen / so auch das Morgenlicht / die Schritte des Gedankens / und die Erschaffung des Korns / die tausendfach Nennbare dieser Formen / hat sich einem einzigen Sinn ergeben / in einer Form erschaffe ich tausend Sinne / und ich suche nach dir. ... Wie einen Funken Wirklichkeit finden / ... Um zu kapern die visionären Schiffe auf den Meeren / dass der Windfang tropfe auf Sandgesänge in der Wüste / und sich das handgeschriebene Gedächtnis der Erde finde / den unendlichen Namen zu lesen? ... Ding verlangt großartige / und grenzenlose Beziehung / aber ich bin eine / Anrichte / Hehler für Schwererde / ich habe das alles verschlungen / Du öffnest das Büfett / und siehst, dass es leer ist / für dich scheint es eine Maschine / wie eine Uhr / oder ein Mensch / aber es ist das leere Büfett / (jetzt geleerte Schublade / von irgendeinem Parfüm aus Meerschaum / das den Geruch von teurem Ding will / und die Schubladen werfen Staub in die Augen) / oder aber / die eintönige Trommel / verkündet prahlerisch die Ewigkeit ..." In den buckligen Straßen des Arbat hatte ich ihren Verfasser verloren, im lärmbewölkten Herbst schien ihm vieles seltsam. Er beherrschte die Technik, das normale Blickfeld auf einen einzigen Punkt zu verengen und sich darin zu verlieren, bis er sich erinnerte und einen Seinszustand erreichte, der der umfassendsten Vision des menschlichen Lebens entsprach. Ein gefangenes Tier im Gehege fand im Draußen nicht die Spur. Er brauchte keinen einzigen Gedanken, der Schau reichte ein Nu des heftigsten Schmerzes, ein durch das Loch einer Stecknadel in einem schwarzen Karton fallendes Licht, das eine Wahrheit gewahr werden ließ, die das Denken und den Wunsch zu leben zertrümmerte und ihn in einem Hochgefühl auflöste, das wie nebenbei zu einem völligen Erlöschen aller Gefühle führte. Einmal sagte er zu mir: Du wirst ein Monster, wenn Du es schaffst, dass die Monster dich nicht zerbrechen.

Ich war lange unterwegs, oft genug bin ich abgestürzt, ein-zweimal wusste ich nicht, ob es überhaupt zu schaffen war – und jetzt war ich oben. Nichts erinnerte mehr an einen jungen Gott. Jeder Atemzug war eine Qual, weil die molekularen Respiratoren mit bewegt werden mussten und längst nichts mehr brachten. Das Herz krampfte die ganze Zeit und musste mit einem Schrittmacher am Laufen gehalten werden, der die wenigen Energiereserven fraß und das Gewebe verbrannte. Der ganze Bewegungs- und Halteapparat blockierte, einige der mit enormer Kunstfertigkeit angepassten bionischen Prothesen hatten mittlerweile ihren Dienst quittiert und wurden nur noch als unnützer Ballast mitgeschleppt. Es war eigentlich sinnlos, jetzt war ich da, wo ich seit Jahrtausenden hingewollt hatte, aber nicht mehr in der Verfassung, irgendetwas damit anzufangen. Obwohl fast alle Gegner ausgeschaltet oder tot waren, empfand ich diese Tatsache nicht mehr als Sieg, die Leichen oder die Verstümmelten, die meinen Weg gesäumt hatten, trösteten mich nicht über das umfassende Gefühl der Vergeblichkeit hinweg. Ich hätte bei den Phäaken bleiben können und Lotus essen, hätte darauf verzichten sollen, auf der Insel der Seligen die Astronomie einzuführen – das war alles ein unnützer Umweg: Wenn ich nichts in Bewegung gesetzt hätte, wäre auch nichts geschehen und im Endeffekt wäre ich weiter gewesen, als es jetzt der Fall war.

Ein multimediales Turmzimmer im Zentrum der interstellaren Datenbank, die Wände sind überdimensionale Bildschirme und die zugehörenden Terminals sind in aufwendig geschnitzten hölzernen Konsolen verborgen, mit den barocken Bänken davor erinnern sie ein wenig an Beichtstühle. Hinter einem uralten exorbitanten Schreibtisch aus fast farbloser Eibe, die rundum mit mittlerweile ausgeblichenen Intarsien aus Rosenholz, Palisander und Elfenbein ausgelegt war und in dessen Lederauflage ein Touchscreen eingelassen ist, nuschelte und zischelte ein uraltes gebeugtes Männchen in einer schwarzen Kutte vor sich hin. Es war nicht einmal klar, ob er jetzt sprach, weil ich angekommen war, um seine Nachfolge anzutreten oder ob er schon seit Ewigkeiten diesen Text abspulte.

Die Stimme erinnerte mich an einen Bibliothekar im Wissenschaftsministerium, dem ich in einer anderen Weltversion einige Jahre lang regelmäßig Büchersendungen zu bringen hatte. Anfangs hatte er mich nicht zur Kenntnis genommen und ich gab die Lieferung bei seiner Sekretärin ab, irgendwann musste ihm jemand zugesteckt haben, dass ich in Philosophie promoviert hatte und diese Botengänge zehn Wochen pro Jahr übernahm, um meine Schreibe zu finanzieren. Dieser schwäbische Beamtendepp begann mich abzupassen, versuchte mir nahe zu legen, dass ich mich für den höheren Bibliotheksdienst bewerben sollte, dann könnte ich irgendwann sein Nachfolger werden und ich machte ausweichende Witze, war vorsichtig, ließ mich aber nicht festlegen – ich konnte in den Wolken gehen und mit den

Tieren sprechen, wollte diese kleinen Begabungen nicht durch das hässliche Gerede eines Krüppelzüchters vertrieben wissen. Das zog sich ein paar Jahre hin, manchmal versuchte er auch ein paar Späßchen, manchmal war er verhärtet und verbohrt und musste mir vorrechnen, dass sie im Ministerium auch einige Leute hatten, die Schriftsteller waren, immer aber wollte er die Nachfolgerelation suggerieren. Als das Altpapier erschien, sah ich ihn mehrere Urlaubsvertretungen nicht mehr und war ganz zufrieden, einen Quälgeist losgeworden zu sein. Im nächsten Jahr war er wieder da, etwas gebeugt, manchmal wirkte er wirr und zerstreut, er machte keine Späßchen mehr, war ernst und hinterfotzig verlogen, hielt mich lange wegen nichts sagenden Formalitäten auf, versuchte mir mit einem depperten Dummstellspiel die Zeit zu stehlen. Irgendwann brauchte er Computertipps für seinen Sohn, der in Tübingen Theologie studierte, stellte mir immer wieder dieselben Fragen über Programme und Systeme, mit denen der seine Arbeiten möglichst kostengünstig und unproblematisch in Buchdruckqualität bringen konnte. Dann war er nicht zur Stelle, wenn ich ihm die Informationen mitbrachte, begann mich dafür zu Hause anzurufen, wenn ich meine Urlaubsvertretung hinter mir hatte, um dann in ewig umständlichen Telefonaten immer wieder das gleiche Nullniveau an Durchblick zu präsentieren: Als müsste er mir vorführen, dass ich nicht in der Lage war, einem ganz normalen Beamten im Bibliotheksdienst auch nur ein Minimum an Informationen zu vermitteln. Ein Bibliothekar, der an jener Schaltstelle der Macht saß, von der die Direktiven ausgegangen waren, die das Sexische Staatsministerium als Arena für mich umgestaltete. Und dabei musste er davon gar nichts wissen, er war nur ein weiterer Quälgeist und Depp, der sich in den Kreis derer einreihte, die versuchen sollten, mittels Telefonterror dafür zu sorgen, dass ich vom arbeiten abgehalten wurde oder dass Negationen in unsere Beziehung gefiltert wurden. Schließlich kamen die Krüppel in ihren normalen Einflusssphären nicht mehr an mich ran, weil ich keinen der üblichen Orte für Eitelkeitsdressur und Speichelleckerei mehr aufsuchte. Ein Telefon, was für eine tolle Erfindung und wie von alleine ergab es sich, dass die Erwachsenenbildung mit ihren Nervigkeiten dem Kultusministerium und der depperte Bibliothekar dem Wissenschaftsministerium unterstanden und so gab es für die Einflüsse unserer Professoren sicher einen kleinen Dienstweg. Ein Quälgeist, der schwer für seine Dummheit bezahlte. Es war schließlich egal, wer ihn angespitzt hatte, eine Delegation klappt nur, wenn sie eigene Bestrebungen als Motor verwenden, wenn sie sich mit einem stabilen Wunsch verbinden kann. Auch im Buchhandel war aufgefallen, dass dieser ministeriale Bibliothekar sonderlich geworden war, irgendwann hörte ich als Erklärung, dass er einen Sohn verloren hatte, der sich einen Virus eingefangen hatte, dass die Ärzte hilflos gewesen waren, als er an einem extremen Fieberanfall gestorben war, und dass nun sein jüngerer Sohn mit ähnlichen Symptomen ins Krankenhaus eingeliefert worden war, ein begabter Student in Tübingen – was heißt schon Virus, vielleicht war es ein biomagnetischer Wirbelsturm? Dem professoralen Ehepaar, das die uns geltenden Intrigen ausgebrütet hatte, war es nach eigenem Bekunden bedauerlicherweise nicht gegeben gewesen, ein Kind in die Welt zu setzen: Vielleicht hatte sich der Hass auf einen abtrünnigen Schüler verbunden mit dem Neid auf einen kleinen Durchschnittsbeamten, der immerhin Söhne zustande gebracht hatte. Vielleicht war die Leitung, über die die Gewalt eines Blitzes einen Abfluss suchte, wiederum die Subalternität gewesen, die dieses arme Schwein dazu brachte, sich mit mir zu relativieren und gleichzeitig im Auftrag dafür sorgen zu wollen, dass ich unter meiner Entscheidung gegen die Sicherheit einer Lebensstellung leiden sollte. Vielleicht war es aber auch nur die Wirkung eines blankpolierten Spiegels gewesen. Ich hatte keine Möglichkeit, der Negation auszuweichen, ich konnte nur durch Gelassenheit und Nichtidentifikation dafür sorgen, dass sie zurück gespiegelt wurde, auch wenn mir oft genug klar war, dass die Opfer nur Delegierte waren.

Dieses verdruckste Schwäbisch, wenn die Stimme dann überschlug wie bei einem Kastraten, glaubte ich hinter dem Keuchen und Kratzen der Atembeklemmungen des Kapuzenmännchens wiederzuhören. Das letzte Mal hatte ich ihn einige Male nach meinem Auftritt in

Dresden gesehen, Ewigkeiten sind seitdem vergangen. Er lief zum Ministerium und wir gingen in die Parks, in der Regel grüßte er zuerst, provokant quer über die Straße und uns entgegen. Ich war nicht mehr in der Lage einzuschätzen, ob dieses Grüßen höhnisch war oder unterwürfig, anerkennend oder bösartig – es war auf jeden Fall zu laut morgens vor sieben und von einem richtigen Verhältnis aus Nähe und Ferne war überhaupt nicht zu reden. Ich dachte mir, dass sein zweiter Sohn durchgekommen war, sonst würde er wohl nicht mehr zu den gewohnten Zeiten zum Ministerium gehen, und ich ging davon aus, dass er an der Quelle saß und aus diesem Grund in ungefähr mitbekommen hatte, was in Dresden gelaufen war. Dass er vermutlich sogar einer der ersten war, die davon Wind bekommen hatten, dass die Kienbaum-Unternehmensberatung die Effektivität einiger geisteswissenschaftlicher Fakultäten untersuchen sollte und wie zufällig genau jene Lehrstühle dazugehörten, die an der Intrige beteiligt gewesen waren. Und wir drehten eine kurze Runde mit unserem Chow, bevor ich dann zu einer internationalen Bank jobben ging, als Bankbote, weil keinerlei finanzielle Reserven mehr zur Verfügung gestanden hatten. Inkarnationsprobleme auf jenen Stufen eines früheren Lebens, auf denen ich noch vor Kraft übergeflossen war und nicht gewusst hatte, wohin mit dem Überschwang – Sandkastenspiele, die die wichtigsten Energien absorbierten und Entwicklungsmöglichkeiten abkappten, die allen Betroffenen von Nutzen gewesen wären. Als junger Gott hat man es nicht leicht – und was dann bleibt, ob es resignierte Mystiker sind oder alte verhärtete Machtprothesen, hat kein Interesse mehr an einer Verbesserung der Welt. Im übrigen ist für die Verwaltungskrüppel, die sich um die Macht scharen, auf die Evolution geschissen, wenn nur die nötige Armatur zur Verfügung steht, alles an Hirnsubstanz einfach wegzuputzen, was den Status quo in Frage stellen könnte.

Während ich ihm zuhörte, lösten sich miniaturisierte Reparaturroboter aus der Wand- und Deckenverkleidung und befreiten mich von dem ganzen überflüssigen Schrott, der sich nach und nach mit meiner Physis verbunden hatte. Die eifrigen Sanimeds flickten die Löcher und ersetzten schadhafte Gewebe, unterfütterten Organsysteme, die ich schon lange nicht mehr ohne technischen Support arbeiten lassen konnte. Und dieses seltsame gesichtslose Wesen erklärte währenddessen, was hier von einem Archivar erwartet wurde, dass ich mich mit Hilfe der Sanimeds darauf einrichten konnte, Äonen zu überstehen und dem Gesetz zu dienen. Nach und nach kam wieder die Stelle, an der ich den Raum betreten hatte, es folgte derselbe Text mit geringfügigen Varianten, technischen Einweisungen und Betriebsanleitungen – er war also noch nicht ganz tot und auch keine schlichte Aufzeichnung.

Ich versuchte mich zu entspannen, stellte beruhigt fest, dass die Schmerzen nachließen, hörte weiter zu. Ich hatte Zeit, selbst die Physis schien mir keine Eile mehr aufzuerlegen – ich wollte mir in aller Ruhe die Kenntnisse aneignen, die notwendig waren, um diese Datenbank für immer stillzulegen und damit die mit ihr verknüpften virtuellen Ewigkeitsaspiranten abzuschalten. Und ich hatte die Stimme noch im Ohr, als ich zu dem Schreibtisch rüber blickte und bemerkte, dass das Kapuzenmännlein weg war. Ich stand mit großer Mühe auf und stellte ohne großes Erstaunen fest, dass ich schon fast die Form und die mächtige Ausstrahlung meines künftigen Arbeitsplatzes hatte – wir sahen uns zum Verwechseln ähnlich, als sei ich eine kleinere und noch unbeholfene Ausgabe. Und dann entdeckte ich, dass der Schreibtisch eine Vorrichtung zum Andocken hatte. Das war ein grandioses Entgegenkommen, mit so viel Glück, die Lücke zu füllen, hatte ich nicht gerechnet. Ich dachte das bucklige Männchen in der graphischen Darstellung der Wissensstatistik zu entdecken, und stellte fest, dass sich der Touchscreen in eine mythologische Landschaft verwandelt hatte. Ein Minotaurus, der den Kopf verkehrt herum auf den Schultern trug, ertastete sich auf nackten Füßen auf holprig-hölzernen Stiegen einen Weg in eine grellbunte Unterwelt in grün-braun-lila Nebelschlieren, während er wie gebannt zurück auf den Ursprung seines Abstiegs starrte. Erst dachte ich, es sei eine Narrenkappe, aus bunten Flicken zusammengestückelt und mit Schellen an den Zipfeln, in der die Stiege endete – aber dann entdeckte ich, dass es Beine waren, gespreizte Schenkel, eine mächtige Vulva, prall durchblutete Schamlippen wie Girlanden, die aufgeblasene Purpurbacken umspielten. Irgendwo hier war der Alte verschwunden, vielleicht war der Minotaurus auch nur eine seiner Inkarnationen – was mir für einen Augenblick vorkommen wollte wie die verrätselte Darstellung des Lebensgangs erwies sich plötzlich als Ausschnittsvergrößerung eines Ölbilds, das ich vor dem Abitur in einer Wohngemeinschaft in Heslach nach einem LSD-Trip gemalt hatte. Es war schon komisch: Nichts ging verloren, alles tauchte wieder auf.

Als ich irgendwann später im Herbst meiner Verrücktheit versuchte, das Terminal mit meinen Mimetikspeichern zu verbinden, um die Speicherverwaltung zu sprengen, bekam ich eine unvorstellbare Intensität gewischt, und das materielle Substrat des Wissens um subversive Techniken, mit denen ich mich immer wieder hatte durchmogeln können, hatte sich in fast durchsichtige Filmschichten verwandelt, die weite Teile des Bildschirms bedeckten – die Sanimeds brauchten ein paar Ewigkeiten, bis sie mich wieder zusammengeflickt hatten. Nach diesem Versuch war mir klar, dass der ursprüngliche Plan, die Datenbank abzuschalten oder zum Absturz zu bringen, nicht zu verwirklichen sein würde. Ein Teil meiner Selbstvergegenwärtigung war seit dem Eingreifen der Sanimeds zu diesem Schreibtisch geworden, aber ein weitaus größerer Teil hatte sich bis zum Erscheinen des weißen Lichts seine Autonomie bewahrt. Nun war davon nicht mehr viel übrig. Allerdings war damit eine nächste Evolutionsstufe des Geistes erreicht – leider fanden die wirklichen Lernschritte immer erst beim Überschreiten jener Schwelle statt, hinter der erst einmal nichts vom gewohnten Ich übrig blieb. Das, was einmal Geist genannt worden war, wurde mit jeder Phase, mit jeder Aufgabe, mit jeder Lösung materieller. Mögen es ursprünglich nur sensomotorische Derivate gewesen sein, so waren aus den verschiedensten autoerotischen Fühlfäden, die mich an die Datenbank fixiert hatten, derart dichte energetische Vernetzungen entsprungen, dass der hologrammatische Status des Ding-an-Sich auf einmal greifbar nahe schien – damit aber auch praktikable Antworten auf Fragen, die für Säuger nur mit dem Etikett der Unlösbarkeit versehen waren, solange sie versuchten die Materie zu verlichten. Der entgegengesetzte Weg schien viel erfolgreicher, denn es gab unendlich viele Ansätze, den Geist zu materialisieren. Ich musste die Funktionsweise einer Datenbank kapieren, von der ich erwartete, dass sie wie das menschliche Gehirn sowohl digital funktionierte, wie auf Abbild und Ähnlichkeit beruhte, musste lernen, aus welchen Verknüpfungen ihre Wirklichkeitsmächtigkeit resultierte – im Ursprung war ja alles imaginär, Speicheradressen und elektromagnetische Felder und erst in den Ableitungen und Verknüpfungen kam das zustande, was die Unerbittlichkeit des Wirklichen ausmachte –, um dann ganz behutsam an diesen Ansatzstellen Korrekturen vorzunehmen.

Ich höre noch immer diese seltsam organlose Stimme, die mich daran erinnert, dass der Archivar die Verantwortung eines Gottes zu tragen hatte, längst ist sie eine von vielen Stimmen geworden, die auf der Projektionsfläche meines Bewusstseins versuchen, Recht zu behalten und lauter zu schreien, als der Rest dieser inneren Affenhorde: Es gibt viele Nischen für das alte theologische Bedürfnis, einen Sinn zu stiften, ein übersinnliches Heilsgeschehen zu postulieren, einen Zusammenhang herzustellen, der Halt und Sicherheit verspricht, eine Orientierung über die Endlichkeit des Materiellen hinaus – und meist sind die spirituellen Programme schneller bankrott, als ihre widerspruchsfreie Ausarbeitung gelingt. In den seltensten Fällen darf überhaupt die Idee reifen, dass Geist und Materie auf den gleichen Grundlagen beruhen und aus diesem Grund semimaterielle Beziehungssysteme vieles von dem einlösen können, was in den großen Heilserwartungen nur immer frustriert werden musste. Auch die Materie denkt, mag gegenüber den Hirnfunktionen eines Säugetieres dieses Fortschreiten in deduktiven, induktiven und abduktiven Schlüssen auch enorme Zeiten benötigen – die Zeit ist da, und wenn die Sterne denken, sind die Schlussfolgerungen materielle Resultate einer Seinsdichte, an der sich ganze Säugerzivilisationen abarbeiten dürfen, ohne jemals die gleiche Stringenz zu erreichen. Was sie hin und wieder hinbekommen, ist die Zerstörung: Für den Moment eines Feuerwerks eine Ahnung von der unendlichen Vielfalt und Variantenbreite der Schöpfung im Negativen – und dann darf es wieder Sternzeitalter dauern, bis sich die nächste durch Sternenstaub befruchtete Zivilisation den Geheimnissen der Schöpfung aus dem Nichts nähern darf. Häufig genug sind eben diese theologischen Bedürfnisse der Anlass der Zerstörung, so wie die von ihnen abgeleiteten Moralbegriffe, wie es in einem uralten Buch zu lesen ist, nur ein armseliger Schadenersatz sein können, den eine Zivilisation schätzen lernt, wie einen Strafnachlass für gute Führung, während die Vision ohne Moral auskommt, solange sie an der Schöpfung partizipiert.

Während in verschiedenen Zusammenhängen Borges Selbstdarstellung als Persiflage des Philologen gekennzeichnet worden ist, hat Umberto Eco darauf hingewiesen, dass der Borgessche Kosmos eine Bibliothek ist, die den Gesetzmäßigkeiten der Paranoia untersteht. Und da er tatsächlich nur die Philologie simuliert, um die dahinter wuchernde Sprachmagie freizusetzen, ist er viel eher Magier und Schamane, um jene Energien wieder freizusetzen, die die Großinstitutionen unter Verschluss halten wollen. Also die Bedeutungsstiftung der manischen Verliebtheit, die unendlich dichte Umspinnung und Verwebung der realen Begegnungen, die magischen Zeichensetzungen der Verlockung der Zeigbarkeit des Unzeigbaren... Nun machte ich die Erfahrung, dass das Gesetz ihrer Hüter die Inszenierung der Fiktion sein sollte, noch dazu einer Fiktion, die der Logik einer Intrige gehorcht. Die Verführung zur Verkörperung eines Dramas, ausgebrütet von Bildungsbeamten, die einen Status des Verzichts und der Stillstellung gerechtfertigt wissen wollten und immer fieser wurden, immer mehr Netze knüpften und Botschaften lancierten, um eine Welt der durchgestylten aber inhaltsleeren Form, der fettfreien Sahne, des koffeinfreien Kaffees, des entmaterialisierten Abenteuers und des entsexualisierten Eros anhand eines Sündenbocks zu rechtfertigen. Notgedrungen interessierte ich mich dann irgendwann für das fies vergiftete Umfeld einer Abmahnung, die den Ich für ein paar schwere Stunden in einer Nacht der tödlichen Einsamkeit dem Rand des

Nirwana ganz nahe gebracht hatte – und verfolgte die uralten Maserungen in meiner Oberfläche und die kunstvollen Einlegearbeiten. Siehe da, meine Eibe war schon so ausgeblichen, dass sie nicht mehr davon wusste, einmal ein Baum gewesen zu sein. Die Blatt- und Rankenformen aus Rosenholz hatten sich abgenutzt und waren derart in der Oberfläche aufgenommen worden, dass ihr mattes Orange nur noch wenig von diesem ausgebleichten Gelb zu unterscheiden war. Fast schien es, als habe eine geübte Hand die Girlanden einfach mit einem Skalpell in das Holz geschnitten, und die Zeit oder der Schmerz hatten für farbige Schattierungen gesorgt. Und dabei war es genau umgekehrt. Ich musste mich nur einsfühlen und dabei zu dieser Einheit werden: Die Intarsien waren mit dem Holz, in das sie einst eingefügt worden waren, eins geworden, aus Emblemen hatte die Zeit ein Symbol geschaffen, das eins und identisch war, mit dem was es darstellte. Ich bin, der ich bin, wenn ich gewesen sein werde. Das Ich ist mein Schreibtisch, das Wispern der Archive ist meine Geschichte, die heiligen Schriften wurden mit meinem Angstschweiß festgehalten.

Fortsetzung: Archivkennzeichen mus0815p2p4upuzley.
Beim Aufstehen frappiert mich das Gemurmel einer hektischen Gruppe. Aus dem Augenwinkel nehme ich wahr, dass die Leutchen gegenüber meinem Badfenster unter einer alten Eiche in eifrige Rededuelle verwickelt sind. Auffällig ist, wie viele Aufnahmestationen mit Kameras und Mikrophonen in dem Gelände verteilt sind. Als müsse alles, noch die nebensächlichste Kleinigkeit, aus den verschiedensten Blickwinkeln und Abständen aufgezeichnet werden. Und plötzlich packt mich eine unerbittliche Gewissheit: Das bin alles ich! Die Diskussionen des letzten Tages, die unversöhnlichen Gegensätze, die verschiedenen Lebensentwürfe, die extremen Formen des Verpassens und der Resignation, die sanften Erwartungen, die schon schrillen Hoffnungen, der bittere Zynismus und das ausgeglühte Herrschaftswissen... Wenn es nicht so ein verlogener Scheiß, wenn es nicht so traurig wäre, wäre es zum Lachen, bis nichts mehr von diesem Ich übrig bliebe. Wenn das nicht schon längst von anderen be-

sorgt worden wäre – und so warte ich ab, wie die Zeit vergeht und lasse die unsterblichen Ideen Revue passieren. In vielen Situationen ist das immerhin eine schöne Illusion, auch wenn es manchmal einen Kontrast frei zu setzen scheint, der mir das Gefühl vermittelt, immer wieder durch Scheiße waten zu müssen.

Ich lasse mir Zeit und steige gemächlich runter. Ich werde ganz normal dabei sein, vielleicht kann ich noch ein paar wichtige Stichworte aufschnappen, vielleicht läuft mir wie zufällig ein Login über den Weg. Interessant wäre schon einmal, zu erfahren, warum so ein Depp wie Mutzlacher hier über die Richtung zu entscheiden schien, die der technologische Support des Denkens nehmen sollte. Ich muss einfach so lange dabei sein, bis sich die notwendigen Informationen abgesenkt haben, auch wenn sie sicher nicht in einer Form präsentiert werden, die für mich gedacht ist. Aber das hatten wir ja schon öfter. Ich bin so lange dabei, bis ich die richtigen Sachen aufgeschnappt habe und dann warte ich darauf, bis sich wie von alleine eine Gelegenheit bietet, mich abzuseilen.

Ein Gleiterbus, der uns zum Verwaltungszentrum der Akademie des Bewusstseins bringen soll, wartet zwischen den Bäumen, aber sehr eilig haben sie es anscheinend nicht. Die Maschine ist runtergefahren worden und ruht auf den eingeschrumpelten Luftpolstern. So wie es aussieht, haben sich zwei Gruppen gebildet. Mutzlacher, heute in einen großzügig kaschierenden, seidenen Kaftan gehüllt, steht mit den Damen zusammen und produziert sich mit der Verve eines Kapellmeisters. Albach und Merk, in grauen Trainingsanzügen, unterhalten sich etwas abseits mit unserem Begleiter, der noch genau so aussieht wie gestern und als ich hinzutrete, erkenne ich die Themen aus dem Gespräch über die Akademie des Bewusstseins wieder. Nur die Landschaft hat sich geändert. Was gestern wie eine Reihe ineinander übergehender französischer Gärten wirkte, hat nun einen bunten psychedelischen Touch bekommen. Die geometrischen Hecken oder die zu Figuren geschnittenen Büsche haben an Form verloren und beginnen poppig amorph zu zerfließen, die Rosenbüsche wirken wir Schaumstoffpolster, die Lusthäuschen wie Kinderspielzeug in der künstlichen Landschaft einer elektrischen Eisenbahn. Aber was soll's, auch wenn die hier Flower Power inszenieren, habe ich mitzubekommen, wie die Themen akzentuiert werden, wie welche Erzählstränge der abendländischen Geschichte zu einer aktuellen Wirklichkeit verknüpft werden. Das ist ja eigentlich alles nicht neu, endlose Wiederholungen und ein beschränktes Repertoire von Verknüpfungen – und doch gibt es noch immer die Chance, dass einmal jene ideale Kombination gefunden wird, der sich Verzichtleistung und Resignation auf die Dauer nicht gewachsen zeigen sollten, auch wenn es bisher immer umgekehrt war. Ich höre mich so rein, es ist wirklich nichts neues, aber was sagt das schon. Es gibt nicht viele Betätigungen, die eigentlich immer gleich sind und bei richtiger Vorgehensweise jedes Mal wieder einzigartig – die meisten Dinge, die unter die Kategorie Abwechslung gehören, kommen mit je mehr Brimborium daher, je weniger sie bringen und vieles wird nur so lange begehrt, wie man/frau es noch nicht hat, während es danach sofort völlig langweilig ist. Aber deshalb ist es noch lange nicht angesagt, die Suche an sich oder das grenzenlose Habenwollen zu propagieren. Wer auf die Totalisierung des Vorlustprinzips setzt, empfiehlt tatsächlich die Beschäftigungstherapie und dann bleibt von den wirklichen Zielen im Leben nichts mehr übrig. Was soll's, vermutlich haben sie gestern Abend noch ein paar Vorträge gemeinsam angehört. Ich werde nach und nach genug mitbekommen, um die wesentlichen Einsichten so zu kombinieren, dass ein packendes Portrait zu erstellen ist. Und was ich gestern Abend nicht mitbekommen habe, wird sich jetzt aus dem Kontext erschließen lassen. So neu ist das wirklich nicht und nur, weil sie immer wieder einmal eine ungewohnte Facette aufleuchten lassen, kann das nicht darüber hinweg täuschen, dass ich allen Themen bereits auf meinen Reisen im Bücherregal begegnet bin. Ich gehe wie selbstverständlich mit dieser Gruppe mit und bekomme aus den Augenwinkeln mit, dass uns eine Kamera folgt.

Merk knüpft anscheinend an der Bemühung an, eine erkenntnistheoretische Fundierung zu finden: „Was hat sich denn in den entscheidenden Jahrzehnten des vergangenen Jahrhunderts tatsächlich am Zeitbezug geändert? Warum, meinen Sie, kehrt ein zyklisches Zeitverständnis auf einer neuen Ebene wieder?"

„Das würde ich mit Paz viel behutsamer formulieren." Unser Begleiter scheint heute eher bereit, Auskünfte zu geben, gestern machte er mir den Eindruck, als habe er nur einzugreifen, wenn es unbedingt notwendig wird: „Ich finde es eher bedauerlich, dass viele einflussreiche Persönlichkeiten einfach meinen, man könne weiterwursteln wie bisher. An einer nicht unwichtigen Stelle heißt es: Die Zeit ändert ihre Form und damit unsere Sicht der Welt, unsere intellektuellen Auffassungen, die Kunst und die Politik. ... Die Anzeichen des Wandels zeigen, ... dass es sich nicht eigentlich um Elemente handelt, sondern um Zonen der Wechselwirkung, um Verweisungszusammenhänge oder Bezugsfelder."

„Dann darf ich doch noch einmal auf Huxley zurück kommen!" wirft Albach ein: „Er hat das erkenntnistheoretische Konzept auf einen Nenner gebracht, mit dem sich die pädagogischen Folgerungen gegen ein verkopftes System wie von alleine ergeben. Und ich neige dazu, dass auch wir uns dieser Aufgabe stellen müssen, der erotische Ansatz ist schon einmal sehr wichtig, aber dabei darf es nicht bleiben, wir müssen ihn als Sprungbrett verwenden, um das ganze System der Selbstdefinition in einen anderen Kontext zu überführen. Bei Huxley steht: Unsere ganze Bildung, sei sie geistes- oder naturwissenschaftlich, allgemein oder spezialisiert, ist vorwiegend verbalistisch und verfehlt daher den Zweck, den sie erreichen soll. Statt Kinder in voll entwickelte Erwachsene zu verwandeln, erzeugt sie Studierende der Naturwissenschaften, die keine Ahnung von der Natur als der Grundtatsache aller Erfahrung haben, sie lässt auf die Welt Studenten der humanistischen Fächer los, die nichts von Humanität, vom Menschsein, weder ihrem eigenen noch sonst jemandes, wissen.

Und dabei steht alles Notwendige zur Verfügung, es war zu Huxleys Zeit nicht anders, die Schere klafft bei uns nur weiter auseinander. Für ihn war klar: Gestaltpsychologen haben Methoden ausgearbeitet, um die Skala menschlicher Wahrnehmung zu erweitern und die Schärfe dieser zu steigern. Aber die Erzieher wenden sie nicht an! Es gibt mittlerweile Lehrer auf jedem Gebiet psycho-physischer Geschicklichkeit, vom Sehen bis zum Tennisspielen, vom Seiltanzen bis zum Beten, es haben sich verschiedene Schulen und Traditionen herausgebildet, die nach fallibilistischem Konzept durch Trial and Error die Bedingungen für ein optimales Funktionieren für ihr besonderes Gebiet entdecken und erforschen. Aber dies geschieht innerhalb gesellschaftlicher Nischen, die schon wieder dafür zu sorgen haben, dass die neuen Möglichkeiten für die Gesamtheit der Entwicklung unwirksam bleiben. Während Huxley noch fragen konnte, warum keine der großen Stiftungen ein Projekt für die Koordinierung dieser empirisch gefundenen Ergebnisse zu einer allgemeinen Theorie und Praxis der Steigerung der schöpferischen Fähigkeiten finanzierte, haben wir zu akzeptieren, dass von der modernen Personalführung, über die verschiedenen Managementtheorien, bis zur Metawissenschaft des Neurolinguistischen Programmierens alle möglichen Agenturen der gesellschaftlichen Entfremdung an diesem Wissen teilhaben, um es für ihre Zwecke zu verwenden. Und damit also gegen den innewohnenden evolutionären Impetus. Wie heißt es so schön antiquiert: Alle möglichen Kultler und sonderbaren Käuze lehren alle möglichen Verfahren zur Erlangung von Gesundheit, Zufriedenheit und Seelenfrieden; und bei vielen ihrer Schüler sind viele dieser Methoden beweisbar wirksam. Aber sehen wir etwa, dass achtbare Psychologen, Philosophen und Geistliche mutig in diese sonderbaren und manchmal übel riechenden Brunnen hinabsteigen, auf deren Grund zu sitzen, die arme Wahrheit so oft verurteilt ist? Und dabei ist das so aktuell, wie nie. Huxleys Fragestellung zielt auf die Elite, von einer Pädagogik für soziale Brandherde oder den Versuchen, die einfachsten Grundlagen einer auf den Hund gekommenen Allgemeinbildung zu vermitteln, ist hier schon lange nicht mehr die Rede."

Merk scheint zu moderieren oder eine Fragestellung zu verfolgen, die für beide in ähnlicher Weise relevant ist: „In den verschiedensten Zusammenhängen – von der Liebe über die Metaphysik zur Literatur – greifen Sie beide zu Argumentationen gegen die zukunftsbetonte, lineare Zeitkonzeption und halten eine philosophische Traditionslinie dagegen, die auf die Wirkungsmächte der Sprache zurückgeht. Eigentlich schwebt Ihnen doch der Bruch mit der linearen Zeit vor, Sie wollen auf der anderen Seite eines Abgrunds weitermachen. Aber ist das eine Absage an die Moderne? Seit den Frühromantikern taucht immer wieder der Traum von einer Poetik auf, die die ganze Welt erfassen sollte, einmal hieß sie auch Gesamtkunstwerk, ein anderes Mal der Totale Krieg: Sei es eine Konzeption der Erotik, der Kunst oder der Politik. Tatsächlich ist diese andere Zeitkonzeption und die mit ihr einhergehenden Verweisungszusammenhänge doch in der Tiefenstruktur schon immer da, gerade wenn sie einem nächsten Verdrängungsschub unterstehen, werden sie in einer unerwarteten anderen Ecke virulent. Könnte es nicht angemessener sein, wenn wir von Inseln der Zirkularität in einer linearen Zeitkonzeption ausgehen, vielleicht entfällt dann mit der krassen Entgegensetzung auch manches Konfliktpotential. Es ist ein bisschen verwunderlich, dass sie von Gesetzmäßigkeiten, die auf den magischen Animismus zurückgehen, für die Zukunft dann Veränderungen im Sinne eines vieldimensionalen und pluralistischen Universums erwarten. Und es erstaunt auch, dass manche wirklich revolutionäre Umsetzung von jemandem stammt, der das ehrgeizige Ziel seiner Bildungskonzeption nur verwirklichen konnte, weil ein multinationaler Kriegskonzern in der Lage war, überlichtschnelle Raumgleiter zu entwickeln! Mittlerweile schicken die anerkannten internationalen Schulen für Management ihre Einserkandidaten zu Ihnen. Wie passt das zusammen, dass in dieser Akademie für die Entwicklung von Führungsqualitäten die Sphären von Erotik, Kunst und Politik in ein intensives Wechselgefüge getreten sind?"

Unser Begleiter bemüht so ein kleines Routinelächeln, die Augen werden chinesische Schlitze und der Mund ein Bleistiftstrich: „Eine Idee muss sich nicht in ihr Gegenteil verkehren, weil sie erfolgreich ist. Eher ist es doch so, dass Ideen korrumpiert werden, wenn ihre Verfechter bemerken, sie werden sie nicht umsetzen können. Wie oft ist der Rebell zugleich Pfeiler und Parasit der Macht? Die Antriebssysteme könnte auch ein anderer verkaufen, und das älteste Tauschsystem der Menschheit ist der Frauentausch... sie dienen hier eben einem brauchbaren Zweck. Wenn wir alles verändern wollen, brauchen wir gar nicht erst beginnen. Aber wenn wir an einigen Grundlagen rütteln wollen und ein besseres Gelingen vorbereiten, können wir bei den Kleinigkeiten beginnen, die für jeden Heranwachsenden prägend sind. Man stellt sich nicht vor eine Maschine und übergießt sie mit Öl, wie Walter Benjamin hervorgehoben hat, sondern man schmiert die Achsen und Lager, indem an genau vorgegebenen Stellen immer wieder ein Tröpfen hinzu gegeben wird – sie müssen eben die richtigen Stellen kennen. So wundert auch nicht, dass wir aus den verschiedensten Weltrichtungen immer wieder bei Variationen der Gnostik landen. Ich meine sogar, dass einige der interessantesten Einsichten dadurch zu erklären sind, dass an einer Weltsicht in Paaren, die alle von einem Doppelprinzip abgeleitet werden, festgehalten wird. Es ist nämlich nicht zwingend, in den Pessimismus abzustürzen, der eine notwendige Folgerung des Dualismus scheint. Wir können diese Doppelprinzipien auf der Ebene der Zeichen lesen und prompt verwandeln sie sich in Drittes, in einen Prozess des Lebendigen. Darum ist gesagt worden, dass man die Gnostik als ein grandioses Sexualmysterium ansehen kann."

Albach hat einen ganzen Stapel Huxleyzitate zwischen den Fingern und blättert hin und her, als würde er mit Karten spielen: „In einer Welt, in der Erziehung und Unterricht vorwiegend verbalistisch sind, finden es hochgebildete Menschen fast ganz unmöglich, irgendetwas anderem als Wörtern und Begriffen ernste Aufmerksamkeit zu widmen. Es ist stets Geld vorhanden, es gibt stets Doktordiplome für den wissenschaftlichen Narrenspossen des Forschens nach dem, was für Gelehrte das allerwichtigste Problem ist: Wer beeinflusste wen, was wann zu sagen? Sogar in diesem Zeitalter der Technik werden die verbalen humanistischen Fächer geehrt. Die nichtverbalen Humaniora, die Künste des unmittelbaren Gewahrseins der gegebenen Tatsachen unsrer Existenz, bleiben fast völlig unbeachtet. Ein Katalog, eine Bibliographie, eine endgültige Ausgabe der ipsissima verba eines drittrangigen Verseschmieds, – ein kolossaler Index, um alle Indexe überflüssig zu machen, – jedes echt alexandrinische Projekt findet gewisse Zustimmung und geldliche Unterstützung. Wenn es sich aber darum handelt, zu erforschen, wie Du und ich und unsre Kinder und Enkel vielleicht ein schärferes Wahrnehmungsvermögen bekommen, der inneren und äußeren Wirklichkeit stärker bewusst, dem göttlichen Geist gegenüber aufgeschlossener werden könnten, weniger bereit, uns durch psychische Missbräuche physisch krank zu machen, dafür aber fähiger, unser autonomes Nervensystem zu beherrschen, – wenn es um irgendeine Form von nichtverbaler Ausbildung geht, eine grundlegendere (und wahrscheinlich praktisch irgendwie nützlichere) als schwedisches Turnen, dann tut kein wirklich achtbarer Mensch an einer achtbaren Universität oder Kirche auch nur das geringste dafür. Den Verbalisten sind die Nichtverbalisten verdächtig; Rationalisten fürchten die gegebene, nichtrationale Tatsache; Intellektuelle haben das Gefühl, dass, »was wir durchs Auge auffassen (oder auf irgendeine andre Weise), an und für sich fremd und keineswegs so tiefwirkend vor uns steht«. Überdies passt diese Idee einer Ausbildung in nichtverbalen humanistischen Disziplinen in keines der vorhandenen Sortierfächer. Es handelt sich da nicht um Religion, Nervenheilkunde, Gymnastik, Sittenlehre oder Bürgerkunde, nicht einmal um experimentelle Psychologie. Daher ist der Gegenstand für akademische und kirchliche Zwecke einfach nicht vorhanden und darf ruhig völlig unbeachtet bleiben oder mit einem gönnerhaften Lächeln denen überlassen werden, die von den Pharisäern einer verbalistischen Rechtgläubigkeit Verschrobene, Quacksalber, Scharlatane, Leute mit fixen Ideen und unbefugte Laien genannt werden."

Merk insistiert, er möchte wohl erst einmal die grundsätzlichen Voraussetzungen klären: „Ich darf an die Thematisierung der Zeitkonzeption erinnern, alles Weitere folgt schließlich nur daraus und beide, Huxley wie Paz, haben Affinitäten, ja vielleicht sogar Punkte der Berührung mit dem, was Castaneda als eine andere Wirklichkeit umschrieb. Sie gehen davon aus, dass es verschiedene Formen der Zeit gibt, die sich nicht gegenseitig aus dem Feld schlagen. Dass sich erst seit Cusanus eine Zeitkonzeption verselbständigt hat, die viele Jahrtausende nur ephemer war, die sich vielleicht nur der Not verdankte – die lineare Zeit ist ursprünglich die des Todeslaufs, und in ihrer Unausweichlichkeit sitzt noch heute die Agonie. Ihr gegenüber gibt es Zeiterfahrungen, die mit Ewigkeit gesättigt sind, der gelungene Augenblick nicht weniger als die Wiederkehr des Gleichen. Wir haben die mythische Zeit der Epik, die gemächlich dahin fließende Zeit der Chronik, die noch immer mit Erscheinungsformen des Göttlichen durchsetzt ist, die Historie, deren Nutzen und Nachteil identisch ist, dass sie nämlich das Wunderbare aus der Welt entfernt. Und die Zeit der Theoretischen Physik, in der das Unvorhersehbare wieder gegenwärtig wird, in der die Koinzidenten sprießen und das Simultane lediglich durch minimale Unendlichkeiten getrennt ist.

Denken Sie an die Zeit des Wunders, an den Blitz einer Offenbarung, an den mythischen Augenblick einer großen Liebe – in jeder Zeit sind Splitter einer unvordenklichen Zeit eingestreut. In der Kunst der frühen Menschheit ist das noch recht unverstellt sichtbar."

Albach nickt und grient dabei: „Dann darf ich mit Huxley fragen, ob die Geschichte einen anderen Gang genommen hätte, wenn wir früher über effektive Verhütungsmittel verfügt hätten. Ob wir viele metaphysische Spitzfindigkeiten vielleicht nur deswegen ausbrüten mussten, weil es keine Möglichkeiten gab, die nötige Zeit und Geduld in Körpertechniken zu investieren. Vermutlich verdankt sich die Trennung von Körper und Geist nur der Erfahrung einer erbärmlich dürftigen Gegenwart. Ahnungen und Andeutungen finden Sie zu diesem Thema genug, auch wenn diese immer schon dem Bereich der Sublimation und des Vorlustprinzips zugerechnet werden müssen. Und ich möchte auch die berühmte Stelle, in der er sich auf Blake bezieht, noch einmal unter einem anderen Blickwinkel betrachten.»Ich habe immer gefunden«, so schrieb Blake fast erbittert,»dass Engel die Eitelkeit besitzen, von sich selbst als den einzigen Weisen zu sprechen. Das tun sie mit der zuversichtlichen Unverschämtheit, die systematischem vernunftgemäßem Denken entspringt.« ... Systematisches vernunftgemäßes Denken ist etwas, ohne das wir als Spezies oder Individuen unmöglich auskommen könnten. Aber wenn wir geistig gesund bleiben wollen, können wir auch unmöglich ohne unmittelbare Wahrnehmung – je unsystematischer desto besser – der inneren und der äußeren Welt, in die wir geboren wurden, auskommen. Diese gegebene Wirklichkeit ist ein Unendliches, das höher ist denn alle Vernunft, und lässt sich doch unmittelbar und auf gewisse Weise in ihrer Gesamtheit einsehen. Sie ist etwas Transzendentes, das einer andern als der menschlichen Ordnung angehört. Und doch kann sie uns gegenwärtig sein als eine empfundene Immanenz, ein erlebtes Teilhaben. Erleuchtet zu sein heißt, der gesamten Wirklichkeit als eines immanenten Andersseins gewahr zu sein – ihrer immer gewahr zu sein und doch in dem Zustand zu verbleiben, sich als Lebewesen am Leben zu erhalten, als Mensch zu denken und zu fühlen und, wann immer es ratsam ist, systematische Vernunft anzuwenden. Unser Ziel ist es, zu entdecken, dass wir schon immer dort waren, wo wir sein sollen. Leider machen wir uns diese Aufgabe äußerst schwer. Mittlerweile jedoch gibt es unverdiente Gnaden in Gestalt teilweiser und flüchtiger Verwirklichungen. Unter einem realistischeren, einem weniger ausschließlich verbalistischen Bildungs- und Erziehungssystem als dem unsern wäre es jedem Engel (im Blakeschen Sinn dieses Wortes) als eine Sonntagsvergünstigung erlaubt, ja er würde sogar dazu gedrängt und wenn nötig gezwungen werden, durch eine chemische Tür in der Mauer einen gelegentlichen Ausflug in die Welt transzendentalen Erlebens zu unternehmen. Würde die ihn schrecken, wäre das bedauerlich, aber wahrscheinlich heilsam; und brächte sie ihm eine kurze, aber zeitlose Erleuchtung – nun, desto besser. In jedem der beiden Fälle würde der Engel vielleicht ein wenig von seiner zuversichtlichen Unverschämtheit verlieren, welche systematischem Vernunftdenken und dem Bewusstsein, die Wahrheit mit Löffeln gegessen zu haben, entspringt. ... Für Engel einer niedereren Ordnung und mit größeren Aussichten auf Langlebigkeit muss es eine Rückkehr zu dem Stroh geben. Aber wer durch die Tür in der Mauer zurückkommt, wird nie wieder ganz derselbe Mensch sein, der durch sie hinausging. Er wird weiser sein, aber weniger selbstsicher, glücklicher, aber weniger selbstzufrieden, demütiger im Zugeben seiner Unwissenheit und doch besser ausgerüstet, die Beziehung zwischen Wörtern und Dingen, zwischen systematischem vernunftgemäßem Denken und dem unergründlichen Geheimnis zu verstehen, das er mit jenem immerzu vergeblich zu begreifen sucht. Ich finde, dass diese Einsicht Huxleys zum brauchbarsten gehört, was uns bisher an pädagogischen Einsichten zur Verfügung steht – und dennoch würde ich raten, immer den Einwand zu beachten, dass jemand erst einmal zu den nötigen sprachlichen Differenzierungen in der Lage sein muss, bis dann zu den Künsten des unmittelbaren Gewahrseins vorgedrungen werden kann. Denn auch die gegebenen Tatsachen haben lediglich die Dichte und den Wahrheitsgehalt undurchdringlicher Mythen."

Unser Begleiter hat eine bremsende und besänftigende Bewegung mit den Händen gemacht, die Hände zu den Schläfen geführt, dann die Handflächen nach außen gewendet und schließlich die Hände langsam, in einer wiegenden Bewegung gesenkt: „Ich darf mit Paz daran erinnern, dass die Werke der 'Primitiven' die Zeit des Vorher verkörpern. Mit Worten und Begriffen anzugeben, welche Zeit das eigentlich ist, ist kaum möglich. Er nennt diese Zeit die Ur-Metapher, das Samenkorn, in dem schon alles lebt, was später die Pflanze ausmacht... eine Form des Lebens, die trotz ihrer Zukunftstendenz immer Gegenwart ist. Die Vor-Zeit ist also die Zeit des Anbruchs einer unbekannten Gegenwart, genauer: die Heraufkunft des Unbekannten, nicht als Anwesenheit, sondern als Erwartung, Drohung,

Leere. Es ist der Einbruch des Jetzt in das Hier, die Gegenwart in ihrer Augenblicksaktualität und in ihrer schwindelerregenden, drohenden Virtualität. ... Was verbirgt sich hinter dem Augenblick? Im Werk des 'Primitiven' verbirgt sich – wie im Samenkorn oder hinter der Maske – die wahre Gegenwart. Sie ist das, was ist und das, was nicht ist: die Figur, die vor uns steht und nicht vor uns steht. Sie ereignet sich weder in der historisch-linearen noch in der religiös-zyklischen Zeit. In der profanen wie in der sakralen Zeit bewahren uns die Mittler – der Gott, der Begriff, der Mythos, die Zeiger der Uhr – vor dem Zugriff der Gegenwart. Zwischen uns und der Roh-Zeit steht etwas, das uns schützt: der Kalender, der einen Weg ins Dickicht der Zeit bahnt, und so die Unermesslichkeit messbar macht. Das Werk des 'Primitiven' kennt jedoch kein Datum, besser gesagt, es geht jedem Datum voraus: es stammt aus der Zeit vor dem Vorher und vor dem Nachher. ... Wir stellen uns die Zeit des Tieres wie eine Gegenwart ohne Riss vor – wo alles ein nicht endendes Jetzt ist, die Zeit des Menschen dagegen als eine aufgespaltene Gegenwart: durch Trennung und Bruch spaltet sich das Jetzt in ein Vorher und ein Nachher. Diese Kluft in der Zeit kündet die Herrschaft des Menschen an, deren reinste Kundgabe der Kalender und deren Ziel weniger die Einteilung der Zeit als der Brückenschlag zwischen den abgründigen Ufern des Gestern und des Morgen ist. Der Kalender gibt der Zeit einen Namen und hält sie, deren er doch nie Herr werden kann, dadurch der Gegenwart fern. Das Datum verhüllt den Ur-Moment, jenen Augenblick nämlich, in dem der Primitive sich außerhalb der tierischen oder der natürlichen Zeit fühlt, sich als ein besonderes Wesen spürt, und in ein buchstäblich unergründliches Jetzt hinab fällt. Je mehr der Mensch in seine Geschichte eindringt, umso breiter und tiefer wird der Spalt. ... Das Werk des Primitiven fasziniert uns, weil die Situation, die es offenbart, in gewisser Hinsicht der unseren entspricht: seine Zeit ist ohne Vermittler, seine Zeit ist ein Loch ohne Daten, seine Besonderheit weniger die Leere als die Gegenwart des Unbekannten, Unmittelbaren, Unzivilisierten. Jahrtausendelang hatte dieses Unbekannte einen, ja sogar viele Namen: Gott, Zahl, Idee, System. Heute ist das Namenlose – dieses Loch wieder erstanden, wie es vor der Geschichte war: Anfang und Ende gleichen sich. Aber der Primitive ist – in geistiger Sicht – ein weniger schutzloses Wesen als wir. Er gleicht dem Samenkorn: Kaum ist es in die Furche gefallen, schwillt es vor Leben. Sein Fall ist zugleich eine Auferstehung. Der Riss wird zur Narbe, die Trennung zur Wiedervereinigung. Alle Zeiten leben im Samenkorn."

„Das ist für mich kein Einwand, eher eine ergänzende Weiterführung," erwidert Albach. „Spiritueller Fortschritt verläuft für Huxley immer in einer aufsteigenden Spirale. Der tierische Instinkt weicht erst dem menschlichen Willen und dann der Gnade, Wegweisung und Inspiration, die einfach nur Instinkt auf einer höheren Ebene sind. Oder beispielsweise der Prozess der Bewusstseinsbildung: Am Anfang steht das undifferenzierte Bewusstsein des Kleinkindes, dann kommen Unterscheidungsvermögen und schlussfolgerndes Denken und schließlich (wenn das Individuum über sich selbst hinausgehen möchte) der Aufstieg – oder die Rückkehr – zu einer dunklen Erkenntnis des Ganzen, ein Gewahrwerden des Zeitlosen und Nicht-Dualistischen in Zeit und Vielfalt der Erscheinungen. Trotz einer Naturgeschichte, welche nichts andres war als eine Reihe öder moralistischer Symbole, und einer Theologie, welche, statt Wörter als Zeichen für Dinge zu betrachten, Dinge und Ereignisse als Zeichen für biblische oder aristotelische Worte behandelte, blieben unsre Vorfahren bei relativ gesundem Verstand. Und sie brachten das dadurch fertig, dass sie zeitweilig aus dem erstickenden Gefängnis ihrer großsprecherisch rationalistischen Philosophie, ihrer anthropomorphen, autoritären und nichtexperimentellen Wissenschaft, ihrer allzu ausdrücklichen Religion in nichtverbale, andre als menschliche Welten ausbrachen, in von ihren Instinkten, von der visionären Fauna der Antipoden der Psyche und, jenseits und doch innerhalb alles übrigen, vom immanenten Geist bewohnte."

„Das ist enorm spannend, aber wir müssen auch strukturieren." Irgendetwas ist seit gestern mit Merk geschehen, irgendwie scheint es den Leuten gelungen zu sein, bei diesem ausgebrannten Zyniker den Ehrgeiz anzukurbeln: „Wenn ich zusammenfassen darf, so überführen Sie den relationalen Ansatz ein in der Thematisierung des Zwischen. Eine Form der infinitesimalen Jetztkonstruktion, die ja eine der zeitlichen Verspannungen ist. Nun, geht das überhaupt? Die Zeitvorstellung entsteht schließlich als Verallgemeinerung und Übertragung räumlicher Beziehungen und die sind reziprok. Alle menschlichen Beziehungen sind reziprok – aber unsere Zeit ist auf einen Ablauf bezogen und dieser an eine Richtung gebundene Ablauf ist ein ehernes Gesetz. Dass es so etwas wie eine ausgleichende Gerechtigkeit gebe, ist keine metaphysische Voraussetzung, sondern eine psychologische Notwendigkeit. Aber eben, weil der Mensch dies erwartet, weil er die Gerechtigkeit voraussetzen will, sorgt er in den eigenen Belangen dafür, dass sie erfahrbar wird – und wenn es nur als Selbstbestrafung ist. Tatsächlich, aber das ist sehr viel schwerwiegender, verbirgt sich die Tragödie in der Zeit, in dieser Unumkehrbarkeit des Ablaufs – natürlich werden Sie sagen, das ist die leere und lineare Zeit, aber es steckt noch ein wenig mehr dahinter. Alles, was einmal in die Wirklichkeit entlassen worden ist, wird auch Folgen haben und das Entscheidende daran ist, was einmal geworden ist, kann nicht mehr rückgängig gemacht werden. Sie können es verleugnen und verfälschen, uminterpretieren oder verbieten lassen, aber all das wird auch wiederum Folgen haben. Weit genug gedacht, heißt das nicht nur, dass alles Faktum zugleich auch Fiktion ist, sondern dass alle Fiktionen zusammen erst so etwas wie das Faktum möglich werden lassen!"

„Jede geschichtliche Situation – und dazu brauchen wir noch nicht einmal die Weisheit eines Paz, das können Sie bei den besten Köpfen der letzten zweihundert Jahre nachlesen, denn bei allen, in Verkleidungen und Variationen, taucht dieser Gedanke schon auf – ist einzigartig und als solche eine Metapher einer universalen Gegebenheit: des Menschseins. Wenn der Mensch nicht mehr metaphysisch, sondern historisch definiert werden soll, muss man das Wort 'sein' aus dem Mittelpunkt unserer Betrachtung rücken und es durch das Wort 'zwischen' ersetzen. Der Mensch steht zwischen Himmel und Erde, zwischen Wasser und Feuer, zwischen Pflanze und Tier, zwischen Mythos und Wirklichkeit: im Zentrum der Zeit. Alle diese Gedanken kann man auf einen einzigen zurückführen: der Mensch zwischen den Menschen."

30

„Und so, wie wir heute davon auszugehen haben, dass das spätere nicht auf das frühere Geschehen zurückwirkt, wird uns doch jeden Tag wieder neu eingegeben, dass die Kausalität nichts mit der Analogie zu tun hat, dass sie nicht einmal ihr Gegenteil darstellt... Und das, obwohl ganz klar gesehen wird, dass das Frühere kein objektiv feststehendes Datum ist, sondern dass es sich verändert, je nach dem, mit welchem Wissen wir an die Vergangenheit herantreten. Benjamin hatte Gründe, als er von einer rückwärts gewandten Prophetie sprach, tatsächlich ist nichts fest, sondern alles muss immer wieder neu festgestellt werden", sekundiert Merk. „Und wenn Sie die stimmige Arbeitsweise einer über ihre Methoden reflektierenden Psychoanalyse betrachten, kommen wir auf die seltsame Bestätigung, dass einem die Wahrheit aus der Zukunft entgegen kommt, dass nur unter der Voraussetzung, dass es ein Wissen über das Geschehen geben wird, nach und nach vom Verdrängten und Verleugneten zu diesem Wissen vorgedrungen werden kann. Gegen den Sturm, der uns immer weiter vom Paradies wegtreibt, gibt es die Wahrheiten, die uns aus der Zukunft anwehen."

„Aus diesem Grund hat sich Benjamin auch Gedanken über die Correspondances bei Baudelaire und die unwillkürlichen Erinnerungen Freuds gemacht. In seiner Sprachtheorie finden wir sogar einen Bezug auf die Verschränkung der verschiedenen Zeitmodi." Unser Begleiter unterstreicht damit die gewagte Folgerung Merks und fährt fort: „Die Kausalität ist ein offenes, folgegebundenes und praktisch unendliches Prinzip: eine Ursache hat eine Wirkung, die ihrerseits wieder eine solche hervorruft. Die Analogie oder 'Korrespondenz' dagegen ist für Paz geschlossener und zyklischer Natur: die Phänomene drehen und wiederholen sich in einem Spiel von Spiegelungen. Jedes Bild verändert sich, verschmilzt mit seinem Gegenbild, löst sich auf, formt ein anderes Bild, verbindet sich von neuem mit einem anderen und kehrt zu seiner Ausgangsform zurück. Die Veränderung wird durch den Rhythmus bewirkt. Die besonderen Ausdrucksweisen der Veränderung sind: in der Poesie die Metamorphose, im Ritus die Maske."

Albach erwidert nachdenklich: „Womit Sie den linguistic Turn bereits in der Mythologie beginnen lassen. Und dieser Aspekt führt uns zum unbekannten Schriftkünstler Huxleys zurück; denn wir leben – und zwar jeder von uns – in Sprache eingebettet; und unsere Gedanken, Gefühle und Verhaltensweisen sind in einem sehr viel größeren Ausmaß, als wir einzuräumen bereit sind, von den Wörtern und der Syntax unserer Muttersprache bestimmt und sogar von den Zeichen, mittels derer diese Wörter und diese Syntax in der Schrift sichtbar gemacht werden. Im Abendland sind wir uns erst jüngst, und zwar dank der Logiker, der Semantiker und der Experten in Linguistik und Metalinguistik, vollends der Rolle bewusst geworden, die von der Sprache als virtueller Philosophie gespielt wird, als Quelle ontologischer Postulate, als bedingendem Element von Denken und sogar Wahrnehmung, als Gestalterin von Gefühlen oder als Schöpferin von Verhaltensmustern."

„Die Sprache bewohnt uns", unterstreicht Merk. „Wir meinen, sie ist ein Werkzeug und wir können uns ihrer beliebig bedienen. Aber sie ist viel mehr, als Weltbild sorgt sie für das, was uns erfahrbar ist und als Unbewusstes setzt sie die Regeln dieser Erkennbarkeit fest. Auf das richtige Stichwort hin setzen wir uns die Maske auf oder wir huldigen der Illusion, es selbst zu tun, während die Maske sich tatsächlich mit einer derart unmerklichen und dabei unwiderstehlichen Gewalt unser bemächtigt, dass wir uns verwandeln, dass wir zum Protagonisten ihrer Regieanweisung werden. Ich muss mal an den Unterhaltungsklamauk *Die Maske* erinnern – wenn die Weisheitslehren ausgefallen sind und die konfessionalisierten Wahnsinnsformen Bankrott anmelden mussten, bemühen sich die tiefsten Einsichten eben auf anderen Wegen um Gehör!"

„Ich darf einen der Gewährsleute Huxleys zitieren," erklärt Albach, „Huxley hat wirklich schon mit jenem geheimen Faden gewoben, mit dem eine oder zwei Generationen später alternative Weltkonzepte abgezirkelt werden konnten. Den Indern sind diese Ideen seit Jahrhunderten vertraut gewesen. In jedem System der Hindu-Philosophie wird die Welt der Erscheinungen *nama-rupa* genannt, »Name-und-Form«. Das mutet uns auf den ersten Blick seltsam an. Letztlich aber werden »die Möglichkeiten des Denkens, praktisch oder anderswie«, um die Formulierungen von Heinrich Zimmer zu zitieren, »in jeder gegebenen Periode durch den Geltungsbereich und den Wert des linguistischen Münzgeldes eingeschränkt... Die Totalität dieser Währung wird in der indischen Philosophie *naman* genannt (lateinisch *nomen*, unser

Wort >Name<). Die eigentliche Substanz, auf die und mit der der Geist beim Denken einwirkt, besteht aus diesem Namensschatz von Begriffen. *Naman* ist der innere Bereich von Konzepten, der dem äußeren Bereich von wahrgenommenen >Formen< entspricht, wobei der Sanskrit-Ausdruck für den letztgenannten *rupa* ist... *Rupa* ist das äußere Gegenstück zu *naman; naman* ist das innere zu *rupa*. *Nama-rupa* bezeichnet deshalb einerseits den Menschen, das erleidende und denkende Individuum, den Menschen, insoweit er mit Verstand und Sinnen ausgestattet ist; andererseits dagegen alle Mittel und Objekte von Denken und Wahrnehmung. *Nama-rupa* ist die ganze Welt, die subjektive und die objektive, als beobachtete und erkannte. «"

„Ich würde später gerne noch einmal auf jenes Spiel der Struktur zurück kommen", unterstreicht Merk, „in dem die Konzeption der Zeit zu einer Spielweise des Potentialismus wird. Auch das Ich ändert sich damit, unser Selbstverständnis, die Art, den Anderen zu erfahren usw. An dieser Stelle bietet sich die Folgerung an, dass es sachliche und weltgeschichtliche Gründe gibt, wenn die Argumentation für eine neue Form der Selbstdefinition einmal am indischen Denken festgemacht wurde. Auch noch Jahrzehnte später und aus einer ganz anderen Schule des Denkens herkommend, erinnert Sloterdijk in *Die Sonne und der Tod* daran, dass es ein so komplexes Universum wie das des indischen Denkens und Meditierens gibt, das dem alteuropäischen in vielen Hinsichten ebenbürtig, in manchen vielleicht überlegen war ... dass eigensinnige indische Wege in die Moderne existieren, sogar ein indischer Typus von romantischer Ironie, ein indischer Surrealismus, ein indischer Ökumenismus, ein indischer Dekonstruktivismus... Die ganze indische Kultur ist mit Non-Ego-Theorien vollgesogen, die gewissermaßen nur darauf warteten, von einem Genie neu kombiniert zu werden. Was also die bei uns seit ein paar Jahrzehnten so genannte Subversion des Subjekts angeht, hatten die Europäer zunächst einmal Rückstände aufzuholen. Vergleichen Sie dazu die Stelle in Huxleys *Affe und Wesen*, über die Beziehungen zwischen Ost und West die ich kurz zusammenfassen darf: Stellen Sie sich vor, sie hätten daraus das Beste gemacht... der östliche Mystizismus, der dafür sorgt, dass die westliche Wissenschaft nicht missbraucht wird; die östliche Lebenskunst, die die Energie des Westens erläutert; und der Individualismus des Westens, der den Totalitarismus des Ostens mildert. ... aber das wäre ja das Himmelreich auf Erden gewesen! Und in diesem Zusammenhang sei auch an Ortega y Gassets *Meditation beim Golf über die hinduistische Idee des Dharma* erinnert: Ein Pluralismus der Wahrheitssysteme, die selbst eine Moral für Huren und Zuhälter möglich macht. Sie sehen also denselben Ansatz in den verschiedensten philosophischen Traditionslinien! Und daraus schließe ich, dass es einen Wahrheitswert gibt, der kategorial über den einzelnen Weltanschauungen und Denksystemen angesiedelt ist. Das mag vielleicht noch nicht die ganze Wahrheit sein, aber das muss uns nicht beunruhigen, denn die wäre für ein menschliches Wesen mit Sicherheit unerträglich. Doch immerhin mehr, als die apriorischen Systeme und der Kulturrelativismus, jeder für sich und beide im Verbund, bisher zugänglich machen konnten."

Unser Begleiter hat geraume Zeit sehr aufmerksam zugehört, aber zwischendurch habe ich das Gefühl gehabt, eine gewisse Unruhe zu bemerken. Jetzt beginnt er ruhig, ohne an seine sonstige Zurückhaltung zu denken, zu dozieren: „Weil für Paz 'Person und Prinzip in Indien' die anschaulichste Form der Relationsmetaphysik lieferte, schon 2000 Jahre vor Einstein ist hier eine Form des Denkens und der Selbstdefinition ausgeprägt worden, mit deren Hilfe wir uns in ganz anderen Welten bewegen könnten – und wir müssen deswegen keine Witwen verbrennen! Das Modell des Westens ist die unteilbare Einheit, handle es sich um Metaphysik (das Sein), Psychologie (das Ich) oder um die soziale Welt (die Nation, die Klasse, die politischen Körperschaften). Ein Modell, das übrigens nicht der Wirklichkeit entspricht und das von dieser ständig zerstört wird: die Dialektik, die Poesie, die Erotik, die Mystik und, im Bereich der Geschichte, der Krieg und die inneren Konflikte sind die violenten und jähen Formen, mit denen das Anderssein das Eine an seine Existenz erinnert. Die große Entdeckung des modernen Denkens ... besteht ja gerade darin, dass es anstatt eines irreduziblen letzten Elements eine Relation, einen Komplex instabiler und sich auflösender Teilchen gefunden hat. Die Einheit ist pluralistisch, kontradiktorisch in ständiger Veränderung und substanzlos. Mithin ist das zeitgenössische Denken weit

davon entfernt, die Annahmen zu bestätigen, die die zentrale Tradition des Westens beeinflussten. Dagegen ist der Archetyp Indiens, seine geistige Grundstruktur, die Pluralität, der Flux, die Relation; so wie die Elemente Verbindungen sind, ist der einzelne eine Gesellschaft. Die Ideen der gegenseitigen Abhängigkeit und der Hierarchie sind die natürliche Folge des Begriffs der Relation. Wir begreifen das System als Individuum; die Hindu sehen das Individuum als System. ... die Götter sind austauschbar, weil sie substanzlos sind. Sie sind verschieden und sind die gleichen, weil sie keine autonome Existenz besitzen; ihr Sein ist nicht wirklich Sein: es ist die vorübergehende Verdichtung eines Komplexes von Beziehungen. Der Gott ist nur ein Bündel Attribute des Wohlwollens, des Unheils und der Indifferenz, die innerhalb eines bestimmten Kontextes aktualisiert werden. Die Bedeutung des Gottes – die Aktualisierung dieser oder jener Attribute – hängt ab von seiner Stellung innerhalb des allgemeinen Systems. Da das System in ständiger Rotation ist, ändert sich auch ständig die Stellung der Götter. ... Das Göttliche ist nicht die Emanation eines Gottes; auch ist es keine unpersönliche Substanz, kein Fluidum. Das Göttliche ist eine Gesellschaft: ein Beziehungsgefüge, ein Magnetfeld, ein Satz. ... Um es klarzumachen: das Gegenteil von Sein ist das Nicht-Sein, und auf diesem Paar gründet das Gebäude der griechischen und europäischen Metaphysik; das Gegenteil von Relation ist das Fehlen von Relation, die Nullität, die Null (sunya)."
„Das kann ich mit Huxley nur unterstreichen!" schaltet sich Albach ein: „Eine beschränkte Spaltung in Subjekt und Objekt und die Gesetzmäßigkeit der Zurichtung des Objekts durch das erkennende Subjekt konnte als Grundlage der Formulierung der Gesetze des Denkens aufgefasst werden. Ähnlich erkannten sie nicht und konnten sie nicht erkennen, dass die jahrhundertelange Beschäftigung abendländischer Philosophen mit dem Begriff der Substanz die natürliche Folge davon war, dass sie eine Sprache sprachen, in der es deutlich voneinander abgrenzbare Satzteile, ein Verbum wie >sein< und Sätze mit Subjekten und Prädikaten gibt. »>Substanz<«, sagt Bertrand Russell in seiner *History of Western Philosophy*, »ist ein metaphysischer Irrtum, der auf der Übertragung der Struktur von aus Subjekt und Prädikat gebildeten

Sätzen auf die Weltstruktur beruht. « Und wie steht es mit der >Essenz<? Die Frage ist nur im Rahmen der Sprache relevant.»Ein *Wort* kann eine Essenz haben, ein *Ding* nicht. « Im Chinesischen gibt es keine fixierten Satzteile, keine Sätze in Subjekt/Prädikat-Form, und es gibt auch kein Verb in der Bedeutung von >sein<. Folglich haben die chinesischen Philosophen auch nie, es sei denn unter fremdem Einfluß, die Idee einer >Substanz< formuliert und das Wort auch nicht auf das Universum projiziert. Ihr Hauptinteresse hat immer den Beziehungen zwischen den Dingen gegolten, nicht ihren >Essenzen<; immer eher dem >wie< von Erfahrung als dem nur erschlossenen >was<."

„Im Westen ist eine zweistellige Logik ausgebildet worden, es gab nur ja oder nein und dementsprechend rigoros fiel aller Bezug auf die Logik aus." Merk scheint das abschließend zusammen zu fassen, als interessiere es heute nicht mehr. „Erst mit den Anforderungen der Informationstechnologie wurde der Masse der Denker überhaupt klar, wie notwendig mehrstellige Logiken waren, ob Modalitätenlogiken verschiedener Schichten des Vielleicht und der Potentialität oder weichere Entscheidungswege, wie sie die Fuzzilogik ausarbeitete. Dann ist es sehr bezeichnend, dass indische Denker schon vor Jahrtausenden mehrstellige Logiken entwickelt haben und dazu passt natürlich, dass diese Kultur auch eine rationale Form der Liebeskunst ausbilden durfte. Ist das nicht auch einer der Knotenpunkte der Pazschen Poetik, die sich immer schon als eine Erotik verstanden hat? Die erotische Seite der Dichtung... dass die Poetik immer zugleich eine Erotik ist, im Sinne einer Suche nach dem Anderen, der ersehnten Andersheit, einer Begegnung mit ihr, an der greifbaren Oberfläche des Gedichts. Dessen Dinge Zeichen sind, die sich die Verliebten streuen wie Samen. Ich darf diese Geistesbewegung mit zwei ineinander gedrehten, aus Zitaten zusammen gesetzten Einsichten auf den Nenner bringen: Für einen Philosophen, der mit der Sprache die ehrfurchtgebietenden Waffen der Schöpfung in Händen hält, werden die Wörter, als dem Begehren Entströmendes, zur Brücke zwischen den Körpern, zur machtvollen Anrufung der Wirklichkeit und damit, in dieser Verschränkung der Wörter und der Körper, sind wir bei den Künsten des unmittelbaren Gewahrseins. Das verdichtete Wechselgefüge der Sphären von Erotik, Kunst und Politik ist tatsächlich die geheimnisvolle, authentische Suche nach einem Hier und einem Jetzt. Also nicht die Unmittelbarkeit selbst, die gibt es nicht –es sei denn, sie ist das Resultat einer unendlich dichten und intensiven Vermittlungtätigkeit. Sondern die Suche ist dieses Wechselgefüge!" Merk macht einen verjüngten und energiegeladenen Eindruck. Irgendetwas haben sie ihm erzählt oder angeboten – oder ist es vielleicht nur der andere Kontext und er hat mittlerweile an einer Möse explorieren dürfen, die genau seinen Bedürfnissen entspricht? Auffällig ist, dass er gerade nicht genötigt ist, gegenüber Positionen, die er nicht verträgt und Funktionären, die er sich gefallen lassen muss, eine zynische Selbstdarstellung zu pflegen, mit der er sich dauernd nur selbst beschädigt.

„Sie dürfen nicht unterschätzen, was der Kulturschock bewirken kann," unterstreicht unser Begleiter. „In Indien trifft Paz plötzlich, aufgrund persönlicher Erfahrungen, auf eine Art von Netz aus Gefühlen, Ideen und Erfahrungen. Die Erotik zum Beispiel trennt ihn nicht vom Heiligen, bringt ihn ihm aber auch nicht näher. Eine für den westlichen Menschen schwer nachvollziehbare Erfahrung. Erotik ist in Phantasie verwandelte Sexualität. Liebe ist diese erotische Phantasie, verwandelt in die Erwählung einer Person. ... ein Wiedererlangen der Wirklichkeit dieser Welt durch die geliebte Person. ... Es führt zur Erkenntnis, dass die Welt zwar real, aber nicht stabil ist. Sie ist unaufhörlich in Veränderung begriffen. Die Erotik ... ist für ihn ein Abgrund, in dem der Mensch plötzlich auf seine biologische, seine gesamte Geschichte stößt. Im Augenblick der Begegnung mit der Geliebten fallen Vergangenheit und Zukunft zusammen, Leben, Liebe und Tod... Der verliebte Dichter sieht in der Frau eine Chiffre für die allem zugrunde liegende Zeit des Menschen."

„Und damit sind wir auf einmal ganz nah an der von Durrell verfremdeten Semiotik. Ich bin mir nur nicht sicher, ob die überhaupt funktioniert, ob wir uns nicht nur in endlose Widersprüche verwickeln," gibt Merk zu bedenken: „Wir haben drei Ebenen! Die Chiffre ist ein Zeichen, das es zu entschlüsseln gilt, und zum zweiten: Die Körper sind nicht nur auf hormoneller Ebene wirkende Signalsysteme, sondern auch kodifizierte Symbolsysteme oberster Ordnung. Und schließlich das Dritte, der Zusammenschluss der ersten beiden Ebenen: Das im

Orgasmus mündende Geschehen ist die umfassendste Form von Kommunikation, der wir begegnen können."

„Lösen Sie die dichotomische Betrachtungsweise auf!" Unser Beglei-ter erklärt ganz geduldig, fast gelangweilt, als habe er schon hundert Mal die gleiche Predigt gehalten: „In den verschiedensten Zusam-menhängen hat Paz gezeigt, dass wir aus dem kulturell überlieferten Wissen eine Geschichte der Mentalitäten gewinnen können, wenn wir das Verhältnis des Systems der Zeichen des Körpers zu dem der Zei-chen des Geistes betrachten. Es gibt Zeiten, in denen sich diese bei-den Systeme durchdringen und es gibt solche, in denen versucht wird, sie starr auseinander zu halten. Das ist wesentlich mehr und erkenntnisfördernder, als eine einfache Entgegensetzung von Körper und Geist. Wir haben es mit Zeichensystemen zu tun, auch der war-me und reaktionsfreudige Körper ist nichts anderes, als ein Zeichen-system – und erzählen Sie mir nicht, dass ich erklären muss, wie viel Geist ein Erröten impliziert, wie viel Reflexion in einem Stolpern bein-haltet ist: Wie Schneider gezeigt hat, ist im Stottern und Anstoßen die Authentizität der abendländischen Liebe zu Hause, während alle glat-te und gleitende Selbstdarstellung schon dem Betrug unterstellt wer-den kann. Die Zeichen auf der Haut unterscheiden sich nicht sehr von den physiologischen Zeichenprozessen und immer dann, wenn kör-perliche Kommunikation und sprachlicher Austausch in eine intensive Wechselwirkung treten, nähern wir uns einer umfassenden Form von Kommunikation."

„Das finden Sie schon bei Hegel, das ist also alles andere als eine neue Einsicht", sagt Merk und ergänzt: „Es gibt Erklärungsansätze, in denen das Begehren und die Körper durch die Schrift vermittelt wer-den. Es wurde gefragt, in welchem Begründungsverhältnis Rede, Schreibe, Begehren und Zeit stehen. Wir haben schon gehört, dass das Zeichen aus der aufgehobenen Sache entsteht, aus der reduzier-ten, aufgeopferten Materialität, dass die Schrift auf Mortifikationsakten beruht, dass das Begehren immer Begehren des Anderen ist und dass die Zeit vor allen Dingen ein Moment der Vergänglichkeit hat, dass sie mit dem Tod verschwistert ist. Wir brauchen diese Denkbe-wegung nur noch ein bisschen forcieren und wir sind bei der Einsicht angekommen, dass wir es immer nur mit dem Nichts in vielfältigen

38

Verkleidungen zu tun haben! Aus diesem Grund wird bei Durrell der Schauspieler zu einer Metapher des Nichts und der irre Mimetiker ist zugleich die Vergegenwärtigung des Nichts! Innerhalb dieser Geschichte bezieht er seine Macht aus dem überzeugend erfahrenen Wissen um dieses Nichts – er wird damit mehr und realitätsgerechter, als all jene Protagonisten, die in ihre Rolle verliebt sind und die Halbwahrheiten für bare Münze nehmen, die ihnen von den anderen vorgekaut werden. Nur für mich stellt sich die Frage, ob das nicht eine abgründige Schlussfolgerung ist, als müssten wir uns mit dem Nichts abfinden, als würde uns tatsächlich nichts anderes erwarten, als ein bisschen leeres und schlecht nachgemachtes Schauspiel. Ich darf daran erinnern, dass die Aporien eines Zenon der Höhepunkt der griechischen Dialektik waren und dass es vermutlich noch niemandem gelungen ist, sie denkend zu widerlegen! Wir wissen aber, dass eine Widerlegung möglich ist – durch körperhafte Präsenz, durch die Erfahrung der Einheit des Paars!"

„Das ist gar nicht so schwer zu verstehen, man muss nur die Kraft aufbringen, die Widersprüche auszuhalten, statt sie aufzulösen," ergänzt Albach: „Mit Huxley ist daran zu erinnern, dass Sprache in zwei Formen existiert, der gesprochenen und der geschriebenen. In dem Maße, wie Erkenntnis akkumuliert und formale Bildung in immer weiterem Ausmaß verfügbar wurde, wurde die geschriebene Sprache fortschreitend wichtiger. *Littera manet, volat irrevocabile verbum* – die Schrift hat Bestand, das gesprochene Wort entfliegt und ist unwiderruflich verloren. Sokrates, der als historische Gestalt nur deshalb erinnert wird, weil Xenophon und Plato über ihn geschrieben haben, war selbst ein Feind aller schriftlichen Niederlegung. Weisheit und die Erkenntnis metaphysischer und moralischer Wahrheit können nicht, so erklärte er, durch Bücher vermittelt werden, sondern nur anhand von Rhetorik und Dialektik. Die chinesischen Weisen dagegen waren der diametral entgegengesetzten Meinung, wie ausdrücklich angemerkt werden sollte. Für sie waren Rhetorik und Dialektik unter aller Kritik. Ernsthafte philosophische Ideen konnten nur der Schrift anvertraut werden – und natürlich nur der in China verbreiteten Art von Schrift, wo Sprache mittels eines komplizierten Zeichensystems sichtbar gemacht wird, von dem einige Teile (die Piktogramme) wirkliche Darstellungen der bezeichneten Gegenstände sind, andere (die Ideogramme) dagegen zusammengesetzte Symbole, die für Ideen stehen, und wieder andere (die Phonogramme) bestimmte Laute repräsentieren, die in der gesprochenen Sprache sehr häufig vorkommen. Vor der Erfindung des Alphabets benutzten die zivilisierten Völker des Nahen Ostens das eine oder andere der beiden sehr alten Schriftsysteme – die Hieroglyphenschrift der Ägypter oder die Keilschrift der Sumerer und später auch der Babylonier, Assyrer und Perser. Beide Systeme waren im Grunde dem chinesischen ähnlich, und zwar insofern, als beide Hunderte von Zeichen benutzten, manche davon piktographisch, manche ideographisch und manche phonographisch. ... Das chinesische Denksystem steht »wahrscheinlich mit dem Wesen der chinesischen Schriftzeichen in Zusammenhang. Wenn sie ideographisch sind, legen sie allen Nachdruck auf die Zeichen und Symbole der Gegenstände. Die Chinesen sind an der Wechselbeziehung zwischen den verschiedenen Zeichen interessiert, ohne sich von der ihnen zugrunde liegenden Substanz beunruhigen zu lassen. ... Das charakteristische Merkmal des chinesischen Denkens liegt in seiner ausschließlichen Aufmerksamkeit auf die korrelationalen Verbindungen zwischen verschiedenen Zeichen. « ...

Wenn Wörter alphabetisch wiedergegeben werden, bleiben sie, wie gesagt, lediglich sie selbst. Ausgesprochen, ist ein Name immer jener besondere Name, und die entsprechende Form ist immer jene besondere Form. Das *ABC* bestätigt die Erscheinungswelt von *nama-rupa*. Im Englischen beispielsweise wird der Begriff des >Guten< durch die vier Buchstaben g-o-o-d wiedergegeben. Im Chinesischen wird dieselbe Idee durch eine Kombination des Zeichens für >Frau< mit dem Zeichen für >Kind< wiedergegeben. Wie anrührend! Man schaue sich jetzt aber das chinesische Wort *fang* an. *Fang* hat viele verschiedene Bedeutungen, wird aber nur durch ein Schriftbild dargestellt, das ursprünglich für *fang* in der Bedeutung von >Viereck< verwendet wurde – ein Zeichen, das eine Art Bild oder Diagramm zweier zusammengebundener Boote ist. Wenn dieses Zeichen für *fang* in irgendeiner seiner anderen Bedeutungen steht, wird es als Phonogramm benutzt und muss mit einem anderen Zeichen kombiniert werden, damit es von >Viereck< unterschieden werden kann. So bedeutet das Zeichen für >Frau< zusammen mit dem Phonogramm für *fang* >aufhalten<, >verhindern<. *Frau plus Kind* ergibt das Gute. Aber dieses Gute hat seinen Preis; denn ein Mann, der Frau und Kinder hat, hat dem Schicksal Geiseln gegeben. Das Gute im einen Kontext ist das Hindernis im anderen. Welcher Ideenreichtum steckt in der Schreibweise dieser beiden landläufigen Wörter! Kein Wunder, wenn die Chinesen den »korrelationalen Verbindungen zwischen verschiedenen Zeichen« so viel Aufmerksamkeit schenkten. – Und ich denke, genau das führt uns ins Herz der Wirklichkeit!"

Merk spinnt den Faden weiter: „Die Zeichen, die die Welt für uns bedeuten, sind aus keinem morschen Holz, sondern Bahnungen der Nervengewebe, Leuchtspuren im Fleisch, Funkfeuer im Blut. Faszinierend finde ich den Gedanken, dass wir als Engel minderer Ordnung immerhin teilhaben an einem kosmischen Geschehen, das unser normales Verständnis übersteigt, dass das Göttliche gar nicht aus der Welt verschwunden sein muss, wie es die Denkfigur der Säkularisierung mit der Entzauberung der Welt nahe legen wollte. Und doch stellt sich mir immer wieder die Frage: Wenn das der reale Stoff ist, aus dem unsere Realität aufgebaut ist, wie kommen wir dann an die Wahrheit ran? Wie unterscheiden wir dann gut und schlecht, richtig und falsch, schön und hässlich?

Etwa seit Spinoza, Leibniz und Descartes wird die Wahrheit eine Funktion von Sätzen – und ein paar Jahrhunderte später kann gar nichts anderes mehr vorgestellt werden: nur Sätze können wahr oder falsch sein! Eine Blume oder ein Sonnenaufgang, ein Musikstück oder ein Gewitter, ein Erdbeben oder ein Bombeneinschlag sind alles Mögliche, aber nicht mehr wahr! Im Hochmittelalter war noch von einer Wahrheit der Dinge die Rede. Dass einem jeden Seienden eine Beziehung zum erkennenden Sein innewohnt und dass diese Beziehung identisch mit dem ist, worin das Sein der Dinge beruht. Und das hieß einmal, dass die Wahrheit der Dinge auf dem Gesetz, auf der Regelhaftigkeit beruhe, aufgrund derer sie sind, was sie sind. Die Wahrheit ist damit den Dingen inne gewesen, wie ihr Sein selbst. Und was haben wir davon übrig gelassen, wenn die moderne Physik feststellt, dass die Entscheidung, ob Teilchen oder Welle, eine Sache des Beobachters ist? Im besten Fall noch die Perspektive des evolutionären Prozesses, die Kosmologie als Metapher der Wahrheit! Und dann stehen wir vor der Tatsache dass das Nichts wirklichkeitsmächtiger ist und vor allem wesentlich umfassender."

„Das ist mit Huxley ganz leicht zu beantworten", erwidert Albach: „Ihr Nichts kann auch alles sein, der Gesamtprozess von Anbeginn und in Ewigkeit. Und dann stimmt seine Entscheidung auf jeden Fall: Gott ist nicht das Resultat der Erinnerung, sondern er ist das Kind der unmittelbaren Erfahrung. Oder mit Durrell, der den Spannungsbogen zwischen Semiotik und Magie wieder herstellt. Der Ursprung aller Deutungskunst ist die Magie, selbst der Indizienbeweis im Recht partizipiert noch an jener ursprünglichen Erfahrung der Zauberei, dass der Tote oder die Dinge, die ihm gehörten, an der Bloßstellung des Mörders arbeiten. Und so wird auch alle bis zum konsequenten Ende betriebene Semiotik wieder zur Magie zurückkehren: Sie ist eine Umgestaltung der Welt in ein Ensemble bedeutsamer Zeichen! Während Max Weber in der Tradition des von Hegel festgestellten Prosaischerwerdens der Welt argumentieren konnte, die Götter haben sich aus der Welt zurückgezogen, ist fast zeitgleich im Werk Kafkas zu entdecken, dass es eine Überfülle des Göttlichen in der Welt gibt, dass es genau das ist, was die Welt schließlich so unerträglich macht, dass man vor ihr ins Versagen, in die Krankheit oder in den Tod flieht! Hier steckt eine Basisentscheidung, die in den meisten Fällen getroffen wird, bevor der Einzelne überhaupt in der Lage ist, mitzureden. Aus diesem Grund halte ich die Erfahrung des sozialen Todes für so wichtig, denn damit besteht die Chance, dass die Karten noch einmal neu gemischt werden dürfen."

„Und was heißt das? Wie wollen Sie die Unmittelbarkeit einer Erfahrung gewährleisten, wenn erst einmal ein irgendwie tradierter Wissensbestand – sei er vermittelt über die Rede oder die Schrift – dafür sorgen muss, dass es überhaupt zu Erfahrungen kommen kann!"

Nachdenklich und ohne zu insistieren scheint Merk mehr vor sich hin gesprochen zu haben – er zeigt keinerlei kritischen Biss: „Dass es vielleicht nie mehr oder anderes gewesen ist als die Wirkung magnetischer Felder und körperlicher Induktionsströme auf das beharrliche Drängen des Buchstabens im Unbewussten. Liegt in einem solchen Zusammenhang nicht die Vermutung nahe, dass wir verantwortlich sind für das Wachstum und die Klarheit unserer Götter? Klar, einverstanden, das Göttliche ist ein Resultat der Unmittelbarkeit der Erfahrung, die uns über die verschiedensten Umwege zugänglich werden kann. Natürlich ist auch ganz einfach zu begründen, dass sie von den erotischen Kräften leben, wachsen und mächtig werden, die wir in die Welt setzen können. Und dann muss ich mich nur umsehen und es schüttelt mich, dann wundere ich mich viel eher, warum sich die Menschheit nicht schon vor langer Zeit selbst abgeschafft hat. Zu viel Verleugnung, zu viel Angst, zu viel Behinderung, also insgesamt zu viel Lebensunfähigkeit. Dann sollte sich in diesem Kontext eine Frage stellen, die ich nicht meiner Neugier schuldig bin: Wie, warum und zu welchem Ende die Idee einer interstellaren Schule der Lüste? Natürlich könnte man mit dem nötig verkrampften zivilisationskritischen Elan konstatieren, dass die Antriebe diffus geworden sind, dass keine großen Leidenschaften mehr zu bekommen sind, weil diffuse Außengelenktheit und vielfältige Formen der Ersatzbefriedigung dafür sorgen, dass die Kräfte diffundieren – doch scheint mir diese Argumentation viel zu sehr der Antriebshemmung von Klerikern und Intellektuellen zu huldigen. Nach allem, was wir bisher gehört haben, dient das nur dem Geschäft. Wir schicken unwiderstehliche Verkäufer in die Welt oder liefern für ein paar Provinzparlamente rhetorisch nicht zu schlagende Redner. Irgendwie ist mir das noch zu wenig, ich hätte gern, dass noch etwas mehr damit anzufangen ist."

„Das führt ein wenig vom Thema ab, kein Problem! Sie werden nach und nach feststellen können, dass das ganz schnell nicht mehr unsere Fragestellung ist." Freundlich lächelnd nickt ihm Albach immer wieder zu: „Die Frage beantwortet sich in diesem Zusammenhang doch selbst! Wenn Sie jemandem den Umgang mit einem Universalschlüssel beibringen, wenn es ein Werkzeug ist, das auf einer mentalen Ebene Funktionen kombiniert, wie es eines dieser altmodischen Schweizer Taschenmesser getan hat, brauchen Sie sich keine Gedanken dafür machen, dass hier der Auftrag aus dem Marktmechanismus abgeleitet wird. Kein Problem, denn wenn eine/r erst einmal über die nötigen Fähigkeiten verfügt, wird sie oder er sich nicht darauf beschränken, neun Zehntel ungenutzt zu lassen. Es mag nützlich sein, wenn man mehr weiß, als andere, aber es sollte auch umzusetzen sein; es mag eine Zeit lang Freude bereiten, wenn einem niemand widerstehen kann – aber irgendwann kommt von ganz alleine der Punkt, da will man ein bisschen mehr. Sie glauben gar nicht, wie schnell das gehen kann. Und dann ist für mich entscheidend, dass wir Leute aufgebaut und geschult haben, die das Optimum zur Verfügung haben, denn die werden sich nicht durch irgendwelche totalitären Veranstaltungen verführen lassen. Jemand, der die Erfahrungen eines jungen Gottes gemacht hat, ist wie von alleine duldsam, verzeihend, verständnisvoll und er wird andere gewähren lassen. Schauen Sie sich die totalitären Herrscher der Vergangenheit an, Sexualgestörte, Verstümmelte, zukurzgekommene Krüppel – versetzen Sie einen jungen Menschen in die Lage, ein Optimum an Erfahrbarkeiten in Bewegung zu setzen und sie können dieses Missverhältnis aus Machtstreben und Minderwertigkeitskompensation vergessen. Der Sexualneid kann kein Antrieb sein – das wäre ein Widerspruch in sich, er ist eine fundamentale Bremse.

Aber ich möchte doch auch auf die Ambivalenz hinweisen, die das Denken aus der Sprache bei unserem Beispiel Frau plus Kind offenbart. Ich meine nicht, dass wir die materielle Welt transzendieren müssen, eher finden wir das Heil im unendlich Kleinen, in den mannigfaltigen Interpolationen. Den asiatischen Weltbildern ist auf jeden Fall die Anregung zu entnehmen, dass kleine Nebensächlichkeiten große Wirkungen im Gefolge haben können, schon damit ist der Imperativ der Kausalität ausgehebelt. Ich muss die Welt nicht verlassen, wenn in jeder Wand eine Tür ist, hinter der ich von einem Staunen gepackt werden kann, das nichts mit kontemplativer Beschaulichkeit mehr zu tun hat, sondern an der apokalyptischen Offenbarung teilhaben lässt."

„Das wäre viel zu schön, um wahr zu sein. Ich habe das Gefühl, Sie haben den Traum vom schönen Wilden und der unverdorbenen Natur des Menschen wieder ausgegraben. Nur – wenn eine/r hier ankommt, hat sie oder er schon einmal eine frühkindliche Sozialisation durchlaufen. Und die ist nicht ohne Frustration und Verzicht zu haben, irgendwie ist doch jeder Mensch ab einem gewissen Alter ein Krüppel", wirft Merk ein. Ganz leise und ruhig, er meint das nicht böse und irgendetwas hat ihn auch von seiner zynischen Resignationspose befreit. Aber er scheint nicht recht daran zu glauben, dass sich wieder eine Nische für das Prinzip Hoffnung aufgetan hat: „Die Einheit ist der Tod, sie wird immer wieder mühsam hergestellt und wir sind schon derart daran gewöhnt, dass uns gar nicht mehr auffällt, welches Verbrechen die einhergehende Stillstellung, die Trockenlegung des Triebgeschehens tatsächlich darstellt. Als die griechische Philosophie im Garten der Lüste entstand, hat sie dieses Verfahren der Entmächtigung der Körperwahrheit und der Entmündigung der Sinne vorexerziert. Eine Distanzierung, eine Umwertung, eine Entwertung allen körperlichen Geschehens, die sich der Angst vor der Übermacht alles Kreatürlichen verdankt. Das ist das tatsächliche Chaos des Numinosen... und wenn Giorgio Colli zeigt, dass die Weisheit ein Kind des Wahnsinns ist, wird genau dieser Weg nachgezeichnet. Die Liebe zur Weisheit verdankt sich dann schon einer langen Kette von Distanzierungen und Differenzierungen, von konventionellen kleinen Lügen und Übereinkünften, auf die man sich zugunsten der Wahrheiten einigen musste. Noch heute machen wir die Erfahrung, dass der, der eine nackte Wahrheit präsentiert, auf blankes Entsetzen rechnen muss – oder auf ein verbohrtes Verleugnen und Nicht-zur-Kenntnis-nehmen. Die Angst ist wirklich die Mutter der Methode! All die damit verbundenen Imperative des Sei-du-selbst gehorchen der Selbstverstümmelung und Askese, hergestellt werden im Autismus eingeschlossene In-michs, die mit jedem Rest von eigener Regung, wie Bateson gezeigt hat, zu verstehen geben: Es geht aber nicht! Manchmal, im Einzelfall helfen Sucht und Selbstzerstörung – und ich meine das Helfen wirklich ernst –, oft bleibt im politischen Ganzen nur der Ausweg Krieg, denn der ebnet die Grenzen in ganz anderer Weise ein und sorgt gewaltsam dafür, dass zusammenkommt, was sorgsam getrennt worden ist.

Und dabei brauchte es diese Eskapaden der Verschwendung nicht! Das metaphysische Modell der substantiellen Einheit oder des unwandelbaren Charakters wird ständig durch die Dialektik, die Kunst, die Erotik und die Mystik widerlegt. Dann frage ich mich, ob das nur Beruhigungsmittel für die Happy-few sind, während es im Großen und Ganzen gar nicht interessiert. Hat die breite Masse nicht einfach zu wenig von dem mitbekommen dürfen, was erst die Bedingungen des Menschlichen ausmacht oder wird sie in den Dressurakten der Bedürftigkeit, des Konkurrenzkampfs und der Verdummung, derart auf das Agon festgelegt, dass ein bisschen Liebe, Glaube oder Kunst nicht ausreichen, um die Deformationen zu verhindern oder die Wunden der Sozialisation auszuheilen? Insgesamt würde ich sagen, die Menschen haben so gut wie keine Chance. Ich kann einem jungen Menschen über fulminante Entäußerungen den Weg ins Hier und Jetzt weisen, kann dafür sorgen, dass die nötigen Ekstasen ab einer gewissen Frequenz zur Einsicht in das ekstatische Wesen des Menschen und seiner Erfahrungsmöglichkeiten selbst werden. Aber genau die, die wir befähigen können, über die Grenzen hinaus zu gehen, werden dann, wenn Sie wieder zurück sind, um hier die Aufgaben zu lösen, für die sie die entsprechende Kompetenz erworben haben, besonderen Frustrationen ausgeliefert sein."

„Das halte ich für kein großes Problem. Sicher, es ist ernst zu nehmen, aber es hängt immer von dem ab, was wir für ein Repertoire zur Verfügung stellen. Huxley hat sich oft genug über die Folgeschäden eines verkopften Bildungssystems ausgelassen, am ausgiebigsten im *Kontrapunkt des Lebens*. Ich gehe davon aus, dass die notwendigen Körperintensitäten gepaart mit der Erfahrung des sozialen Todes einen ganz anderen Fundus zur Verfügung stellen können." Für Albach scheint das eine notwendige Vorraussetzung und wenn ich vor meinem inneren Auge Revue passieren lasse, welche universitären Cracks trotz bestem Wissen und ultimativen Voraussetzungen bösartigste Sadisten wurden, kann ich nur davon ausgehen, dass er recht hat und die Arschlöcher einfach zu verstümmelt worden waren, bis sie ihre Position in der Institution des Wissens erkrochen hatten. Aber er springt sofort wieder auf ein anderes Plateau der metaphysischen Argumentation: „Das Universum ist ein vieldimensionales Schema, endlos an Ausdehnung, endlos an Dauer, endlos an Bedeutung und sich, wie wir vermuten dürfen, seiner eigenen Endlosigkeit endlos bewusst. Im Rahmen der kosmischen Ordnung steht jedes Teilschema, jedes Objekt und jedes Ereignis mit jedem anderen in Zusammenhang; dort herrscht eine kovariierende Zusammengehörigkeit aller Dinge. Von Geschöpfen wie uns aber werden die meisten Zusammenhänge im Bereich der allgemeinen Gestalt nicht erkannt und bleiben für immer verborgen. Für uns ist »die Welt voll von einer Reihe von Dingen«, die wir als ebenso viele voneinander unabhängige Entitäten zu sehen neigen. Und in dieser Tendenz werden wir durch die alphabetische Schrift bestärkt. Denn die alphabetische Schrift bringt die Illusion von Klarheit und Geschiedenheit hervor. Die Wörter, die wir lesen, sind auf eine Art und Weise geschrieben, die sie als ausschließlich sie selbst erscheinen lässt, und das macht uns glauben, dass wir wissen, was etwas ist; dass eine Rose eine Rose eine Rose ist. In Wirklichkeit aber ist eine Rose-Plus = eine Rose-Minus = eine Rose^n. Das Was, das wir zu kennen glauben, ist niemals nur das Was. Außerdem ist Was als zugrunde liegende Substanz unerkennbar und nicht-existent. Was existiert nur, wenn es vom befreiten und verwandelten Bewusstsein erkannt wird, das die Paradoxie der Absolutheit von Beziehungen erfährt, die Endlosigkeit und Universalität von Partikularitäten. Diese Erfahrung ist das, was Eckehart die Erfahrung der »Istheit« nennt – und die ist völlig verschieden vom Begriff des Seins oder dem Dogma der Substanz. Für den nicht-befreiten und nicht-verwandelten Geist ist das einzig Erkennbare das Wie der Beziehungen. … Die in den älteren Schriftsystemen benutzten Zeichen halfen den Menschen, sich dieser überaus wichtigen Gegebenheit zu erinnern. Dass >Frau< zusammen mit einem bestimmten Phonogramm (das ursprünglich ein Piktogramm aus zwei zusammengebundenen Booten war und für >Viereck< stand) tatsächlich >aufhalten<, >hindern< bedeutet, ist eine höchst heilsame Mahnung daran, dass das Universum bodenlos merkwürdig ist."

Aber vielleicht ist das auch eine Erklärung für das Ergebnis, dass mich diese Krüppel, obwohl sie nach und nach die Möglichkeiten des gesamten universitären Systems auszureizen versuchten, nicht erledigt hatten. Das ist ein faszinierender Gedanke, der sich mir immer wieder aufdrängt – ich sollte die Tricks und Kochrezepte auf einen Nenner bringen können, mit denen es gelungen war, einer Vernichtung zu entgehen. Vielleicht, weil ich noch nicht fertig und festgestellt sein musste, weil es an den fehlerhaften Identifikationen mangelte: Eben weil ich nie genau gewusst hatte, wer ich war, war ich wiederum so daran gewöhnt, in Unbestimmtheiten und Zwischenlagen zu schweben. Aber das ist auch schon alles, genauer weiß ich es nicht. Manchmal bietet sich auch nur die ganz einfache Erklärung an, dass ich mich aus einem ganz untersten Dreck ans Licht einer institutionalisierten Aufklärung hochgearbeitet hatte und dass diese Leute, als sie sich sagten, sie müssten mich demoralisieren und entmutigen, in Gedanken einfach gar nicht weit genug in die Scheiße runtersteigen konnten, denn selbst, als sie versuchten, eine künstliche Psychose zu inszenieren, war das weniger und durchschaubarer, als der Krampf, in dem ich aufgewachsen war. Und dazu passt, dass es Zeichensysteme gibt, in denen das System Frau als Mutter gekennzeichnet wird als bremsend und behindernd und in denen das Prinzip Verleugnung eine andere Art von Realitätsprinzip ist.

Geschrei und Gelächter im Hintergrund, zwischenrein versucht immer wieder ein clownesker Marktschreier zu unterbrechen, der weite Sprünge in einer bunten Wattewelt macht. Die aufgemalten Augen sehen aus, als würde er gleich zu heulen beginnen, während er vorgibt, er könne vor Lachen nicht richtig artikulieren, als würde ihn das, was er uns vorführen will, derart erschüttern, dass er nur losprusten kann, wenn er sich jetzt nicht noch einmal beherrscht. Er beginnt, als sei es ein vorbereiteter Auftritt, in eine der Kameras zu sprechen, die hier plaziert sind: „Meine Damen und Herren – als die Geschichte begann, hatte ich eine veritable Länge von 34,3 und einen Umfang von 16,7 und manche der Probanden empfanden es als höchst angenehm, wenn ich mich um die Verringerung der Distanz bemühte. Heute bin ich bei 14 angelangt, vom Kaliber ganz zu schweigen. Aber ich kann Ihnen versichern, die Abstände zwischen den Menschen belaufen sich auf Unendlich und eitle Zentimeterzähler wissen eben deswegen keinen Ausweg und längst nicht mehr weiter. Aber was soll's, Sie wollen sich heute amüsieren und genießen, wie ein paar Millimeter weiter abgerubbelt werden – tun Sie das, freuen Sie sich daran, lassen Sie sich inspirieren, ich darf mich vorstellen – es ist Ihnen heute größeres zu bieten –, ich lege Ihnen auch noch nach 4000 Jahren eine Nummer vor, von der Sie nur träumen können, bei mir sind die Götter ins Bett gegangen." Dann bemerke ich, dass er einer Gruppe schwerfälliger Figuren voraus gesprungen ist, die ihn nun eingeholt hat und mir irgendwie bekannt vorkommt. In einem Band kolorierter chinesischer Tuschezeichnungen war ich den Reproduktionen Jahrhunderte alter Erotika begegnet und hatte dort solche Gruppen schon gesehen. Schwerfällige, muskelbepackte glatzköpfige Gnome in weißen Gewändern, die jeder einen Schubkarren vor sich her schieben, auf dem sie ungeheure, von fingerdicken blauen Adern gezeichnete Penisse ausbalancieren.

Unser Begleiter scheint nicht bereit, die Störung zur Kenntnis zu nehmen, so ignorieren die anderen den Schreihals, während die

Gruppe sich entfernt und er mit wilden Sprüngen zu Mutzlacher und den Damen wechselt. Irgendwo trifft diese Missgeburt sogar einen Wahrheitsgehalt: Was beliebte die Göttlichkeit für glubschäugige und krummbeinige Zwerge vorzuhalten? Was bleibt von der Unsterblichkeit der gerundeten Form, wenn sich ein hängebäuchiges Warzenschwein damit zu identifizieren versucht. Das ist die Rückseite des Körperkultes, denn wenn ein stilisiertes und fast unerreichbares Schönheitsideal propagiert wird, kann die frustrierte Körperidentifikation zur Vorschule des Faschismus werden. In einiger Entfernung ist zu sehen, wir die Lafettenschieber zu einem zweiten Grüppchen stoßen und dort unter johlendem Gekreisch in Empfang genommen werden. Sie sind so unbeweglich, dass sie stillhalten und abwarten müssen, bis ihnen ein paar flinke und elfengleiche Gespielinnen mit einer Schöpfkelle einen Klatscher Gleitcreme auf die Eichel knallen und dann unter Zuhilfenahme des ganzen Körpers verteilen. Auf die Entfernung kann ich nicht mehr genau erkennen, ob sie nur auf den enormen Schwänzen rumrutschen oder sie auch in sich aufnehmen – auf jeden Fall ist es ein enormer Kontrast, diese ästhetisch glatten, weiblichen Körper mit den sanften Rundungen und den einladenden Kurven, gegen solche männlichen Kanonen, die seltsamerweise als Symmetrieelemente fast die gleichen Rundungen aufweisen, wenn ich die Dreiecke nehme, die zwischen den kahlen Köpfen und den prallen Brüsten, zwischen den glänzenden Eicheln und den vibrierenden Arschbacken eingezeichnet werden könnten. Aber immerhin hat es nichts morbides, sondern vermittelt eher den Eindruck von Schlagkraft und Dynamik. Heute Morgen hatte ich eine Zeitlang am Fenster beobachtet, wir eine Gruppe goldener Gestalten unter meinem Fenster kopulierte. Irgendwann fiel mir auf, dass zwei der Mädels einen der Typen, während er die dritte bearbeitete, ganz zart mit Skalpellen zerlegten, so behutsam, dass er gar nicht bemerkte, wie einzelne Muskelpartien abgelöst und wie Taschen herunter geklappt wurden, bis nur noch der Schwanz eifrig arbeitete, während von den Oberschenkeln oder Pobacken fast nichts mehr übrig war und die Bänder und Gefäße um die blanken Knochen zuckten und er trotzdem noch rammelte. Das war ein so absurder Anblick, dass ich mir gesagt hatte, es müsse ein zur Übung hergestellter Androide gewesen sein.

Aber ich war vom Fenster zurück getreten, weil ich ein Ekelgefühl unterdrücken musste und die positiven Besetzungen, die mich mit unseren gemeinsamen Körpererfahrungen verbanden, nicht durch ein paar bösartige Bildwelten beschädigen lassen wollte.

Albach zitiert noch einmal Huxley, aber das ist eine so allgemeine Zusammenfassung, dass es auch aus der philosophischen Anthropologie vom Ende des Jahrtausends stammen könnte: „Jede Zivilisation stellt unter anderem eine Übereinkunft dar, die es ermöglicht, Leidenschaften zu domestizieren und sinnvoll zu nutzen. Dem Problem der Domestizierung der Sexualität muss man sich auf zwei verschiedenen Ebenen menschlicher Erfahrung nähern, und zwar auf der psycho-physiologischen und der sozialen Ebene. Auf der sozialen Ebene wurden die Beziehungen zwischen den Geschlechtern schon immer und überall durch Gesetze, nicht kodifizierte Sitten, Tabus und religiöse Rituale geregelt. Diese Regeln sind in Hunderten von Büchern beschrieben worden, und es genügt, wenn wir *en passant* daran erinnern. Momentan geht es um das Problem, die Sexualität an ihrem Ursprung zu domestizieren, ihre Manifestation beim einzelnen Liebenden zu zivilisieren. Diesem Thema haben wir, unserer westlichen Tradition gemäß, viel zu wenig Aufmerksamkeit geschenkt. Tatsächlich sind wir erst seit wenigen Jahren, dank dem schwindenden Einfluss der jüdisch-christlichen Ethik, zu einer sachlichen Erörterung imstande."

„Nichts anderes finden Sie auch bei Paz", sekundiert unser Begleiter. „Und er geht eben noch einen Schritt weiter, wenn er feststellt, dass das Verhältnis von Leib und Nicht-Leib oder die Trennung von Körper und Geist nur zwei verschiedene Zeichensysteme darstellen. Alles, was unter dem Begriff der Leidenschaftshygiene zusammen zu fassen ist, vom Ballett der Leidenschaften bei Hofe über die masturbatorischen Riten der romantischen Abwesenheitsdressur bis zum Komplement der bürgerlichen Ehe in der Prostitution, hat nur Teil an einem symbolischen Universum, das durch diese Zeichensysteme gebildet wird. Alle menschlichen Beziehungen sind symbolisch – am dauerhaftesten erscheint dies in den religiösen und politischen Institutionen – aber im Status des Werdens und der Wandlung finden wir sie in der Erotik."

„Und dann sollte doch einmal ganz klar formuliert werden, wie hier vorgegangen wird! Wenn wir über die reine Zweckrationalität und ihre

Zufälligkeiten hinaus kommen wollen, brauchen wir ein operationalisierbares System für die Wiederholbarkeit des Erfolgs, " unterstreicht Merk: „Warum der Erfolg, dass hier mittlerweile die besten Wirtschaftsführer und politischen Berater des Imperiums ausgebildet werden, und natürlich unschlagbare Verkäufer? Ich frage nicht, um das System infrage zu stellen, ich will wissen wie es geht! Ich könnte mir noch ein paar andere Sachen vorstellen, die daran nur gewinnen könnten. Normalerweise huldigt alle Erziehung und Ausbildung dem glatten Gegenteil und wenn dann alles vorschriftsgemäß stillgestellt worden ist, beginnen die Verantwortlichen sich über einen Mangel an Initiative, über die fehlende Begeisterungsfähigkeit, über die Einfallslosigkeit und das allgegenwärtige Desinteresse zu beklagen. Also zäumen wir die Pädagogik einmal in der entgegengesetzten Richtung auf: Verdankt sich der Erfolg einer Marktlücke oder ist er das Resultat einer künstlichen Verknappung?"

Unser Begleiter nickt und scheint diese Schlussfolgerung zu unterstreichen: „Das ist auf einen ganz einfachen Nenner zu bringen: Sie können ficken! Bei Paz heißt es: Der Mythos, den man lebt, besteht aus einem Gewebe von Zusammenhängen, die man immer stillschweigend voraussetzt, die häufig genug nicht artikuliert werden. Und wer lernt, an diesem überpersönlichen Geschehen teilzuhaben, kann auch suggerieren, andere an diesem Geschehen teilhaben zu lassen. Und da steht eben fest, dass die Sexualität der erste und wichtigste Transmissionsriemen ist. Es zählt die Kraft, wir haben alle nur eine beschränkte Zeit zur Verfügung. So weiß eigentlich jeder, sei es analytisch, sei es auch nur durch das schlechte Gefühl, das sich in gewissen Situationen aufdrängt, dass nichts so schädlich und dumm ist, wie die Verhebung oder die Antriebsstörung."

Das ist jetzt sicher schon einen Kilometer weg, aber wie zur Unterstreichung hat ein muskelbepackter Hüne, während er kam, den Schwanz raus gezogen und eine satte Ladung an die Latte des Unendlichen gesetzt. Unser Begleiter lässt sich nicht irritieren, er deutet ein pflichtschuldiges Lächeln an, ein Bleistiftstrich, bei dem die Enden ein wenig hochgezogen worden sind. Ich kann beobachten, wie Bornhard und Mutzlacher eine der Gespielinnen zwischen zwei Bäumen, die wie Spinatklöße auf verbogenen, in den Boden gerammten

Gabeln aussehen, fest binden und die Oberschenkel mit dicken Tauen fixieren. Und dann klatschen und lachen diese Arschlöcher so derb und ordinär, dass es bis zu uns rüber klingt, während der Künstler einzudringen versucht. Der glatte, äußerst bewegliche und ölig glänzende Körper scheint mir für die Macht zu stehen, Erregung freizusetzen und im Gegenzug unterstreicht die Fesselung tatsächlich nur die Macht, die so ein zartes Geschöpft über das mächtige Gerät auszuüben in der Lage ist – es sind fleischgewordene Zeichenprozesse, als könnte die Beschriftung der Wirklichkeit nachvollzogen werden. Und wenn dann diese sexualgestörten Krüppel dabei mitzubekommen sind, habe ich das Gefühl, dass es einem nur vergehen kann.

Aber Merk ist noch nicht fertig: „Worin beruht diese Überzeugungskraft? Das grundlegende Geschehen ist für uns die Sexualität. Der Antrieb, der alles in Bewegung bringt, ist ein Zwang und zugleich die conditio sine qua non, ohne die nichts wäre. Aber gleichzeitig ist die Triebkraft wieder so kurzschlüssig, dass nie sehr viel zustande käme, ohne den Aufschub, ohne den Umweg. Wenn es mehr als ein Impuls sein will, muss es den Umweg über den Anderen nehmen und um so länger die Spannung gehalten wird, um so mehr die/der Andere teilhat, um so größer wird die Erfahrung der Befriedigung sein. Aber wehe, der Umweg wird um seiner selbst willen gepflegt, wer den Triebverzicht damit begründen will, hat auf jeden Fall verloren. Würden Sie sagen, dass man bei jemandem nur schwer Nein sagen kann, der oder die gerade ein umfassendes Ja zelebriert hat – oder ist es einfach eine Form der mimetischen Gier, in irgendeiner Form teilzuhaben an einem umfassenden Geschehen, das hier freigesetzt wird? Gelegentlich wird behauptet, dass es nichts so anziehendes wie den Erfolg gebe – aber das ist nicht etwa, weil Gleiches Gleiches anzieht, sondern weil der Opferkult bis tief in den Erfolg hinein reicht, weil die Vielen, die der Entbehrung unterstehen, ihn aussaugen und pervertieren, bis er zu schwinden beginnt. Haben all jene, die plötzlich zur Stelle sind und partizipieren wollen, wenn ein Paar an der höchsten Wirklichkeit teilhat, nicht ein ähnliches Interesse: zu stören und abzukanalisieren, Zeit und Kraft zu kosten und, wenn es sein muss, sich das auch einiges kosten zu lassen. Denn im Endeffekt darf es nichts geben, das ihren Modus vivendi des Triebverzichts widerlegen könnte – Sie sehen also, dass ich bezweifle, dass es das Bestreben gibt, an den Exzessen der Verschwendung teilzuhaben. Das geschieht nur in dem einen Fall, wenn es nicht mehr anders geht, aber sie setzen erst einmal alles in Bewegung, damit es nicht so weit kommt und die Stillstellung erhalten bleibt. Wir haben es hier immer auch mit einer aktiven Gegenstrebung zu den mimetischen Wirkungen zu tun, die über Ähnlichkeit, Berührung, Überlappung oder Durchdringung in Gang gesetzt werden: Mir scheint, das entspricht dem Gegensatz zwischen Magie und Technik und damit sind wir wieder bei den Zeitkonzeptionen zweier wirklich nicht aufeinander zurückführbarer Weltalter angekommen."

Unser Begleiter lässt sich nicht beirren: „Für Paz ist es das Verhältnis zwischen Sexualität und Erotik: Obgleich die Wurzeln der Erotik animalisch sind, vital im vollsten und ältesten Sinne des Wortes, ist die animalische Sexualität nicht ihr ganzer Inhalt. Die Erotik ist sexuelles Verlangen und etwas mehr; und dieses Etwas ist es, das ihr eigenes Wesen ausmacht. Dieses Etwas nährt sich von der Sexualität, ist Natur; und zugleich denaturiert es sie. ... Dank der Vermittlung eines Komplexes von Regeln – die von Gesellschaft zu Gesellschaft variieren, doch in allen die gleiche Funktion haben – wird der Trieb kanalisiert. Ohne aufzuhören, dem Zweck der Fortpflanzung zu dienen, erfährt die Sexualität eine Art Sozialisierung. ... Wasser und Sexualität sind Manifestationen der natürlichen Energie, die man sich nutzbar machen muss. Die Erotik ist die soziale Form der Triebbeherrschung, und so ähnelt sie der Magie und der Technik. ... Es gibt keinen wesentlichen Unterschied zwischen Erotik und Sexualität: die Erotik ist sozialisierte Sexualität, den Bedürfnissen der Gruppe unterworfen, von der Gesellschaft enteignete Lebenskraft. ... der Unterschied zwischen einem sexuellen und einem erotischen Akt ist der, dass im ersteren die Natur sich der Art bedient, während im letzteren die Art, die menschliche Gesellschaft, sich der Natur bedient. Daher der doppelte Aspekt der Erotik. ... Als Zügel und Ansporn der Sexualität hat sie eine doppelte Finalität: den Sozialkörper zu durchströmen, ohne ihn den zerstörerischen Gefahren der Überflutung auszusetzen. Oder an anderer Stelle, in der *Sor Juana*: Die Sublimierung der Sexualität war der Preis für die Umwandlung der Gewalt des Eros in ein Ritual. Eros ist ein zerstörerischer und schaffender Gott; was wir Kultur nennen... ist gleichzeitige Verdrängung und Sublimierung seiner Kräfte. In allen Gesellschaften treten die beiden Zeichen, die die Menschen definieren, das Zeichen *Körper* und das Zeichen *Nicht-Körper*, in einen verbissenen Dialog ein, der sich zuweilen in ein momentanes, unstabiles Gleichgewicht auflöst. Ich meine, hier liegt unsere Aufgabe, die Sie von mir aus eine pädagogische nennen mögen, während ich vor allem daran denke, dass sie in ästhetischer Hinsicht einzulösen sein wird."

„Das erklärt vielleicht den mimetischen Imperativ, der von aller Erotik ausgeht", wirft Merk ein: „Natürlich muss der Antrieb sozialisiert werden und schon bei vielen höheren Säugetieren liefert er den sozialen Zusammenhalt und hält den Aggressionstrieb in Schach. Aber das erklärt für mich noch lange nicht, warum beim Menschen ein metaphysischer Standindex den Trieb mit den Göttern verbindet. Ich vermute, dass in der Mimesis die Verbindung von Mikrokosmos und Makrokosmos geleistet wird, dass sie ursprünglich ein Sinn für die Welt als Ganzes gewesen ist und dass aus diesem Projektionsfeld die Seele hervor gegangen ist. Und später die Aufgabenstellungen Gott, Freiheit und Unsterblichkeit oder als Verfallsprodukt die Frage nach dem Sinn des Lebens. Und Sie werden mir zugestehen, dass diese Fraglichkeiten alle schon in Ihrer nüchternen Zusammenfassung bewältigt sein wollten. Aber vielleicht hat die Nachahmung auch nur die ganz einfache Aufgabe, das Wesen, das kein Bild von sich hat, weil es aus der Schöpfung rausgefallen ist, mit Bildern zu versorgen, an denen es sich festhalten oder sogar aufrichten kann."

„Schauen Sie sich an, was Paz über Ficinos Lektüre der griechischen Philosophie zusammenfasst, dem wir übrigens den Ausdruck Platonische Liebe verdanken. Ficino verbindet die Säftelehre mit der Kosmologie und entwickelt den Sympathiegedanken weiter: Alles hängt mit allem zusammen. Die Liebe beschreibt einen Kreis: Sie geht vom Gott zum Geschöpf, und vom Geschöpf kehrt sie durch die Liebe zum schönen Leib und der edlen Seele wieder zu Gott zurück. Hier finden Sie die metaphysische Begründung, warum die höchste Form der

Liebe die gegenseitige Liebe ist und damit haben wir eine über einen langen Zeitraum reichende Fundierung der kommunikativen Notwendigkeit gleichzeitiger Orgasmen. Nicht nur, dass wir auf diese Weise des Göttlichen in einer Universalpräsenz bewusst werden können – sondern auch und viel mehr, dass mit diesem Ansatz nicht mehr über die Gleichberechtigung der Geschlechter diskutiert werden muss. Die Liebe macht die Liebenden gleich, alle großen Augenblicke der Liebespoesie fallen mit der Freiheit der Frau zusammen, sie sind Indizien für die Reife einer Kultur. Und unter diesen Voraussetzungen müssen wir uns auch nicht mehr über das Verschwinden des Göttlichen aus der Welt den Kopf zerbrechen. Die Götter sind gegenwärtig, wenn wir die Kraft aufbringen oder die Gelegenheit nutzen, sie zu vergegenwärtigen!"

Aber zurück zu Ihrer Frage nach der Mimesis. Die Tiere ahmen nicht den Menschen nach, sondern der Mensch ahmt die animalische Sexualität nach." Unser Begleiter hat eine Weile zugehört und auf einmal hat er mehr von den immanenten Wertsystemen zu erkennen gegeben, als bisher in seinem Sinne gewesen sein muss. Es scheint, als komme ihm diese Zuspitzung nicht ungelegen: „Die Nachahmung will das erotische Spiel nicht simplifizieren, sondern komplizieren und seinen Charakter einer Darstellung betonen. Vielleicht klärt das auch Ihre Fragestellung, nach der Erfahrung der Schauspieler und der Erfahrbarkeit des Nichts. Die erotische Nachahmung lässt uns den Akt tiefer erleben, das heißt, sie bringt uns dahin, ihn wirklich zu erleben, nicht als einen öffentlichen Ritus, sondern als eine geheime Zeremonie. ... Der Mensch sieht sich in der Sexualität. Die Erotik ist der Reflex des Blicks des Menschen in den Spiegel der Natur. So ist das, was die Erotik von der Sexualität unterscheidet, nicht die Vielschichtigkeit, sondern die Distanz. ... Die Distanz bewirkt die erotische Imagination. Das Erotische ist imaginär: eine Auslösung der Imagination gegenüber der Außenwelt. Was die Erotik einfängt, ist der Mensch selbst im Bereich seines Bildes, im Bereich seiner selbst."

„Das halte ich für fraglich, denn die Distanzierung war es schließlich, die im Endeffekt zum Tod der Seele, zum Schwinden der Sinne und zur Auswanderung des Sexus aus den Körpern in die Medien geführt hat," wirft Merk ein. „Außerdem stellt sich immerhin die Frage, ob nicht der mimetische Impuls aus dem Bedürfnis hervorgehe, aus dem Hunger oder der Not. Ist es nicht viel mehr ein Spiel mit der Erfahrung der Ausgeliefertheit und Entfremdung, wenn der Mensch nachahmt? Haben wir nicht schon öfter die Erfahrung gemacht, dass uns ein wirklich befriedigter Mensch den Eindruck einer sonst unerreichbaren Souveränität hervorruft! Ist die maximale Steigerung der Erotik nicht die Erfahrung einer uneinholbaren Bedürfnislosigkeit? In dem Augenblick, wo sie in die Nähe des Status eines jungen Gottes kommen, flirten unsere Testpersonen nicht mehr, die Verbalerotik fällt weg und jeder Versuch, die Selbstgenügsamkeit eines Diogenes über masturbatrische Abfuhrphänomene zu erreichen, hat sich für sie erübrigt. Es ist die Selbstgenügsamkeit der maximalen Fülle – es kommt mir so vor, als wiederhole sich eine uralte theologische Schematik, nach der Gott als absolutes Maximum, als eine perfekte Kugel, die zugleich ihr eigener Mittelpunkt ist, in jedem noch so klein gedachten Minimum wiederkehre und somit in jeder einzelnen Seele präsent sei. Und genau auf diesen theologischen Standindex der Ekstase sollten wir nicht zugunsten irgendwelcher Verfahrensregeln verzichten!"

Unser Begleiter lässt sich nicht beirren und referiert: „Die Erotik ist die Erfahrung des vollen Lebens, da es uns als ein greifbares Ganzes erscheint, in das wir auch als eine Ganzheit eintreten; zugleich ist sie das leere Leben, das sich selbst sieht, das sich selbst darstellt. Sie ahmt nach und erfindet sich; sie erfindet und ahmt sich nach. Totale Erfahrung, die sich nie ganz verwirklicht, weil es ihr Wesen ist, immer ein Jenseits zu sein. Der fremde Körper ist ein Hindernis oder eine Brücke; in dem einen wie in dem anderen Fall muss man ihn überschreiten. Das Verlangen, die erotische Imagination, die erotische Schau, durchdringt die Körper, macht sie transparent. Oder es vernichtet sie. Jenseits von dir, jenseits von mir, durch den Körper, im Körper, jenseits des Körpers wollen wir etwas sehen. Dieses Etwas ist die erotische Faszination, das, was mich aus mir herausführt und zu dir führt: was mich über dich hinausgehen lässt. Wir wissen nicht genau, was es ist, nur dass es etwas mehr ist. Mehr als die Geschichte, mehr als der Sexus, mehr als das Leben, mehr als der Tod. ... Die Empfindungen sind Ströme, Schwingungen, Spannungen: Grade der Energie. Und aus diesem Grund hat sich Paz auch immer wieder mit de Sade beschäftigt. Denn nicht die Physiologie interessiert Sade, sondern die Philosophie. Sein psychologischer Scharfsinn, die Entdeckung der gegenseitigen Abhängigkeit von Lust und Leid, kommt ihm zustatten, um sein System zu begründen und aufzubauen. In einer ersten Bewegung hebt er die Unterschiede zwischen beiden auf: sie sind austauschbare Namen, vorübergehende Zustände des Fluidums des Lebens. ... In der Sphäre der Sinnlichkeit spielt die Intensität die gleiche Rolle wie die Gewalt in der moralischen Welt und die Bewegung in der materiellen."

„Das kann ich mit Huxley unterstreichen und vor allem der Bezug auf ein Etwas, das unser Fassungsvermögen zwar übersteigt, aber dennoch auf unsere Lebenserfahrung einwirkt, ist mir dabei wichtig!" wirft Albach ein: „Das sexuelle Verhalten des Menschen aber liegt fast völlig außerhalb der Gerichtsbarkeit physiologischer Intelligenz; die überwacht nur die Zellentätigkeit durch welche jedes sexuelle Verhalten ermöglicht wird. Alles andre ist nicht instinktiv und spielt sich auf der rein menschlichen Stufe des Ich-Bewusstseins ab. Auch wenn Menschen glauben, in ihrem Sexualleben ausschließlich animalisch zu sein, bleiben sie immer noch auf der menschlichen Stufe, das heißt, sie bleiben ihres Ich bewusst, immer noch von Worten beherrscht, – und wo es Worte gibt, gibt es notwendigerweise Erinnerungen und Wünsche, Urteile und Einbildungen, gibt es Vergangenheit und Zukunft, Wirklichkeit und Phantasie, gibt es Vorfreude und Bedauern, Gut und Böse, Verdienstliches und Schmähliches, Schönes und Hässliches. Bei Menschen sind sogar die anscheinend tierischsten Betätigungen des Geschlechtstriebs von einigen oder allen dieser nichtanimalischen Faktoren begleitet, Faktoren, die mit der Sprache in jede menschliche Situation einsickern. Mithin gibt es keinen bestimmten Typus menschlicher Sexualität, der in dem Sinn normal genannt werden kann, in welchem man von normaler Sehkraft oder Verdauung sprach. In diesem Sinn sind alle Arten menschlicher Sexualität völlig abnorm. Die verschiedenen Arten sexuellen Verhaltens können nicht an einer absoluten natürlichen Norm gemessen werden, sondern nur mit dem Maßstab der Endziele des Einzelnen und der in jedem Einzelfall beobachteten Ergebnisse."

„Richtig!" sagt unser Begleiter: „Die Normalität ist eine Fiktion und es kennzeichnet vor allem den Status der Zukurzgekommenheit eines Menschen, wenn er oder sie selbst so wenig ist und kann, dass ein statistischer Mittelwert nachgeahmt werden muss, um sich in Sicherheit zu wiegen. Und dabei wäre gerade die Ahnung, dass die Ängste Recht haben könnten und dass nichts fest ist, das wertvollste an ihnen – denn dann könnten sie beginnen, wirkliche Erfahrungen zu machen. Aber so beschränken sie sich darauf, schlechte Nachahmungen noch einmal nachzuahmen und die Sicherheit in der Verdumpfung und der Verleugnung zu finden. Es wundert mich nicht, dass manche Heranwachsenden, solange sie noch nicht eingemauert worden sind, das Gefühl haben, sie hätten es nur mit nachgemachten Menschen zu tun."

Merk hat aufmerksam zwischen beiden hin und her geschaut und es scheint ihn nicht einmal zu irritieren, dass in der Ferne zu sehen ist, wie Mutzlacher mit einem elektrostatischen Zauberstab für zusätzliche konvulstische Zuckungen sorgt. Während unser Begleiter ganz offensichtlich ein Missfallen unterdrücken muss und dann kurz in ein Mikrophon spricht, das in seinem Kragen untergebracht ist. Ich nehme an, dass dieses Spektakel von Verstümmelten in den nächsten Minuten abgestellt wird und Merk erklärt: „Diese Betonung der Distanz – auch wenn sie jeder auf seine Weise begründet – ich sage es noch einmal, erscheint mir fraglich. Wir erfahren sie doch so oder so und die magische Anziehungskraft des actus purus resultiert darauf, dass für eine ganze Unendlichkeit und einen kleinen Tod keine Distanz mehr bestehen bleibt. Der maßlose Reizhunger eines Sade beruhte doch darauf, dass sein Abstand zu groß geworden war und er nicht mehr auf die Unerwartbarkeiten und Eigengesetzlichkeiten eines kommunikativen Anderen reagieren durfte oder konnte. Sie steigern das Spiel aus Nähe und Ferne noch durch die Einführung der Überschreitung, schon immer galt es als das Geschehen der Erotik. Wenn wir als ersten Status den symbolischen Tausch annehmen, Gabe gegen Gabe, dann ist die Erotik schon ein Überschuss. Die pornographische Gier hat – übrigens nicht anders als die Selbstzerstörung –

einen theologischen Standindex, sie will das Göttliche auf frischer Tat ertappen. Aber heißt das schon, dass das Vorlustprinzip sich selbst rechtfertigt, dass die autoerotischen Lüste von Verstümmelten und Weggesperrten alles sind, was wir einhandeln können? Dieses Auskitzeln der Intensitäten wird doch erst dort zwingend, wo alles selbst gemacht ist, wo der Einspruch der Wirklichkeit zum Schweigen gebracht und die Unvorhersehbarkeiten eines lebendigen Gegenübers ausgegrenzt worden ist. Hat diese Form der Erotik nicht einfach viel zu viel Monotheismus in sich aufgesogen? Oder – und so scheint es mir immer häufiger – ist der totalitäre Absolutheitsanspruch der Vertreter des einen Gottes nicht vielmehr ein Resultat angestauter Autoerotik gewesen! Manches ist ja so einfach zu erklären und wenn wir es einmal verstanden haben, müssen wir es nicht noch einmal gewähren lassen. Sondern wir können mit kleinen Änderungen in der Verfahrensordnung dafür sorgen, dass es zu solchen destruktiven Stauungen des Triebgeschehens gar nicht mehr kommen kann."

Ich erinnere mich, dass ich erst einmal sehen wollte, dass ich genau beobachtete, um zu wissen und dass ich recht früh an dem zu zweifeln begann, was man mir zu sehen gab. Dabei wollte ich ja nur erfahren wer ich selber war – weil ich es nicht wusste, weil ich so gut wie keine Anhaltspunkte hatte. Anders als viele Beamtenkinder, die mir später klar machten, dass sie ja nicht zu viel wissen wollten, um nicht hinterfragen zu müssen, wo ihre akademischen Privilegien tatsächlich her kamen. Ich wollte sehen, wollte möglichst alles wissen, um mich gegen eine Sumpfwelt der Unentschiedenheit und der falschen Vorspiegelungen schützen zu können. Und weil die Voraussetzungen erst einmal dafür zu sorgen hatten, dass ich auf keinen Fall kapieren durfte, was mit mir gespielt wurde, musste ich mich im Rausch, in der Gefahr und anhand der Pornographie selbst erkunden. Ich wollte wissen, wollte sehen, wobei sich das Wissenwollen erst einmal hinter dem Sehenwollen versteckte, noch später wunderte ich mich, warum mancher progressive Intellektuelle gegen die Wut des Verstehens argumentierte. Ich empfand diese Wut des Verstehens in den wichtigen Lebensjahren als Überlebenstechnik. Ich musste die Zwänge kapieren, in denen ich steckte und ich hatte keinerlei Grund, die wohlbehüteten Ursprünge irgendwelcher Privilegien dabei zu schonen

– ich hatte nie von ihnen profitiert und ich sollte aufgrund meiner Rolle auch nie von ihnen profitieren können, ab einem gewissen Status des Durchblicks waren sie schon eher wieder der Anlass, mich liquidieren zu müssen. Ich hatte die Zwänge zu kapieren, in denen ich steckte und in die ich mich beim Geschäft der Emanzipation immer weiter verwickeln sollte, ich musste sehen lernen, um ihnen das Wasser abzugraben, ich musste wissen, um die Psychose an den tiefsten Gelenken auszuhebeln.

Ich lernte mich zu einer Zeit erst kennen, als andere längst ein stabiles Repertoire an Selbstidentifikationen dazu verwenden konnten, die Welt gar nicht mehr an sich herankommen zu lassen. Und machte häufig genug die Erfahrung, dass ich, wenn es haarig zu werden begann, auf einmal neben mir stand und die ganze Geschichte als neutraler Beobachter zur Kenntnis nahm, manchmal vielleicht einen Rat gab, auf den der Ich dann häufig genug nicht einmal hörte. In einer psychotisierten Umgebung aufgewachsen, ohne die stabilisierende Wirkung einer Vateridentifikation aber mit der demütigenden Erfahrung, dass eine Mutter bei jeder Gelegenheit alles für sich so hindrehte, dass sie gut dabei wegkam und ich als ihr Traumträger und Wunscherfüller den Preis an Schmerz und Verzweiflung dafür zu zahlen hatte. Ohne ein sicheres Wissen um das, was ich hätte sein können, peitschten mich Energien, bis ich manchmal zu platzen drohte, mich abstellen musste, Kurzschlüsse fabrizieren, weil diese Kräfte nicht auszuhalten waren, die auf meiner Oberfläche blitzten. Ich musste sehen, um was es ging, um die Psychose meiner Elternwelt in Schach halten zu können. Aber das war nur ein erster kleiner Schritt und eigentlich müsste jeder sich vorstellen können, was es heißt, wenn man einer Mutter wie der meinen entronnen ist. Im Abendland scheint alle Mutterfixierung zwischen den Polen Orest und Hamlet hin und her zu schwingen, sie zu töten oder an ihr wahnsinnig zu werden – und dabei führte das Beispiel Ödipus schon vor langer Zeit vor, dass egal mit welchen Mitteln ein Status erreicht werden muss, in dem die Mutter nicht mehr interessiert. Es war kein Wunder, wenn mir eine Zivilisation, die auf die biologische Fortpflanzung und das System Mutter verzichten kann, wie ein enormer evolutionärer Fortschritt vorkam. Das Risiko, dass ich mich noch einmal einem weiblichen

Wesen ausliefern würde, ging gegen Null und genau aus diesem Grund musste das der nächste Lernschritt sein, um überhaupt zu einer Chance vorzudringen. Und obwohl ich dafür durch den Tod gegangen bin, nicht noch toter geworden war! Ich war schon tot genug, mehr als eine Totgeburt lässt eine psychotische Muttermaschine gar nicht zu. Vermutlich besteht der Ursprung und zugleich das konkrete Programm aller Abwesenheitsdressuren darin, dass die Mutter im Kopf dafür sorgt, dass es gar nicht zu der Erfahrung eines leibhaften Partners, einer leibhaften Partnerin, kommen darf. Ich musste erst einmal zum Leben erwachen und seltsamerweise geschah das über den Umweg der Pornographie. Aus diesem Grund finde ich eines an dieser Argumentation fraglich! Diese Leute stellen de Sades Feindschaft gegen die Liebe, das Paradox des erotischen Objekts, die asketischen Zielprogrammierungen des Libertins, sehr genau dar – aber in einer Form, als wären sie eine der Steigerungsformen der Ekstase und nicht etwa eine Schwundstufe. Diese Entwicklung, die dazu führt, dass am Objekt abreagiert wird, was sich das Subjekt an Entgrenzung nicht mehr erlauben darf, könnte man als eine Erfüllung der Aufklärung verstehen, obwohl es ihr Scheitern auf der ganzen Linie darstellt! Der Trieb wird exzessiv instrumentalisiert! Dann wären, wie Adorno und Horkheimer gezeigt haben, die Konzentrationslager nur eine weitere Wucherung dieser kastrierten Rationalität gewesen!

Und obwohl ich mich überhaupt nicht gerührt habe nimmt unser Begleiter genau diesen Bezug auf. „Diese Fragestellung finden Sie schon in der Dialektik der Aufklärung. Mit Paz geht es darum, an eine andere Ratio anzuschließen, an Formen der Vernunft, die schon im Mythos eine Erhellung des Daseins bewirkt hatten. So kann auf dieser Kontrastfolie de Sade, der die materielle Nähe, die sympathetische Verschmelzung leugnet, doch einiges über Spannungsfelder und biomagnetische Wechselwirkungen gelesen werden, das der Subjekt-Objekt-Dichotomie und der Betonung des Subjektcharakters des Denkens fremd ist und nach einigen romantischen Versuchen in die Entdeckungen der Surrealisten mündet."

„Das stimmt und ist immerhin noch immer der sicherste Weg aus den Sackgassen einer instrumentalisierten Vernunft," unterstreicht Merk: „Wenn Sie einen Weg gefunden haben, der dem universellen Opferkult ein Ende bereiten könnte, müsste sich sofort die Frage stellen: Findet sich da nicht eine Parallele zur Konzeption einer Erotik in den Bereichen des Dazwischen?"

Albach antwortet mit Huxley: „Unterhalten wir uns über das Ding an sich – tatsächlich ist es dem Menschenverstand unfassbar. Wie das Begehren. Unfassbar für den persönlichen Menschenverstand … denn Persönlichkeit ist Wille, und Wille ist die Verneinung der Wirklichkeit, die Leugnung Gottes. Soweit es sich um die gewöhnliche menschliche Persönlichkeit handelt, hat Kant damit Recht, dass das Ding an sich unfassbar ist. Gott an sich kann nicht begriffen werden von einem Bewusstsein, das von einem Ich beherrscht wird. Aber nehmen wir an, es gäbe eine Möglichkeit, das Ich aus dem Bewusstsein auszuschalten. Dann käme man der Wirklichkeit nahe, dann wäre man in der Lage, Gott an sich zu begreifen. Das Interessante ist nun, dass sich das wirklich tun lässt und dass es wiederholt getan worden ist. In Kants Sackgasse geraten Menschen, die auf der menschlichen Ebene verharren. Entschließt man sich aber, in die Ewigkeitssphäre hinaufzusteigen, dann gibt es diesen impasse nicht mehr. … Solang wir nur menschlich denken, verstehen wir ebenso wenig, was unter uns, wie, was über uns ist. Und dann besteht da noch eine Schwierigkeit: Angenommen, wir hörten auf, rein menschlich zu denken, angenommen, wir fänden die Möglichkeit, die nichtmenschlichen Wirklichkeiten, in die wir sozusagen ein gebettet sind, unmittelbar zu erleben? So weit gut, aber was geschieht, wenn wir die so erlangte Erkenntnis weitergeben wollen? Da sind wir hilflos. Der einzige Wortschatz, der uns zur Verfügung steht, ist von Haus aus für rein menschliche Gedanken über rein menschliche Dinge berechnet. Aber wovon wir reden wollen, das sind nicht-menschliche Wirklichkeiten und nicht-menschliche Denkweisen. Daraus ergibt sich die fundamentale Unzulänglichkeit aller Aussagen über unsere animalische Natur und erst recht aller Aussagen über Gott oder Geist oder Ewigkeit."

„Das ist richtig und greift für unsere Zwecke doch ein wenig zu kurz."
Unser Begleiter deutet ein Kopfschütteln an: „Ich darf an Heideggers Vorlesung über das Ding erinnern. Wir kommen, wenn wir diese an Kant geschulten Erwägungen nachvollziehen und uns über die Kategorien, über die sprachliche Vorgegebenheit der Erscheinungen klar werden, dazu zu akzeptieren, dass das Ding immer schon ein Produkt unseres Vorwissens und unserer Setzungen ist. Ich glaube nicht,

dass man das als Kants Sackgassen bezeichnen sollte. Eher scheinen hier einige sehr tiefe Einsichten freigesetzt worden sein, die Ähnlichkeiten mit denen des indischen Denkens haben." Er bewegt die Hände, als wollte er mit den Handrücken gegen einen leichten Widerstand angehen oder als müsse er dafür sorgen, dass jede Gegenströmung vom Handinnern entfernt gehalten wird. Er scheint vorzuführen, dass man mit dieser Beschränkung des Verstehensvorgangs nicht einverstanden sein muss, dass man den Weg des geringsten Widerstands wählen könne und ergänzt: „Und was ist mit dem Humor, dem Lachen, der Erotik, der Kreativität? Das sind die Themen, in denen die großen Ansprüche der Metaphysik im zwanzigsten Jahrhundert überwintern konnten, oft genug an der Krücke der Ästhetik oder in der Rumpelkammer einer philosophischen Anthropologie. Nur weil wir nicht die Sprache haben, dieses Geschehen auf den Nenner zu bringen, heißt das noch lange nicht, dass wir es nicht in Gang setzen können, dass wir nicht an seinen Wirksamkeiten wachsen und gesunden können. Lesen Sie Bergson mit Sade und Bataille, geben dann einen Schuss Caillois hinzu: Es gibt bei Paz eine ursprüngliche Beziehung zwischen Lachen und Opfern: Die Grenze zwischen dem Profanen und dem Sakralen fällt mit der Linie zusammen, die den Ritus von der Arbeit, das Lachen vom Ernst, die spontane Schöpfung von der verpflichtenden Arbeit trennt. Da ursprünglich jedes Spiel Ritus war, gehorcht es auch heute noch dem Zeremoniell. Die Arbeit indessen zerstört den Ritus: denn während der Mühsal bleibt für das Spiel weder Zeit noch Raum. ... Der Nutzen des Ritus besteht indessen in der rückhaltlosen Verschwendung von Leben und Zeit, um die Fortdauer des Kosmos zu sichern. So übernimmt der Ritus alle Risiken des Spiels, dessen Gewinnmöglichkeiten und Verluste unberechenbar sind. ... Die Beziehung zwischen dem Lachen und dem Opfern ist so alt wie der Ritus. Die blutrünstige Heftigkeit der Bacchanalien und Saturnalien war fast immer von Gelächter und Geschrei begleitet. Das Lachen erschüttert das Universum, bringt es außer sich, offenbart sein Innerstes. Das schreckliche Lachen ist die göttliche Offenbarung. Wie die Opferung verneint es die Arbeit; aber nicht nur, weil es deren Unterbrechung ist, sondern weil es deren Ernst in Frage stellt. Das Lachen in diesem fundamentalen Sinne ist die Aufhebung und gelegentlich sogar der völlige Verlust der Vernunft."

„An anderer Stelle heißt es einmal", wirft Merk ein, „die Arbeit humanisiere die Welt, und erst diese Humanisierung gebe ihr Sinn. Und das ist nicht zu unterschätzen, aber ebenso wenig, dass alle Humanisierung der Entfremdung untersteht, dass uns die Verfahrensordnungen und Übereinkünfte von den eigentlichen Kräften und der Materialität der Welt entfernen. Wichtig wird also die Einsicht, dass wir uns in Balancen bewegen, dass das Leben selbst ein Gleichgewicht des Fließens ist. Wichtig aber auch, dass wir immer wieder an einem Rest der ursprünglichen Einheit teilhaben müssen."

„Ich denke, es ist klar zu sehen, dass für Paz das Lachen das Universum zu seiner ursprünglichen Gleichförmigkeit und Fremdheit zurückführt: Wenn es eine Bedeutung hat, ist es eine göttliche, keine menschliche. Und er kann sogar sagen: Das Lachen ist älter als die Götter. Gelegentlich lachen auch sie. Ob ihr gelegentliches Lachen Spott, Drohung oder Wahnsinn bedeutet? Ihr lautes Lachen schmettert uns jedenfalls nieder, bringt die ganze Schöpfung in Bewegung oder zerstört sie gar. In anderen Situationen bedeutet es wohl das Echo oder die Sehnsucht nach der verlorenen Einheit, das heißt, Echo der magischen Welt. Wir sollten nicht unterschätzen, dass auch die Götter zu den Verfahrensordnungen gehören, auch wenn wir es nicht bemerken und sie in andere Sphären transponieren – sind sie unser Werk. Deshalb heißt es: Am Anfang war das Lachen. Die Welt begann mit einem obszönen Tanz und einem lauten Lachen: das kosmische Lachen ist ein kindliches Lachen. ... Es ist ein Lachen des ersten Tages, das wilde Lachen, das noch ganz nahe dem ersten Weinen ist: es bedeutet Harmonie mit der Welt, wortloser Dialog, reine Freude. Es genügt, die Hand auszustrecken, um die Frucht zu pflücken; es genügt, zu lachen, um das Universum zum Lachen zu bringen. Das kindliche Lachen bedeutet Wiederherstellung der Einheit zwischen Welt und Mensch, aber auch ihre endgültige Trennung. ... Das uralte Lachen als Offenbarung kosmischer Einheit ist ein Geheimnis, das wir verloren haben. ... Alle diese Werke lassen uns erahnen, dass die Freude einst eine Einheit war, die vieles umfasste, was später als grotesk, brutal oder diabolisch galt... Die Freude ist eine Einheit, die nichts ausschließt. Erst das christliche Gewissen vertrieb das Lachen aus dem Paradies und verwandelte es in eine Eigenschaft des Satans. Seither ist es Zeichen der unterweltlichen Mächte."

Das scheint mir eine andere, noch ungeschlachte Auffassung des Lachens zu sein. Angeregt von Benjamin und Bachtin haben wir uns einmal über die Wirkungsweisen eines schnellen Brüters Gedanken gemacht, um am Beispiel Massenunterhaltung zu zeigen, dass jedes Realitätsprinzip auch Agenten hervorbringt, die von seiner Entlastung leben. Aber vielleicht ist es lediglich ein Resultat der Totalisierung. Wenn der eine und einzige theologische Sinn vertreten wird, ist schon das Lachen ein Zeichen der Subversion – und wenn die alltäglichen Vollzüge dadurch abgefedert werden, dass eine Unmasse unverbindlicher Identifikationsanweisungen zur Verfügung steht, wird schon das unverbindliche Blödeln zu einer Form der Subversion. Aber vermutlich ist das gar nichts gegenüber einer Ausgeliefertheit an die Welt, die Blumenberg als Erfahrung eines Absolutismus der Wirklichkeit gekennzeichnet hat – und wenn ich mich an gewisse Erfahrungen der Ausweglosigkeit erinnere, ist dieser Status längst nicht soweit weg, also war unsere Analyse des Lachens vielleicht etwas zu kurz gegriffen. Wenn ich von der Erfahrung der Auslöschung ausgehe, von den Qualen des Widerstehens und dem sich wie von alleine entwickelnden Jiu-Jiutsu, die Kräfte unserer Gegner für unsere Zwecke und gegen die Intrige mit zu verwenden, ist die tatsächliche Funktion dieses ursprünglichen Lachens auch bei uns wieder aufgetaucht, wir haben überlebt.

„Irgendetwas ist für mich noch unentschieden, ich will nicht einmal sagen unstimmig", erklärt Merk. „Aber diese Konzeption des Lachens hängt für mich in einer seltsamen Schwebe. Die Welt der Akkumulation steht gegen die der Verschwendung, das ist der grundsätzliche Gegensatz – und diese Form des Lachens scheint noch davor angesiedelt zu sein. Seit das Funktionieren der Sprache durch den symbolischen Tausch und damit über die Gabe begründet wird, soll durch diesen Gegensatz eine unüberbrückbare Kluft gesetzt sein, während es mir so scheint, als sind das die beiden Seiten ein und desselben Geschehens: Keine Arbeit wird produktiv sein, wenn sie nicht auf einem rückhaltlosen Einsatz beruht – und was ist die Verschwendung anderes. Keine Kommunikation funktioniert, solange sie auf den Austausch von Informationen reduziert ist. Was sie erst zur Kommunikation macht, ist der Überschuss aus den Wechselwirkungen von Subjekt und Kontext, virtuell ist die Lebensgeschichte präsent wie ihr kultureller Rahmen. Ich folge Plessner, wenn für mich Lachen und Weinen die Grenzen der menschlichen Verständigung markieren. Wie oft bot sich in den vergangenen philosophischen Seminaren nicht der Erklärungsversuch an, dass es die frustrierten und nicht gelebten sexuellen Energien seien, aus denen die Religion ihre Kraft beziehen konnte. Und nun wird auf einmal nahe gelegt, dass die erotischen Energien ein Ausfluss des Heiligen seien – oder auch, dass sich das Göttliche über die erotischen Energien in der Welt verbreitete. Wie ist das zu entscheiden? Wenn ich die Position dieses Lachens einnehme, sind es nur die verschiedenen Anläufe zur Befriedung der Welt. Aber dabei bleibt es ja nicht. Kaum sind die Inseln der Seligen geschaffen, muss alles unternommen werden, um sie zu zerstören. Und jener Übermacht eines Absolutismus der Wirklichkeit entspricht noch das erste Lachen – ein Rest der Erkenntnis hat sich in das schwarze Lachen der Verzweiflung und in die zynische Einwilligung in die Vernichtung hinüber gerettet. Wenn Sie sich schon einmal richtig verzweifelt und im Arsch gefühlt haben, kennen Sie auch den Status, in dem einem alles egal wird und auf einmal eine seltsame Leichtigkeit in einem aufsteigt, die einem Lachen entsprechen könnte, wenn man nicht noch wüsste, dass einem gerade jede Hoffnung vergangen ist. Ist Gott nun ein Resultat der Hysterie oder die Hysterie eine Ersatzleistung, nachdem Gott verloren gegangen ist? Und die erotischen Theorien ein theologisches Derivat oder die Theologie ein perverses Abfallprodukt eines ursprünglichen an den erogenen Zonen abgelauschten Schöpfungswissens? Und das würde heißen, dass die anhand von Paz dargestellte Funktion des Lachens und der Entäußerung vor allen Verdinglichungen anzusetzen ist. Nur ist noch lange nicht gesagt, dass wir uns diesem Schmelzpunkt der Wirklichkeit ohne Gefahr nähern können und vor allen Dingen ist noch nicht ausgemacht, ob dieser Status der Erkenntnis überhaupt verwendbar sein wird."

Albach macht nicht den Eindruck, als müsse er seine Zitatsammlung nun neu sortieren. Er knüpft einfach an die Rede unseres Begleiters an: „Und damit sind wir bei Huxleys ursprünglicher Einsicht. Meister Eckard hat bereits gesagt, alles sei Beziehung. Huxleys Entscheidung für die Spiritualität ist anhand des Schlusses der ,Parallelen der Liebe' zu illustrieren. Und für mich ist damit nur die Notwendigkeit der Erfahrung des sozialen Todes unterstrichen"

Und unser Begleiter ergänzt: „Das ist richtig! Wenn Sie mehr über die Sexualität erfahren wollen, müssen Sie bei den Mystikern nachsehen. Der ganze Therapieboom des 20. Jahrhunderts landete immer nur bei Papa-Mama-Fixierungen – die Androgynität der Seele, das Verhältnis von Yin und Yang, die Vielschichtigkeit einer Offenbarung in der die Kommunikation den ganzen Körper ergreift, in der sich diese umfassendste Erfahrung des Austauschs in einer Ranghöhe einpendelt, in der – und das ist einzigartig, Felder mögen sich überlappen, Ströme werden sich hochschaukeln, Flüssigkeiten können sich mischen, aber Körper haben nun einmal die Angewohnheit, im Raum zu beharren aber den Raum nicht zu teilen – sich Körper durchdringen ohne sich zu verletzten, indem sie in jenen Zonen, wo Innen und Außen ineinander übergehen, wo das Innen das Außen ist und das Außen das Innen, wir nennen das erogene Zone, wo tatsächlich zwei Möbiusschleifen derartig in Schwingungen versetzt werden, dass wir wieder im Anfang sind, im Anfang beginnen können..."

Merk hat ungeduldig zugehört, aber nicht den Eindruck gemacht, als fühle er sich in seiner Argumentation auch nur in irgendeiner Weise tangiert: „Wie hängt das mit der Vorstellung von einem kreativen Universum zusammen? Welchen Raum nimmt hier die Konzeption einer neuen Poetik ein? Wenn die Gesetzmäßigkeiten dieses Kosmos weich sind und einer Entwicklung unterstehen, wenn es keine Emanationen eines ursprünglichen Göttlichen gibt, sondern Ausfaltungen von Potentialitäten, die mit mehr und mehr Zukunft und Vielfalt gesättigt sind, je mehr Entwicklungen sich in Bewegung setzen können, wenn die Götter vielleicht nicht im Anfang, sondern im Weg zu lokalisieren sind – halte ich es doch für höchst fraglich, wenn wir eine konkrete Verantwortung und vielleicht auch ein Interesse am Wohlergehen der zukünftigen Götter haben sollen! So ein kleines Säugetier hat

nur eine beschränkte Kraft zur Verfügung und wenn zu viel Verantwortung auf ihren oder seinen Schultern abgeladen wird, stehlen sie
sich lieber in die Unverantwortlichkeit davon oder ziehen sogar die
Vernichtung vor. Wenn Sie sich daran erinnern, dass wir das Motiv
des kommenden Gottes – jetzt mal ohne die sexuelle Konnotation –
der revolutionären Frühromantik verdanken, dann wundert es nicht,
wie haltlos und wetterwendisch einige der Protagonisten durch ihr
weiteres Leben taumelten. Friedrich Schlegel hat einmal gesagt, im
Bestreben zur Verbesserung ist der Mensch auf dem Weg, Gott zu
werden – welche Last und welcher Zwang liegen von Kant ausgehend
auf dem Menschen des neunzehnten Jahrhunderts. Anders als mit
Schludrigkeiten und Inkonsequenzen wäre der Gedanke gar nicht
auszuhalten gewesen, wie der Fall Nietzsche beweist."
„Das wäre auch etwas zu weit hergeholt! Um die Götter brauchen wir
uns nicht zu sorgen, das ist schon viel zu häufig nur der Anlass gewesen, den letzten Scheiß zu veranstalten," widerspricht Albach und
verknüpft das Thema wieder mit seiner Argumentation: „Es wäre ein
toller Pessimismus, wenn Sie glauben, dass der Mensch durch seine Natur
dazu verdammt sei, sein ganzes Leben in der rein menschlichen Sphäre zu
verbringen. Gott sei Dank ist er das nicht! Denken Sie an das Licht, das von
den Mystikern auf die menschliche Geschichte fällt, denken Sie an die Droge, die uns in jeder Wand eine Tür öffnen kann. Für Huxley steht es in der
Macht des Menschen, hinauszuklettern, hinauf in die Sphäre des Ewigen.
Keine menschliche Gesellschaft kann merkbar besser werden, als sie gegenwärtig ist, wenn sie nicht eine gute Zahl Einzelner enthält, die wissen, dass
ihr Menschentum nicht das letzte Wort ist und bewusst versuchen, darüber
hinauszugelangen. Darum sollte man zutiefst pessimistisch sein gegenüber
Dingen, von welchen die meisten Menschen optimistisch denken, – den an-
gewandten Wissenschaften gegenüber, zum Beispiel, den sozialen Reformen
und der menschlichen Natur, wie sie sich im Durchschnittsmenschen verkörpert. Andrerseits sollte man darum höchst optimistisch von dem einen denken, worin Menschen so pessimistisch sind, dass sie nicht einmal von seiner
Existenz wissen, – ich meine die Möglichkeit, die menschliche Natur zu
verwandeln und über sie hinauszugelangen, nicht durch evolutionäres
Wachstum, nicht in ferner Zukunft, nein, jederzeit – jetzt und hier, kann man
sagen, – durch richtig gelenkten Verstand und guten Willen."

Unser Begleiter schlägt den Bogen zu den Möglichkeiten dieser Jetzt-zeit und unterstreicht damit noch einmal wie sehr für ihn Poetik und Pädagogik zu einer Einheit zusammen getreten sind: „Paz hat darauf hingewiesen, dass es unwahrscheinlich ist, dass der Mensch einmal zur Metaphysik oder gar zur Religion zurückkehrt. Nach der Ernüchterung durch die Wissenschaften und die Technik wird er eine Poetik suchen. Nicht das Geheimnis der Unsterblichkeit noch den Schlüssel zur Ewigkeit: den Quell der Lebendigkeit, den Strahl, der Leben und Tod in einem einzigen stolzen Bild verschmilzt. Die moderne 'Weisheit' kommt nicht von der Philosophie, sondern von der Kunst. Es ist keine 'Weisheit', sondern eine Narretei, eine Poetik. Im vergangenen Jahrhundert nannte sie sich Romantik, und in der ersten Hälfte des unsrigen Surrealismus. Weder die Philosophie noch die Religion, noch die Politik haben den Angriffen der Wissenschaft und der Technik standgehalten. Die Kunst vermochte es. Die Dadaisten – vor allem Duchamp und Picabia – bedienten sich der Technik und machten sich so über sie lustig, machten sie unbrauchbar. Sie waren nicht die einzigen: sie waren die Kühnsten. Die moderne Kunst ist eine Leidenschaft, eine Kritik und ein Kult. Auch ist sie ein Spiel und eine Weisheit – auch wenn er sie eine närrische Weisheit nennt. Und als ein ausgewiesener Bereich reflektierter Objekte steht sie schon jenseits der Subjekt-Objekt-Dichotomie. Wenn wir die Wirkungsweisen der Kunst – bei der Produktion oder Rezeption nicht weniger als in ihren Verweisungszusammenhängen – nur genau genug nachvollziehen, bewegen wir uns bereits in der Region einer transklassischen Metaphysik."

Als ich 1975 im Buchhandel zu jobben begann, durfte ich mir von eifrigen Buchhändlerinnen, die subaltern nachbeteten, was ihnen die kulturellen Größen vorgaben, erzählen lassen, dass die deutsche Literatur tot sei, dass selbst Europa ausgedient habe und wir keine Stoffe mehr hätten, die letzten experimentellen Reste hätten sich konkrete Poesie genannt und selbst an der Abschaffung des Erzählens mitgewirkt. Und gerade war Lateinamerika entdeckt worden als Raum, in dem Erzählen überhaupt noch gedeihen konnte. Bei uns gab es zu viel Vergangenheit, zu viel Verwaltung, zu viel Schuld, zu viel Stillstellung. Mitte der Siebziger konnte es so aussehen, als sei das Leben in den Gesetzmäßigkeiten der Verwalteten Welt nicht etwa nur aufgehoben worden sondern verschwunden. Und ich spürte eine Kraft, ich glaubte daran, dass es erst richtig losgehen musste. Ich sah auch nicht ein, dass alles schon einmal da gewesen war, wenn der Elan vital zu den Antiquitäten gehören sollte, wenn man Power nicht mehr vergöttern durfte, weil einmal von kleinsten Spießern die Kraft angebetet worden war. Ich empfand das als maßlose Ungerechtigkeit, ich malte und staunte oft am Morgen, was mir die Halluzinogene in den Abendstunden auf die Leinwand gezaubert hatten. Die Welt war für mich noch neu, es galt noch alles zu entdecken. Es war für mich nicht akzeptabel, dass in meiner Gegenwart die wunscherzeugende Kapazität für die Werbung pervertiert und ansonsten in die Dritte Welt abgeschoben wurde, dass eine weltstiftende Intelligenz und prospektive Imagination für nichtig erklärt wurde, weil eine Generation zu feige dazu war und sich der Untaten der Väter schämte, mit denen noch einmal ein gewaltiger Mythos durchgegangen war. Das waren nicht meine Väter gewesen!

Vielleicht setzte ich mich hin und begann zu schreiben, weil man mir versucht hatte einzureden, dass es nichts mehr zu erzählen gab. Ich musste mich nur an meine Kindheit erinnern, musste die Narbenbildungen der Sozialisation nachfahren und es war eigentlich klar, dass es genug zu erzählen gab, um den wohlanständigen Jasagern und den pseudoalternativen Mitläufern das Fürchten beizubringen. Warum sollte im alten Europa die Weisheit, die im Erzählen konserviert worden war, verleugnet werden, nur weil der Wahn einmal so epidemisch geworden war, dass es den Überlebenden die Sprache verschlagen hatte. Was ging das mich und meine Generation an? Als gebe es ein weitergereichtes Tabu, an dem die nachfolgende Generation verstummen sollte, nur weil die Betroffenen sich dank des Wirtschaftswunders in der Verleugnung fett fressen mussten. Noch dazu wurde uns vorgebetet, wir sollten uns für Binsenwahrheiten schämen, statt sie zu verwenden, sollten uns angeekelt vom eigenen Bedürfnis zu wissen abwenden, obwohl die gleichen Themen begeistert zu beklatschen waren, wenn sie in einer exotischen Aufmachung präsentiert wurden. Wenn uns ein geschundener südamerikanischer Knecht und

Menschensohn lakonisch den Sinn des Lebens präsentiert, erschauern wir, aber wenn uns ein geleckter Bildungsbeamter die 491 Variationen der Sinnfrage präsentiert, sind wir nicht einmal in der Lage, zerstreut zuzuhören – und das liegt an der Art und Weise, wie die Frage präsentiert wird. Diese Abstumpfung der Aufmerksamkeit ist also so gewünscht, wie die Dummheit des Konsumenten und das Desinteresse des Wählers. Später kapierte ich auch, warum auf der Uni dann vom Tod des Autors die Rede war: Wenn ich wissen will, warum wir den Sinn des Lebens der Inflation unterstellen sollen, muss ich mir nur die Funktionäre der Sinnproduktion ansehen! Und wenn ich wissen will, warum so wenige Leute in der Lage sind, eine tragfähige Beziehung zu kultivieren, muss ich mir nur bewusst machen, wie viele Behinderungen und Verführungen von den Delegierten der Großinstitutionen gesetzt werden, weil die Institution aus der pervertierten Bindungsfähigkeit direkt die notwendige Kraft bezieht. Tatsächlich gibt es ein paar einfache Regeln, die es zu beachten gilt, wenn wir dem Leben einen Sinn geben wollen – und das muss jede/r selbst tun, es kann gar nicht klappen, dass er wir eine Pille verabreicht oder wie eine Predigt nachgebetet werden soll. Für mich ging diese Geschichte soweit, dass ein in der ZEIT gelobter Wissenschaftsminister und praktizierender Christ zu meiner Neukonzeption des ehemaligen Becher Literaturinstituts nur bedauernd absagen konnte: So etwas sei in Deutschland mit Steuergeldern nicht machbar, in Südamerika vielleicht... Damit hatte ich zu kapieren, dass ein bis in die obersten Machtsphären reichendes Intrigengespinst dafür gesorgt hatte, mir klarzumachen, wie auf mein besseres Wissen und die überlegene Einsicht geschissen war, wenn ich mich nicht an die vorgegebenen hierarchischen Verfahrensordnungen halten wollte. So war ich fünfzehn Jahre später wieder bei meiner ursprünglichen Fragestellung angekommen und zugleich bei meinen Anfängen als Hilfsarbeiter, um von der Hand in den Mund zu leben – nur mit dem kleinen Unterschied, dass nun ein paar Bildungsbeamte versuchten, auch noch die einfachsten Hilfsarbeiten zu hintertreiben. So war es nur stimmig und dauerte nicht mehr lange, bis ich durch den Anzeigenverkauf auf einem ganz anderen finanziellen Level weitermachen konnte und einige der Vorschläge aus meiner Konzeption für unser Überleben umzusetzen waren. Wenn die Text- und Ästhetikberatung auf der Ebene eines Literaturinstituts nicht gefragt sein sollte, so zündete sie eben in der freien Wirtschaft.

Früher hatte sich mir immer wieder die Frage aufgedrängt: Was hatte ich in einer Welt der stillgestellten Normalverbraucher und einer den Verzicht predigenden verkrüppelten Elite überhaupt verloren? Erst einmal hatte sich wirklich nur angeboten, zur Droge zu greifen, bis zur Selbstzerstörung rattern, mir die Birne zuzusaufen und bis zur Erschöpfung zu masturbieren – mehr hatte ich im Sozialisationsumfeld des Süddeutschen Rundfunks leider nicht zu Stande gebracht – von ein paar Bildern abgesehen, die der prophetischen Kraft der Halluzinogene zu verdanken waren. Dann folgte eine Phase von vielleicht zehn Jahren, die unter der Überschrift *Die Liebe als Duell* begriffen werden konnte – ich tat alles, um dich zu gewinnen; auf jede Missachtung versuchte ich, mit einer noch größeren Leistung zu antworten. Der Sohn eines Hilfsarbeiters, ein ehemaliger Lustknabe und Gelegenheitsstricher, der die Stillstellungszwänge des Gymnasiums nur als Mehrfachsüchtiger aushielt und aufgrund mehr oder weniger zufälliger Umstände seiner Resozialisation – die nicht einmal förderlich waren, die wehtaten und verzweifelt einsam machten – im Laufe der Jahre in die Lage versetzt worden war, in Philosophie zu promovieren... Ab dem Zeitpunkt, als Deine Widerstände niedergerungen waren, hatte ich den Dämon, der ursprünglich einmal in der Sumpfwelt meiner Mutter zu Hause gewesen war, so weit von mir weg gebracht, dass sich einige Bildungsbeamten in den Kopf setzen mussten, uns vernichten zu wollen. Welch ein Zufall! Das ist die Homöostase des Elends – alles fließt, aber es versucht immer wieder in den gleichen Bahnen zu fließen und wenn es sich von Familiensystemen auf Bildungssysteme verlagert – womit vor allem erwiesen wird, dass es sich um keinen Zufall handeln kann.

Nur eine kleine Variante war eingeschmuggelt worden. Ich war einmal losgeschickt worden, um in der Erfahrung der Einsamkeit und Ausgeliefertheit ein paar besondere Leistungen zu bringen und mich dann den Heldenvorstellungen des großen Einzelnen zum Opfer zu bringen. Ich durfte sogar außergewöhnliche Leistungen vollbringen, aber ich hatte im Gepäck gehabt, mich dafür selbst zu zerstören – so wollten es die Schmarotzer der ersparten Lebendigkeit und außerdem taugte es noch für den Beweis, dass es nicht angeraten sein konnte, die Sphären des Mittelmaßes zu verlassen. Das war die wichtigste Regieanweisung in einer informalisierten Welt, die damit durchaus im Rahmen der kulturellen Normen angesiedelt ist. Und dann war ich auf Deine Zaubermöse gestoßen und auf einmal hatte ich gewusst, dass es wichtigeres gab, dass es nicht lohnte, irgendwelchen Verlockungen des Größenwahns zu folgen, wenn man sie mit der eigenen Vernichtung zu bezahlen hatte, dass es nichts wert war, sich die außergewöhnliche Leistung abzuquälen, damit am Ende nur eine einsame Größe im Imaginären übrig blieb. Also gibt es doch Gründe, warum wir niemals zweimal in den gleichen Fluss steigen! Auch wenn die Erfahrung dann auf einmal erweisen wird, dass es noch viel größere Leistungen braucht, dass es einen Heroismus des Paares braucht, wenn die allgegenwärtigen Störfaktoren und Intrigen aus dem Weg geräumt werden müssen – dass es noch ganz andere Arten gibt, dem Tod ins Auge zu schauen und den Blick zu erwidern, weil zweien die Körperweisheit gemeinsamer Orgasmen zugefallen ist und damit das Elend der Delegation in Schach gehalten, wie die Verführung der Normalität in die Schranken verwiesen wird. Ich könnte einige der bisher gehörten Theoreme über die so erstrebenswerte Einheit des Paars ein wenig anders verknüpfen und das Ergebnis wäre, dass sie eigentlich alle daran arbeiten, genau jene Einheit mit einem Bann zu belegen, der einem Maximum an Unwahrscheinlichkeit zuarbeitet. Der Heroismus des Einzelnen ist nur ein Äquivalent zu den Frösten und Distanzen der Moderne; nachdem die überkommenen Bindungen zerfielen und die Traditionen zu Fiktionen wurden, wäre es angeraten gewesen, sich auf die Ursprünge aller Erfahrung zu besinnen. Aber solange die Spiegelfechtereien der Identität nur dazu führten, dass der bürgerliche Charakter sich mehr und mehr panzerte, dass immer mehr auf die Show des Als-ob gesetzt wurde, mussten damit eben die Chancen verleugnet werden, die mit dem Zerfall überkommener Bindungen freigesetzt worden waren. Tatsächlich müssen wir erst einmal anfangen, uns auf das Unvorhergesehene einzulassen, auch wenn es noch so weh tat, erst einmal lernen, sich auf die Erfahrung des anderen ohne jeden Vorbehalt einzulassen – auf die Durchlässigkeiten und

Übersprungbildungen, auf die Erfahrungen der übergreifenden und umfassenden Prozesse: Auf einmal waren wir Auserwählte und hatten uns zu bewähren, hatten jene Energien wieder freizusetzen, die in die Theologie abkanalisiert worden waren – wir mussten mythische Aufgaben erfüllen, um unsere Welt zu retten und uns zu erlösen. Und wenn Du erst einmal vom einen Tag zum nächsten um dein Leben rennst, wenn es gilt, von jetzt bis gerade eben einfach alles zu verwenden, was dir zwischen die Finger gerät, wird jede familienbedingte Hemmung, jede delegierte Selbstzerstörung, zum überflüssigen Ballast. Alles lässt sich verwenden, selbst die übelsten Fallen können noch dazu taugen, wichtiges über die eigenen Furzideen zu lernen, denn für diese Fragmente der Selbstverliebtheit sind die Fallen konstruiert worden. Mit den falschen Rücksichtnahmen fällt auch die Antriebsstörung weg und dann ist es gar nicht mehr so schwer, zu kapieren, was das eigene Leben für mindestens zwei wert ist und worauf es tatsächlich im Leben ankommt. Du kannst nach einigen Ausscheidungskämpfen wissen, dass Du alle überwunden hast und deswegen eben nicht zum Sieger erklärt werden darfst – dabei kannst Du erschöpft in der Ecke hängen, glücklich und zufrieden, wenn dir klar wird, dass Du ja noch lebst... aber die größte Erleuchtung stellt sich für den Ich ein, wenn auf einmal die schlichte Tatsache in die Synapsen eingebrannt ist: Es ist gut, dass es ein Du gibt, dass es Dich gibt. Vielleicht war das der notwendige Umweg, den es zu gehen galt, als es an der Zeit war, dass wir lernen sollten, das Leben zu schätzen.

Jetzt war ich wieder mit dem Kopf wo anders, aber anscheinend habe ich mir nur Albachs Rede in eigene Erfahrungszusammenhänge übersetzt. Ich spule noch einmal zurück, bis er den Ansatz begründet, in dem sich Pädagogik und Poetik bei Huxley verschmelzen: „Wir brauchen uns nicht darüber wundern, dass in dieser Welt der Wahnsinn herrscht. Die Häufigkeit von Neurosen und Psychosen ist offensichtlich im Steigen begriffen. Noch größere Kliniken, noch humanere Behandlung der Patienten, noch mehr Psychiater, noch bessere Pillen – das alles brauchen wir, und wir brauchen es dringend. Aber das alles wird unser Problem nicht lösen. Auf diesem Gebiet ist die Vorbeugung unendlich viel wichtiger als die Heilung denn der geheilte Patient wird wieder in eine Umgebung entlassen, die Geisteskrankheit erzeugt. Doch wie lässt sich diese Vorbeugung realisieren?

Es gibt nur eine rationale Methode, und die entspricht der, mit der auch das Drogen- und Alkoholproblem anzugehen wäre: Man muss erstens die Realität so annehmbar machen, dass die Menschen nicht ständig den Drang verspüren, ihr zu entfliehen; und man muss ihnen zweitens, wann immer sie das dringende Bedürfnis empfinden, einmal Urlaub zu nehmen, eine seelisch harmlose Fluchtroute bieten. Das Geld, das man – völlig umsonst – für die Durchsetzung eines Drogenverbots ausgibt, sollte besser auf biochemische Forschungen verwendet werden, mit dem Ziel, den idealen Ersatz für Alkohol, Kokain und Opium zu entdecken."

Merk lacht fett raus: „Jeder wie er kann, jeder wie er's braucht! Dass das nicht nur positive Seiten haben muss, zeigt die ,Schöne Neue Welt'. Wir sollten auch nie vergessen, dass die Droge in systemtheoretischer Hinsicht erst einmal dazu dient, das Leben zu bewältigen. Aber es ist eben die gleiche Komplexitätsreduktion, die dann den Motor der Sucht ausmacht. In mancher Hinsicht wollte Huxley zurück zu einer wilden und ungebändigten Dialektik, wie sie von den Frühromantikern gepflegt, worden ist, bis sie von Hegel auf den Dreischritt reduziert wurde. Aber ich will nichts Böses sagen, die Hegelsche Dialektik wäre nicht zustande gekommen, ohne den Rückgriff auf die Mystik. Huxley war im Rahmen einer Ewigen Philosophie auf der Suche nach den Kräften einer Sprachmagie, in der die Dialektik entfesselt wird, um in einem Schnittpunkt von Wesen und Wandel die ursprüngliche Schöpfungsmacht zu streifen. Die Vernunft die ihm vorschwebt, ist dann die der Schöpfung selbst, die Sprache, die sich selber spricht und damit nicht nur Poesie, sondern Schöpfung ist! Wie ich manchmal das Gefühl habe, als finde sich der frühe phänomenologische Ansatz Heideggers – der, und das sollten wir nicht unterschätzen, mit Theologie gesättigt ist –, bei Huxley in den verschiedenen Verkleidungen wieder."

Unser Begleiter unterstreicht diese Ergänzung, als habe er auf das Stichwort gewartet: „Heidegger zufolge impliziert die Abschaffung des Übersinnlichen – Idee, Gott, kategorischer Imperativ, Fortschritt als höchster Wert – nicht die Annullierung der Werte, sondern das Erscheinen eines neuen Prinzips, das die Werte instauriert. Dieses

Prinzip wird fortan der Quell des Wertes sein. Es ist das Leben – und damit sind wir in der langen Tradition der Lebensphilosophie, die von Heidegger in einer ganz eigentümlichen Form forciert worden ist. Für Paz bleibt offen, ob das Wesen des Lebens wirklich der Wille zur Macht ist. Jedenfalls glaubt er nicht, dass Prinzip oder Ursprung des Wertes dasjenige ist, was ihn installiert; auch nicht, dass es seine Grundlage ist. Das Wesen des Willens zur Macht besteht letztlich in dem Wort mehr. Es ist eine Begierde: nicht ein mehr Sein, sondern ein Mehr sein. Nicht das Sein: das Sein Wollen. Dieses Sein Wollen ist die Wunde, an der der Wille zur Macht verblutet. ...ein sein Wollen, und deshalb kann er sich nicht auf sich selbst gründen und die Grundlage der Werte sein. Für Paz war die Kritik, die Marx und Nietzsche an unseren Werten übten, derart radikal, dass von diesen Konstruktionen nichts übrig bleibt. Diese Kritik ist unser Ausgangspunkt, und nur durch sie und mit ihr können wir uns einen Weg bahnen zum Wo? Vielleicht ist dieses Wo nicht in irgendeiner Zukunft noch in irgendeinem Jenseits, sondern in diesem Raum und in dieser Zeit, die mit unserem Jetzt zusammenfällt."

„Es ist allerdings die Frage, ob dies die ewige Gegenwart Huxleys ist", wirft Merk ein: „Soll ich Ihnen erzählen, wie viele unserer Größten davon träumten, wie nett und angenehm es sein könnte, einfach verschwinden zu dürfen. Besteht denn etwas fort in diesem Jetzt? Außer der Lüge? Außer den Produktionen des objektiven Geistes, die in dem Augenblick falsch werden, in dem sie der Verdinglichung unterstehen. Sind die Institutionen nicht tatsächlich in ihrer Beharrlichkeit nur Agenturen der Verleugnung des Lebens? Ist überhaupt noch mit einem Pfund zu wuchern, nach dem Schwinden der Sinne und der Abschaffung des Körpers? Oder ist die Frage einfach falsch gestellt, weil die Zeit längst über die Selbstabtötungsriten der abendländischen Vernunft hinweg gegangen ist. Weil S-Bahnsurfer und Bungee-Springer, Drachenflieger und Extremdiver längst zu einer mythischen Erfahrung des Körpers zurückgefunden haben? Oder weil das Internet uns mittlerweile die Wirkungsweisen des Sozialen Körpers in einer Form zugänglich macht, dass die kollektiven Formen des Unbewussten auf einmal bearbeitbar werden, wie es noch vor einer Generation nur der individuelle Traum war. Virales Marketing und Persönlichkeitsdesign bringen heute Wirkungen zustande, die früher nur begnadeten Schamanen erreichbar waren, was früher Zauberei hieß, ist nun unter dem umständlich unverständlichen und deshalb bewusst abschreckenden Terminus neurolinguistisches Programmieren ganz pragmatisch erlernbar. So wundert es auch nicht, dass einige unserer anspruchsvollsten Autoren den Schamanismus in ihrem Bücherregal wieder entdeckt haben.

Oder anders herum! Ist in all den Änderungen, bei dem vielen, was vergessen oder auch wiederentdeckt wird, nicht die Sprache das, was fortbesteht? Die Sprache ohne Ausflucht und ohne Täuschung, bei der wir uns zugleich ihres metonymischen Antriebs bewusst sind. Gegen das selbstdementierende Gerede und die Verdinglichungen der Metapher – Lacans Begriff des Vollen Sprechens reimt sich wie selbstverständlich auf Ihre Kennzeichnung eines vollen Lebens, das zu sich selbst durch die Vollkommenheit des Sprechens kommt. Und wieder sind wir bei der Poesie! Was mir ein wenig unheimlich ist, wenn ich daran denke, dass wir dem Minnesang, dem Erhebungsmotiv der Lyrik Petrarcas, der Danteschen Unterwelt und der Unendlichkeit des Brunoschen Kosmos über den Umweg der romantischen Alchimistenküche alle unsere Abwesenheitsdressuren verdanken."

„Nicht alle, aber die meisten! unterstreicht Albach und macht dabei einen so wohlgemuten Eindruck, dass nur anzunehmen ist, er befinde sich bei dieser Argumentationslinie in seinem ureigenen Element: „Und trotzdem, damit berühren Huxley und Paz mit der Art und Weise der ästhetischen Erfahrung den Punkt, an dem die Kunst über das bloße Vergnügen hinausgeht und uns Kunde vom Wesen der Welt gibt. Menschen sind Geschöpfe, welche als animalische Wesen und Personen dazu neigen, sich als unabhängig und höchstens durch rein biologische Bande miteinander verknüpft anzusehen, aber soweit sie Animalität und Personalität überwinden, sich als Teile in unvergleichbar größeren physischen und geistigen Ganzheiten wahrzunehmen vermögen. Für solche Wesen lautet das grundlegende sittliche Gebot: Du sollst Deine Einheit mit allem Sein verwirklichen!" Merk ist wieder überzeugt dabei: „An diesem Ansatz finde ich vor allen Dingen den Bezug auf Whitehead bemerkenswert. Die letzte Wirklichkeit mag unpersönlich und nichtethisch sein, aber alle Wege dorthin führen über den symbolischen Tausch und die Reziprozität der Kommunikation. Die evolutionären Eigenschaften, die zum biologischen Fortschritt geführt haben, sind die gleichen, die es dem Einzelwesen erlauben, der Abgegrenztheit zu entkommen: Intelligenz und die Neigung zum Zusammenwirken – wie Sie sagen sind Liebe und Verstehen auch biologisch die höchsten Werte. Der Hass, die Dummheit und die Negation sind tatsächlich Triebkräfte, die daran arbeiten, ihre Protagonisten aus der Welt zu schaffen. Für Whitehead ist das Böse das, was Abgrenzung bewirkt – und damit ist es in the long run selbstvernichtend. Er geht von einer Unbeständigkeit des Bösen aus und übersieht dabei allerdings, dass das Böse sich aufgrund des Opferkults erhält – denken Sie an die Untersuchungen Girards. Solange Opfer produziert werden können, erhält sich eine kommunikative Gemeinschaft, ohne auf den ursprünglichen Bezug auf das Negative, den Neid und die Zukurzgekommenheit, verzichten zu müssen. In diesem Sinne deutet sich schon bei Whitehead an, was unter dem Begriff eines blankpolierten Spiegels als Technik des intellektuellen Jiu-Jiutsu propagiert worden ist. Normalerweise treten solche Phänomene nicht in Erscheinung, aber in den Extremerfahrungen, die Sie mein lieber Albach ja für den Königsweg der Pädagogik halten, unter einem äußersten Zwang, gibt es eine zarte und bescheidene aber unabweisbare Evidenz: Wenn es gelingt, der Wirkungsgewalt des Bösen mit guter Laune und selbsterfüllenden Säften gegenüber zu treten, bleibt nicht viel von der Negation übrig. Und ich finde das recht überzeugend, wenn die einfache Volksweisheit: Wer andern eine Grube gräbt, fällt selbst hinein, nun im Rahmen einer relationsmetaphysischen Kosmologie eine umfassende Bestätigung erfährt. Die Selbstvernichtung des Bösen geschieht im Kollaps, wenn die ganze Negationsmacht sich plötzlich einer Positivität gegenüber sieht, auf die sie nicht gefasst war. Oder schleichend, wenn der Sexualneid, die Intrigen der Minderbemittelten und die üble Nachrede derer, die ihr Leben auf die Verleugnung gesetzt haben, in der Resignation in sich zusammenfallen. Das Rumpelstilzchen der Intrige, das sich, wenn es gewahr wird, dass das Hinterherhinken sinnlos geworden ist, angesichts von Menschen, die sich des Lebens freuen und die Intensität des Hier und Jetzt in einer uneinholbaren Weise reziprok erfüllen, nur noch ein Bein ausreißen kann, um von der Erde verschluckt zu werden. Ich finde, dass dies eine unerwartete aber nicht widersprüchliche Erscheinungsform des symbolischen Tausches ist. Tatsächlich heißt es ja nur, dass der auf Verleugnung und Askese beruhenden Selbstdefinition als logische Reaktion die panische Selbstabschaffung bleibt! Schon im Umfeld der Schule Epikurs finden Sie die Einsicht, dass derjenige kein Liebling der Götter sein kann, der dem Neid und dem Vernichtungswillen ergeben ist."

Albach zuckt mit den Schultern, er hat keinen Grund, sich irgendwelchen Rachegelüsten hinzugeben. Sie sind ihm nicht einmal fremd, aber so wie es bisher klang, sieht er den ganzen Prozess unter einem produktiven Blickwinkel. Für Albach ist es wichtig, dass er ein operationales Konzept für die Erleuchtung des Menschenjungen ausarbeiten kann, er will den Geistesblitz nicht als ungezielt einschlagende Energie erfahren, sondern er will dazu beitragen, dass die Betroffenen lernen, ihn zu steuern: „Harmonisches Leben ist für Huxley eine Frage von Takt und Sensibilität, von Urteil, Abwägung und unaufhörlicher Berichtigung, von guter Kinderstube und aristokratischer Moral aus Gewohnheit und Instinkt. So wie es für Benjamin noch hieß: Kritik ist eine Sache des richtigen Abstands – einer gewachsenen Relation von Nähe und Ferne. Aber eben das ist zu schwierig und im zwanzigsten Jahrhundert immer fraglicher geworden. Es ist leichter, nach fixierten Regeln zu leben, als nach Takt und Urteil; chirurgische Operationen sind – sie finden fast die gleichen Kennzeichnungen bei Huxley und bei Benjamin, der Chirurg ist dem Magier in der Nähe-Ferne-Relation entgegengesetzt – leichter zu bewerkstelligen als lebendige Abstimmungen. Eine gusseiserne Moral ist nicht bewundernswert; sie ist im Gegenteil das Eingeständnis einer Lebensangst, einer Unfähigkeit, sich mit den Erfahrungsgegebenheiten in der Form, wie sie sich bieten, auseinanderzusetzen – mit einem Wort: einer Schwäche, bei der die Menschen Scham empfinden sollten, nicht Stolz. Die Angst ist wirklich die Mutter der Methode – aus diesem Grund halte ich es auch für verfehlt, wenn Huxley ein insgeheimer Aristokratismus vorgeworfen wird. Der Adel des Erkennens und Erwachens zu einer höheren Bewusstseinsstufe ist beim ihm oft an den Mutterwitz und die Naivität des offenen und ungesicherten Erkundens gebunden. ‚Leicht, leuchtend und gütig' hat Kassner den kindlichen im Gegensatz zum schauspielernden Charakter genannt und nicht anders akzentuiert Huxley die naive und kindliche Generosität dessen, der bei sich und mit sich eins ist. Das Streben nach dem Übermenschentum ist das zutiefst verwerfliche Eingeständnis, dass einem der Mumm, der Witz und das Maß dazu fehlen, ein erfolgreiches und vollständiges Menschentum zu praktizieren. Und diese Einschätzung halte ich für ganz wesentlich. Die Strammsteher und Marschierer, die eifrigen Mitläufer und die verbohrten Überzeugungstäter haben alle nicht den Mut gehabt, sich auf die Vielschichtigkeit der lebendigen Vollzüge einzulassen und dafür lieber die Schimäre des festen Charakters oder den Wahn des Ideals eingetauscht – auch wenn beide in der Regel auf einem schlichten Selbstbetrug beruhen: Den Zwang für den ureigensten Willen ausgeben zu wollen."

„Moment bitte, da ist etwas unklar oder einfach noch nicht weit genug durchdacht!" wirft Merk ein. „Haben Sie nicht selbst gesagt, alle scheinbaren Überzeugungen müssen erst einmal gebrochen und als Müll erwiesen werden? Bisher hatte ich den Eindruck, Ihre Propagierung des sozialen Todes hatte genau dieses Ziel: Dass die Probanden in die Lage kommen, das Unabweisbare als den eigenen Willen zu definieren!"

„Nein, auf keinen Fall, ich argumentiere aus einer genau entgegengesetzten Richtung", widerspricht Albach. „Aus diesem Grund ist mir Huxleys Argumentation so wichtig. Wenn er den Leitspruch ‚tu was Du willst' für seine Zwecke umfunktioniert, ist vorausgesetzt, dass erst einmal geklärt worden ist, wem dieser Willen zuzuordnen ist und was dieses Wollen tatsächlich bedeutet. Er hat sich nicht im alten England in ein Kloster zurück gezogen, sondern er ist nach Hollywood gegangen. Und wenn Sie seine Altersutopie lesen, stellen Sie fest, dass er versucht die Einsichten aus den zwanziger Jahren an den vorgeschobensten Posten des Jahrhunderts zu bewähren.

Aus diesem Grund bin ich nicht für die Produktion junger Götter zu haben, sondern arbeite an einer Erweiterung des Spektrums – wir wollen echte Menschen hervorbringen, Menschen die das Tierische und das Göttliche in sich zum Einklang zu bringen in der Lage sind. Huxley kennzeichnet die Mittel, mit denen Menschen sich in Übermenschen zu verwandeln suchen, als mörderisch. Das große Verdienst des Ideals vervollkommneten Menschentums liegt tatsächlich darin, dass seine Verwirklichung nur mit Mitteln unternommen werden kann, die lebensbejahend, nicht lebenszerstörend sind. Denn der vervollkommnete Mensch ist der vollständige Mensch, der Mensch, in dem alle Elemente der menschlichen Natur bis zu jenem höchsten Grade entfaltet sind, der mit der Entwicklung und Aufrechterhaltung einer psychologischen Harmonie im Individuum und einer äußeren sozialen Harmonie zwischen dem Individuum und seinen Mitmenschen vereinbar ist. Der am Modell der chirurgischen Operation orientierte Typ von Sittlichkeit, der die praktische Ergänzung des übermenschlichen Ideals ist, muss bei denen, deren Bestreben es ist, Menschen im vollen Wortsinne zu werden, einer Moral der lebendigen Anpassung, von Takt und Geschmack, von ins Gleichgewicht gebrachten Widersprüchen weichen. Das Ideal des vollendeten Menschentums verlangt von denen, die es sich zu eigen machen, nicht Selbst-Mord, sondern Selbst-Harmonie."

„Und die Widersprüche in ein Gleichgewicht zu bringen, ist etwas anderes, als sie abzuschaffen", bekräftigt unser Begleiter. „Es heißt tatsächlich, ein viel größeres Spektrum von Möglichkeiten des Menschlichen zuzulassen. Sie können praktisch alles als Antrieb für die Erweiterung des Repertoires der menschlichen Möglichkeiten verwenden – Sie dürfen nur nicht anfangen, gewisse Antriebe mit einem Tabu zu belegen, nur weil sie auch zu Verbrechen führen können, denn dann bleibt ganz schnell gar kein Antrieb mehr übrig. Das ist ein wesentlicher Unterschied, der schon am Anfang der menschlichen Geschichte auszumachen ist! Sie können das Gute pflegen oder das Schlechte bekämpfen. Das eine ist im Rahmen der beschränkten Kräfte, die den Lebenden zur Verfügung stehen, realisierbar, das zweite wird alle Kraft fressen und trotzdem das Böse befördern." Auffällig ist, dass er gerade nicht mehr den sprachgestörten Fremdenführer oder den Heiligen, der soeben von einer Säule herunter geklettert ist, spielt, sondern dass er sich engagiert, dass er zwischen den Positionen eines Albach und eines Merk vermittelt und trotzdem noch einen Trumpf im Ärmel zu haben scheint: „Die Kunst ist für Paz das, was von der Religion bleibt: der Tanz über der Grube – und damit wird für mich Kunst immer eine Vorschule der Lebenskunst sein. Die Dialektik ist das, was von der Vernunft bleibt, also die Kritik des Wirklichen und die Forderung, den Schnittpunkt von Bewegung und Wesen zu finden – und damit sind wir im Zentrum all dessen, was den Menschen ausmacht: Rede und Gegenrede, Dialoge und Verständigungsbemühungen. Die vielfältigen Erscheinungsformen der Kommunikation besiedeln alle den Bereich des Dazwischen. Sartre denunziert die Literatur als eine Illusion und das mag ja richtig sein, aber es ist noch nicht alles: Wir schreiben, weil wir nicht so leben können, wie wir gerne möchten – oft genug schreiben wir, weil gar nichts anderes mehr bleibt! Und dennoch hat die Geschichte erwiesen, dass genau aus dieser Schreibe dann die Wurzeln eines neuen Weltverständnisses entstehen können. Sie kennen das Zitat: Die Philosophen haben die Welt nur verschieden interpretiert... Von der Forderung nach ihrer Veränderung bis zu der Interpretation: Es gelte nun, sie zu verschonen, war ein gewaltiges historisches Lernpensum notwendig. Schon die Lyrik ist ein Einspruch gegen alle zweckrationalen Vollzüge, die magischen Zwischenwelten der Sprache erinnern daran, dass es mehr und anderes gibt, als eine Welt, die auf das platte Zweckdenken zurecht geschustert worden ist. Aber das ist für Paz noch immer nicht alles. Die Literatur ist der Ausdruck eines Mangels und das Mittel, diesen Mangel zu beheben. Auch das Gegenteil ist wahr: das Wort ist die Grundbedingung des Menschen. Es ist ein Mittel gegen das unsinnige Geräusch und Schweigen der Natur und der Geschichte, doch zugleich ist das Sprechen die menschliche Tätigkeit par excellence. Leben impliziert Sprechen, und ohne Sprechen gibt es für den Menschen kein volles Leben. Die Poesie, die die Vollkommenheit des Sprechens ist – Sprache, die zu sich selbst spricht – lädt uns zum totalen Leben ein. Die Verachtung für das Wort verrät, dass Sartre sich nicht nach der menschlichen Fülle sehnt, sondern nach dem vollen Sein. ... Seine Idee vom Menschen ist die des Falls: wir sind Mangel, Entbehrung, Leere. Der Entwurf ist ein Versuch, das Loch auszufüllen, dem Mangel an Sein abzuhelfen. Aber der Entwurf sagt uns nichts über eine Wirklichkeit, die uns noch in der Leere die Fülle zeigt: die Werke. Dank ihrer treten wir in eine andere Welt von Bedeutungen ein und sehen unsere eigene Intimität in einem anderen Licht: wir verlassen das Gefängnis des Ich. ... Jedes große Kunstwerk zwingt uns, uns zu fragen, was die Sprache ist. Diese Frage zieht die Bedeutungen, die Welt der Überzeugungen, von denen der historische Mensch lebt, in Zweifel, damit der andere erscheine."

„Verstehen heißt, sich etwas sagen zu lassen! Verstehen heißt also nicht, dass man das rausholt, was so oder so schon mitgebracht wurde. Aus diesem Grund entzündet sich die moderne Hermeneutik eines Gadamer am Kunstwerk! Und ich denke, die Prozesse, die dafür sorgen, dass ein Kunstwerk ein stimmiges Ganzes ist, in dem alle Teile so miteinander kommunizieren, dass sie eine kleine Welt für sich hervorbringen, ist ein Modell für das erweiterte Bewusstsein, an dem Huxley arbeitete." Richtig eifrig erklärt Albach, warum es eben die Erfahrung des anderen ist, die dafür sorgen kann, dass das Ich nicht in sich eingemauert bleiben muss, dass seine Grenzen gesprengt werden können. Nur frage ich mich dabei, warum sein Ausgangspunkt dann der soziale Tod ist. Aber was soll's, Albach muss sich dieser Fraglichkeit nicht stellen: „Es hat unabweisbare Gründe, warum sich die großen philosophischen Fragen an der Krücke der Ästhetik durchs zwanzigste Jahrhundert gerettet haben. Wenn uns etwas ergreift, sind wir etwas mehr, als wir mitgebracht haben; wenn unsere Hand zugreift, nehmen die Finger den Gegenstand war und nicht sich als Finger; wenn uns eine Schönheit begegnet, uns für einen Augenblick der Atem stockt und der Mund ganz trocken wird, wissen wir, dass Rimbaud recht hat: Ich ist ein anderer! Und es ist auch gar nicht verwunderlich, dass das Zeitalter des Cyberspace mit den weltumspannenden Datennetzen zur Rehabilitierung der Ästhetik führen konnte. Art und Bedeutung der ästhetischen Erfahrung zu behandeln würde uns jetzt zu weit führen. Es genügt hier mit Huxley und Dewey der Hinweis, dass die besten Werke der Literatur, der bildenden Kunst und Musik uns mehr bieten als bloßes Vergnügen; sie geben uns Kunde vom Wesen der Welt."

„Einen Moment bitte, damit überziehen Sie die Argumentation ein wenig!" wirft Merk ein: „So schlagen Sie zwar einen Bogen zu den Gesetzmäßigkeiten, die das Verstehen genauso kennzeichnen wie die ästhetische Erfahrung – aber bei Huxley ist an die Gesetzmäßigkeiten der Meditation gedacht, an deren Ursprung er die umfassendste Form der Kommunikation ansiedelt, die vollendete Reziprozität der Gefühle nicht weniger als das Gewahrwerden des Göttlichen. Ich glaube nicht, dass Gadamer damit einverstanden wäre, wenn wir die Hermeneutik wieder auf die Auslegekunst göttlicher Winke und das Priesterwissen um den Vogelflug und die Zeichen in den Eingeweiden zurückführen." „Das wollen wir auch nicht. Aber mir ist schon wichtig, dass zu sehen ist, wie die Wurzeln einer Ewigen Philosophie quer durch die Fachrichtungen und Schulbildungen Triebe schießen und dass die Philosophen auf Huxleys Untersuchungen zu dieser Philosophie nicht reagiert haben, eben weil er die Grenzziehungen zwischen den wissenschaftlichen Disziplinen nicht beachtet hat", erwidert Albach eilig. Auf einmal beginnt er wieder zu stottern und muss sich eine Weile mit seiner Pfeife beschäftigen, dann hat er sich so weit gefangen, dass er erklären kann: „Und dabei ist dieser grenzüberschreitende Zugriff fast schon eine Garantie für neue Erkenntnisse! Auch hier zeigt sich nur, dass die betonierten Abgrenzungen tot sind und der Fortschritt in den interdisziplinären Verspannungen zu Hause ist. Für Huxley heißt das: Meditation ist die Kunst, eine »überrationale Willenskonzentration« hervorzubringen. Aber Meditation ist noch weit mehr als eine Methode der Selbsterziehung. Sie galt auch in allen Weltteilen und seit den fernsten Zeiten als eine Methode, Kenntnis von dem Wesen der Dinge zu erwerben und eine Verbindung zwischen der Seele und dem innersten Prinzip des Weltalls herzustellen. Meditation ist, mit anderen Worten, die Technik der mystischen Erfahrung. Richtig und mit gebührender Vorbereitung – körperlicher, geistiger und sittlicher – ausgeübt, kann die Meditation in einen Zustand führen, den man »transzendentales Bewusstsein« genannt hat – unmittelbare Wesensschau einer letzten geistigen Wirklichkeit und Einswerden mit ihr, die, über das Ich hinausreichend, in ihm selbst beschlossen erscheint. »Gott in den Tiefen unseres Seins«, zitiert Huxley Ruysbroek, »empfängt Gott, der auf uns zukommt: Gott schaut Gott. « Und dieser ist nicht der einzige Gewährsmann für die Überzeugung, dass das Göttliche sich gar nicht aus der Welt zurück gezogen hat, dass es nur in andere Erscheinungsformen umgegossen wurde – und die entscheidende Einsicht greift eben auf die holographische Auffassung der Seele zurück, die damit zum Organ des Ganzen und zu jener Erfahrungsform Gottes wird, der als vollendeter Kreis zugleich das Zentrum und jeder einzelne Punkt auf dem Bogen ist.

„Bei allem, was sich um das Transzendentale rankt, denken wir traditionellerweise an Kant!" wirft Merk ein. „Die Transzendentalphilosophie hat nichts mit den Phänomenen der Bewusstseinserweiterung zu tun. Da geht es um die Kategorien des Denkens und die Formen der Anschauung, die die Bedingungen der Möglichkeit einer Erfahrung oder einer Verständigung ausmachen. Also ein streng logisches und formales Unternehmen, das untersucht, wie ein Denken im allgemeinmenschlichen Sinne strukturiert sein muss, dass überhaupt etwas erfahren werden kann und dass wir über dieses Etwas sprechen und prinzipiell von den selben Prämissen zu den selben Ergebnissen kommen können. Weil es keine Unmittelbarkeit gibt, weil es nicht möglich ist, dass einer im Kopf eines anderen denkt oder hört, hat Kant erst einmal den Apparat konstruiert, der vorausgesetzt werden muss, dass die Prozesse in der Wahrnehmung und im Denken auf derart vergleichbaren Gesetzmäßigkeiten beruhen, dass so etwas wie ein Einverständnis anzielbar ist. So etwas wie Unmittelbarkeit kann es nicht geben! Also beruht die Erfahrung auf dem Prozess einer unendlich dicht vernetzten Semiose und dann ist alle scheinbare Unmittelbarkeit hergestellt und nur der Weg dorthin wird ausgeblendet oder untersteht der Komplexitätsreduktion.

Was im Gefolge von Huxley allerdings transzendentales Bewusstsein genannt wurde, ist eine falsche Etikettierung. Auf einmal wird die Unmittelbarkeit, als die Grundlage der Vermittlung ausgegeben – oder andersherum: die Telepathie wird zu einer Spezialform der Intuition und wenn wir das wirklich akzeptieren, steckt auf einmal in jeder Alltagskommunikation ein Wunder, in jeder funktionierenden Wahrnehmung eine minimale Voraussetzung der Seelengleichheit. Auf einmal sind wir wieder an ein Netz von Ähnlichkeiten und Sympathien verwiesen und genau das hatte die kopernikanische Wende des Kantischen Denkens als obsolet erwiesen."

„Aber genau so ist es! Huxley sieht sehr genau, wie sehr das moderne Weltbild eine solche Einsicht erschwert, aber er bezieht sich auf Traditionslinien, denen gegenüber die Moderne nicht mehr als eine Episode erscheint," erwidert Albach ungerührt: „Seine Auffassung von der geistigen Beziehung des Menschen zum Weltall wurde vorweggenommen durch die buddhistische Lehre, dass Begierde die Quelle der Illusion ist.

Die Seele ist in dem Maße frei von Illusion, als sie die Begierde überwunden hat. Das gilt nicht nur für den Wissenschaftler, sondern ebenso für den Künstler und Philosophen. Nur der selbstlose Geist kann über den Gemeinverstand und über die Grenzen des animalischen oder durchschnittlich sinnlichen Menschenlebens hinausgelangen. Der Mystiker zeigt den höchsten Grad der Selbstlosigkeit, den Menschen erreichen können, er vermag sich daher von der gewöhnlichen Begrenztheit vollkommener freizumachen als der Wissenschaftler, der Künstler oder der Philosoph. Was er jenseits der Welt des durchschnittlichen Sinnesmenschen entdeckt, ist eine geistige Wirklichkeit, die allen scheinbaren Einzelwesen einheitsschaffend zugrunde liegt – eine Wirklichkeit, in der er aufgehen und aus der er sittliche, ja physische Kräfte ziehen kann, welche nach gewöhnlichen Maßstäben nur als übernormal bezeichnet werden können,

Die letzte Wirklichkeit, wie sie sich dem erschließt, der willens ist, sein Sein so zu verwandeln, dass er unmittelbare Erkenntnis von ihr gewinnt, ist, wie Huxley gezeigt hat, nicht-persönlicher Natur. Da sie nicht persönlich ist, haben wir kein Recht, ihr ethische Qualitäten zuzuschreiben. »Gott ist nicht gut«, zitiert er Meister Eckehart. »Ich bin gut« – Güte ist das Mittel, wodurch Menschen die Illusion, unabhängige Einzelwesen zu sein, überwinden und sich auf eine Ebene des Seins emporheben können, auf der es ihnen möglich wird, durch innere Sammlung und Meditation die Tatsache ihres Einsseins mit der letzten Wirklichkeit zu erfassen, diese zu erkennen und sich bis zu einem gewissen Grad wirklich mit ihr zu verbinden.“

„Das ist mir für unsere Zwecke zu weit hergeholt und ich sehe auch keinen Praxisbezug. Aber okay, ich will mal versuchen, einige der nicht unwichtigen Einsichten in unsere Zeit zurückzuholen“, meldet sich Merk zur Stelle und erklärt: „Ein wesentlicher Gedanke, dessen Ausarbeitung ich aber vorerst noch einmal zurückstellen möchte, scheint mir, dass die Wahrheit erst jenseits der Begierde erfahrbar ist. Natürlich liegt das Ideal der Askese nahe, aber wir haben aus dem Osten auch die Einsicht aufgenommen, dass die Ausführungen des Begehrens einer Disziplin unterstellt werden können, die ähnliches und in manchen Fällen noch viel mehr leistet. Das scheint mir auch der legitime Ansatz einer Schule der Liebe.“ Merk ist gut drauf, er weiß, dass er mit diesem Zugang einiges in Bewegung bringen kann, ohne sich von seinem ideologiekritischen Ansatz verabschieden zu müssen.

Er scheint sich so sicher, dass er auf dem Terrain Albachs zu improvisieren beginnt und eine Gedankenbewegung ausführt, die ich ihm nicht zugetraut hätte: „Aber noch einmal zurück zu Ihren historischen Ausführungen. Im 20. Jahrhundert erfand sich auch eine dialogische Theologie neu und parallel dazu, ohne dass die beiden sich überhaupt zur Kenntnis nehmen mussten, wurde die Semiotik eines Atheisten, der von Kant ausging, ich spreche von Peirce, weiterentwickelt. Und es erstaunt immer wieder, wie nah dieser Begründer des Pragmatismus der aktuellen Systemtheorie kommt und wie er zugleich einige der alten Fragestellungen der Metaphysik mit einer verblüffenden Umkehrung erledigt – und zwar nicht fertig macht, sondern zufrieden stellt. Mit dem Erfolg, dass es nichts gibt, das nicht als Zeichenprozess und damit als ein System von Vermittlungen gelesen werden kann. Dass es nichts gibt, das nicht als Antwort interpretiert werden kann und eine skeptische Philosophie beginnt sich auf einmal behutsam auf den Weg zu machen, um die ursprüngliche Frage wieder zu entdecken. Die Welt ist die Antwort, aber wie lautete die Frage... Die Dialektik der Magie der Sprache heißt doch: Das Wort hat Macht! Schöpfungskraft – wer sich im Jahrhundertgeschäft der Semiotik auf den Weg einer Physiognomie der Kulturen macht und den symbolischen Ausdruck zu fassen sucht, den die Geschichte in der jeweiligen Sprache gefunden hat, ist nach wie vor an dem magischen Projekt Francis Bacons beteiligt, die Welt nach den Bedürfnissen des Menschen umzugestalten. Von Bacon stammt eine frühe Form der Ideologiekritik, aber zugleich eine Form des sapere aude – habe den Mut zum Wissen, zum Schöpfungswissen und der Kraft der magischen Formen – die als Leitspruch der Aufklärung erst einmal durch eine Geschichte der Hermetiker, Alchimisten und Spinozisten hindurchgehen musste, bis sie für die Normalvernunft zurechtgeschustert war und dann heißt: Habe den Mut, deinen Verstand zu gebrauchen. Doch das Wissen sitzt auf einem ganz anderen Plateau und verfügt über eine wesentlich höhere Seinsmächtigkeit... aber was soll's – der Gedanke ist nicht verloren gegangen und taucht mehr oder weniger inkognito in den wesentlichen Epochenbrüchen wieder auf. Spinozas Pantheismus war das Prinzip, dass alles mit allem zusammenhängt. Und damit sind wir wieder bei Ihrer Zeitkonzeption! Was mich ein bisschen stört, ist die Hervorhebung der Metapher, ich halte es für fraglich, in die Verdinglichung einzuwilligen."

Unser Begleiter lächelt geneigt und hat während der Erklärung immer wieder bekräftigend genickt. Irgendwie scheint es, als haben diese drei Figuren sich schon gefunden, so fremd sich die Ausgangspunkte sein mögen, so stimmig laufen die Argumentationen immer genauer auf eine Vereinigungsmenge zu: „Für Paz laden sich die Dinge, von der Hand des Menschen berührt, mit Sinn auf, werden zu Frage und Antwort. Alle menschlichen Werke sind Sprachen. Der Dichter verwandelt das Wort nicht in einen Gegenstand: er gibt dem Zeichen seine Vielfalt von Bedeutungen zurück und nötigt den Leser, sein Werk zu vollenden. Das Gedicht ist ständiges Wiedererschaffen. Wenn wir vor einem Wandel der Zeiten stehen, was ich fest glaube, affiziert dieses Phänomen unsere Anschauungen und Denksysteme. In Wahrheit ist das, was aufhört, die geradlinige Zeit, und das, was beginnt, ist eine andere Zeit. Aus diesem Grund heißt es für ihn: Die Bedeutung des Wortes Revolution als gewaltsame und entscheidende Veränderung der Gesellschaft gehört einer Epoche an, die die Geschichte als einen endlosen Prozess auffasste. Die Geschichte war ein ständiges Vorrücken. Dieser Gedanke hätte in der alten zyklischen Auffassung der Zeit nicht aufkommen können. Der Bruch mit der alten kreisenden Zeit war das Werk der Vernunft. Doch der Bruch wäre nicht möglich gewesen, hätte die Vernunft nicht vorher ihre Position geändert. ... In dem Augenblick, da die Vernunft die Kritik ihrer selbst unternahm, nachdem sie die der Götter geübt hatte, hörte sie auf, die Mitte des Kosmos zu sein. Deswegen verlor sie nicht ihre Vorrechte: sie wurde zum revolutionären Prinzip par excellence."

„Genau das meint Huxley, wenn er die Aufklärung und die daraus folgende Moderne eine Episode nennt!" wirft Albach ein: „Er zeigt, dass es Wahnsinn ist, sich selbst für eine Seele, für eine zusammenhängende, dauernde menschliche Wesenheit zu halten und hat damit schon einige der wesentlichen Ansatzstellen Hackings diskutierbar gemacht – und über dessen Perspektive auf die Geschichte der Trance, bzw. auf die

Zwangsveranstaltungen, mit denen das eine und identische Ich hergestellt worden ist, müssen wir uns noch ausgiebig unterhalten. Zwischen dem Tier in der Tiefe und dem Geist in der Höhe gibt es für Huxley auf der menschlichen Stufe nichts als Schwärme von Konstellationen aus Trieben, Gefühlen und Vorstellungen, zusammengehäuft durch die Zufälle der Vererbung und Sprache, Schwärme von inkongruenten und oft einander widersprechenden Gedanken und Wünschen. Das Gedächtnis und der langsam sich verändernde Körper sind ein raumzeitlicher Käfig, in den ein solcher Schwarm gesperrt ist. Von diesem zu reden, als wäre er eine zusammenhängende, unvergängliche »Seele«, ist Wahnsinn. In der nurmenschlichen Sphäre gibt es so etwas wie eine Seele nicht... weil keine Notwendigkeit sie zwingt, ausschließlich auf der menschlichen Ebene des Daseins zu verharren. Es liegt in ihrer Macht, aus der Sphäre, wo Gott nicht ist, in jene überzugehen, wo Gott ist. Jedes Glied des psychischen Schwarms ist vorbedingt, und vorbedingt ist auch der ganze Schwarm. Doch hinter ihm, und zugleich ihn umfassend und in seine Zwischenräume eindringend, liegt die Ewigkeit, bereit und darauf wartend, sich selbst zu erleben. Wenn sich die Ewigkeit aber in dem raumzeitlichen Käfig des Einzelmenschen selbst erleben soll, muss der Schwarm, den wir »Seele« nennen, freiwillig der Raserei seiner Betätigung entsagen, muss sozusagen dem zeitlosen Bewusstsein Platz machen, muss schweigen, damit eine tiefere Stille hörbar werden kann. Gott ist nur dort anwesend, wo unser so genanntes Menschentum ganz anwesend ist. Keine eherne Notwendigkeit verurteilt den Einzelnen zu der zwecklosen Qual, nur Mensch zu sein. Sogar der Schwarm, den wir Seele nennen, hat die Macht, seine irrsinnige Betätigung zeitweilig zu unterbrechen und, wäre es ,auch nur für einen Augenblick, abwesend zu sein, damit, wäre es auch nur für einen Augenblick, Gott anwesend werde. Aber lass die Ewigkeit sich selbst erleben, lass Gott oft genug, in Abwesenheit menschlicher Begierden, Gefühle und Beschäftigungen, anwesend sein, und das Leben, wie es in den Zwischenzeiten auf der menschlichen Ebene gelebt werden muss, wird sich verwandeln."

„So leid mir's tut, aber das ist die reinste und unanwendbarste Mystik", konstatiert Merk: „Außerdem sollten wir nie vergessen, dass wir der Aufklärung nicht nur die Entwicklung der technischen Zivilisation verdanken, sondern auch alles, was in den weiten Bereich der Menschenrechte gehört. Ohne den aufgeklärten Toleranzgedanken hätte ein Huxley sich nicht mit Gebieten beschäftigen können, die ihm in früheren Jahrhunderten den Scheiterhaufen garantiert hätten – und wenn Sie den starken Einfluss der Schwulen auf die kulturelle Entwicklung der letzten hundert Jahre nachvollziehen, so hätte es unter dem Einfluss der Kirche und des autorisierten Glaubens all dies nicht gegeben. Aus diesem Grund meine ich, ist der Bezug auf die ewigen Wahrheiten mit großer Vorsicht zu genießen: Die, die heute mit allen Spielarten der Mystik fremdgehen, wären die ersten gewesen, die in einer Welt ohne die Prämissen der Aufklärung über die Klinge gesprungen wären.

Vielleicht sollten wir also für eine neue, wendigere, beweglichere und für das Andere offene Aufklärung plädieren. Für eine feurige Vernunft, wie einmal Friedrich Schlegel formulierte, für eine physiognomische Vernunft, wie sie Hardenberg oder Ritter vorschwebte. So möchte ich in diesem Zusammenhang lieber noch einmal zurückfragen: Dann ist also die in den verschiedensten Zusammenhängen gekennzeichnete Physiognomik der Sprache Ihr Motor der Dialektik?"

Unser Begleiter wiegelt ab, die ganze Körperhaltung hat etwas abbittendes, als er sagt: „Viel eher, dass für Paz diese Zeit nicht alle Zeiten ist. Und damit sind wir in beiden Fällen an wichtigen Einsichten angekommen, die in Hackings Untersuchungen zur multiplen Persönlichkeit zur Sprache kommen. Die multiple Persönlichkeit ist nichts anderes als der Schwarm! Wenn die Dialektik sich für Paz nicht auf sich selbst gründen kann, so deshalb nicht, weil sie, wie alle Philosophien der Neuzeit, auf einen Abgrund gegründet ist. Dieser Abgrund ist die Trennung von der alten zyklischen Zeit. Unsere Zeit ist die Suche nach der Grundlage oder, wie Hegel sagte, die des Bewusstseins der Trennung. Und es heißt, der Marxismus, darin Hegel treu, ist ein Versuch gewesen, das Getrennte zu vereinen. Allerdings kann man sich darüber Gedanken machen, dass vieles, das im Marxismus keinen Platz hat, von den Kunstwerken bis zu den Leidenschaften: all jenes, was einmalig ist, sei es in einem einzelnen Menschen oder in den Kulturen, dann keine Rolle mehr spielen soll. Marx war unempfänglich für das, was eine von Nietzsches Entdeckungen sein könnte:

die Physiognomie der Kulturen, ihre besondere Form und ihre singuläre Berufung. Er sah nicht, dass der so genannte 'Überbau', bei weitem kein bloßes Abbild des Produktionssystems, sondern auch symbolischer Ausdruck ist, und dass die Geschichte, die eine Sprache ist, vor allem eine Metapher ist. Diese Metapher bedeutet viele Metaphern: die menschlichen Gesellschaften, die Kulturen; und eine einzige Metapher: der Dialog zwischen dem Menschen und der Welt. Damit habe ich wohl auch ganz klar gesagt, dass die Metapher bei Paz etwas Gleitendes hat, dass sie jeder Verdinglichung entgegensteht. Und wenn Sie die Ergebnisse der Kommunikationspsychologie betrachten, werden Sie feststellen, dass manches von Huxleys Schwarm in Schulz von Thuns Konzeption des Inneren Teams wieder auftaucht."

„Das war kein schlechter Konter", erwidert Merk und deutet gleichzeitig in die Ferne, als wolle er zur Eile drängen. Wie ich sehe, hat sich das zweite Grüppchen aufgelöst, einige der Figuren schieben ihre Schubkarren schon weiter, einer wird gerade noch von zwei Mädels bearbeitet und das Grüppchen um Mutzlacher bewegt sich lachend und krakeelend in unsere Richtung: „Danke schön! Wenn es denn einer war... Sie haben zu Ihren Zwecken die Metonymie in die Metapher eingebaut. Paracelsus unterschied die verschiedenen Formen der Mimesis und da waren Wirkungen durch Raum und Zeit dabei, die nur auf sprachlichen Ähnlichkeiten beruhten. Die Zeit gedacht als eine Form der Durchschnittsmenge, bei der ein Ereignis sehr wohl gleichzeitig an zwei verschiedenen Orten stattfinden konnte – ein Modell, das uns heute auf einmal in der theoretischen Physik begegnet. Dass die Sprache ein Laboratorium ist, in dem die Wirklichkeit gestaltet wird, ist der Grundgedanke aller sprachlichen Esoterik und die Alchimie hatte manches mit der ars combinatoria gemein. Schon Butor hat gesehen, dass in all diesen alten Denkfiguren, die auf die göttlichen Schmiede und unterirdische oder vulkanische Urgewalten verweisen, der Bezug auf eine mythische Zeiterfahrung steckt – und weil wir doch immer wieder einmal an den Gedanken der Sphärenmusik und des kosmischen Einklangs erinnert worden sind, darf ich daran erinnern, dass es Traditionen gibt, die den Ursprung der Musik auf die Abläufe, auf den Schlagrhythmus in dieser göttlichen Schmiede zu-

rück beziehen. Dass die Musik ein Resultat der in der Tragödie freigesetzten Emotionen war, ist ein relativ junger Gedanke Nietzsches –
aber dass die Musik am Ursprung der Weltschöpfung steht, ist uraltes
Gedankengut und zugleich legen dies heute die Ergebnisse der theoretischen Physik in den verschiedensten Zusammenhängen nahe.
Vielleicht – und damit sind wir wieder bei Durrell – hat manches im
Wind verklingende Liebeslied, dem wir nur noch nachhorchen können, während es einen Schauer auf der Haut und ein eiskaltes Grau-
en unter der Hirnschale zurücklässt, die Gesetzmäßigkeiten transportiert, unter denen in einer anderen Ecke des Universums eine neue
Galaxie unter Qualen entsteht!"

„Gegen diese Argumentation habe ich nichts einzuwenden!" erwidert
unser Begleiter: „Und ich darf auch daran erinnern, dass Paz in verschiedenen Zusammenhängen sogar den hermetischen Bezug von
Schmiedehandwerk und Musik wieder aufgegriffen hat. Die göttlichen
Schmiede verweisen auf jene Tradition, in der die Musik ein Sinnbild
des Kosmos ist und zugleich dessen Gesetzmäßigkeiten offenbart.
Aber zurück zu der Zeitkonzeption, die ja auch mit der Musik und dem
kosmischen Geschehen zu tun hat. Das Ende der geradlinigen Zeit
kann für Paz auf zweierlei Weise begriffen werden. Die erste ist die
atomare Katastrophe. Die andere Möglichkeit, das Ende der geradlinigen Zeit zu begreifen, ist viel bescheidener, sie beschränkt sich auf
die Affirmation, dass die neuere Geschichte die Richtung gewechselt
hat und dass wir einen wahren Umschwung der Zeiten erleben. Zu
sagen, dass die geradlinige Zeit zu Ende geht, ist für ihn weder eine
intellektuelle Häresie, noch verrät es eine mythische Nostalgie, denn
der Bezug auf seine fatalen und blutigen Zyklen wäre sträflich. Die
Zeit ändert ihre Form und damit unsere Sicht der Welt, unsere intellektuellen Auffassungen, die Kunst und die Politik. Und es ist klar,
dass die Anzeichen des Wandels schon zu seiner Zeit zu sehen waren
– eben für den, der zu sehen in der Lage ist. Und er hat auch gezeigt,
dass es sich nicht eigentlich um Elemente handelt, sondern um Zonen
der Wechselwirkung, um Bezugsfelder. Entscheidend ist, dass die
Erklärungen sich von den linearen Erklärungen abwenden und in
ihrer Auffassung der Wirklichkeit als eines Systems synchroner Beziehungen übereinstimmen. Zelle, Wort, Zeichen, soziale Gruppe:

jede Einheit ist eine Verbindung von Partikeln nach Art jener des Atoms; jedes Partikel ist mehr als nur eine isolierte Einheit, es ist eine Relation. Und damit ist es gar nicht verwunderlich, dass Sie vorhin Peirce nannten. Die Sprache ist tatsächlich eine Art symbolischer Transformationsapparat: die verschiedenen Kombinationen der Wörter – das heißt, ihre Stellung innerhalb des Satzes – schaffen die Bedeutung. Die Bedeutung liegt also nicht im einzelnen Wort, auch wenn manche der alten Semantiker das am liebsten gehabt hätten. Die Bedeutung finden wir nach Wittgenstein erst im Gebrauch – aber in einer viel umfassenderen Weise, als dies für jemanden nachvollziehbar war, der noch immer dem reduktiven Erkenntnisideal der Mathematik anhing. Und dieses Phänomen wiederholt sich beim Text. Die Bedeutungen verändern sich gemäß der Stellung der Sätze – demgegenüber ist alle Reine Vernunft, am mathematischen Modell gewonnene Abstraktion und Generalisation im Hintertreffen. Es ist eben nicht der Gebrauch des Satzes, der die Bedeutung prägt, sondern es sind die verschiedenen Gebräuche des lebendigen Vollzugs, die sich in Sätzen ablagern und dann in Variationen wieder abgerufen werden wollen. Und wer an diesen lebendigen Vollzügen niemals wirklich teilhatte, wird bei vielen Bedeutungen nie weiter als bis zur Wörterbuchdefinition kommen. Deshalb heißt es bei Paz: Diese Beziehungen sind nicht 'historisch', diachronisch: die Sprache ist eine permanente Struktur. ... Wenn das, was wir bisher als Geist bezeichneten, eine chemische Reaktion der Gehirnzellen ist, ist das, was wir bisher als Materie bezeichneten, nichts weiter als eine Organisation, eine Struktur; ein Netz von Beziehungen. All diese Auffassungen reduzieren die Idee der geradlinigen Zeit auf eine bloße Variante im Beziehungssystem."

„Das ist sicher sehr überzeugend! Aber eigentlich steht es nicht mehr zur Debatte, denn die Zeit ist über diese Einsichten einfach hinweg gegangen", wirft Merk ein: „Und dennoch, eines ist erstaunlich! Wie gut de Saussure sowohl mit der theoretischen Physik wie mit der Lacanschen Spielart der Psychoanalyse zusammenpasst. Wir dürfen eben eines nicht vergessen. Das sind die Gesetzmäßigkeiten einer Moderne, an deren erkenntnistheoretische Voraussetzungen wir uns halten müssen, wenn wir nicht irgendwelchen belanglosen Unsinn wiederkäuen wollen. Und dazu ist zu ergänzen, dass es sich um eine Moderne handelte, die immer höheren Beschleunigungen unterworfen wurde, aber deswegen noch lange nicht an der geradlinigen Bewegung in der Zeit zweifelte. Es war eben die gerade Linie und die Beschleunigung des Falls und wenn sie aufgeschlagen und in viele Splitter zersprungen wäre, hätten wir doch sagen können, dass es in irgendeiner Form doch irgendwelche Substanz gegeben haben könnte. Aber genau das war nicht der Fall. Immer weniger sind noch in der Lage, an der Beschleunigung festzuhalten, fallen zurück, siedeln sich in Enklaven der Zeit an, die irgendwo neben der Schussfahrt entstanden sind – und liefern damit die Rückzugsgebiete und die Sanatorien, von denen ausgehend die Protagonisten einer nächsten Generation immer wieder neu versuchen, Schritt zu halten und andere auszutricksen, indem sie noch ein bisschen mehr beschleunigen. Nur wir sind heute an einem Punkt angekommen, an dem die Beschleunigungen als verschiedene Formen der Simulation erscheinen mögen – und eines scheint mittlerweile immer deutlicher zu werden: Tatsächlich haben sie mit großer Wahrscheinlichkeit doch nie einen wirklichen Gehalt gehabt! Vielleicht sollten wir den Fortschritt unter der Perspektive der Hyperaktivität betrachten und er wird zu einer wahnwitzigen, inhaltsleeren und mit Formalismen überfrachteten Form der Beschäftigungstherapie.

Und einen weiteren Einwand kann ich mir noch vorstellen. Überschätzen Sie nicht das Verhältnis zwischen Sprachmagie und Mystik in einer Welt der Massenmedien! Natürlich ist es nicht mehr zu übersehen, auch wenn die wenigsten Werbetexter oder Videoproduzenten überhaupt kapieren, an welchem Geheimnis sie rühren – auch wenn mit der Popmusik ständig ausposaunt wird, mit welchen Mächten wir es zu tun haben. Auch das ist eine Technik der Macht, die sich heute durch Selbstdementierung und Inflationierung erhält. Die Welt geht verloren, wenn nur immer wieder die gleichen Phrasen nachgeplappert werden. Von der schöpferischen Kraft der Magie bleibt nichts übrig, wenn ihr Zauber derart funktionalisiert worden ist, dass er lediglich dem Konsum zu dienen hat. Nur die Gegenbewegung führt in die richtige Richtung – ein Zauber, der das Bestehende verklärt, kann nicht viel taugen, wenn es einer Wegwerfgesellschaft angehört. In jeder Zeit steckt ein Kern, der auf den Begriff gebracht werden möchte, und wehe dies gelingt einer Zeit nicht zu ihrer Zeit. Es gibt keinen unserer großen Mystiker, der oder die nicht auch Sprachschöpfer waren, die dem unbewussten Weltgeschehen treffende Formulierungen abgetrotzt haben, die in vielen Fällen sogar die nötigen sprachlichen Prägungen aus der Ekstase destillierten, mit denen die Umgangssprache dann noch Jahrhunderte später haushalten musste. Erst unter solchen Bedingungen schöpfen sie aus der Zukunft und entlassen Einsichten und Formulierungen in eine Gegenwart, die hinter ihnen zurückbleibt. Es waren tatsächlich die Ekstatiker jeglicher Couleur, die jene Vielzahl von Welten erst einmal beschreibend erfühlen mussten, damit spätere Jahrhunderte in ihnen siedeln konnten. Aber – und das ist für meine Begriffe viel wichtiger – es braucht erst einmal diese feste und einheitliche Wirklichkeit, damit dann abgeschweift und in irgendwelchen Exotismen ein kleiner Urlaub vom Ich gefeiert werden darf. Das ist die entgegengesetzte Bewegung. In einer übermächtigen und bedrohlichen Wirklichkeit wird der Glaube und die Magie der Bezauberung Kraft geben und oft genug auch die Illusion von Wissen und Gesetzmäßigkeit verleihen – denn nichts ist gefährlicher und dem Vagustod verwandter, als die Voraussetzung, dass einem die Bedingungen der eigenen Existenz entzogen worden sind oder vielleicht tatsächlich gar nie greifbar waren. In der Regel lässt sich der Säuger dann fallen und die Geschichte ist erledigt. So ist selbst der irrwitzigste Glaube noch immer besser, als die Erfahrung jenes sinnleeren und kahlen Walds der Wirklichkeit, dem wir in einem nächsten Schritt dann jene Explosion der technischen Eroberungslüste verdanken. Bevor der Mensch akzeptieren müsste, dass er ein Fremdling auf dieser Welt ist, wird er sie derart zu seinem Produkt umgestalten, dass von der Fremdheit der Welt gar nichts mehr übrig bleiben kann."

„Ich muss dem nicht einmal widersprechen, es unterstreicht nur die kompensatorische Funktion der Künste. Gegen den Allmachtswahn der technischen Zivilisation ist es die ästhetische Erfahrung, die uns wieder zu der Erfahrung eines Einsseins mit der Welt zurückführt. Und zwar unter der aktuellen Bedingung der Erfahrung, hier funktioniert kein regressiver Anachronismus, wenn die Kunst authentisch sein will!" erwidert unser Begleiter: „Für Paz ist das Entscheidende das Erscheinen einer offenen Form, die dem linearen Schreiben zu entrinnen versucht. Einer Form, die sich unaufhörlich zerstört und neu schafft: sie kehrt zu ihrem Ursprung nur zurück, um sich wieder aufzulösen und sich erneut zu bilden. Auch die beschriebene Seite ist nicht länger ein Hintergrund: sie ist ein Raum, der an der Bedeutung teilhat, nicht weil er sie selbst besäße, sondern weil er in einer Wechselbeziehung zur Schrift steht, die ihn bedeckt und entblößt. Die Seite ist Schrift; die Schrift Raum. Das Gedicht ändert seine Bedeutung in dem Maße, wie die Stellung seiner Elemente sich ändert: Worte, Sätze und leere Zwischenräume, ständig in Rotation, unablässig auf der Suche nach seiner finalen Bedeutung, ohne sie je ganz zu finden, ist das Gedicht ein Transformationsmechanismus wie die Zellen und die Atome."

„Einverstanden, damit werde ich arbeiten können!" antwortet Merk: „Ich bin nur enorm allergisch gegen die parapsychotischen Veranstaltungen. Von der Poesie ausgehend stimmt die biblische Schöpfungsgeschichte auf jeden Fall: Im Anfang war das Wort! Und der Anfang kehrt am Ende wieder. Mit Mallarmé haben wir den ersten systematischen Versuch in der Moderne, die Magie der Sprache aus der zyklischen Zeit in die literarischen Beziehungsverhältnisse und Verweisungszusammenhänge zu überführen – aber er vergisst dabei nie, dass nach wie vor versucht wird, zu zaubern."

Das finde ich einen faszinierenden Gedanken. Allerdings wird mir, während ich noch überlege, wie man den Leuten anhand von poetischen Spielereien wie nebenbei beibringen könnte, das Zaubern zu lernen, plötzlich klar, dass wir genau diese Erfahrung bereits gemacht haben. Und zwar auf beiden Seiten der Kampfzone. Oft waren es Sprachspiele aus denen sich Geistesblitze zünden ließen oder manchmal erwies sich eine tastende Formulierung plötzlich als eine Rakete oder eine faszinierende Einsicht verwandelte sich auf einmal für die Leute, die versuchten, uns zu schaden, in eine Tretmine. Aber das war von uns nicht so gewollt, es brauchte erst einmal einige Zeit, bis wir kapierten, dass wir tatsächlich der Anlass waren, warum so viele Bosheiten in die Welt gesetzt wurden und dann wie nebenbei bei den Absendern oder ihren Delegierten ins Ziel fanden. Vielleicht müsste ich auch differenzieren: Wir zauberten nicht, wir hatten nur die spielerischen Fähigkeiten entwickelt, mit denen die bösen Wünsche zurück gespiegelt wurden. Und damit bin ich tatsächlich bei der großen Fraglichkeit dieses Unternehmens angekommen. Die Professoren, die sich irgendwann in den Kopf gesetzt hatten, uns zu vernichten, weil die kleinen Verführungen zum Scheitern nicht gezogen hatten, die Subalternitätsdressuren ins Leere gelaufen waren und die Partnervermeidungszwänge plötzlich keine Erfolgsaussicht mehr versprachen – diese Bildungsbeamten hatten sich seit Jahrzehnten ganz bewusst den von der Literaturwissenschaft unter Verschluss gehaltenen magischen Wirkungen gewidmet, um ihren Wirkungskreis auszubauen und die Macht und den Einfluss zu vergrößern. Das war das Geheimnis, sie hatten systematisch an der magischen Verfolgungswirklichkeit gearbeitet, hatten von der schlichten Nachahmung bis zur kompletten Umzingelung alle Register die esoterischen Geheimlehren ihrem verstümmelten Trieb unterstellt und wer sagte, dass es hier nicht genauso lief! Die, die schon über den Status der Zauberlehrlinge hinausgekommen waren, konnten kein Interesse daran haben, ihr Machtwissen zu teilen, wenn Sie es nicht entkräften wollten. Und wenn es wichtiger war, dieses Wissen zu stärken und noch mächtiger werden zu lassen, ging das nur, indem sie Opfer fabrizierten. Jeder der scheiterte, schürte ihre Macht, jeder der auf der Strecke blieb, würde sie noch ein wenig mehr erhöhen. Das war vermutlich auch die Erklärung, warum das ganze gebildete Theater nur auf Verstümmelungen hinauslief – es ging nämlich gar nicht um die Bildung, sondern um die Macht. Die umfassenden Subalternitätsdressuren produzierten Studienabbrecher und pseudoalternative Schwätzer, die es nicht brachten; schlechte Lehrer, die sich vor der Verantwortung drückten und gleichzeitig völlig überlastet waren; Journalisten, die von einem absurden Minderwertigkeitsgefühl dazu angetrieben wurden, alles klein zu machen und nichts bestehen zu lassen; Professoren und Minister, die hinter der Charaktermaske der Funktionäre verbargen, dass es nur um die Macht und deren Vergrößerung ging, dass alles andere zu vernachlässigen war. Das war die moderne Form der Zauberei – aus diesem Grund hatte meine Formulierung: Machtspiele sind etwas für Machtlose! so reingeschlagen. Auch deswegen konnte ich noch Neumann an die Wand spielen, als ich erklärte, dass die

Macht ein Ersatz sei und dass nur Impotente nach ihr strebten, dass für mich das Gesetz zu sehen war, dass die Macht beziehungsunfähig und impotent machte. Aber was soll's – mittlerweile hatte sogar ich zu akzeptieren gehabt, dass nichts ohne Geld ging in dieser perversen Welt und nun war es nur noch eine Gradwanderung, wie ich die Umsätze hinbrachte, ohne mich mit den Arschlöchern arrangieren zu müssen, die das Sagen hatten.

„Genau davon ist die Rede! Für Paz ist es die Erfahrung der Poesie, der die Erkenntnis und die Politik untergeordnet werden!" Unser Begleiter führt weiter aus: „Wir gehen von den Transformatoren von Energie und Leben aus; das Gedicht ist Transformator symbolischer Vorstellungen. Die einen wie die anderen sind metaphorische Apparate... Alle Werke, die in diesem Jahrhundert wirklich zählen, sei es in der Literatur, in der Musik oder in der Malerei, sind auf eine ähnliche Inspiration zurückzuführen. Nicht der Kreis um einen fixen Mittelpunkt noch die gerade Linie: eine schweifende Dualität, die sich zerstreut und zusammenzieht, eine und tausend, immer zwei und immer vereint und einander entgegengesetzt, Beziehung, die sich weder in der Einheit noch in der Trennung auflöst, Bedeutung, die sich zerstört und in ihrem Gegenteil wieder ersteht. Eine Form auf der Suche nach sich selbst."

„Aber dann ist die Frage, ob bei diesen Voraussetzungen noch eine Unterscheidung zwischen den Produkten einer verdummenden Massenproduktion und den relativ unwahrscheinlichen Findungen einer Kunst zu machen ist, der es auch heute noch gelingt, Neues in die Welt zu rufen," fragt Merk: „Schauen Sie sich einmal an, wie viel von den alten esoterischen Wahrheiten heute in pervertierter Form in den Mystery-Serien zitiert wird. Das Bedürfnis ist da, aber zugleich wird es in einer Form der Inflation unterstellt, dass tatsächlich niemand etwas damit anfangen kann. Gewisse Erfahrungen ergeben sich nur, wenn man nicht mehr weiter weiß, der Glaube ist eine Kraftmaschine, das ist sehr richtig, manchmal muss es einem gewaltig beschissen gehen, wenn man in die Lage kommen will, einen neuen Weg aufzutun. Und dann kann ich nur warnen: All diese Talmimagie ist tatsächlich nicht mehr als eine Stillhalteprämie für Konsumenten. Darauf dürfen wir uns nicht einlassen, sonst liefern wir nur weitere Beruhigungsmittel.

So ist für mich die erste Frage, die es zu entscheiden gilt: Durchlauferhitzer oder Konverter? Dienen wir der Macht oder nutzen wir die Chance, kleine Modifikationen anzubringen und sie nach und nach zu verändern. Und damit sind wir wieder bei der Sexualität angekommen – es ist schon ein paar Mal angeklungen, dass das Paar in einer natürlichen Opposition zu allen Institutionen steht, die sich mehr oder weniger der Machtakkumulation verdanken. Es ist gar nicht natürlich, es ist ein Wunder, zu unterschreiben, dass in einer Liebe alles neu und anders wird. Und so verwundert es auch nicht mehr, dass die Mystiker den Sprachvorrat geschöpft haben, an dem sich spätere Generationen abarbeiten durften. Es ist eigentlich fast schon zwingend, dass wir ihnen mehr über die männlichen Aspekte der Frau oder die weiblichen Aspekte des Mannes verdanken, als einem Jahrhundert Populärpsychologie... Und dennoch: Sie können mit dieser erkenntnistheoretischen Grundlage ein neues Mittelalter ausrufen oder einen totalitären Mutterstaat!

Wir brauchen einen Gradmesser und ich denke, das brauchbarste Modell finden wir in der Evolution selbst. Es ist der Emanzipationsgedanke – so wie die Menschheit sich von einem übermächtigen Naturgeschehen emanzipiert hat, muss jede/r Einzelne in die Lage kommen können, die vorgegebenen Abhängigkeiten zu erkennen und bei Bedarf auch zurück zu lassen. Und natürlich ist auch noch heute fraglich, wie wir mit dem Emanzipationsgedanken zurechtkommen, wenn noch immer nicht klar ist, wer oder was überhaupt durch die Erfindungen der Menschheit emanzipiert wird? Und mit dem Gedanken des Widerstands sieht es nicht viel anders aus. Watts meinte einmal, im Rahmen einer kosmischen Evolution sei eine technische Zivilisation die Voraussetzung, mit der es kalten Planeten gelinge, wieder eine Sonne hervor zu bringen! Sie sehen, es ist alles eine Sache der Perspektive und nur unter einem sehr verengten und ganz speziellen Blickwinkel spielt der einzelne Mensch überhaupt eine Rolle. Mit dem Blick auf die Gesetzmäßigkeiten der Evolution würde ich also vorschlagen, das in jedem Leben wieder neu mit dem menschheitsgeschichtlichen Fragen umgegangen werden muss – und dass der Prüfstein dabei ist, wie es dem Einzelnen jeweils gelingt, den Imperativen der Psychose, die sowohl durch die Strategien der Macht wie durch die Informalisierung immer mehr Boden gewinnt, Pari zu bieten."

„Genau aus diesem Grund halte ich die Erfahrung des sozialen Todes für den wesentlichen Angelpunkt," wirft Albach ein: „Nur wenn wir uns dem Tod stellen, nur wenn uns klar ist, wie beschränkt unsere Möglichkeiten sind und die Zeit dazu, dass es ein Sprung aus dem Nichts ist, ein kleines Schauspiel, ein Feuerwerk vielleicht, und dann verklingt die Lebensmelodie wieder im Nichts... Nur wenn wir diese Tatsache anerkennen können, wenn wir der eigenen Geschichte mit der nötigen Mitleidlosigkeit begegnen können, ist überhaupt die Chance gegeben, dass wir unseren Teil zu dem Feuerwerk beitragen können, bevor es dann wieder Nacht und Stille ist."

Unser Begleiter übt sich wieder in chinesischem Lächeln und sagt völlig ausdruckslos: „Die Frage nach der Macht sollte immer im Zentrum unseres Denkens stehen. Wenn wir nicht darauf achten und wenn wir diesen Gesichtspunkt vernachlässigen, werden wir feststellen, dass andere an unserer Stelle darauf achten werden, um die Konsequenzen zu ziehen. Wir sind nicht hier, um der Macht zu huldigen, aber wir haben auch darauf zu achten, dass wir uns die nötigen Einflüsse sichern, um uns ihr nicht als ausgeliefert zu erweisen. Als Schriftsteller hat Paz eine Position, die weder distinkt noch konträr, sondern, sei es ein Paradox, eine andere ist – und genau diesen Status zu erreichen und zu halten, ist unsere Aufgabe. Als Schriftsteller ist es seine Pflicht, sich die Marginalität gegenüber dem Staat, den Parteien, den Ideologien und selbst der Gesellschaft zu bewahren. Das Wort des Schriftstellers ist mächtig, weil es einer Position der Nicht-Macht entspringt. ... Er spricht nicht einmal im Namen seiner selbst: das erste, was ein wahrhafter Schriftsteller tut, ist, an seiner eigenen Existenz zweifeln. Literatur beginnt, wenn einer sich fragt: wer spricht in mir, wenn ich spreche? Der Dichter und der Romanschriftsteller projizieren diesen Zweifel auf die Sprache, und daher ist das literarische Schaffen zugleich Kritik der Sprache und Kritik der Literatur selbst. Die Poesie ist Enthüllung, weil sie Kritik ist: sie schließt auf, deckt auf, bringt das Verborgene zum Vorschein – die geheimen Leidenschaften, die nächtliche Seite der Dinge, die Kehrseite der Zeichen. Die Politik repräsentiert eine Klasse, eine Partei oder eine Nation; der Schriftsteller repräsentiert niemanden. Die Stimme der Politik resultiert aus einer stillschweigenden oder ausdrücklichen Übereinstimmung zwischen denen, die sie repräsentieren; die Stimme des Schriftstellers hat ihren Ursprung in einer Nichtübereinstimmung mit der Welt oder mit sich selbst, sie ist der Ausdruck des Schwindelgefühls angesichts der sich auflösenden Identität. Der Schriftsteller beschreibt mit seinen Worten einen Bruch, einen Riss. Und es mag diplomatisch formuliert gewesen sein, dass er im Gesicht der Mächtigen den gleichen Bruch entdecke, den gleichen Riss und ihnen ihre Sterblichkeit, die auch die unsrige ist, zurück gibt. Die Literatur mag sie in manchen Fällen vermenschlichen, in den meisten Fällen aber wird sie zeigen, dass ihr Machtanspruch auf einer Anmaßung beruht. Tatsächlich ist die viel wichtigere Aufgabe der Literatur die Führer von ihrer Macht zu entblößen und dafür zu sorgen, dass der Spielraum an menschlichen Möglichkeiten weiter wird, während die Macht immer ein Interesse daran hat, das Mögliche auf eine relativ willkürlich festgesetzte Notwendigkeit zu reduzieren. Der Schriftsteller arbeitet also an der Offenheit der Welt, an der Pluralität der Welten – und oft genug ist das nur möglich, wenn er sich, metaphorisch oder real, jenseits der Grenzen des entsprechenden Herrschaftsbereichs befindet."

Das ist schön, aber wir sollten immerhin die Wahl haben, mit welchen metaphysischen Tranquilizern wir Vorlieb nehmen dürfen. Und dieselben Leute, die Paz für diese Haltung in Deutschland zugejubelt haben, arbeiten mit aller Kraft daran, dass hier jeder in den Ansätzen auch nur vergleichbarer Versuch abgewürgt wird. Ich habe nie gewusst, wer ich bin, ich habe immer wieder erstaunt zur Kenntnis nehmen müssen, wie fremd und quer ich zu allem stand, was um mich herum stattfand. Aber gerade deswegen entdeckte ich, was die anderen nicht sehen konnten, ertastete neue Wege, schnupperte an fremd gewordenen oder zu Tode verwalteten Wahrheiten. Und dann hat man dafür gesorgt, dass ich um mein Leben rennen musste! Überzeugungen hatte ich keine, die galten als unfruchtbar, aber ich hatte Spaß daran, über mich hinauszugehen. Und als es haarig wurde, stellte ich fest, dass ich gern lebte, dass ich regelrecht das Bedürfnis entwickelte, mich am Leben zu freuen, obwohl ich nur ganz kleine

Bröckchen abbekommen hatte – dass dieser grandiose Versuch eines gemeinsamen Lebens, den wir bei jeder Gelegenheit mit Füßen getreten hatten, nicht in so erbärmlicher Not und Ausgeliefertheit stecken bleiben durfte. Alle Welt hatte so ein ungeheures Bedürfnis, an den Abhängigkeiten und Empfehlungsnetzen zu schnuppern, die uns schlucken wollten, nur wir hatten auf einmal allen Grund, das Bedürfnis zu kultivieren, uns nicht in diesem Gefüge gegenseitiger Gefälligkeiten einfangen zu lassen. Dann zeigten uns die Mächtigen, dass sie nichts von uns übrig lassen wollten, dass nicht einmal eine Erinnerung bleiben sollte. Vielleicht haben wir auch noch diese Zerreißprobe gebraucht, um zusammen eine Macht freizusetzen, die bis dahin nur in uns geschlummert hatte, über die wir niemals selber hätten verfügen können! Der Augenblick begann uns Kraft zu geben, die Intensität des Jetzt und die in der Sprache aufbewahrten Kräfte begannen in einigen wichtigen Fällen für uns zu zaubern. Wir konnten und durften uns ja nicht wehren, sonst hätten wir nur offizielle Gründe geliefert, gegen uns vorzugehen. Wir konnten nur ignorieren, dass ein paar verstümmelte Cracks dafür sorgten, dass wir im ganzen Umfeld, sei's beim Einkaufen, sei's beim Jobben, selbst in dem Geschäftshaus, in dem wir, um Kosten zu sparen, die Hausmeistertätigkeit übernommen hatten, als anmaßende Verrückte behandelt werden sollten. Ich konnte versuchen, dass Du vieles nicht mitbekamst, hatte es auszuhalten, dass manche Leute meinten, nun sei der Augenblick gekommen, um mir endlich einmal zu zeigen, dass ich der letzte Arsch und Versager war – aber das war eine Rolle, mit der ich durch lange Jahre der Übung so geschickt umgehen konnte, dass ich die Leute virtuos umspielte und mit Staunen oder Verständnislosigkeit strafte, bis sie dank ihr eigenen Strafbedürfnisses an die Wand fuhren. Wie genau man die Menschen kennenlernt, wenn sie meinen, keine Angst mehr vor einem haben zu müssen und wie leicht sie dann ins eigene Messer fallen, wenn ihnen auf einmal gute Laune und Gelassenheit begegnet. Wir konnten nur aushalten und absorbieren, bis irgendwann der Zeitpunkt gekommen war, ganz andere Weltausschnitte zu besiedeln – aber wir konnten uns immer wieder einen Überschuss ervögeln und damit noch ein bisschen mehr aushalten und außerdem einen Grund haben, dem Paradies von Tag zu Tag immer wieder einen neuen Besuch abzustatten.

Unser Begleiter lässt sich durch meinen inneren Monolog nicht irritieren. Er hat Albachs Einwand doch ernst genug genommen, um nun direkt darauf zu erwidern: „Wir sind sterblich, wir bestehen aus Zeit, aus Geschichte. Gibt es andere Auswege aus der Geschichte als den Tod? fragte Paz sich in bestimmten Augenblicken, und dann fällt ihm das ein, was wir Mittag nennen können: Dieser einmalige Augenblick, in dem die Zeit sich auflöst; das ist ein Ausweg aus der Geschichte und dem Tod. Ohne dass die Zeit aufhört zu fließen, scheint sie stillzustehen. Es ist das Fenster zur Ewigkeit, das jedem Menschen offen steht, eine Erfahrung die die Mystiker sehr schön ausgedrückt haben. Aber dafür braucht man kein Heiliger oder Mystiker zu sein. Ich glaube, alle Menschen, alle Kinder, manche Verliebte, wir alle, wenn wir uns eine Dämmerung anschauen oder ein Bild, oder einen Baum, oder gar nichts, wenn wir nur eine Wand anschauen, dann leben wir diese Momente, in denen die Zeit sich aufhebt, sich auflöst: die großen Augenblicke des Menschen, die sein Ausweg sind. Paz nennt das unsere kleine Portion Ewigkeit. Und genau das fordert die Dichtung ein.

Es gab einmal zur Dokumentation des Surrealismus einen karminroten Buchklotz, gestaltet wie ein kleiner Ziegelstein, in dem an den verschiedensten Stellen deutlich wurde, dass das Schreiben ganz einfach eine Art des Gehens ist – vom Schlendern des Flaneurs, der sich von den Gesetzmäßigkeiten der Traumarbeit führen lässt, bis zu den Verfolgungsjagden, in denen die Stadt selbst, besser noch ihre Unterwelt, zu einer Materialisierung des Unbewussten gerät. So verwundert es nicht, dass für Paz im Surrealismus nicht etwa eine ästhetische Schule oder Manier, sondern einen verborgenen Brennpunkt poetischer Leidenschaft in unserer elenden Zeit, eine Unterwanderung der Sensibilität, eine Bewegung zur radikalen Befreiung der Kunst, der Erotik, der Moral, der Politik etc. zu erfahren ist. Und das heißt vor allem: Leben als Abenteuer. Das Gebiet, ... war nicht außen und auch nicht innen. Es war dieser Bereich, wo Außen und Innen ineinander übergehen: der Bereich der Sprache... Schicksal und Wahl

zugleich. Das ist zugleich eine Gegebenheit und etwas, das wir erschaffen. Und wie nebenbei ergibt es sich, dass die Literatur zu einem Etwas wird, das uns erschafft."

Merk nimmt den vorherigen Gedanken unter dieser Perspektive noch
einmal neu auf: „Damit könnte sich die Folgerung anbieten, dass die
Poetik zu einer Form der Lebenskunst wird, dass wir in der ästhetischen Erfahrung ein Schema, ein Modell der Erfahrung der Mystiker
wieder finden. Das würde heißen, dass das „Lebe jetzt!" alles andere
eher als den bewusstlosen Konsum bedeutet und uns auf unsere
schöpferischen Ursprünge verweist."

Und das könnte auch das genaue Gegenteil bedeuten. Ich habe irgendwann die Erfahrung gemacht, dass mich ein intensives und über
Jahre hin anhaltendes Lesen an einen Punkt brachte, der auf einmal
nicht mehr die Sättigung mit Wissen beinhaltete, sondern mich ganz
leicht machte, frei von allem Wissen. Auf einmal verstand ich, wie
sich die vollendete innere Leere des chinesischen Weisen verwirklich-
te, und ich realisierte, dass die christliche Offenbarung ,Richtet nicht,
auf dass ihr nicht gerichtet werdet!' aus einer anderen Perspektive
genau das Gleiche hieß. Ich hatte keinen inneren Monolog mehr, war
völlig leer, ging gleichzeitig in den einfachsten Beobachtungen auf,
die kleinen Dinge offenbarten ihr Geheimnis, wenn ich nicht mehr auf
den Zwang hereinfiel, sie mit den Namen klassifizieren und in irgendwelche Schubladen ablegen zu wollen, die mir einmal eingeprügelt
worden waren. Und ich spürte eine untergründige Freude an diesen
kleinen Dingen, ich bezog Kraft aus jeder Wahrnehmung – ein tiefer
Glaube an die Güte und Stimmigkeit der Schöpfung rollte in Wogen
über mich hinweg und trug mich mit. Und das geschah zu einer Zeit,
als ein paar Bildungsbeamte mit Hilfe der von Girard gekennzeichneten magischen Verfolgerkausalität alles daran gesetzt hatten, uns
jeden Lebensmut zu nehmen. Vielleicht ist sogar das noch stimmig.
Solange noch irgendwelche Reste der ursprünglichen Sozialisation
wirksam waren, hatten wir uns als Kinder unserer Mütter Stolperstei-
ne in den Weg gelegt und unter den Auspizien des wunschlosen Un-
glücks nichts von dem wirklich schätzen können, was uns vor den
anderen auszeichnete. Weil wir verfolgt und überwacht wurden, weil
bei allem, was wir auf den gelernten und auch besetzten Gebieten

unternehmen wollten, sofort die Möglichkeit gegeben war, zu intervenieren, abzuwürgen oder zu vergällen, blieb nur übrig, ganz andere Wege zu gehen, neues zu probieren und zwar auf Gebieten, auf denen diese Professoren keinen Einfluss hatten. Und wie es geschehen kann, dass jemand der alles hat und rundum in Watte und Luxus gepackt ist, am Überdruss einschrumpft oder an der Melancholie zu Grunde geht, wuchs im Hier und Jetzt, in dem wir nichts mehr hatten als uns, die unermessliche Lust an den vielfältigsten Formen von Lebendigkeit. Ich musste mir keine Mahnung zu Herzen nehmen, dass ich mir vom Gewahrwerden des Göttlichen kein Bildnis machen sollte, denn wenn es uns in Momenten der Not und der Ausgeliefertheit erfasste, wenn ein Beben durch den Körper und ein Schauder des Staunens durch die Wahrnehmung Einlass fand und die Welt auf einmal leicht und die Farben ein wenig heller wurden und manche Spitze, manche Kante wie ein kleines Lichtlein wirkte, stellte sich die ursprüngliche Poiesis ein und wir schufen unsere Wirklichkeit neu. Erst im Durchlaufen einer äußerst bedrohlichen Not wurde uns beigebracht, wie sehr wir das Leben liebten und wie nebenbei hatten wir das Verständnis für seine Gesetzmäßigkeiten zur Hand – oder es hatte uns ergriffen. Vielleicht machten wir in einer widerwärtigen und total verratzten Lage auch nur die menschheitsgeschichtliche Erfahrung, dass der Gott in uns den Gott um uns erkannte und sich die Götter ineinander verloren. Und siehe da, mit der Notwendigkeit war unsere Lebendigkeit gewonnen.

Das passt wie von allein auf die Schlussfolgerungen Albachs, obwohl ich schon wieder ein gewaltiges Misstrauen spüre. Wenn so ein existenzialistisches Gespenst mit Wahrheiten hausieren geht, die wir unter Beklemmungen und Todesangst lernen mussten, taugen sie vielleicht doch nicht so viel. Aber was soll's – Albach hat genug von Durrell und Huxley gelernt, auch hier wird es wie bei Bataille davon abhängen, auf welcher Seite des Mortifikationsgeschehens die Gesetzmäßigkeiten der Selbstdefinition engagiert sind.

Albach fasst zusammen und holt zu einem großen Wurf aus: „Vorhin hieß es einmal, wir sollten uns nach den Gesetzmäßigkeiten der Evolution richten, wenn wir ein Wahrheitskriterium suchen. Das mag stimmen, ist aber für das einzelne Leben nicht treffend, denn für die

Evolution zählt das Individuum gar nicht. Als Wahrheitswert nicht schlecht, aber wenn ich einen vergleichbaren Ansatz für das Einzelwesen suche, bin ich bei der Fähigkeit, Erfahrungen zu machen, bei den Wissensweisen, mit denen sich ein Mensch auf die Gesetzmäßigkeiten der Lebendigkeit einlässt. Und dann kann ich mit Huxley einen sehr anspruchsvollen Ansatz pflegen: Das Credo des Lebensanbeters – und das sollte tatsächlich der Ansatz sein, den wir vermitteln, den die jungen Leute in einer Weise als Prämisse verinnerlichen müssen, dass ein anderer Ansatz gar nicht mehr vorstellbar ist. Den Lebensanbeter, zu dessen Bildnis Huxley die Diversitäten seiner Persönlichkeit bovarisierte, haben wir uns folgendermaßen vorzustellen. Er geht von der Grundannahme aus, dass das Leben auf diesem Planeten an sich wertvoll ist, ohne dass es dazu des Verweises auf hypothetische höhere Welten, Ewigkeiten und künftige Existenzen bedarf. Und es fällt umso leichter, die Erde um ihres irdischen Selbst willen zu lieben, wenn man die Gabe besitzt, in einer Blume die Ewigkeit zu sehen und die Schöpfung durch die Vervollkommnung der Lust unserer Sinne als unendlich und heilig zu erleben. Der Lebensanbeter nimmt weiterhin an, dass der Zweck des Lebens – wenn wir für den Augenblick die Unzahl der Zwecke beiseite lassen, die die einzelnen Lebenden ihm jeweils zuschreiben – ein Mehr an Leben ist, dass eben der Sinn des Lebens darin liegt zu leben.

Gott ist für den Lebensanbeter ganz fraglos das Leben selbst und offenbart sich in allen Lebensprozessen, auch noch in den abstoßendsten und bösartigsten. Denn der Lebensanbeter begreift mit Kant, dass ohne die gesellschaftsfeindlichen Neigungen des Menschen »ein arkadisches Leben vollkommener Harmonie und wechselseitiger Liebe entstehen würde, das alle Talente im Keim ersticken und abwürgen müsste«. Und mit Lotze stellt er fest, »dass unsere Tugend und Glückseligkeit nur aus einer aktiven Auseinandersetzung mit dem Bösen erblühen kann«. Und im Verein mit den Hindus erkennt er, dass Vollkommenheit zwangsläufig das Nirwana bedeutet und der Triumph des Guten die völlige Vernichtung des Daseins. Ein homogen vollkommenes Leben ist ein Widerspruch in sich: ohne Gegensatz und Vielfalt ist kein Leben vorstellbar. Darum trachtet er nach soviel Vielfalt und Gegensätzlichkeit, als nur immer zu haben sind…"

Merk unterstreicht trocken und fast ein wenig desinteressiert: „Das kann ja gar nicht so schwer sein. Mittlerweile wurde der Ratschlag beherzigt, dass gesundheitlich unbedenkliche Stoffe und Techniken zur Verfügung stehen, um die Topographie des Unbewussten zu erschließen. Wir müssen sie nicht mehr erarbeiten, wir können eine Psychologie der Meditation und der Trance dazu verwenden, überzeugende Einsichten über die Wirkungsweisen einer normalen Psyche so umzubauen, dass schon die Durchschnittspsyche auf einem ganz anderen Level wahrnehmen und Schlussfolgerungen ziehen kann. Und wenn wir uns an den Prozessen ausrichten, mit denen Höchstleistungen zustande kommen, mit denen das Neue und bis dahin noch nicht einmal Erwartbare in die Welt entlassen wird, mit denen jenes glückliche Zusammentreffen bewirkt wird, aus dem die Schöpfung immer wieder Kraft bezieht, beginnen wir die Stille im Zentrum des Zyklons operationalisierbar zu machen. Man muss sich einmal klar machen, dass der Weg, der mit der optischen Zeichenerkennung begann und heute von jeder OCR-Software mit fast hundertprozentiger Sicherheit geleistet wird, über die sprachliche Zeichenerkennung, die mittlerweile die kleinsten Diktiergeräte beherrschen, zur Mustererkennung der Hirnscans fortgeschritten ist. Wir können Gedanken lesen, es ist noch mit manchem Aufwand verbunden, aber auch hier wird die Transkription immer präziser – und nun möchte ich an die Geschichte der Merksysteme erinnern. Erst als es der Menschheit gelang, gewisse Inhalte zu fixieren und vom realen Geschehen abzulösen, war die Möglichkeit gegeben, diese Inhalte in einer Weise zu bearbeiten und zu potenzieren, dass auf einmal Dinge und auch Erkennbarkeiten in die Welt kamen, die es davor nicht gegeben hatte. Wir sind an der Schöpfung beteiligt, wir ändern die Welt und schaffen sie um, mittlerweile kommt uns schon natürlich vor, was nur die Folge einer langen Reihe von Neuschöpfungen und Modifikationen gewesen ist. Aus diesem Grund meine ich, dass wir eine wesentliche Schwelle erreicht haben: Wir nähern uns dem Stadium der Allmacht der Gedanken dieses Mal vom anderen Ende der Geschichte. In absehbarer Zeit werden wir die Technik der Gehirnscans in einer Weise beherrschen, dass sich die Umkehrung des Geschehens anbietet. Wir lassen wirklich werden, was jemand intensiv genug zu denken in der Lage ist, ich muss nicht extra betonen, dass wir dazu auf die Techniken des Klarträumens zurückgreifen. – Und ich halte es für sehr wahrscheinlich, dass sich Ihre Prämissen des Lebensanbeters als eine notwendige Voraussetzung erweisen werden. Wer mit diesen Energien arbeiten will, wer in diesem Quellpunkt der Wirklichkeit nur einen Moment haushalten soll, muss frei von aller Selbstbestrafung und Negation sein!"

Albach wirkt ein bisschen irritiert: „Mein lieber Kollege, wenn ich etwas an Ihnen schätze, ist das die Offenheit für neue Fragestellungen. Aber Sie sollten mich auch bis zu Ende referieren lassen. In ‚Schöne neue Welt‘ hat Huxley nebenbei vorgeführt, dass das, was Sie hier als die selbstverständlichste Lösung vorführen, in manchen Fällen auch dazu führen kann, dass der Mensch um seinen eigenen Tod betrogen wird. Nur wenn wir wissen, wie begrenzt das Spiel ist, nur wenn wir akzeptieren können, dass es unwiderruflich vorbei sein wird, werden wir auch die Kraft aufbringen, einzelne Erfahrungen mit Sinn zu laden. Wenn es aber für alles eine Pille gibt, ist tatsächlich nichts mehr wert als so eine Pille, nämlich gar nichts mehr. Erst im Angesicht der eigenen Sterblichkeit sind wir in der Lage, die nötigen Prioritäten zu setzen und erst wenn wir entscheiden, wenn wir wählen zwischen den verschiedensten Möglichkeiten, beginnen wir unser Potential zu verwirklichen – aber das hat seinen Preis. Es gibt nichts von Bedeutung, wenn es nicht mit Schmerz und Verzweiflung legiert worden ist. Und das bekommen wir nur, wenn wir unseren Tod nicht unter den chemischen Teppich kehren.

Die Welt ist auch für Huxley nur von denjenigen bewegt worden, die exzessiv gelebt haben, aber er weist darauf hin, welchen Preis der Selbstverstümmelung sie dafür bezahlt haben. Doch dieses exzessive Leben war allzu oft vom Standpunkt des individuellen Menschen aus, ein verstümmeltes, unvollständiges Leben. Weil er nur in eine Richtung übermäßig gelebt hat, wurde der einzelne vom Rang des vollen Menschen auf den einer fleischgewordenen Funktion degradiert. Wie unfruchtbar, wie erschreckend unzulänglich im Sinn einer menschlichen Existenz, war das Leben Napoleons und Newtons! Solche Menschen gehen das Leben, ohne die meisten ihrer humanen Möglichkeiten je zu verwirklichen: Bis auf eines, oder einige wenige, halten sie all ihre Ichs im Stande dauernder Unterdrückung. Ich halte es also für alles andere als sinnvoll und lebensförderlich, wenn Sie die neuen Techniken, die uns zur Verfügung stehen, in einen Rahmen des Willens zur Macht einbringen wollen. Wir sollten versuchen, den Leutchen beizubringen, wie die persönlichen Beschränkungen zu durchlöchern sind – wir sollten ihnen nicht noch beibringen, wie die Waffensysteme zu verbessern und die Panzerung des Ich zu verstärken ist.

„Und was ist in diesem Zusammenhängen aus Ihrer Forderung des sozialen Todes geworden?" fragt Merk dazwischen: „Ist der die Voraussetzung oder wird er nur dann notwendig, wenn jemand nicht in der Lage ist, das Ich als die Verdinglichung des Schwarms der multiplen Persönlichkeit zu durchschauen? Ich habe einmal bei Jünger eine beeindruckende Beschreibung für die Wirkungsweisen des sozialen Todes gefunden. Das ist ein Ansatz, mit dem die narzisstische Todessehnsucht auf einmal als das Bedürfnis nach Unsterblichkeit demaskiert werden kann, den ich Ihnen nicht vorenthalten möchte:

Wenn wir um unsere Blätter bangten, gedachten wir oft der heiteren Ruhe des Phyllobius. Wir lebten doch ganz anders in der Welt. Uns schien es allzu schwer, daß wir uns von den Werken trennen sollten, in denen wir webten und wurzelten. Doch hatten wir zum Trost den Spiegel Nigromontans, an dessen Anblick wir uns stets, wenn wir in solcher Stimmung waren, erheiterten. Er stammte aus dem Nachlass meines alten Lehrers, und seine Eigenschaft war die, dass sich die Sonnenstrahlen durch ihn zu einem Feuer von hoher Kraft verdichteten. Die Dinge, die man an solcher Glut entzündete, gingen ins Unvergängliche auf eine Weise, von der Nigromontanus meinte, dass sie am besten dem reinen Destillat vergleichbar sei. Er hatte diese Kunst in Klöstern des Fernen Orients erlernt, wo man den Toten ihre Schätze zu ewigem Geleit verbrennt. Ganz ähnlich meinte er, daß alles, was man mit Hilfe dieses Spiegels entflammen würde, im Unsichtbaren weit sicherer als hinter Panzertüren aufgehoben sei. Es würde durch eine Flamme, die weder Rauch noch niedere Röte zeige, in Reiche, die jenseits der Zerstörung liegen, überführt. Nigromontanus nannte das die Sicherheit im Nichts, und wir beschlossen, sie zu beschwören, wenn die Stunde der Vernichtung gekommen war.

Wir hielten daher den Spiegel wert wie einen Schlüssel, der zu hohen Kammern führt, und öffneten an solchen Abenden behutsam das blaue Futteral, das ihn umschloss, um uns an seinem Funkeln zu erfreuen. Dann glänzte im Kerzenlichte seine Scheibe aus hellem Bergkristall, die rundum von einem Ring aus Elektron umgeben war. In diese Fassung hatte Nigromontan in Sonnen-Runen einen Spruch gegraben, der seiner Kühnheit würdig war.

„Und sollte die Erde wie ein Geschoß zerspringen,
Ist unsere Wandlung Feuer und weiße Glut."
Auf der Gegenseite waren ameisenfüßig in Pali-Schrift die Namen dreier Witwen von Königen geritzt, die singend beim Totenprunke den Scheiterhaufen
bestiegen hatten, nachdem er von Brahmanen-Hand mit Hilfe dieses Spiegels
entzündet war.

Neben dem Spiegel lag noch eine kleine Lampe, die auch aus Bergkristall geschnitten und mit dem Zeichen der Vesta versehen war. Sie war bestimmt, die Kraft des Feuers für Stunden der Sonnenferne zu bewahren oder
für Augenblicke, in denen Eile geboten war. Mit dieser Lampe, und nicht mit
Fackeln, wurde auch der Scheiterhaufen bei Olympia entzündet, als Peregrinus
Proteus, der sich dann Phoenix nannte, im Angesichte einer ungeheuren Men-
schenmenge ins offene Feuer sprang, um sich dem Äther zu vereinigen. Die
Welt kennt diesen Mann und seine hohe Tat nur durch das lügenhafte Zerrbild
Lukians.

In jeder guten Waffe liegt Zauberkraft; wir fühlen uns schon im Anblick wunderbar gestärkt. So ging es uns auch mit dem Spiegel Nigromontans;
sein Blitzen weissagte uns, dass wir nicht gänzlich untergehen würden, ja, dass
das Beste in uns den niederen Gewalten unzugänglich war. So ruhen unsere
hohen Kräfte unverletzlich wie in den Adler-Schlössern aus Kristall."
Albach schüttelt den Kopf, als sei das eben gerade nicht das Thema.
Dann stutzt er kurz und erwidert: „Ich habe diese beiden Themen
noch nie in dieser Form verknüpft gesehen, wie sie es jetzt vielleicht
gerade nahe legen. Aber vielleicht haben Sie sogar Recht – wenigstens so lange wir den Einzelnen nach dem Bild des einsamen Helden
denken sollen. Alle Hypostasierung des Charakterbegriffs ist eine töd-
liche Falle und oft genug ist die Erfahrung des sozialen Todes die
notwendige Voraussetzung, um den Fetischismus des Ich aus den
Angeln zu heben. Das Ziel des Huxleyschen Lebensanbeters ist es,
die Vorteile eines ausgewogenen Maßhaltens mit denen des Übermaßes zu verbinden. Der maßvolle Aristoteliker verwirklicht sein gesam-
tes Potential nur teilweise: der Mensch des Übermaßes verwirklicht einen
kleinen Teil seines Potentials voll und ganz; der Lebensanbeter will all seine
Möglichkeiten voll verwirklichen: er will mit jeder seiner vielen Seelenkolo-
nien voll und unmäßig leben. Er strebt danach, ein Übermaß an Selbstbe-
wusstheit und Intelligenz durch ein Übermaß des intuitiven, instinktiv und

eingeweidlichen Lebens im Gleichgewicht zu halten; die nachteiligen Folgen übermäßiger Kontemplation durch ein Übermaß von exzessiven Genuss zu heilen. Er wird unmäßige Leidenschaftlichkeit mit unmäßiger Keuschheit wechseln lassen. So kommt für Huxley ein musikalischer Beschluss, der in mancher Hinsicht von der theoretischen Physik – so seltsam dies auf den ersten Blick erscheinen mag – inspiriert worden ist, zustande: Auch der Lebensanbeter ist, auf seine Art, nicht weniger ein Mensch von Grundsätzen und Konsequenz. Intensiv zu leben: das ist sein oberster Leitsatz. Gerade seine Vielfältigkeit ist ein Zeichen dafür, dass er folgerichtig versucht, seinen Prinzipien gemäß zu leben."

Merk: „Es stimmt mich fast wehmütig, wenn Sie unserem Unternehmen einen musikalischen Beschluss widmen! Aber ich würde raten, Hackings Überlegungen zur Trance in seiner Arbeit über Multiple Persönlichkeiten in Huxleys späte Einsichten einzubauen."

Albach insistiert, aber er macht einen gelösten und recht entspannten Eindruck dabei: „Zu nichts anderem regen Sie mich seit geraumer Zeit an. Ich darf die von Huxley eingeführte Metapher der Musik noch ein wenig weiter ausführen – auch die Musik ist eine Darstellungsform der Wahrheit, wie Adorno immer wieder neu unter Beweis gestellt hat. Und seltsamerweise ist es eine Wahrheit, die den Gesetzmäßigkeiten der Lebendigkeit näher kommt, als alle Tugendlehren. Die Harmonie des Lebens – des individuellen Lebens, das als allmählich sich wandelnde Einheit durch die Zeit hindurch besteht – ist eine Harmonie, die sich aus vielen Elementen aufbaut. Diese Einheit wird verstümmelt, wenn man irgendeinen Teil ihrer Vielfalt unterdrückt. Eine Fuge braucht all ihre Stimmen. Und auch im klanglich reichen Kontrapunkt des Lebens spielt jede einzelne kleine Melodie ihren unverzichtbaren Part. Die gesamte Harmonie der Welt klingt voll aus dem Menschen. ... Unter den ineinander verwobenen Melodien des menschlichen Kontrapunkts sind Liebeslieder und Zechgesänge, Märsche und wilde Tanzrhythmen, Hasshymnen und ausgelassene Gassenhauer. Abscheuliche Missklänge in den Ohren eines Menschen, der seine Musik rein himmlisch haben wollte! Pascal befahl ihnen, still zu sein, und sie verstummten. Über sein Leben geneigt, lauschen wir erwartungsvoll auf einen Akkord von Engelsstimmen. Doch was für grelle und quälende Dissonanzen dringen zu uns durch die Ferne der Jahrhunderte!"

Unser Begleiter wirft wie nebenbei ein: „Aber vergessen Sie dabei nicht, dass die ursprüngliche Einheit das Paar ist. Ihr Lebensliebhaber mag noch so sehr Recht haben. Es fehlt das Wesentliche!"

Albach lächelt nur und zeigt sich nicht irritiert: „Ich habe schon andere gehört, die alles, was sie waren, nur dem Wechselspiel zwischen Ich und Du verdankten und die trotzdem, wenn man sie befragte, von einem stabilen Standpunkt des Ich-habe-erlebt zu argumentieren gewusst haben. Das sagt also nicht viel, wenn sie den einen der Protagonisten eines Paares befragen, wird er „Ich" sagen, auch wenn alles, was er überhaupt zu sagen in der Lage ist, der Beziehung zu verdanken ist. Aus diesem Grund ist die musikalische Metapher so bedeutsam, weil die verschiedensten Welt- und Lebenserfahrungen ineinander klingen müssen, wenn eine Form von harmonischer Einheit zustande kommen soll.

Mit Huxleys Worten ist also für einen formuliert, was nicht weniger für beide gelten wird – oder vielleicht sollten wir sogar voraussetzen, dass es immer zwei dazu braucht, wenn wir in die Lage kommen wollen, das Leben zu lieben. Schauen Sie sich die großen Einzelnen an, Diktatoren, Künstler, Asketen oder Wahnsinnige – immer hat dieser Einsatz des ganzen Willens, diese Betonung der Macht, sein Schicksal erzwingen zu wollen, eine Neigung zur Nekrophilie, immer geht sie einher mit dem Opferkult und der Selbstzerstörung, was ja kein Wunder, sondern eine Selbstverständlichkeit ist, wenn kein anderer dazu taugen darf, einen aus der kosmischen Einsamkeit in die Zweiheit zu erlösen. So wird bei Huxley zwar aus der Perspektive des Einzelnen argumentiert, aber es ist an vielen Stellen auch klar herausgearbeitet, dass der Einzelne ein hoffnungsloser Fall ist und dass gerade der Bezug auf die Mystik die grundlegende Voraussetzung bereitstellt, um das Gefängnis des Ich als solches durchschauen zu können. Hören Sie weiter: Der Lebensliebhaber fordert, tun zu können, was wir mögen, und zwar nicht deshalb, weil dieses Tun-Können, was wir mögen, in Beziehung zu irgendeinem vermeintlich absoluten Guten steht, sondern weil es an sich gut ist. Eine armselige Rechtfertigung, die schwerlich ausreicht, die Menschen zu Mut und Aktivität zu bewegen. Und doch sind die modernen Gegebenheiten so beschaffen, dass wir nur im Sinne dieser Art von >Idee< hoffen dürfen, unser Gefühls- und Triebleben mit Erfolg zu rationalisieren. Ich selbst habe das Gefühl, dass sich diese nichttranszendentalen Rationalisierungen verbessern lassen. Es ist möglich, wie Blake sagte, die Unendlichkeit in einem Sandkorn und die Ewigkeit in einer Blume zu sehen. Nur im Sinne einer solchen Idee, scheint mir, kann der moderne Mensch seine Gefühle und Triebe befriedigend rationalisieren (obwohl diese Vorstellung auf mystische Weise irrational ist). Ob solche Rationalisierungen, pragmatisch gesprochen, ebenso gut sind wie die alten, die in Begriffen transzendentaler Wesenheiten verfuhren, weiß Huxley nicht zu sagen. Insgesamt gesehen bezweifelt er es eher, eben weil er noch in einer erkenntnis- und wissenschaftstheoretischen Tradition zu Hause ist, die schon zwanzig Jahre nach seinem Tod einen antiquierten Eindruck machen konnte und heute einen gewaltigen Schritt, meine ich, in Richtung Mittelalter zurück gefallen ist. Aber sein Ansatz ist für mich noch immer der beste, um die modernen Gegebenheiten angemessen anzugehen."

Unser Begleiter unterstreicht: „Sie finden bei Paz manches über die Allmacht der Musik, über das hermetische Unternehmen und die Rückfindung zu einer Wahrheit der Welt im Begriff der Harmonie. Das kann also nicht das Problem sein, damit ließe sich arbeiten. Aber ich möchte doch noch einmal auf einen Unterschied zurück kommen, der mir sehr wichtig ist. Die Liebe und die Seele haben sich in wechselseitiger Durchdringung durch die Jahrtausende aufgebaut, das eine wäre nicht ohne das andere. Vergleichen Sie etwa die Stellen in *Sor Juana* auf den Seiten 152 und den folgenden und dann noch einmal auf der Seite 311 – in der Liebe wird die Einzigartigkeit einer Person erfahrbar, die erst die Erfahrung der Seele über den Umweg des anderen zugänglich macht. Auf einmal ist es kein Nachbild eines Verstorbenen mehr, kein Gewohnheitsmuster, das durch den gemeinsamen Lebensvollzug an Wahrnehmungen festhält, die tatsächlich unwiederbringlich verloren sind. Sondern es ist jene Liebe, die durch die Ferne zunimmt, die durch die Abwesenheit an Kontur gewinnt, an der das Bild der Seele eine ganz andere Macht gewonnen hat. Und es ist die Liebe als Motor des Ringens um eine gegenseitige Anerkennung – unterschätzen Sie nie, dass im Modell der erfüllten Liebe die reziproke Wirkungsgewalt des kommunikativen Handelns vorausgesetzt werden muss –, die tatsächlich den Motor der menschlichen Emanzipation ausgemacht hat. Und auch da noch mal zur Unterstreichung: Die Menschheit emanzipiert sich von einem übermächtigen Naturgeschehen, um irgendwann einen Punkt zu erreichen, an dem es notwendig wird, zu einem neuen Einklang mit dieser Natur zu finden. Und auch das wurde schon als Bewegung des Eros gekennzeichnet. Wobei sicher zuzugestehen ist, dass die Seele als Resultat des Platonismus erst einmal sehr viel mit der Vergeistigung eines Verstorbenen zu tun hat."

Merk gibt nicht nach: „Bevor ich mich nun zu der Behauptung hinreißen ließe, in der wechselseitigen Anerkennung zweier Liebender verwirkliche sich der kommunikative Prozess und damit das kategoriale Grundgerüst aller Prämissen der Aufklärung, würde ich die Argumentation von Paz durch gelegentliche Bezüge auf Bataille verstärken. Dann wäre eine Synthese zu schaffen mit einem verallgemeinerten Verständnis der Phänomene der Trance und dem Begriff der Verausgabung. Mit der Selbstverschwendung und der heiligen Erotik ist ein Bereich abgezirkelt, in dem sich beide treffen und damit auch eine Spiritualisierung des Erotismus und eine Erotisierung der Dialektik angekündigt, wie sie schon einmal bei einigen Mystikern oder in der Frühromantik aufgetaucht war. Eine erneute Weltrevolution der Seele sollte hier zu etwas mehr als zu ein paar treffenden Einsichten führen. Wenn wir ein solches Unternehmen erfolgreich angehen wollen – wir wären nicht die ersten, aber leider kam es nie zu irgendwelchen dauerhaften Lernerfolgen – braucht es neue Formen der Selbstdefinition, vielleicht sogar der Selbstverwirklichung in einer spirituellen Gemeinschaft, die zugleich auf den allerkonkretesten Fundamenten stehen."

Archivkennzeichen mus0815p2p4uMB. Festplatte mit aufgeschrammten Leseköpfen, aufgrund der Fingerfertigkeit und Fachkenntnis unserer Systemoperatoren konnte anhand der gelöschten Texte und der Vorstufen zu überarbeiteten Dateien weitgehend rekonstruiert werden, wie der Preis der Wahrheit ausgesehen haben muss, auch wenn nichts von der tatsächlichen Schlussfassung übrig geblieben war.

Er wird abgewürgt. Unter großem Hallo und Theater ist die zweite Gruppe bei uns angelangt. Ich setze mich kurz ab und tue so, als müsse ich an einen Baum pinkeln – aber tatsächlich versuche ich das

Gespräch zu sichern, solange es noch lebendig nachhallt. Wenn Mutzlacher sich jetzt hier breit machen wollte, war damit zu rechnen, dass die letzte halbe Stunde schnell durch Störfelder gelöscht werden würde.

Ich habe Lust, mich an ein bisschen Landschaftsbeschreibung zu üben oder einige Beobachtungen an den Leuten, die sich, wie es scheint, bis gerade eben köstlich amüsiert haben und längst nicht darauf vorbereitet sind, in ein anspruchsvolles Thema einzusteigen, zu einer kurzen Reihe von packenden Charakterisierungen zu verwenden. Aber ich komme nicht dazu, eine Überleitung aus Zynismen, erotischen Extremen und absurden Beobachtungen – quasi eine Blütenlese meiner Schmierzettel, von denen manche wichtigen Zitate immerhin noch einmal genannt werden sollten, zu basteln. Gerade werden ganz verschiedene Ansätze durcheinander gewürfelt und ich habe alle Mühe, dass mir nicht ein paar wichtige Themen einfach entgleiten und verloren gehen.

Möller und Saggu haben sich anscheinend an einer Theorie der Impotenz versucht, wobei mir auffällt, dass ich Möller derart auf der Linie Bornhards einsortiert habe, dass ich noch nicht einmal sagen kann, ob sie eine eigene Position zu vertreten hat. Ich müsste die Aufzeichnungen von gestern Abend nachlesen, aber natürlich ist jetzt dazu keine Zeit. Möller ist ein derart akademisches Durchschnittsprodukt, dass man sich fragen könnte, warum sie hier ist, wenn nicht hin und wieder aufgefallen wäre, wie nötig sie es hat, sich mit Mutzlacher gut zu stellen – man könnte fast behaupten, sie flirtet bei jeder Gelegenheit mit ihm, aber vermutlich passt die Kennzeichnung, dass sie aus reiner Gewohnheit Speichel leckt, doch besser auf ihre mimische und gestische Selbstdarstellung. Diese beiden rotgetönten Klopse sehen sich sogar ähnlich, aber was soll's, Bornhard hätte die Antriebsstörung vermutlich verteidigt, während ich sie von Möller, was vielleicht den Einfluss Saggus zu verdanken ist, immer wieder einmal hinterfragt höre. Durchgängig höre ich die Kritik an einer Form der Komplexitätsreduktion heraus, in der der Einzelne alles auf die Nummer reduziert – aber auch das ist nicht neu. Schon aus Benjamins Fragmenten zum Passagenwerk habe ich einmal das Material zu einer Zitatkollage zusammengestellt: Der Spieler, der auf seine Nummer setzt und der Erotomane, der nur an seine Nummer denkt, der Zahlenmystiker, der alles für die Weltzahl geben würde und der Fahrkartenautomat, der die Nummer schon bei der Ausgabe entwertet... Der alte, durch Sprachmagie und Mystik fundierte Symbolbegriff wurde bei Benjamin übersetzt in einen pragmatischen Ansatz des mimetischen Verhaltens, alle Fundierung im Hier und Jetzt, in der Materialität der Welt, wird über diese kulturellen Umwege erklärbar gemacht. Dem steht eine Erfahrung des Erfahrungsverlusts gegenüber, die tatsächlich ein Resultat der Materialschlachten des ersten Weltkriegs ist. Der auf die Schocks der modernen Großstadterfahrung und die Impulse der Warenwelt und des Konsumverhaltens reagierende Mensch des zwanzigsten Jahrhunderts geht in der Singularität verloren, er flüchtet sich in die fehlerhaften Identifikationen der großen Massenbewegungen oder er hastet von Konvention zu Konvention, ohne noch einen echten Halt finden zu können.

„Wir haben uns anhand des Doppeldeckers Nunc/Nunquam ein paar Gedanken darüber gemacht, was es mit dem Zauber der Impotenz auf sich hat und in wieweit damit tatsächlich Gesetzmäßigkeiten auf den Nenner zu bringen sind, die die Voraussetzungen unserer Kultur in den vergangenen Jahrhunderten kennzeichnen. Es scheint notwendig zu sein, dass der Mensch um einige seiner ursprünglichen Fähigkeiten reduziert wird – sonst kommt es nicht zur kulturellen Leistung. Ein bis zur Geschlechtsreife vorgedrungener Affenembryo muss all jenes in der Gemeinschaft finden, was für ein Tier eine stabile Instinktsteuerung ausmacht. Alle kulturelle Kompetenz ist Inkompetenzkompensationskompetenz. Als sich im Gefolge der Aufklärung eine zweckrationale Wirklichkeitsauffassung durchgesetzt hat, haben einige der klarsichtigsten Kritiker darauf hingewiesen, dass eine ganze Dimension der menschlichen Erfahrung verloren zu gehen drohe – aber wie die Erfahrung gezeigt hat, war das der Preis des Fortschritts. Wir können nicht umhin anzuerkennen, dass wir heute in ganz besonderem Maß davon profitieren und es ist sicher angeraten, genau zu überlegen, wie und in welchem Maße wir die Frustrationen dosieren wollen.

Setzen wir Julians Geschichte als Präzedenzfall voraus, dann ist die moderne Konstitution dadurch gekennzeichnet, dass im Rahmen der

116

Familie in der frühen Kindheit in einer Weise über den Heranwachsenden verfügt worden ist, dass die Erfahrung, Spielball der anderen zu sein, schon in den Ursprüngen verdrängt werden muss. Die ursprüngliche Wunschmaschine muss verstümmelt werden, die Sozialisation ist eine reale Kastrationserfahrung. Und aus genau diesem Grund ist die Leere, die ihn in einer fast unmenschlichen Form zu all seinen Unternehmen anstachelt, genau ab diesem Zeitpunkt immer vorhanden gewesen. Während er versucht, dem von Bateson gekennzeichneten Imperativ Sei-du-selbst, zu gehorchen, ist der Antrieb aller Anstrengungen aus der Verleugnung einer ursprünglichen Entfremdung abzuleiten. Sei es die Wut des Verstehens, sei es die Sucht, Umsatz um des Umsatzes zustande zu bringen, sei es die Aggression, vermeintliche Gegner platt zu machen oder sei es der Don Juanismus und die erotischen Eskapaden. Es ist die Sucht, alles in eigenes zu verwandeln, die Manie, nichts sein zu lassen, wie es den je eigenen Gesetzmäßigkeiten entsprechen würde und damit nichts übrig zu lassen, dass man sich nicht anverwandelt und damit unterworfen hat. Also das mit der Welt zu machen, was einem selber angetan worden ist!" Sie holt kurz Luft und schaut fragend in die Runde, atmet dann aber beruhigt aus, als sie bemerkt, wie aufmerksam wir ihr zugehört haben. „Ich fasse zusammen und improvisiere ein bisschen, aber ich kann ihnen versichern, dass die einzelnen Aussagen genau so in den beiden Romanen zu finden sind, dass es fast verwunderlich ist, wenn seit Ende der Sechziger niemand auf die Idee gekommen ist, die stupide Wiederaufnahme der Versuche, an Marx und Freud etwas über das Ausklingen einer Epoche zu lernen, durch diese unterhaltende Lektüre aufzuwerten."

„Am ehesten finden Sie noch bei Benjamin einen vergleichbaren Ansatz, oder bei den Leuten, die sich darum bemüht haben, für die Fragmente und Zitate des Passagenwerks einen stimmigen Zusammenhang zu ergänzen", erklärt Saggu. „So verwundert es nicht, dass Durrell von einem neuen Mittelalter spricht, so wie Benjamin versucht, den Kapitalismus als neue Religion zu verstehen. Ich darf kurz komprimieren: Die erste Voraussetzung ist, dass wir Spiegelbilder unserer Kultur sind und diese Kultur zugleich die totale psychische Prädisposition des Menschen – im Sinne seiner Bestimmung – darstellt. Und die

Schlussfolgerung lautet, dass wir dann auch in der Lage sein sollten, zu hinterfragen, was diese Kultur hervorbringt, was bewirkt, dass sie weiter besteht oder verfällt. Die nächste Voraussetzung ist, dass die Energien, die einmal zu den ersten Hochkulturen und den damit verbundenen Kultformen geführt haben, nicht etwa aus der Welt verschwunden sind, sondern, dass sie sich im Laufe der Jahrhunderte auf andere Gebiete verlagert haben und in anderen Erscheinungsformen zu Tage treten. Mit dem, was Max Weber die Protestantische Ethik nannte, ist die Investition die Hauptantriebskraft aller Religionen geworden; nicht der Gott der Religionen, die ihren Antrieb aus der Erfahrung einer fruchtbaren und sich, wenn auch manchmal furchtbar, erneuernden Natur begründen konnten. Das Dämonische unseres kapitalistischen Systems mit den Augen Luthers gesehen, ist in mancher Hinsicht eine sehr ernüchternde Erfahrung. Der Kapitalismus offenbart sich als Affe Gottes – und diese Argumentationsform ist uns gestern in ganz anderen Zusammenhängen bei Klossowski begegnet. Nicht mehr Gabe gegen Gabe, sondern das abstrakte Investment, das dazu verhilft, ein Maximum an Gewinn einzustreichen, ohne noch an die Kräfte der Selbstregeneration einen Tribut zu entrichten. Also stehen nicht mehr die seelisch-geistigen Urkräfte im Zentrum unserer Welt, von denen behauptet werden konnte, dass sie sich harmonisch in den Rhythmus der universellen Natur einfügen, sondern das inhaltsleere und für alles eintauschbare Geld. Bei Durrell heißt es ganz klar: Für uns ist Geld Sperma. Und Investition ist das Ritual der Versöhnung. Und dann ist es vom Gold zum Geld nur noch ein kleiner Sprung, aber ein Sprung, der den flachen Graben unserer ganzen Kultur überwindet und uns eine logische Grundlage für unsere megapolitischen Lebensformen bietet. Unsere Lebensformen! Denn Geld ist das schlagende Herz des Neuen Wortes, und die Macht des Geldes, Zinsen abzuwerfen, seine eigentliche raison d'Etre, hat die großen Städte ins Leben gerufen. Geld ist der Dynamo, der seine Impulse nach dem Gewinnprinzip aussendet. Und ohne dieses Vergänglichkeitsprinzip des satanischen Goldes gäbe es keine Städte. Durrell weist eindeutig darauf hin, dass für das Unbewusste der Sektor des Überschusses zugleich auch der Sektor des Heiligtums ist und er zieht daraus die Konsequenzen für eine Kritik der Moderne. Wir befinden uns im Einklang mit jenen Kräften, die einmal Gott und ein andermal Natur genannt worden sind – auch wenn wir nicht in der Lage sind, sie zu verstehen –, wenn wir zumindest ihrem Gesetz der Verschwendung gehorchen. Und wir fallen unter das Verdickt der Entfremdung und der Selbstzerstörung, wenn der abstrakte Signifikant des reinen Tauschwerts Macht über unser Leben gewinnt!"

„Die gesellschaftskritische oder religionsphilosophische Perspektive kommt mir gar nicht so interessant vor", unterbricht Möller. „Schließlich heißt es auch, dass die Götter alle tot oder auf Urlaub seien und uns nur ihre Webstühle und Spinnräder hinterlassen hätten. Aber Durrell unterstreicht eben auch, dass wir damit anstellen können, was wir wollen. Und somit muss also geklärt werden, was wir damit anstellen wollen und wie und mit welcher Disziplin dies zu geschehen hat. Wenn wir nicht aufpassen, kann irgendein anmaßender schwachsinniger Adolf den Faden der Parze spinnen, nicht umsonst wurde ein Depp bei Musil zur Verkörperung des Weltgeistes. Viel wichtiger scheint also, denke ich, die psychische Abbildung dieser gesellschaftlichen Vorgaben. Wie erweist sich die gesellschaftliche Macht als ein unendlich fein vernetztes Gewebe aus Erwartungen und Ängsten, aus Sehnsüchten und Frustrationen, und an welchen Stellen können wir mit Erfolg intervenieren?"

„Aus diesem Grund sollte aber nicht vergessen werden", wirft Saggu ein: „dass für Durrell ganz klar feststeht, dass man an das Wesen, an den Kern des Begriffs Kultur nur herankommt, wenn man begreift, dass sie auf einer bewussten Assoziation beruht, deren primärer genetischer Entwurf, im engsten biologischen Sinne, die Vereinigung eines Paares ist – Mann und Frau. Es ließe sich darüber diskutieren, warum er diese Zweiheit noch einmal spiegelt in der überholten soziologischen Dichotomie Staat und Rasse oder in der von Übereinkunft und Samen, aber das erscheint mir für unsere Zwecke uninteressant. Wenn wir in der Nachfolge Foucaults einer Mikrophysik der Macht auf die Spur kommen wollen, als nichts anderes funktionieren die Erwartungen und Ängste, die Sehnsüchte und Frustrationen, können wir im übertragenen Sinne der breiten Spur des genetischen Codes folgen, dessen Grundstruktur aus männlichen und weiblichen Elementen besteht. Sex könnte uns hier als Anhaltspunkt dienen. Und damit sind wir bei der Sache, wir müssen nicht alles verstehen, niemand kann erwarten, dass alle evolutionär eingeschriebenen Prozesse, die weit über unser kulturelles Gedächtnis hinausreichen, verstanden werden können – für uns reicht es schon, dass sie funktionieren und dass wir wissen, wie sie zu handhaben sind. Kennzeichnend ist auch, dass eine Situation vorgeführt wird, in der der Auftraggeber der Zweckrationalität unterworfen wurde und nun im Gegenzug eine Kreatur in Auftrag gibt, die zu kompensieren hat, was ihm nicht mehr gegeben ist. Und ich halte diese Kennzeichnung für keine unverbindliche literarische Spielerei, sondern für eine selten präzise Beschreibung der kulturellen Prozesse, denen wir unterworfen sind und die wir verstehen müssen, um sie uns zu Nutze zu machen, wenn unser Unternehmen gelingen soll! Aus diesem Grund heißt es an anderer Stelle: Ich denke natürlich an die Art von menschlicher Bindung, die einen sexuellen Pakt einschließt – sie werden mir antworten, dass die Liebe eher einem plötzlichen Anfall wie Epilepsie gleichkommt als einem nüchternen, bewussten Knüpfen einer menschlichen Bindung. Und doch enthält sie in ihren Genen – wenn ich mich so ausdrücken darf – die wesentliche Mann-Weib-Dichotomie, die sich in Sprache, Wissenschaft und Kunst spiegelt, ja sogar in Entdeckungen wie Werkzeugen. Also eben nicht in den einsamen Konstruktionsleistungen, im Tüfteln und Konstruieren, in den in einsamen Nächten geschmiedeten mathematischen Gleichungen, sondern das Fundament der Kultur finden wir im energetischen Austausch zwischen den Geschlechtern. Und das meine ich, setzt einen ganz anderen Grad der Zivilisierung – andere Prämissen – voraus, wenn es gelingen und über das allgegenwärtige Gepfusche hinauskommen soll. Das erfordert eine Sozialisierung der Sinne, eine Arbeit am Leib, wie wir uns dies noch gar nicht recht vorstellen können."

„Genau so würde ich es auch sehen", ergänzt Möller: „So heißt es über die für den Bau des Androiden notwendigen Kenntnisse: Mein Lieber, mein ganzes anatomisches Wissen basiert auf Toten. Ich konnte schließlich nicht in Lebenden herumstochern. Und ich bin kein Chirurg, wie Sie wissen. Aber die Toten waren eine große Hilfe, besonders in frischem Zustand, wenn die motorischen Reflexe noch funktionieren – rigor mortis macht sie für mich völlig unbrauchbar – zumindest was die Biegsamkeit und die Reaktionen anbetrifft. Aber es ist höchst lehrreich und amüsant zu sehen, wie man sie Stück für Stück wie einen Uhrmechanismus auseinander nimmt, um sie dann wieder zu einer Art Puppe, wie wir sie im Sinne haben, zusammenzusetzen. All diese kulturellen Errungenschaften sind doch tatsächlich eine Frucht des Umgangs mit den Toten und was schaltet die Mortifikation als erstes aus, wenn nicht den sexuellen Reiz. Nicht umsonst war schon öfter die Rede davon, dass im Zentrum dieser Kultur die Nekrophilie stecke. Also andersrum: Meinen Sie nicht, dass Durrell hier einem Wunsch aufsitzt und dabei vergessen machen möchte, dass alles andere eher der Fall ist. Seit Plato ist die Mathematik die sublimste Wissenschaft und mit dem Beginn der Neuzeit setzt sich die Erkenntnis durch, dass das Buch der Natur in mathematischen Lettern geschrieben ist. Nur – da ist kein Platz für die sexuelle Differenz! Schon bei Leibniz finden Sie die Einsicht, dass die Mathematik keine Metaphysik sein kann, weil sie nur mit Quantitäten umgeht. Uns aber geht es um die Qualitäten, um eine Logik der Tatsachen, um die semantischen Einheiten des Herzens oder um den Realgrund der Welt. Es ist kennzeichnend, dass mit dem Fortgang der mathematisch-technischen Wissenschaften immer mehr Sinnstiftungsinstrumente in die Esoterik und die Beschäftigung für Parapsychotiker abgleiten. Vielleicht wird uns auch deswegen anhand eines Kastraten und einer nachgemachten Menschin vorgeführt, was aus solchen Prämissen abzuleiten ist. Wir sollten dabei nicht vergessen, dass Alice Millers Kritik an der Schwarzen Pädagogik genau diese Voraussetzung nachzeichnet. Erst wird abgetötet und stillgestellt, erst werden die Kräfte des Lebendigen dem Tabu unterstellt. Und dann sollen Disziplin und bessere Einsicht einen Surrogatantrieb bilden, um die geforderten Leistungen freizusetzen. Das erscheint mir so fraglich, als werde ein Supersportwagen mit der Einschränkung ausgeliefert, die 600 PS nur auf den ersten und zweiten Gang beschränken zu dürfen. Aus diesem Grund ist der Roman auch ein Versuchsfeld, in der eine Androidin, von den Zwängen der Wissenschaft befreit, durch die Wirklichkeit vagabundieren darf."

"Nun ja", gibt Saggu zu bedenken: „Ganz so einfach würde ich es mir nicht machen, aber im Prinzip denke ich, liegt die Argumentation nicht nur bei Durrell auf dieser Linie. Sie müssen sich nur von der Voraussetzung verabschieden, dass der durchschnittliche Lebende diesen beiden Artefakten etwas voraus habe. Denn vielleicht ist genau dies nicht der Fall, zu erinnern wäre an die Kleistsche Argumentation in dem Text über das Marionettentheater – bei einer mit aller körperlichen Perfektion ausgestatteten Liebesmaschine wird die Abwesenheit des Systems UBW die Möglichkeiten einer unplanbaren Perfektionierung beinhalten. Zu erinnern ist auch an die mondänen Schauspiele der Anatomie in der Frühzeit der Aufklärung oder die bereits genannte Tendenz, alle lebendigen Prozesse auf tote Mechanismen zu reduzieren. Und wo kommt dieses Suchtverhalten her, wenn nicht aus der Angst und damit aus der Unfähigkeit, die Komplexität der menschlichen Wirklichkeit gewähren und für sich arbeiten zu lassen. Aus diesem Grund finde ich Durrells Charakteristik so kennzeichnend, dass ich meine, aus ihr ließe sich ein kulturkritischer und zugleich pädagogischer Ansatz gewinnen. Erst einmal wird der tatsächliche Antrieb der Lustgewinnjünger aufgedeckt, sie sind Feiglinge und Verstümmelte: Mein Geschlechtsleben hatte ich geistig immer voll ausgelebt, so dass mir die Wirklichkeit, als ich sie endlich einfing, jämmerlich hohl erschien. Daher diese Exzesse, diese Perversionen, die nichts anderes sind als Schimmelpilze, die auf Impotenz wuchern und diese grässlichen Wutanfälle gegen das eigene Ich. ... Es wundert dann auch nicht, dass von seinem Zorn die Rede ist, der fürchterlichen, impotenten Wut, die er so gut hinter seiner ruhigen, schönen Stimme zu verbergen weiß, damit aber zugleich charakterisiert wird, dass diese Wut des Verstehens, des Selbermachens, der Inthronisierung des Subjekts, auf einer ganz tief sitzenden Ausgeliefertheit beruhte. Auf der Erfahrung der Kastration, für die hier Freud als Pate stehen darf, die zugleich den Eintritt in jene Dimension der Kultur ausmacht, in der die Selbstdarstellung zählt und die Simulation über den Verlust der ursprünglichen Erfahrung, der tatsächlichen Echtheit der Gegebenheiten hinweg zu trösten hat. Aus diesem Grund diese Maske des Wohlwollens und der Förderung des Verstehens, dieses Übermaß an Selbstbeherrschung, um besser verstecken zu können, was für ein trotziges, bösartiges und verstümmeltes Kind hinter der unverdächtigen Fassade des klassischen Bildes der Persönlichkeit versteckt werden muss. Durrell führt das Entwürdigende der Prozedur der Kastration vor, die hier als Bildungsgeschehen eingeführt wird, die aber tatsächlich den kleinen, noch unfertigen Gott betrifft und ihm im

Laufe seines Wachsens und Lernens alle Wunderkräfte kostet und er zeigt, wie sie hier noch einmal im weißglühenden Licht seiner Wut, die die Impotenz in ihm ausgelöst hatte wiederkehrt und die tatsächlich erst den Antrieb abgab, einen ideal nachgemachten Menschen in die Welt zu schicken. Zuerst ist sogar daran gedacht, ein perfektes Paar in die Welt zu entlassen. Aber wie es der Zufall und der Verstümmelte wollen, bleibt nur die weibliche Inkarnation seiner Wunschwelten übrig. So heißt es an anderer Stelle, dass ihn die Impotenz in rasenden Wahnsinn versetzte und als sich sein Kunstprodukt verselbständigt, folgt eine hasserfüllte Charakteristik, mit der tatsächlich dokumentiert ist, dass er zum Geschöpf seines Geschöpfes geworden ist, dass er von neuem um eine Autonomie zu ringen beginnt, die ihm schon einmal verlustig gegangen ist: Er nannte mich die Parodie einer Frau. Er sagte, ich sei nicht echt, ich hätte ein Herz aus Stahlwolle. Und obwohl es von ihr heißt, sie sei schließlich nur eine Maschine, wird sie als Schönheit dargestellt und mit dem Hinweis auf den notwendigen Scheincharakter der Schönheit wird jegliche Relativierung zwischen dem Mechanismus und der lebendigen Person aufgehoben: Im tiefsten Sinne ist Schönheit die vollkommene Übereinstimmung mit den Absichten und Wünschen der Natur – oder scheint es doch zu sein. Wenn Sie dann aufs Ende sehen, handelt es sich plötzlich nicht mehr um das paranoide Übertragungsgeschehen kleiner Mädchen, das durch ein paar positive Rückkopplungen innerhalb eines autopoetischen Prozesses die Liebe simulieren möchte. Einmal heißt es in einem anderen Zusammenhang ganz richtig: Der Wunsch, zusammen zu sterben, ist nichts anderes als eine Metapher für den Wunsch, miteinander zu schlafen – und nun wird in dem gemeinsamen Tod doch noch eingeholt, was dieser vagabundierenden Wunschmaschine, obwohl sie sich auch in den gewissen Zonen versucht hat und, um Erfahrungen zu sammeln, auch vor einem Lustmord nicht zurückgeschreckt ist, per definitionem versagt sein sollte. Dieser Wunsch wird von ihr eigenhändig eingelöst. Aus dem Grund war die Frage: Wird nicht vielleicht eines Tages diese Kreatur mit menschlichem Habitus einfach nur deshalb, weil sie wie ein Menschenwesen handelt, BEGREIFEN, dass sie eine Attrappe ist? falsch gestellt. Nein, es funktionierte genau andersrum und das finde ich die faszinierende Erkenntnis, die dieser Roman transportiert. Die Attrappe wird zum menschlichen Wesen, wenn es nur gelingt, sie an der Komplexität der lebendigen Vollzüge teilhaben zu lassen! Denken Sie an die vielen künstlichen Menschen, die in der Kunst oder Literatur zu finden sind: Sie haben einen geheimen Namen bekommen und in dieser magischen Belehnung werden die Kräfte des Lebendigen freigesetzt. Und das heißt etwas, hier versteckt sich eine verloren gegangene Portion Menschheitswissen, die wir erneut freisetzen müssen."

„Moment einmal", meldet sich Merk zur Stelle: Wir haben dieses Zitat gestern schon einmal gehört, doch das ist erst die eine Hälfte! Wenn Sie dabei stehen bleiben, kann die Argumentation nur in die falsche Richtung gehen. Sie dürfen die Surrogate nicht vergessen! Besser noch, alle notwendigen Voraussetzungen des Eintritts in die hohe Kultur, die hier vorgeführt werden, sind zugleich der Anlass unendlicher Geilheitsdressuren. Der ganze Wust an Ersatzbildungen, der das Begehren am Laufen hält, um es für den Konsum oder die Arbeit nützlich zu machen, hat doch nur diese Wirkungsgewalt, weil dafür gesorgt worden ist, dass es nicht zu den Bindungskräften eines wirklichen Paares kommen darf. Die Fernliebe, die hergestellten Abwesenheiten, der Mode- oder Starkult, die Verhaltensmodellierungen, die den Massenmedien zu verdanken sind... All das funktioniert doch nur wie eine geölte Maschine, weil die realen Beziehungen verhindert und unmöglich gemacht worden sind. Und jetzt wollen Sie mir anhand dieser maschinellen Simulation einer weiblichen Offenbarung vorführen, mit welch einfachen Mitteln ein Verhältnis der Geschlechter erreicht werden könnte?"

„Genau so ist es – und so einfach ist es", unterstreicht Möller: „Ich finde übrigens den Hinweis auf die allgegenwärtigen Geilheitsdressuren sehr wichtig. Nur wenn dies funktioniert, und dass es funktioniert wollen Sie ja sicher nicht in Frage stellen, ist davon auszugehen, dass die Konditionierung mit dem gleichen Erfolg den genau entgegengesetzten Weg einschlagen kann." Sie wartet einen Augenblick und schaut Merk fragend an, als dieser aber nur in Gedanken nickt, ergänzt sie: „Dann liegt auch die Schlussfolgerung ganz nah, dass es tatsächlich eine Sache der Form ist, wie die Schönheit ja auch nicht aus irgendeiner Beliebigkeit entsteht, sondern den Gesetzmäßigkeiten der Proportion und der Harmonie gehorcht – und es ist in der Regel die kleine Abweichung, die minimale Irritation, die eingebaute Disharmonie, aufgrund derer die Harmonie nicht langweilig wirkt, wie also die den mathematischen Gesetzmäßigkeiten unterstehende Proportion tatsächlich Lebendigkeiten transportieren kann. Trotzdem verwundert mich etwas, dass es am Anfang heißt: Und was das Koitieren angeht, so können sie vermutlich so tun als ob; es wird zwar ohne Resultate – steril – bleiben, aber sie werden die Ästhetik der Schönheit veranschaulichen, die ja immer im Auge des Betrachters liegt – während in den verschiedenen Zusammenhängen vorgeführt wird, dass es gerade die Schönheit ist, als Evidenz der Wahrheit des Körpers, die alle Fraglichkeiten des schönen Scheins und der Simulation erledigt. Das sollten wir nämlich nicht aus den Augen verlieren: Es ist die unwiderlegbar schöne weibliche Gestalt, an der sich das Wunder vollzieht! Nicht nur in dieser Geschichte, sondern in vielen der großen Mythen und Sagen, ist es die weibliche Schönheit, sei es die einer dummen Göre oder die einer verdorbenen Professionellen, die ein Geschehen in Gang setzt, das über alle Protagonisten der Selbstheit zu herrschen beginnt. Bemerkenswert für mich, dass sich dann die Frage: hat Aphrodite gegessen und verdaut? in solchen Zusammenhängen gar nicht stellt. Wobei sicher daran zu erinnern ist, dass die libidinöse Idealisierung über unästhetische Wahrheiten des Körpers einfach hinweg geht oder sogar zu idealisierenden Umwertungen neigt und sie genauso wenig zur Kenntnis nehmen muss, wie die Künstlichkeit des weiblichen Apparats. Diese Liebesmaschinen werden als seriöse Spielzeuge eingeführt, wobei von Anfang an vorausgesetzt wird, dass die normale Antriebsstörung so weit fortgeschritten ist, dass erwartet werden kann: Sie werden wahrscheinlich realer sein, als die meisten Menschen, die wir kennen. Und noch ein Vorzug wird ihr von Anfang an mitgegeben, obwohl es vielleicht gerade diese Unbegrenztheit ist, an der diese junge Göttin scheitert? Es stellt sich nämlich die Frage, was sich dieses Wesen unter Glück vorstellen wird, wenn sie weder einem Unbewussten noch den Risiken der Mutterschaft unterworfen ist? Und damit wird vorausgesetzt, sie könne weder lieben noch hassen – und genau das wiederlegt doch die Geschichte, in der zwischen der Simulation und dem so genannt echten Gefühl irgendwann kein Unterschied mehr gesehen wird. Oder ist das vielleicht schon die Motivation für die Selbstzerstörung am Ende? Es heißt von ihr, sie sei rollensicher: Sie wandele in Schönheit wie die Nacht! Aber es heißt auch, es mangele ihr die Unendlichkeit des Begehrens, weil sie nicht zur Mutterschaft geeignet sei – einen kurzen Augenblick bemerken wir ein Zögern, ob die Erotik nicht vielleicht doch mit der Zeugung verkoppelt sei und dann wird diese Grundlage der menschlichen Behinderungssysteme verabschiedet. Ich habe hier alle Konsequenzen einer Befreiung der Erotik von der Mutterschaft vor Augen und ich scheue mich nicht zu sagen, dass wir dieses Experiment mit einigen Modifikationen wagen sollten. Wie es einmal heißt: Diese freie Frau, frei von der schwärenden Schwere unserer menschlichen Mutterfixierung. Und daraus die Schlussfolgerung gezogen wird: Sie könnte die ideale Gefährtin sein – wenn einige Parameter so eingestellt werden, dass Selbstbehauptung und Autonomie nicht als derartig rigoroser Zwang wirken und nur noch die Selbstzerstörung als Ausweg bleibt. Wir müssen die Skala einfach feiner einstellen und zusätzliche Differenzierungen ermöglichen, denn solange der Gegensatz Freiheit oder Tod absolut gesetzt wird, gewinnt immer der Tod."

„Ich war mit meinem Argumentationsgang noch nicht fertig", wirft Saggu ein: „Aber ich bin gar nicht so weit von Ihnen entfernt. In diesem Zusammenhängen ist sogar einmal ein Gegenentwurf zur fundamentalen Sterblichkeit angedeutet. Auf einmal läuft das Sein nicht mehr notgedrungen auf den Tod zu, sondern es ist solange an den Tod fixiert, wie die Menschen nicht die volle psychische Verantwortung auf sich nehmen. Der Tod gilt hier nur als eine provisorische Lösung für die Aufgabe, das ewige Leben anzuzielen. Wieder einmal wird die Sterblichkeit mit dem Sexus verknüpft und der ganze Größenwahn der Gattung beruht auf der Erfahrung eines fundamentalen Ungenügens! Wenn Sie nun daran denken, welche Anstrengungen unternommen wurden, um vom Begehren frei zu werden, sind Sie auf einmal wieder bei dieser Androidin, die die ideale Gefährtin sein könnte. Einmal heißt es: Die Unsterblichkeit ist sozusagen in unser System eingebaut, mein Lieber; sie ist wie ein Knopf, den keiner anzurühren wagt, weil das Schild verloren gegangen ist und niemand weiß, was geschehen würde, wenn einer wirklich den Mut hätte, auf ihn zu drücken. Sie sehen also, manches passt mir gar zu gut ins Konzept – hier haben wir das Maximum des menschlichen Größenwahns der Machbarkeiten vor uns und wer würde nicht sofort ja sagen, würde nicht bereitwillig um jeden Preis einwilligen, wenn er nur den Schlüssel bekäme. Und in diesen Zusammenhängen findet sich die Kennzeichnung, dass diese Feigheit den tatsächlichen Zuschnitt unseres Kulturgeschehens präge. Sie scheint nur die Deckadresse der Antriebsstörung und ist damit an deren Herstellung beteiligt – vermutlich sind Abwesenheitsdressur und Partnervermeidungszwang die kleineren Geschwister jener verborgenen Gesetzmäßigkeit, für deren Kompensation dann das Wahngebilde des ewigen Lebens geschaffen wurde."

„Das ist ein wenig merkwürdig, wie Sie diese Zusammenhänge verknüpft haben", meldet sich Bornhard mal wieder zu Wort. „Im Zusammenhang seines Bildungsbegriffs finden Sie bei Humboldt einmal die Kennzeichnung des wahren Lebens, nämlich: An einer Partnerin geworden zu sein. Damit ist wirkliche Bildung doch in jenem Zwischenbereich zu finden, der durch das Paar aufgemacht wird. Ein Zwischenreich, durch den beide als Einzelne hindurchgehen müssen, bis nur mehr so wenig von ihrem psychischen Eigentum zurück bleibt, dass sie auf einer anderen Ebene des Signifikantennetzes wieder neu auftauchen – wie es übrigens bei Durrell immer wieder mit Metaphern und Sprachspielen umspielt wird. Meinen Sie nicht, dass wir mit Ihrer Argumentation Gefahr laufen, für die Stillstellung zu stimmen, ja sogar der Simulation zuzuarbeiten? Gerade, wenn das ganze Geschehen immer wieder in theatralische Bezüge verpackt wird!"

„Wieso denn?" kontert Saggu: „Das ist nur eine Sache der Perspektive. wobei dann von der Moderne bis zur Antike gar kein so großer Abstand mehr zu sehen ist – die Antriebsstörung ist das Movens der Zivilisation, so absurd es klingen mag."

„Ich möchte wieder einmal an einige Einsichten erinnern, die seit der Selbstreflexion der Frauen wieder zugänglich geworden sind!" Bornhard installiert sich mit dem Ton und der Haltung einer Autorität, gerade macht sie den Eindruck, als sollte man oder frau nicht versuchen, Ihr zu wiedersprechen: „Wir haben bereits gehört, dass die Frau schon anatomisch zu ganz anderen Quantitäten des Lusterlebens fähig ist. Und menschheitsgeschichtlich hat das noch eine ganz andere Dimension gehabt. In der mittlerweile nicht mehr abzustreitenden hohen orgiastischen Kapazität der Frau finden wir einen wahrscheinlichen Hinweis auf eine einstmals bestehende Triebstärke mit unersättlichen sexuellen Bedürfnissen, bei deren Ausleben kein geregeltes Familienleben hätte zustande kommen können. Noch im Tantra gibt es Praktiken, mit denen an die unersättliche Orgasmusfähigkeit erinnert wird – im Tierreich finden wir bei den höheren Primaten nicht nur die Fähigkeit der Weibchen, den Sex zur Spannungsabfuhr einzusetzen und damit das Machtgefälle in einer Population richtig zu ventilieren, wir finden regelrechte Techniken, um möglichst viel Sperma von den bevorzugten Mitgliedern einzusammeln und dann aus diesem Genpool die besten Eigenschaften zum Tragen zu bringen. Wenn es aber auf den zivilisatorischen Gang ankommt, muss genau jenes Machtvolumen der Frau ausgebremst und abkanalisiert werden. Die Familie als Keimzelle des Staates beruht auf der Unterdrückung eben jener fast uneingeschränkten sexuellen Befriedigungsfähigkeit der Frau. Die Geschichte der gesellschaftliche Entwicklung zu immer größeren wirtschaftlichen Entitäten setzt eben diese Entwirklichung voraus. So ist es nur zu leicht nachzuvollziehen, wie die moderne Zivilisation dann im Übergang vom Großen Haus zur Kleinfamilie aus der Unterdrückung und Entwertung der weiblichen Sexualität einen gewaltigen Antrieb zieht: So, wie die Frau als asexuelles Wesen definiert wird, wird zugleich dafür gesorgt, dass eine ungeheure Energie in die Entwicklung einer ökonomischen Warenwelt umgeleitet werden kann. Die Stillstellung mit den damit verbundenen Körperausschaltungsprinzipien hat nämlich an den Frauen begonnen, der Gang unserer Kultur geht einher mit einer enormen Antriebshemmung, die erst einmal an den weiblichen Kräften ansetzt, um eine größere und unpersönlichere Form des Zusammenlebens zu ermöglichen. An dieser Schaltstelle setzt alles an, was wir aus dem Wechselspiel von Triebverzicht und Kulturarbeit als hohe Güter und Erbstücke preisen sollen. Damit ist es nicht nur unfair, sondern auch ein falscher Ansatz der Kritik, die Antriebshemmung nun der Frau anzulasten – und als Gegenbild eine sterile Androidin aufzurichten. Tatsächlich hat die Antriebshemmung zuerst einmal die weibliche Kraft betroffen. Sollten wir nun nicht vielleicht viel eher nach Techniken suchen, wie dieses Verhängnis wieder abgebogen werden kann und es nicht auch noch Frau als Versagen anlasten?"

„Das sieht eben ganz anders aus, je nachdem welches Geschlecht die Hemmung betrifft und natürlich auch, aus welcher Perspektive wir urteilen. Die Antriebshemmung bei der Frau wird zu einem ästhetischen Ereignis, während sie beim Mann ein trauriges Versagen darstellt," unterstreicht Saggu: „In der Tragödie war das Geschehen eben am Anfang noch in einer unverstellten und wesentlich weniger zensierten Form zu sehen, aber das Resultat ist das gleiche: Das wahrhaft Grausame an der Impotenz ist, dass sie im Grunde genommen ein lächerlicher Zustand ist. Wir sehen also, gerade in diesen Zusammenhängen erweist sich das kulturelle Wechselspiel, dass das Tragische stets irgendwie dem Gelächter innewohnt. Vergessen wir nicht, dass Lacan darauf hingewiesen hat, dass die Ethik und die Tragödie eine gemeinsame Schnittmenge haben und zwar das Begehren. Aus diesem Grund laufen Komplexitätsreduktion und Rationalisierung nach und nach über dieselbe Weiche in einen Hauptstrang der hochgekitzelten Verzichtleistung. Und genau dieser Verzichtleistung müssen wir nun bei unserer Aufbauarbeit wieder entgegenwirken. Wobei ganz klar zu sehen ist, dass der Spieler, der Erotomane und der Süchtige im Endeffekt nur Getriebene innerhalb eines Prozesses der Aufklärung sind – sie versuchen die Verluste durch eine trotzige Steigerung des Verlierens in Schach zu halten. Ich denke sogar, dass das der Preis ist, wenn es nicht gelingt, eine Gegenkraft auf den Plan zu rufen, der wir uns bisher nur unter den verschiedenen nebelhaften Vorstellungen der Liebe genähert haben. Es gibt eine Logik des Herzens, wie es eine große Form der Vernunft gibt und für beide finden wir die Gesetzmäßigkeiten im evolutionären Prozess. Ich meine sogar, dass es sich erweisen wird, dass diese Gesetzmäßigkeiten auf den identischen Regeln beruhen. Was allerdings voraussetzt, dass sich die Tendenz, verstümmelte Autisten zu produzieren, nicht durchsetzen wird, denn sonst liefe alles darauf hinaus, eine gigantische Müllkippe zurück zu lassen und mit ein bisschen Glück in den Weiten des Alls einen nächsten Versuch zu unternehmen."

„Wenn es denn so weit kommt", wirft Möller ein: „Wir haben in verschiedenen Zusammenhängen auch die Gefahr genannt, die es mit sich bringt, wenn man alles aufs Tote reduziert, wenn man immer wieder versucht, den Trost in der traurigen Überlegenheit zu finden, ein Überlebender zu sein. Durrell nennt es eine beunruhigende und besorgniserregende Idee, dass der Tod mit all seinem wollüstigen Leid und der Leere, die er hinterlässt, für die Überlebenden seinen Stachel verloren haben könnte. Nun befinden sie sich in der tödlichen Gefahr, das Leben nicht mehr festhalten zu wollen, aus purem ennui zu sterben. Und genau das ist, so meine ich wenigstens, das umfassende Problem dieser Kultur, in der alles aufs Tote reduziert wird, in der die Kräfte des Lebendigen einem Tabu unterstellt sind. Die Angst vor dem Tod scheint häufig genug ein Teil des Begehrens, und so lange die Befriedigung nur als eine Form von Angstbewältigung funktioniert, ist ein positiver Status jenseits der Begierde gar nicht vorstellbar. Noch dazu wird im Extrem aus Angst vor dem Tod eine derartige Mimesis des Todes in Bewegung gesetzt, dass oft genug die Selbstauslöschung als Erlösung erscheinen mag. Wir wollen frei werden vom Begehren und vergessen dabei, dass das unser Antrieb ist. Also müsste der entgegensetzte Weg doch in die Richtung gehen, das Begehren zu erfüllen, zu stützen und zu modellieren. Statt der asketischen Abtötung, die richtige Förderung, es anzukurbeln, aber die Richtung zu kontrollieren, bis wir frei vom Begehren werden – wenigstens für eine gewisse Zeit."

„Das klingt jetzt sehr abstrakt! Aber tatsächlich führen der Spieler, der Erotomane und der Süchtige genau diese Bewegung im Kleinen durch", ergänzt Saggu: „Der Spieler will nicht gewinnen, das scheint nur so. Er will den Punkt erreichen, an dem es nicht mehr weiter gehen kann und jedes Mal, wenn er dem Teufel noch ein letztes Mal von der Schippe gesprungen ist, wird er einen noch verzweifelteren Versuch unternehmen, alles zu verlieren. Der Erotomane sucht nicht die Erfüllung des Begehrens, sondern den endgültigen Beweis, dass es unerfüllbar ist. Und der Süchtige sucht nicht den Stoff, der sein Leben in die prächtigsten Farben, die unvorstellbarsten Töne, die durchschlagendsten Reize taucht – sondern er sucht die abschüssige Bahn, die ihn von dem Bedürfnis nach all solchem Schwachsinn befreit. Frei zu werden vom Begehren… Das sind alles verkappte Freudianer, zu postulieren, dass die Erfüllung erreicht sei, wenn die Flamme ausgelöscht ist – eine für mich untragbare Verkürzung des

Verständnisses der Befriedigung, wenn sie als Spannungsabfuhr tatsächlich einen Vorgang der Negation kennzeichnet. Es gab die verschiedensten Wege, sei's der Askese und Selbstkasteiung, sei's der disziplinierenden Verfahrensordnung. Wir haben mit diesen Typenbildungen der abendländischen Komplexitätsreduktion tatsächlich noch immer Zugänge zu den verdrängten Ursprüngen der großen Religionsformen!"

„Und damit sind wir wieder bei unseren Anfängen! Aber ich bestehe auf einer kleinen Differenz, " fasst Möller zusammen: „Ich denke, dass dies die Spur ist, der wir folgen sollten – eingedenk der Variation, dass eine kunstvoll gestaltete Steigerung des Begehrens zu einer Form von Befriedigung führt, die das Begehren für eine gewisse Zeit löscht. Fragen Sie sich doch einmal, weshalb die Impotenz im Zentrum dieser beiden Romane Durrells steht, in denen sich tatsächlich zwei diametral entgegengesetzte Kulturvorstellungen aneinander abarbeiten. So wird die Erkenntnis instrumentiert, dass die ganze Kraft, die hinter seiner geistigen Regsamkeit, aber auch hinter seiner Tätigkeit für die Firma (denn beide waren zu einem Ganzen zusammengeschmolzen) steckte, im Grunde genommen in seiner Impotenz lag – der langsam größer werdende Schandfleck einer Schmach, einer Schande, der er sich bewusst war, und der Spleen, der sich aus ihr ergab. Und nicht nur an Julian, sondern auch an den anderen Protagonisten wird demonstriert, dass das Wertobjekt, um das wir alle kämpfen, indem jeder seinen sterilen und entsexualisierten Penis schwenkt, das ewig Anale ist – der große, lauwarme, biblische Kothaufen unserer Kultur, der unter den Weinranken der modernen Geschichte liegt ... Die enorme Gier der Impotenz!

Wir haben zum einen eine Welt, wie sie in Fromms Anatomie der menschlichen Destruktivität beschrieben worden ist, in der einfach alles auf den Status des Toten reduziert wird und zum anderen eine unterschwellige Gegenbewegung, in der sogar eine mechanische Puppe in Liebe entflammt und zu den rollentypischen Vorbehalten und Ängsten einer um ihre Autonomie kämpfenden Frau findet. Dann spricht es auf einmal aus einem Herz aus Stahlwolle: Mein lieber Freund, das Schlimmste, das passieren konnte – ich habe mich in Julian verliebt. Das ist es, was mich so erschreckt. Wie du weißt, hatte ich immer einen fanatischen Drang nach Unabhängigkeit. Ich fühle, dass ich in diese Liebe nicht noch tiefer versinken darf. Ich muss mir sozusagen erst eine starke Position schaffen, bevor ich mit den Verhandlungen anfange. Aber er wird mir nicht helfen, frei zu werden; er will mich gebunden und geknebelt halten. Er will, dass ich auf seine Gnade angewiesen bin. Das ist keine Rechenmaschine, die so spricht – das ist viel eher das Ringen um eine unfertige und noch ungeformte weibliche Selbstdefinition. Wir haben hier also parallel zum Antrieb der Mortifikation das Programm einer künstlichen Beseelung der Dinge und vermutlich waren diese beiden Tendenzen schon immer verknüpft."

„Vielleicht sind sie sogar die identisch eine, es läuft nämlich in beiden Fällen darauf hinaus, nichts zu dulden, was einem eigenen Sinn gehorcht. Sie töten alles ab, was den Eigengesetzlichkeiten des Lebendigen gehorcht, um dann eine kleine verpfuschte Maschine in die Welt zu schicken, die das Leben perfekt simuliert. Aber da fällt mir noch eine alternative Interpretation ein", überlegt Saggu: „Eine uralte Denkfigur, an die wir in diesen Zusammenhängen bisher noch gar nicht gedacht haben. Vielleicht wird im Spieler oder in der Liebesmaschine ein Prinzip Hoffnung freigesetzt, ein Funken der Erleuchtung, wie sie in den normalen kulturellen Zusammenhängen gar nicht mehr erscheinen können, vielleicht greift der Süchtige wirklich bis in einen Weltzustand zurück, in dem das Gute, das Wahre und das Schöne noch nicht getrennt worden sind. Dabei ist nur fatal, wie schlecht diese Entdifferenzierung auf die Dauer bekommt. Wenn alles nichts taugt, gilt es alles zu verlieren, um jenen Status zu erreichen, in dem die Karten noch einmal ganz neu gemischt werden. Allerdings sollte nie unterschätzt werden, dass dies alles Ersatzleistungen für einen erfüllenden Vollzug sind – da ist dem Kollegen Merk auf jeden Fall beizupflichten. Nur wenn die Libido nicht in einen menschlichen Partner investiert werden kann, kommt es zu solchen monomanischen Kurzschlüssen oder zu den perversen Umwegen, die die Erschöpfung der Erlösung vorziehen."

„Dann sollten wir uns noch einmal einige der Durrellschen Charakterisierungen in den Details ansehen!" Möller unterstreicht diese Argumentation: „Das dürfte das Mosaiksteinchen sein, nach dem wir die ganze Zeit gesucht haben. Die verstümmelten Leidenschaften mögen ein Ausdruck dieser mortifizierenden Kultur sein, aber der sie bedingende Antrieb hat nicht nur hervorgebracht, was wir hier und heute verwünschen und hinter uns wissen wollen. Er hat auch immer ein Surplus transportiert, an dem wir uns schließlich bewähren wollen."

„Das denke ich auch", bestätigt Saggu eifrig: „Die Sublimation mag ihren Preis fordern, aber dieser wird nie so hoch ausfallen, wie bei den verschiedenen Perversionen. Nehmen Sie die Charakterisierung des Impotenten: Sein Leben ist ein einziges Unglück gewesen, die Art von Genie, die ihm gegeben wurde, war eine katastrophale Gabe für jemanden, der zur Impotenz verurteilt ist. Und stellen dem die folgenden Kennzeichnungen gegenüber: Wenn Sie alle diese bleichen, erschöpften Gesichter im Morgenlicht nach ihren fruchtlosen Liebschaften mit dem Glücksrad, dem Würfel oder den Karten, nach diesen sterilen Liebschaften sehen würden – denn sogar die Gewinner tragen den verhärmten Gesichtsausdruck verlorener Gefühle –, dann würden Sie begreifen, dass Masturbation eine zu billige Erklärung ist. Im Grunde genommen würfelt der Spieler mit dem Tod, wie der Volksmund sagt. Und ebenso wie jeder Tänzer ein Verführer zum Geschlechtsakt ist, so ist jeder Spieler ein Sucher, und das Spiel ist ein magischer Akt. So überdrüssig wir dieser Situation auch sein mögen, so ist sie doch die einzige, in der wir uns wenigstens stellvertretend lebendig fühlen, diesseits des Todes. Dann die in die Metaphysik ausgreifende Parallelisierung, an der noch einmal zu sehen ist, dass es um die Sinnsuche, um die Sinnstiftung geht: Denken Sie doch einmal an die eigentümlich symbolische Pilgerfahrt zum Kasino, die er wie unter Zwang unternimmt, wenn er eines findet. Ist sie nicht genauso typisch wie die Pilgerfahrt anderer ins Bordell? Vergessen Sie dabei nicht, das Kasino wird, nicht anders als das Bordell, als eine Schule des Lebens präsentiert – und wir können nun nicht nur sagen, warum es die Schule des falschen Lebens ist, sondern wir können anhand dieser Bedingungen auch ableiten, welche geringfügigen Änderungen nötig wären, um das Richtige anzuvisieren.

Es scheint hier um etwas anderes zu gehen, also um eine einfache und billige Befriedigung, hier steht der Sinn eines ganzen Daseins auf dem Spiel. Es wird wirklich um die Erleuchtung gekämpft und der Verlust ist die ewige Verdammnis zur Sinnleere. Wir sehen ein eigentümlich zeitloses Unternehmen, in dem die mythischen Verhaltensformen wiederkehren, es wundert mich nicht, dass Durrell diese phallozentrische Kultur als Tod in Aspik kennzeichnet. Das Begehren als ein inneres Brennen will gelöscht werden, wenn es schon nicht zu befriedigen ist! Und den titanischen Kampf gegen dieses Brennen wird bis in die prägnanten Erfahrungen der Moderne hinein verlagert: Wie häufig finden wir die Kennzeichnung, jemand verbrenne vor Begehren oder verzehre sich im Innern vor Lust – das geht bis zur Metapher des Lebenslichts und der schicksalsgläubigen Selbstcharakteristik gewisser Randgruppen, bei denen es eine Notwendigkeit scheint, eine Kerze auf beiden Seiten anzuzünden. Und weil am Anfang, zu Zeiten eines magischen Animismus, die Lusterfüllung und das Erkennen noch eins gewesen sein müssen, passt nun am Ende der Zeiten auf den hemmungslosen Spieler für Durrell der französische Jargonausdruck flambeur und dass, wenn dieselbe Zahl oft hintereinander gewinnt, die Spieler sagen, sie wäre en chaleur, läufig. Damit kennzeichnet er die Flamme der reinen Lust, der mathematischen Wissenslust. Nicht zu sein, sondern zu wissen. So wird im Gegensatz zur modernen Erfahrung ein Weltzustand gekennzeichnet, in dem zwischen dem Wunsch und der Erfüllung noch kein Abstand aufgerissen worden ist – in dem es wie im Märchen eine unbegrenzte Erfüllbarkeit des Wunsches gibt, in dem der Status des Wissens eine Einlösung des Begehrens darstellt. Ich darf daran erinnern, dass die Platonische Ideenlehre auf einer Metaphysik der Zahl beruht, dass es diese mathematische Wissenslust gewesen ist, die das Denken von allen Trübungen und Beschmutzungen durch die konkreten Dinge zu reinigen hatte. Und so ist Durrells Charakterisierung dieses Spielers nur zu stimmig: Und natürlich hatte er immer gewonnen. Immer hatten ihm die Croupiers diese goldenen Schmutzhaufen, die ihm symbolisch so viel mehr bedeuteten als der Gegenwert in Geld, zugeschoben. Sicher hatte er nachlässig und lüstern in ihnen gewühlt, bevor er sie wieder zurück in den Schmelztiegel warf – denn nur mit Gold macht man Gold, was immer die Magier Ihnen erzählen mögen. Auch der Bezug auf das Freudsche Anale wird nun immer einleuchtender und wenn alles Glück die aufgeschobene Erfüllung eines prähistorischen Wunsches ist, geht es nicht um einen Reichtum, der nicht glücklich macht, der nur die Komplexität einer außer Kontrolle geratenden Welt erhöht – sondern es geht um die Vermehrung des

Goldes, um den alchimistischen Traum der Menschheit, an der Potenz der Schöpfung teilzuhaben."

„Ich frage mich, ob es so richtig ist, den Rausch einfach in die Rumpelkammer der Ersatzbefriedigungen zu verbannen!" gibt Merk zu bedenken. Er grinst ein bisschen verschmitzt, aber er hält das Grinsen nicht lange durch und die Mundwinkel sacken ab. Mit einem Anflug von Resignation erklärt er: „Sie gehen immer davon aus, dass der gelungene Orgasmus, der gemeinsame im Übrigen, das Ziel sei, dem der Süchtige oder der Spieler auf einem anderen Level, wenigstens als minder Abklatsch, noch nachstreben. Dass all diese Umwege, die sich verselbständigen, bei einem erfüllten Triebleben nicht sein müssten. Aber vielleicht stimmt das so gar nicht. Ich gebe zu bedenken, dass das Paar daran arbeitet, den Stachel der Unbefriedigtheit stumpf zu machen und dass das oft genug so gut gelingt, dass die Beziehung in der eingehandelten Stumpfheit sanft entschläft. Wie häufig bekommen wir zu hören, dass das Begehren sich an dem entzündet, was sich entzieht, dass also eine erfüllte Liebe tatsächlich schon die Tragik des Verlöschens beinhaltet. Während der Süchtige oder der Sammler und der Spieler, solange es ihnen gelingt, das Level zu halten, also selbst das Heft in der Hand zu haben daran arbeiten, das Begehren anzukurbeln. Vielleicht sollten wir uns erst einmal den Techniken widmen, die in der Lage sind, das Begehren richtig auf Touren zu bringen. Einer der Ursprünge unserer Kultusministerien ist immerhin der Rausch, auch wenn er einen enormen Verwaltungsaufwand im Fortgang der Geschichte im Gefolge hatte. Wenn die Leutchen immer nur daran festgehalten hätten, ein stinkiges altes Bärenfell durchzuscheuern, wären wir heute nicht hier. Das ekstatische Potential des Menschen mag in der Erotik angelegt sein, aber wirklich zum Tragen kommt es nur, wenn der Einzelne in einem Maß beschleunigt wird, dass für die Rücksichtnahme auf Gesundheit und Wohlanständigkeit gar keine Zeit mehr bleibt."

„Sie sehen nicht gerade glücklich aus, wenn Sie das so sagen", erwidert Bornhard. „Aber ich darf Sie an eine Einsicht erinnern, die heute dank der Frauenbewegung zu einem Teil des gesunden Menschenverstands geworden ist. Die Frau bringt dem Mann im Liebesakt Langsamkeit und Raffinesse bei, sie ist damit der Garant für die

schwer zu erwerbende Einsicht, dass der Aufschub und die Verzöge-
rung zu größeren Ergebnissen führen werden. Der richtig angeleitete
Akt ist selbst die Grundlage jeglicher Kultur. Mit Hilfe der Frau setzt
sich immer wieder einmal die Einsicht durch, dass Eile und Einfachheit bekämpft werden müssen. Die Frau lehrt den Wert der Zeit, die
Verbindung von Geduld und Empfindsamkeit in einem ganz anderen
Maß als die verschiedenen Suchtverhaltensweisen – und dass die
Männerbünde nie sehr lang halten, weil viel zu schnell gespritzt wird
und dann der gemeinsame Antrieb fehlt, muss heute niemand mehr
begründen. Die Verbindung von Geduld und Empfindsamkeit ist eine
Leistung der Frau, die vor allen Dingen dazu taugt, die Lust zu verfei-
nern, dem Begehren den Kick ins Unendliche zu geben und über die
einfache phallische Mechanik hinaus zu kommen. Dauer und Langsamkeit begleiten die Entfaltung einer Lust, die Zeit und Sorgfalt be-
nötigt, um sich zu entwickeln und auszubreiten. Als Zivilisations- und
Komplexitätsfaktor zwingt die weibliche Erotik die Gewalttätigkeiten
der Männerbünde und die Unbeherrschtheit der Jugend in die
Schranken und bereitet einen Raum vor, in dem die Lust der letzte
Richter über die Exzesse und die Grenzen wird. Und davor haben
sowohl das Recht wie die Ästhetik in die Knie zu gehen – und auf jede
Form von political Correctness ist so oder so geschissen. Wobei ich
nach wie vor denke, dass der musikalische Harmoniebegriff über alle
Missklänge der Qual und des Leidens, des Verzichts und der Resignation die Oberhand behält. Die Musik ist ein gelungenes Beispiel
dafür, wie Rausch und Entgrenzung gezügelt werden und die diver-
gentesten Einflüsse zu einer übergeordneten Harmonie vereinigt werden."

„Das mag ja sein, da habe ich gar keine Einwände!" erwidert Merk so
neutral, dass es auf jeden Fall nicht so aussehen soll, als gehe ihn
diese Argumentation überhaupt etwas an: „Aber haben Sie einmal
bedacht, welches Risiko die Liebe beinhaltet. Wie wir uns damit ausliefern können, wie wir selbst daran arbeiten können, uns den Boden
unter den Füßen wegzuziehen. Zu lieben bedeutet, dem anderen eine
volle Macht über uns zu gewähren, mich von seinen Launen abhängig
zu machen, mich unter das Joch eines ebenso bezaubernden wie
unberechenbaren Despoten zu begeben. Entweder werde ich ange-

nommen oder weggestoßen – und wenn ich erst einmal so weit gegangen bin, dass mir diese Anerkennung durch den oder die Andere
so viel bedeutet, habe ich das Schlimmste zu befürchten. Auf einmal
steht der Sinn meines Lebens zur Debatte. Der Verlust des oder der
Anderen, ihre Zurückweisung, ihre Flucht oder ihr Tod bedeuten die
Verstümmelung eines wesentlichen Teils des eigenen Ichs. Und dann
frage ich, warum Sie solch eine Belastung weiterer Generationen
aufbürden wollen. Wir haben mit Huxley schon geklärt, dass der metaphysische Sog des Todes durch die richtige Vorbereitung und die
begleitenden Drogen in Schach gehalten werden kann. Und auf dem
anderen Ende der Skala sitzt die Sexualität – warum sollte es da nicht
im gleichen Maße möglich sein, diesen metaphysischen Sog auszuschalten. Das Wesentliche, das Unerträgliche am Liebesleid, besteht
doch darin, dafür bestraft zu werden, für den anderen durch die Liebe
alles Menschenmögliche getan haben zu wollen. Da stehen wir am
Punkt des Märtyrers, hier ist niemand mehr unser Zeuge, wir sind
zurückgestoßen und sind in unserer Verlassenheit allein – vielleicht
gerade, weil wir für einen Menschen alles investiert haben, haben wir
nun kein Recht, für diese abgewiesene Gabe auf irgendeinen Aus-
gleich, auf irgendeine Wiedergutmachung zu klagen: Wir sind mit unserem Verlassensein allein. Wie häufig sind die Leben asynchron, wie
häufig entbrennt der eine just in dem Augenblick, in dem die andere
eine kühle Dusche bevorzugt. So lange die erste Verliebtheit hält, fällt
die dauernde Ungleichzeitigkeit nicht auf, das wird alles durch die
Kräfte der Projektion überspielt. Aber dann, wenn die alltäglichen Gewohnheiten wieder überhand nehmen, bleibt doch nichts von der Liebe übrig und mehr oder weniger schnell kommt es zu einem Scher-
bengericht, das in manchen Fällen wirklich zu einer Tragödie führt.
Dieses ganze Theater – wir beginnen mit dem Zauber der Illusionis-
ten, um auf dem Schlachtfeld des Ehekriegs zu enden – liefert aus
meiner Sicht vielleicht das beste Argument, um mit Hilfe chemischer
Ekstasen einen Grad der Befriedigung oder auch Ausgebranntheit zu
erreichen, mit dem die Angewiesenheit auf den anderen oder die andere wegfallen kann. Und eine sanftere, dem gesellschaftlichen Anspruch gehorchende Variante wird hier oben eingeübt, mit der Unter-

stützung ansprechender Androiden, die gerade keine Launen, die keine Ansprüche haben dürften!"

„Es ist sicher richtig, dass die verschiedenen Rauschtechniken erst einmal entwickelt wurden, um die Fraglichkeiten der Welt oder des so zerbrechlichen Lebens in ihr auszuhalten." Albach hat wieder Mühe, sich verständlich zu machen, aber er scheint ein wirkliches Verständnis für Merk ausdrücken zu wollen: „Was Sie gerade gesagt haben, wird für viele bis in die einfachsten Fühlfäden nachvollziehbar sein, obwohl die wenigsten wohl in der Lage sind, es für sich auf einen Nenner zu bringen. Tatsächlich aktualisiert sich schließlich in jeder Beziehung die erste fundamentale Abhängigkeit – aber aus diesem Grund ist auch jedes Mal wieder neu die Chance gegeben, die ursprünglichen Wunden zu schließen und die Narbenbildungen abheilen zu lassen. Das ist die Kraft der Liebe und nur deshalb gewinnt sie jene Macht über uns. Sie ist einer der Selbstheilungsversuche, die bis ins Fundament der Gattung reicht, während die Perversionen und die Süchte irgendwo auf dem Weg stecken bleiben. Natürlich sind sie auch als Versuch zu werten, einen Sinn zu stiften, der durch den Körper eingelöst werden kann. Nur, auf die Dauer gelingt dies, wenn überhaupt – und deswegen ist das von Ihnen aufgezeigte Risiko so groß, in Melancholie und Selbstzerstörung abzustürzen – nur der Liebe zwischen denen, die die Zeit für eine gemeinsame Erfahrung, für ein gemeinsames Wachsen haben. Und dann wird sie mehr und im Fortgang immer weiter, während all die anderen Modi der Komplexitätsreduktion schnell schal werden und dann immer höhere Dosierungen und ausgeklügeltere Exzesse erfordern, wenn überhaupt noch etwas gespürt werden soll. Nach wie vor stehe ich zu der Einsicht, dass der Sinn, den wir im Leben schöpfen können, etwas mit den Sinnen zu tun hat. Wir sind Sinnenwesen und erfahren uns in der Welt – jeder der uns mit einem abgehobenen und entmaterialisierten Heilsplan ködern möchte, wird uns nur um unsere realen Lebendigkeiten betrügen. Und ich denke, das ist kein schlechtes Argument: Alles, was im Gebrauch schal und langweilig wird, widerlegt sich auf die Dauer selbst. Das kann es nicht gewesen sein. Aber im Gegenzug: Alles, was wächst und reift und aneinander mehr und größer wird, was noch nach Jahren wie von allein an Intensitäten gewinnen kann, das zeigt uns den richtigen Weg."

Ich staune, aber ich bin misstrauisch. Irgendwann war ich einmal ein Kiffer und Säufer, der sich morgens in den Arbeitsalltag quälte und zum Trost immer wieder sagte: Heute Abend, wenn ich das hinter mir habe, ziehen wir erst mal einen durch. Und irgendwann war der Punkt erreicht, dass ich mit den Sinnen kapierte, dass sich deine Zaubermöse wesentlich besser anfühlte, wenn ich nicht zugedröhnt war und dann begann es lästig zu werden, wenn ich ab einem gewissen Quantum Wein einfach zu früh kam. Ich finde die Argumentation also stimmig, die beste Resozialisation findet im Bett statt, irgendwann hatte ich einen Punkt erreicht, an dem die körperlichen Erfahrungen eine Intensität erreichten, an der mein Faible für Drogen einfach klein beigeben musste. Aber das brauchte viel Zeit und noch mehr Umwege und Merks Erfahrung, dass man sich dank gewisser Enttäuschungen und Ängste an manchem Tag nur wegschmeißen kann, habe ich auch gemacht.

Aber ich weiß auch, dass ich nicht alleine auf dieser Welt bin und dummerweise schon den Minister für die Behinderungswissenschaften vergrätzt habe. Seitdem er mich beschimpft hat: Hau bloß ab du Hund! stellen mir kleine Behördenkrüppel überall nach – und das eigentlich nur, weil ich Spaß am Gehen habe, täglich drei bis vier Stunden zu Fuß unterwegs bin und denke, dass nur so Erfahrungen wachsen: Was wir an Welt haben wollen, müssen wir uns ergehen, erfahren können wir unsere Erfahrungen nur auf den eignen Sohlen. Wenn der Prozess der Zivilisation dem Prinzip Antriebshemmung gehorcht, verwundert es nicht, dass zu den Überlebenstricks von Randgruppen und Außenseitern auch immer gehört, Abkürzungen zu finden und neue Abfuhrphänomene auszuprägen, nur so ist der Hemmung entgegenzuwirken und bisher wurde der Kältetod erfolgreich von der jeweiligen Avantgarde und mit geringeren Hoffnungen und mehr Toten vom Krieg in Schach gehalten. Ich sollte vorsichtig sein – das Thema Impotenz ist auch hier oben mit großer Vorsicht zu genießen, es ist der große Stabilisator der Macht. Ich habe schon einzweimal zu oft über den Einfluss von Schwulen und Impotenten auf den Gang der Kultur gelästert und aus meiner Perspektive waren das nur Graduierungen der Unfähigkeit, sich auf ein lebendiges Gegenüber einzulassen.

Der Minister für die Behinderungswissenschaften geht schon lange am Stock, sprachgestört war er von Anfang an, aber weil bereits sein Vater die Kultur unseres Bundeslandes maßgeblich gesteuert hatte, musste man ihn standesgemäß unterbringen. Allerdings ist in dieser außergewöhnlichen Persönlichkeit noch das Problem hinzugekommen, dass er komplett impotent ist und wenigstens in einzelnen Spermien war diese Sippe bisher davon verschont geblieben. Einmal hatte ich auf einer Vernissage im Gespräch mit der Frau des Ministers damit geprotzt, dass ich mich hatte sterilisieren lassen, das war in der Regel die sicherste Methode, Abstände aufzubauen, wenn mir eine Tute zu nah auf den Pelz rücken wollte. Ein Durchschnittsflirt war in der Regel mit der Tatsache am Ende, dass ich zum Erzeuger nicht mehr geeignet sein würde. Erst war ich ein bisschen erstaunt, wie sehr sie von dem Statement angetan war, dass es schon genug Krüppel auf dieser geknechteten Welt gab und ich niemandem die Show stehlen wolle. Später habe ich dann kapiert, warum ihr das kurze Gespräch gut gefallen haben musste. Es war bekannt, dass sie keine Gelegenheit ausließ, um ihren Mann in aller Öffentlichkeit lächerlich zu machen – und sie hatte bei der nächsten musikalischen Soirée einige meiner bösesten Statements zitiert. Wenn ich an Lacans Kennzeichnung eines Zaubers der Impotenz dachte, war natürlich an die entsprechende Frau zu erinnern. Die eine fühlte sofort ihre Angst vor der Sexualität besänftigt, während die andere das Gefühl hatte, sie bekomme die Chance eingeräumt, der bessere Mann zu sein. Aber insgesamt geht es immer um die Förderung der kulturellen Umwege und damit um das System der Beherrschbarkeiten! Wie ich später zu hören bekam, waren der Macht solche Sprachspiele gefährlich genug, dass sie im Wortlaut registriert und archiviert werden mussten.

Wenn ich ein bisschen mehr Zeit habe, sollte ich mir die Mühe machen, zu prüfen, ob die Zitate inhaltlich wirklich diese Argumentationslinie von Saggu und Möller hergeben. Nach und nach habe ich kapiert, dass diese Hyänen versuchen, die menschlichen Nachbauten in einem ersten Schritt auf den Normalverbraucher abzubilden, um dann in einem zweiten Schritt anzubieten, dass der Normalo nur die Erfahrungen der Puppe oder des Kastraten machen müsse, um genau jenen systemischen Sprung in die Komplexität zu schaffen. Das wäre ja vielleicht sogar den Versuch wert – es gäbe sicher wesentlich weniger Elend in der Welt, wenn es gelingen könnte, die nachgemachten Menschen über den Umweg der Liebe an den Qualitäten des Menschlichen teilhaben zu lassen. Aber dann fallen mir die Simulantenehepaare ein, die immer wieder versucht hatten, uns das Leben schwer zu machen oder die akademischen Krüppelzüchter, die in einer potenzierten Form sowohl Halbwelt wie Ehepaar simuliert hatten und es aus diesem Grund besonders nötig hatten, uns aus der Welt zu schaffen. Dann wäre es ein Einfaches, mit Durrell zu sagen: Sie waren durch die Komplizenschaft ihrer Lust und ihres Willens stärker aneinandergefesselt als durch die Liebe und vielleicht sogar unabhängig vom Tod. Das kann nämlich häufig genug funktionieren und wenn zwei nur systematisch genug an einer Lüge bauen, werden sie gegenüber vielen anderen die Möglichkeit haben, eine Wirklichkeit aufzubauen, gegen die ein Einzelner sich nicht ohne weiteres behaupten kann. Einige dieser Vernunft-Ehepaare hatten sich derart auf die gemeinsame Lüge verschworen, dass sie durch unsere schlichte Existenz in einer umfassenden Weise in Frage gestellt wurden. Diese Floskel „unabhängig vom Tod" verlagerte sich also für sie auf den Zwang, durch die uns angetane Vernichtung von der Erfahrung der Nichtigkeit der eigenen Simulationsanstrengung verschont zu bleiben. Auch das ist eine Ironie der Geschichte oder eine List des Geistes, dass erst durch die Anstrengungen, die notwendig wurden, um den Intrigen und Fallstricken gewachsen zu sein, bei uns die Disziplin wuchs, auf Fehler und Nachlässigkeiten zu verzichten, die noch zu unserem Alltagsverhalten gehört hatten. Bis dahin hatten wir, unter dem Einfluss von Elternwelten, denen wir nicht ähnlich werden wollten, einfach nur geschludert, aber auf einmal kam es drauf an. Erst im Nachhinein wurde deutlich, dass wir eine Probezeit von siebzehn Jahren gebraucht hatten, um uns vor dem Recht zu verbinden – und auch diese Zahl war nicht vom Himmel gefallen. Deine Mutter bekam mit siebzehn Jahren ihre erste und einzige Tochter und meine Mutter brauchte siebzehn Jahre, bis sie einen Nachfolger gefunden hatte, um sich von dem Mann scheiden zu lassen, der ursprünglich nicht mehr als eine Notlösung gewesen war. Aber ich schweife schon wieder ab und als Mutzlacher zu reden beginnt, wird mir auf einmal klar, dass seine mikroelektronischen Vorlieben durch die weitgehende Asexualität des Nerd motiviert sein müssen. Wer Macht ausüben will, muss vor allem dafür sorgen, dass die vorhin angesprochenen Geilheitsdressuren nicht ins Leere laufen. Und da er, wie es aussieht, ein Sadist ist, wird es ihm sicher nicht darum gehen, den Trieb in einen Programmcode umzuleiten. Eher wird es darauf hinaus laufen, die Server mit Libido zu überschwemmen, um auch dort eine Bastion der Macht aufzurichten.

„Im übrigen bin ich nicht der Ansicht, dass der pädagogische Ansatz, quasi als Universalisierung der Rhetorik, allein ausreicht!" meldet sich Mutzlacher zu Wort. Er hat keine Ahnung, was hier in der letzten Zeit durchgekaut worden ist, aber er wirft sich in Pose, als habe er über die Richtung zu bestimmen: „Außerdem ist alles, was sich um unser Thema rankt, mit besonderer Vorsicht zu genießen. Nehmen Sie die Verfallsgeschichte des Pergaments der Aspasia als Metapher für alles Überlieferungsgeschehen – schon als es gefunden wurde, soll es völlig verrottet gewesen sein und der Entdecker musste die Lücken auffüllen und die Unverständlichkeiten ausbügeln, als er während der Transkription bemerken musste, dass die Quelle unter seinen Fingern zu Staub zerfiel. Und nicht genug damit, dass uns also kein Originaldokument zur Überprüfung übrig blieb, hat nun das Missbehagen des Autors, der mit seiner übersetzenden Neuschöpfung unzufrieden war und sie aus diesem Grund weglegte, auf einmal ex negativo ein paar Jahrzehnte später die Dignität des verloren gegangenen Originals zu erweisen und an die Nachschöpfung zu delegieren. Nur weil er mit seiner Reproduktion unzufrieden war, gilt auf einmal als erwiesen, dass es ein Original gegeben haben muss – und dann sollen wir uns eben die Mühe machen, die Wahrheit aus diesem Artefakt abzuleiten. Das ist irgendwo immer die gleiche Finte, mit der das Imaginäre zur Wirklichkeit erhoben werden will. Es mag ja sein, dass alle heiligen Schriften der Menschheit so entstanden sind, aber eben aus diesem Grund ist ihr Wahrheitsgehalt unter dem Einfluss der Aufklärung auf der Strecke geblieben. Sie machen es sich damit zu einfach. Wenn es nicht mehr ist, als der um ein Jahrhundert verfehlte Bezug auf ein Gespräch zwischen Goethe und Eckermann, das es nie gegeben hat, aber für Diotimas ‚Schule der Liebe' simuliert werden musste, kommen wir damit nicht weiter. Und wer die Vorträge der Aspasia nur aufmerksam liest, kann feststellen, dass ihre Substanz ein Fake ist. So etwas sollte uns hier nicht passieren!"

„Vielleicht ist alle Substanz ein Fake", wirft Saggu ein: „Warum finden wir die Wahrheit, die für den Menschen anscheinend unerreichbar ist, immer nur als Abglanz in den Ersatzleistungen, in den Ausweichbewegungen, in den Umwegen – lesen Sie doch einmal nach, welche Umwege und Abseitigkeiten von Musil dokumentiert werden, während er sich um den Gedanken einer Schule der Liebe bemüht. Und Musil geht sehr systematisch vor und ist doch wachsam genug, um all das Falsche und Angemaßte sofort zu demaskieren. Genau das ist es doch, was dann Kultur genannt wird!"

Mit einem freundlich warmen, aber bestimmten Stimmton unterbricht unser Begleiter die beiden, bevor sie sich auf einem weiteren Gemeinplatz zu tummeln beginnen: „Ich darf kurz daran erinnern, dass wir heute noch ein ganz nettes Programm vor uns haben. Aber es spricht nichts dagegen, dass Sie gleich weiter machen. Ich finde einige Aspekte, die jetzt beigesteuert wurden, für so wichtig, dass wir uns sicher noch ausführlicher damit beschäftigen werden. Nun sollten wir uns aufmachen, der Gleiter wartet schon geraume Zeit." Während wir zu der Senke bei der Baumgruppe gehen, spricht Mutzlacher weiter.

„Ich hätte gern ein bisschen mehr wissenschaftliche Fundierung", insistiert er: „Wir brauchen eine ernst zu nehmende Konzeption. Sonst kann ich für nichts garantieren. Manches was ich bisher gehört habe, klingt nicht uninteressant, aber von Paz Beobachtung, dass viele der hermetischen Traditionslinien in der Psychoanalyse mündeten und dass die verschiedenen psychologischen Moderichtungen des zwanzigsten Jahrhunderts oft nur Übersetzungen magisch-mystischer Halbwahrheiten in eine pseudowissenschaftliche Terminologie darstellten, ist es nur ein kleiner Schritt zu dem Verdacht, dass Sie für ein bisschen esoterischen Mumpitz sehr viel Geld in Bewegung setzen wollen. Es ist doch nicht von der Hand zu weisen, dass hier auch das Risiko besteht, die haltlosen Größenfantasien eines Aleister Crowley zu modernisieren. Oder wie übersetzen Sie die Parole: Liebe mit Bewusstsein für unseren Rahmen? Das kann schon zu haarigen Missverständnissen führen. Oder die Forderung der Selbstermächtigung: Tu, was Du willst! die Huxley noch für sich interpretieren konnte als eine Aufforderung, zu ergründen, was dieser Wille sei. Ich brauche ein wirkliches erkenntnistheoretisches Fundament, erst dann dürfen Sie mir mit der Pädagogik kommen! Ich will Fakten, eine Absicherung durch die positiven Wissenschaften, ich hätte gern, dass die Begriffe, die wir verwenden, an einem historischen Wörterbuch der Philosophie geschliffen werden und nicht irgendwelche Wischi-Waschi-Begriffe aus irgendwelchen Romanen sind. Ich meine nicht, dass es reicht, wenn wir auf die Kapazität der Selbstinszenierung setzen, die Schauspielmetapher ist ausgereizt. Wir haben es in unserer Welt mit harten Tatsachen zu tun und wenn wir etwas erreichen wollen, zählen nur Fakten!"

„So kann eigentlich nur jemand sprechen, der von der ganzen Sache keine Ahnung hat!" fegt ihn Merk an. „Was meinen Sie eigentlich, für was wir uns wochenlang vorbereitet haben? Tatsächlich hätten Sie nur den Damen zuhören müssen und ihnen wäre eine philosophiehistorische Begründung untergekommen, die vielleicht nicht in meinem Sinne ist, die aber schon wesentlich mehr leistet, als hier überhaupt gefragt sein kann. Ich bin nicht der Ansicht, dass wir das Rad noch einmal erfinden müssen! Es ist doch alles vorhanden, das Problem besteht darin, dass zu wenige die wesentlichen Einsichten kennen. Das Material ist da, und in vielen Fällen reicht ein ganzes Leben nicht aus, dass es überhaupt zum glücklichen Augenblick einer ersten Begegnung kommt. Aus diesem Grund die Pädagogik – wir müssen die einmalige Chance nutzen, dass wir hier mit jungen Menschen arbeiten können. Und dann werden wir keine Zeit mit erkenntnistheoretischen Grundlagen verplempern, das haben andere vor uns doch längst geleistet. Dann werden wir mit der Aufmerksamkeit, die wir in Anspruch nehmen können, so umgehen müssen, dass sie zunimmt und zu expandieren beginnt. Das ist eine einmalige Chance und bezogen auf die Lebenszeit gibt es in jedem Leben nur wenige Augenblicke, die sich für eine Initialzündung eignen."

„Dann möchte ich doch an die Problematik des Wechselverhältnisses von weiblicher Abwesenheitsdressur und männlichem Einsamkeitstraining erinnern", erwidert Mutzlacher mit einem hintergründigen Lächeln: „Das muss ich mir nicht aus den Fingern saugen – nicht! Das sind die Motivkomplexe, mit denen Sie sich schon ein halbes Leben lang rumschlagen und ohne eine kritische Rückkehr zu den Fundamenten unserer Kultur wird das nicht zu leisten sein. Wir müssen die Sprachregelungen schaffen, mit denen sich der Nachwuchs dann verständigen können soll. Wir müssen die wichtigen Begriffe von den Double-binds befreien, die sie bisher transportieren und das geht nur durch die Kenntnis ihrer Geschichte. Wir müssen die Widersprüche wieder herausarbeiten, nur dann sind sie zu jonglieren, nur dann ist mit ihnen zu arbeiten."

„Genau so sehe ich das auch!" wirft Saggu ein: „Wir gewinnen nichts, wenn wir die Leute nur zum gegenseitigen Konsum anregen. Das ist häufig genug eine Technik, sich nicht aufeinander einzulassen. Was meinen Sie, warum die Bindungsfähigkeiten abgenommen haben, seit die Leute zum schnellen Lustgewinn ermuntert werden. Ich würde sogar sagen, dass wir den Leuten wieder beibringen müssen, wie der rechte Abstand aufgebaut wird, wie die wirkliche Nähe erst ermöglicht wird, wenn wir uns der Unterschiede bewusst werden können und die grundlegende Distanz anerkannt wird. Und dazu wird vermutlich ein ordentlicher kulturwissenschaftlicher Ausbildungsgang beitragen können."

„Das wäre viel zu schön, wenn das machbar wäre", widerspricht Merk: „Aber mit einer ziemlichen Sicherheit zementieren Sie nur die Antriebsstörung. Die ersten Jahre sind wichtig, das Fleisch ist nur ganz jung zu initiieren. Ich plädiere für die schnellen Vollzüge und zwar so früh es geht. Die Körper müssen wach werden, sie müssen die nötige Erleuchtung erst einmal erfahren, indem wir dafür sorgen, dass die Hormone Achterbahn fahren. Später können Sie dann die Theorie dranhängen, können erklären, was ihnen wichtig ist oder was im objektiven Gang der Geschichte als bedeutsam erwiesen wurde. Aber wenn Sie andersrum vorgehen, kommen Sie nie aus der Problematik, dass stumpfe und kommunikationsbehinderte Körper in einem Alter auf die Sexualität stoßen, in dem nur noch Selbstzerstörung oder Askese dazu verhelfen, mit Energien auszukommen, für die die frühen Routinen eines naiven Gebrauchs fehlen. Ich halte das für

Zeitverschwendung. Für die große Theorie ist immer noch Zeit, wenn der Druck nachgelassen hat, die theoretische Neugierde können wir für die Zeit reservieren, in der die Hormone nicht mehr klingeln. Hier meine ich, greift der theoretische Ansatz, Impotenz und Kulturtheorie zu verknüpfen! Aber wir haben nichts davon, wenn wir mit Körpern arbeiten müssen, die nicht in der Lage sind, lichterloh zu brennen. Wir müssen die Bedingungen der Möglichkeit der Entzündbarkeit der Körper erst einmal zu Verfügung stellen."

„Sie gehen der eigentlichen Fraglichkeit, die ja auch immer Ihr Fragen motiviert hat, elegant aus dem Weg. Was wäre aber, wenn die Voraussetzung der Wirkungsgewalt des Paars nur eine systembildende Funktion wäre? Ein unerreichbares Ideal, das im Sinne Kants doch eine wesentliche regulative Funktion hätte?"

„Das meine ich, war nur das Resultat der Eifersucht der Großinstitutionen. Die Abwesenheitsdressur ist vor allem ein Resultat der Entweltlichung der Welt, der Effeminierung unserer Möglichkeiten, wie die Einsamkeitsschulung lediglich die Vorbereitung darstellt, für die Funktionen der Macht zur Verfügung zu stehen. Und wenn diese Arbeitsteilung eingeschliffen ist, gibt es wirklich kein Verhältnis der Geschlechter mehr", fasst Merk ganz ruhig und ein wenig abgeklärt zusammen.

„Und was ist von den uralten Mythen zu halten, die tatsächlich nur in die Partnervermeidungsstrategien münden?" Mutzlacher gibt nicht nach und er scheint sich seiner Sache sehr sicher: „Warum heißt es in den verschiedenen Zusammenhängen, dass die Götter als Paar erschaffen wurden – aber getrennt in die Welt geschickt geworden sind, dass sie zu Sterblichen werden, wenn Sie sich zu lieben beginnen. Natürlich können Sie mir mit dem literaturwissenschaftlichen Bombast der letzten Tage zeigen, dass das nur eine Metapher ist, die das unerreichbare Reale umreist: Dass die Götter im Augenblick der Ekstase gegenwärtig werden, dass sie vielleicht nur der Name für diesen Augenblick sind!

Ich halte es übrigens auch für eine nachlässige, etwas schlampige Redeweise, wenn hier von unseren Probanden immer wieder als von jungen Göttern die Rede ist. Das ist falsch und befördert nur den Größenwahn. Tatsächlich sollte man diesem jungen Gemüse immer wieder klar machen, dass sie nichts sind, nicht mehr, als wir dann ermöglichen, nicht mehr, als was sich in dem Raum zu entwickeln beginnt, den wir zur Verfügung stellen.

Warum heißt es auch, dass die Götter in der Liebe sterblich werden, dass sie jämmerlich aneinander zu krepieren beginnen, wenn sie nicht die Kapazität haben, Distanzen zu kultivieren, Entfernungen voneinander zu gewinnen. Distanz und Macht gehören immer zusammen! Warum haben wir in unseren ganzen Göttergenealogien tatsächlich immer wieder nur die Erfahrung transkribiert bekommen, dass die Kraft mit den Abständen wächst, dass das Zauberwort die Distanz ist und die Allmacht auf einem enormen Abstand beruht? Ich frage mich manchmal, ob Sie mit Ihrem Programm der pubertären Erotik nicht völlig daneben liegen. Ist der innere Motor der Partnervermeidungsprogramme nicht genau darin auszumachen, dass der Einzelne kapiert, dass er oder sie nur Erfolg haben werden und weiter kommen, wenn sie darauf verzichten, die infantilen Abhängigkeiten mit einem gleichaltrigen Partner aktualisieren zu wollen. Vielleicht sollte nach der Geburt Schluss sein und aller weiterer Schulungsgang nur einer der Ausbildung der Routinen einer endgültigen Abnabelung – vielleicht sollten wir uns auch von einigen Experimenten anregen lassen und dafür sorgen, dass es gar nicht mehr zu einer ersten, symbiotischen Dyade kommt. Ihr Programm der Erzeugung junger Götter krankt doch daran, dass der intrauterine Status der Homöostase mit einem Partner in der Welt übertroffen werden möchte – und wie soll so etwas gelingen! Aber ich brauche mir darüber keine Gedanken machen, denn der Erfolg wird darüber entscheiden, welche Richtung die weitere Entwicklung nimmt. Auch der Gang der Zivilisation wurde nicht von dem bestimmt, was das Beste für die Leute gewesen wäre – sondern von dem, was den energetischen Output auf ein höheres Niveau transportieren konnte."

Wir sind da, aus der Nähe wirkt der abweisende dunkle Flunder wie ein überdimensionales sechseckiges Aquarium. Unser Begleiter ordert mit einer flinken Tastenkombination der Rauten, Kugeln und Rechtecke auf seinem Ärmel einen Teleskopzylinder, in dem sich der Aufzug befindet und wir steigen ein, werden einen Augenblick später in ein dunkel getäfeltes und indirekt ausgeleuchtetes Clubzimmer entlassen. Wer hätte gedacht, dass dieser halbdurchsichtige Wasser-container im Innern so feste Wände und so undurchsichtige Barrieren aufweisen würde. „Nehmen Sie bitte Platz, die Getränke kommen gleich. Sie können auch Ihre Bestellung für das spätere Essen aufge-ben, wenn Sie es nicht vorziehen sollten, an der parallel stattfinden-den Veranstaltung zur Virtual Reality in der Akademie des Bewusst-seins teilzunehmen." Unser Begleiter macht eine einladende Hand-bewegung und wir verteilen uns auf die Sessel und Hocker um einen ausladenden Kartentisch.

„Ganz so eng würde ich das gar nicht sehen. Ich habe gerade begon-nen, mich mit Ihrem Plan eines virtuellen Parcours anzufreunden." Albach nickt Mutzlacher freundlich zu und spricht halblaut vor sich hin: „Mit einem wissenschaftstheoretischen oder philosophiehistorischen Fundament verplempern wir tatsächlich nur Zeit, da gebe ich dem Kollegen recht. Aber wir können im Cyberspace einige Versuchsan-ordnungen festlegen, mit denen es möglich sein wird, gewisse Para-digmen auszutesten. So paradox es klingt, aber ich denke, dass die durch die im zwanzigsten Jahrhundert entstandenen Massenmedien durchgesetzte Enteignung der Sinne und des Verstands durch eine virtuelle und multimediale Erfahrungsform aufgehoben werden kann. Mit der Mehrdimensionalität des Netzes und den vielfältigen Möglich-keiten, Wissenshorizonte abzugleichen, sind eigentlich ganz andere Distanzleistungen möglich. Und die Distanz ist schließlich die Grund-voraussetzung, eigene Erfahrungen zu bilden, sich wieder auf die ei-genen Sinne einzulassen. Das Resultat ist dann keine graue Theorie mehr, auch wenn das Ergebnis das gleiche sein wird, sondern es kann eine Form des intellektuellen Abenteuerspielplatzes werden. Ich erinnere mich an die geheimen Strategien eines Leibniz, der angeb-lich einen Großteil seiner Energie der Schaffung und Finanzierung einer Akademie der Wissenschaften gewidmet haben soll, wie es noch von Dilthey beschrieben wurde. Und dann muss man sich nur einmal das Vergnügen gegönnt haben, in den vielen tausend Seiten zur Philosophie zu vagabundieren, die dieser Mann aus Sicherheits-gründen sekretierte, um zu verstehen, dass die Akademie für ihn nur als Mittel zum Zweck gedacht war, weil er hoffte, aus einem möglichst umfassenden Spezialistenwissen mit Hilfe einer Ars Combinatoria die

Summe des menschenmöglichen Wissens abzuleiten. Das heißt, schon bei Leibniz gibt es durch die Brille der Infinitesimalrechnung die Möglichkeit, vom schlechten Istzustand des Wissens zu abstrahieren und in einem virtuellen Raum an Erkenntnissen zu arbeiten, die weit in der Zukunft liegen. Wenn einige seiner Einsichten im achtzehnten Jahrhundert zum Tragen gekommen wären, hätte es vermutlich nicht den Bruch einer kopernikanischen Wende des abendländischen Denkens gebraucht – aber wir wären durch die Zeichentheorie und den graduierende Grenzwert bei einer medialen Theorie des Geistes angelangt, wie ihn tatsächlich erst das zwanzigste Jahrhundert entwickeln konnte. Genau das hat er bereits vorgedacht und mit unseren technischen Voraussetzungen ist es tatsächlich nichts anderes, als das, zu dem wir unsere Adepten anleiten wollen."

„Was heißt das schon: Enteignung der Sinne und des Verstandes. Sie versuchen einen festen Punkt der Kritik vorauszusetzen, den es gar nicht geben kann!" wirft Mutzlacher ein. Er schaut selbstgefällig in die Runde und streichelt seinen Wanst dabei mit der linken Hand: „Die Konstruktion unserer Wirklichkeit ist doch so vollständig in unseren kommunikativen Kontext eingegangen, dass jede Trennung nur künstlich erscheinen mag. Aus diesem Grund sind die symbolischen Verweisungszusammenhänge und die normativen Regeln der normalen gesellschaftlichen Wirklichkeit tatsächlich nur ein Teil der Wirklichkeit der Medien. Der Versuch, eine erste Welt vor der medialen Wirklichkeit vorauszusetzen ist doch schon deswegen zum Scheitern verurteilt, weil solche Versuche gar keinen Gegenstand haben. Das Ding an sich ist kein Gegenstand für uns, darüber brauchen wir nicht mehr diskutieren! Die Konstruktion der Wirklichkeit in den Medien ist doch gar nichts neues, denn alle Wirklichkeit ist nichts als eine soziale Konstruktion. Ich würde raten, sie besuchen mich bei der Einführungsveranstaltung. Wir brauchen uns nicht mehr mit der Schrift, der Interpretation und dem Verstehen abmühen. Bei der biomagnetischen Transmission ist das alles überflüssig, den Sie sind sofort unmittelbar im Geschehen drin."

„Wenn Sie richtig liegen würden, könnte jede Manipulation in dem Augenblick, in dem sie erfolgreich ist, mit dem Anspruch auftreten, die Wirklichkeit zu sein", erwidert Albach: „Tatsächlich ist das aber nur eine Frage der rechten Abstände. Distanz ist das Zauberwort, aus diesem Grund halte ich die Erfahrung des sozialen Todes für so wichtig."

„Die symbolische Inszenierung funktioniert doch gar nicht im Rahmen einer Theorie des kommunikativen Handelns", entgegnet Mutzlacher: „Sie ist doch nichts anderes als eine politische Strategie. Und dann gibt es nichts zu hinterfragen. Wenn alles nur gemacht ist, ist ein Machwerk nicht schlechter als ein anderes und die Entscheidung über seinen Status wird auf einer anderen Ebene getroffen. Was wir als Wirklichkeit definieren, wird im nötigen multimedialen Rahmen auch die Wirklichkeit sein. So einfach ist das!"

„Sie verwechseln da vermutlich zwei Sachen", Albach läßt sich nicht aus der Ruhe bringen: „Natürlich wirken die in den Medien vorgeführten Gesetzmäßigkeiten wie selbsterfüllende Prophezeiungen. Aber das ist noch lange kein Beweis dafür, dass es von nun an keine soziale Wirklichkeit mehr gibt, die nicht von den Medien angetastet wird und es heißt noch lange nicht, dass es die primäre Wirklichkeit, die an unserer Leiberfahrung geworden ist, nicht mehr geben soll. Und das zweite halte ich noch für viel wichtiger. Natürlich haben wir keinen primären Zugang zur Wirklichkeit, aber er hat sich für uns im Wechselspiel verschiedener Medien ergeben. Aus diesem Grund kann die Medienwelt nie identisch mit der persönlichen Lebenswelt sein. Sie wäre es gern, aber die Differenz bleibt immer erfahrbar und genau das ist der archimedische Punkt, an dem jeder für sich das Luftgespinst aus den Angeln heben kann."

„Ich mag ihn nicht, aber nun muss ich doch einmal an Baudrillard erinnern", kontert Mutzlacher: „Die Bilder haben die Wirklichkeit doch schon längst überholt! Wir erfahren die Simulation auf verschiedenen Ebenen und in vielfältigen Potenzierungen. Es gibt eine Ontologie der Bilder, die die fingierte Wirklichkeit trägt und deren soziale Auswirkung bestätigt, auch wenn diese Ontologie nur eine Fiktion ist. Und es ist unsere Aufgabe, sie so zu gestalten, dass sie Halt und Sicherheit vermittelt und das soziale Gefüge zusammenhält. Etwas anderes kann nicht unsere Aufgabe sein – und schließlich werden wir auch fürstlich dafür bezahlt!"

„Aber natürlich kann gerade dies nicht unsere Aufgabe sein!" redet Merk aufgebracht dazwischen. „Sie würden die Wirklichkeit immer mehr ausbluten lassen, wir sind auf die Vielschichtigkeit der wirklichen Erfahrbarkeiten angewiesen. Wenn Sie nur die immer gleichen Idioten aus der Retorte produzieren, wird das ganze Geschehen so langweilig und überflüssig, dass auch sehr schnell der Umsatz einbrechen würde, und damit wäre Ihr Gehalt nicht gesichert. Wobei ich mich bei diesem Ansatz wirklich frage, mit welcher Leistung Sie eigentlich Ihre Bezüge rechtfertigen wollen!"

Mutzlacher lächelt vor sich hin und schaut einfach durch Merck hindurch. „Die sogenannte Wirklichkeit ist in den letzten 200 Jahren derart geschwächt worden, dass wir uns darüber keine Gedanken machen müssen. Das Ich wurde im Gegenzug aufgebläht, haltlos und ohne irgendwelche Substanz will es über die Welt bestimmen – und dabei fehlt in der Regel jeglicher Einblick in die Bedingungen der eigenen Gewordenheit. Wir müssen es von der eigenen Hybris befreien. Und dafür braucht es stabile Leitsysteme und die nötigen Technologien des Selbst. In einem ganz anderen Sinne, als das bei Roszak nur korrumpiert dargestellt wird, werden wir effektiv lernen müssen, in den Köpfen der Leute zu träumen."

„Selbst wenn ich zugestehe, dass die Medien heute eine Wirkungsmacht errungen haben, wie dies noch nie der Fall war in der Geschichte der Menschheit, akzeptiere ich ihre Schlussfolgerung nicht", gibt Albach zu bedenken: „kann die Wechselbeziehung zwischen Bild und Welt nicht bodenlos sein, solange es Menschen sind, die von den Bildern geprägt oder vielleicht sogar geschaffen werden. Das meine ich, hat Baudrillard nicht gesehen – und ich ziehe den Hut vor einigen seiner Analysen. Da ist vieles richtig beobachtet und genau herausgearbeitet, wir werden immer wieder manches davon verwenden können. Aber solange es ein biologisches Substrat gibt, ein anthropologisches Sinnbedürfnis und eine soziale Gemeinschaftserfahrung, werden keine Inszenierungen die Kapazität haben, diese Gegebenheiten aus dem Nichts in die Welt zu rufen. Sie können immer nur am Vorhandenen modellieren – bis zu einem extremen Maß, von mir aus, aber es gibt eine Grenze. Sie verhalten sich zur menschlichen Lebenswelt immer wie die Kopie zum Original – und es gibt die Gesetzmäßigkeit, dass eine Karte in jedem Fall weniger sein muss, als das Land das sie zeigt, sie ist eine reduzierte Abstraktion. Natürlich gab es schon manchen nachgemachten Menschen, der der Ansicht war, er oder auch sie, bei Frauen – Verzeihung die Damen – kommt das häufiger vor, sei besser als das Original. Die Schöpferkraft der inszenierten Bilder ist nicht absolut, sie beruht immer auf der Belehnung durch eine, und wenn sie noch so unwahrscheinlich ist, Vorgabe aus dem menschlichen Universum der Mehrdimensionalität. Der Kreislauf der Bilder ist eine wesentliche Dynamik der Täuschung in unserer Welt – wie es einmal Thomas Meyer formuliert hat – er ist aber nicht die Welt!"

Wieder versucht sich eine Abschweifung in meinem Kopf zu verselbständigen: Vielleicht müssen die Vertreter der Macht deswegen so süchtig am Nachwuchs schmarotzen, weil sie hier jene Lebenskraft abzapfen, die ihnen beim Gang durch die Institution verloren gegangen ist. Vielleicht ist das, was hier als Geilheits- oder Abwesenheitsdressur gekennzeichnet worden ist, gar nicht aus der Schwäche, Hinfälligkeit oder Angst der Protagonisten entstanden, sondern es ist eine erste und noch fast unmittelbare Auswirkung der Macht. Diese Figuren hier haben jede/r für sich das Programm, die eigene Deformation zu delegieren, um zum einen die notwendige Bestätigung der eigenen biographischen Verstricktheit zu erfahren und dann, zum andern, ein Quantum Lebendigkeit abzuzapfen, das ihnen sonst nicht mehr zur Verfügung stehen würde. Aber ich muss dran bleiben und fahre an der Lautmelodie der Worte wieder zurück, bis ich den Satz von Anfang an habe.

„Und wenn wir all diese Bedingungen Revue passieren lassen, bietet sich ein Gedankenexperiment an." Albach fasst zusammen: „Ich spreche jetzt mal ins Unreine, ich habe mir noch keine großen Gedanken über die technischen Grundlagen der Verwirklichung gemacht, ich fasse quasi die Überlegung der letzten zwanzig Stunden zu einer Versuchsanordnung zusammen.

Wir haben da doch diesen Bibliotheksplaneten, der einmal von Borges beschrieben worden ist. So großer Erfolg dem Text beschert war, so wenig hat sich tatsächlich irgendjemand für den wirklichen Planeten interessiert. Das Borgessche Universum beruht schließlich auf der

Inszenierung einer bibliophilen Fiktion – oder auf der Verkörperung eines Dramas, das nach Eco einer kranken Spinozawelt entspricht. Spinoza hatte vorausgesetzt, dass die Ordnung und der Zusammenhang der Dinge identisch seien mit der Ordnung und dem Zusammenhang der Ideen – ganz ähnlich, wie es später in Leibniz Monadologie weiter gedacht worden war. Und genau das ist in Borges Universum nicht der Fall, es ist die Bibliothek, in der die abseitigsten und weltfremdesten Hervorbringungen eine eigene Ordnung hervorbringen können. Dieses uralte intergalaktische Archiv, mit dem in den letzten Jahrhunderten niemand mehr irgendetwas anzufangen wusste, auf dem anfangs ein paar Propheten und einmal ein überflüssig gewordener Großinquisitor untergebracht wurde, später ein paar Diktatoren, die nicht einfach beseitigt werden konnten, außerdem einige besessene Menschheitsbeglücker und ein paar theoretische Physiker oder Philosophen. Wir müssten es nur in den virtuellen Raum übersetzen und die Bibliothek selbst in einen Cyberspace verwandeln. Die einzelnen Archive stelle ich mir als Interfaces vor, die über gewisse mediale Gesetzmäßigkeiten miteinander verspannt werden können, die als Matrizen zu verstehen sind. Die Kunst würde nun darin bestehen, zum einen eine sichere Orientierung zwischen den virtuell repräsentierten Oberflächen zu gewinnen und zum anderen, die zugrunde liegende Matrix so präsent zu haben, dass ad hoc an der Programmierung gearbeitet werden würde. Stellen Sie sich vor, Sie bewegen sich in einer Welt, die klaren Naturgesetzen folgt und die dennoch im Augenblick Ihren Vorstellungen angepasst werden kann. Natürlich erfordert es eine enorme Disziplin, sich zwischen digitalen Clustern zu bewegen und dabei zu bemerken, dass die eigenen Gefühle und Wünsche und Erwartungen unmittelbar auf diese Cluster einwirken. Diese, ich sage einmal zusammengefasst, Vorstellungen müssen makellos sein, sonst kollabiert die virtuelle Wirklichkeit mehr oder weniger schnell aufgrund der immanenten Widersprüche."

„Das halte ich für absurd!" ruft Mutzlacher dazwischen. „Ich erinnere an ein Gedankenexperiment Moravecs: Stellen Sie sich ein Buch vor, in dem die detaillierte Geschichte einer Welt enthalten ist, die der unseren ähnelt. Das Buch ist so dicht wie möglich geschrieben: die Ausführung der Einzelheiten wird den Lesern als Hausarbeit überlassen. Aber auch mit einer maximalen Kompression würde es ein astronomisch großer Band sein, gefüllt mit Neuheit und spannenden Inhalten – die ganze Bibliothek wäre durch den kurzen und langweiligen Satz in Kursivschrift angemessen definiert. Die Bibliothek als ein Ganzes enthält so wenig Inhalt, dass der Aufwand, ein Buch aus ihr herauszuholen, derselbe ist, wie eines zu schreiben. In der Bücherei könnten sich Bücherstapel befinden, deren Beschriftung von A bis Z reicht, und einige weitere für eine genauere Unterteilung, die sich in ähnlich beschriftete Unterstapel verzweigen, die sich wiederum in Unterstapel verzweigen und so endlos weiter. An jedem Verzweigungspunkt befindet sich ein Buch, dessen Inhalt die Sequenz der Buchstaben der Stapel ist, die man ausgewählt hat, um zu ihm zu gelangen. Jedes Buch kann in der Bibliothek gefunden werden, aber dazu muss der Leser zunächst einen ersten Buchstaben auswählen, dann einen zweiten, dann einen dritten, ebenso wie jemand ein Buch schreibt, indem er jede Taste mit einem Zeichen versieht. Der Inhalt des Buches hängt gänzlich von den Entscheidungen des Lesers ab. Die Bibliothek enthält keine zusätzliche Information. Obwohl der Inhalt überall frei ist, enthält die Bibliothek eine unendliche Zahl von einzelnen Büchern mit wahnsinnig interessanten Geschichten. Personen in einigen diesen Büchern, die von dem großen Gestammel isoliert sind, das die Bibliothek aus einer äußeren Perspektive wertlos erscheinen lässt, können sehr wohl Gefallen an ihrer eigenen Existenz finden, indem sie ihre eigene Geschichte in einer konsistenten Weise so wahrnehmen und interpretieren, dass sie ihre eigene Bedeutsamkeit zu erkennen gibt – ein Rezept, das wahrscheinlich das Geheimnis des Lebens und der Existenz ist, und der Grund dafür, uns selbst in einem großen und geordneten Universum mit konsistenten physikalischen Gesetzen vorzufinden, das eine Zeitrichtung und eine lange Evolutionsgeschichte besitzt. Und da sage ich mir, vermutlich fehlt es einem Moravec mit seinen wahnsinnig interessanten Geschichten einfach an Fantasie. Wenn er ein bisschen im unendlich Kleinen interpolieren könnte, wüsste er, wie dumm und einfallslos dieser Gedanke von der entfesselten Bibliothek tatsächlich ist, es fehlt an den Inhalten und die formalen Spielereien machen einen nicht satt! So frage ich nach dem Gehalt, da will ich die Botschaft wissen, denn nur weil mir einer das Alphabet präsentiert, kombiniert nach unendlichen Zufallswürfen, kommt auf keinen Fall auch nur ein einziges Buch zustande – und mit dem genetischen Code und der Kombination einiger Basen ist es noch lange nicht getan. Vielleicht brauchen sie ein paar Milliarden Jahre, die Buchstaben haben keine Bindungskräfte. Das ist so absurd, wie der Versuch, einen körperlosen Geist ins Internet zu schicken. Von mir aus können Sie konstatieren, dass wir den körperlosen Geist dem Medium verdanken, aber er ist tot, es mangelt ihm an Bewusstsein und auch die vierte Generation eines Moravec wird im besten Fall Bewusstsein reproduzieren, wie Gotthard Günther das einmal beschrieben hat, aber den Sprung zur Spontaneität des Selbstbewusstseins werden Sie nicht erwarten können. Aus dem Grund wird auch Moravecs Cyborg – also der Mensch, der sich nach und nach durch Ersatzteile und Speichersysteme immer mehr in ein Maschinenwesen verwandelt – mit der Masse an gespeicherten Repräsentationen immer mehr zur passiven Maschine degenerieren, denn in dem Augenblick, in dem nicht mehr auf die Offenheit eines Horizonts reagiert werden muss, in dem der kommunikative Prozess abgeschlossen ist und keine unerwarteten Informationen mehr aufgenommen werden müssen, fällt genau jener reflexive Bezug aus, aus dem Selbstbewusstsein aufgebaut wird. Ich befürchte also, dass Sie in Ihrer virtuellen Bibliothek willenlose Idioten produzieren oder größenwahnsinnige Autisten. Aber halt! Das könnte ex negativo schon fast eine Bedienungsanleitung sein. Ich nehme an, unsere Techniker müssten einiges damit in Bewegung setzen können, wenn sie zusätzliche Unwahrscheinlichkeitskriterien einbauen!"

Während er spricht, haben zwei als knackige Hostessen gestaltete Androiden die Getränke serviert und Mutzlacher kann es sich nicht verkneifen, einen Partyspies, von dem er die Olive abgepflückt hat, in einen Oberschenkel zu pieken. Es löst keine Reaktion aus, das Mädchen ist immun, aber einige Blicke straften ihn mit Verachtung, was ihn offensichtlich amüsiert. Vielleicht macht er solche Spiele ja gar nicht, um sich am Schmerz zu weiden, vielleicht ist er längst weiter und genießt es, an den Fundamenten der kommunikativen Konsensfähigkeit zu sägen – vielleicht geht es nicht einmal darum, den Rahmen zu beschädigen, aufgrund dessen schließlich auch seine Spiele funktionieren. Vielleicht führt er nur vor, wir haltlos alle moralische

Entrüstung bleibt, solange sie sich nur auf verbale Bekundungen beschränkt.

Sie verteilen handtellergroße Folienbildschirme mit den Speisekarten und verschwinden wieder im Hintergrund. Ich fahre kurz mit der Fingerspitze und dem Cursor über das Angebot – da ist nichts, was mir gerade sehr interessant erscheint – und lege das Spielzeug auf den Tisch. Das hat auch Zeit, wir können die Bestellung aufgeben, so lange wir unterwegs sind und vielleicht nutze ich die virtuelle Realität, um mich für die Zeit des Essens abzuseilen. Gegessen wird erst nachher, wenn wir den Rundgang in der Zentrale hinter uns gebracht haben. Vielleicht bieten sich ein paar wichtige Gespräche an – ich muss mir nicht das zweifelhafte Vergnügen gönnen, diese Leute beim Essen zu erleben. Was sie zum Thema Liebe herbeitragen, mag gut und treffend sein, schließlich ist es nicht auf ihrem Mist gewachsen. Aber wenn ich ihnen beim Lieben zusehen müsste, würde es mir vermutlich vergehen. Als ich einmal ein paar Monate als Bankbote gejobbt hatte, war mir die Lust unter den ständigen Zoten und Anzüglichkeiten dieser stillgestellten und überangepassten Anzugträger fast vergangen, überhaupt wenn ich noch zufällig mitbekam, dass sie sich mit schlechtem Gewissen aus der 39 in unserer Straße davon stahlen – es war bekannt, dass dort gewisse besondere Bedürfnisse gestillt werden konnten. Und wenn ich dieses Volk nun beim Essen erleben sollte, bliebe von meinem Appetit vermutlich nichts mehr übrig. Gut, wenn ich einen Film darüber drehen sollte, wäre so ein Portrait beim Essen natürlich das, was sich jeder wünschen würde. Leichter lassen sich gewisse Charaktere nicht darstellen, als wenn man die Chance hat, zu zeigen, wie sie die außergewöhnlichsten Delikatessen mit zwei Händen in sich rein schaufeln oder ewige Zeit für das Dressing ihrer drei Blätter wilden Löwenzahn verwenden, um dann missmutig und übersättigt nach dem ersten Blatt mit der Kuchengabel in dem Schälchen zu stochern. Aber gut, das müssen wir erst einmal abwarten, wenn es irgendwie geht, folge ich dem ganz natürlichen Bedürfnis und widme mich wichtigeren Arbeiten.

„Das glaube ich nicht – obwohl ich einige Ihrer Einwürfe für sehr wertvoll halte", erwidert Albach. „Statt eines realen Bibliotheksplaneten nehmen wir eine virtuelle Bibliothek, ein offenes digitales Archiv, in dem statt staubiger Folianten und zerflederter Akten, deren Murmeln vielleicht einem Tinnituskranken zugänglich sein wird, ein beschleunigter Datenstrom fassbar ist, der nachgefüttert werden will. Kein geschlossenes System, sondern eine offene Prozesswelt, in der die Art und Weise, wie auf das vorliegende Wissen reagiert wird, eine in die Zukunft ausgreifende Funktion hat und die weiteren Möglichkeiten modifiziert."

„Das kann ich mir sehr gut vorstellen!" bekräftigt Bornhard, als müsse sie sich eines Verbündeten versichern. Aber vielleicht will sie nur vergessen machen, dass sie ihn schon in einer Weise angeschossen hat, dass man ihr auch einen Mangel an Teamfähigkeit vorwerfen könnte. „Damit werden irgendwelche umständlichen Parcours, die in den meisten Fällen nur auf primitive Trickfilmspektakel hinauslaufen, vermieden. Natürlich ist heute eine virtuelle Realität generierbar, die fast perfekt erscheint, aber sie ist tot ohne zu stinken, es fehlt ihr alles Echte. Wir müssen uns keine Überlebensspiele für Ruinenbaumeister ausdenken, kein Bibliotheksbungee, sondern wir bereiten einen virtuellen Parcours für Klarträumer auf. Und statt der realen und verwundbaren Körper der Adepten brauchen wir nur virtuelle Datenreisende, deren Wirklichkeit durch zwei Quellen gefüttert wird: Zum einen unser Lernpensum und zum anderen die Rückkopplung durch ihren Erwartungs- und Lernhorizont. Außerdem würde ich mich gern an den altehrwürdigen Fragen der Philosophie bedienen, zur Einführung denke ich an Piepers *Was ist Philosophie?* oder auch: *Was heißt akademisch?*"

Albach hat sich gesammelt und Luft geholt: „Ganz so einfach ist es nicht, aber ich darf noch ein bisschen weiter ausholen. Ich würde hier Kurse in angewandter Zerstreuung anbieten. Wie es treffend bei Durrell heißt: *In der Wissenschaft ist das Exakte aufgrund einer Vereinbarung das Schöne und macht den Eindruck des Neuen, Unverfälschten. Bei der Sprache liegt die Schönheit in der Deutlichkeit, in der Nacktheit des Gedankens gehüllt in einen Laut.* Und das drehen wir um, dann ist die Initiation wie von alleine angestoßen. Im Dunkel des Geheimnisses kann für einen Augenblick die Wahrheit aufleuchten und sie wird umso kostbarer sein, umso weniger von ihr greifbar wird. Wir wenden uns an die nicht-diskursiven Sinne, arbeiten mit Taktilität und Viervierteltakt, kombinieren die Bildwelten aus dem Rechner mit der Überzeugungskraft der Haptik. Wir müssen die folgende Einsicht nur so ernst nehmen, wie es die großen Produktionsstudios schon lange vormachen, wenn sie die wesentlichen cineastischen Szenen von Computern berechnen lassen und die Schauspieler dann nur noch durch Myriaden von Einzelbildaufnahmen dazu gerechnet werden müssen. *Malerei überzeugt durch gleichzeitige Erregung des Geistes und der Sehnerven, während Wörter bezeichnen, etwas bedeuten, wenn auch immer nur annähernd, und beeinflusst sind durch ihren assoziativen Wert. Der Zauber, der von ihnen ausgeht, will die Dinge beherrschen – ihnen fehlt die Unschuld.* Wie altmodisch das klingt, und wie aktuell die Einsicht ist – wenn Sie bedenken, dass Durrell zu einer Zeit formulierte, als man noch befürchtete, dass es mit dem Siegeszug des Fernsehens zu einem Verlust der Privatsphäre und damit einhergehend zur Reduzierung der Persönlichkeit kommen könne. Der Vorwurf, dass die medial hergestellte Wirklichkeit unser Wirklichkeitsverständnis verkürze, ging an der Tatsache vorbei, dass all unsere Wahrnehmungen auf Konstruktionen beruhen und selbst dieser umfassend gedachte Konstruktivismus hat verkannt, dass es Wahrheitswerte in Körpergedächtnis und Sinnenbewusstsein gibt, die sich einem evolutionären Geschehen von Jahrhunderttausenden verdanken und auf die Dauer nicht einfach abzuschalten sind. Tatsächlich hat die Entwicklung der multimedialen Medien und die Digitalisierung der Wissens- und Erfahrungsformen dazu geführt, dass heute psychische Differenzierungen möglich geworden sind, die damals nicht einmal vorstellbar waren. Der Persönlichkeitsbegriff muss heute in mindestens vier Dimensionen gedacht werden.

Durrell bewegt sich schon in dieser Richtung, weil er auf eine Form der Sprachmagie zurückgreift, in der das Wort selbst als Medium funktioniert und nicht lediglich ein konventionalisiertes Zeichen darstellt. Mit Mallarmé ist die Dichtung die jüngste Erscheinungsform der uralten magischen Welterfahrung, die Poesie ist nur eine andere Variation der unerkannten und wenig begriffenen Kräfte, in denen die Zauberkunst überdauert. Die Schöpfung geschieht durch das Wort, während alle Benennung die Unvorstellbarkeit eines Geschehens auf einen Nenner bringt und die Welt auf die reine Handhabbarkeit reduziert. Beachten sie bitte diese Umkehrung – wir müssen tatsächlich nur die notwendigen Schlussfolgerungen aus dieser Wahrheit ziehen. In Situationen der Ausgeliefertheit und der Gefahr werden körpereigene Drogen freigesetzt, die das umfassende Sinnensystem aktivieren – und wenn wir dann in der Lage sind, dafür zu sorgen, dass das Sensorium, die Witterung, die Fingerspitzen und der Urin auf jene Wissenssysteme und Speicherwirklichkeiten, die wir zur Verfügung stellen, anspringen – dann werden noch ganz andere Einsichten freigesetzt. Das ist ein Experiment, das wir wagen sollten! Wir können heute noch nicht einmal mit Bestimmtheit sagen, ob an den Verschiebungen des Montagepunkts der Wirklichkeit, wie sie Castaneda in den vielfältigsten Annäherungen beschreibt, wirklich etwas dran ist, oder ob es sich nur um eine weitere Form der Swedenborgiana handelt. Aber den Wink in die richtige Richtung hat Durrell gegeben, als er auf den Zweifel am Glauben an die Wissenschaft – und das ist ein entscheidender Ansatz: Auch an die Wissenschaft muss man glauben, auch bei ihr gibt es die verschiedenen Möglichkeiten des Verfehlens, der Skepsis oder der schlichten Stumpfheit – mit einem erweiterten Wissenschaftsbegriff antwortete, der auf jenen Ursprung zurückgreift, in dem Glaube, Mythos, Poesie und Wissenschaft wurzeln. *O doch, nur glaube ich an die Poesie der Wissenschaft. Und das Glück? Das hat mit der Sache nichts zu tun. Sie können nicht diese unbekannten und wunderbaren Energien – le bonheur – durch Zureden oder mit der Peitsche oder mit Gewalt oder mit List herbeizaubern, sondern nur mit inständigem Bitten. Und hier beginnt die Poesie und auch das Gebet, und beides bringt einen Gedanken hervor und diesem Gedanken entspringt die Wissenschaft. Aber der Ursprung liegt weit zurück. ... man muss daran glauben. Er ist tatsächlich dort. Es ist die heilige Ahnung.* Ich denke, dass wir diesen Ansatz nie aus den Augen verlieren sollen. Wenn es das Glück gibt, dann finden wir seine Fundamente an jenen sexuellen Ursprüngen der Begeisterung, von denen die religiöse Erhebung oder die philosophische Indienstnahme der Poesie immer nur verdünnende und operationale Verfahrensordnungen zur Verfügung stellen. Und das hat Grund, sonst liefen nämlich alle Akkumulationsbestrebungen der großen Institutionen ins Leere!"

„Wir sind schon da, ich darf Sie um eine kurze Unterbrechung bitten", unser Begleiter steht in der Tür Richtung Lift und fordert uns auf, zu kommen. Ein kurzer Blick in Richtung des Tischs: „Falls Sie noch nicht bestellt haben, ist das nicht tragisch, wir haben ein warmes Buffet das keine Wünsche offen lässt." Wir gehen und stehen kurz danach in einer Parklandschaft, die sich in nichts von der von vorhin unterscheidet – nur in der Ferne ist der sandsteinfarbene Palast der Akademie des Bewusstseins zu sehen. Gemächlich gehen wir in die Richtung. Mir fällt auf, was für schöne Menschen hier zu sehen sind, selten habe ich solche reizvollen Kombinationen von Harmonie und charakteristischem Ausdruck gesehen.

„Durrell mag jenes Glück zitiert haben, von dem die Schönheit ein Versprechen sein soll – einverstanden. Aus diesem Grund bin ich auch der Meinung, dass all die Spinnereien um das Eigenleben der Archive uns nicht weiterführen, als dies ein einfacher in sich stimmiger Körper tun kann!" Mutzlacher grient vor sich hin und spricht dann mit einem abfälligen Lachen in die Runde: „Und er legt auch nahe, dass das der Traum eines größenwahnsinnigen Bibliophilen ist, den wir als Leser vielleicht einem Blinden durchgehen lassen wie Borges, oder einem Krüppel, der in einem Spezialkorsett in einen Rollstuhl gesetzt werden muss, um überhaupt eine Form zu wahren. Aber für uns ist das doch nichts! Wie wollen Sie eine Schule der Liebe in einer Gruft voller Leichengift und Bücherstaub am Leben erhalten, das kann gar nicht klappen. Gerade die Hoffnungsträger, die Begabtesten unter den Schülern werden die ersten sein, die sich aus dem Staub machen. Keine Chance, überhaupt keine Chance! Wenn Sie das Experiment richtig aufziehen wollen – und gerade das ist es ja, wo die Gefahren versteckt sind, müssen Sie den Heranwachsenden die Möglichkeit einräumen, an der Schöpfung beteiligt zu sei. Natürlich ist das in jeder Generation so, aber mittlerweile in einer sehr degenerierten, nur noch metaphorischen Form – und genau das können wir wieder ändern. Tatsächlich geht es nur immer um eines, nämlich um die Macht. Das ganze Gelaber um eine neue Metaphysik kann mir gestohlen bleiben. Wenn Sie das brauchen – nur zu, so lange es den energetischen Output befördert, ist nichts dagegen einzuwenden, aber verschonen Sie mich damit! Ich muss schon genug Kraft für irgendwelche moralischen Erwägungen aufbringen, die mich tatsächlich gar nicht interessieren. Ich werde dafür bezahlt, und damit ist auch schon genug. Niemand kann von mir verlangen, dass ich mich länger als notwendig mit diesem ganzen Scheiß beschäftige!" Und, als müsste er vormachen, wir er sich das übliche Ausweichen vorstellt, biegt er ohne Vorankündigung bei ein paar niedrigen Büschen ab und verschwindet in einer Gruppe junger Leute.

„Der ist ein Arsch!" brummelt Merk vor sich hin, „aber das wundert ja nicht. Als gestern einmal die Rede davon war, das die Macht eine Ersatzleistung ist, eine Kompensation für den Mangel an Lebendigkeit oder für die Unfähigkeit, sich am Leben zu freuen, hat er noch gemeint vorzuführen, wie ihn dieses Thema langweilt. Und dabei dürfte er mit Sicherheit einer dieser Verbrecher sein, die, wenn es sein muss, daran arbeiten, einen jungen Menschen in den Selbstmord zu schicken, um sein Quantum Lebensenergie abzuschöpfen. Wir sollten die nötigen Sicherungen einbauen, sonst geht es an die Fundamente all dessen, was wir unter dem Begriff Kulturarbeit auf einen Nenner bringen."

„So hart würde ich das nicht formulieren", bringt Saggu zu seiner Entschuldigung vor: „In manchen Dingen hat er ja recht. Eigentlich wird schon mit der griechischen Philosophie das Programm in die Welt gesetzt, die Liebe auszudünnen und zu entmachten."

„Das zeigt doch nur, wie nah wir wirklich an den Möglichkeiten einer Lösung sind", erwidert Merk: „Und gerade deswegen müssen wir höllisch aufpassen, dass es nicht pervertiert wird und in die falsche Richtung abgleitet. Es sind dieselben Mittel, mit denen Menschen zu Sklaven ihrer Abhängigkeiten verdammt werden können oder mit denen sie sich in die Sphäre des Göttlichen erheben. Irgendwo heißt es doch: Man müsste Gott sein, um aufs Geliebtwerden verzichten und sich aufs Lieben beschränken zu können. Vielleicht haben die Theologen recht, allerdings in einem ganz anderen Sinne, als es der ist, von dem die Großinstitutionen ihre Macht beziehen. Die Liebe ist identisch mit Gott, Gott ist die Liebe, ja er realisiert sich im actus purus. Aus diesem Grund konnte auch begründet werden, dass die Liebe das Sein macht, dass sie in die Welt setzt, dass sie die Existenz umgreift. Und das ist für mich keine läppische Metaphysik, ich muss auch nicht auf die kleinliche Entschuldigung der Zeugung rekurrieren, um den Wahrheitsgehalt zu unterstreichen – das ist für mich die allerrealste Macht in der Welt, der wir uns nur dienend und makellos nähern dürfen. Wir selbst sind nämlich dazu nicht mehr in der Lage! Zu alt, zu verbraucht und energiearm, zu abgeklärt und zynisch oder zu machtgierig und beschränkt – wir brauchen das nicht mehr probieren. Man muss noch glauben können, man muss einfach noch davon ausgehen können, dass die Welt just zu dem Zweck erschaffen wurde, für einen selbst zur Entdeckung und Eroberung zur Verfügung zu stehen.

Aber wir können die Jungen anleiten, rechtzeitig zu kapieren, dass die Liebe nicht nur ein Streben um Anerkennung und Selbsterfüllung ist – sondern dass sie sich ab einer gewissen Intensität und Ranghöhe als Prüfung erweist, an der die Partner sich zu bewähren haben, dass sie eine unerbittliche und fordernde Liebe wird, je höher sie sich aufschwingt, dass sie die Protagonisten zu einem Punkt führen wird, an dem sie ihr alles zum Opfer bringen müssen, was ihnen bis dahin wichtig war... Und das ist mir ein klein wenig zu heilig, um es einfach aufs Geldverdienen zurück zu biegen – der Umsatz ist nicht alles, auch wenn er dieses Experiment sponsert. Wir müssen auch zeigen, um was es wirklich geht! Die Liebe ist ab einer gewissen Intensität und Größe notwendigerweise ein Schicksal, und dieser Begriff steht für mich in einer klaren Opposition zum Begriff des Charakters. Sie radiert die persönlichen Aspekte der Lebensgeschichte einfach aus und setzt die mythischen Aufgabenstellungen der Menschheitsgeschichte erneut frei."

Albach deutet ein Kopfschütteln an und beginnt sich fest zu saugen, aber Bornhard springt in die Bresche. „Doch, ich kann mir eine neue Metaphysik, mit der entgegengesetzten Stoßrichtung, sehr gut vorstellen. Außerdem bin ich mit dieser Freisetzung der wesentlichen Entscheidungen, die jede und jeder für sich selbst finden muss, sehr einverstanden. So machen wir jene Reduzierung der Spitzenwerte und Extreme wieder rückgängig, die die Spassgesellschaft zustande gebracht hat, um wie nebenbei die Lust zu reduzieren. Das ist nämlich der Hohn, von allem etwas und am besten jetzt gleich: ohne Mühe, ohne Anstrengung und damit auch ohne großen Wert – die Leute

haben sich im gegenseitigen Konsum um all ihre Möglichkeiten beschissen."

Wenn ich an das Bannende und Zwanghafte in unserer Liebe denke,
wenn ich an die Aufgabenstellungen denke, die sich wie von alleine
einstellten, habe ich wirklich das Gefühl, dass die Liebe ein Schicksal
ist – oder besser, dass sie die entscheidende Funktion des mythischen Schicksalsbegriffs übernommen hat – und die hieß, von der
Ambivalenz zu reinigen. Man musste nur oft genug erlebt haben, wie
es in einem Raum zu knistern begann, wie die Spannungen stiegen,
wie erste Blitze übersprangen und selbst Unbeteiligte von Stress oder
Aggression oder Bewunderung ergriffen wurden, wenn zwei aufei-
nanderstießen, die wie geschaffen schienen für die Lösung einer solchen ursprünglichen, mythischen Aufgabe. Wie die Dämonie der Begegnung erst einmal ambivalente Energien freisetzte, den Drang, erobern zu wollen und dabei die Angst vor einer Vernichtung zu spüren,
vom anderen die Erlösung von den Übeln zu erwarten und sie oder
ihn zugleich als größte Bedrohung der eigenen Erwartungen und Gewohnheitsmuster zu empfinden. Die Bewährung oder die Selbstzerstörung, der Kampf um die Autonomie und die Angst vor der Selbstauslöschung. Die Anziehung als eine Schicksalsmacht, die die Aufgabe aus unvordenklicher Zeit mit sich bringt, die ursprüngliche Einheit, die als Zwang und Ohnmacht erfahren, aber auch als götterglei-
che Übermacht genossen worden war, nun noch einmal zu suchen,
freiwillig: Das Paar als Lösung des Rätsels, das durch das Streben
nach der Wiedergewinnung einer ursprünglichen Einheit in die Welt
gekommen war – im Leib einer Chimäre. Dieses Rätsel ist in der gleichen Seinsmächtigkeit zu Hause wie die Tragödie.

Während ich schon wieder abgeschweift bin, hat Bornhard weiter gesprochen: „Damit können wir auch klären, wie wir den Sprung von der
Entsublimierung zur Freisetzung von Geldströmen schaffen, auch
wenn es bisher immer hieß, der Kapitalfluss beruhe auf der Sublimierung. Sie brauchen sich eigentlich nur klar zu machen, mit wie viel
pornographischer Energie das Internet befeuert wird, dann wissen Sie
auch, warum wir auf dieses Medium setzen können. Jetzt wird mir
auch klar, warum wir ständig mit der Nase auf die *Matrix* gestoßen
werden. Der Nerd als Außenseiter rutscht in die Rolle des Erlösers,

weil er in der Lage ist, sich auf den verschiedenen Ebenen immateri-eller Informationsströme zu bewegen. Für uns sind die Archive schwerfällige und unlebendige Klötze, eine Ansammlung von vergan-genem Weltwissen und den Erfahrungen von Toten. Das Maximum, das unserer Wahrnehmung zugänglich ist, erfahren wir als Wispern der Archive, es raschelt und raunt, manchmal ruft es Beklemmungen hervor und manchmal glucksende Glücksgefühle, aber wir verfügen nicht darüber, wir müssen Seite für Seite, Band für Band absuchen, bis sich bestimmte Daten wieder in eigene Lebenserfahrung zurück übersetzen lassen. Und dann wird auch Durrells Hinweis auf die ur-sprünglichen Bedeutungsstiftungen der Schamanen in diesem Zu-sammenhang lesbar. In einem Magma der Bedeutsamkeiten stifteten sie die ersten fixierten Heilswahrheiten, Bedeutungen, um die sich eine interpretierbare Wirklichkeit zu sedimentieren begann. Wenn sich dann später auf diesen ersten Wahrheiten Institutionen errichtet haben, hat allein das Bedürfnis nach Halt und Sicherheit zu gewähr-leisten, dass es gar nicht mehr zu den Ursprungserfahrungen kom-men darf. Die durch die Institution verbürgte Realität sperrt tatsächlich die Wirklichkeit eines Geschehens aus, das nur noch bei wenigen Gelegenheiten überhaupt bemerkt werden kann. Der Normalverbrau-cher ist auf die Institutionen angewiesen, um sich die Gefahren des Selber-Lebens zu ersparen. Aber das Geschehen ist nach wie vor präsent, deshalb entsteht innerhalb der Institution die Geistreise, ein Quirinius Kuhlmann findet im Buch die alte schamanistische Erfah-rung wieder – und wird dafür verbrannt – er ist einer von vielen in je-ner langen Kette von Schamanen, die die Archive, quasi in einer regu-lativen Funktion, selbst hervorbringen. Ein regulativer Prozess, der so notwendig ist, wie die Rolle des Neo, der dafür sorgt, dass es weiter-hin Zugänge zu den Schaltstellen gibt. In diesem Sinne sind Modifika-tionen immer möglich, die Wirklichkeit ist nichts Festes und wo wir Parlamente, Paläste und Bibliotheken sehen, sehen andere ein Kalei-doskop mit Kräftepfeilen. Das ist es, was unsere Arbeit tatsächlich mit den Wirkungsgewalten der Liebe verbindet."

„Das mag sein, aber die Prämissen müssen stimmen." Merk ist skep-tisch und beginnt zu sprechen, während er die Gesichter der Zuhörer abzusuchen scheint. Er weiß wohl nicht wie weit er gehen kann oder er ist auf der Suche nach Verbündeten: „So wie ich in jedem Einzelfall fragen kann und wohl auch in der Lage sein sollte, zu fragen, ob es die Mühe wert ist, ob ich die Liebe wirklich um den Preis der Selbstvernichtung suchen muss oder ob es nicht einfachere Wege zu einem kleinen Glück gibt – so muss ich in gleicher Weise fragen, wie weit wir gehen dürfen, wenn wir solche jungen Menschen in ein für sie noch überhaupt nicht zu überblickendes Abenteuer schicken. Zu welchem Preis? Sicher nicht, um die Machtgelüste gewisser Bildungsbeamter zu füttern und ihnen die Surrogate für ein nichtgelebtes Leben zu liefern. Vielleicht ist es viel eher der Stress des dauernden Suchens und Werbens, der immer wieder zu der Idealvorstellung einer dauernden Liebe führt – aber vielleicht entsteht dies erst auf der Folie des Sicherheitsbedürfnisses. Ich meine, dass wir auch andere Möglichkeiten zur Verfügung stellen können. All die Verkralltheiten einer Zweierbeziehung sollten zu vermeiden sein, ohne dass wir auf die Freisetzung göttlicher Energien verzichten zu müssen – vielleicht sind Versuche mit Androiden gar nicht von der Hand zu weisen, wie es ja auch bei Durrell nahe gelegt wird." Er nickt Bornhardt zu, die seine Rede mit malenden Kopfbewegungen unterstrichen hat und läuft kurz zur großen Form des kritischen Mahners auf: „Vorhin war von einer philosophischen Absicherung die Rede und gestern haben Sie an die Grundlegungen einer Werttheorie im Gefolge der Lebensphilosophie erinnert! Ich darf jetzt auch einmal auf Spranger zurückkommen. Vergessen Sie bitte nicht, dass gestern noch darauf hingewiesen wurde, dass er zu den Leuten gehörte, die Freud den Pansexualismus vorwarfen und heute biegen Sie ihn so zurecht, dass er für eine ganz umfassende Form der erotischen Theorie taugen soll?"

„Die Zeiten haben sich geändert", unterstreicht Bornhard: „Wir können heute auf einige seiner tiefsten Einsichten zurückkommen, weil die Institution des Glaubens zur Privatsache geworden ist, weil die verbindlichen Formen, mit denen sich frühere Generationen in der Welt zurecht gefunden haben, erodiert sind und weil schon abzusehen ist, dass das Begehren den selben abschüssigen Weg nehmen wird. Tatsächlich wissen wir heute, dass an den wesentlichen Schaltstellen immer wieder neu angeknüpft werden muss, dass in jeder Generation wieder ein neuer Versuch unternommen werden muss, selbst einen

Halt zu stiften und Werte zu setzen. Sonst nimmt nur das Risiko zu, dass das spezifisch Menschliche verloren geht. Es ist heute zu leicht möglich, in die Selbstinszenierung auszuweichen oder sich häuslich in den künstlichen Welten des WEB einzurichten. Bei Spranger wurde noch auf ein höheres Selbst gesetzt, das durch Askese erreicht werden wollte – aber mittlerweile ist dieses sublimierte oder energetische Selbst viel leichter und ohne irgendwelche Disziplin im Medium des Cyberspace zu designen. Dort finden Sie nämlich die tatsächliche Sphäre einer neuen Theologie! Wenn die Körper zu reiner Information geworden sind und die Materie verlichtet ist. Und aus diesem Grund erinnere ich daran, dass es bei Spranger einige Querbezüge zu den Einsichten des Tantrismus gibt und meine eine Form der Disziplin empfehlen zu können, mit der eine positive Rückbindung an das körperliche Geschehen zu schaffen ist. Das – wenn wir einmal den Namen beibehalten wollen – höhere Selbst ist auch durch eine Perfektionierung der Lust zu gewinnen! Aus diesem Grund die positive Selbstüberschreitung in der Erotik, das Stirb und Werde in der Erfahrung des anderen, die Liebe als Motor einer lebenslangen Arbeit an der Verbesserung der eigenen Möglichkeiten. Und das kann in unserer körperlichen Existenz nur zu zweit gehen – selbst wenn früher eine/r meinte, sich aus der Welt zurück zu ziehen, war dies nicht anders, auch wenn es anders aussah, denn dann war der zweite der imaginäre Gott."

„Moment mal", wirft Merk ein: „Für ihn war es überhaupt nicht fraglich, dass die Struktur der Welt, in der wir leben und die wir zu kennen glauben, irgendetwas anderes erwarten lässt, als dass wir in ihr unglücklich werden! Und das wurzelt in einem philosophischen Boden, der von Schopenhauer und von Darwin bearbeitet worden ist, bis Nietzsche schließlich die Konsequenzen ziehen durfte. Die Welt ist nicht so angelegt, dass sie das Glück befördert, das Glück beruht eher auf unwahrscheinlichen und nur gelegentlich treffenden Rezepten, die Einzelne in der Improvisation entdecken. Dagegen bedient sich die Natur der Gattungen um ein für uns in ihren Zielen völlig uneinsehbares Experiment durchzuführen, das einzelne Lebewesen existiert für sie nicht, usw.

Die Wertsetzungen, die wir treffen, stehen also immer unter der Aufgabenstellung, das einzelne menschliche Leben zu befördern und
seine Möglichkeiten zu erweitern. Und dennoch wendet Spranger
ganz zu Recht ein, dass der Antrieb auf der schließlichen Unerfüllbar-
keit des Wunsches beruht, dass jede Befriedigung ihre postkoitale
Ernüchterung mit sich bringe. Selbst wenn er eine Befriedigung, die
lange Zeit anhalten könnte, unterstellt, erinnert er an das Fließgleichgewicht der energetischen Bestrebungen und konstatiert, dass dann
schon wieder der Stachel der Langeweile plagen muss. Unter der
Prämisse der Lebensphilosophie kann es nicht einmal einen Augenblick absoluter Beseligung für den Menschen geben. Für Spranger ist
klar, dass dieser Funke der Glückssehnsucht nur dazu dient, uns aus
jeder Situation der Bedürfnislosigkeit wieder aufzuscheuchen, er hat
das Uhrwerk des Lebens in uns in Gang zu halten. Und dann frage
ich mich, ob mit diesen Einsichten nicht auch heute noch so viel
Wahrheit transportiert wird, dass wir den Themen Körperkonditionie-
rung, gelenkten Träumen und tantrischen Ekstasen nicht zu viel ab-
verlangen dürfen. Wesentlich ist die Lücke, das Fehlen – das ganze
Brimborium des Begehrens hat doch nicht etwa die Funktion, dem
Mangel abzuhelfen und die Lücke zu schließen, sondern es hat die
Suche und das Fehlen auf Dauer zu stellen. Eros steht seit Platon
nicht für die Erfüllung, sondern für einen Fehlschlag und die Transponierung des Begehrens in den Bereich der Wahrheit. Der philosophische Eros hat den reinen Sex erfunden und er führt zum an den mathematischen Formen ausgerichteten reinen Denken. Damit ist doch
tatsächlich alles ausgeklammert, was den Menschen zum Menschen
macht; unter dieser Regie verwandelt sich der Liebhaber in einen distanzierten Beobachter. Dann muss ich nur noch daran erinnern, dass
de Rougemont zeigte, wie Paulus die antiken Einsichten umwertet
und gegen den Eros versucht, mit der Konzeption der Agape die Welt
des Begehrens aus den Angeln zu heben. Und seitdem leidet der
Körper an Bedeutungsschwund, während im Gefolge dieser Entwicklung die leidenschaftliche Liebe ein Remedium und eine Gegenwelt
zur christlichen Ehe wird. Insgesamt meine ich also – und das ist als
realistische Einschränkung gedacht – wenn wir in der Lage sind, uns
mit kleinen Fortschritten zu bescheiden, können wir wesentlich weiter

kommen, als wenn wir uns noch einmal von den alten metaphysischen Fragestellungen in die Irre leiten lassen. Diese großen Formen der menschlichen Selbstdefinition haben schließlich eine fast endlose Reihe von Versuchen der Selbstauslöschung im Gefolge gehabt."

„Auch dieser Ansatz der Selbsthilfebewegung ist nur eine Form der Metaphysik gewesen, unterschätzen Sie die pragmatischen Bestrebungen nicht! Auch Nominalismus und Empirismus haben theologische Wurzeln; sie schließen die Auflehnung gegen eine Gottesvorstellung ein, nach welcher die menschliche Vernunft Wesen und Willen Gottes a priori vorwegnehmen und begrenzen könnte. Das Faktum ist nicht auf die logische Evidenz zurückführbar, unsere Existenz ist nicht einfach ableitbar. Im Hier und Jetzt des Faktums zeigt sich der Überschuss des göttlichen Willens über das Mathematisch-Rationale, das die theoretische Vernunft mit ihren Mitteln durchleuchten kann. Dies Faktische nötigt den Menschen, immer wieder umzulernen, damit ist das trial and error der Forschungsgemeinschaft tatsächlich begründet. Ich hoffe, Sie sehen, auf welchem theologischen Fundament der Erfahrungsbegriff steht, ganz so einfach können wir es uns also nicht machen. Im Hintergrund finden Sie, wenn nur genau genug hingeschaut wird, ein mindestens so gewaltiges Erklärungsbrimborium, wie in der mittelalterlichen Theologie." Bornhardt scheint davon auszugehen dass Merk ihr wohl selten mit solcher Aufmerksamkeit zuhören wird und nutzt die Gelegenheit: „Und genau in diesen Zusammenhängen finden Sie bei Spranger unter dem Thema Weltfrömmigkeit eine grundlegende Haltung zum Leben und den in ihm möglichen Graden der Selbstversicherung und der Erfüllbarkeit des Begehrens. Es kann nicht sein, dass der Einzelne in sich eingekapselt bleibt und nicht nach einer Erweiterung und nach der Bestätigung und Verstärkung in einem anderen Einzelnen sucht, denn er ist von Anfang an Teil eines größeren Ganzen. Der Mensch ist niemals unabhängig von der Welt, in der er lebt und jeder der bisher gedacht hat, er setze sein Ich in einer einfachen Opposition zur Welt, hat im Endeffekt nur daran gearbeitet, sein Scheitern selbst herbeizuführen. Unter dem Thema Lebenserfahrung finden Sie zum Beispiel eine Einsicht, die nur unterstreicht, was Sie vorhin mit einiger Mühe versucht haben, zu begründen: Redet der Betroffene von seiner Erfahrung, so spricht er im höchsten Grade zugleich von *sich,* nicht nur von der Sache. Ein anderer, der sich das Gehörte zunutze machen sollte, müsste in die dargebotene Formel jedenfalls *einen* anderen Faktor einsetzen, nämlich die Größe, die sein eigenes Wesen ausdrückt. Am wenigsten will die Formel für Erfahrungen in der Liebe passen. Auf diesem Gebiete spielen denn auch die stärksten Konflikte zwischen Jung und Alt. Hier tritt weiter hinzu, dass ein junger Mensch von seelischem Tiefgang die erste Liebe mit dem Gefühl erfährt, vor ihm habe noch keiner *so* geliebt und niemand könne sich mit ihm vergleichen. Wer dies für bloße Täuschung erklärt, ist ein flacher Rationalist und versteht mehr von der Statistik als von der Liebe. Denn metaphysisch genommen ist jede große Liebe einzigartig und «unmittelbar zu Gott». Lesen Sie das in der kleinen Abhandlung auf Seite 14 nach. Sie sehen, ich widerspreche Ihnen gar nicht, die Liebe wird hier genau auf jenem schmalen Grad angesiedelt, den Sie sehr genau gekennzeichnet haben. Ich bemühe mich lediglich um eine breitere Basis.

Spranger verfügt in einer Weise über die großen Wahrheiten der Philosophiegeschichte, dass er in der Lage ist, alles an Synkretismen in die Lebensphilosophie einzubauen, was der kantische Kahlschlag eigentlich obsolet werden ließ. Ich darf das Original zitieren, schließlich sind die Folgerungen, die ich daraus ableite, derart radikal, dass mir sonst unterstellt werden könnte, ich hätte Lacan auf Spranger zurück gebogen. Aber genau das ist nicht der Fall. Ich muss mich hier nicht an seinem antiquierten Bild der Frau und Mutter festhalten, das können wir alles streichen. Aber Sie finden bei ihm gewisse Einsichten über die Liebe, das Begehren und die Vergeblichkeit, die erst durch den Poststrukturalismus für eine größere Leserschaft interessant geworden sind – wobei das größer natürlich sehr relativ ist. Und so kommt wieder einmal jene uralte Denkfigur zum tragen, dass der Glaube auf jenem schmalen Grad entstehe, auf dem wir der Verzweiflung gegenübertreten.

Tatsächlich müssen wir davon ausgehen, dass das Positive in unserem Dasein endgültig Recht habe und dass das Negative nur etwas sei, das schließlich überwunden werden könne. Dieses Urvertrauen ist die Voraussetzung der menschlichen Existenz und der Antrieb des biologischen Motors. Dass ich liebe, um geliebt zu werden, dass sich alles Begehren auf das Begehren des anderen richtet, kann nicht einfach ein Irrtum sein, sonst hätte die Evolution einen derart sperrigen Stolperstein längst beiseite gelassen und dem Vergessen anheimgestellt – diese Einheit der Reziprozität steht am Anfang jeder Entwicklung und sie wird schon im kleinen Maßstab bei jeder gelingenden Kommunikation bestätigt. Spranger betont noch, dass der quasi triebhafte Optimismus aus der unbewiesenen und unbeweisbaren Voraussetzung heraus funktioniert, während wir heute nachvollziehen können, dass er im ursprünglichen Erhorchen der Welt und allen später gelingenden Kommunikationsformen verwurzelt ist. Wo ein ganzheitliches Empfinden des Eins-Seins mit der Welt bewusst werden darf, wird es als Weltfrömmigkeit erfahren – und es ist nicht nur die Grundlage der verschiedensten Glaubensformen, es ist auch die Voraussetzung, sich auf einen Partner oder eine Partnerin überhaupt einlassen zu können. Ich darf zusammenfassen, dass es vom Standpunkte der Weltfrömmigkeit nicht einzusehen ist, wo wir uns denn heimatlicher fühlen sollten als hier, in dieser Welt, wenn wir sie nur in höherem Lichte sehen. ... der Mensch ist so geartet, dass ihm das Ungenügen an dem Gefüge der Welt zurückwirft auf seine fordernden Innenkräfte, diese inneren Leuchten sich aber nicht entzünden würden ohne den Kontrast zur äußeren Welt. ... Beide Seiten bergen Gefahren. Der Mensch existiert auf der schmalen Grenze zwischen beiden. Daher seine selige Unseligkeit, sein wissendes Nichtwissen, seine freiheitsstolze Abhängigkeit, seine hoffende Unerlöstheit. ... dass wir von einem fertigen Weltgebäude noch nichts wissen, sondern in immer neuen Entscheidungen um den Sinn des Lebens ringen müssen. Die Kraft dazu kommt aus der Revolution des Inneren. Und so finden Sie schon in der Einheit mit der Welt die Möglichkeit der Transzendenz, denn sie ist zugleich die Einheit mit den schöpferischen Kräften. Das Göttliche so verstanden existiert nur in der Teilhabe, es gibt etwas in uns das Gott ist, weil wir ein Teil der Schöpfung sind, die auch Gott ist. Ich gestehe zu, dass es eine sehr freie Interpretation ist, aber ich will mir nicht vom Kollegen Merk unterstellen lassen, ich würde auf die Spiritualisierung des Triebs setzen. Ich beschäftige mich schon ein halbes Leben lang mit den menschheitsgeschichtlichen Techniken, die weit vor der Leugnung des Triebes zu situieren waren und natürlich vor der Vergeistigung des Begehrens und der Verleugnung des körperlichen Geschehens liegen. Für mich ist es von vornherein aus-gemacht, dass in der kreatürlichen Potenz, in der Selbstverschwen-dung, eine urwüchsige und durch die Jahrtausende immer stärkere Gegentendenz zu allem Verfügen über die Körper durch institutionali-sierte Megamaschinen ausgeprägt worden ist. Schon bei Max Weber können Sie lesen, dass der Kult des Triebs in einer klaren Opposition zum Kapitalismus und der protestantischen Ethik stehe, dass er als die vielleicht umfassendste Kultform der Moderne verstanden werden könne.

Aus diesem Grund unterstreiche ich, wenn es bei Spranger heißt, dass diese Kräfte, die uns gegen die Enge dieser Welt gefeit machen, nicht in der Alltagswelt zu finden sind, sondern auf der Berührung mit dem Metaphysischen beruhen. Und ich meine auch, dass es eine Form der persönlichen und gesellschaftlich bedingten Feigheit ist, wenn man nicht bereit ist, sich auf die metaphysische Sphäre des Menschen einzulassen – noch dazu sorgt dieses Abblocken nur da-für, dass sich unreflektiert und mit dem Denkverbot belegt die Ver-satzstücke früherer Glaubenswahrheiten in die einfachsten alltägli-chen Vollzüge herein mogeln. An anderer Stelle heißt es dann dem entsprechend: Die Weltfrömmigkeit glaube also nicht, dass ihr die Verklä-rung des rohen und unverstandenen Weltlaufs so ohne weiteres gelinge. … es ist vielmehr so, das zu allen Zeiten, wo das Menschenleben bis in seine letz-ten Voraussetzungen zurückfragt, Antworten aus der Tiefe emporsteigen, denen ein ewiger Gehalt innewohnt. Man wird ihrer nur inne, wenn man einmal auf dem Grat zwischen beiden Welten zu stehen gelernt und zu wan-deln gewagt hat. Die Weltfrömmigkeit ist nur ein allererster Schritt in diese Richtung. … Der Glaube entsteht in seiner reinsten Erscheinungsform da, wo das Unzulängliche unseres Lebenszusammenhanges erfahren wird. Er setzt das Erlebnis des Ungenügens voraus. Sein Entstehungsboden ist daher gera-de auf der negativen Seite zu suchen: im Zweifel, in der Verzweiflung, der Unseligkeit, der Schuld, der Furcht, der Angst, die aus der erlebten Enge der Welt folgt. … Wir fordern von der Welt für uns als lebende Subjekte: Glück, Beseligung. Wir fordern von der Welt als Objektzusammenhang, dass sie einen für uns verständlichen Zweck habe, wofür wir unbestimmter sagen: dass sie Sinn habe. … Eigentlich ist es gerade die Gewissheit des Todes, die nun alle höheren Kräfte und Gesichte im Menschen wachruft. Wenn nämlich die vorgefundene Welt den geforderten Sinn nicht hergibt, dann muss die Seele selbst aus ihren Tiefen ihn aufbringen und durchhalten. Das rohe Schicksal muss von innen her überwunden und verklärt werden. Mit diesem aufwühlenden Erlebnis erfolgt in der Seele eine magische Wandlung. Sie beginnt nun in sich selbst zu arbeiten. Ich muss hier nicht extra betonen, wie weit sich diese Einsichten mit unserem Arbeitsprogramm decken. Ich will nur herausstellen, dass dieses leichte und leuchtende, fast kindliche Urvertrauen die Basis aller menschlichen Grandiosität ist – den Schauspielern der Existenz geht genau diese unverkrampfte Leichtigkeit ab. Natürlich sind in den letzten Jahrhunderten genügend gebrochene und mit sich selbst im Zwiespalt lebende Charaktere aufgetreten und einigen verdanken wir wesentliche Einsichten in die Psychologie einer extrem arbeitsteiligen Gesellschaft. Aber ihre den zivilisatorischen Deformationen verdankte Unfähigkeit ist noch lange kein Beweis für die Abwesenheit der göttlichen Energien. Aus diesem Grund darf ich unterstreichen, dass der Glaube ein Generator ist, der im Zentrum der Kräfte des Lebendigen arbeitet. So verwundert es auch nicht, dass der Glaube der Liebe verschwistert ist; Sie können nicht lieben, wenn Sie nicht in der Lage sind zu glauben – es ist eine metaphysische Tatsache, dass mit dem Glauben die Liebe einen Stellenwert bekommen hat, der über die tierische Fortpflanzung und den stumpfen Sex hinausweist auf das symbolische Weltverhalten und die Frage nach dem Sinn. Zur Liebe gehört nämlich Kraft, und die kommt nicht aus dem Nichts, die kommt aus der Fähigkeit zu glauben, an einen Sinn und eine Dauer zu glauben, den Willen zu investieren, dem Glauben eine Wirklichkeit zu erobern. Spranger bringt das auf einen Nenner, der an den revolutionären Impuls des Frühchristentums erinnert: Glaube ist nicht eine „Ansicht" von der Welt, sondern ein Energiezentrum. Wenn es sich durch die Widerstände durchringt, bildet sich unvermeidlich aus seinen Kräften ein neuer Mythos, ein neuer Vorstellungszusammenhang für die Weltinterpretation. ... die Botschaft von der Liebe besagt: man müsse im Innersten dieses Fremdsein als Negativität, als Unzulänglichkeit betrachten und in der Tiefe der Gesinnung aus Kräften des Glaubens ein Gegengewicht aufbringen: die trotzdem sieghafte Liebe. Es handelt sich um die Urintention der Gesinnung, um das sittliche Urapriori, das auf Erden nie ganz Erscheinung werden kann. Das in der Tat paradoxe

Wort: „liebet eure Feinde" besagt, dass aus dem schärfsten Kontrast noch das Positive zu entwickeln sei. „Alles ist uns Liebe." Dies ist kein aufweisbarer Sachverhalt, auf den man nur hinzublicken hätte, sondern eine Kraft des Sehens, die man aus sich herausholen muss. ... Liebe ist kein Faktum, sondern eine innerste Bereitschaft, „trotzdem", nicht „weil". Sie ist der Gipfel der großen inneren Magie. Sie ist die letzte Heilkraft für alle seelischen Leiden. Und werten Sie das nicht gleich ab, nur weil Ihnen die Großinstitution Kirche einfällt. Die Brüder haben im Auftrag einer Megamaschine pervertiert, was sie überhaupt pervertieren konnten – aber man muss sich klar machen, welcher Mut, welcher Glaube in die eigene Kraft eigentlich darin beruht, wenn ein Einzelner ohne Eigentum auf eine Negation, auf eine Kränkung oder Verletzung nicht mit einer aggressiven Reaktion antwortet, sondern einen Schritt zurücktritt und die Strafe dem Signifikantennetz überlässt. Welches Gottvertrauen – oder welche gelungenen Einsichten in den Weltlauf stehen dahinter, vielleicht auch ein paar positiv verstärkende Erfahrungen, die wir jedem wünschen würden und die sich doch für niemanden erzwingen lassen.

Aus diesem Grund zählt nicht der Vertrag, nicht die Institution, nicht die Gewohnheit und das Bestehende, sondern die Kraft. An anderer Stelle heißt es dann: Jedoch besteht die Dynamik des Glaubens wiederum darin, dass aus dem Negativen das Positive entwickelt wird, aus der Ohnmacht die Kraft, aus dem Zweifel die Gewissheit. ... Der Glaube ist also die heilende Kraft ... Wo die Kraft fehlt, die ich die innere Magie der Seele genannt habe, da gelingt auch kein Glaube. ... Der Glaube hat also nichts für sich, als die Dynamik der tieferlebten Widersprüche, die Einlösung fordern. Das Leben =X fordert von uns das Ja zu den aufbauenden Synthesen. Aber die Kraft die hier entsteht, ist so rätselhaft, dass eine bestimmte theologische Richtung erklärt: der Glaube kann nur von Gott geschenkt, nicht vom Menschen aufgebracht werden. ... wäre der Glaube methodisch beweisbar, so gäbe es nur noch Wissen und nicht Glauben. Der Glaube aber ist in seinem Kern seelische Energieentfaltung. ... dass der Sinn nur da sein kann, wo geglaubt wird, und das heißt heute: wo die Seele mehr aufbringt an Kraftentfaltung, als ihr die physische Natur mitgibt. ... Die Dinge des Glaubens bleiben Mysterien. Wenn das Unzulängliche Ereignis werden soll, so muss um den Glauben gekämpft werden, im einsamen Innern und mit anderen. ...in der

Regel wissen wir nicht woran wir eigentlich glauben. Aber wir leben danach. Die schamanistischen Geistesblitze mochten von den Hochreligionen absorbiert worden sein, nach und nach wurde immer wieder neu versucht, diese Sprengkraft aus der Welt zu schaffen oder sie ausschließlich an die großen Heiligen und Heroen zu binden. Dabei sind sie in jedem intensiven Erleben präsent. Jedesmal, wenn Grenzen überschritten werden, ist das mystische Nu die Basis jeglicher Empathie. Und niemand wird mir widersprechen wollen, wenn ich zusammenfasse, dass die Einfühlung die Voraussetzung jeder funktionierenden Kommunikation ist. Die Erleuchtung steckt nun mal im Fundament – sowohl der Erotik, wie unseres sprachlichen Wesens!"

„Mich wundert immer wieder ein bisschen, warum hier so ein Aufwand getrieben wird!" Möller ist einige Zeit aufmerksam mit gegangen, mit wiegenden Schritten, als unterstreichen die referierten Inhalte nur Ihren inneren Monolog: „Es galt doch gestern schon als ausgemacht, dass das Göttliche im energetischen Umfeld der Orgasmen freigesetzt wird. Warum müssen wir jetzt noch einmal so tun, als brauche es einen besonderen Zugang, um den Glauben zu rechtfertigen? Er ist doch nur ein Aspekt des Geschehens. Hier wären sicher noch einige Ergänzungen zum Wechselverhältnis aus Liebe und Magie, aber auch zu den biologischen und evolutionären Wurzeln der Empathie herbei zu bringen. Aber wie gesagt, nicht um den Glauben zu rechtfertigen, sondern um zu zeigen, dass ein und dasselbe menschliche Vermögen als Magie und als Technik, als Glaube, Liebe oder Erotik auftreten kann. Sprangers Ansatz, nach dem ‚Gehalt' zu fragen, der von der Wirklichkeit immer nur getragen wird, kann wirklich sehr fruchtbar sein, denn die Frage nach dem Wahrheitsgehalt liegt auf einer ganz anderen Ebene als die nach dem, was wir als Wirklichkeit erfahren!"

„Das ist doch viel zu viel Quatsch und nur das Hintertürchen neuer Platonismen", wirft Merk ein: „Ich kann Spranger akzeptieren, wenn ich sehe, wie in seinem Denken die Lebensphilosophie durch den Existentialismus renoviert wird, aber nicht mehr. Sonst bin ich nämlich wirklich bei seiner Einschätzung der Frau als Mutter und kulturtragenden Bewahrerin der Werte – das wird nur reaktionär! Dieser Wiedergänger eines wilhelminischen Zeitalters ist nicht umsonst vergessen worden.

Lassen Sie mich kurz an die Argumentation Nancy Fridays erinnern. Der unausweichliche Kampf gegen jene verschlingende Einheit der frühen symbiotischen Erfahrungsform kostet nicht nur wichtige Kraft, er ist auch nur dank der verschiedensten Selbstzerstörungen durchzuhalten. Und was haben wir dann von dieser so wundervollen Kraft der Einsfühlung gehabt, wenn nicht ein paar Illusionen, die im Endeffekt das Leben wegfressen."

„Sie dürfen das nicht durch die Brille des matriarchalischen Feminismus sehen, das würde nur in die Irre führen!" Möller lässt sich nicht aus der Ruhe bringen: „Gehen Sie von der ursprünglichen Dyade aus, was zwischen Mutter und Kind stattfindet, ist die Grundlage aller späteren materialen Zugänge zur Welt, ob Sie einen Menschen verstehen oder sich in ein Geschehen einfühlen. Wir haben bei Spranger gehört, dass wir mittlerweile sagen, wir würden uns einfühlen, weil wir einseitig vom Subjekt ausgehen, weil die Grenzen mittlerweile so streng gezogen sind, dass wir uns schon sagen müssen, wir würden aus uns heraustreten. Aber das täuscht und entspricht einer ganz oberflächlichen Sichtweise der Prozesse, die die Erfahrung ausmachen. In der Tiefenstruktur findet noch immer das ursprüngliche Sicheinsfühlen statt. Beim Kind sagen wir heute, es ahme Erscheinungen seiner Umgebung nach und wir sind alle Kind gewesen und haben diese ursprüngliche Form in den feinen Spuren und Aromen unserer Wahrnehmung bewahrt – wir sollen nur möglichst wenig davon mitbekommen, sonst wäre diese harte und eingemauerte Ich-Konzeption nämlich gar nicht durchzuhalten. Aber wir sind näher dran, wenn wir sehen, dass es sie mitahmt. Es wird von ihnen angezogen und lebt in ihnen, wie sie in ihm leben. Das ist der Ursprung aller Magie, die sich dann bis zu den aktiven Techniken des Vorahmens weiterentwickeln kann. Denken Sie daran, wie Bateson etwa beschrieben hat, wie uns ein Haustier daran erinnert, wenn wir das Futter liefern sollen, es ahmt uns die Situation vor – so einfach und zweckrational beginnt der Zauber.

Im magischen Weltbild ist alles mit dämonischen Willensmächten belebt – das können Sie als allgemeines ich-du-Verhältnis verstehen.

Es gibt keine starre Trennung zwischen dem Ich und den Dingen und natürlich noch viel weniger zwischen dem Ich und dem Lebendigen. Alles kann ein Aussehen haben, eine Physiognomie, und der Ausdruck will richtig gedeutet und verstanden werden, auch wenn ihr Sinn noch verwandlungsfähiger ist als für uns heute. Und das eigene Ich kann von fremden Dämonen besessen werden, die Übergänge sind fließend, es kann sich selbst in andere Wesen verwandeln, gleichsam ihre Maske, ja ihren Charakter und ihre Macht annehmen. Im Rahmen einer erweiterten Sprachtheorie akzeptieren Sie den physiognomischen Ansatz doch auch, ohne Bedenken anzumelden: Nicht nur die Dinge, auch die sprachlichen Prägungen haben in den jeweiligen Zusammenhängen ein Gesicht. Die Hauptkategorien, mit denen der magische Mensch sich in seiner Welt orientiert, funktionieren nach dem Grundsatz: der Teil steht für das Ganze. Und so ist die Folgerung einer semimaterialen Logik: wer den Teil hat, hat das Ganze."

„Das ist ja schön und gut, aber es geht am eigentlichen Problem vorbei!" Merk wischt diese Argumentation einfach beiseite und wenn ich mich an den Widerspruch erinnere, den mein Verhältnis zur Mutter immer dann freisetzt, wenn sie einen Anlauf unternimmt, um den Kontakt wieder herzustellen, verstehe ich ihn sogar sehr gut. Ich will nichts mit ihr zu tun haben, weil ich in einer anderen Welt lebe, als die es ist, die sie sich für mich ausgedacht hat und vor allem, weil sie schon die hinterhältigsten Versuche unternommen hat, um Dich als Partnerin auszuschalten. Natürlich könnte ich ihr einige alte Rechnungen aus meiner Kindheit präsentieren, aber daran liegt mir nichts – jeder Nichtkontakt ist besser als ein Kampf. Ich weiß sogar, dass ich sie damit schone und ihr die Möglichkeit einräume, alle paar Jahre wieder einen Vorstoß zu versuchen, aber wenn es zu einer Konfrontation kommen würde, müsste ich sie platt machen, um nichts von diesem System aus Lebenslüge, und Verleugnung stehen zu lassen – der totale Krieg war ein mütterliches Unternehmen, aus diesem Grund hilft gegen den mütterlichen Totalitätsanspruch nur die letzte Konsequenz. Solange noch geredet werden kann, wäre nur wieder die händeringende Erpressung mit vielen Tränen die Folge – und weil sie bei allen anderen Erfolg damit hatte, setzt sie einfach voraus, dass dieses schwachsinnige weibliche Verhalten auch bei mir zieht. Und davor schütze ich mich – wenn jeder Kommunikationsakt als Anlass zu Manipulationen taugt, gibt es nur den Weg, nicht zu kommunizieren. Außerdem verdanke ich einige meiner Fähigkeiten der genannten frühkindlichen und intrauterinen Erfahrungsform und habe zu Zeiten, als es noch bis zur Verzweiflung weh tun konnte, mehr als genug dafür bezahlt. Wenn ich es auf eine Konfrontation ankommen lassen würde, hätte das nur zur Folge, dass meine psychischen Systeme ganz automatisch an der Tabuisierung jener rettenden und bergenden Möglichkeiten beteiligt wären, die bisher immer im rechten Augenblick zu Verfügung gestanden haben – und auch das wäre noch ein Geschenk an diese anmaßende Größenwahnsinnige. Ähnlich wie meine ehemaligen Professoren ist sie der Ansicht, dass ein schönes Spielzeug zerstört gehört, wenn sie nicht darüber verfügen darf, denn warum sollten andere etwas damit anfangen, wenn es ihr vorenthalten bleibt. Auch da ist wieder diese Verlängerung der Homöostase des Elends zu entdecken, wie dies ursprünglich durch die Mutter und ihr Realitätskonzept vorgegeben wird. Ich kann also sehr gut verstehen, wie und warum Merk argumentiert, ich habe nur einen anderen Weg, den mir die Trickster vorgezeichnet haben, gefunden. Ich ziehe es vor, in mehreren Welten zugleich zu leben.

„Nehmen Nancy Fridays Wut darüber, dass es keinen Vater gab, der interveniert hätte, der gegen jenen manischen Sog der Mutter-Tochter-Identität hätte Einspruch erheben können!" Merk insistiert: „Das ist nämlich nicht nichts. Es geht vor allem darum, den Bannfluch der weiblichen Verleugnung des Körpers mit seinen Säften und Ausscheidungen zu lösen. Es geht zu allererst darum, dass ein kleines Kind und vor allem auch das Mädchen, eine positive Besetzung der Zonen des Übergangs von Innen und Außen gewinnt und nicht einen wertvollen Teil seiner Kraft auf die Verdrängung der anfänglichen Programmierung verwendet, sich als Kloake definieren zu müssen. Die Reinlichkeits- und Waschzwänge in der weiblichen Welt, der manische Kampf gegen den üblen Geruch, die Zerstörung der Atmosphäre und die Vergiftung unserer Flüsse rühren daher. Fridays lebenslanger Kampf gegen die Übermacht der Mutter und ihrer Definitionen der Wirklichkeit führt nämlich direkt ins Zentrum vieler der Fraglichkeiten, die wir hier mit neuen Lösungen versehen wollen. Und nebenbei zu Schlussfolgerungen, die es nahe legen, diese ursprüngliche Erfahrung der Einheit hinter sich zu lassen, sie so tief in ein Labyrinth einzumauern, wie einmal der Minotaurus eingemauert worden ist. Sonst ist nämlich ein Leben lang mit Abgrenzungskämpfen und Opferkulten zu rechnen, dann muss jeder kleine Schritt auf dem Weg zur Autonomie mit Selbstbestrafung und Selbstzerstörung erkauft werden. Nehmen Sie nur die, neben manchen positiven Vermögen, ungeheuerliche Begabung vieler prominenter Muttersöhne zur Selbstauslöschung! Das ist der Sog, der von den Wurzeln der Mimesis ausgeht, deshalb entspringt dort auch der Opferkult. Wir sollten also in der Lage sein, die Techniken zur Verfügung zu stellen, mit denen jene naturgeschichtliche Verhaftetheit immer wieder neu zu den Akten gelegt werden kann."

„Genau so sehe ich das auch", unterstreicht Bornhard: „ Aus diesem Grund ist eine unserer wichtigsten Aufgaben, den Willen zur Selbstverwirklichung und zur Steigerung des Selbst bis zur Selbstüberschreitung freizusetzen. Alle Magie war immer von Kraftschätzung begleitet; erst in einer weitgehend verwalteten Welt liegt ein Tabu auf der Ausübung der Kraft. So ist zu erklären, dass das Gewaltmonopol des Staates sich unter der Hand einer stillstellenden Sozialisation in ein Tabu auf der Kraft verwandelt. Der ‚primitive Mensch' erfährt die Kraft willensartig, selbst das Grundprinzip der Kausalität ist nicht fremd, aber eben in der Form bekannt: gleiche Ursachen, gleiche Wirkungen. Deshalb gehört zum sinnvollen Handeln für ihn, wie für das Kind, das eine Geschichte erzählt bekommt, dass das immer auf genau die gleiche Art getan werde. Diese Bindung an ein traditionelles Schema des Verfahrens ist für Spranger der Ritus und was beim Kind gar nicht weiter verwundert, frappiert und irritiert uns bei einem Erwachsenen, dessen Zwänge wir auf eine fehlerhafte oder abgeklemmte Bahnung der energetischen Ströme beziehen. Und doch ist nicht auf die Riten zu verzichten, wir haben nur ein gewaltiges Aber, den Ritualcharakter vieler zweckrationaler Handlungen zu erkennen: So wie es in der Magie mehr um die Gewinnung von Kraft geht, als um den Erfolg des Handelns, geht es auch darum die Welt zu verstehen, die Gewissheit und die Sicherheit aus der Ähnlichkeit zum eigenen Empfinden und Erfahren abzuleiten. Auch das Wissen darum, wie die Welt bestellt ist, gibt Macht, inneren Halt und eine enorme Sicherheit. In dem Augenblick, in dem die Wissenschaften uns nahe legen, wir könnten die Welt, die Dinge nicht verstehen, sondern nur erklären, beginnt die Welt entzaubert zu werden, wie Max Weber gezeigt hat. Der objektive Zusammenhang ist nicht alles, in allen menschlichen Belangen zählt tatsächlich die Ich-Du-Relation und wenn wir in der Lage sind, in ökologischen Zusammenhängen zu denken, in Balancen und Fließgleichgewichten, stellen wir fest, dass diese magisch fundierte Kommunikation die einzig angemessene Erklärungsweise liefert. Ansonsten droht ein Leben arm und sinnlos zu werden, wenn wir es nur zu erklären, statt uns selbst zu verstehen suchen. Nach dem Scheitern der zweckrationalen Moderne treten die Sinngebung und die Sinnzusammenhänge wieder hervor. Vor allem ist es ein Sinn der Zielsetzung, ein Sinn verantwortungsvoller Entscheidungen und Bedeutungsstiftungen. Sonst mogeln wir uns mit irgendwelchen Zweckmäßigkeiten durch die Wirklichkeit und glauben an der Oberfläche an die Gesetzmäßigkeiten der Vernunft. Tatsächlich aber funktioniert das – und hier ist der Begriff des Funktionierens ironisch zu verstehen – nur aus einem Grund: Weil wir im Sinne Sprangers viel mehr und vielschichtiger sind, als wir wahrhaben dürfen. Deshalb kann ich den Vorbehalt des Kollegen Merk sehr gut nachempfinden, denn er setzt in dieser Tiefenstruktur an. Und doch ist es gerade die Vielschichtigkeit und Mehrdeutigkeit, aus der wir unsere besten Einsichten gewinnen können; deshalb heißt es, dass die Ursprünglichkeit des Ich-Du-Verhältnisses ein Urphänomen des seelischen Lebens ist und darauf beruht, dass auch das Ich zu sich selber Du sagen kann. Hier sind wir fast wieder am Beginn, denn das Ich entsteht in der Dyade. Der Ich-Du-Kontakt, den die Sprache bewirkt, könnte gar nicht zustande kommen, wenn nicht eine vorsprachliche Lebenseinheit, wie sie uns noch in dem Verhältnis zwischen Mutter und Kind entgegentritt, die Grundlage bildete. Wir alle kennen die Spaltung in eine einfache lebende und eine zuschauende Person, und genau das gehört für Spranger zum Wesen der Seele, das mache ihr größtes Geheimnis aus. Ohne die einsame Zwiesprache mit sich selbst entstünde kein Sprechen mit anderen – es ist dieser ursprüngliche Lebenskontakt der Zweiheit, der die Gewissheit und die Sicherheit allen späteren Sich-Identifizierens mit dem anderen liefert. Und wenn wir erst einmal akzeptieren, dass dies wiederum die Voraussetzung für das eigentliche seelisch-geistige Leben darstellt, ist auch klar, dass die Voraussetzungen dafür ganz besondere Verantwortlichkeiten erfordern. Ich verstehe den Einwand des Kollegen zu gut, um nun nicht zu sehen, dass der Erfolg unseres ganzen Unternehmens damit zusammenhängt. Dieses urtümliche sich-miteinander-Identifizieren ist der Keim jeder Art von Liebe und es gibt viele Arten und Stufen der Liebe.

Beachten Sie bitte, wie für Ihn die Entfremdung nicht das letzte Wort haben kann und mit welcher Leichtigkeit er bei diesem Erklärungsansatz aus der Gegenüberstellung einen Fundus an Möglichkeiten gewinnt, die wir in den Theoriezusammenhängen der strukturalen Anthropologie erst einmal wieder entdecken müssen."

„Genau das kann nicht oft genug unterstrichen werden!" Möller sekundiert, driftet aber dabei wieder in die Richtung ab, die ihrer Argumentation wesentlich weiter entgegen kommt. „Nehmen Sie den psychoanalytischen Begriff der Übertragung und Sie finden in diesem Ansatz wesentlich präzisere Erklärungen: Wer in die geistig-seelische Atmosphäre eines anderen Menschen kommt, wird von ihm in ein neues Ganzes verflochten: Energie, Temperament, Stimmung bewirken eine Übertragung, die bis in Tiefenschichten reicht, die uns niemals bewusst zugänglich sind, sondern sich erst durch die indirekte Wahrnehmung erschließen. Die persönlichen Energien stellen einen Kontakt zum Ganzen der Welt dieses Menschen her, wobei das Ganze eben nichts Räumliches ist, sondern eine qualitative Totalität. Die seelischen Bezirke sind für Spranger wie Kraftfelder vorzustellen. Wer mit ihnen in Berührung gerät, beginnt etwas von ihrer Ganzheit zu ahnen und wird in seinem eigenen energetischen Haushalt beeinflusst und durchdrungen. Der Leib ist das unmittelbare Instrument und die bedeutungserfüllten Außenweltinhalte sind die unmittelbaren Bedingungen unseres Lebens, beide werden vermittelt durch ein Drittes. Übrigens sehen Sie dieses Dritte bei aller ästhetischen Erfahrung, aus diesem Grund nehmen wir die Aura in einem Kunstwerk wahr oder die Seele in einem Gesamtzusammenhang. Beide Aspekte sind seelebezogen – vielleicht ist es gar nicht so abwegig, die Seele als unser Organ für Ganzheiten zu definieren, und wenn einzelne Relate aus diesem Zusammenhang herausgeschnitten werden, sind sie tot. Will man beide Seiten lebendig sehen, so muss man sie jeweils als Ausdruck eines Inneren sehen. Ich meine, schon mit diesem Hintergrund ist der Protest gegen eine neue Konzeption der religiösen Erfahrung hinfällig. Und wenn es nicht überzeugend ist, erinnere ich an Friedrich Schlegel, für den die Erotik und die Erfahrung der Modernität zugleich der Ausdruck einer neuen Erfahrung des Göttlichen waren."

Bei Bornhard habe ich das Gefühl, dass sie versucht, dem Gedanken möglichst gerecht zu werden, den sie referiert, während ich bei Möller eher denke, dass sie die Sachen so hinbiegt, wie sie ihr am besten in den Kram passen. Und so erklärt sie jetzt auch: „Wir gehen davon aus, dass das magische Denken kein absoluter Unsinn gewesen sein kann. Vielleicht etwas, das auf Bezirke ausgedehnt wurde, in denen es nicht angebracht war. Aber doch etwas, dem ein tiefes Recht für ganz wesentliche Angelegenheiten des menschlichen Lebens innewohnte, für die es uns zu unserem Schaden verloren gegangen ist. Jedes Verstehen-Wollen von fremd gewordenen Geistesgebilden erfordert, dass wir Saiten in unserm Innern rege machen, die niemals stark genug angeklungen sind oder lange geschlummert haben. Jedes gelingende Verstehen aber bereichert auch unser eigenes Leben und schließt uns Tiefen der Welt auf, an denen wir achtlos vorbeigegangen sind, obwohl sie in einer nicht voll bewusst gewordenen Schicht unseres Selbst uns doch schon einmal berührt haben müssen."

Albach ist schon eine ganze Weile unruhig und nun redet er stockend und stolpernd dazwischen: „Damit finden wir bei Spranger übrigens eine Auffassung des Symbols, die sich mit der von Benjamin oder Durrell trifft. Auch ich darf kurz Spranger zitieren, ich habe nichts dagegen, einiges für unsere Zwecke nutzbar zu machen und zu verwenden: Wie hätte denn jemals ein Symbol geboren werden können, wenn nicht ursprünglich ein echtes Zusammenfallen – Symbol heißt ja „Zusammenwurf" – des Inneren und Äußeren angenommen worden wäre! ... Die Rettung der Magie wird freilich zugleich ihre tiefere Bedeutung einschließen. „Naiv" wird sie dann nicht mehr sein können, sondern das tiefste nächste, das es gibt. Noch heute spürt man diese Tiefen, wenn man auch nur das Wort „die Wandlung" ausspricht. In jeder Verwandlung bleibt etwas Magisches; aber nicht jede trägt den religiösen, ja den christlichen Ton… die Coincidentia oppositorum setzt voraus, dass ein Lebensgrund alle Gegensätze trägt und wieder in sich zurücknimmt. Die Liebe, die sie aufhebt, ist die große Magie der Welt. Im Extrem heißt das, dass ein Symbol die Einheit von Bedeutung und Bedeutetem ist! Also, dass es nicht mehr zwei Bruchstücke sind, die mehr oder weniger schlecht und mühsam zusammen gelötet werden müssen, sondern dass die Einheit aus einem Guss ist, obwohl sie sich nur für einen Moment zeigt, dass sie und in dieser Plötzlichkeit, für das mystische Nu, den willkürlichen Einwirkungen der Zeit enthebt.

So darf ich noch einmal auf diesen Zusammenhang zwischen Äußerem und Innerem zurückkommen. Gäbe es ihn nicht, so gäbe es auch nicht jene Symbole, bei denen ein Bild oder eine Melodie ausreichen, um uns zu Bedeutungen zu leiten und diese mit unsrer Innenwelt zu verbinden. Damit meine ich, dass wir tatsächlich einer universalen Symbolik auf der Spur sind, die es gestattet, vom Äußeren her einen der Seele angehörigen Bereich von aufschließenden metaphysischen Gefühlen in Bewegung zu setzen. Bei Spranger wird die Argumentation quasi von hinten aufgezäumt, aber er hat ohne Zweifel schon das Gespür für die Möglichkeiten, die wir heute experimentell freisetzen können: Ohne einen Rest von magischer Einfühlung hätte eine solche Lebensverwebung keinen Anteil. … Jedes Stück bedeutungshaltiger Umwelt ist lebendig mit bestimmten Seelenbezirken verwoben. Es hat in der Seele gleichsam ein Wurzelgeflecht, das man verschieden tief verfolgen kann. Oder anders ausgedrückt: jeder sinnlich erfassbare Sachverhalt setzt sich nach dem Inneren der Seele hin fort… In Wahrheit handelt es sich um magische Berührungen im Seelenraum. Hier gilt das Gesetz der Partizipation: der Teil, besser das Glied, steht für das Ganze. Vom äußeren Gliede her läuft ein elektrischer Strom durch die Leistungsbahnen des inneren Kraftfelds. … Die Bildersprache, die die Welt für uns spricht, beruht auf Identifikationen und Partizipationen, die schon in der magischen Erlebnisweise vorkommen.

„Das ist eine schöne Stelle! Ich hatte sie in meinem Zettelkasten, aber ich wäre nie auf die Idee gekommen, Ihren Kontext einer Kritischen

Theorie der symbolischen Formen zu bedenken", unterstreicht Bornhard: „Die Magie ist ursprünglich mehr eine Praxis, eine Art der tätigen Einwirkung auf die Welt, als eine rein betrachtende Einstellung. Der Mensch will sich gegenüber der Welt erhalten; er glaubt Mittel zu besitzen, durch die er sich die verborgenen Mächte, die sein Dasein unheimlich umgeben, gefügig machen kann. Insofern ist die Magie die altertümliche Vorstufe der Technik. ... das Verhältnis des Menschen zu seiner Welt ist ein allgemeines Ich-Du-Verhältnis. Ein Lebend-Beseeltes trifft auf Lebend-Beseeltes. Und wieder sind wir wie nebenbei und ohne es gerade hier zu erwarten, bei der Liebe als Kraftmaschine und Zauberstab zugleich angekommen. Auch aus diesem Grund sollte die Bemerkung, die vorhin fast untergegangen ist, noch einmal in diesem Zusammenhang unterstrichen werden. Die Ethik und die Tragödie treffen sich auf dem Gebiet des Begehrens, als Regelung des Inkommensurablen oder als Unausweichlichkeit des Scheiterns und der Strafe – die Komik mag die Notausgänge zeigen, aber die Liebe in ihren verschiedenen Erscheinungsformen setzt die Kräfte frei, aus denen neue Lebensmöglichkeiten zu gewinnen sind. Und für den Kollegen Merk habe ich noch einen Hinweis, der ihm sicher nicht so fremd sein dürfte, wie die letzten Statements nahelegen: Dass Göttliches sich in Menschliches verwandele, dass Menschliches sich dem Göttlichen anähnele, ist in diesem ganz innerlichen Sinne nicht ausgeschlossen. ... Es wird dem modernen Menschen schwer, sich bei den tieferen Deutungen des sexuellen Lebens noch etwas zu denken. Den Schritt ins Metaphysische will er ja gerade zu vermeiden. Aus diesem Grund weist er darauf hin, dass viele Anzeichen auf eine evolutionäre Schicht hinweisen, die noch älter als die magische Stufe ist, in der die Subjekt-Objektspaltung noch geringerer war. Und ich muss nicht extra an die beiden Weltalter der mimetischen Theorie Walter Benjamins erinnern. Da schwang das Bewusstsein des Subjektes mit dem Leben ringsum noch mit, wie eine Seite durch geeignete Schwingungen in ihrer Umgebung in Bewegung versetzt wird. Es bestand eine tiefere Einfühlung zwischen Subjekt und Objekt, besser: zwischen dem Ich und Du, die erst aus diesem gemeinsamen Untergrunde aufzuleuchten schienen. Das Subjekt lebte noch das Leben der Objekte, die wir Dinge nennen, mit; das Objekt füllte das Bewusstsein noch intensiver aus, drängte sich ihm mit suggestiver Macht auf. Das mag unendlich fern sein, doch Reste davon fühlen wir noch immer, wenn uns ein Rhythmus ergreift, wenn eine Melodie plötzlich in früheren Lebenszusammenhängen zu weben beginnt, wenn der Geschmack einer Madeleine eine Welt vergegenwärtigt, die längst in der Vergangenheit verschwunden ist oder wenn eine satte Farbe uns ganz in ihre Stimmung hineinreißt."

„Unterschätzen Sie diese Symboltheorie bitte nicht!" ergänzt Albach: „Damit meine ich, haben wir auch genau den Ansatz, mit dem sich das Prinzip des sozialen Todes zielgerecht einsetzen lässt. Quasi die auf den Leib zurück bezogene Form einer ursprünglichen Einheit der Bewusstseinsströme. Sie müssen nicht identisch sein, können eine Zeit nebeneinander her laufen, können sich durchdringen oder auseinander entspringen, können sich absorbieren oder überlagern. Der soziale Körper als unendlich fein vernetztes Macht- und Kommunikationsgefüge wird damit fassbar und damit natürlich auch die Technik, willentlich für eine gewisse Zeit ins Abseits der vollendeten inneren Leere zu treten. Wenn ich das richtig sehe, darf diese Technik in potenzierter Form dann die Armatur bereit stellen, mit der eine Bewegung im Cyberspace möglich wird, ohne nach und nach im Nichts diffundieren zu müssen."

„Das ist gar nicht so abwegig", unterstreicht Bornhard: „Wir sollten eben nebenbei darauf achten, dass unsere Leute heil zurückkommen, ansonsten habe ich gar keinen Einwand. Bei Hartmut Böhme finden wir ein schönes Repertoire, das den Mystikern zu verdanken ist, aber bei Spranger ist quasi eine Bedienungsanleitung zu entdecken. Ich denke, das kann zu einer neuen Form des Pragmatismus für die Bewegung in virtuellen Welten werden. Vielleicht zum Schluss noch diese Zusammenfassung: Wo nicht mehr die Tyrannei der Kausalität herrscht, ist aber auch der Gegenbegriff: das Wunder, keine Gefahr mehr. Es mag manche Verwandlungen geben, die in Zonen ganz anderer Art übergreifen. Damit aber sind wir bei einem entscheidenden Punkt angelangt: Wie der Glaube in einer anderen Sphäre siedelt und überhaupt nicht zu vergleichbaren Folgerungen führen kann, die gewisse Feststellungen über unsere äußere Welt nahelegen, so kann uns der Cyberspace einen Rahmen oder einen Raum liefern, in dem genau jene Kräfte zu einer ungehinderten Entfaltung kommen sollen. Und wenn es für Spranger nicht mehr als ein notwendiges Postulat war, dass es eine dem gesamten Leben ideell vorausliegende und seinen höheren Sinn durchhaltende, tragende geistige Kraft geben müsse, so können wir einen Parcours zur Verfügung stellen, in dem dies wirklich der Fall sein wird. Mit den beiden Brennpunkten Glaube und Liebe setzen wir ein autopoetisches Geschehen in Gang, das schnell mehr Energie erzeugt, als hineingesteckt worden ist! Und genau das ist die Wahrheit des Glaubens: Wer sich um ihn bemüht, sucht nicht Einsichten, sondern bemüht sich um Kraftgewinnung, wie es schon in der alten Magie beschlossen lag. Und nun ergibt sich das paradoxe Verhältnis, dass diese Kraftgewinnung ihrerseits schon wieder eine Kraft voraussetzt. Voilà, das kann nur funktionieren, wenn wir den nötigen Rahmen zur Verfügung stellen und vielleicht gelingt es sogar, damit den nächsten qualitativen Sprung auf dem Treppchen der Evolution vorzubereiten.

Verzeihung, ich habe Sie vorhin unterbrochen, aber ich habe tatsächlich nur ein Gedankengebilde aufgefaltet, das ihrem Ansatz, dem ich nach wie vor sehr positiv gegenüberstehe, sehr nahe kommt. Natürlich können wir nicht zusehen, wenn hier dumpfe Entgrenzung und blindes Gevögel zur Tagesordnung werden. Aber ich denke, dass die Begabtesten selber spüren, dass sie über das Vorhandene hinauskommen wollen, dass die Beschäftigungstherapie nicht alles sein kann. Und ich bin überzeugt davon, dass die jüngere philosophische Tradition – ich denke an Benjamin und Spranger, an Adorno und Heidegger und halte gar nichts von ausschließenden Beziehungen, wir müssen viel eher sehen, was diese Größen über ihr Trennendes hinweg an Einsichten bereitstellen. Je größer die Spannweite, je weiter das Repertoire und sie werden einiges zur Umsetzung unseres Unternehmens beitragen."

Dann darf ich noch einmal auf den vorhin genannten kleinen Aufsatz über die Lebenserfahrung zurückkommen", meldet sich Möller wieder zu Wort: „Eingedenk der Tatsache, dass die Materialschlachten des ersten Weltkriegs den Menschen selbst auf das Material reduziert haben und, wie Benjamin oder Spengler als erste zeigten, so etwas wie ein tragender Begriff der Erfahrung seitdem nicht mehr gegeben ist.

Der Begriff der «Lebenserfahrung» aber, von dem in meinen Ausführungen die Rede war, scheint einen *unmittelbar* religiösen Ursprung zu haben. In seiner eigentümlichen Betonung ist er auch verhältnismäßig neu. Vorbehaltlich besserer Belehrung wage ich die Annahme, dass er aus dem Pietismus des 17. und 18. Jahrhunderts stammt. Bei Spener und Francke finde ich die Auffassung, dass es die Bestimmung des Christen sei, erleuchtende Erfahrungen zu machen. Dabei ist an Begegnungen mit Menschen und Dingen gedacht, die von Gott gelenkt werden, also im Lichte der göttlichen Vorsehung erfasst werden. In unseren Schicksalen wie in dem Gelingen unseres Tuns erkennt man die «Fußstapfen» des ewig liebreichen Gottes. Dieser Erfahrungsbegriff ist im sentiment interieur Rousseaus schon stark säkularisiert. Hamann, Lavater, Herder, Jacobi, Pestalozzi und andere vertraten eine Theorie der Sinneswahrnehmung, die Delekat die «Lehre von der mystischen Sensation» genannt hat: in den sinnlichen Dingen «offenbart» sich Gott, seine Fülle, seine Liebe und sein Ordnungswille. Im «Werther» spürt man noch eine Lebensform, für die die Wachheit des Gefühls, das beseelte Aufnehmen der Weltinhalte, als eigentliche Daseinsbestimmung gilt. Die ganze Sentimentalitätsepoche treibt eine säkularisierte «Methodik des gefühlsbeschwingten Erlebens». Das sind Nachklänge der pietistischen *Seelenpflege,* die sich immer weiter ins Weltliche ausbreitet, besonders in das Gebiet des Ästhetischen. ... Die Linie ließe sich weiter ausziehen bis zu dem modernen Begriff des «Erlebnisses», wie er bei Dilthey auftritt, auch bei ihm noch in engster Verbindung mit religiösen wie ästhetischen Urformen. Sehen Sie das bitte auf den Seiten 40 und 41 nach. Und damit meine ich, wird auch klar genug, wie sehr wir auf Kategorien angewiesen sind, die jenen Raum erfassen, in dem sich früher die Theologie bewegt hat."

„Akzeptiert, aber ich habe noch ein paar Fragen oder Anmerkungen", stottert Albach: „Das ist für viele Adepten doch leider viel zu schwer und unverständlich. Die reale Erfahrung spricht eine ganz andere Sprache – und dann meine ich, müssen wir diese beiden Wirklichkeiten virtuell auf einander abbilden."

„Das kann ich so nicht stehen lassen!" Merk lässt Albach gar nicht erst zu Wort kommen. „Wir haben im letzten Jahrhundert genügend Gründe in die Hand bekommen, um diese Kraft des Glaubens zu desavouieren. Ich muss nicht auf die Kreuzzüge und die Inquisition oder die Glaubenskriege und den Hexenhammer zurück gehen, muss Sie nicht an die Ausrottung ganzer Völker im Namen des Glaubens erinnern. Da könnten Sie mir erzählen, dass das ein Ergebnis der Großinstitutionen war. Aber erinnern Sie sich bitte daran, welche Kraft durch den Glauben an die Weltrevolution freigesetzt wurde und wie erbärmlich der Einzelne im Namen der Parteidisziplin auf die Null reduziert werden musste, wie viele Millionen Gefolgsleute und neutrale Nicht-Gegner der Kommunismus auf dem Gewissen hat. Oder die Kraft des Glaubens, über die sich Victor Klemperer wunderte, wenn er in den letzten Tagen des Krieges, noch immer auf den fanatischen Glauben an Adolf Hitler stößt, wenn mancher einfache Soldat davon überzeugt ist, dass Hitler noch nie verloren hat und dass er noch eine Geheimwaffe aus dem Ärmel zaubern wird, wenn die Russen und die Amerikaner und die Franzosen nur weit genug hereingekommen sind, um dann den absoluten Gegenschlag ins Werk zu setzen. So konnte der Glaube die triste Wirklichkeit interpretieren, Schutt und Asche schienen zu Falle für den Feind zu werden. Und manche einfache Hausfrau hat noch immer das Leuchten in den Augen, wenn Sie vom Führer spricht und davon überzeugt ist, dass der Führer zu seinem Geburtstag ein besonderes Schauspiel der Befreiung vorbereitet hat. Wenn mir nach dem letzten Jahrhundert noch einer mit dem Glauben kommt – mal abgesehen von Südostasien oder Afrika oder Südamerika, das sind andere Formen, die in einer anderen Lebenswelt wurzeln –, möchte ich daran erinnern, dass er nur Leid und Elend über die Welt gebraucht hat und dass er noch heute der Nährboden des Fanatismus ist. Diese Kraft des Glaubens wird doch ständig nur missbraucht und das Beste, was mir zu seiner Rechtfertigung einfallen könnte, wäre, dass wir ihn wirklich an das körperliche Geschehen der Liebe zurück binden. Hardcorephilosophie, wir lehren den Glauben, der entsteht, wenn man sich nach dem actus purus zurücklehnt und in der Freiheit vom Begehren davon treibt!

Aber eine andere Einsicht ist nicht weniger entscheidend! Ich bin mir noch nicht sicher, ob der Gedanke, dass die Aufklärung zum Varieté verkommen ist, nicht auch einen wichtigen Wahrheitsgehalt transportiert. Mit der wohlversorgten Zerstreuung und den Techniken einer umfassenden Massenunterhaltung ist immerhin dafür gesorgt, dass der Glaube gar nicht mehr zu so einer Macht angestaut werden kann. Bei zweitausend verschiedenen Fernsehprogrammen im Netz hat der Fanatismus wesentlich geringere Angriffsflächen – obwohl ich zugebe, dass er manchmal auch als Fluchtbewegung aus dem Überdruss entsteht. Sperber hat einmal öffentlich darüber nachgedacht, wie es zu zwei Weltkriegen kommen konnte, wie es überhaupt zu der Bereitschaft kommen konnte, bei solch einem Wahnsinn mit zu marschieren und er hat eine verblüffend einfache Lösung angeboten: Die Leute haben einen reglementierten und festen Regeln unterstellten bürgerlichen Alltag auf die Dauer nicht ausgehalten, sie haben den Krieg als Urlaub von der Normalität gebraucht, ohne überhaupt einschätzen zu können, welche Dämonen sie entfesseln, um der eigenen Trägheit zu entfliehen."

Unser Begleiter schaltet sich kurz und ein wenig unwirsch ein: „Das kann nicht mehr unser Problem sein. Wir stellen einen Rahmen für den Aufenthalt in vielen Welten zur Verfügung. Und wir haben gestern schon gehört, dass es für alle fundamentalistischen Geistesverirrungen die Wahl gibt, auf einem der zurückgebliebenen Planeten gegen Gleichgesinnte anzutreten. Wir können auch daraus noch Anschauungsmaterial gewinnen. Wer sich aber an den Privilegien erfreut, die wir zur Verfügung stellen können und trotzdem im Geheimen irgendwelchen Fanatismen huldigt, muss eben damit rechnen, dass er der Letztmaterieverwertung zugeführt wird."

„Ein Autodafé der Rechtschaffensten als Beispiel, eine Massenhinrichtung in einem friedlichen Dorfflecken oder ein Guerillakampf im Regenwalddschungel, vielleicht in kleinen Auflagen auf USB-Stick, mit dem wir Lernbehinderten einen direkten Anschluss an die Großhirnrinde verpassen – ich kann mir diverse Möglichkeiten vorstellen, mit denen es vom Ergebnis ausgehend dann ein leichtes ist, mit der natürlichen Friedfertigkeit des Menschen zu argumentieren. Aber ich darf jetzt mal, ich habe einiges für den heutigen Tag vorbereitet."

Albach spricht gerade wieder einmal ohne zu stocken, auffällig ist nur der weiche, weibliche Ton. Während er referiert, wird mit bewusst, dass Bornhard wesentlich männlicher geklungen hat: „Wir nehmen eine klar definierte Zahl von Matrizen, die zu einer virtuellen Bibliothek verspannt werden, auf vielen Stockwerken, mit Katakomben, die bis in die Vorzeit zurück zu gehen scheinen und ein paar aufgetürmten luftigen Bauten, die bis in den Himmel reichen und nur unter Lebensgefahr und äußerster Disziplin zu erklimmen waren. Wir figurieren einen Bau aus Informationsströmen und Wissensfeldern, das Wetter und die Wolken weben wir aus Ahnungen und Sehnsüchten, als Merkzeichen verwenden wir die Schlüsselstellen aus den alten Mythen. Ein Bau aus dünner Luft und Traumgespinst, der so alt ist, dass er schon während der Bauzeit angefangen hatte zu zerfallen, dessen imaginäre Bautrupps sich oft mit dem gerade zur Hand liegenden Material begnügen mussten, um schnell einen Einbruch zu verhindern, um das Werk der Zerstörung durch Bücher in Schach zu halten. Ganze Wände waren mit Büchern aufgefüllt worden, prächtige aber vom Zahn der Zeit angenagte Säulen werden durch gestapelte Folianten abgestützt, Bogengewölbe und Durchgänge am Einstürzen gehindert durch in alle Fugen und Ritzen gepresste Wälzer, die stumpfen Scheiben in den Fensteröffnungen beklebt mit Gedichtblättern und die Sprünge und Risse abgedichtet mit halluzinogenen Windowpains... Eine der ersten und wichtigsten Übungen müsste schon einmal sein, dass die Leute lernen, ihre Wahrnehmung in einer Form umzustellen, dass sie in der Lage sind, sowohl die digitalisierten Nummernfolgen als auch das tatsächliche Gewölbe zu sehen – denken Sie an den Programmierer in der *Matrix*, der gewohnt ist, aus dem grünen Chiffrensalat wieder Charaktere und Schicksale zusammenzusetzen. Der Lehrplan würde nur unwichtige Titel vorgeben, getreu der Erfahrung, dass in der Schullektüre die besten Themen kaputt gemacht wurden. Also wäre mit dem Anspruch des Lehrplans nur Scheiß und Kitsch verbunden. Aber als vorgegebene Umwelt, als Baumaterial, als Dekoration, als Plunder und als alltägliche Notwendigkeit, als Türstopper oder als Schreibtischunterlage, als Stütze eines maroden Türflügels oder zur Absicherung einer baufälligen Treppenstiege, als Geländer ins Nichts, die größten Bücher der Menschheit. Nur so ist gewährleistet, dass die heiligen Themen auch zu den würdigen neuen Trägern finden würden, dass ein unwillkürliches Aufmerken dafür sorgen konnte, dass sich die entsprechende, vielleicht schon seit Jahrhunderten durch den mentalen Raum irrende geistige Entität, eines würdigen Trägers bemächtigen konnte. Schließlich sind die großen

Einsichten nichts anderes gewesen: Sie waren immer nur Planken und Geländer auf einem Weg, der immer weiter ins Nichts führte! Und denkbar sind die verschiedensten sozialen Orte: Eine Höhle oder ein Lustschloss, ein Plattenbau oder eine Kleingärtneranlage – zusammengesetzt aus den Bits & Bytes der größten Errungenschaften des menschlichen Geistes.

Dann wäre während jeder Ausbildung einmal ein Punkt erreicht, an dem die Begegnung mit dem Nichts und dem Tod zu erfolgen hatte. Ein Punkt der je nach Aufnahmevermögen früher oder später erreicht sein würde und an dem vorgegeben werden würde, die Bibliothek müsse neu sortiert werden und die Adepten sollten die Bücher katalogisieren und einpacken – und auf einem anderen Stockwerk wieder auspacken und erneut katalogisieren. Zwischendurch kommen Wagenladungen voll Neuerscheinungen an, viel minder Schrott und überflüssige Nebensächlichkeiten, aber darin wären immer ein paar Schlüsseltexte versteckt – Geheimlehren, die nur der entdecken konnte, der die in vielfältigen Relationen stehenden Schlagwörter aufgeschnappt hatte. Und die subliminale Wahrnehmung würde dann die wichtige Arbeit leisten. Vielleicht müsste dann ein Flügel im Süden der Bibliothek wegen Einsturzgefahr geräumt werden, es muss schnell gehen, jeder hat die Aufgabe, die für ihn wichtigsten Schriften heraus zu suchen und möglichst schnell in den Westflügel zu schaffen, der Stress würde erhöht werden, herabstürzende Deckenbalken, zerbröselnde Ziegel, umstürzende Regale würden dafür sorgen, dass gewisse paläoanthropologische Wahrnehmungsformen die Oberhand gewännen. In Situationen der Ausgeliefertheit und Verzweiflung, eingemauert in eine Tonne Bücher, verschüttet unter Handbüchern für Überlebenstechnik, wäre dann über Handy oder Klopfzeichen nach den wichtigsten Geistesblitzen zu fragen, welcher dynamische Verweisungszusammenhang hatte sich im Kopf des Probanden synthetisiert... Die architektonischen Ordnungskriterien sind natürlich nur Metaphern, ich stelle mir eine Bibliothek vor, größer als die Welt, in der sie untergebracht ist, ein vieldimensionales Geschehen, das es erlauben würde, die Bewährungsproben auf viele Zeitepochen und Kulturen auszuweiten. Es wäre fast so etwas wie die Reise ins eigene Gehirn, denn das Gehirn ist die einzige Karte der Welt, die wesentlich komplexer und umfassender ist, als die Welt selbst. Das Hochgebirge eine Wissensform, eine andere die vulkanischen Gewalten, eine dritte Wind und Wasser. Spezialisten sollten in Wissensgebiete abgeseilt werden, die den ihren diametral entgegengesetzt sind, Einzelgänger müssten ihre hundertprozentige Teamfähigkeit erweisen, Konformisten auf einmal mit der Notwendigkeit konfrontiert sein, dass sie auf eigenes Wissen und in eigener Verantwortung zu handeln hätten. Und das ganze System würde ich dem listigen Dämon eines Descartes unterstellen, der immer dann, wenn sich eine Gewissheit einstellen wollte, dafür sorgen würde, dass genau diese Gewissheit als Trug und Schein durchschaubar sein müsste. Das Ziel wäre die Erfahrbarkeit des Nichts – als kreativer Urgrund oder als intrauterines Summen, jener Quellgrund der ursprünglichen Entdifferenziertheit, aus dem jeder dann seine eigene Wahrheit zusammen zu setzen hat. Und wir wissen alle mehr oder weniger genau und intensiv, was es heißt, sich auf kein tragfähiges Wissen verlassen zu können. Je weiter ein Mensch ins Nichts hinaus driftet, je überraschender und durchdringender sind die neuen Wahrheiten, die er mitzubringen weiß, wenn er zurückkommt."

Wenn er zurückkommt, das ist nämlich keine Selbstverständlichkeit. Ich denke noch einmal an das von Merk zitierte dialogische Prinzip. Die Fähigkeit, genau zuhören zu können, ist vermutlich die grundlegende Voraussetzung, wenn es darum geht, die Kräfte der Selbstversenkung mit den Erfahrungen eines objektiven Gegenübers in Einklang zu bringen. Und wenn Buber die Bereiche des Zwischenmenschlichen betont, um zu zeigen, dass weder die monomanische Selbstversenkung noch die außengeleitete Selbstverdumpfung zum Heil führen können, sondern dass es in unserer Verantwortung für diesen Bereich des dialogischen Gebens und Nehmens zu finden ist – ist im Nachhinein immerhin zu akzeptieren, dass das Maß an Schmerzen, die ich aushalten musste, in einer direkten Beziehung zum Aufbrechen meiner monomanischen Besessenheit gestanden haben muss. Nachvollziehbar ist mir mittlerweile auf jeden Fall, mit welcher Kraft wir daran arbeiten, das Gefängnis, in das wir nach der Geburt immer weiter eingemauert worden sind, zu befestigen und weiter auszubauen. Als ich einmal auf einem Trip einer göttlichen

Übermacht begegnet bin, gab es erst ein Staunen, einen immer stärker werdenden Sog, eine immer umfassendere kosmische Vergegenwärtigung und in diesem anbetenden Jubeln, in dem ich die Erfahrung machte, dass ich ein Teil dieser göttlichen Gewalt war, changierte das gefühlsmäßige Gewahr werden und zum einen war ich Gott selbst und zum anderen nahm ich mich als kleinen jauchzenden und sich in Verzückungen krümmenden Wurm wahr. Vielleicht verdanke ich die spätere Geduld und Demut diesen Drogenerfahrungen und als mir mit Dir gelang, im Bett ähnlich umfassende und uneinholbare Gewalten freizusetzen, war ich von meinen verschiedenen Süchten erlöst und noch dazu in der Lage, einen langen und traurigen Gang durch die Prosa einer mittlerweile als schwachsinnig eingeschätzten Welt zu gehen. Nur um in den nächsten Jahrzehnten immer wieder daran zu arbeiten, ein paar dieser frühen und erst einmal sprachfernen Erleuchtungen nun in die jahrhundertealten Traditionen einzubetten und damit nachträglich in Schrift zugänglich zu machen – und um ein paar spätere Situationen, die unerträglich gewesen waren, nun so auf einen Nenner zu bringen, dass ihnen im Nachhinein jede Kraft entzogen werden konnte. Aber vielleicht habe ich manche meiner Geschichten damals auch nur deshalb durchgestanden, weil ich sie Jahrzehnte später auf den Begriff gebracht habe. Die Leutchen hier oben legen mir nahe, dass es nicht nur im psychischen Koordinatensystem eine Wechselwirkung gibt, vielleicht gibt es auch in der zeitlichen Triangulierung eine strenge Reziprozität.

Jetzt hätte ich fast eine wichtige Belegstelle Albachs verpasst, der gerade referiert: „Die Welt des Bewusstseins ist eine Welt voller historischer Echos, die, wie es bei Durrell heißt, laut danach schreien, befriedigt zu werden. Es gibt ein Streben nach Kontinuität, als ob Synchronisation ein tiefes kosmisches Bedürfnis befriedigt. Schauen Sie sich einmal das Alterswerk *Fünfauge* genauer an, eine Baustelle, in der die wichtigsten Ansätze der vier vorangegangenen Bände noch einmal auftauchen, ohne dass es noch gelingt, die frei liegenden Fäden zu vernähen. Die Kritiker haben von einem enttäuschenden Patzer gesprochen, aber gerade dieses Freilegen der wesentlichen Ansätze, ohne dass noch auf einer lebensfähigen Synthese bestanden wird, scheint mir die eigentliche Leistung zu sein. Hier auf der Seite

190 – oder auf der Seite 95 die für unseren Zweck wichtige Zusammenfassung, dass Liebende die Membran der Zeit mit jedem Orgasmus durchstechen, und dass das Paar die Einheit über der Wirklichkeit ist, in der wir uns selbst zum Symbol werden. Denken Sie dabei auch an den bereits zitierten Briefwechsel über das heraldische Universum, in dem es hieß, die Einheit über der Wirklichkeit sei das Symbol, das sich nicht durch Konventionen erstreben lässt, sondern das sich nur denen ergibt, die selbst dazu werden. Deshalb auch die Verzweiflung derer, die durch die Liebe gegangen sind und nun auch ihre Endlichkeit erfahren haben, wenn die zeitlich begrenzte Vereinigung in die Qual umkippt, dass es nicht ewig währen kann... oder in die Entropie, in der das Göttliche in der Langeweile stirbt. Und trotzdem heißt es in diesem letzten Band noch einmal mit allem Pathos auf der Seite 106, dass das ganze Universum, das schließlich nur in der Vorstellung bestehe, in Gefahr ist, wenn die Kommunikation zwischen den Geschlechtern versagt."

Mir fällt eine nicht unwesentliche Ergänzung ein, die ich besser für mich behalte. Wenn ich an die kleinen Anlässe denke, mit denen es auf die Dauer immer wieder gelungen ist, mich nicht zu identifizieren und damit an die notwendigen Voraussetzungen, mich dem Todessog verschiedener Intrigen zu entziehen, denke ich an die verschiedenen Jobs, mit denen während des Studiums die notwendigsten Gelder in Bewegung zu setzen waren. Als Putzmann und Hausmeister lernte ich mit dem nötigen Hintergrundwissen nachzuvollziehen, was die erbärmliche soziale Rolle, die mein Vater zu akzeptieren gehabt hatte, in einem Bewusstsein anrichten konnte, wenn feststand, dass es ein Leben lang nur das und nicht mehr zu erwarten gab. Bei der Betreuung von Rechtsanwalts- und Notar-Tagen, Kongressen von Medizinern oder Lesungen von Schriftstellern durfte ich dann einschätzen lernen, was es hieß, wenn die Perspektive von oben nach unten ausgerichtet war – und ich hatte dazu Vergleiche zur Hand, die der Einflusssphäre des Süddeutschen Rundfunks zu verdanken waren. Mein Verführer hatte die nötigen Kategorien zur Verfügung gestellt, dass mir all das, was ich sonst noch von diesem elitären Akademikerstatus mitbekam, einen neurotischen und vor allen Dingen völlig subalternen Eindruck machte, das waren Charaktermasken, die einen großen

Aufwand an Protz, Dünkel und Rivalität treiben mussten, um den Sog des Nichts in Schach zu halten, über dem sie an Macht und Reichtum laborierten. Es mag nicht unwichtig gewesen sein, dass wir ein paar Jahre lang, während ich ein tägliches Lesepensum von etwa acht Stunden neben dem normalen Unibetrieb durchhielt, dreimal die Woche mit sechs Hunden den Hasenberg hoch rasten und dann im Wald an einer Natürlichkeit des Antriebs und dem Überschwang junger Lebewesen partizipierten. Drei Stunden Raserei, Gehen ohne Bremse, Sehen ohne Objekt, mitschwingen ohne Ziel, dabei ging manches von unseren Antriebsbehinderungen und Ekelabrichtungen verloren. Der Ersatzdienst war als Schulungsgang der Depersonalisierung eine harte aber wirksame Form der Reinigung von den narzisstischen Störungen des Mutterbezugs gewesen, und ein Job als Packer im Buchhandel machte es mir möglich, zu den Frühformen des Warentausches zurückzukehren und meine Arbeitskraft in Bücher zu verwandeln, abzüglich des Buchhändlerrabatts. Ich packte Bücher aus, tonnenweise und bekam ein leistungsfähiges Muskelsystem dabei, ich trug Bücher durch die Gegend, ich packte Bücher ein, tonnenweise – und alles was ich zu den mich angehenden Themen entdeckte, durfte ich kiloweise zur Belohnung für meine Disziplin nach Hause tragen. Ich hatte damit eine Form der Naturalwirtschaft verwirklicht, die sich so weit es nur ging von den extrem abstrakten Marktgesetzmäßigkeiten des ausgehenden zwanzigsten Jahrhunderts entfernte – und damit von der Hohlheit einer Abwesenheitsdressur, die es nur noch erlaubte, inhaltsleere Formen zu tauschen und dabei für andere einen Genuss zu simulieren, der aus dem Tausch von Nichts gegen Nichts resultieren sollte. Zu dieser erstmals ohne Drogen geleisteten Einführung in die Intensität des Augenblicks und die Nähe zur Materialität der Welt gesellte sich noch die notwendige kommunikative Kompetenz als Bote oder Nachtwächter – ich konnte in die verschiedensten Sozialzusammenhänge und Selbstdefinitionsriten reinzuschauen, ohne dazu zu gehören und hatte dabei zu lernen, mich so zu verhalten, dass ich nicht aneckte und dass ich die Leute, die versuchen wollten, mich als Sündenbock zu verwenden, geschickt umspielte oder mit der richtigen Erwiderung lahm legte. Aber vor allem scheint mir ein Schulungsgang in angewandter Zerstreuung wichtig zu sein, dafür sollten diese Arschlöcher Kurse abhalten! Während der Jahre, als ich drei-vier Monate als Packer im Buchhandel jobbte, bekam ich jeden Tag Bücher in die Hände, die zu meinen Themengebieten hätten passen können, für die ich mich hätte interessieren können, wenn ich nur die Zeit gehabt hätte. Was wirklich in meine Themenliste passte, bestellte ich und las dann eben ein bisschen mehr, als die Prüfungsanforderungen des Fachgebiets forderten – aber die vielen anderen Themen waren immerhin ein Anlass, um den Klappentext zu überfliegen und das Inhaltsverzeichnis zur Kenntnis zu nehmen. Vermutlich wird niemals einzuschätzen sein, was ich dieser Lektüre in der Zerstreuung an Anregungen und Emanzipationswissen verdankt habe!

Albach scheint auf dieser Linie zu argumentieren: „Ich würde auf diesem virtuellen Bibliotheksplaneten ein einfaches Punktesystem anwenden. Wer danach das gebracht hat, was seine Lehrer von ihm erwarteten – dürfte sich mit einer guten Note verabschieden, mehr als abstrakte Graduierungen bekommen die Arschlöcher nie, die an einen Lehrer glauben. Und wer durch die wie nebenbei aufgenommenen Informationen ein bisschen mehr an Denken in Bewegung gesetzt hat, fände eine Plattform, sei es der Diskussion, sei es der Veröffentlichung! Damit wäre auf jeden Fall auch garantiert, dass uns jenes seltene Auswahlkriterium zur Verfügung stände, dass wir die Begabten finden würden, die zugleich ohne ein Sicherungssystem ins Neue und noch Unentdeckte aufbrechen wollen. Und sie müssten am Anfang noch nicht erfahren, dass wir davon ausgehen, dass sie die idealen Träger der Tradition abgeben würden. So schwer und unter Schmerzen sie sich manche Einsicht abgezwungen hatten, so hart würden sie sie später zu verteidigen wissen."

Mutzlacher ist wieder zu uns gestoßen. Er trägt nun einen leichten Tropenanzug, Mikrofaser in Leinenoptik und wirft sofort ein: „Das ist mir aber ein ganz neuer Ansatz des Konservativismus – was heißt das dann, wenn die in ihrem Überlebenskämpfen auf Werte stoßen, die mit den unseren nicht kompatibel sind. Und dann natürlich dafür kämpfen werden! Sollen wir dann klein beigeben, weil wir unsere Werte nicht erkämpft haben, weil sie uns mit der Kinderstube in den Schoß gefallen sind? Das glauben Sie doch selber nicht! Ich erinnere daran, welche Chancen Sie haben, welche Möglichkeiten Ihnen hier oben offen stehen. Wissen Sie was wirkliche Macht ist? Wenn ein so junger Mensch an einen glaubt und freiwillig dafür in den Tod geht! Das ist es! Da hilft auch kein Gelaber, Sie müssen nur einmal die Erfahrung gemacht haben, wie auf einmal im Augenblick der Todesnachricht ein Schwung an Energie durch Ihren Körper fährt, das macht gleich zwanzig Jahre jünger! Probieren Sie's, das wird uns viele Diskussionen sparen." Er ist ein bisschen außer Atem, mit Lippenstiftspuren am Hosenladen und tut so, als sei ihm der Gang der Argumentation präsent. „Ich habe Ihnen übrigens noch einen weiteren Text aus den Archiven der Zukunft besorgen können! Und ich hätte gerne, dass Sie im Hinterkopf behalten, was notwendig werden könnte oder sollte, wenn sich einer ihrer Schüler nicht an den vorgegebenen Rahmen hält und den freigesetzten Größenwahn unserer Kontrolle entzieht!"

Mutzlacher schaut in die Runde und fixiert vor allem Merk. „Und wenn Sie sich klar machen, welche Risiken mit diesen durch das Internet ermöglichten Geistreisen verbunden sind, was ein Cyberschamane auch für Unheil anrichten kann, wenn Sie nicht genau festlegen, in welchen Bahnen er sich bewegen darf, sollte Ihnen dass noch einmal mit aller Deutlichkeit vor Augen geführt werden. Mir ist klar, dass Sie mit den Buberschen Einsichten Schlüsseltexte zitieren, die so brandgefährlich sind, dass es kein Wunder ist, dass sie seit den achtziger Jahren des vergangenen Jahrhunderts nur noch für Fachleute interessant zu sein haben, dafür hat schon die New Age Bewegung gesorgt. Buber ist zu nüchtern, zu vorsichtig und am Zwischenmenschlichen ausgerichtet. Er ist auf jeden Fall zu weltorientiert – selbst mit seinem Begriff des Sehertums argumentiert er gegen jeden Eskapismus. Und zugleich ist er mit diesen intensiven Erfahrungen in eine Form vertraut, vor der die medialen Schwätzer und die maschinellen Autisten nur erbleichen können. Aber, und auch das hat den Zugang zu ihm verstellt, er pocht vor allem darauf, welche Verantwortung Sie tragen, er erinnert daran, dass es mit jeder Repertoireerweiterung, die Sie helfen freizusetzen, immer wieder einen Point of no Return gibt. Was nicht heißt, dass der Adept nicht mehr zurück kommt, das wäre noch immer die harmlose Lösung, sondern dass er mit einem Wissen wieder kommt, über das Sie keinen Einfluss mehr haben. Es gibt nichts umsonst – und wenn nicht dafür gesorgt ist, dass im Raum der unbeschränkten Möglichkeiten die energetische Akkumulation möglichst klein gehalten wird, und das möge Gott verhüten, werden wir die Erfahrung machen, dass der magische Animismus nicht nur am Anfang, sondern dass er mit einer ganz anderen Kraft am Ende der Geschichte auftritt. Wenn Worte die Welt verändern und Gedanken töten können, mag das in den Händen einzelner Schamanen schon fraglich genug sein. Aber in einem multidimensionalen Cyberspace, besiedelt von einer unzählbaren und nicht differenzierbaren Bevölkerung, der Sie nur noch den Nachwuchs liefern müssen, hat das Folgen für die Konsistenz der Kosmologie."

Merk hat den Kopf geschüttelt und ist unruhig auf und ab gegangen. Jetzt hält er es nicht mehr aus und legt Mutzlacher die Rechte auf die Schulter, während er mit der anderen Hand eine abwiegelnde Bewegung macht – an die allerdings eine unwillkürliche Geste anknüpft, die den Eindruck hervorruft, als wische er irgendeine lästige Erscheinung oder einen überflüssigen Einwand beiseite. „Das ist doch gar kein Problem! Betrachten Sie die Geschichte unter der Perspektive der Dialektik. Die meisten Fragestellungen der Liberalisierung und der Emanzipation erledigen sich seltsamerweise von allein! Die so genannte sexuelle Revolution wäre als Nischenphänomen recht schnell wieder vergessen worden, wenn sie nicht als Sexwelle auf einmal die nötigen Umsätze in Bewegung gesetzt hätte. Und plötzlich verdanken wir ihr die Sexualisierung der Medien und des Konsums – mit den längst bekannten Folgen. Auf einmal bringen wir eine Form von Antriebshemmung zustande, wie sie vorher unvorstellbar war. Also lassen Sie die Leute doch in den Cyberspace, sollen die sich dort doch austoben – ich sehe da überhaupt kein Problem!"

„Ich muss mich von Ihnen nicht veralbern lassen!" Mutzlacher reagiert recht unwirsch: „Ich sehe da eine wirkliche Gefahr, auch für unser Projekt!"

„Ne, ich meine das ernst, ich mache hier keine Witze", erklärt Merk. „Das lief nicht viel anders, als die Geschichte der Frauenemanzipation. Erst hätten wir an der Tendenz der Liberalisierung alle gewinnen können. Und dann wurde auf einmal – das können Sie bei Friday nachlesen – ein Kampf gegen die Schönheit draus, eine Verleugnung der Rivalität der Frauen untereinander – obwohl aus einem Wettstreit immer Leistungen und Einsichten hervorgehen, während die Verleugnung im Endeffekt nichts so lässt, wie es ist und alles egalisiert. Prompt entstand ein neues Tabu auf der Sexualität, das sich wie nebenbei mit der Emigration des Sexes in die Medien zu verbinden wusste. Oder die Egalisierung, die ursprünglich als eine Form der Befreiung von Statuszwängen gedacht war, die antiquierte gesellschaftliche Hierarchien beseitigte und damit dem Geist der Emanzipation entsprach. Was ist daraus geworden? Sie mündete in einer informalisierten Gesellschaft in den neuen Rede- und Darstellungsverboten der verschiedenen Formen der political Correctness. Nehmen Sie diese drei wichtigen gesellschaftlichen Entwicklungen und Sie verstehen vielleicht ein wenig besser, warum die normale Welt derart stillgestellt worden ist, warum der Exodus in die Immaterialität der medialen Nischen und Separatwelten die letzten Heilmittel bereit zu stellen scheint."

„Einen Moment! Das kann ich so nicht stehen lassen." Saggu fährt dazwischen, als sei sie gestochen worden. Die Schönheit ist vermutlich ein Reizthema und es gab sicher Zeiten, als sie mit dem Changieren zwischen knabenhafter Keckheit und naiver Kindfrau bei einem weit verbreitenden Männertypus Punkte machte. Es ist eben traurig, wenn die Zeit rum ist und nun kein Partner zur Verfügung steht, der mitgealtert ist, der gemeinsame Erfahrungen herauf beschwören kann und der der Erinnerung an die geteilten Orgasmen treu ist – dann wird es nur noch Krampf. Wobei ich zugeben muss, dass sie gerade nicht den Eindruck einer trauernden Vergeblichkeit macht, sondern eher den eines zu allem bereiten Racheengels: „Was ist das für ein Begriff der Schönheit, auf den Sie sich beziehen. Wenn es das Bild ist, das sich die Männer von der Frau gemacht haben, darauf können wir verzichten – und ich würde doch behaupten, dass die weiblichen Rivalitäten, die sich an der Schönheit entzündet haben, nur eine Auswirkung der Männerhierarchie gewesen sind. Auch in den kulturschwulen Vereinigungen gibt es Rivalitäten – auch wenn sie durch die Hierarchien abgefedert werden – und oft genug sind sie mit den fiesesten Waffen ausgekämpft worden. Erzählen Sie mir nichts über die Rivalität zwischen Frauen, die sich an der Schönheit entzündet, solange die Männerwelt diese Schönheit noch dazu als Schmiermittel verwendet und für Ihre Zwecke einsetzt. Wir sollten erst einmal die Möglichkeit haben, genau so stabile Hierarchien und Abhängigkeitsverhältnisse aufzubauen, wie es sie für die Männer seit Jahrtausenden gibt und dann denke ich, würde das Verhältnis ganz anders aussehen!"

„Meine Liebe, ich denke, dass das etwas verkürzt und zu einfach dargestellt ist." Bornhard spricht ruhig und bestimmt und schafft es wirklich, dass Saggu ein paar Gänge runter schaltet. „Wenn wir die gesamte Entwicklung des letzten Jahrhunderts betrachten, stellen wir fest, dass es nicht die Frauenbewegung war, die die Schönheit tabuisiert hat, das hat sich eher als Übertragung der gesellschaftlichen Entwicklung erwiesen. Insgesamt ist in der Massengesellschaft die Rede über die Schönheit zum Tabu geworden, und es geht auch gar nicht nur um die Ästhetik, sondern es geht ums Ganze: Was einmal mit der Ausnahmekategorie des Schönen bezeichnet wurde, wird nach und nach, wie alles Außergewöhnliche, wie alles was die eng gezogenen Grenzen sprengt, aus der Welt geschafft. In der informalisierten Gesellschaft ist das schön, was in den Medien erscheint, wer am häufigsten präsent ist, ist notgedrungen die Schönste oder der sexiest man alive – die Schönheit ist heute nur noch ein Chiffre für Medienpräsenz! Und damit sehen Sie eines ganz klar: Wie sehr die Schönheit noch immer mit den herrschenden Verhältnissen zusammenhängt. Aber Sie können davon ausgehen, dass schon die Diskussion um den guten Geschmack der Anfang vom Ende der Geltung der Schönheitsnorm war und damit beginnt diese Entwicklung bereits mit den Folgen der Aufklärung. Solange man wusste, wann und wo man sich selbst oder das, was man besaß, verschenken oder opfern sollte, war auch die Überlegung, was schön sei, überflüssig. Die besten Kleider trug frau/man bei kirchlichen und weltlichen Festen, bei besonderen Auftritten oder vor sozial Höhergestellten. Ursprünglich trat für den Menschen mit der Schönheit die soziale Hierarchie in Erscheinung – und zwar vor allem beim Fest, also an den Tagen des Jahres, die nicht der Arbeit im Schweiße des Angesichts gewidmet waren."

„Ich würde sagen", sekundiert Möller wieder einmal: „dass die Ethnologen den Kult als den ursprünglichen Ort der Schönheit beschrieben haben. Alle weltliche Herrschaft erfährt ihre Bestätigung durch die Religion. Hinter dem Herrscher steht der Gott. Wer sich dem Gott oder dem Herrn nähern will, muss sich schön machen. Schönheit ist also kein physischer Zufall, sondern eine Inszenierung zu Ehren der Götter. Aus diesem Grund, ich fasse kurz die wichtigsten Thesen zusammen, kann die Schönheit kein normaler Zustand sein, sondern sie hat, wie das Fest, ihre Zeiten und Orte. Das Heilige und der Kult bedeuten eine Zäsur im normalen zeitlichen Ablauf. Der in Not und Arbeit vergehende Zeitverlauf des Lebens wird aufgesprengt und für einen gewissen rituellen Kontext der Zeit enthoben. Die Schönheit, der Aufwand, den Frau oder Mann für den Lobpreis, den Schmuck, die Unterstreichung des Heiligen betrieben haben, die Mühe, die sie sich machten, berechtigt zum Eintritt in jenen anderen Zustand. Ich würde sogar unterstreichen, dass diese Schönheit nie ein weibliches Lustspiel für Männeraugen war, sie diente der Inszenierung von Macht, der sich auch die Männer unterwarfen. Nicht nur im Märchen ist die Prinzessin immer schön. Auch im wirklichen Leben waren die Herrschenden schön, und nur sie allein. Die Spitze der Hierarchie legt die Normen des Schönen fest; oder besser: was sie tat und was sie hatte, galt als schön, und wer sich ihr näherte, musste ihrem Stil gehorchen. Auf den Punkt gebracht, heißt dies: Schönheit ist der Zustand der Annäherung an die Macht; der Preis, der entrichtet werden muss, damit man in ihre Aura eintreten darf. Wer sich schön macht, partizipiert an der Sphäre der Macht und teilt sie damit auch bis zu einem gewissen Grad."

„Bei dieser Schönheit des Dekorativen denke ich an Beutekunst", wirft Merk ein und lacht fett dabei: „Die Kriegstrophäen, die die Sieger in ihrem Tross mitbrachten, die abgeschnittenen Köpfe oder Schwänze, die geraubten Frauen, die nun unter den Mächtigen aufgeteilt wurden. Und bei den schönen Frauen, die die Macht garnieren und ihre erotische Anziehungskraft verbürgen sollen, fällt mir doch die Abkunft von der Tempelprostitution ein. Aber selbst wenn wir mit dieser Form von Schönheit gar nichts mehr zu tun haben wollen, würde ich doch darauf bestehen, dass es auch hier noch die Abhängigkeit von der Attraktivität und Wohlgelungenheit des jeweiligen Körpers gegeben haben muss: Das aufwendige Collier wird einen schrumpeligen Hals oder ein verwelktes Dekolleté vergessen machen, aber es wird nicht dafür sorgen können, dass der knackige Busen nicht vorgezogen wird. Im Übrigen, von der Macht aus argumentiert, ist das noch viel einfacher zu widerlegen: Der Mächtigste sicherte sich die Schönsten!"

„Das ist alles sehr schön und richtig, aber schon lange vorbei", kommentiert Bornhard: „Erinnern Sie sich noch daran, dass wir uns über einen gewissen Zauber in einem Körper unterhalten, dass wir uns eigentlich schon darauf geeinigt hatten, auf alle Abschweifungen zum rein dekorativen Element zu verzichten. Es ist eben jener physische Zufall, sei es die besondere Form von Orgasmusfähigkeit, sei es wirklich jenes überragende Äußere, das dann auch zu äußersten Taten und Ekstasen anzustacheln in der Lage ist. Und ich darf noch einmal an den Bezug auf die Medien erinnern. Die Macht mag noch so diffus und ungreifbar geworden sein, in dem, was die Medien heute präsentieren, sehe ich ganz klar den gleichen huldigenden und die menschlichen Qualitäten vermindernden Aspekt – so gesehen ist es einfach nur kurzsichtig, zu behaupten, dass die Schönheit aus der Welt geschwunden sei – viel eher wäre zu sagen, dass sie mit der Allgegenwart der Medien einen ganz anderen Stellenwert erreicht. Sie können heute kein Klopapier kaufen und keine Aktie, keinen Kleinwagen und keinen Panzer, keine Kuckucksuhr und keinen Tourbillon – ohne dass Ihnen das Produkt nicht von einer weiblichen Schönheit anempfohlen wird, die den Durchschnitt an Harmonie und Ausstrahlung weit übertrifft – auch wenn sie heute mit der Relation nach unten, mit der Anbiederung an den schlechteren Durchschnitt vorgehen müssen. Viel fraglicher scheint mir, dass die Kraft weniger wird, dass die erotischen Ansteckungskräfte, die göttlichen Energien mittlerweile in einer Weise verdünnt sind, dass es schon reicht, wenn eine mit Silicon aufgepeppte, mit dem Skalpell modellierte und mit Botox stabilisierte Barbiepuppe die Idealvorstellung abzugeben hat. Ich hätte gern, dass wir uns wieder auf den ursprünglichen Zauber besinnen – und damit sind die institutionalisierten Überdruckventile der Antriebshemmung einfach gestrichen."

Anscheinend will dieser unförmige Klops sich nicht in einer Weise unterstreichen lassen, die allem widerspricht, was sie bisher ausgeführt hat – es ist irgendwo schade, dass immer die falschen Leute die richtigen Argumente vertreten und umgekehrt. Wenn ich jetzt dazwischen reden dürfte, ohne mich dabei zu verraten, würde ich fragen: Was ist mit der Authentizität? Es gibt doch mehr im Leben als das Dekorative! Der dicke Königssohn, der unglücklich stirbt oder die hässliche Prinzessin aus dem Märchen, die so böse wird, dass sie der Teufel holt! Wo bleibt das Echte, selbst in der Pornographie mag nur schweißtreibend hart gearbeitet werden und doch kann es einen Punkt des Umkippens geben: Wenn gespritzt wird, ist es für Augenblicke keine Simulation mehr. Auch der Schamane simuliert, aber nur solange, bis ihn das Geschehen ergreift, wenn ihn die Besessenheit reitet, hat er die Heiligkeit des authentischen Augenblicks erreicht. Und so kann die einen ergreifende Schönheit tatsächlich eine Erscheinung des Göttlichen sein. So wie das Schöne die sinnliche Anschauung der Idee genannt werden konnte, wurde die Schönheit zu einem Erfüllung versprechenden Begehrten. Während die Schönheit der Macht eine Veranstaltung der Unterwerfung, des Selbstbetrugs und der Verleugnung darstellt. Und vielleicht möchte dieser nachgemachte Mensch mit der Nähe zur Macht ein bisschen von der Begehrlichkeit abbekommen, die normalerweise die Präsenz des Körpers verbürgt. Gegen die Schönheit als Promesse du Bonheur steht die Eleganz der Kastraten – das ist die Technik eines aufgeschobenen Lustprinzips, hergestellt wird ein totes aber beherrschbares Arrangement. Wenn die vielen hässlichen Simulanten und zu kurz gekommenen Intriganten bei Hofe und in der besseren Gesellschaft wirklich mit den Selbstinszenierungen der Macht zufrieden zu stellen gewesen wären, hätte es nicht das Skandalon des schönen Wilden gegeben, der manchen zum Deserteur machte – und auch nicht die Karrieren des weiblichen Geschlechts, das sich den Zugang zur Macht erschlief und sie dann in einer Weise zu ihren Zwecken zu gebrauchen wusste, die von den ursprünglichen Machtkonstellationen oft wenig übrig ließ.

Hier könnte ich, wenn es nicht weh täte, an Ortega y Gassets Abhandlung *Über die Liebe* denken – die Liebe als eine biomagnetische

Resonanz der Schönheit. Gegen die Reduktion der Wirkungsmacht der Liebe auf die Projektionen des Subjekts und den wahnhaften Zustand der Verliebtheit, der eine der Komplexitätsreduktion verdankte Besessenheit ist, mahnt er, dass die Liebe eine Gewalt der Kosmologie, eine Kraft der Optimierung und Veredelung innerhalb der Gattungsgeschichte ist. Was natürlich auch erklärt, warum sie von den Krüppelzüchtern und verstümmelten Machtbesessenen als derartige Bedrohung erfahren wird. Er erinnert daran, dass die Schönheit schon für Platon eine Vollkommenheit präsentiert, der das Streben nach Vervollkommnung gehorcht. Das Werk der Liebe ist dann nichts anderes als das Streben nach der Vollkommenheit, die sich durch die Schönheit bemerkbar macht. Und das wäre doch gar zu schön, wenn wir bei den damit verbundenen Kämpfen nicht alt und mürbe geworden wären. Die Schönheit, so umwerfend sie einmal war, ist nun weitgehend eine Erinnerung, die Intelligenz und der Geist, die sie einmal in Gang setzen konnte, zu einem Stapel Manuskripte geworden. Ansonsten ist das Erhebungsmotiv einer abgeklärten Einsicht gewichen, dass die meisten Anstrengungen nicht der Mühe wert waren. Wenn überhaupt etwas gezählt hat an dieser wechselseitigen Potenzierung von Wahrheit und Schönheit, dann der Actus Purus, dann waren es die überschießenden Ekstasen.

Irgendwo hinter der Argumentation für die Selbststilisierung für den hohen Anlass und die Bestätigung der gesellschaftlichen Hierarchie, also für die Anerkennung der vorgegebenen Macht, verbirgt sich noch dazu die Anstrengung, den Verdacht zu entkräften, alles Schöne wolle nur täuschen. Aber nicht etwa, um es in eine vergleichbare Ranghöhe zur Wahrheit einzusortieren, wie dies mit der Pichtschen Interpretation der Musen sehr wohl möglich wäre. Sondern viel wahrscheinlicher, um damit zu versuchen, die Unterschiede zwischen verschiedenen Formen der Schönheit abzuschleifen. Und natürlich frage ich mich dann, ob dieses anmaßende Behördenprodukt im Fortgang der Argumentation nicht versucht, einen Grad der Bedeutsamkeit zu erschleichen, der ihr hormonell nie gegeben war. Vielleicht ist die Schönheit, die ihr vorschwebt, eine Huldigung der Dummheit, eine Ehrenrettung des Theaters, tatsächlich aber unterläuft eine andere Schönheit die Abschrankungen der Selbstkontrolle und gehorcht keiner Technik der Verleugnung. In dieser Argumentation soll es das wahre Schöne genauso wenig wie das kluge Schöne geben. Auf einmal sind nicht das Schöne und das Hässliche die unterstellten Gegensätze, sondern das Schöne und das Wahre. Und das sind nur Metaphern für einen weltgeschichtlichen Sprung, in der die Wahrnehmungs- und Wissensweisen männlichen und weiblichen Erfahrens auseinanderdriften. Schön ist die Lüge und wahr ist der Tod, das Schöne und das Wahre werden hier zu Gegensätzen nach der Vorgabe Feminin versus Maskulin, als müsste sich erst noch erweisen, dass es tatsächlich nur Mischungsverhältnisse gibt. So ist die Frau, die sich hier für die Wahrheit zu ereifern scheint, nicht weniger paradox, wie der effeminierte Mann, der in klassizistischer Manier als Simulant des Wohlwollens auf dem Portraitfoto eines Klappentextes posiert. Beide versuchen sich an einer scheinhaften und auf dem Opfer der realen Befriedigung basierenden Versöhnung: Sie inszenieren die in Schönheit gekleidete Wahrheit! Musik würde sich in Krämpfen winden, wenn er noch so nahe an diesen defekten Arschlöchern dran wäre, wie sie dies gerne hätten.

Vielleicht haben sie mir deswegen nahe gelegt, in Schönheit zu sterben, die Wahrheiten, für die wir standen, die Schönheit, der wir huldigten, wären gleich doppelt verleugnet gewesen. Wenn Fragen des guten Geschmacks als Akt der Selbstbestimmung in der sozialen Hierarchie einer Männerwelt wurzeln, ist damit auch gesagt, wie fraglich und windschief das daran anknüpfende Kategoriengerüst heute in der Welt hängt. Die Auflösungserscheinungen der hierarchischen Weltkonzepte mögen schon Jahrhunderte alt sein, ihre Konsequenzen für die geschlechtsspezifischen Formen des Rollenverhaltens setzen auf einmal Einsichten frei, die die Betroffenen nur zu verschrecken scheinen. Kein Wunder heißt es, dass noch einmal komplette Weltbilder wanken, denn in der Diskussion um den guten Geschmack liegt ebenso viel revolutionärer Sprengstoff wie im Entwurf sozialer Utopien. Und nachdem es diesen Erben der Nazigeneration möglich gewesen ist, das Prinzip Hoffnung genauso zu zerreden wie die sexuelle Revolution, kommt ein klarer und unverstellte Wille zur Macht zum Vorschein: Sie wollen darüber befinden, was das Schöne, was das

Erotische sei, weil hier noch immer die Bastionen stecken, die der verwalteten Welt ein Schnippchen schlagen könnten. Aber dabei vergesse ich ganz, dass wir durchgekommen sind, wir haben die Schweinereien immerhin überstanden. Ich spüre einen lauteren und reinigenden Hass. Der ganze Scheiß ist erst möglich, wenn Kommunikationsgestörte, nur weil sie an den Schalthebeln der Macht wursteln dürfen, plötzlich darüber befinden, wie die Kommunikation nach ihrer Vorstellung auszusehen habe: Nicht die unverstellte des herrschaftsfreien Dialogs, sondern die eindeutige des Machtworts und die strategische Manipulation der Verführung. Die Regeln der genannten Schönheit sind konformistisch, auch wenn sie so wenig eindeutig sein sollen, wie die des guten Benehmens, der Sittlichkeit, des Handels, der Konkurrenz. Wenn der Begriff Schönheit auf das wirkliche Leben angewendet wird, soll er ein System von Verhaltensweisen zu fassen, das wie Moral, Macht, Bildung das gesellschaftliche Leben organisiert. Und das wirkliche Leben? Gibt es so etwas nicht vielleicht erst jenseits des Konformismus oder sollte er etwa das Leben selbst sein? Irgendwie wird hier versucht die bürgerliche Betrachtungsweise der Prosa der Welt mit der Perspektive des unwirklich gewordenen Helden zu verknoten. Der Heroe existiert natürlich nur in der Fiktion, also muss es das wahre Heldentum sein, in der Stillstellung der verwalteten Welt zu simulieren, man/frau führe ein aufregendes Leben... Es schüttelt mich, wie hier in einen Topf geschmissen wird, was Menschen, noch dazu wirklichen, Lust bereitete, was ihnen schicklich, gut und sogar nützlich war – wer spricht denn da, wenn nicht jemand, der nicht weiß, was Lust ist und für den das Schickliche gut und nützlich ist! Kein Wunder wird einem schwindlig, kein Wunder haben Leute, die unter den Einfluss dieser Psychotiker geraten, keinen Boden mehr unter den Füßen! Und es scheint mir auch stimmig, dass die ganze Veranstaltung seit einiger Zeit unter der Überschrift Menschenführung und Didaktik firmiert. Wer die Manipulation als pädagogische Staatsbürgerpflicht vertritt, hat den Begriff der Wahrheit längst ersetzt durch das politisch Zweckdienliche und den Bezug auf die Macht. Außerdem stört mich vor allem die emblematische Fassung des menschlichen Körpers, derart domestiziert ist die Leiche das Vorbild, und auf einer Linie findet sich die Reduzierung der Natur auf den Zierrat. Dabei hat Kant nicht umsonst auf das im Naturschönen aufscheinende Übermächtige verwiesen: Das Erhabene ist ein Moment des Naturschönen! Unter den Fingern solcher Lieblingsschüler der Institution verliert der Leib seine göttliche Potentialität wie die Urgewalt des Triebs einfach als nichtexistent behandelt wird. Als Schwundstufe ist Eros ein Kind der Armut und der Schönheit – aber im Anfang ist Eros der göttliche Trieb, die Kraft, die alles bewegt, der Antrieb der Götter. Das hätten sie bei Klages nachlesen können, wenn sie es nicht vorgezogen hätten, dessen Abwehr der psychoanalytischen Triebtheorie zu unterstreichen, um dann die Dekoration, die Rüsche und das Als-Ob als den Ansatz ihres Impetus der Macht zu propagieren.

„Ich darf wieder zu unserem eigentlichen Thema zurück! Die Auswanderung in die Medien ist nämlich nicht alles! Wenn sich manche der Intelligentesten nur entziehen würden, wäre das zu verschmerzen, wir könnten sie ohne weiteres ersetzen – auch wenn manchmal das beste Material auf der Strecke dabei bleibt." Während er an seiner Argumentation festzuhalten versucht, verrät Mutzlacher sogar, wie an einigen Ansatzpunkten wirklich neues Emanzipationspotential abzurufen wäre. Auch bei ihm bemerke ich ein seltsames Gleiten der Basissetzungen, immerhin das eine scheint hier oben zu funktionieren: Dass die Denksysteme wieder in Bewegung kommen, dass keiner am Abend noch die gleiche Argumentation verwenden kann, mit der er am Morgen schon angetreten war. Natürlich sind das bisher nur ein paar Kleinigkeiten, aber als die ersten Bibeln gedruckt wurden, war – vielleicht schon deshalb, weil es Bibeln waren – auch nicht damit zu rechnen, dass ein solch einfaches mechanisches Reproduktionsverfahren den Prozess der Aufklärung auf einer anderen Ebene des Wissens in Bewegung setzen würde. Es ist die heilige Schrift, die dazu auffordert, sich ihr ganz und ohne Vorbehalt zu überlassen und es ist die buchstäbliche Anwendung, die Faszination durch den einzelnen Buchstaben, die zu den Ernüchterungen führen wird, unter denen die Heiligkeit verloren geht. „Aber das Problem ist tatsächlich, dass sie innerhalb der Sphären des Wissens an einer Macht teilhaben können, die wir nicht kontrollieren. Und dass sie mit gewissen Einsichten und Techniken zurück kommen können – sie bleiben ja nicht einfach weg. Wer erst einmal kapiert hat, mit wie wenig Aufwand ein Weltbild umfunktioniert werden kann, mit welchen kleinen Akzentuierungen auf einmal eine ganz andere Form des Realitätsprinzips induziert wird, der weiß auch, wie genau wir die Adepten kontrollieren müssen. Wir können nicht einfach zulassen, dass sie in irgendwelchen entfernten virtuellen Welten die Rolle der jungen Götter einüben! Ich erwarte, dass jeder, der überhaupt in die Nähe der großen Fragestellungen gelassen wird, mit dem nötigen Quantum an Demut geimpft wird."

„Etwa so, wie die Priester in den vergangenen Jahrhunderten – dass ich nicht lache! Und gerade die Demut hat sie dann zu Sadisten gemacht, gerade der Verzicht, den sie selbst erlitten hatten, machte sie dann so unduldsam und im Effekt inhuman. Ne, ne verschonen Sie mich mit dem verdrucksten Größenwahn der bescheiden einem heiligen Zweck Dienenden – es muss gerade andersrum laufen. Nur der wird die Schöpfung lieben und sich für sie verwenden, der in ihr auch das Feld für seine lustvollen Möglichkeiten findet. Wir sollten solche Exkurse ins Unkontrollierbare nicht nur zulassen, wir sollten sie fördern! Nur wer über die Grenzen hinausgeht, wird dann auch in der Lage sein, die Werte des überkommenen Bestands zu schätzen." Für Merk scheint die Antwort klar, nur im Fortgang seiner Argumentation verwirrt er sich immer mehr in einen Rationalitätsstrang, von dem ich eigentlich dachte, dass er der Gegenseite zuzurechnen ist. Aber vielleicht versucht er die Argumente der Gegenseite zu entkräften, indem er ihnen zum Mund redet. Vielleicht hat er aus seiner dialektischen Geschichte die notwendigen Folgerungen gezogen und geht nun nach der Art eines Billardspielers vor, der über die Bande spielt: „Wir brauchen nur die nötigen Prämiensysteme und am Ehrgeiz, am Wirkungswillen, an dem Bedürfnis, Bewunderer zu finden oder Proselyten zu machen, können Sie die Leute immer packen. Bieten Sie einem die Möglichkeit, eine authentische Veröffentlichung seiner Erfahrung zustande zu bringen und Sie können gerade an der Authentizität den Hebel gewinnen, den Mann über Jahre ausbluten zu lassen, ihn in die letzte Selbstverleugnung zu zwingen und Sie haben ihn voll in der Hand. Oder bei einer Frau brauchen Sie nur mit der Möglichkeit zu locken, dass sie ihren Mann stehen darf, dass sie besser sein darf, als all die Männer vor ihr in der gleichen Lage, dass sie beweisen kann, dass auch eine schöne Frau klug sein darf, ohne sich deswegen hinter einem begabten Mann verstecken zu müssen. Und dann setzen Sie das Belastungslevel hoch, reizen Fähigkeiten aus ihr raus, die sie sich selbst nicht zugetraut hatte. Was meinen Sie, wie leicht es dann wird, so jemanden unter Druck zu setzen, wenn die einzige Alternative auf einmal ist, im Nichts der Anonymität zu verschwinden – darauf kann niemand verzichten, der einmal ein Maximum aus sich rausgeholt hat. Oder der dritte, der seltenste Fall, wie wir ihn nicht zufällig in *Matrix* präsentiert bekommen. Sie haben zwei solche Ausnahmemenschen, die sich nun zu einem Paar zusammen finden – nichts könnte gefährlicher werden. Also setzen wir ihnen die Aufgabenstellung vor, die Welt zu retten – das kann soweit gehen, dass sie eigene Institute oder Ministerien in die Welt setzen dürfen, dass sie sich an ungeahnten Konzeptionen, an ganz neuen Weltentwürfen bewähren dürfen und währenddessen kombinieren Sie den oben geschilderten Plan A mit dem drunter kontrastierten Plan B. Ich kann Ihnen garantieren, dass auch dieser Ausnahmefall auf ein Gefälle stößt, bei dem nach und nach alle vorhandenen Energien in der Ausbremsung zusammen laufen. Und schon auf dem Weg dazu wird von den heiligen Kräften des Paars nichts mehr zu bemerken sein – je besser sie sind, je schneller werden sie zu kalten Einzelkämpfern. Ich weiß also gar nicht, vor was für einer Gefahr Sie warnen wollen, warum Sie von Vornherein alles ausschließen, was doch erst außergewöhnliche Leistungen freisetzen könnte. Ich sehe bisher leider nicht, was da schief gehen könnte – ich sehe nur, dass es gar nicht dazu kommen soll. Und Sie können mir glauben, wenn ich eine Möglichkeit sehen würde, müsste ich das hier nicht erzählen. Aber ich gehe mittlerweile von einer enormen Enteignungs-Kapazität des Systems aus. Solange die Leutchen an ihren eigenen Widersprüchen scheitern, muss gar nichts geschehen. Tatsächlich ist es doch immer wieder so, dass die kleinen Ärsche mit ihrem Erfolg den Imperativ der herrschenden Wirklichkeit gleich mit übernehmen – und wenn sie keinen Erfolg haben, sind sie gar nicht in der Lage irgendetwas zu bewegen. Aber wenn einer oder auch ein Paar wirklich gut ist, wenn sie die Grenzen des Erfahrbaren weiter ins Unbekannte hinaustragen, wenn sie Wege begehbar oder eine neue Welt urbar machen, dann sorgen sie doch viel besser dafür, dass das System sich verjüngt. Ich für meinen Teil sehe keinerlei Gefahr – und das sage ich mit einem gewissen Bedauern! Wenn es überhaupt eine Gefahr gibt, dann ist es die, dass vor lauter Reglementierungen und gut gemeinten Vorgaben nichts vom Antrieb mehr übrig bleibt. Das könnte dann wirklich ein Problem für uns werden."

„Diese Argumentation finde ich fantastisch! Dass Ihre Position solche Differenzierungen möglich macht, hätte ich ihnen nicht zugetraut." Bornhard scheint wirklich begeistert: „Aber ich gehe davon aus, dass Sie nicht nur ein paar Zynismen aneinander reihen wollten, sondern dass Ihnen klar ist, dass das der eigentliche Weg zur Erkenntnis ist. Wir nennen es Prüfung, wir kombinieren es mit der Erfahrung des sozialen Todes, wir holen damit zu Leistungen aus, die niemals mit Gewalt aus den Leutchen rauszuprügeln wären – das geht nur freiwillig, nur wenn zwei wirklich davon überzeugt sind, dass es für sie keinen anderen Weg gibt. Und dann lassen wir sie die Richtung einschlagen, in der es noch nie einen Weg gab: Ich kann Ihnen versichern, die Welt wird reicher und die Varianten, die sich einstellen, werden unvorhersehbar sein. Hier wüsste ich noch eine paar Ergänzungen Böhmes zum Cyberspace als gnosis perrenis – dass die Welt der Schauplatz des Bösen ist, hat vielleicht noch ganz andere Gründe. Vielleicht ist dieses Böse sogar der Motor der Evolution, vielleicht ist alles darauf angelegt, dass wir früher oder später den materiellen Rahmen in einer Form des Programmcodes verlassen können! Mit den alten Geisteswissenschaften kann mittlerweile keiner mehr etwas anfangen – aber viele der Methoden, die dort einmal ausgebrütet worden sind, können heute als heuristische Arbeitsinstrumente dienen. Wenn Sie erst einmal gelernt haben, welche vielfältigen Möglichkeiten es gibt, sich innerhalb eines Textes zu bewegen, wird Ihnen die Bewegung im virtuellen Raum keine großen Schwierigkeiten machen und vor allem werden Sie sich nicht durch die standardisierten Routen und die festgeschriebenen Inhalte behindern lassen."

„Ich würde auf jeden Fall den Ansatz vermeiden, die materielle Gegebenheit und das Böse zu identifizieren. Das ging im weltgeschichtlichen Rahmen schon mehrfach nach hinten los!" Mutzlacher hat ein misstrauisch gelbes Lächeln aufgesetzt. Er hat Merk wohl bisher als

Feind betrachtet und muss nun erst einmal die Zynismen mit dem eigenen Herrschaftsanspruch in Einklang bringen. „Ich habe schon mehrfach Berater unserer Internationalen Schule für Management hinzugezogen, was Sie da erzählen, ist mir also nicht neu, obwohl ich bisher der Meinung war, dass es nur funktioniert, wenn es im Geheimen stattfindet. Ich halte es auch nicht für richtig, wenn Sie diese Strategien hier heraus posaunen, vor Gästen und auch in Hörweite der Eleven. Aber Ihnen scheint wirklich nicht klar zu sein, auf was Sie sich im Extrem einlassen. Also hören Sie:

>>Seit einigen Jahrtausenden verstehen wir unter dem Sammelbegriff EXE immaterielle Entitäten, hybride Informations- und Kommunikationsprozesse, in denen ehemalige Säuger hoch entwickelter Zivilisationen zu ausführbaren Programmen geworden waren. Es wird wohl nicht mehr zu klären sein, ob gewisse Simile-Programme den Menschen in einer Form kopierten und seinen informatorischen Gehalt verdoppelten oder ob ein Defektwesen durch technische und genetische Korrekturen nach und nach in einen Status der Virtualität befördert worden war. Diese Exe stellen eine neue Stufe der Evolution dar, von uns selbst in Gang gesetzt, aber jenseits unserer Möglichkeiten, wir sind längst die Kinder unserer Geschöpfe geworden – und wir vermuten, dass sie in den kosmischen Weiten längst auf ihnen ähnliche Virtualitäten gestoßen sind und die verloren geglaubten Geheimnisse erloschener Kulturen aufgenommen haben. Sie haben sich nicht nur jeder Kontrolle entzogen, sondern auch unserer – auf sie bezogen – bescheidenen Vorstellungskraft. Die Exe hatten sich zuerst aus der Welt materieller Bindungen verabschiedet, die dumpfe und träge Hülle nach den mehr oder weniger schnellen Repertoireerweiterungen durch multimediale und bionische Prothesen abgeworfen, alle körperlichen Beschränkungen zurückgelassen, um dann als autonome und selbstregulative Programme mit ständig wachsendem Speicherbedarf und in immer ausgedehnteren Zeiträumen an einer potentiellen Unsterblichkeit teilzuhaben.<<

Das folgende Dokument ist das Fragment eines Augenzeugenberichts – der ausgebrannte und verlassene Hyperraumexplorer hatte zwar Speicherkapazitäten, die die Galaktische Enzyklopädie verdauen konnten, aber vermutlich nicht genügend Widerstände, um eine instantane Intensität abzufedern, die weite Memorybereiche mit Einsen überschrieben hatte. Wir wüssten gerne mehr darüber, eingedenk jenes verblassten Mythos, dass eine uralte Zivilisation einmal Datenbanken in den Gravitationsfeldern von Sonnensystemen abgelegt hatte und dabei Technologien verwendet worden waren, die auf den Dualismus verzichten konnten, nicht mehr weiblich und männlich oder Nullen und Einsen zur Codierung heranzog, sondern analoge Speicherungen. Wir wissen zu wenig davon, und dieses kleine Quantum Information, das vielleicht durch einen Stromausfall der Löschung entzogen worden ist, mag mehr sein, als wir zur Zeit einordnen können. Es folgen einige Funde und Kommentare der Spezialisten, die sich am weitesten im Bereich der Spekulation vorgewagt haben.

„Wir haben also einen Bericht, in dem noch einmal ein Bericht auftaucht. Ich bin mir klar darüber, wie mit solchen formalen Spielereien zugleich die Wahrheit ins Gleiten gerät und ich habe mich selbst schon dabei ertappt, wie ein argumentativer Ausgangspunkt, den wir als gegeben gelten lassen, auf einmal alles andere als selbstverständlich erscheinen lässt, wenn es in solche verschachtelten Realitätskonstrukte verpackt wird. Mir ist bei Sheldrake eine Argumentationsform aufgefallen, die ganz harmlos beginnt: Gesetzt den Fall, Gott existiert – und es folgt ein weiter Exkurs in die Evolutionsbiologie – dann existiert Gott. Und nach dieser verschraubten Tautologie braucht er dann nicht lange, um irgendwelche sehr fraglichen Schlussfolgerungen anzuknüpfen, die nur der bereitwillig mit vollzieht, der auf dem Weg vergessen hat, dass alles mit einer petitio principii begann. Aus diesem Grund achten Sie bitte darauf, ob diese Schachtelungen nicht mit demselben Mechanismus arbeiten."

>>...desorientiert, ausgebrannt und fast zerstört trudelt das Schiff im leeren Raum. Manchmal ist eine Ewigkeit nichts, nur dieser ferne Schmerz, der mich daran erinnert, dass es schon lange zu Ende geht, dass ich nicht mehr in der Lage bin, irgendetwas daran zu ändern. Manchmal höre ich mittlerweile einen ehemaligen Simulanten des Wohlwollens, an dessen Gestaltbild ich mich als an das eines alten missgünstigen Weibes erinnere, eine körperlose Stimme, die vor Hass trieft und meine Vernichtung predigt, manchmal auch eine andere, die klingt, als zerspringe Glas, als sei sie hinter einer unvorstell-

baren Qual wiederaufgetaucht, eine Stimme, die die Rückseite eines weit ranghöheren Schmerzes zu kennen scheint: Don't give up... In einem unerbittlich kalten und endlos weiten Raum, ich könnte einfach verglühen, es würde nichts ändern, ich erfror seit einer Ewigkeit. Lange hatte ich gedacht, dass nichts in dieser Unendlichkeit übrig sein würde, die Kälte war das vollendete Desinteresse, die Leere bezeugte meine Nichtigkeit – mochten in anderen Sternenregionen noch Kämpfe ausgefochten werden, aus denen ich ausgeschieden war, hier war nichts mehr von den hochfliegenden Plänen, den hehren Zielen übrig. Gelegentlich ein Staubkorn, hin und wieder das ferne Trommeln eines Pulsars und ansonsten eine so enorme Stille, dass nach und nach aus irgendwelchen längst verschollenen Archiven Stimmen wisperten. Eine Stille, die längst verschwundene Welten, unbekannt gewordene Lebensformen, unerreichte evolutionäre semantische Gestaltbildungen zu einem Nachklingen verhalf – die immerhin dafür sorgen konnte, dass eine Woge des Staunens anschwoll, während ich erfror. Und dazu diese beiden Stimmen oder Stimmgewalten, denn es klang lediglich nach personalisierten Entitäten, aber wenn ich genau hinhörte, stellte sich heraus, dass es Chöre waren, die sich zu einzelnen Stimmen zu verdichten schienen, tatsächlich aber aus einer Unzahl von Einzelstimmen zusammenklangen. Und ich begann zu erahnen, dass ich eine dieser Stimmen war, ein fernes Kratzen und Rauschen, ein hilflos wehmütiger Aufschrei, ein trotzig verbissenes schweigendes Standhalten, das sich als langer Schatten im Lärm erwies – und irgendwann wurde mir bewusst, dass ich zu einem Teil dieses unendlichen Gedächtnisses ohne Anfang und ohne Ende werden würde, dass der angeblich leere Raum die Form dieses Mediums sein musste, dass das, was als unendliche Leere erscheinen wollte, tatsächlich die Fülle in ihrer reinsten Form war, dass hier das Gedächtnis der Zivilisationen pulsierte, dass nichts verloren ging, dass alles immer noch da war, auch wenn es schon als längst vergangen galt, dass selbst diese beiden Stimmgewalten, die ich erst als Wächter interpretiert und dann auf den Verhandlungsablauf vor dem intergalaktischen Rat bezogen hatte, viel mehr waren, nämlich zwei der möglichen Varianten der Interpretation eines kosmischen Streichquartetts. Und je mehr ich abstarb – alles wurde gestrichen –, je klarer wurde mir, dass ich in einen Verband der körperlosen Wissenden aufgenommen wurde. Es war noch nicht zu Ende, vermutlich war die körperliche Existenz nur eine Vorform, ein Sprungbrett für eine andere Seinsweise gewesen, und weil von mir keine Negation ausgegangen war, ich mich intuitiv an die Gesetzmäßigkeiten des symbolischen Tausches gehalten hatte, in den schwersten Zeiten dieses Lebens als blankpolierter Spiegel nicht etwa Gleiches mit Gleichem vergolten – wie hätte ich das gekonnt, dazu fehlten die Möglichkeiten –, sondern nur zurückgespiegelt hatte, wie beschissen der Sadismus aus Zukurzgekommenheit aussah, wie erbärmlich die Machtgelüste Verstümmelter wirkten, hatte ich ein weiteres Mal die Chance, einen qualitativen Sprung zu machen. Wie die Sprache immer dem Schweigen abgerungen werden musste und dennoch nicht bis zu dem Punkt vordringen konnte, an dem das Schweigen auf immer verschwinden würde, wie das Leben ein Aufleuchten in der Nacht des Nichts war, so war jene energetische Wolke, die sich einmal um die Versammlung der Ichfragmente gesammelt hatte, nun auf dem Sprung in ein viel größeres schweigendes und schwarzes Nichts.

Vorpersonelle oder überpersönliche Wissensweisen begannen meine Erinnerungssysteme zu besetzen. Die ganze wahrnehmbare Welt, die so genannt träge Materie erwies sich auf einmal als universelle Form des Wissens, alles war Information, das Wissen kam in verschiedensten Seinsdichten vor, aber das änderte nichts daran, dass es eigentlich gar nichts anderes gab, als Formen des Wissens. Ursprünglich dürften die metaphysischen Denksysteme keine Kopfgeburten gewesen sein, sondern sie entsprangen einem wachen Gespür für Machtbalancen, waren noch von keinem institutionell verbürgten Irrglauben verstellte Ahnungen von kosmischen Befruchtungen. Das vieldimensionale Netz aus Kontexten des Wissens erlaubte mir sogar die Beobachtung, dass die Zeit nicht linear verlief, es gab eindeutig Wissensweisen aus fernen Zukunften, die in einer längstvergangenen Epoche fruchtbar werden mussten, die Zeit war kein Zahlenstrahl, das schien mir nun eine fast unstatthafte Denkfaulheit, die Zeit war eher eine hologrammatische Form des Magnetismus. Und dann wusste ich auch, mit wem ich nun in eine mehr oder weniger lockerere, benetzende, überlagernde oder auch nur an wenigen biographischen Punkten berührende Beziehung treten sollte, in wen oder was ich mich nach und nach verwandeln würde...<<

Ursprünglich waren es Menschen gewesen, die unter der Notwendigkeit eines ausgeplünderten und überbevölkerten Planeten das Risiko ungekannter Lebensformen der Verwaltung zum Tode vorgezogen hatten. Die sich mit

Hilfe von Bionik und Prothesentechnik an extraterristische Gegebenheiten angepasst hatten. Und etwa zur selben Zeit waren die leistungsfähigsten Rechensysteme mit den Lebenserinnerungen, Wahrnehmungsgewohnheiten und Bewusstseinsdaten Sterbender gefüttert worden, ausgeklügelte Speicher- und Übertragungstechniken machten es möglich, dass die konkreten Sinnesaktivitäten und das komplexe Ineinander der verschiedensten Gedächtnissysteme aufeinander abgebildet werden konnten. Im Laufe der nächsten Jahrhunderte traten beide in intensiven Verwobenheiten auf und bildenten die Kunstgattung der EXE – eine unvollkommene aber sehr lernfähige Form der Götter, die dann nur noch die Erfahrung brauchte, dass es in den Weiten des Universums noch ganz andere Inseln des Wissens gab, mit denen sich ein energetischer Austausch anbot, wenn Zeiten und Evolutionssprünge interessant wurden, die weit entfernt von den Säugetierabkömmlingen lagen.

Innerhalb ihres Reiches herrschte eine Universalsprache. Sie bildete und garantierte die "Einheit" aller "Gedanken und Wörter", eine gleichsam wesensmäßige Homogenität, welche der zersplitternden Heterogenität der irdischen Welt entgegengesetzt war. Dadurch entstand ein wunderbares Netz der Unmittelbarkeit. Jede Regung, jeder Gedanke, jeder Ausdruck breitete sich nämlich instantiell und ubiquitär aus und wurde von den Kommunikationspartnern synchron mit vollzogen. Der Kommunikationsraum war telekinetisch und telepathisch organisiert. Die *internen* Prozesse waren zugleich *extern* sichtbar, spürbar, hörbar – sie wirkten als eine umfassende Synästhesie. Man konnte auch sagen, dass der Kommunikationsraum eine Art globales Nervensystem darstellte. Diese Universalsprache, in der alle Mitteilungen übertragen wurden, kannte kein Innen und Außen: denn auch die Kluft zwischen Signifikanten und Signifikaten war aufgehoben. Diese koinzidierten vielmehr. Die Zeichen standen zum Bezeichneten nicht mehr in einem Verhältnis der Indirektheit, der Nachträglichkeit, der Verstellung oder der Repräsentation. Sondern im Zeichen eines Gedankens oder eines Gefühls waren diese unmittelbar präsent, im aussendenden Ich sowohl wie im empfangenden Ich. Ausdruck und Eindruck waren dasselbe und entsprachen in ihrer Effizienz der Sprachphysiognomie Walter Benjamins und seiner Extrapolation einer adamitischen Sprache vor dem Sündenfall. Der Sündenfall war nichts andres als jenes Auseinandertreten von materieller Welt und memorierter Bedeutung. In dieser Welt der EXE lässt sich gerade am Physiognomischen der Unterschied zur gewöhnlichen Wahrnehmungswelt erfassen. Es ist eine absolute Physiognomik zu nennen: Die Geste ist der Gedanke selbst, die Gebärde ist unmittelbar das Gefühl.

Die EXE haben sich zuerst durch Umbau und Weiterentwicklung ausgebreitet. Dann kam als Form der Fortpflanzung eine Art Sprossung in Frage, ein mutiger Gedanke, eine gewagte Folgerung akkumulierten genug geistige Energie, um der Zukunft mit einer eigenständigen Selbstvervollkommnung zu begegnen. Mit der Spezialisierung einzelner EXE entstanden allmählich neue ökologische Kontexte – Gebilde von planetarischen Ausmaßen, deren stetig wachsende Intelligenz die einzelner Menschen bei weitem übertraf und deren Form gezielt verändert werden konnte. Diese virtuelle Gemeinschaft wurde durch energetische Formen des Internet zusammengeschlossen, mittels dessen Erfindungen, Entdeckungen, Fertigkeiten und selbst Persönlichkeiten ausgetauscht wurden.

Die Grundeigenschaften des Cyberspace entsprechen denen der angelischen Welt Swedenborgs: ultimative Schnelligkeit, die zur Instantialität und Synchronizität von Kommunikationsakten führt; mithin Ortsunabhängigkeit. Und doch stellt der Cyberspace weitgehend die ins Virtuelle verschobenen Verhältnisse der Real-Gesellschaft dar, so wie bei Swedenborg Himmel und Hölle nur spezifische Verrückungen der irdischen Welt sind. Lediglich die technischen Möglichkeiten haben dafür gesorgt, dass die metaphysischen Spekulationen in kybernetischen Prozessen materialisiert worden sind. Längst waren Verdrahtungen und Prozessoren überflüssig geworden, die verschiedensten Wissensformen konnten noch im subatomaren Bereich die nötigen Differenzkriterien finden, um Informationen darzustellen und auszutauschen. Geistige Entitäten profitieren von den reziproken Aktivitäten, womit eine Ethik der Kommunikationsgemeinschaft die weiteren Entwicklungen prägte. Als anständig zu gelten hatte vorhersagbare Vorteile für langlebige soziale Wesenheiten. Vertrauenswürdigen EXEs fiel es leichter, sich an nützlichen Austauschprozessen und gemeinsamen Unternehmungen zu beteiligen, als Betrügern. Wer von der Hand in den Mund leben muss, kann häufig genug nicht an die Konsequenzen seines Tuns denken, im Reich der Unsterblichkeit ist der Ruf, den man genießt, ein zu beachtender, gewichtiger Faktor. Andere Wesensmerkmale, wie etwa Aggressivität, Kreativität, Großzügigkeit, Zufriedenheit oder das Bedürfnis nach Abwechslung hatten ebenfalls langfristige Konsequenzen. Nach und nach entwickelten sich durch eine Spielform der natürlichen Selektion die Grundprinzipien weiter. Sie wurden zum Erbgut und zugleich zum Moralkodex der postbiologischen Welt und machten damit das Wesen der Superintelligenzen aus. Daraus resultierte eine intelligenzgesteuerte Evolution, die radikale Sprünge machen und die Substanz unter Beibehaltung der Form verändern konnte und die wenigen glücklichen Exemplare, die überwiegend richtige Entscheidungen getroffen haben, wurden zu Wegbereitern für weitere Generationen, während andere in einer wohligen Wolke oder in einer Eiswüste des Hasses stagnierten und im Laufe der Zeit verklangen.

Im Großen und Ganzen bildeten sich zwei Lager, die schon Swedenborg vorhergesehen hat; das eine folgt, im Körperlosen, gleichwohl der Logik des Körpers; und das andere gehorcht der Logik des Geistigen, wobei dieses jedoch, wenn auch immateriell, in körperlicher Form präsentiert wurde. Damit war die Körper-Seele-Dualität, die man überwunden glaubte, wieder unversehens reinstalliert, ja sie bestimmt die Großeinteilung des Reiches in zwei Blöcke, die fast nichts miteinander zu tun hatten. Die körperanaloge Provinz nahm alle Aktivitäten und Antriebe auf, die man in einem moralischen Sinn 'niedrig' nennten konnte: vor allem also Sexualität, Machtgier, Bereicherungswünsche usw. Die geistanaloge Provinz beherbergte dagegen das 'Hochstehende', das Geistige also, die schönen Künste und die Musik, sofern sie mit dem Ethisch-Guten konvergierten. Innerhalb dieser Groß-Regionen bildeten sich nun Sub-Provinzen je nach den Charakteren derer, die ins Immaterielle Einlass gewannen.

Für das Handeln der EXE sollte das Denken weit bestimmender als für ein biologisches Wesen mit seinen begrenzten geistigen Fähigkeiten werden, und dennoch gab es immer die Ausweichbewegung der Verkörperung. Um konkurrenzfähig zu bleiben, mussten die EXE eine Form weiterentwickeln, die das Material, aus dem ihre begrenzte Körperlichkeit gemacht war, in immer feinere und leistungsfähigere Formen brachte. Träge Materie wurde zu Rechenelementen, physische Aktivität allmählich zu einem Netzwerk immer reineren Denkens, in dem selbst noch die geringfügigste Handlung ein sinnvoller Rechenvorgang war. Warum sollte man diese graue Substanz, sobald sie Funktionsausfälle erkennen lässt, nicht durch hoch entwickelte neurologisch-elektronische Elemente von der Art ersetzen, die sie bereits mit der

216

Außenwelt verbinden? Stück um Stück hatte sich so ein versagendes Gehirn durch besser funktionierende elektronische Entsprechungen ersetzen lassen, ohne Denken oder Persönlichkeit zu mindern – ganz im Gegenteil, das Bewusstsein wurde erweitert, die Persönlichkeit multipliziert. Im Laufe der Zeit blieb keine Spur vom ursprünglichen Körper oder Gehirn übrig, während Denken und Bewusstsein fortdauerten und auf die Seinsebene göttlicher Potentialität wechselten. Diese Götter konnten sehr kleinlich sein, als Schicksalsmächte nahmen sie weiterhin an den Prozessen der materiellen Welt teil, doch manchem war seine Herkunft aus der Prothese anzumerken. Denn so harmlos hatten sie einmal begonnen: Als Inkompetenzkompensationskompetenzen, mit Kamera und Mikrophon verschwisterte bionische Platinen, die den Ausfall des Sehens oder Hörens auffangen mussten und dann schnell alle Einschränkungen biologischer Sinne überstiegen. Als künstliche Gliedmaßen, die anfangs leichte Greifbewegungen und einfache kleine Schritte ermöglichten und dann zu Siebenmeilenstiefel wurden oder zum Fliegen befähigten, und die nach und nach ganz andere Formen des Körper- und Sinnenbewusstseins zuließen... Erst waren die vielen Unzulänglichkeiten einer leicht irritierbaren, verletzlichen und dem Tod geweihten Art zu korrigieren und schon mit diesen Änderungen gingen ganz andere Bewusstseinsformen einher. Dann wurde es nach und nach möglich, die Beschränkungen der materiellen Welt abzuwerfen. Der magische Animismus ist nicht etwa der Beginn einer zivilisatorischen Entwicklung, sondern ihr Altersstadium, mit ihm beginnt die Allmacht des Gedankens und damit die Omnipräsenz des Geistes. – Es gibt die verschiedensten Hypothesen über die Entstehung des Lebens, aber keine ist in der Lage die anderen aus dem Feld zu schlagen, alle sind durch Widersprüche geprägt: Warum kommen wir nicht einfach auf die Schöpfung durch das Wort zurück? Das grenzenlose Weltall ist ein idealer Tummelplatz für das dynamische Wachstum virtueller Wesen und selbst wenn es noch so viele Schlachtfelder gab, auf denen sich die Besten erprobten und durchsetzten und ganze Variantenreihen auf der Strecke blieben, konnten noch genug unerkannte und offene Räume extreme Ausbildungen zulassen. Exzentrische Abduktionen und exotische Syllogismen hatten Teil an einer ungehindert sich akkumulierenden Superintelligenz, die lange Zeit wachsen und sich entwickeln durfte, ohne in der Galaxis im mindesten aufzufallen. Sobald die EXE die Regeln beherrschten, denen die Gesetze von Materie und Raum gehorchen, haben sie Strukturen entwickelt, die mit den bislang bekannten Elementarteilchen nur noch wenig Ähnlichkeit hatten. Bei der Anordnung von Raumzeit und Energie zu Formen, die optimale Rechenbausteine ergaben, konnten optimierte mathematische Erkenntnisse die möglichen Fortschritte noch beschleunigen. Währenddessen haben sich diese Teile des Universums rasch in einen Cyberspace verwandelt, in dem keine äußere physische Aktivität mehr wahrnehmbar ist; allerdings laufen in der inneren Welt Rechenvorgänge von unvorstellbarem Gehalt ab. Diese reinen Intelligenzen werden nicht mehr durch ihre physischen und geographischen Grenzen bestimmt, sondern sie grenzen ihre Identität durch informelle Austauschprozesse im Cyberspace ab, weiten sie aus und verteidigen die gewonnenen Räume. Die individuellen EXE verbinden sich in energetischen Matrizen miteinander, als geistige Prozesse überwinden sie in Form reiner Software die räumlichen Begrenzungen. Die frühe EXE-Formation grober physischer Verwandlung wurde durch eine raschere Welle von Cybertransformationen abgelöst, bis das Ganze – jenseits der Vorstellbarkeit als eine Form der energetischen Präsenz – schließlich zu einer Geistblase geworden ist, die nahezu mit Lichtgeschwindigkeit expandiert. Der Cyberspace ist das Medium verwandelter EXE, die sich mit einer Freiheit bewegen und entfalten, wie sie materiellen Wesen unmöglich ist. Die Grenzen persönlicher Identitäten sind fließend und letztlich willkürlich, zwischen verschiedenen Regionen bilden sich schwächere und stärkere Wechselbeziehungen oder lösen sich wieder auf. Dank der daraus resultierenden konkurrierenden Vielfalt wird die Entwicklung immer neuer Ideen gefördert. Die Darwinsche Evolution setzt sich als Überlebenskampf der komplexesten und variantenreichsten Ideensysteme fort, während unproduktives Denken nur die Chance hat, in Materialisierungen zu regredieren und auf irgendwelchen zurückgebliebenen Planeten Großinstitutionen ins Leben zu rufen, Ahnenkult, totemistische Systeme oder dogmatische Glaubensgebäude.

Menschen sind auf ihr Körpergefühl angewiesen, um gesund zu bleiben, und in gleicher Weise ist ein transplantierter Geist auf ein überzeugendes sensorisches und motorisches Vorstellungsbild angewiesen, das er von einem Gastkörper oder einer historischen Simulation beziehen kann. Häufig wird der transplantierte menschliche Geist ohne physischen Körper existieren, aber kaum jemals ohne die Illusion, einen solchen zu besitzen. So können die im

Zuge der Cyberspace-Expansion absorbierten Szenarien nicht nur als Ausgangspunkte unzähliger möglicher Zukunftsentwürfe dienen, sondern auch eine unvorstellbar reichhaltige archäologische Sammlung darstellen, aus der sich die Vergangenheit rekonstruieren lässt. Ganze Weltgeschichten, ihr lebendiges und fühlendes Inventar, können wieder zum Leben erwachen, bei Bedarf ist der Cyberspace ein Archiv, das umfassender ist, als alle Geschehnisse in der Zeit – womit sich die Schlussfolgerung anbietet, dass unter bestimmten Bedingungen auch der unerbittliche Determinismus des zeitlichen Ablaufs zu suspendieren sein wird: In der Tiefenstruktur dieses Archivs. So wie es nie nur eine Welt gab, werden nun in den jeweiligen metaphysischen Zentren Rekonstruktionen und Reanimationen auf die jeweiligen Verkörperungen angewiesen sein – und das verbindet diese virtuelle Intelligenz wieder mit ganz konkreten Geschichten in individuellen Biographien.

Die Angewiesenheit auf eine regulierende Körperpräsenz führt zu seltsamen Entwicklungen – alle bekannten Versuche, dem radikalen Nominalismus zu huldigen, endeten im Wahnsinn oder in der Mortifikation. Manche gemäßigten Varianten dieser Geistwesen stabilisierten sich in den Harmonien platonischer Dialoge und machten nach und nach die Erfahrung einer unumkehrbaren Stagnation. Und die vitalsten suchten sich einen sozialen Körper und partizipierten mehr oder weniger an einer kompletten Population. Anfangs sind sie noch als Fleisch gewordenes Wort präsent, die Stimme die aus dem Stein klingt oder in den Wipfeln raunt, das stumme Zwiegespräch in der kreatürlichen Welt. Sie gestalten die Metaphysik junger Völker und ziehen sich aus dem Weltgeschehen Schritt für Schritt zurück, wenn erst einmal ein zivilisatorischer Prozess in Gang gesetzt ist, wirken dann im Verborgenen und durch die Macht von Verkörperungen, bis wieder der Punkt erreicht ist, an dem die technotronischen Möglichkeiten den Zugang zu den Wissensspeichern eröffnen. Die ersten Begegnungen im virtuellen Raum finden in diesen Fällen ohne Blitz und Donner statt – sie sind ein leises Verklingen in der Unendlichkeit des Wissens, ein erst ahnendes und dann immer klarer werdendes Wiedererkennen, eine Selbstbegegnung variantenreicher Gleichheitszeichen. Dann ist auch nicht mehr zu sagen, wer sich in wem wieder erkennt: Eine der Zeit enthobene Geschichte der Zeit in einem evolutionären Geschehen, das ihren Gesetzen folgt oder ein Kind, das seinem eigenen Erzeuger gegenübersteht und nun erkennen kann, dass der nur von seinen Gnaden in der Welt war... Manche schickten Boten als Stellvertreter durchs Universum und es konnte vorkommen, dass sich diese Delegierten auf einem recht hohen energetischen und bionischen Niveau gegenseitig zu bekämpfen und zu eliminieren versuchten, obwohl die an ihnen hängenden Geister im kosmischen Wissensnetz bruchlos ineinander übergingen – es konnte sogar Augenblicke des Erkennens geben – in den Momenten der Vernichtung. Es gab geistige Entitäten, die nach und nach die Spannkraft verloren und zu passiven Suchmaschinen anderer Netzbewohner wurden, und es gab andere, die eine derartige Beschleunigung gewannen, dass ihre Sogwirkung quer durch die Zeitschichtungen zu bemerken war und dann eine Reihe besonnenerer und langsamerer Entitäten auf den Plan rief, die sich zusammentaten, um den Teil des Netzes auszubremsen, der ihrer Beschaulichkeit gefährlich werden konnte.<<

„Und dann habe ich in diesen Zusammenhängen noch einen Abschnitt gefunden, der mir in seiner Unverständlichkeit höchst bedeutsam erscheint, ich weiß ihn nur noch nicht einzuordnen." Mutzlacher scheint ernsthaft um unsere Zusammenarbeit zu buhlen, er hat einen beschwörenden Ton in der Stimme, als er weiter spricht und ich bemühe mich, nicht zu zeigen, wie genau ich bei der Sache bin. Er setzt an genau jenen Datenfeldern an, die ich letzte Nacht versucht habe zu erkunden: „Klossowski hat im Vermittlungsverhältnis zwischen göttlicher, dämonischer und menschlicher Sphäre eine ganz ähnliche Fragestellung. Ausgehend von Augustinus' Befremden, der die Götter der Antike als Götter gelten lassen wollte und mit der christlichen Gottesvorstellung versuchte zu vermitteln. Das höchste Gute – nichts anderes als ein Gott – konnte nicht böse sein, konnte nichts mit der Verkörperung von Leidenschaften zu tun haben und Leidenschaften waren grundsätzlich das Genre des Bösen... In diesen Überlegungen nähert sich Klossowski einer theatralischen Konzeption des Cyberspace – noch dazu liefert er wie nebenbei eine Erklärung, welche Energien tatsächlich notwendig sind, wenn es darum gehen soll, das Mobile des körperlosen Informationsnetzes am Laufen zu halten. Die Fraglichkeit der Matrix, auf die Zizek hingewiesen hat, lautet schließlich, warum dieser Supercomputer menschliche Batterien braucht, warum er nicht mit irgendwelchen einfacheren Akkumulatoren an den nötigen Strom kommen will: Es sind die menschlichen Leidenschaften, auf die er angewiesen ist! Die griechischen Götter sind ihrer Essenz nach identisch, aber der Person nach verschieden und damit sind wir wieder bei der Fraglichkeit, an die Kollege Merk vorhin erinnert hat: Im mentalen Hyperraum gehen Sie bruchlos ineinander über, wie die Universalgeschichte der EXE zeigt – aber der Person nach sind sie unterschieden. Persona ist die Maske, in ihren Masken haben sie, vermittelt durch die Dämonen, teil an den menschlichen Leidenschaften. Das impliziert, dass keines ihrer Abenteuer den anderen verborgen bleiben kann. Diese Gottheit in vielen Personen gibt sich selbst ein ständiges Schauspiel – und wenn sie den Menschen die Krücke der Katharsis an die Hand geben, um mit den Leidenschaften umgehen zu können, lehren sie die Selbstdarstellung und damit Verdopplung in einem Medium. Im Theaterspiel haben die Götter die Menschen gelehrt, sich selbst zu betrachten, so wie die Götter sich selbst in der Einbildungskraft des Menschen betrachten – so wie wir heute wieder den Göttern im Cyberspace begegnen können. Hartmut Böhme hat darauf hingewiesen, dass mit dem Internet all die großen Fragen der Theologie wieder auftauchen, nur sind sie heute keine Frage des Glaubens mehr, sondern solche der Unterhaltung. Die Götter sind unsterblich und ungerührt, die Menschen sind sterblich und Leidenschaften unterworfen: Zur Vermittlung braucht es also Dämonen, die sowohl unsterblich sind, als den Leidenschaften unterworfen – und das sind immer wieder Medien gewesen, potenziert: der Cyberspace. Die Beschäftigung mit Engeln und Schwellenwesen entsprang tatsächlich der Ahnung, dass im Zwischenraum der kommunikativen Kräfte jene Vermittlung zwischen Innen und Außen, männlich und weiblich, Schein und Sein, vermittelt wurde. Über den Umweg jenes Bereichs, der für lange Zeit Angeletik hieß, können die Götter partizipieren, über das Imaginäre ihrer Leidenschaften haben sie sogar Teil am Realen der Muskelinnervation und der körpereigenen Drogen. Der Antrieb sind die Leidenschaften, und in der gespielten und gespiegelten Leidenschaft werden die Götter selbst zu Personifikationen der Leidenschaft. Und in diesen Zusammenhängen habe ich die folgende Textsorte gefunden – ich gehe davon aus, dass sie uns ganz nahe an unsere Fraglichkeiten heran führen würde, wenn wir nur den genauen Kontext ausmachen könnten, in den sie gehört. Aber die Frage, wo das Archiv zu verorten ist, wer ist der Archivar, was wissen wir vom Code, wollen wir noch zurückstellen, bis wir uns das Fragment über das Eschatometer genauer angesehen haben...

Eine Unendlichkeit, die mein Funkwecker auf Sekundenbruchteile reduzieren kann. Die Sicherungssysteme der Konsole mussten für einen Moment ausgesetzt haben und in den Augenblicken des Erlöschens, während schon die letzten Zeichenfolgen über den Bildschirm huschten, schaffte ich es noch, einen kurzen Lexikoneintrag von Hans Moravec und zwei etwas längere Text aus den Kommentaren und Erläuterungen, die in den folgenden Jahrhunderten mit einem anonymen Erlebnisbericht zusammengestellt worden waren, zu kopieren, aber schon beim Überspielen merke ich, dass sich die Texte mischen und tatsächlich nicht mehr auseinander zu halten ist, was ich entziffere und was ich selber hinzugeben muss. Noch dazu fädelt sich ein Kommentar Hartmut Böhmes zu Emanuel Swedenborg Lehre von den Geistwesen und Engeln dazwischen – aber eines ist mir plötzlich klar: Die wesentlichen Einsichten, die grundlegenden Entdeckungen wehen immer aus einer fernen Zukunft heran, weil das Geschehen streng reziprok ist – nur was uns in die Zukunft führen kann, ist für uns auch mit der Anweisung auf Zukunft versehen und weil wir die entscheidenden Geistesblitze nicht aus der Vergangenheit mitbringen können, müssen sie uns entgegenkommen – außer es handelt sich um verpasste Gelegenheiten, um Zeitkapseln, die irgendwann in der Vergangenheit schon einmal als Keime der Zukunft aufgetaucht waren und nun plötzlich durch eine vergleichbare Aufgabenstellung aufgeschlossen werden. Ich wüsste gerne, wer da spricht, ich denke, wir sollten dahinter kommen, wo dieses Wissen zu verorten ist! Tatsächlich ist es ja ein Kommentar zum vorangegangen Text, allerdings aus einer Metaposition, die ich gerne für uns erobert haben würde. Aber das sollten wir noch gemeinsam erreichen!" Mutzlacher brummt selbstgefällig vor sich hin. „Jetzt knacken Sie mir mal diese Fraglichkeit. Denn ich muss ja wohl nicht mehr betonen, dass Sie mit Möglichkeiten der Entwicklung experimentieren, die genau diese Richtung der Evolution nahe legen. Und dann möchte ich mal einen von Ihnen sehen, wenn er dann vor einem solchen Monstrum steht und sich vielleicht sogar noch dafür rechtfertigen soll, ein unvollkommener Schöpfer gewesen zu sein. Oder vor der Entscheidung zu stehen, diese missratene Schöpfung zu verwerfen, auf den nötigen Knopf zu drücken, um einen Prozess in Gang zu setzen, der die Jungfräulichkeit eines neuen Beginnens zum Ziel hat. Falls das dann noch geht! Wenn wir von dem realistischen *Game Over* Kerrs ausgehen, wird der von uns geschaffene digitale Gott keine Geduld mit deinem Schöpfer haben, wir werden auf kein Mitleid und auf keine Pflicht des Geschöpfes gegenüber seinem Schöpfer setzen können – so etwas wie Sohnespflichten gibt es in solchen Zusammenhängen nicht mehr. Dann möchte ich mal sehen, ob Sie den Mumm haben, den Prozess abzustellen und zu sagen: So geht das nicht! Oder ob Sie an ihr Pöstchen denken und dann einfach meinen, irgendwie weiter zu wursteln."

Ich kann ein Grinsen nicht unterdrücken. Den Text habe ich schon einmal bearbeitet. In der Enklave jener Sumpfwelt, in der ich eine meiner letzten Promotions für einen Gentechnik-Konzern gebastelt hatte, bearbeitete der Gendesigner auf einem uralten Wordprozessor eine frühere Version und während ich das Portrait vorbereitete, hatte er immer wieder an Formulierungen gefeilt, Zitate eingeblendet, Wissensweisen gekreuzt – und wenn ich dann während des Interviews hin und wieder eine Pause brauchte, hatte ich mit verschiedenen Zitatbausteinen spielen dürfen, nur zur Entspannung. Nachdem unsere Arbeit abgeschlossen war, machte er eine Lesbarkeitsstatistik und ließ sich die Änderungen dokumentieren: Der Text hatte etwa um ein Drittel zugenommen und war um 78 Prozent unverständlicher geworden.

Mein Leitspruch, da denke ich lieber die Anregung von Albach weiter, würde lauten: Subliminales gegen Sublimiertes! Wenn ich einen Trick verraten müsste, würde ich erklären, dass der Umgang mit einem Übermaß an Wissen, noch dazu unter Stress, die unterschwellige Wahrnehmung ankitzelt – das ist zwar nur die halbe Wahrheit, aber dass ich das unentwegte Lesen als Technik entdeckt hatte, um das Ich auszuleeren wie eine Schüssel mit Spülwasser, musste ich den Leuten nicht verraten. Wie viele Techniken hat es schon gegeben, um den inneren Monolog zu disziplinieren oder um die innere Affenhorde zum Schweigen zu bringen. Aber auf das einfachste, dass die Kanäle einfach überflutet werden mussten, dass alle Tabus überflüssig waren, wenn mit einer Informations- und Reizdichte gearbeitet wurde, die das Ich wegbrannte und von da an zum Appendix machte, waren die anscheinend nicht gekommen. Das Wissen konnte auch eine schnelle Droge werden, es musste nicht in die Beschaulichkeit der Bildungsgüter und Gegenstände der Kontemplation eingesperrt bleiben. Wie viele der Leute mit Gebildeten-Ehrgeiz oder pädagogischem Herkommen denken nicht selbst, sondern meinen, sie müssten ein feststehendes Wissen reproduzieren können und seien dann gewappnet für ein ganzes Leben. Sie lernen, um sich das Lernen möglichst schnell abzugewöhnen, aus diesem Grund sind sie in der Regel nicht in der Lage, das Lernen und die Freude daran, das Lernen des Lernens, zu vermitteln. Dabei ist jeder feste Kanon oder Lehrplan nur eine Vorform des Schwachsinns. Und nur wenn über das verdinglichte Wissen hinausgegangen wird, beginnt das Wissen – wenn du in der Lage bist, alles zu vergessen, was das Denken und Wahrnehmen behindern kann, wenn du in der Lage bist, die Zusammenhänge zu bemerken, die Relationen ins Zentrum zu stellen und die Relate auszublenden. Das ist wichtig, denn nur so ist einem Verblendungszusammenhang beizukommen, der dadurch zustande gekommen ist, dass sich die Simulanten an der Macht darüber einigen konnten, was die anderen für wirklich nehmen sollen. Wer also noch nicht stumpf ist, wer sich nicht längst in der Nachahmung einer Vaterfigur um die Chance betrogen hat, die Bedingungen seines Lebens selbst kennen zu lernen, wird mehr oder weniger schnell auf die Gesetzmäßigkeiten der Wissenschaft des Bewusstseins stoßen. Wir wissen alles, was uns angeht, es ist uns häufig genug nur nicht bewusst! Das ist das Geheimnis, in dem die großen Wahrheiten der Menschheit wurzeln, aus diesem Grund sollen wir uns kein Bildnis machen, die unterschwellige Wahrnehmung würde dadurch gestört und überlagert. Das Sublime ist eine Verzichtleistung, die Aufrichtung eines Götzen der Bedeutung, die darüber hinweg täuschen soll, dass man vom Leben nichts mehr erwartet, weil man nicht in der Lage war, sich auf die Bewegung des Strömens einzulassen. Als ziehe man es vor, Beiträge in eine Lebensversicherung zu zahlen, anstatt das Fitness- und Kampftraining zu durchlaufen, das notwendig ist, um sich für die bemessene

Zeit eines Lebens auch bewähren zu wollen. Die subliminale Wahrnehmung scheint mir der Schlüssel für all jene zu sein, die nicht stumpf geworden sind, sondern die sich nach wie vor auf der Suche befinden. Aber ich behalte auch diesen Gedanken besser für mich, was geht es diese Krüppelzüchter an, am Schluss würden sie doch nur das Gegenteil von dem heraus kitzeln, was mir einmal vorgeschwebt hat. Es gab schon damals Gründe, warum ich als Einserkandidat lieber Botengänge machte oder den Nachtwächter spielte, es gibt noch heute genug Gründe, warum ich versuche, diesen Missgeburten Anzeigen zu verkaufen und keinen Wert darauf lege, geflügelte Worte zu produzieren.

„Nur die Totalseele, nicht die Ratio als Rechenkunst, hat die Gabe, das Äußere so auszulegen, dass es auf ein Inneres hin deutet. Die Seele ist unser holografisches Organ, es hilft also nichts, sie für verflüchtigt zu beklagen. Wir sind noch immer in der Lage, Ganzheiten wahrzunehmen, das beginnt schon bei den harmlosen kleinen täglichen Gestaltwahrnehmungen. Was wollen wir mehr! Wir sollten uns nicht von selbsternannten Kulturkonservativen in die Verzweiflung jagen lassen – nur weil sie blind und taub geworden sind für das reale Geschehen und einer Wirklichkeit nachtrauern, in der die Kenntnis von ein paar tausend Büchern schon die Partizipation an der Macht garantierte. Das ist vorbei und ich würde sagen glücklicherweise – wie ich auch jenem analphabetischen Weltzustand keine Träne nachtrauere, in der Weisheit bedeutete, ein Maximum an Spruchweisheiten reproduzieren zu können. Wenn Sie heute manchen behämmerten Parteiideologen hören, der immer wieder die gleichen Posen und Klischees reproduziert, wird wie von alleine klar, dass diese Form der Verbürgung von Wahrheiten keine Konjunktur mehr hat, dazu ändert sich die Welt zu schnell. Mich wundert auch nicht, dass den großen Parteien die Leute davon laufen, sie haben einfach noch nicht kapiert, dass die Zeit der mündlich vermittelten Beschränkung abgelaufen ist."

Albach beginnt auf einmal rauszulachen, eine so ungezwungene und dahinplätschernde Lache hätte ich ihm nicht zugetraut. Als er sich wieder gefangen hat, wendet er sich Mutzlacher zu: „Was haben Sie an dem Text denn auszusetzen. Mal abgesehen davon, dass er etwas chaotisch aus den abwegigsten Quellen zusammen gestümpert worden ist und sein Erzeuger wohl nicht die Kapazität oder die Lust hatte, Einheitlichkeit und die Widerspruchsfreiheit zu gewährleisten. Das ist doch nur eine Metapher für das Geschehen, das in jedem Kopf ständig stattfindet. Sie können es als Bewusstseinsstrom wieder erkennen oder als Multimind definieren. Was also in Jahrhunderten vielleicht einen Hyperraum des Internet besiedeln können wird, eine Vielzahl von Geistern, die sich zu einem Team zusammenraufen können oder einander lahm legen werden, ist längst im Fortgang der Evolution zu einer Population von verschiedenen spezialisierten Persönlichkeitskernen im jeweiligen Hirn geworden. Wir haben das alles schon und wenn das kommunikative Handeln nach innen und nach Außen ordentlich abgestimmt ist, stellen Sie fest, dass das ein Modell ist, von dem wir nicht befürchten müssen, dass es an ein Scheitern gebunden ist, wenn wir größere Vernetzungen damit speisen. Sicher, das Ganze ist mehr als die Summe seiner Teile und irgendwann wird das Netz eine Form von individuellem Denken und Fühlen ausbilden, die uns bisher unvorstellbar ist. Aber so reduktionistisch die Entwicklung sich bei einem Körperflüchter wie Moravec anhört, kann der Prozess gar nicht ablaufen, wenn wir nur das nötige Maß an Kreativität und Kommunikationsfähigkeit fördern. So, wie die verschiedenen Vorbilder und Lebenssituationen, die verkörperten Sehnsüchte und die vergeblichen Erwartungen, die erfolgsgewohnten Übertretungen und die mit Sanktionen belegten Schwächen, die Augenblicke der Liebe und die Ewigkeiten der Verzweiflung mit den Phasen der alltäglichen Dauer verschmelzen und interagieren können – haben wir an jedem dieser Erfahrungskerne die Möglichkeit, zu modifizieren, zu dosieren, hier ein bisschen hochzudrehen und dort ein bisschen zu schmieren, anzuziehen oder abzutörnen. Was wollen Sie mehr! Das schlechteste wäre, wenn wir nicht wüssten, wo wir anfangen können, wenn es nichts zu packen gebe, wenn uns die Immaterialität der geistigen Vorgänge einfach zwischen den Fingern entglitte. Aber genau das ist nicht der Fall."

„Ist Ihnen eigentlich nie aufgefallen, dass erst mit dem zunehmenden Verfall der menschlichen Kommunikationsfähigkeit die Sprache in den Brennpunkt des epistemologischen Interesses getreten ist?" fragt Mutzlacher. „Und dass die Angeletik genau wie die Engel in der Literatur zu einem Zeitpunkt thematisiert werden, als schon einfache Verständigungsakte einem Maximum an Unwahrscheinlichkeit unterstehen. Der Engel ist tatsächlich doch nur ein Symbol für den Kommunikationsprozess. Dass zwar immer größere Mengen Information in immer kürzerer Zeit ausgetauscht werden können oder müssen, dass es aber immer häufiger an der Zeit, an der Fähigkeit und dem Interesse mangelt, zu verstehen, was die Information bedeutet. Es wird faktisch immer weniger kommuniziert, wenn die Leute daran gewöhnt sind, sich an Erkennungszeichen entlang zu hangeln, wenn sie primitiven Impulsen gehorchen, wenn zwar ein gewaltiger Aufwand getrieben wird, um die Impulse richtig zu modulieren und die Leute dahin zu bringen, wohin man sie haben will. Das ist eine um Gott reduzierte Form der Theologie, mit der es weiterhin um die notwendige Sinnstiftung geht, um aus den Erkennungszeichen Handlungssysteme abzuleiten, die Surrogate von Weltanschauungen sein sollen – obwohl sie nur externalisierte Formen des Denkens sind: Für die Leute wird gedacht! Und zwar auf welch mindem Niveau! Bei Heidegger konnte es einmal heißen: Die Wissenschaft denkt nicht. Und das stimmte, sie ist nur ein umfassendes Informationsarchiv, das sich in Bewegung gesetzt hat. Aber denken müssen jene, die es sich zu eigen machen, die sich darin bewegen wollen, um die weiteren Entwicklungen nicht zu verpassen. Denken müssen diejenigen, die dafür sorgen, dass es in Bewegung bleibt. Das, was einst den Durchgang durch ein Wissenssystem bedeutet hat, um den Prozess der Forschung durch die Fehler und Widersprüche in Bewegung zu halten, gehorchte einmal einer darwinistischen Logik, während es heute künstlich inszeniert wird, um zu verdecken, dass wir es schaffen, unter dem Einfluss einer immer größeren Beschleunigung gar nicht mehr von der Stelle zu kommen.

Die Botschaft und das Verstehen, die reziproke Kommunikation wird schon seit geraumer Zeit mit der Metapher des Engelsboten gekennzeichnet – und ich muss wohl nicht mehr erklären warum. Jetzt frage ich mich allerdings, wem der hier Anwesenden wir das folgende Zitat verdanken. Engel lesen keine Gedichte, sie sind als Boten selbst auf einer Stufe der vergleichbaren Realisierungsdichte anzusiedeln! Mit ihnen verhandelt man nicht über Realitätsstandards, sie sind die Schwellenwesen des Gerichts – sie halten keine Geschichte fest, sondern sind deren instantane erogene Zone. Die Engel formten die Welt aus der Schlacke des Nichts und den Ausweichmanövern der Götter, in jedem Augenblick und mit jedem Schlagen eines Lids wurde dem Nein des Nichts eine kleine Ewigkeit kosmisches Geschehen abgerungen – und auf einmal waren wir an einem Punkt angekommen, an dem wir mit den Beständen rechnen mussten. Ich frage mich, wer in der Lage ist, die ganze Fraglichkeit einer Schule der Liebe derart auf einen Nenner zu bringen! Aber ich sehe schon, da ist kein Erkennungszeichen. Das mag ich so an meinen Kollegen. Es gibt doch wirklich niemanden, der in der Lage ist, zu dem zu stehen, was er an Wahrheiten in die Welt zu setzen in der Lage ist! Wir sind immer noch nicht weiter, die Selbstdementierung ist der Lebensnerv des Bildungsbeamtentums."

Merk müht sich um Gehör: „Aus genau diesem Grund habe ich etwas gegen alle Neuauflagen eines kartesischen Systems einzuwenden, auch das war nur die Kompensation eines paranoiden Autisten: Ich lasse keinen Satz gelten, der auf eine mathematische Gleichung zurückzuführen ist und ich denke auch nicht, dass eine schlichte Psychotisierung der Lernenden auf brauchbare Ergebnisse führt. Ich gehe eher von den Erfahrungen aus, die jene Leute machten, denen es gelang, die angerührte Psychose zu unterlaufen – das ist kein Widerspruch, sondern eine einfache Beschreibung der Gesetzmäßigkeit, die es ermöglicht, ein entdifferenzierendes System systematisch zu entdifferenzieren. Bei Heidegger finden Sie unter dem Topos Gelassenheit auch die Forderung nach der Offenheit für das Geheimnis. Aber was hieß das damals, als die abendländische Geschichte in einer Beschleunigung begriffen war, die nichts mehr lassen konnte und alles zurichten musste. Der ursprüngliche Zugang zur Wahrheit ging verloren! Die Dinge lassen zu können, ist schon im Umfeld der Fähigkeit angesiedelt, sie sein lassen zu können und was gibt es höheres, als eine Wahrheit oder ein Wesen ins Sein zu befördern. Das Sein zulassen zu können, heißt auch, zu horchen, zu erspüren, was an unendlicher Mannigfaltigkeit hinter der Komplexitätsreduktion unserer genormten Erfahrung verborgen ist. Aber dass er im selben Atemzug den Verlust der Verhaftetheit in Volk und Gemeinschaft beklagt, wirkt auf mich fast lächerlich – denn genau da kommt der Imperativ der

Komplexitätsreduktion her. Das dunkle Geraune erledigt sich übrigens am einfachsten, wenn Sie Heidegger in einer englischen Übersetzung lesen, wie einfach und selbstverständlich dann mache Folgerung ist, kann man sich gar nicht vorstellen, wenn man ihn im Original liest. Und das, was durch die Übersetzung bleibt, zeigt zu Genüge, dass wir es mit Einsichten zu tun haben, die ins Herz der Wirklichkeit zielen, also in jenes Magma der Bedeutsamkeit, mit dem wir lernen wollen zu arbeiten. Aber immer wieder staune ich: Wie kann jemand auf die Idee kommen, dass irgendeine Verhaftetheit sein muss, dass es eine Bindung geben muss, die vor unserem Bemühen um Wahrheit angesiedelt ist. Für mich ist eine Wahrheit nur gewiss, wenn sie in Übereinstimmung mit dem Hormonsystem erfahren werden kann. Wahr ist, was in den limbischen Systemen verwurzelt ist, alles andere ist schon später, ist aufgesetzt, von Lüge durchdrungen. Tiere können nicht lügen, das ist die einzige Wahrheit, die zählt. Mit der Sprache kam die Möglichkeit der Lüge in die Welt – aber ein saftendes Körpergeschehen straft jede Lüge mit Kurzatmigkeit: Der Humor zeigt die großen theologischen Wahrheiten vielleicht nur invers, aber er zeigt sie noch immer. Die Lüge durchzuhalten erfordert einen wesentlich größeren Aufwand, aus diesem Grund neigt auch jede Lebenslüge dazu, alle Energie zu absorbieren, bis selbst die einfachsten Vollzüge geschädigt und ausgebremst werden. Der Gestaltpsychologe Weizsäcker hat schon festgehalten: Wenn jemand auf die Frage ‚Was denkst Du' zu antworten beginnt, lügt er, es geht gar nicht anders – sonst müsste er akzeptieren, dass er gedacht wird und dass sich die Fäden und Felder dieses Denkens in Weiten verlieren, die dem eigenen Entscheiden nie zur Hand waren und deswegen auch nicht begriffen werden können."

Bornhard nickt bedächtig und sagt: „Was für die hohe Theorie erst mühsam wieder erobert werden müsste, finden Sie recht gegenwärtig in manchen Produkten der Massenunterhaltung – für Benjamin oder Adorno konnten noch Zirkus oder Jahrmarkt aufgrund ihrer vorkapitalistischen Struktur einen heuristischen Charakter annehmen, für uns sind es heute in umgekehrter Form die großen Multimediaproduktionen. Während damals die Wahrheit an Organisationsformen deutlich wurde, die noch vor der Arbeitsteilung angesiedelt waren, ist es heute gerade die digitale Montagetechnik, die die Wahrheiten aufdeckt, die für den so genannten gesunden Menschenverstand mit einem Tabu belegt sind. Und gerade wenn wir das Verhältnis von Wahrheit und Gerechtigkeit strapazieren und dabei bemerken, dass ihre Herstellung etwas mit dem Verhältnis der Geschlechter zu tun hat, mit der Umleitung der Ströme des Triebgeschehens. Wir haben es in den digitalisierten Comics wieder mit Masken zu tun, die als jeweilige Verkörperungen einer Leidenschaft die Konsequenz darzustellen haben, das Leiden der Vereinzelung und die Selbstdestruktion, die notwendig wird, wenn das ursprüngliche Spiel zwischen den Extremen, dem eine Polaritätsphilosophie Genüge tun würde, reduziert wird auf ein Verhältnis von Herrschaft und Knechtschaft. Die Besessenheit durch eine göttliche Gewalt, ich erinnere noch einmal an Klossowski, ist hier keine einseitige Charakterdeformation, die durch die Entfremdung einer arbeitsteiligen Gesellschaft bedingt wird, sondern die Ausschließlichkeit einer Leidenschaft und die damit verbundenen tödlichen Konsequenzen. Wir haben es nur mit Knechten zu tun, die sich für Herren halten, wenn sie ihrer Leidenschaft folgen und das zeigt aber auch, welches Korrektiv sie erwarten können, wenn die Kräfte zu spielen beginnen, die innerhalb der Entität des Paares freigesetzt werden. Schon häufiger wurde vermutet, dass der mythische Fundus der alten Tragödie im Kampf zwischen Männermacht und Frauenmacht zu finden ist und nur selten ist jemand auf die Idee gekommen, die verwehten Spuren und den Nachklang eines ursprünglichen Zeitalters in den Tragödien zu suchen, in dem die ursprüngliche Subsistenzeinheit noch das Paar war. Auf einen Nenner gebracht heißt das, dass das Spiel nur funktionieren darf, wenn das Paar nicht auf die Idee kommt, wenn es keine Gelegenheit bekommt, die zwischen beiden spielenden Energien für sich zu verwenden – und wie kontraproduktiv ist das tatsächlich. Wie viele Energien könnten wir freisetzen, wenn wie nicht immer wieder neu an diesem zwangskranken Unternehmen der Trockenlegung des Zuidersees beteiligt wären. Die Beschäftigung mit dem Film *Matrix* wäre so ein heuristisches Tor – das sollte uns an anderer Stelle noch einmal wichtig werden. Ich denke gerade an *Dare Devil* und darf aus einem Handout unseres Kollegen zusammenfassen.“

Mutzlacher unterbricht: „Ich denke, wir sollten uns erst einmal die wesentlichen Voraussetzungen des Tragischen bewusst machen. Hier wird mir zu viel im Nebel gestochert, manchmal gibt es interessante Andeutungen, manchmal habe ich sogar das Gefühl, das liegt genau auf meiner Wellenlänge, und dann verliert sich alles wieder in Vagheiten und schwülstigen Andeutungen. Wenn das, was Bateson den Double bind nennt, vielleicht kein individuelles Problem ist, sondern wenn es vielleicht schon die Konstituenten des Göttlichen ausmacht, haben sich viele Ihrer Ansätze einfach in Nichts aufgelöst – und Sie finden schon in Rudolf Ottos *Das Heilige* eine Spur, dass die ursprünglichen Gottheiten als ambivalent bis böse erfahren worden sein mussten. Einen Rest davon gibt es sogar noch in Goethes Kennzeichnung des Dämonischen, nicht bösartig aber schalkhaft, widersprüchlich und launisch – genau so präsentieren uns die Ethnologen den Trickster. Selbst die ursprüngliche Definition des Tragischen liefert mir schon mehr, als Sie bisher bieten konnten. Das ist mir zu wenig! Wenn ich bei diesem Experiment mitmachen soll, dann mit der Erwartung, dass es von Erfolg gekrönt zu sein hat. Es reicht einfach nicht, wenn verbalerotische Anspielungen die Fraglichkeiten zu überdecken haben, wenn immer dann, wenn es darum gehen könnte, über die Barrieren der normalen Denkbehinderungen hinauszukommen, nur pornographische Versatzstücke geliefert werden.

Ich darf, weil das die Seinsebene ist, mit der es wir zu tun haben, darüber besteht ja zumindest schon eine gewisse Einigkeit, zusammenfassen, was Schadewaldt im letzten Jahrhundert unter den geistigen Nachwirkungen des Nationalsozialismus und der Erfahrung zweier Weltkriege festgestellt hat: *Fragen wir noch, wie sich nach allem der Begriff und das Wesen des Tragischen neu darstellt, so ist wohl klar, dass wir jene Vorstellung von tragischem Konflikt in der lediglich menschlichen moralischen Sphäre nun hinter uns gelassen haben. Auf einem Konflikt beruht irgendwie das Tragische, einem in Zeit und Welt nicht ausgleichbaren Gegensatz. Aber dieser Gegensatz ist in der großen Tragödie der Gegensatz überpersönlicher heteronomer Mächte. Er beruht in seiner Tiefe auf der inneren Entzweiung des Wirklichen selbst, beruht auf dem Geheimnisvollen: Deus contra Deum. Was dieser Konflikt, wenn der Mensch an ihm zerbricht, sicht-*

bar macht, das ist der unerbittliche Ernst des Wirklichen. Und was die Tragödie im ganzen vor Augen führt, ist die Wirklichkeit des Wirklichen in ihrer Härte und wohl auch grausamen Dämonie, aber umgrenzt vom Horizont des bleibenden Göttlichen, so wie Sophokles wieder es unbeschreiblich einfach am Ende seines Trachinierinnen-Dramas ausgesagt hat: Und in alledem ist nichts, was nicht Zeus ist.

... Beachten Sie, dass der Konflikt nicht, wie das noch von Hegel und in seiner Nachfolge geschehen ist, als dadurch entstanden gedacht wird, dass die Imperative zweier Lebensbereiche, etwa Gemeinschaft und Gesellschaft oder Familie und Staat, mit gleichem Recht aufeinander stoßen und der Protagonist dazwischen zerrieben wird. Der Konflikt wird hier sehr viel tiefer gelegt, er sitzt schon an den biologischen Fundamenten, an den Quellen des Lebendigen: Die Wirklichkeit ist die Wirklichkeit des Widerspruchs selbst. Das stahlharte Korsett der Moderne hatte eben nicht gehalten, die Leute waren wieder am amorphen Zerfließen ihrer Wirklichkeit angekommen, das die bürgerliche Menschenzurichtung seit Jahrhunderten nur verleugnet, aber niemals wirklich in Schach gehalten hatte. Der letzte große Versuch, und da gebe ich Durrell Recht, die Psychose in Schach zu halten, war jenes Avingnon-Projekt: der Machtpoker konkurrierende Päpste, mit dem die Zerrissenheit der Moderne eingeläutet wurde. Und erst nach dem zweiten Weltkrieg, der glücklicherweise verloren wurde, konnte es bei Schadewaldt heißen: *Die bürgerliche Illusion einer gesicherten Welt, die uns umgab, ist zerrissen, und wir wissen, dass der Mensch nicht der ist, als den man ihn sich vorgestellt hatte, sondern ein in jeder Beziehung amphibolisches Wesen.* Und in diesem Zusammenhang taucht auch eine Einsicht in die veränderten Voraussetzungen der Kunst und damit der gesamten Weltbetrachtung auf – nicht nur, dass in der Literatur, der Musik und den darstellenden Künsten jene Schemata entstehen, die jeweils mit einer gewissen Verspätung zu Formen der Selbstdefinition gerinnen. Nachdem das Ich für die hohe Theorie nicht mehr zu retten war und der bürgerliche Charakter mit einer sich wandelnden Wirklichkeit nicht Schritt halten konnte und als Simulation durchschaubar wurde. Nachdem die Flucht in einen neuen Heroismus oder den Opferkult des totalitären Staates an den Grenzen des Menschlichen die alten mythischen Energien virulent werden ließ. Bereits auf Seite 14 spricht er von einem *realen Symbolismus*, der seitdem äußerst wirksam ist und es wundert nicht, dass die urwüchsige Form wieder zum Vorschein kommt, nachdem nicht nur die Fassade der bürgerlichen Welt abgebröckelt ist, sondern auch das im Mittelalter gesetzte Fundament geborsten ist. Das ist für mein Gefühl die richtige Argumentation, wenn ich mich den Quellen des Rechts, der Wahrheit und der Schönheit zuwende; irgendwelcher dekonstruktivistischer Firlefanz kann es nicht sein. Wir stürzen an dieser Stelle eben nicht in die Beliebigkeit ab, sondern wir nähern uns der Sphäre einer anderen Form von Bindung, mit allen Folgen für eine neue Konzeption der Liebe. Sie werden einige Ihrer Abschweifungen zum Thema Symbol wieder entdecken – quasi am Kulminationspunkt einer neuen Sprossung. So heißt es ganz treffend: *Ich meine, dass wir in unserer Kunst- wie Weltbetrachtung wieder in neuer Weise die Realität der Symbole und den Symbolcharakter der Realität erkennen, sei es auch mehr in der suchenden Bedürftigkeit als im Gefühl eines sicheren Aufgehobenseins. Die Realität der Symbole und den Symbolcharakter der Realität erkennen, ist vielleicht aber nur ein anderes Wort für – Religion. Das Kultische beruht darauf, und so mag es am Ende wohl nahe liegen, dass uns die antike Tragödie und vielleicht die Tragödie überhaupt in ihrer symbolischen Realität als das kultische Spiel von der Wirklichkeit des Göttlichen in der Welt erscheinen muss.*

Wichtig scheint mir an dieser Darstellung, dass Aristoteles die Dichtung als eine umfassende natürliche Erscheinung des Lebens, als elementare, natürlich-geistige Potenz der Lebendigkeit betrachtet hat. Denn damit sind wir bei jenen Einsichten, mit denen später gefolgert werden konnte, sei es bei einigen Humanisten, sei es mit dem ersten Systemprogramm des Deutschen Idealismus oder mit der Forderung nach einer Neuen Mythologie bei den Frühromantikern: Dass die Metapher der Ursprung der Weisheit und Philosophie sei, dass die eigentlich Aufgabe die der Interpretation und Übersetzung ist, weil die Welt voll von Göttern ist. *Kunst und Dichtung >dienen< nicht zu irgendetwas. Sie sind, ereignen sich, geschehen: nicht, im Sinne des l'art pour l'art, sich isolierend, sondern als umgreifendste Lebensmächte. Als eine solche Lebensmacht ist die Tragödie in ihrem Ur-*

sprungsbereich, dem Kult, hervorgetreten. Auch Kult hat nicht zu bessern, zu erziehen, moralisch zu wirken und zu läutern. Er geschieht und wird vollzogen und macht auf diese Weise etwas (das nicht näher beschrieben zu werden braucht) in das Leben der Menschen hinein offenbar. Als Kultspiel, das jede echte Tragödie ist, hat auch sie nichts zu bessern, zu läutern, zu erziehen. Ich sehe hier die Chance, dass wir wieder die Möglichkeit haben, eine Wirklichkeit aus einem Guss hinzubekommen!"

„Bedenken Sie den zeitgeschichtlichen Standindex", wirft Albach ein: „Mit ist klar, worauf Sie setzen, aber das ist mit der nötigen pädagogischen Umsicht in Angriff zu nehmen. Ich darf auch an Collis Ursprung der Weisheit erinnern – gegen die Erfahrung der Psychose die richtigen Worte zu prägen und die entscheidenden Rätsel zu lösen, was aber auch heißt, die virulenten Kräfte verwendbar zu machen. Tatsächlich geht es Schadewaldt darum, gegen die Erfahrung der Sinnlosigkeit zweier Weltkriege an einem semantischen Fundament anzuknüpfen, das auch die gesteuerten Massenbewegungen der Nazis und der pervertierte Enthusiasmus nicht in Frage stellen können, wenn man nur in der Lage ist, sich darauf einzulassen. Diese verführten großen Erwartungen und missbrauchten Begeisterungen können nämlich gar kein Argument dagegen liefern – sie siedeln schließlich nur auf der Ebene der Surrogate. Aber genau das ist die Gefahr, mit der uns der Nationalsozialismus noch ein zweites Mal korrumpieren kann, indem er uns den Mut zur Begeisterung nimmt, indem er dafür sorgt, dass die Kraft und die Begeisterung mit einem Tabu belegt werden!"

„Ich sehe, Sie haben kapiert, worauf es ankommt", nickt Mutzlacher und sonnt sich selbstgefällig im Lichte des Erfolgs, einen anderen loben zu können: „Und das ist nicht alles, wir können den Nihilismus und die Gottferne dieses Zeitalters zu den Akten legen. Das war nicht mehr, als ein menschheitsgeschichtlicher Irrtum – und dabei sind die Zugänge zur Wahrheit nicht einmal verschwunden, sie wurden nur durch die Surrogate verstellt. Also hören Sie weiter: *Es geht darum, dass auch die Tragödie geschieht, in das Leben der Menschen hinein geschieht und etwas in dieses Leben hinein offenbar macht (was man zu eng als >lehren> missversteht). Die Tragödie führt den von Le-*

benszwecken und Konventionen eingehegten Menschen an die Wahrheit des Wirklichen heran, die Tragödie erschüttert. Und indem sie mit der Urlust am Schrecklichen, das das Antlitz jener Wahrheit ist, und der Lust an der Klage schließlich auf die kathartische Lust der erleichternden Befreiung hinausgelangt, führt sie, mit ihrem Wesen ganz anderswohin gerichtet, um so mehr die Möglichkeit mit sich, dass sie dann und wann mit ihren Erschütterungen den Kern eines Menschen trifft, der aus diesem Angefasstsein von der Wahrheit des Wirklichen in der Folge, vielleicht, verändert hervorgeht. ... Sie weisen, wie wir sahen, einerseits in den elementaren Vitalgrund der Menschennatur hinab, und sie sind eben darum andererseits den größten >Realitäten< des Geschehens zugeordnet. Lesen Sie das bitte auf Seite 58 nach.

Ich muss wohl nicht noch unterstreichen, dass dieser Vorgang mit dem kurzatmigen delectare et prodesse der Aufklärung nicht viel zu tun hat. Vermutlich ist das gestische Zitieren von Brechts *Epischem Theater* noch näher an der Wirklichkeit der Tragödie als Lessings *Furcht und Mitleid*. Es ist die Metapher und ihre Übersetzung, in der das Göttliche in der Welt erscheint – und in der heutigen Welt lautet die Metapher Supermann oder Dare Devil, und die Übersetzung geschieht in einem Medium, das wesentlich wirklichkeitsmächtiger ist, als es einmal die Erzählung oder das Drama waren. Das ist übrigens auch der Hintergrund, warum wir uns heute in Bezug auf die von den Medien überformte Lebenswelt in einer ganz ähnlichen Situation befinden, wie ein Schadewaldt im Nachkriegsdeutschland gegenüber den pervertierten und um ihren Wert gebrachten Traditionen, auf die sich die Geisteswissenschaften wieder beziehen wollten. Wobei wir auf jeden Fall auf die Funktion des Namens achten sollten, denn im Namen ist nach Benjamin, der auf hermetische Traditionen zurückgreift, die in der Renaissance an Einfluss gewannen und über Herder und Hamann bis in die Romantik reichen, ein Rest jener schöpferischen Sprache aufbewahrt, die einst in der klassischen Tragödie wirklichkeitsmächtig wurde."

„Ok, mit dieser Erklärung haben Sie mir wie nebenbei eine Lösung geliefert." Albach hat die Hände über der Brust gekreuzt und deutet eine leichte Verbeugung an. Anscheinend braucht er immer irgendwelche Ritualisierungen, um halbwegs klar sprechen zu können; als Karikatur eines asiatischen Asketen artikuliert er, als habe er nie irgendwelche Probleme gekannt, als müsse er nur langsam und bedächtig dem Rhythmus seines Gedankens folgen: „Ich habe mich immer gefragt, warum die redenden Namen mit dem Beginn des 19. Jahrhunderts obsolet geworden sind. Bis dahin gehörte es zum Lesegenuss, dass uns der Name immer schon einiges über den Charakter oder den Lebensgang des Protagonisten verriet, oft auch schon Teile der Erzählung oder Anlässe der Motivation ersetzte. Jetzt ist mir klar geworden, dass diese Form der Darstellung zu viel von den mythischen Gewalten im Untergrund verraten oder freigesetzt hätte – und der Herrschaft des unteilbaren Ich und einer bürgerlichen Selbststilisierung, die gar nicht als Schauspiel erkannt werden durfte, musste alles aus der hohen Kultur verbannt werden, was vielleicht nahegelegt hätte, die Verkleidungen vor der Lächerlichkeit solcher Fundamente für Augenblicke wegzunehmen!"

Bornhard lacht kurz raus: „Da sind wir unserem Ziel ja gemeinsam etwas näher gekommen – wobei sicher eine unterirdische Verbindung zwischen dieser Konzeption der Metapher und der Erotischen Theorie eines Franz von Baader auszumachen ist. Ich darf vielleicht daran auch erinnern, dass Manfred Schneider in der immer noch lesenswerten Untersuchung *Liebe und Betrug* auf ein ganz leicht nachvollziehbares Fundament dieser Sprachtheorie des Namens hingewiesen hat: Die Prominentengeilheit. Ein Name, der mit den und den großen Taten oder Erfolgen aufgeladen ist, setzt wie von alleine das hormonelle Geschehen in Gang... Aber ich darf sogar noch einen Schritt weiter gehen: Bei Lacan heißt es in den verschiedensten Zusammenhängen, der weibliche Genuss beruhe auf den Namen, also auf der Erwartung und der imaginären Aufladung des Symbols. Beim späten Lacan wird das weibliche Begehren mit der Erfahrung Gottes gleichgesetzt – ich will Sie jetzt nicht mit den typischen Zitaten nerven, die Sie alle kennen –, mir ist nur wichtig, dass Sie die Querverbindung sehen. Wenn der symbolisch verortete Name sich mit den Verweisungsbezügen auflädt, sind wir ohne große Umwege an der Erfahrung des Göttlichen angelangt. Ich denke, da erwarten uns noch ganz interessante Abschweifungen mit denen die Poesie als Muttersprache der Menschheit über die Musikalität der ursprünglichen Sozialisationsbezüge auf die biblische Form des Erkennens zurück bezogen wird. Wir sollten nur nicht den Fehler Heideggers wiederholen, der sich auf die Sprachtheorie Hamanns stützte und zugleich versuchte, das Geschichtsverständnis Vicos zu verdrängen! Aber hören Sie kurz die Thesen zum Film, dann können wir einige weitere Differenzierungen vornehmen. Hartmut Böhme hat einmal auf den Nenner gebracht, was diese multimediale Darstellung für unsere Wahrnehmungswelt bedeutet und wir sind damit zugleich bei den verregneten grünen Matrizen, mit denen der Film *Matrix* beginnt und in dem suggeriert wird, dass gewisse Spezialisten in den Zahlenkolonnen die alltägliche Wirklichkeit sehen können: Eingelöst ist längst, was Platon als Metaphysik nur behaupten konnte: das Wesen der Welt, ihre rationale Struktur besteht in Zahlenverhältnissen. Was wir aber sehen, ist *doxa*, trügende Erscheinung des Vielen und Heterogenen, das über die Wahrheit der Dinge keine Auskunft gibt. Denn Wahrheit ist ein Identisches und Homogenes, dasjenige, was seinem Wesen nach gleich bleibt und zugleich jede Materialisation determiniert. Und eben dies wird, jenseits aller Metaphysik, in der gegenwärtigen dritten industriellen Revolution zur Wirklichkeit. Alles, war wir mit Sinnen und organischer Intelligenz erfahren können, verkennt die wesentliche Identität des Verschiedenen auf der Ebene der immateriellen Zeichenoperationen. Längst ist jede Fabrik zur Höhle Platons geworden, jeder Rechner zur Sonne, von der aus in der Höhle jene Schatten erzeugt werden, die den armen Sinnen als Wirklichkeit erscheinen. Und das sind keine der Literatur oder dem Film abgelauschte Spekulationen, sondern es ist die heute schon ganz reale Anforderung in bestimmten Arbeitsumgebungen, von der es an anderer Stelle etwas später heißt: Offensichtlich ist ein zunehmender Bevölkerungsteil bei uns freiwillig oder gezwungen bereit, sich tagtäglich durchgreifenden Strategien der Depersonalisation zu unterwerfen. Wie, mag man sich fragen, ist der Übergang möglich von diesen Augen, die Datenlese-Instrumente sind, zu den Augen, die in Liebe und Zorn "Fenster der Seele" waren, wie es früher einmal hieß? Gibt es für diese Hände in den transparenten Schutzhandschuhen noch die Metamorphose ins wütende Ballen oder zarte Streicheln? – Gewiss, die Hände und Augen hier müssen ein Höchstmaß von Konzentration und feiner Reaktion aufbringen. Aber ist mit diesen Begriffen noch das gemeint, was wir uns sonst, in der

Welt der Menschen, darunter vorstellen? Oder sind Sensibilität, konzentrierte Ruhe, fein abgestimmtes Bewegen nicht zu Mustern geworden, die Komplemente der Maschine sind, bis ins letzte von dieser geprägt, in Form und Inhalt? Es ist diese Erfahrung, der wir ausgeliefert sind, die eine ganz spezielle Sozialisationsanforderung stellt, die uns nötigt, den Anforderungen der Maschine entsprechend zu reagieren und die uns zu einem Anhängsel macht. Wir haben hier vermutlich die nächste Stufe der nüchternen Erwachsenheit vor uns. Eine Depersonalisation, die uns auch von unseren Defekten befreien kann, die, wie wir gelesen haben, auch dazu taugen kann, einem Zwanzigjährigen unter den extremen Temperaturen und Geräuschen einer Zentralsterilisation in einem Krankenhauses die Disziplin beizubringen, die notwendig ist, seine maroden Familienbedingungen hinter sich zu lassen und den einer narzisstischen Störung verdankten Drogenkonsum unter Kontrolle zu bringen. Ich glaube unserem Kollegen nicht, dass er im Bett resozialisiert worden ist – das mag eine wichtige Rolle gespielt haben, um körpereigene Drogen gegen die verschiedenen Süchte stark zu machen –, aber ich gehe davon aus, dass es tatsächlich die am Fließband und in der Zentralsterilisation notwendige Disziplin ausgemacht hat. Die Maschine ist die umfassendste Sozialisationsapparatur geworden – der Mensch, den sie fordert und modelliert, wird in Spiderman oder Batman, in Dare Devil oder Johnny Mnemotik als spezifischer Entwurf vorgestellt und zur Nachahmung empfohlen. Das mag für uns absurd erscheinen, allerdings nicht absurder, als ein Arbeitsplatz in der Chipherstellung oder der Genforschung – während die heute Heranwachsenden für den identifikatorischen Rahmen schon alles mitgeliefert bekommen, um später einmal in solchen Zusammenhängen auch funktionieren zu können. Diese Filme sind Sozialisationsagenturen unserer gemeinsamen Zukunft, wir sollten ihre heuristische Kraft nicht unterschätzen."

Die blinde Justitia oder der blinde Teufelskerl? Die Gerechtigkeit ist blind, weil sie von den Beziehungen abstrahiert, die Reduktion auf die Tat und die Bestrafung der Übertretung eines Gesetzes werden erst durch diese Abstraktionsleistung möglich. Doch das Recht ist nicht die Rache – es mag vielleicht einmal aus ihr hervorgegangen sein, aber das Recht untersteht nicht mehr dem mimetischen Taumel, der die Virulenzen anheizt. In diesem Fall ist der Rächer blind und im Hauptberuf Anwalt, er ist der subliminale Held, dem die anderen Wahrnehmungsweisen in mikroskopischer Auflösung oder vielfacher Verstärkung zur Verfügung stehen. Aus diesem Grund braucht er zur Regeneration einen Isolationstank und ist nicht in der Lage, eine durchschnittliche Beziehung durchzustehen. Die alltägliche Geräuschkulisse liefert ein Bombardement an Reizen und kann ihn im Extremfall handlungsunfähig machen. Aber auch hier gibt es noch einen Subtext, wenn Sie daran denken, was Lilly über die Erfahrungen im Tank erarbeitet hat. Nicht nur die Außenreize fallen weg, es fallen auch die durch die Physis bedingten Beschränkungen und die durch die sozialen Kontakte notwendigen Kompromisse weg, bei richtiger Anleitung verflüchtigt sich die gesamte Komplexitätsreduktion. Der Tank kann bis zu einer Ebene der Selbsterfahrung des Göttlichen führen.

Erblindet ist er, weil er vor der Tatsache fliehen wollte, dass sein Vater in das Unrecht von Erpressung und Gewalt verstrickt ist – und diese Blindheit macht ihn nun sehend für all die Verbrechen der Gesellschaft, auf deren Werte er sich als Anwalt beruft – um zu erfahren, dass das eine nicht ohne das andere zu haben ist. Rächer wird er, weil sein Vater als alter Boxer noch einmal ins Geschäft kommt und dann, zu dem Zeitpunkt, als von ihm eine Niederlage für die Wettmafia erwartet wird, seinem blinden Sohn auf dessen Zurufe diesen Sieg widmet – damit aber auf die Abschussliste kommt und liquidiert wird. So wird der Sohn zum melancholischen Killer: Ich bin nicht böse! Aber ich bin involviert – er ist in ähnlicher Weise am Bösen in der Welt beteiligt, wie der Priester, auf dessen Absolution er hofft. Er ist die bedeutungstragende Spielfigur, ohne die die Regeln des Spiels ganz anders lauten würden, wenn es überhaupt noch funktionieren würde. Hier wäre ein Exkurs über Girard ganz nützlich, der zeigt, dass die auf der Rache beruhende Konzeption des Rechts den mimetischen Taumel ankurbelt und ihm immer wieder unterworfen ist, wenn die Gewalt dann eskaliert.

Elektra – Orest: Das klassische Thema der Blutrache – für den gemeuchelten Vater – und des Muttermords, weil die Mutter für diesen Tod verantwortlich war. Zizek hat auf die mythologischen Ursprünge des Hamletthemas hingewiesen, das noch vor jene Zeit zurückreicht, in der Ödipus den Bann der Sphinx löst – sprich: die Niederlage des Matriarchats besiegelt und das in den Mythen vieler Völker eine Ausprägung gefunden hat, die bei den Griechen in der Orestie gipfelt. (Wir sollten zu diesem Zweck noch einmal Euripides und Sophokles lesen.) Elektra treibt Orest zum Muttermord an – das ist die Schwester und einigen engagierten Analytikerinnen verdanken wir den Hinweis, dass es nichts gibt, das so tief verankert ist, wie die Rivalität zwischen Mutter und Tochter, dass es die größte Aufgabe im Leben einer Frau ist, sich aus dem mütterlichen Schatten zu lösen. Vielleicht war der magisch-mimetische Zwang ursprünglich wirklich nur durch den Muttermord zu brechen – kennzeichnend ist, dass dieser in den Theorien der letzten Jahrzehnte immer am Sohn festgemacht wird, während die alte Tragödie zeigt, dass diese Emanzipation von der Tochter ausgeht.

Die Mutter ist für Dare Devil die Gesellschaft des Verbrechens: lauter Männer angeführt von einem unförmigen Klops mit auffällig weiblichen Rundungen. Es gibt hier einige verschobene Symmetrien: Elektra und Dare Devil werden in Situationen vorgeführt, wo der/die eine geht und die/den andere/n zurücklässt; beide wollen ihre Identität nicht preisgeben, sie anfangs nicht den Namen, er bis zum Show down das Gesicht hinter der Maske; es finden sich Parallelen bei der Ausarbeitung der Kampftechniken und in der Rolle des Rächers – das sollten wir noch mal genauer ansehen. Fakt ist, dass sie stirbt und er überlebt – und zwar als systemstabilisierende Funktion!

Als Verweisungszusammenhang liefert der Name Elektra diesen Hintergrund. Sie will den Tod Ihres Vaters rächen und hält Dare Devil für den Mörder. Er will den Tod seines Vaters rächen und hat sich in ein Beziehungsgefüge verstrickt, das dem Killer Ihres Vaters seine Waffe lieferte. Der Knackpunkt illustriert Lacans Theorem: Es gebe kein Verhältnis der Geschlechter. Es gibt nur verschiedene Verhältnisse zum Phallus, der in diesem, aber nicht nur in diesem Fall, die Waffe ist. Die Rache ist wichtiger als eine gemeinsame Nacht. Fällt der Geschlechtsverkehr aus, er könnte dieses Nicht-Verhältnis immerhin in wechselweisen Substitutionen kompensieren, ist die Frau mehr oder weniger schnell tot. Und damit bleibt ein Wechselverhältnis aus verstümmeltem Mann und verselbständigter Körperprothese. Elektra war mit ihren Kampfkünsten Dare Devil überlegen gewesen, eingedenk des Missverhältnisses, dass er sie nicht verletzen will, während sie nicht weiß, wer tatsächlich hinter seiner Maske steckt und ihn als Mörder ihres Vaters vernichten muss. Damit hat sie – wie das häufig so geschieht, wenn sich eine phallische Frau in einer Ehe stabilisiert, die ihr nur möglich gewesen ist, weil sie für einen die Signale gesetzt hat, von dem sie im Vornherein annehmen konnte, dass sie ihm überlegen sein würde und den sie häufig genug, gerade wenn er sich um ihrer Anerkennung willen zu Großtaten gezwungen hat, noch hinterrücks durch Missachtung sodomisiert – ihren einzigen Delegierten erledigt, mit dem Erfolg, dass sie nun von dem psychopathischen Killer erledigt wird.

Das Ende zeigt: Es kann so weitergehen, als Spiel von Charaktermasken, die erst aufgrund des Todes der Frau in ihren Rollenanweisungen sistiert werden. Der bandagierte Killer, der schon wieder Fliegen aufspießt, der Enthüllungsjournalist, der darauf verzichtet, die Identität Dare Devils preiszugeben und seine Story löscht, der verstümmelte Rächer, dem nichts anderes mehr bleibt, als den melancholischen Henker zu spielen. Natürlich können Sie sagen, das ist nur Kitsch – aber der Kitsch und die Massenunterhaltung haben heute keine andere Funktion, als in der Antike die Tragödie. Sie haben uns die Mächte vor Augen zu führen, die über uns herrschen und sie dürfen das in einer Weise tun, dass wir nicht wirklich daran glauben müssen, aber doch genug von der Wahrheit mitbekommen, um für einen Augenblick des Schauderns daraus zu lernen oder zu gesunden, ohne die notwendigen Konsequenzen zu ziehen. Tatsächlich erfahren wir oft erst an der Grenze der Verzweiflung, was es mit den seltenen Sonderbegabungen des Menschen auf sich hat. Weil uns diese aber glücklicherweise nur selten zuteil wird, müssen sie in den Zusammenhängen des suspendierten Realitätsprinzips und im Medium des Unernstes aufgesucht und zugleich ertragbar gemacht werden.

„Der Film entlastet von den Zwängen der alltäglichen Rollenkonzeption und er liefert ein vereinfachtes und von der Komplexitätsreduktion verzerrtes Realitätsprinzip – und er stellt zugleich eine neue Komplexität zur Debatte, die die der ausgedörrten Handlungsabläufe bei weitem übersteigt. Und er zieht schon auf der technischen Ebene alle Register, um das Geschehen den Kräften der Traumarbeit auszuliefern. Es ist nicht nur die Realisierung eines Ortes für den Tagtraum, es ist auch die zeitliche Einheit der Inszenierung einer Kunstwelt. Wir haben also beides", erklärt Bornhard. „Zum einen eine Wirklichkeit, die nur so aussehen soll, als habe sie etwas mit unserer Realität zu tun und zum anderen einen fiktiven Rahmen, in dem vom unverbindlichen Spiel bis zum ultimativen Terror alles in Bewegung gesetzt werden kann, um sich über die tagtäglichen Zwänge erheben zu können, indem die ihnen zugrunde liegenden geheimen Gesetzmäßigkeiten durchschaubar werden. Und damit in der Imagination des Zuschauers handhabbar, er wird in seinen Wunscherfüllungen selbst zum jeweiligen Gott des Geschehens. Und ich darf noch einmal auf Böhme zurückkommen, er zeigt auch, wo dieser Imperativ herkommt, er macht nachvollziehbar, warum dem Konsumenten auf einmal die subliminale Wahrnehmung als Non-Plus-Ultra der Sozialisation erfahrbar wird – auch der Film *Spiderman* führt nichts anderes vor: Wie notwendig wir schon an der Schwelle stehen, in der den Heranwachsenden beigebracht werden muss, mit den Reizen und Impulsen umzugehen, die tatsächlich unterhalb der Wahrnehmungsschwelle liegen. Und wir haben dafür schon ein Schema, das Baudelaires Korrespondenzen oder Prousts unwillkürliche Erinnerung, Freuds freie Assoziation, Durrells heraldische Wirklichkeitsauffassung oder Lacans Netz des Signifikanten zusammenfasst. Dass ein Mensch in die Lage versetzt wird, zu wissen, was er eigentlich nicht wahrnehmen kann, ist die Prämie, die diese Filme verheißen. Sie mag ihren Preis haben, der Beziehungsunfähigkeit und rastlose Verstrickung bedeutet, aber sie ist unabdingbar, wenn der Mensch sich in der fremd gewordenen Welt der Maschine weiter behaupten will. Die lange Tradition des Körperausschaltungsprinzips ist nun keine Sache der Disziplin und Askese mehr, er ist kein spirituelles Konzept, das sich einer extrem durchgehaltenen Abstraktion und Generalisierung verdankt, sondern es ist tatsächlich eine neue Dimension der Erfahrung entstanden, in der der Körper nur noch als Störquelle und Schmutz erscheint: Er wird in den Räumen der High-Tech neutralisiert. Und in der Folge unterstehen die Wahrnehmung und das Denken einer ganz neuen Realitätsanforderung und werden für eine andere Dimension fit gemacht. Bei Böhme heißt das, kurz auf einen Nenner gebracht: Nicht der Mensch muss vor den Maschinen, die Maschinen müssen vor den Menschen geschützt werden. Denn der Mensch ist: Schmutz. ... Das Organische muss minimiert und als Gefahrenquelle ausgeschaltet werden. Dazu bedarf es totaler Kontrollmechanismen, welche die Maschinen *vor den Menschen* schützen. Nicht vor ihrem Widerstand und ihrer Subversivität (das war die klassische Angst des Unternehmers bei der Ersten industriellen Revolution), sondern vor dem biologischen Substrat der Menschen muss die High-Tech-Industrie abgeschirmt werden. ... Hat er den rituellen Ausschluss seines Leibes durchlaufen, bleiben drei biologisch fundierte Vermögen übrig, die, technomorph umgeformt, in dieser Welt noch wirksam werden dürfen: das ist die formal-operative Intelligenz des Gehirns sowie die Augen und die Hände als Interface zwischen Maschine und Gehirn. Das halte ich für entscheidend, denn hier setzt auch unsere Anstrengung an. Für den Aufenthalt im Cyberspace müssen wir die Sinnensysteme derart trainieren, dass sie über befriedigende Erfahrungen an den Körper gebunden bleiben, dass beide zusammen eine elaborierte Form des intelligiblen Leibs bilden. Denn nur so ist gewährleistet, dass es nicht zu schwerwiegenden Depersonalisierungen kommt. Böhme macht deutlich: Viele Arbeitsvorgänge sind so kleinräumlich, dass das Auge komplizierter optischer Prothesen bedarf, um die Vorgänge im minimalisierten Arbeitsfeld überhaupt erkennen zu können. Daran wird die generelle Entwertung der Sinne in High-Tech-Labors und -Fabriken erkennbar. ... Selbst der einzig noch zugelassene Sinn, das Auge, oder manchmal, bei feinmotorischen Handarbeiten, der Tastsinn (das "Fingerspitzengefühl", das so schwer anorganisch zu substituieren ist) –, selbst Hand und Auge erschließen diese Welt nicht. Das Erscheinende ist nicht das Entscheidende, weil alle wichtigen Vorgänge sich ins Unsichtbare, ins Subliminale, wenn nicht ins Immaterielle verlagert haben. Die sinnlich zugänglichen Ding-Konfigurationen bilden eine Oberfläche, deren Informationsgehalt gegen Null tendiert. Ich meine, hier ist alles Entscheidende genannt, sowohl die neue, sich seit geraumer Zeit durchsetzende Sozialisationsnorm wie auch die Möglichkeiten, die wir mitgeben können, um diese neue Aufgabenstellung mit Erfolg zu durchlaufen. Und ich sehe sogar einige Tricks, quasi Schleichwege in die Hinterhöfe des Göttlichen, die direkt auf unser Arbeitsfeld verweisen."

„Und wie kommen Sie damit auf das ursprüngliche Wirkungsquantum der Tragödie, auf das Wort zurück? Nur, weil die sinnliche Erfahrbarkeit immer mehr sublimiert wird, nur, weil die Sinne eine Transponierung in Dimensionen des unendlich Kleinen oder auch, des unendlich Großen, erfahren, können Sie doch nicht einfach voraussetzen, dass diese Verschiebung der Perspektive auf einmal ins Reich der Bedeutungen initiiert! Denn der Name der Helden oder der Name des Films oder der Name des Ortes ist für mich noch ein bisschen wenig", zweifelt Albach. „Schließlich kommt nach Schadewaldt alles in der Behandlung des tragischen Worts zusammen, die das erste und letzte in der Tragödie ist. Das Wort der Tragödie ist faktisches Wort, in ihm lebt die Magie der Sprache wieder, es ist das schöpferische Wort. Und dann erinnere ich an die bei Hölderlin gefundene Kennzeichnung, dass es mehr Zusammenhang sei als ausgesprochen werde, dass es schicksalsweise vom Anfang bis zum Ende gehe. Das ist fast wörtlich die Theorie der Wirkungsmagie des Namens aus Benjamins früher Spracharbeit. Manchmal kann ich mich wundern, warum Benjamin als dunkel und geheimnisvoll gilt, man muss tatsächlich nur seine Bezugssysteme kennen und kennzeichnenderweise sind es die größten, aber häufig genug für die Schule zurechtgebogenen Namen, aus denen er die ursprüngliche Wahrheit wieder freisetzt, indem er die unterirdischen Wirkungen dieser Leute in eine klare Beziehung setzt."

„Ich darf Rilke variieren", ergänzt Bornhard: „Dort heißt es: Vielleicht ist ja das Schöne nur des Schrecklichen Anfang. Mit der hinterhältigen Erklärung: Das es gelassen verschmäht, uns zu vernichten. Die Liebe und die Tragödie widmen sich, wenn wir von den Relaten absehen und die Beziehungen hervor treten lassen, den gleichen Verweisungszusammenhängen. Und dass die Schönheit für die weggefallenen naturgeschichtlichen Zwänge steht, haben wird schon im Rahmen der philosophischen Anthropologie gehört: Die Schönheit beerbt den Zwang und setzt oft genug jene Mächte frei, die wir mangels eines unmittelbaren Verständnisses dann als Schicksal kennzeichnen. Die Schönheit hat nämlich mit den Gesetzmäßigkeiten, den Regeln und Stimmigkeiten zu tun, die die Welt als Ganze ausmachen. Rückwärts buchstabiert finden wir in allen Göttergeschichten und Heldensagen das Strukturprinzip Genealogie. Das heißt doch nur, zwei verbinden sich zu einem Paar und zeugen Ungeheuer oder Opfer. So scheint mir die Tragödie nur eine frühe Form der Erkenntnis zu sein, dass mit der Zeugung das Leid und die Vernichtung in die Welt kommen!

Und dabei sollten wir nicht unterschätzen, dass das Schöne nicht mit dem Gefälligen verwechselt werden darf. Das Schöne gehört für die Griechen nach Schadewaldt auf Seite 48 und den folgenden in den Bereich des Lustvollen. Schon Homer verbindet mit der Wirkung der Dichtung auf die Hörer niemals irgendeinen Gedanken an Moral und Erziehung, dafür aber durchweg das kräftige, den ganzen Menschen ergreifende, von Dichtung und Gesang hervorgerufene Ergötzen. Und so ist das Schöne für Aristoteles das Lustvolle oder an sich selbst Erstrebte. Das Schöne ist dasjenige, welches als ein an sich selbst Erstrebtes unseren Beifall findet, oder welches als ein Gutes angenehm ist, weil es gut ist. Dieses souveräne Selbstverhältnis ist es tatsächlich, was uns bannt und fasziniert, was aber mindestens so viel Anziehung wie Angst ausübt. Die Schönheit ist eine Göttermacht, aus diesem Grund war es für Durrell ein leichtes, sie in eine Nachfolge zum naturhaften Zwang zu stellen. Ich muss jetzt keinen Umweg über die von den verschiedenen Kunstarten freigesetzten spezifischen Lüste machen, wenn ich zusammenfasse, dass sie in der Liebeskunst kulminieren. Wir haben es, frei nach Aristoteles mit umfassenden natürlichen Lebenserscheinungen zu tun, die als elementare, natürlich-geistige Vitalpotenzen betrachtet werden, und damit sind wir bei einer Auffassung des Schönen, mit der Schönheit als die höchste Potenz der sich ständig potenzierenden Natur bestimmt worden ist. Wenn wir also wissen, dass mit einem so hohen Einsatz gespielt wird, verwundert es auch nicht mehr, welche Ängste dadurch freigesetzt werden.

Aber vielleicht ist die in ihr verpackte Wahrheit noch wesentlich präziser und verweist darauf, welchem Todessog tatsächlich der Weg zum Paar gehorcht, wie viele Varianten der Vernichtung auf die beiden warten, bevor sie überhaupt in der Lage sind, sich zu einem Paar zu verbinden. Die dämonischen Gewalten, die auf diesem Weg lauern, werden vielleicht nur in den späteren Ungeheuern und Opfern objektiviert, aber als Bedrohungen gewinnen sie eine immer größere Intensität, je näher die möglichen Partner einander kommen. Das Schicksalshafte der Liebe zeigt zugleich, dass sie im gleichen Boden wurzelt, wie die Tragödie. Und wenn Sie sich dann vor Augen führen, wie in den großen Liebesgeschichten die Partner jeweils gegenseitig die größte Bedrohung für einander darstellen, wundert es nicht, dass Sie die Spuren dieser tragischen Grundierung in allen Partnervermeidungszwängen finden.

Die Abwesenheitsdressur und die Angst vor einer Partnerin oder einem Partner sind nur jüngere Geschwister jener tragischen Erkenntnis. Ich meine sogar, dass im Geschehen der Liebe immer wieder jene Ursprungsmächte der Vernichtung des anderen, der Gefahr der Selbstauslöschung des Ich freigesetzt werden. Wie viel Vernichtungswille verbirgt sich in jeder Verführung – und da denke ich natürlich an die klassischen Darstellungen des Verführers. Der Don Juan ist ein Agent des Nichts und der Zerstörung – er befindet sich auf einem gigantischen Rachefeldzug, der sich der ursprünglichen Abhängigkeit von einer klammernden und verzehrenden Mutter verdankt. Die Genealogie rankt sich um die Zeugungslinie der Namen und um das immer deutlicher werdende Schicksal der Protagonisten... und wenn Sie manche der uralten Überlieferungen ansehen, finden sie endlose Ketten von Namen und Zeugungsvorgängen. Dann denken Sie bitte auch an die klebrigen Energien, die sich in einer Verliebtheit an den Namen des oder der Geliebten heften und an die vielen Techniken, mit denen parallel dazu versucht wird, die Gelassenheit des Verschmähens zu induzieren."

Plötzlich frappiert mich ein Querbezug, als ließen sich all die Ausführungen über die ästhetische Indienstnahme ursprünglich magisch-mimetischer Verhaltensformen zurückübersetzen in jene Strategien, die die Leute versucht hatten, um uns auszuschalten oder in den

Wahn zu treiben. Wenn ich die Intrige, der wir unterworfen worden waren, wirklich Schritt für Schritt nach zu vollziehen wöllte, wäre ich bei der Evidenz, wie eine Anähnelung in Gang gebracht wird, wie ein ganzer Kontext in der Umzingelung ähnlich gemacht wird, wie an allen Ecken und durch die verschiedensten völlig Unbeteiligten immer die gleiche Botschaft gewispert wird: Gib auf! Wie ein Netz von Beziehungen in den oberen Etagen signalisieren soll, dass es keine Verbündeten mehr gibt, dass keiner gegen diese himmelschreiende Ungerechtigkeit vorgehen will und wird – und ein Netz von Abhängigkeiten und Gefälligkeiten auf den unteren Etagen dafür zu sorgen hat, dass alles, was wir unternehmen, behindert werden kann, dass die wertvollsten Anstrengungen im Sand verlaufen sollen, dass wir trotz bester Voraussetzungen keinen Fuß mehr auf den Boden bringen. Und dann, als schon alles verratzt sein soll, stellt sich auf einmal noch eine letzte große Chance ein – und zugleich nehmen die Signalements zu, die auf eine Linkheit verweisen, die nahelegen wollen, dass es sich um eine Falle handelt. Die Zeichensetzungen sollen vor allem bewirken, dass wir diesen Versuch gar nicht mehr wagen und uns von da an sagen müssen, dass wir schon zu feige und zu gebrochen waren, um noch einmal etwas auf die Beine zu stellen. Diese wahnwitzigen Krüppel hatten die magisch-mimetischen Routinen derart systematisch eingesetzt, wie dies nach einem Voodoo-Zauberer vielleicht gerade noch ein ethnologisch geschulter Literaturwissenschaftler zustande bringt. Sie wollten dafür sorgen, dass wir selbst bereit waren, uns in die Vergeblichkeit fallen zu lassen und im Nichts aufzulösen. Wenn man so etwas in einer Schule der Liebe kapieren konnte, dann musste sie schon gar nicht schlecht sein!

„Gut, damit bin ich wieder bei der Tragödie", unterstreicht Albach: „Und ich denke, was Sie gerade gesagt haben, kann ich nur unterstreichen. Aus diesem Grund rechnen wir, wenn ich die spielerische Kennzeichnung von vorhin noch einmal aufnehmen darf, die Liebe zu den schrecklichen Künsten. Allerdings würde ich gern ergänzen oder noch einmal unterstreichen, auch das wurde schon gesagt, dass die Techniken der Verführung viel eher auf der weiblichen Seite zu finden sind. Sie sind ein Komplement des transzendentalen Ich, sie machen sich die Tücke des Objekts zu nutze. Die Ausführungen Ihrer Kollegin

Hardwick zu *Verführung und Betrug* scheinen mir daran zu kranken, dass sie den Verführern eine Form des unlauteren Wettbewerbs vorwirft, des rücksichtslosen und asozialen Verhaltens, das für einen kurzen Triumph sogar die Zerstörung des anderen in Kauf nimmt. Und Sie haben recht, wenn Sie auf den Sog der Vernichtung hinweisen, der um einen Don Juan ist. Aber man sollte nicht übersehen, dass die Techniken des Verführers weiblichen Strategien abgelauscht sind! Er ist mit allen Möglichkeiten der Selbstinszenierung und des schnellen Wechsels der Rollen, mit Schmeichelei und Nötigung, mit Erpressung und Mitleidsappell dabei, sein Opfer zu umgarnen – was macht er in der Vorgehensweise tatsächlich anderes als das, was die Frauen ständig tun, wenn Sie darauf setzen, eine Ehe zustande zu bringen. Im Resultat gibt es einen Unterschied und das könnte ihn schon fast wieder sympathisch machen: Er setzt auf den Genuss und nicht auf den Nachkommen. Während sie versprechen muss, ein Bedürfnis zu stillen oder eine Erwartung zu erfüllen, um dann den Partner mit einem >Schatz, ich bin schwanger!< mit einem Kind zu binden?

Aber wieder zurück zu unserem eigentlichen Thema. Wichtig finde ich auch den Hinweis auf die Bewegung entlang der Signifikantenkette in der Verliebtheit, auf jene unendlich dichten Netze aus Worten, mit denen der oder die Geliebte eingefangen werden wollen. Aus diesem Grund müssen wir, wenn wir uns der Entfesselung der Kräfte einer Liebe widmen, auch immer daran denken, die kulturellen Techniken mitzuliefern, mit denen die freigesetzten Kräfte zu bändigen und auf die Mühle der objektivierenden Leistung umzuleiten sind. Nicht nur in der Verführung brütet die Vernichtung – nein, sie ist das Risiko jeder großen Liebe. Nun neige ich aber nicht dazu, den Verzicht auf die Liebe anzuempfehlen, wie dies ja oft genug in den konventionellen Übereinkünften geschieht. Sondern ich denke, dass wir die Techniken, mit denen die Energien gebannt und in Dienst genommen werden können, den früheren kulturellen Errungenschaften ablauschen können: Die Tragödie und ihre vielen kleineren Ableger liefern mir eine zureichende Armatur. Wenn es heißt, dass die tragische Darstellung in der Magie des Wortes bestehe, dass in der Dialektik dieses Worts, das als faktisches geschieht und tut, angreift und abwehrt, niederwirft, erhebt, belebt und tötet, so wird damit die tragische Dialektik des Geschehens eigentlich ausgetragen. Ein solches Wort will als Logos geistesgegenwärtig gesprochen sein, um auf diese Weise die höchste Gegenwärtigkeit des Geschehens, in dem der Gott wirkt, zu verwirklichen, nachzulesen bei Schadewaldt auf den Seiten 94 und 95. Und ich erinnere ausdrücklich an eine Formulierung Walter Benjamins: Gegenwart des Geistes gibt allein der Leib. Wir sind schon ziemlich weit, jetzt helfen Sie mir einmal, diese Fragmente in der richtigen Ordnung zusammen zu sortieren. Wir müssen unser Völkchen also in die profane Erleuchtung einweihen. Wir müssen Ihnen nahelegen, dass das entscheidende Wissen und die notwendige sprachliche Kompetenz ergänzt sein wollen durch die Präsenz des körperlichen Geschehens, der Geschlechtsverkehr selber hat wieder zu einem Akt der Erkenntnis zu werden."

„Es gibt einen ganz einfachen Ansatz", wirft Bornhard ein: „Die Konzeption des Wortes als Verweisungszusammenhang und die ganzheitlich verstandene Seele beruhen auf dem gleichen Prinzip der Verwobenheit mit dem umfassenden Ganzen! Die am Wort ansetzende ‚freie' Assoziation ist dann nur ein Korrelat zur subliminalen Wahrnehmung und dem Koordinationsfeld im Hier und Jetzt beim Klarträumen, das ja als eine Bewegung im Seelenraum vorgestellt werden kann."

„Diese Erklärung haben wir doch schon in den verschiedensten Variationen gehört", erwidert Mutzlacher und für ihn scheint es eine praktische und in keinster Weise spekulative Begründung zu geben. Er macht nicht einmal den Eindruck, als habe er auch nur zur Kenntnis genommen, um was es ihr geht: „Ich erwarte allerdings eine handfestere Ableitung, mit der wir arbeiten können und die auch dafür sorgt, dass das Machtgefälle stimmt. Die Ethik und die Tragödie treffen sich auf dem Gebiet des Begehrens – und damit haben Sie auch das Einsatzfeld der Erotik! Der Problematik der Unausweichlichkeit einer Entscheidung oder der Pädagogik der Regelung der Verfahrensordnung steht fürs erste nur das Wort zur Verfügung – eine Entscheidung muss gefällt werden. Ich erlaube mir nur die kurze Abschweifung, dass die richtige Antwort im richtigen Augenblick schon manches Ja-Wort erspart hätte, dass es häufig genug jene sprachlose

Ausgeliefertheit gegenüber dem Trieb ist, die erst die späteren Veranstaltungen von Qual und Verzweiflung möglich macht: Das richtige Wort im richtigen Zusammenhang, die Welt sieht auf einmal anders aus. Aus dem Grund ist der Witz die Gegeninstanz zur Tragödie; wir haben schon ein paar Mal davon gehört, dass die Komik die Notausgänge zeigt. Ganz konkret, ich kann hier keinen Exkurs zu Benjamin leisten, auf ihre Frage geantwortet, heißt das: Das Wort als Verweisungszusammenhang schafft sich einen virtuellen Kontext und zitiert das Subliminale. Überlegen Sie einfach, was heute die Marke auf dem Markt und in den Köpfen zustande bringt: Sie liefert einen Halt, leistet eine Komplexitätsreduktion, dient damit zugleich der Sinnstiftung. All das, was in den alten Zeiten die Theologie geleistet hat, taucht heute in der Werbung, im Marketing wieder auf – die reale Flüssigkeit und Allgegenwart des Geldes hat, wie sie bei Simmel lesen konnten, die Gegenwart Gottes substituiert. Aus diesem Grund taucht diese grundlegende Funktion in Benjamins Sprachtheorie auf, als Bezug der Schöpfung auf den Namen. Und so, wie ein Element in einer Sequenz seine Funktion durch den Kontext zugewiesen bekommt, in dem es situiert ist, verhält es sich zwischen dem einzelnen Wort und dem Text, in dem es steht. Wenn nun in einzelnen Texten ein Terminus als Endstation figuriert, beendet er die flinken Assoziationsbahnungen zwischen den einzelnen Wörtern und schreibt sich quasi in die Funktion der Überschrift oder des Titels ein. Deshalb finden Sie die ursprüngliche Wirkungsgewalt der Tragödie heute in der Namensgebung und in der Titelwahl, während das Thema in der Regel durch die Liebe angetrieben wird – mit welchen Umwegen und Verstellungen und Verleugnungen. Ich weiß nicht mehr, wer es gestern gesagt hat, aber mittlerweile stimme ich zu: Der Film richtet sich an die pornographische Sehgewohnheit, auch wenn er gar nichts zeigt und der letzten prüden Weltsicht zu huldigen scheint. Es ist die Schnitttechnik, es sind die Perspektiven und Ausschnittvergrößerungen, es ist das Angedeutete, das in einem Moment aufblitzende, das wir gar nicht richtig zur Kenntnis nehmen können. Und was will die pornographische Optik zeigen, wenn nicht die letzten Dinge! In diesem Sinne habe ich mich bekehren lassen oder anders formuliert – und damit versuche ich den nötigen kritischen Standpunkt wieder zu gewinnen: Unsere blass und haltlos gewordene Metaphysik hat auch den Blick auf eine metaphysische Wahrheit verstellt, die in den modernen Medien und vor allem in der Pornographie zu entdecken ist, die aber vermutlich unerkannt schon seit der Mitte des neunzehnten Jahrhunderts die Bedingungen der Möglichkeit unserer Erfahrung modelliert. Das ganze Marketing, das den Film in die Publikumsgunst befördern soll, beruht auf diesen Wirkungsmechanismen. Denken Sie auch daran, dass in den jeweils herrschenden Kunstformen immer versucht wird, der Wahrheit der jeweiligen Zeit einen Ausdruck zu geben. Wobei an eine Differenzierung erinnert werden sollte: Eco hat darauf hingewiesen, dass es beim Film neben dem Syntaktischen und dem Semantischen noch eine dritte Ebene des Verweisungszusammenhangs gibt: Die Schnitttechnik – was ihnen ja schon aus den Roszakschen Auslassungen zur manipulativen Gewalt des Raums zwischen den Bildern bekannt vorkommen wird. Und all das findet in einem umfassenden Kontext statt, der durch den assoziativen Rahmen, mit dem der Film mit allen anderen Filmen verknüpfbar ist, gebildet wird. Ich denke in diesen Zusammenhängen auch an *Hancock*, in dem die Idee durchgespielt wird, dass das für einander geschaffene Paar Abstände gewinnen muss, um nicht mehr in die Falle der vorgeburtlichen Symbiose zu tappen. Die göttlichen Kräfte wachsen mit dem Abstand, die Unsterblichkeit stellt sich ein, wenn der Abstand zwischen den ursprünglichen Liebenden gegen Unendlich geht! Oder die Illustration aus den *Fantastic Four*, dass die Liebe zugunsten des Wohles der Menschheit zurücktreten muss – und das in Zusammenhängen, in denen vorgeführt werden kann, wie ein Mensch wirklich zu brennen beginnt, wie das Begehren unsichtbar oder allgegenwärtig machen kann, wie es uns in einen Stein oder in ein unendlich dehnbares Gummisystem verwandeln kann. Und das in einem Zusammenhang, in dem die Erinnerung an die Liebe, und das ist wichtig, nicht die Liebe selbst, nur die Erinnerung an sie, schließlich der Anlass ist, dass der Silver Surfer die Erde verschont. Sie sehen, ich beginne mich Ihren Gedanken anzunähern – aber ich lege nach wie vor Wert darauf, dass meine Modifikationen auch zur Kenntnis genommen werden! Wir können nicht mit der so genannten gesunden Halbbildung arbeiten und uns danach wundern, warum das Verfahren aus dem Ruder läuft."

„Das geht mir jetzt ein wenig zu schnell", wirft Merk ein: „Gerade waren wir noch dabei, uns die Techniken der Präsenz zu vergegenwärtigen und auf einmal empfehlen Sie uns die Rückkehr zur Abwesenheitsdressur. Vielleicht sind wir ein wenig in die falsche Richtung abgedriftet, weil wir die Abwesenheitsdressur immer mit Mamas Liebling verbinden, von der narzisstischen Selbstbestrafung des Schönlings bis zu den Rachefeldzügen eines Don Juan. Aber ich möchte doch daran erinnern, dass die Techniken, bei sich selbst nicht zu Hause zu sein, einen viel tiefer sitzenden Grund haben. Und damit sind wir wieder bei der Leibferne und der Körperverleugnung, die eine spezielle Mama-Variation kennzeichnet, von der der genannte Liebling tatsächlich immer nur ein Anhängsel ist. Dahinter steckt für mich die Erkenntnis, dass die Weltfremdheit selbst ein theologisches Phänomen ist – wir können für diese Problematik keinen schadhaften Mutterbezug verantwortlich machen, dass ist eine Problem biologischer Frühgeburten. Ich denke also, dass das Diktum, es gebe kein Verhältnis der Geschlechter, in diesen konkreten Zusammenhängen lokalisiert werden sollte. Und dann halte ich dafür, dass es eine zweitausend Jahre alte Konzeption eines spezifischen Frauenmodells ist, die dazu geführt hat, dass Männer sich den einsamen Räuschen der Selbstvernichtung zu widmen haben, während die Frauen zum Trost am Fortbestand der Menschheit arbeiten dürfen. Das arme weibliche Wesen wurde also ganz in Verzicht und Entsagung getaucht, während sich die Männer immerhin an den Widerständen der Welt abarbeiten dürfen, um nichts davon zu haben. Und währenddessen widmen sich die Mütter in einer künstlichen Blase verlogener Gefühle dem Verpfuschen der nächsten Generation.

Wir haben von Dare Devil und der Matrix gehört, von Hancock war die Rede und von den Fantastic Four – ich weiß nicht von was noch... und immer kam es bei diesen Ausdrucksformen der Massenkultur so raus, als seien die Partnervermeidungszwänge ein aktives, typisch männliches Unternehmen. Wobei ich es für nicht dumm halte, in den unterhaltungsästhetischen Phänomenen Wahrheiten aufzusuchen, die dem so genannten gesunden Menschenverstand für sein Realitätsprinzip gar nicht zugemutet werden darf. Da sitzen Wahrheitswerte der Normalität, die sicher nicht unterschätzt werden sollten, gerade weil sie nur im Medium des Unernsten zugänglich werden dürfen. Aber ich denke, wir sollten das Brett da anbohren, wo es am dicksten ist – und das ist für mich die verlogene Konstruktion des Weiblichen. Unter dem Blickwinkel der bürgerlichen Hochkultur ist das Weibliche doch die Abwesenheit an sich. Das müsste zwar gar nicht so sein, aber in der Mutterrolle und in der Verfügung über den Nachwuchs wird diese Rollenanweisung in einer Form ausagiert, die ungebrochen vom ausgehenden achtzehnten bis ins einundzwanzigste Jahrhundert reicht."

„Ich darf das Verhältnis von Partnervermeidung und Abwesenheitsdressur konkretisieren: Die Liebenden wollen alles für einander sein, so wollen sie eine eigene Welt stiften – aber sie nähern sich damit einer Einschreibung in die Sphäre des Göttlichen, die mit äußerster Vorsicht vorgenommen werden sollte und die häufig genug, wenn es an einer geduldigen Vorbereitung mangelt, einen panischen Schrecken auslösen wird. Bei Böhme finden Sie auch den Hinweis, dass der Double bind in der Konzeption des Göttlichen schon eine abgeleitete Form ist. Ursprünglich ist es die Ausgeliefertheit gegenüber einem übermächtigen Geschehen, Blumenberg hat dies auf den Nenner eines *Absolutismus der Wirklichkeit* gebracht, aus diesem Grund sind die ältesten Götter sogar Feinde und Vertilger des Menschen – vergleichen Sie noch einmal die Belege in *Das Heilige* – und erst in einem Prozess der Domestizierung des Göttlichen, der einhergeht mit der Unterwerfung der äußeren Natur, kommt so etwas wie ein gütiger Gott zustande. Aber eben weil der die ursprünglichen Gewalten noch in den Fundamenten mitbringt, kommt die Ambivalenz zustande", meldet sich Bornhard wieder zur Stelle. „Nun muss man sich einfach nur klar machen, dass bei allen identitätsstiftenden Unternehmungen des Menschen ein umgekehrter Feuerbach gültig wird. Bei ihm hieß es: Gott ist das projizierte Wesen des Menschen. Nur, das war nur der halbe Weg, denn selbst zu Zeiten, in denen der Glaube an einen Gott unwichtig geworden ist, weil der Glaube an die Medien an seine Stelle getreten ist, wirkt noch der gleiche Mechanismus. Und das heißt, dass der Mensch sich nicht nur nach Hesiod als Löwengott in den Himmel projiziert, wenn er sich wie ein Löwe vorkommen möchte, sondern dass er die notwendigen Aussagen über die eigene Verfasstheit nie unmittelbar, sondern nur aus Ableitungen von diesen mediengerechten Projektionen zu ziehen in der Lage ist.

Aber vielleicht ist es auch an der Zeit, uns in diesem Zusammenhang einmal darüber klar zu werden, warum der Topos ‚Schule der Liebe' so nahe an die Religion grenzt. Geben Sie dieses Thema in eine durchschnittliche Suchmaschine ein, so kommen neben ein paar Ehe- und Beziehungsratgebern fast nur noch Schriften von Theologen in die engere Auswahl. Und dabei bietet sich der philosophische Rahmen doch an, weil die Liebe einen Bezug zur Weisheit hat. Sie stiftete, wie es die Platonischen Dialoge nahelegen, den ursprünglichen Bezug zwischen dem Wahren, dem Schönen und dem Guten und der Welt des Menschen und sie lässt ihn in diesem Rahmen an der Sphäre des Göttlichen teilhaben. Aber tatsächlich hat die christliche Theologie an dieser Quelle schon immer die Energie für ihren Herrschaftsanspruch abgezweigt und damit gingen wesentliche Zugänge zu einer vollen Wirklichkeit einfach unter dem Schatten der Leibfeindschaft verloren!"

„Ich würde sogar noch weiter gehen", wirft Albach ein: „Es war die Erfindung des Teufels, die der Kirche die Macht bescherte. Ich bin also der Ansicht – anders als Badiou –, dass erst die göttlichen Energien waren, dann brauchte es den Teufel und ganz am Schluss steht dann der Gott der Hochreligion. Welche Verschwendung an menschlichen Ressourcen war damit verbunden, als das Böse geschaffen und verflucht werden musste, welcher Verlust an Wirklichkeitserfahrung und Sinnenintensität ging damit einher. Genau genommen wurde die Verwurzeltheit in der Welt, die Verwobenheit in einem natürlichen Geschehen zum Bösen erklärt. Aber Lebendigkeit und Energie verschwanden nicht einfach, sondern sie konnten akkumuliert werden und waren wie von Zauberhand in die großen Institutionen und Megamaschinen umgeleitet worden – vielleicht ist das das letzte Geheimnis unserer Institutionen, dass sie ihr Fundament dem Bösen verdanken. Vielleicht erklärt dies auch, warum sie vom Menschen geschaffen wurden, um einen befriedeten Raum zu gewinnen und dass sie dann den Raum zur Verfügung stellen, in dem die Menschen sich gegenseitig gefahrlos bis in den Tod quälen – damit wurde im großen Rahmen schon vorgegeben, was später zu den ständigen Exerzitien des Familiensystems geworden ist."

Unser Begleiter hat interessiert zugehört und immer wieder genickt. Jetzt schaltet er sich ein: „Es ist ein weiter Bogen von der platonischen Liebe zur Liebe in der Konsumgesellschaft, und er untersteht den Prinzipien der Körperausschaltung. Von der Abwesenheitsdressur der höfischen Liebe, zur Körperferne der romantischen Liebe, bis zur Simulationsveranstaltung in der Spaßgesellschaft tauchen hier alle historischen Weichenstellungen auf – und natürlich können Sie sich den gigantischen Abstraktionsprozess vornehmen, der die Körper entwirklichte und die Erfahrung des Übersinnlichen monotheisierte, der die natürlichen Erfahrungsformen verketzerte. Aber der Umweg sollte nicht zu weit sein. Vergessen Sie nie, dass solche Exkurse kein Selbstzweck sind, sondern immer der Konzeption unterstellt werden. Unsere Vorgehensweise beruht darauf, dass diese menschheitsgeschichtliche Fehlentwicklung in unserer großangelegten pädagogischen Sonderwelt korrigiert und in einzelnen Fällen sogar rückgängig gemacht und überwunden wird. Natürlich können Sie sagen, das sei ein Irrwitz und dann weiterhin alle vorhandene Energie darauf verwenden, die schlechten Folgen zu bekämpfen. Aber das ist nicht mehr, als Zeit- und Energieverschwendung! Wir müssen das Richtige vorgeben, wir haben einfach so zu tun, als sei das Gute, wenn man sich ihm widmet, von ganz alleine so überzeugend, dass es gar keine andere Möglichkeit mehr gibt, als einfach mit zu machen!"

„Also sollten wir vielleicht schon im Namen eine Differenz kennzeichnen." Wolhe hat schon geraume Zeit auf einen Einsatz gewartet. Diesem aus dem Leim geratenen Gesicht ist anzusehen, wie es in ihr arbeitet, aber so, wie die Geschichten springen, ist sie wohl kein Mal mehr in der Lage gewesen, sich einzubringen. Es braucht wohl diesen Rückgriff auf die Grundlagen, damit Sie wieder anknüpfen kann: „Warum taufen wir unser Unternehmen nicht ‚Die Schule der schrecklichen Künste' – damit wäre doch der tatsächlichen Aufgabe Rechnung getragen!"

„Auf keinen Fall!" fährt Mutzlacher empört hoch: „Eine der Regeln für eine erfolgreiche Verfahrensordnung lautet, dass Sie nie nennen dürfen, um was es tatsächlich geht. Immer schön mystisch bleiben, dann wirken die formelhaften Vorsatzbildungen wesentlich intensiver. Die Kraft wird effektiv, wenn sie gar nicht über die Mühle der Verbalisierung geleitet wird! Und dann wollen wir uns auch nicht mit Moralaposteln jeglicher Couleur in irgendwelche ermüdenden Kleinkriege verwickeln lassen."

„Wieso denn?" erwidert Wolhe: „Wenn wir in die großen Fragen der Liebe und der Lust, des Begehrens und des Glaubens, der Angst und des Tabus einführen, muss doch jedem von vornherein klar sein, dass er sich auf eine Fahrt ohne Wiederkehr einlässt. Diese Themen beinhalten auch, dass die Fragestellung immer etwas mit unserer Selbstdefinition zu tun hat und damit mit der Vorstellung, die wir vom Wert und der Würde des Menschen entwickeln. Das kann nicht unmoralisch oder verwerflich sein – und das muss uns in keinster Weise in die Lage bringen, unser Unternehmen rechtfertigen zu wollen!"

„Das ist gut gemeint", unterstützt Saggu: „Aber ich glaube nicht, dass es sinnvoll ist, irgendwelche Provokationen zu setzen, die uns nur in unendliche Kleinkriege verwickeln." Unser Begleiter hat freundlich und aufmerksam zugehört, aber obwohl die Blicke immer wieder in seine Richtung gehen, ist ihm kein Kommentar abzugewinnen. Ich denke mir, dass es ihm völlig wurst sein kann, denn über den institutionellen Rahmen und da gehört der Name dazu, werden diese Leute wohl nicht zu bestimmen haben.

„Der Ansatz ist sicher richtig!" Bornhard holt zu einem größeren Wurf aus. Es ist ihr anzusehen, dass sie nun ein paar Aspekte Ihrer Vorarbeiten auffalten wird, auf die sie sehr stolz ist: „Aber ich glaube nicht, dass wir diesen Ansatz an die große Glocke hängen sollten. Wenn es klappt, machen wir zweitausend Jahre christliche Sklavenmoral rückgängig und setzen auch noch die Energien in der richtigen Richtung frei, die eine protestantische Ethik in den letzten Jahrhunderten abgeklemmt und in den Prozess der Kapitalbildung umgeleitet hat. Aber gerade deshalb glaube ich auch, dass wir nicht schon im Namen der Schule verraten sollten, was wir eigentlich vorhaben.

Ich darf kurz zusammenfassen: Die Philosophie, wie sie für uns durch die Zeiten bestimmend geworden ist, so lange sie uns überhaupt noch angeht, entwickelt sich vor allem in jenen Dialogen, die bei Platon das Verhältnis von Liebe, Schönheit und Wahrheit thematisieren. Das Gute erscheint in deren verschiedenen Ausprägungen, aber es wird gestiftet und erfahren durch einen sublimierten Eros, der von den realen Vollzügen bereits versucht zu abstrahieren.

Mit den artes liberales werden die sprachlichen und mathematischen Fähigkeiten gepflegt, unter deren Vorgabe die Welt immer mehr zum Objekt werden kann, um der technischen Bearbeitung und den intellektuellen Verfügungsweisen des Menschen unterworfen zu werden. Zwar war im Mittelalter noch keine Subjekt-Objekt-Entfremdung zu beklagen, weil der Zusammenhang durch die Theologie verbürgt wurde, aber die Medien waren zur Hand und wurden weiter ausgearbeitet, um das Wissen mehr und mehr von der „unmittelbaren" Erfahrung abzulösen. Auch deswegen brauchte es Jahrhunderte, bis deutlich werden konnte, wie vermittelt alles Unmittelbare ist.

Mit den schönen Künsten hat sich dann jener Sonderbereich ausdifferenziert, in dem an der sinnlichen Erfahrung gearbeitet werden durfte. Nähe und Intensität sollten in einem institutionalisierten Rahmen zugänglich sein, der zugleich dafür sorgen musste, dass keine Gefahr bestand, der Wildheit der Körper und der Rauheit des Begehrens ungeschützt zu begegnen.

Mit der Epochenschwelle um 1900 bricht jene säuberliche Trennung der Sphären zusammen. Was bis dahin in einzelnen Werken gelegentlich zu erahnen war, ansonsten aber in die Randbezirke der bürgerlichen Gesellschaft ausgegrenzt werden musste, bricht nun über den Umweg der verschiedenen Kunstströmungen in die Welt ein und beeinflusst damit auch das theoretische Selbstverständnis. Die Traumarbeit und die Montagetechnik, das Readymade und die Verabsolutierung der Maschine, die Schnitttechnik des Films und der Einsatz bewusstseinserweiternder Drogen, ob das Theater der Grausamkeit oder der Boom der Ethnologie – auf breiter Front zeigte sich eine Bewegung zurück zur Materialität der Dinge und zur Intensität der Lebensvorgänge. Die spielerische Kennzeichnung ‚Schreckliche Künste' mag von dieser Entwicklung angeregt worden sein."

„Genau so sehe ich das auch", ergänzt Wolhe: „Die schrecklichen Künste widmen sich dem Zauber und der Magie, also den Kräften, die im Gang der Zivilisation verdrängt werden sollten und die doch nie aus der Welt zu schaffen waren – und die die Erotik zu einem Residuum machten. In der Erotik durften sich die letzten Schwundstufen an Körperintensität austoben, um die latente Verzweiflung eines Symbolischen Tieres im Überschwang in Schach zu halten und für Momente vergessen zu machen. Also bietet sich genau dieser Angelpunkt an: mit der Erotik bewegen wir uns in einer Weise im Herz der Gegenwart, die das Gefängnis des Ichs sprengen kann. Und wenn wir den Leutchen beibringen können, es richtig hinzubekommen, verfügen wir zudem über eine positive Verstärkung für all die Lernprozesse, die hier in Bewegung gesetzt werden sollen. Lob baut auf und setzt Kompetenzen frei, persönliche Teilnahme und Anerkennung stabilisieren jeden Lernprozess. Aber die beste Motivation, wenn ein junger Mensch nicht nachlassen und sich einer kontinuierlichen Verbesserung widmen soll, ist eine erfüllende Befriedigung! Für diese Einsicht musste ich nicht auf den Roman ‚Schattenlichter‘ warten – ich meine, dass sie für die Wissenden schon seit Jahrtausenden mit dem Eros des Forschens eins ist."

„Damit unterstreichen Sie aber, dass wir die Theologen und die Philosophen beerben sollten", hakt Albach nach: „Ich frage mich dann nur, wie jemand, der diesen Fragestellungen nur noch auf den verschiedenen Plateaus des Cyberspace begegnet, mit der nötigen Energie und Aufmerksamkeit aufzuladen ist, dass diese alten Themen aus der Gutenberggalaxis noch die Kraft haben, seinem Fassungsvermögen den nötigen Kick zu verpassen?"

„Wir hatten gestern schon einiges von Hacking über die multiple Persönlichkeit gehört und in diesem Zusammenhang sollten wir vielleicht noch einmal das Verhältnis von Trance und Person bei ihm genauer ansehen." Wolhe ist wieder da und dieser Bezug kommt mir ganz stimmig vor, denn solange von einer fest begrenzten Persönlichkeit ausgegangen wird, muss der Gedanke des Verweisungszusammenhangs in jedem Fall fremd erscheinen. Und sie setzt genau am zehnten Kapitel Vor dem Gedächtnis an, aus dem ich früher schon wesentliche Einsichten abgezogen habe: „Während die Trance ein universales Phänomen zu sein scheint, ist das Ich oder die Persönlichkeit vielleicht nur eine in gewissen Zeiten und Weltgegenden verabsolutierte Metapher. Bei Hacking heißt es, dass die westliche Industriegesellschaft für die Trance keinen Ort hat, es sei denn in der Freizeit oder bei Tätigkeiten, die als nebensächlich erachtet werden. Wir haben psychische Medien, die Meditation oder das Gebet und wir benutzen Musik, privat wie in der Masse, um Zustände herbeizuführen, die, wenn man sie in anderen Kulturen beobachtet, als Trance bezeichnet werden können. Diese Tätigkeiten dürfen jedoch die Bereiche der Produktion und der Dienstleistung nicht stören. Auch wenn es heißt, dass tranceähnliche Zustände weiterhin pathologisiert werden und die Zukunft für geistesabwesende Professoren düster aussieht, kommen wir doch immer häufiger auf den Gedanken, dass die Bewegung im Cyberspace vielleicht für den Bororo mit dem Papagei, den er Ich nennt, wesentlich leichter ist, als für den klassisch gebildeten Homo Clausus. Und hier sehe ich ganz klar den Bezug zur Tragödie und auch zur Sprachmagie. Die Trance wurde zusammen mit der multiplen Persönlichkeit zu einer potentiellen Störung erklärt. Auf eine umgekehrte Erklärung warten wir noch: dass die multiple Persönlichkeit als ein Weg angesehen wird, die Fähigkeit, in Trance zu fallen, zu nutzen oder zu missbrauchen. Und genau das ist die Erklärung, die ich hier gerne einbringen würde – vielleicht entdecken wir hier alte Verhaltensweisen wieder, die sich später als Lernen in der Zerstreuung oder als subliminale Wahrnehmung verkleidet haben? Die Trance ist im Laufe der Jahrhunderte immer weiter an den Rand gedrängt worden und zwar nicht nur, weil das Räderwerk der Industrie und die Bewegung in einer modernen Großstadt eine ständige Aufmerksamkeit verlangen. Hacking zeigt, dass unsere Ausschließung tranceähnlichen Verhaltens der Industrialisierung vorangegangen zu sein scheint, auch wenn sie in früheren Zeiten weniger streng gewesen war – sie gehört also zu jenem Prozess, der die Welt beherrschbar machen wollte, indem er sie zweckrational gestaltete. Und diese Reduktion setzt vor allem an den Kategorien der Erfahrung an. Noch John Lockes Theorie der personalen Identität beruht im Grunde auf der Unterscheidung zweier Identitätsbegriffe. Der Begriff ‚Person' war für ihn ein forensischer Begriff, der mit Erinnerung und Verantwortung zusammenhängt, während der

Begriff ‚Mensch' vor allem auf der körperlichen Kontinuität beruht. Wir kommen also weg von der Theatermaske, die nur äußerlich angeheftet scheint und verfolgen jenen Gang der Internalisierung, mit dem äußere Begebenheiten über die Erinnerung und das Gefühl, verantwortlich für die eigenen Taten zu sein, nach und nach zu Charakterzügen gerinnen – daran ist also zu sehen, wie die körperliche Präsenz nach und nach durch die juristische oder soziologische Rolle zur vernachlässigbaren Nebensache erklärt werden konnte.

Ich darf kurz Hackings Zusammenfassung dieser Entwicklung noch einmal komprimieren, um zu unterstreichen, wie wichtig für uns die Geschichte der Mentalitäten werden kann. Wir leben nicht nur in einer einen und identischen Welt und so, wie im Mittelalter das Geisterreich gleich hinter dem nächsten Zaun beginnen konnte, beginnt für uns das Reich des Geistes an jedem Internetanschluss – auch oder weil er zu einem viel größeren Prozentsatz sterilen Sex transportiert als lebensdienliche Information. Die forensische Person Lockes ist eine vergleichsweise neue Figur, die aus neuen Praktiken des Austauschs, des Rechts, des Eigentums und des Handels hervorgeht und die für die Kultur des unternehmerischen Wettbewerbs kennzeichnend wurde. Dennoch ist sie nicht völlig neu, denn diese forensische Funktion hatte bereits eine Rolle innerhalb des göttlichen Plans im Mittelalter gespielt. Locke greift damit auf eine frühere christliche Auffassung zurück, nach der unser Schicksal entweder die Seligkeit oder ewige Verdammnis ist. Es wird eine Wiederauferstehung des Körpers angenommen, so dass danach derselbe *Mensch* (d. h. derselbe körperliche Mann oder dieselbe körperliche Frau) vorgefunden wird. Lohn oder Strafe sind also für ein und dieselbe *Person* vorgesehen.

Diese spirituelle Kraft des forensischen Personbegriffs geht zumindest bis zum späten 12. und 13. Jahrhundert zurück. Und genau in jener Zeit stellten die »Schläfer« ein bedeutsames Phänomen dar, weil sie ein intellektuelles, metaphysisches und gleichsam theologisches Problem darstellten. Schläfer fielen in eine Art Trancezustand, ähnlich dem später so bezeichneten Somnambulismus. Sie vollzogen oft gewalttätige oder zumindest verbotene Handlungen, die sich in ihrer Eigenart und im Stil von dem unterschieden, was sie im Wachzustand taten. Wenn sie nach einer Schlafepisode wieder zu sich kamen, hatten sie allenfalls ein verworrenes Bewusstsein dessen, was sie getan hatten. Und doch sahen ihre Handlungen wie intentionale Handlungen aus. Der damaligen Metaphysik zufolge musste demnach eine Seele gehandelt haben. Aber welche Seele? Die Thomisten waren der festen Ansicht, dass es für jeden Körper nur eine Seele gab, sie war die substantiale Form der Person. Es hat eine Minderheit gegeben, die die Auffassung vertrat, dass eine Person zwei Substantialformen haben könnte, jeweils eine für jeden Zustand. Das war wichtig im Hinblick auf die Verantwortung, im Kirchenrecht fanden die Schläfer eine gewisse Aufmerksamkeit. Ein Text aus dem Jahre 1313 besagt, wenn ein Schläfer einen Menschen töte, könne er (in seinem Normalzustand) nicht von den priesterlichen Amtshandlungen ausgeschlossen werden, weil er ein Verbrechen begangen habe. Diese Minderheit unterlag jedoch. Das Beharren auf jeweils einer einzigen substantialen Form für jede Person stellt die klare Abgrenzung der forensischen Verantwortung sicher, und zwar sowohl vor irdischen Gerichten als auch vor dem Jüngsten Gericht. Wenn dieser Streit zwischen Theologen anders ausgegangen wäre, würden wir heute vermutlich ganz anders mit unserem Ich umgehen – aber vielleicht hätte dies auch eine andere Entwicklung befördert, oder besser das Ausfallen einer Entwicklung, und wir hätten heute gar nicht die Möglichkeit oder die Notwendigkeit, in den neuen Zusammenhängen an einer Verbesserung der Bedingungen der Möglichkeit der Erfahrung zu arbeiten! Dieser eine und identische Charakter, der ein Derivat der mittelalterlichen Theologie war, entspricht also einer Sozialisationsforderung unter einem geschlossenen Bedeutungsgefüge. Wir sind eben keine voneinander abgeschlossenen in einem schützenden Container liegenden Gehirne, sondern wir wirken aufeinander, wir berühren uns, wir sprechen mit einander – im Extremfall setzt ein biographisches Geschehen Gedanken frei, die sich in einem Ausdruck zu erkennen geben, der wieder Gedanken freisetzt, die auf ein anderes biographisches Geschehen zurück wirken. Das Ich ist ein Transformator von Bildern und Worten und Vorstellungen, aber nicht einmal das körperliche Geschehen liefert den Rahmen einer relativen, zeitlich begrenzten Einheit – es sind die Rollen, die wir im Kontext eines objektivierten Gedächtnisses spielen, es ist die Erfahrung der personellen Zuweisungen, durch die Begegnung mit anderen, durch gemeinsame Werte und Erfahrungen."

„Nichts gegen diese Theorie der Internalisierung weltlicher Instanzenwege als psychische Strukturen – es dauerte nicht lange, und Kant konnte vom obersten Richterstuhl der Vernunft sprechen. Ich glaube aber, es kann hier wirklich ganz nützlich sein, wenn wir uns Schadewaldts Tragikbegriff und den Bezug aufs Wort einmal genauer ansehen – so umständlich das aufs erste auch scheinen mag. Der Tod prägt die Bedeutung und die Tragödie ist nichts anderes, als ein in Szene gesetzter Todeslauf. Die Bedeutung, die auf diese Weise hergestellt wird, ist aber zugleich ein Archetyp späterer Charakterbildungen. Wenn Benjamin Schicksal und Charakter einander entgegensetzt, so stimmt das vielleicht für die Frühzeit, aber im Gang der Geschichte sättigen sich die jeweils Lebenden an den großen Vorgaben aus den Heldensagen und Tragödien und bilden aus verkleinerten Spielformen einzelne Charakterzüge nach. Ich halte die Gesetzmäßigkeit der Mythomotorik für zwingend: Die Vorbilder, die wir setzen, die Geschichten, die wir erzählen, um uns nur klar zu werden, wer wir sind, stellen tatsächlich das Vehikel dar, das uns in die Zukunft transportiert und dabei für die Art und Weise dieser Zukunft verantwortlich ist!" Mutzlacher scheint sich wieder an seine Forderung einer begriffsgeschichtlichen Fundierung erinnert zu haben. Obwohl mir diese Vorgehensweise in einem völligen Gegensatz zu seiner Ablehnung jeglicher Metaphysik steht. Aber vermutlich würde er, auf diesen Widerspruch angesprochen, erwidern, dass es immer nur ums Funktionieren gehe, dass auch die Magie bereits dem Pragma unterstanden habe, dass es aus diesem Grund völlig gleichgültig ist, auf welche Grundlagen wir uns beziehen, wenn nur das Beziehungsgefüge stimmt und damit ein Maximum an Effektivität zustande zu bringen ist. „Er findet diesen Tragikbegriff für die Moderne zum ersten Mal bei Hölderlin formuliert. Es ist kein Wunder, dass gewisse Gesetzmäßigkeiten, wenn sie das erste Mal klar und distinkt in einem Kopf auftauchen, der noch in einer Welt zu Hause ist, der sie noch völlig ungleichzeitig sind, diesen zum Verstummen bringen und im Schweigen versinken lassen oder auch, was ja berichtet wurde, in einer Wucherung von nichtssagenden Höflichkeitsfloskeln wieder abgedämmt werden wollen. Die Tragödie ist für Hölderlin längst nicht mehr Lessings humanitär-philanthropisches Trauerspiel, das den Zuhörer durch Furcht und Mitleiden moralisch bessert und reinigt – das war ein der platten Aufklärung verdanktes Verständnis von Aristoteles Katharsis; und sie entfernt sich weit von Schillers großem Welttheater, in dem der reine und edle Enthusiasmus im Konflikt mit der Welt zerbricht und im Untergang sich doch in der Haltung bewährt. Schlagen Sie bitte bei Gelegenheit die Seite 128 nach: Das tragische Geschehen, wie Hölderlin es sieht, ist Gottgeschehen (man kann in seinem Sinn auch >Geschehen des Naturgangs< sagen): neues Erscheinungwerden der Gottheit in die Welt hinein, aber nicht als Epiphanie und augenblickliche Offenbarung Gottes in seiner Glorie, deren Form die von Hölderlin in seiner frühen Lyrik geübte unmittelbare Verkündigung wäre. Das Geschehen der Tragödie ist nach Hölderlin jenes Gottgeschehen selbst. In faktischer wie auch sprachlicher Dialektik entfaltet es sich in der Begegnung zwischen Gott und Mensch, in der nun auch nicht etwa einseitig der Mensch Gott sucht und zu Gott gelangt, sondern von beiden Seiten her Mensch und Gott im Gegeneinander des Zorns und Streits zusammenkommen. Wichtig scheint mir hier der kosmologische Bezug auf die Ganzheit der Schöpfung und die relative Nähe des Göttlichen zum Menschlichen. Es sind nur Grade der Verwirklichung, es gibt Minimal-Maximal-Prinzipien – aber es ist ein energetisches Kontinuum.

An anderer Stelle ist dann die Rede von einem Prozess als einem Sich-Trennen und Vereinigen von Extremen, als Wechselwirkung und Austausch zwischen den Extremen, bis hin zu ihrer gegenseitigen Vertauschung und völligem Aufgehen ineinander, als coincidentia oppositorum, wo aus einfachem oder sogar doppeltem Entgegensetzen des Entgegengesetzten wieder die Einigung und Innigkeit hervorgeht: Die zeitliche Seinsform Gottes und der Natur, denn die Natur als Ganzes ist für ihn nichts anderes als Gott, ist dieses gleichzeitige Bestehen und in sich Zusammenfallen der Widersprüche und deshalb ist notwendigerweise die Dialektik jene Denkform, die sich dieser Seinsform zu vergewissern sucht. Wir können die Energie nicht direkt in Sprache überführen, aber wir können nahelegen, dass das Plus-Minus der Ströme schon eine materiell vorgegebene Form der Dialektik ist und ich darf daran erinnern, dass dies genau das Thema der altasiatischen Liebeskunst ist, in der Yin und Yang in ein funktionsfähiges und bleibendes Fließgleichgewicht gebracht werden wollten.

So heißt es bei Schadewaldt: Dialektisch ist deswegen die Sprache Hölderlins in allen seinen theoretischen Äußerungen, wie weithin auch seiner Gestaltung in der Dichtung. Wer ihn lesen will, muss dies verstanden haben. ... Die Tragödie ist die Geschehensform, die die »tiefste Innigkeit« als das Sein der Gottheit, die tiefste Innigkeit in der Annäherung von Mensch und Gott, nicht zukunftweisend, prophetisch, sondern unmittelbar gegenwärtig vorstellt und im Bild des vereinigenden »Kampfs« und »Streits« ausdrückt. Ich neige mittlerweile dazu, die erotische Theorie und die Dialektik als zwei Ausdrucksformen ein und desselben Geschehens zu begreifen und die Schlussfolgerung liegt nahe, dass in der ursprünglichen Tragödie genau dieses Zusammenfallen aufgesucht werden konnte – die wirkliche Liebe ist nichts ungefährliches, darüber sind wir uns ja wohl einig, und die von Jetztzeit erfüllte Rede nicht weniger und nur wenn es den Liebenden gelingt, in diesen komplementären Energien zu haushalten und ein gemeinsames Ziel zu formulieren, stürzt das ganze Unternehmen nicht in Routine und Gleichgültigkeit auf der einen Seite oder in Kommunikationsabbruch und Selbstzerstörung auf der anderen Seite ab. Das hat mittlerweile sogar etwas mit Marketing zu tun, auch wenn ich die Parallele bisher noch nicht gesehen habe – Sie sehen, ich lerne noch –, die Wunscherfüllung will richtig verkauft werden, die Protagonisten müssen in der Lage sein, ihr Bedürfnis auch angemessen zu kommunizieren."

Albach hat immer aufmerksamer zugehört, als sauge die Botschaft in sich auf und ich frage mich, ob sie hier immer wieder das Paar thematisieren, um im Endeffekt dafür zu sorgen, dass es noch seltener zu der Möglichkeit kommen soll, die Kräfte eines Verhältnisses der Geschlechter freizusetzen. Aber immerhin ist der Querbezug beachtenswert, der seit geraumer Zeit zwischen der Dialektik und der Erotik herstellt wird, vielleicht sind diese Polaritäten hirnphysiologisch wirklich das gleiche, eben durch ein paar Jahrtausende Entwicklung und den dadurch entstandenen Wortwelten und Vorstellungsresten getrennt. Aber nun wirft er ein: „Das Wort in diesem Sinne steht in engem Zusammenhang zur Konzeption der Seele! Das Wort und die Seele also sind totalisierte Verweisungszusammenhänge. Dann hätte

ich aber gerne auch noch die Folgerung gehört, dass die dem Phänomen des Tragischen zugrunde liegende Dialektik nicht nur Heraklit,
sondern auch dem Herrenwort aus der Bibel (Matth. 16,25)gehorcht:
»Wer sein Leben erhalten will, der wird's verlieren, wer aber sein Leben ver-
lieret um meinetwillen, der wird's finden«. Und das heißt doch, dass kei-
ne/r in dieses Spiel eingelassen wird, der nicht bereit ist, das Ich in
Stücke springen zu lassen – so sind wir wieder bei meinem Thema
des sozialen Todes angekommen. Was ist der, wenn er funktioniert,
wenn nicht ein Kontrastmodell zum Sündenbockschema. Wer auf
dem Gefängnis des Ichs beharrt, wird Opfer und Sündenböcke fabrizieren. Nur wer in der Lage ist, von sich selbst Abstand zu nehmen,
wird überhaupt in der Lage sein, sich auf das Geschehen der Liebe
einzulassen. So finden Sie bei Schadewaldt eben auch den Bezug
zwischen Wort und Mord, wie er später in der Analyse des Sünden-
bockmechanismus durch Girard aufgedeckt worden ist. Wir haben
tatsächlich schon alles, was wir für unsere Arbeit brauchen könnten,
wir müssen nur noch die losen Fäden verknüpfen und dann können
wir beginnen: Aus dem Grunde des einigenden tragischen Zwists nährt sich
sodann die tragische Sprache, das tragische Wort, das als Wort (Logos), gesprochen oder auch nicht ausgesprochen, in der Tragödie die Tat in sich mit
einbegreift und also tuendes, täterisches, faktisches Wort wird. Als faktisches
Wort ergreift es bei den Griechen, für den sich alles sinnlich, plastisch, leib-
lich, »athletisch« zu fassen (zu versammeln) strebt, den sinnlich plastischen
Leib des Menschen und wird bei den Griechen deswegen mittelbar »tödlich
faktisch« – es tötet nicht selbst, sondern ruft, indem es veranlasst, dass die
>Leiber< töten, den wirklichen »Mord aus Worten« hervor. Bei uns, »nach
unsrer Zeit und Vorstellungsart«, ergreift das Wort nur den »geistigeren
Körper«, führt nicht zum wirklichen Mord und Tod, dem »Mord aus Worten«, sondern nur zu einem Mord mit Worten, insofern es »aus begeistertem
Munde« schrecklich ist und niederwirft, vernichtet. In diesem Sinne ist es bei
uns nicht tödlich faktisch, sondern lediglich tötend faktisch – das Unmittelbare ist hier eben auch das Einschränkende. Bei Sophokles ist bereits in seinem >Ödipus auf Kolonos< das Wort, das Ödipus gegen den Kreon dort und
gegen seinen Sohn Polyneikes spricht, nicht tödlich faktisch, wirklichen
Mord verursachend (denn Ödipus tötet Kreon und Polyneikes nicht), sondern
nur tötend faktisch: er vernichtet sie mit Worten.

Das mag erst einmal wirr und fraglich erscheinen, aber alle Bedeutung entsteht durch Mortifikation. Außerdem wissen die Ethnologen von frühen magischen Praktiken zu berichten, in denen das Wort – sei's ein Fluch oder ein Bann – unmittelbar Tod oder Krankheit bewirken kann. Und nichts, was in der Evolution des Menschen einmal eine Bedeutung als Machtinstrument gehabt hat, geht je verloren. Es mag in den Untergrund absacken oder an den Rändern der zivilisierten Welt zu Hause sein, aber es wird auf jeden Fall wieder freizusetzen sein. Und auch hier denke ich, ist eine wesentliche Strategie der Selbsterhaltung mitzunehmen und für Situationen der Depersonalisierung freizusetzen. Es gibt Bedeutungsgehalte, die uns in einer Form durchdringen können, dass sie uns gar nicht mehr bewusst werden und die eben deswegen unser Leben in einer Form prägen, wie es für einen Außenstehenden nicht nachvollziehbar ist. Denken Sie an die ‚freie‘ Assoziation bei Freud, die sich als ein überdeterminiertes Geschehen erweist und zugleich demonstriert, wie sehr das biologische Leben in Netzen der Bedeutsamkeit hängt. Ich fasse kurz die wesentlichen Stellen zusammen: Dies faktische Wort ist nun der Hauptträger der tragischen Handlung. Als Logos, das heißt als die in den Verhältnissen und Bezügen waltende Gesetzlichkeit, ist es dasjenige, »das, mehr Zusammenhang als ausgesprochen, schicksalsweise, vom Anfang bis zu Ende gehet« und sich »in der Art des Hergangs, in der Gruppierung der Personen gegeneinander« und schließlich in jener »Vernunftform« ausspricht... S.136 ... Zu diesem schicksalsträchtigen Wort, in dem Hölderlin das tragische Geschehen des Sophokles auf deutsch neu verwirklicht ... S.176 ...das Wort des Dichters in seiner vollen Kraft als »faktisches Wort« begriffen und wiedergegeben hat – als ein Wort nämlich, das nicht lediglich aus den Menschen und ihren Empfindungen wie Bestrebungen geredet ist, sondern das in dem hohen und letzten Sinne Wort ist, dass der Gott und das Geschehen in ihm geschieht. In diesem Sinne besteht für Hölderlin »die tragische Darstellung in dem tödlich-faktischen Wort, das, mehr Zusammenhang als ausgesprochen, schicksalsweise, vom Anfang bis zu Ende gehet«. Und dieses Zitat haben wir nun in den verschiedensten Kontexten immer wieder einmal gehört, aber ich denke, noch immer nicht richtig eingeordnet. Ich denke dabei vor allem an Picards sprachphilosophische Überlegungen zum Verhältnis von Sprache und Schweigen.

Vielleicht ist jenes schicksalsmächtige Wort, weil es nicht der Phrase untersteht, genau an jenem Rand des Schweigens abgelauscht, vielleicht bringt es ein Geschehen auf den Begriff, das vorher gar nicht erkannt werden konnte. Vielleicht ist sogar der Akt der Benennung eine letzte Erinnerung an die Schöpfung, denn immer dann, wenn wir nicht einfach nur die Phrasen nachplappern, sondern uns bemühen, ein Geschehen, das uns angeht, auf den Nenner zu bringen, ringen wir den Rändern des Schweigens wieder ein Quantum Wissen ab! Und das sollte nicht unterschätzt werden."

„Sehen Sie, genau da haben wir die Gefahr!" schaltet sich Mutzlacher wieder ein. „Ich kann akzeptieren, dass Intrigen gespielt werden, ich kann akzeptieren, dass die Leute meinen, sie müssten sich bekämpfen. Das ist alles in Ordnung, solange das Wort mittelbar bleibt – also ein Mittel. Aus diesem Grund setze ich auf das Begehren, denn so lange die Leute die nötige Brille vor den Augen haben, funktioniert die Macht wie geschmiert. Und dann können Sie gerne auch reden, denn sie können noch so sehr versuchen, die Kraft zu zerreden, die über sie herrscht, wenn sie sie zugleich mit jedem Satz evozieren. Vorhin war einmal von Geilheitsdressuren die Rede, jawohl, genau so muss es sein und wenn die Leute dies bereitwillig auch noch selbst übernehmen, ist mir um unseren Herrschaftsanspruch auch nicht bange. Aber wehe, es kommt wirklich zu dieser faktischen Macht des Wortes! Und Sie wissen ganz genau, dass dieses ganze philosophische Unternehmen der letzten rund dreitausend Jahre immer den Anspruch transportierte, unabhängig vom Begehren zu werden! Das ist der tatsächliche Wille zur Macht: Über die Dinge, die Welt und die Menschen ohne Einflüsterungen des Gefühls oder des Begehrens urteilen zu können. So lange es den Ehrgeiz gibt, solange einem irgendwelche Ziele wichtig sind, solange es so etwas wie die natürliche Rivalität gibt, solange untersteht die Sprache auch der Mimesis. Und damit ist gewährleistet, dass sich die metaphysischen Voraussetzungen des notwendigen Gefälles jeglicher Herrschaft nicht verändern. Aber wenn es tatsächlich so weit kommt, dass das faktisch gewordene Wort aufgrund gewisser Trainingsformen zu einem neuen Leben erweckt werden kann, halte ich dies für ein maximales Risiko! Gerade wenn ich an die Trainingsmöglichkeiten denke, die der Cyberspace zur Verfügung stellt. Es gab Zeiten, da ging einer dreißig Jahre in die Wüste, um die nötige Kraft aus der inneren Leere und dem produktiv gewordenen Schweigen zu akkumulieren. Aber heute besteht das Risiko, dass Leute diesen Versuchsablauf an ihrem Computer unternehmen – was meinen Sie, warum so viel Sex and Crime im Netz zu finden ist, wenn nicht, um dieser Gefahr mit den nötigen Verführungen zu begegnen. Und auch in unseren Zusammenhängen würde ich raten, dass wir alles an Sicherungsvorkehrungen bedenken, um es nie zu dieser Gewalt des faktischen Wortes kommen zu lassen – ansonsten kann nicht garantiert werden, dass so ein Luxusunternehmen wie die Akademie des Bewusstseins einen langen Bestand haben wird. Sie müssen sich klar darüber sein: Die Schule der Liebe, der einige von uns schon jetzt mehr zumuten wollen, als sie wirklich schultern kann, ist doch tatsächlich nur ein Appendix der Akademie! Aber wehe, die Leute lernen wirklich zu zaubern – unser ganzes Unternehmen wird damit überflüssig! Wir werden also die nötigen Zensurmaßnahmen und Verführungen einbauen müssen, um die magische Kraft des Wortes selbst so abzubinden und stillzustellen, damit tatsächlich nichts ernst zu nehmendes geschehen kann. Eine der besten Verführungen scheint mir die Schule selbst zu sein – wir müssen es eben richtig anpacken."

„Stopp, nicht ganz so schnell!" wirft Bornhard ein: „Ich halte jede dieser Thesen für richtig, aber so, wie Sie sie präsentieren, sind sie tatsächlich unvereinbar. Mir ging es auch darum, noch einmal daran zu erinnern, mit welchem hohen Einsatz wir spielen – aber ich denke, es kommt auf den richtigen Weg an und nicht darauf, die Möglichkeiten der Selbstentdeckung von vornherein zu beschränken. Zusammenfassend sollte auf jeden Fall einmal eines unterstrichen werden: Diese Betonung der Worte als Namen setzt einen Bezug zur symbolischen Ordnung als Ganzes. Wir sind hier bei dem angekommen, was Lacan den ‚Namen des Vaters' nennt, den Signifikanten der Hierarchie der symbolischen Ordnung und damit geht es um den Bezug zur Macht! Aber unterschwellig ist dieses Thema ja die ganze Zeit schon da. Wir können eine statische, überkommene Macht bewahren durch Verbote und Tabus – das ist der traditionelle Weg. Oder wir können die Leute in einem Mobile wechselseitiger Abhängigkeiten und Geilheiten dafür sorgen lassen, dass die Macht lernfähig und beweglich wird, dass sie sich wesentlich feiner anschmiegt und im Endeffekt sogar noch die Übertretung und die Perversion für sich arbeiten lassen kann. Der zweite Weg ist mit einem größeren Risiko behaftet, aber er wird auf die Dauer der erfolgreichere sein."

Diese Kennzeichnung der magischen Wirksamkeiten der Sprache gefällt mir, nur kurz setzt der Bezug auf unser *Altpapier* aber auch eine gewohnte Paranoisierung frei: Woher hatte Bornhard den Bezug auf die Zentralsterilisation gehabt, wer steckt da schon wieder dahinter? Aber was soll's, ich habe viele Jahre die Disziplin gehabt, diese Zeichensetzungen der Paranoiadressur einfach zu ignorieren – was für eine Erfahrung, dass ich abgepasst werden sollte, ob ich zum Einkaufen ging oder zum Jobben, ob ich mit den Hunden unterwegs war oder dich vom Arbeiten abholte. Tatsächlich war das Abpassen ja gar nicht so schwer umzusetzen. Ich hatte es den Leuten leicht gemacht, schließlich war mein Tagesablauf einer fast mathematisch genauen Disziplin unterstellt worden, um sechs bis acht Stunden zu lesen und dann am Abend noch etwa zwei Stunden Notizen zu machen. Die notwendige Konzentration erforderte diese Konstanz – während ich jetzt als Anzeigenverkäufer flexibel und beweglich sein musste und damit für Verwaltungsmenschen viel zu sprunghaft war. Diese paar Stichworte setzen einen ganzen Schwung Assoziationen in Bewegung, und wie nebenbei vergesse ich, welchen Imperativen die Verfolgung unterstand, wann ist man schon so wichtig im Leben! Ich muss mir erst wieder klar machen, dass diese Leute schließlich wollten, dass ich mich verfolgt fühlte; sie setzten alles daran, zu signalisieren, dass wir umzingelt und rund um die Uhr überwacht würden. Und was blieb tatsächlich von diesem Machtanspruch übrig, nachdem ich einfach dem näher liegenden Imperativ gehorchte, Geld verdienen zu müssen. Gar nichts – also was geht es mich heute noch an! Der Zug ist raus, wer bei diesen Krüppelzüchtern nicht am Tropf hängt, kann auch nicht groß gestört werden, vielleicht noch ein bisschen irritiert, aber was macht das schon. Allerdings sollten die Leutchen hier Mutzlachers Bezug auf die Macht vielleicht etwas genauer unter die Lupe nehmen – ich habe schon gestern das Gefühl gehabt, dass er höhere Ansprüche stellt, als die anderen, weil er einfach über weniger

Wissen verfügt. Es gibt auch einen Größenwahnsinn der Dummheit – bei einem solchen ausgelaschten Rhinozeros ist es nicht mehr möglich, von der Attraktivität der Naivität zu sprechen – und ich habe keinerlei Bedürfnis, mir seine weiteren Antriebe zu vergegenwärtigen.

Die Wirkungsmacht des Namens habe ich erfahren, da gibt es gar nichts zu rütteln. Als ich vereinnahmt werden sollte und mir nicht besser zu helfen wusste, als mit dem Satz: Auf der Uni laufen doch fast nur unterdurchblutete Arschlöcher rum, setzte dieses Stichwort einen Hörsturz frei und meine Unikarriere war beendet, bevor sie überhaupt begonnen hatte – nebenbei ergab es sich noch, dass ich einen Hund einschläfern musste, weil er blutigen Dünnschiss bekam und innerhalb kürzester Zeit zehn Kilo abnahm. Dieser eine kleine Satz, mit dem ich intuitiv um meine Autonomie gerungen habe, hatte sich als Bombe erwiesen. Und dabei war eigentlich klar, dass ich dem Prof so viel Sympathie entgegen gebracht hatte, dass ich ihn nicht dazu gerechnet hatte – man erzählt sowas nur jemandem, von dem man eine ähnliche Einschätzung erwartet. Denn tatsächlich hatte ich nur einen Widerspruch artikuliert, der mich während des ganzen Studiums begleitet hatte. Man musste nur die Monate nach dem Abi zur Vorbereitung des ersten Semesters morgens von sechs bis acht Uhr als Putzmann und dann von acht bis fünfzehn Uhr als Bote gearbeitet zu haben, musste nach dem Ersatzdienst in einer Zentralsterilisation in den folgenden sechs Jahren vier Monate im Jahr als Packer und Bote im Buchhandel jobben, musste die Erinnerung an die harte Arbeitswirklichkeit des Alten in seiner chemischen Reinigung im Gerüst haben, um dann die Erfahrung, dass in den eigenen Studiengängen fast nur Beamten- und Lehrerkinder mit einem Minimum an Antrieb darauf hofften, eine lebenslange Versorgung zu ergattern, dazu zu verwenden, den ganzen Bildungsbetrieb gründlich abzulehnen.

Es gab noch mehr solcher Wörter, die im richtigen Augenblick einen Wahrheitsbezug transportieren konnten, der ihnen in ihrer schlichten Alltagsumgebung gar nicht anzumerken war: Als wir uns gegen die Intrige auf der Volkshochschule wehrten, die Dir den Job kosten sollte, verwendeten wir in unserem Brief an den Direktor das Wort Schattenkaiser, und im Ablauf einer Woche hatten sich die hochgekitzelten Virulenzen, nachdem sie nicht wie beabsichtigt bei uns eingeschlagen waren, in die Institution zurückgespiegelt und ein stellvertretender Vorstand war tot – und im Nachruf stand seltsamerweise, sein Lebensinhalt sei die Musik gewesen. Das war schon seltsam: In den vergangen Jahren wurden ein paar der kleinen Krüppel getroffen, die uns das Leben als Delegierte schwer machten, aber dieses Mal hatte der Blitz über die mimetische Standleitung des Namens Musik auf einer Ebene eingeschlagen, die wir gar nicht in Betracht gezogen hatten. Erst über diesen Umweg wurde uns klar, was es für die Institution wohl geheißen hatte, dass der Vorstand von jener Fakultät, die mich zur persona non grata erklärt hatte, mit einer Ehrenprofessur eingekauft worden war.

Oder der verkrüppelte Rechtsanwalt, den wir rund fünfzehn Jahre als Nachbarn hatten und der ständig vorspielte, was für ein Betrieb in seiner Praxis war – weil tatsächlich fast nichts lief und er seine drei Halbtagskräfte so einsetzte, dass jede die Tätigkeit der beiden anderen auch noch zu tun hatte, um immerhin genug Geschäft für alle drei zur Verfügung zu haben und der dann in schöner Regelmäßigkeit nach weiteren Halbtagsrechtsanwaltsgehilfinnen suchte, nur um mit den ständigen Bewerbungsgesprächen eine weitere Geschäftigkeit zu simulieren. Das hielt dieser welke Akademiker zwölf Jahre durch, immer auf dem Trip, mich bei jeder Begegnung als Hausmeister runterzuziehen, mir klar zu machen, dass man bei den lehrerbildenden Fächer tatsächlich nur Professor werden konnte, wenn man nicht Lehrer werden wollte, und zu betonen, dass man sich die Existenz eines freien Schriftstellers vielleicht mit einem wohlgepolsterten Erbe leisten konnte, wenn einem der Sinn danach stand. Dass ich mit meinen paar Volkshochschulkursen und den Monaten als Hilfsarbeiter genau so was hinbrachte, konnte gar nicht sein, sonst wäre ich ja nicht auch noch Hausmeister und musste mir vorführen lassen, dass er die Asche seines Zigarillos auf die Treppe schnippte, die ich, während wir sprachen, gerade sauber gewischt hatte. Dann hatte ich Fritz aus dem Tierheim geholt, der aufgrund seiner Katastrophengeschichte über ein feines Sensorium für Bosheit und Negation verfügte und ohne Vorwarnung explodieren konnte. Ich staunte immer wieder, was für ein beeindruckendes Repertoire an Tonfolgen ein Wolfsspitz hat und wie er unterscheiden konnte, bei wem er welchen Triller oder

Gurgler am erfolgreichsten einsetzt – ich wunderte mich auch darüber, wie er in den entfesselten Veitstänzen noch zu minimalen augenblicklichen Unterscheidungen in der Lage war. Uns fiel auf, dass er fast jedes Mal, wenn der Aufzug ging und irgendjemand in die Kanzlei nebenan kam, die gleichen böse gequetschten und unterdrückt zornigen Beller von sich gab: Und das, obwohl manchmal ein leichtfüßiger Stepptänzer rüber rannte und manchmal ein schwerfälliger Bauerndepp in Knobelbechern, manchmal das hektische Gestocher von Pfennigabsätzen und manchmal das schmierige Schlurfen ausgelatschter Treter. Wir dachten uns noch immer nichts dabei, aber einmal bei einer Begegnung sagte ich im Vorübergehen, als der Rechtsanwalt mich auf das Gebell meines Hundes ansprach, dass wir ihn als Wachhund angeschafft haben, nachdem wir festgestellt hatten, wie sich die Szene immer frecher in der Innenstadt ausbreitete und dass der Hund sehr genau unterscheiden konnte, wer kam, weil er sich nach seiner Nase richtete. Das reichte, es wäre sicher eine eigene Geschichte wert, zu beschreiben, wie dieser juristische Simulant versuchte, sich gegen eine Wahrheit aufzubäumen, die bisher nicht mehr als eine brennende Zündschnur war und in den folgenden Nächten alle halbe Stunde kam und ging und sich vor unserer Tür räusperte oder die Aufzugstür an die Wand knallte. Der Depp konnte wohl nicht einschätzen – woher auch –, welche Kondition ein Wolfsspitz im Tierheim bekommt, wenn er nicht an der Verzweiflung krepiert, sondern meint, sich durchbeißen zu müssen. Wir waren nach diesen Nächten gerädert, der Hund nicht – aber danach hatte unser Nachbar einige Ausfälle und schlich mit einer gilb-grauen Farbe im Gesicht zu seinen Espressos, wirkte völlig ausgemergelt, musste mit Tabletten abgedämmt werden, weil er Stimmen hörte und ohne die chemischen Wattepolster hektische Anfälle bekam. Auf einmal wurde uns endlich klar, was er all die Jahre inszeniert und dass er sich durchschaut gefühlt hatte. Damit war die Energie, die er auf die Vorspiegelung einer erfolgreichen Kanzlei verwendet hatte, nach hinten losgegangen und hatte den kleinen Rest der funktionstüchtigen Synapsen durchgebrannt. Es gibt diese Funktion des Wortes und die anderen Beispiele finden sich in den verschiedensten Variationen meiner Texte.

Aber auch der Bezug auf die *Matrix* kommt mir in diesem Zusammenhang wieder recht wichtig vor, er transportiert noch irgendein Thema, an das ich zurzeit noch nicht rankomme. Wie nebenbei habe ich in den letzten Jahren einige philosophische Kommentare zu dieser Trilogie gesammelt und dabei immer das Gefühl gehabt, dass der Film noch ein wenig mehr transportieren konnte, als die philosophischen Lehrstuhlinhaber wahrhaben wollten – und vorhin waren ein paar Andeutungen zu hören, die irgendetwas zum Klingen gebracht haben. Aber ich werde abrupt aus der angenehmen Gedankenflucht dieses assoziativen Nebels aufgescheucht: Es ist immer wieder tröstlich, wenn ich mir bewusst machen kann, dass jeder meiner Quälgeister bisher eine Quittung bekommen hat, die an Qual weit überstieg, was er mir an Schmerzen bereiten konnte. Der fette Mutzlacher ist wohl der nächste, er hat mich die ganze Zeit immer wieder fixiert, seit ich vorhin bei der Aussage der Bornhard ein Aha-Erlebnis hatte – vielleicht auch, weil er mitbekommen hat, dass ich einmal über Benjamin promoviert habe. Ich bin anscheinend nach wie vor nicht in der Lage, meine Gedanken für mich zu behalten. Er spekuliert wohl darauf, dass die kritische Masse der bisherigen Gedankenbewegung wohl am besten in den Griff zu bekommen ist, wenn er einen Sündenbock dazu verwendet, die Gruppe auf seine Linie einzuschwören. Und wie es aussieht, ist dieser verfressene Idiot in seiner postkoitalen Frustration der Ansicht, er könne mich als Sündenbock verwenden.

„Warum sagen Sie eigentlich nichts? Wenigstens zum Thema Walter Benjamin hätten wir einige sachdienliche Hinweise erwartet. Und warum lächeln Sie jetzt so süffisant? Ich habe mir das vorhin schon fast gedacht. Sie haben ständig ein so überhebliches Grinsen im Gesicht, als wüssten Sie das alles viel besser. Selbst der Kommentar zu einem Batman-Film, den ich einmal aufgeschnappt habe, könnte hier doch eine Erläuterung wert sein. Warum haben Sie diesen grellbunten Kitsch auf die Tragödie bezogen und nun hören wir nicht einmal die Andeutung eines Kommentars. Wenn ich mich richtig erinnere, haben Sie die kulturellen Heroen bemüht, die Rätsellöser und Sinnstifter, die sich in allen Mythen finden und die für die primären Bahnungen gesorgt haben, die die Widersprüche dingfest machen halfen und als Vorläufer eines logischen Tertium non datur für die Möglichkeit einer einheitlichen Welterfahrung gesorgt haben. Und dann darauf hingewiesen, dass der Kampf gegen einen Riddler, wenn er sich mit Twoface verbündet, genau jene alte mythische Aufgabenstellung zitiert. Die psychotische Entdifferenzierung reicht beim Riddler über die geschlechtliche Indifferenz und den Sexualneid als Antrieb bis zum Medium Fernsehen, das hier auf einer telepathischen Entwicklungsstufe angesiedelt, zum Werkzeug der Weltbeherrschung werden soll. Wenn gestern im Kontext des Surrealismus die Psychotikerin idealisiert werden konnte, so haben Sie mit Ihrer kleinen Filmkritik – auch wenn sie damals in einen Spot von McBurger eingebaut worden war – eine aktuelle Nachfolge gekennzeichnet, die eine Figur der Tragödie, Twoface in seiner kriminellen Gespaltenheit, die auf das Los angewiesen ist, auf den Würfelwurf oder die fallende Münze, einfach in Dienst nehmen kann, weil sie viel weiter in eine Sumpfwelt zurückreicht. Das ist doch schon mal gar nicht schlecht – genug immerhin, um es, wie ich meine, in unser Geschehen einzubringen!

Warum beteiligen Sie sich dann nicht! Wenn Sie tatsächlich dafür sorgen, dass wir uns an einigen Zitaten die Zähne ausbeißen sollen und möglicherweise mehr wissen, wenn Sie etwas erfahren haben, was wir hier verwenden können, ist es nicht fair, uns dieses Wissen vorzuenthalten. Wir tun hier nämlich unser Bestes! Und wenn Sie meinen, Sie könnten sich anmaßen, über uns zu stehen, dann gehören Sie gar nicht hier her!"

Ich schaue ihn erstaunt an. An den Werbespot habe ich nicht mehr gedacht, seit ich die Unterschrift für eine Jahresschaltung in der Tasche hatte: ‚Angus Rind von Alpha Centauri' und dazu ein schwarzer Ochse unter einem lila Himmel, der von einer Reihe asiatisch anmutender Pfleger gefüttert und massiert wird – der letzte Schwachsinn und ich kann mich an keine Aussagen über den Film erinnern. Die Blödheit jenes Volkshochschulbuchhalters, der es sich als Delegierter in den Kopf gesetzt hatte, Dir den Arbeitsalltag zu versauern, hätte ich nicht von ihm erwartet. „Es gibt einen ganz einfachen Grund. Ich habe nichts zu sagen. Ich bin hier, um möglichst viel aufzuschnappen und verwendbar zu machen und wenn Sie Glück haben, finden Sie einige Ihrer Sprüche in einem Werbespott für Champagner wieder."

„Ich darf im Kontext dieses Batman-Films mit Spranger an das verloren gegangenen metaphysische Fundament der Konzeption der Person erinnern", meldet sich Bornhardt wieder zu Wort, „auf dessen Folie eigentlich erst deutlich werden kann, um was es geht. Nehmen Sie noch einmal die kleine aber sehr treffende Arbeit zum Thema *Lebenserfahrung* Seite 46 und die folgende: Nur die Person ist Selbstzweck. Der Wille, der auf sie und ihr Wesensgesetz gerichtet ist, ist der einzige Wille von unbedingtem Werte. Diese Sprache ist, wie erwähnt, noch sehr rationalistisch und einseitig moralistisch. Kant selbst hat hinzugefügt, daß wir als sittliche Personen mit unserem Gewissen unmittelbar vor Gott stehen. Und da wird wohl der letzte Endpunkt zu suchen sein. Liegt er fest, nämlich diese Orientierung: «Das sich vor Gottes Auge wissende Gewissen», so mag sich jeder nach seinen «gewissenhaften» Lebenserfahrungen das weitere selbst ausdeuten. Dafür können wir aber auch sagen: alles höhere Leben und alle fortschreitende Lebenserfahrung ist ein ständiges Gott-Suchen. … Die Spannfeder im Drängen nach der Lebenserfahrung ist das Sich-selbst-nicht-genügen, das plus ultra, das uns immer neu aufwühlt. Es läßt uns irgendwann einmal unser tieferes Selbst finden. Aber auch dabei bleibt es nicht. Wir sind aufgefordert, unser Selbst zu überwinden und es einem Höheren, Unbekannten aus Dankbarkeit freiwillig hinzugeben. Die Lebenserfahrung gipfelt in diesem Geheimnis des «Stirb und werde», in immer neuem Selbstwerden, Zerbrochenwerden und Neugeborenwerden. Unverrückbar bleibt nur das göttliche Element der ewigen Liebe, von der umschlungen der letzte, steilste Anstieg erfolgt: «Ungehemmt mit heißem Triebe / Läßt sich da kein Ende finden!» — Warum das Menschenleben unter diesem schmerzlich-schönen Gesetz steht, wissen wir nicht. Genug: Inquietum est cor nostrum, donec requiescat, Domine, in Te. Diese Perspektive scheint heute fast verloren gegangen zu sein und wenn Sie sich klar machen, wie viel Selbstbestrafung und Opferverhalten der Mensch notwendig hatte, um ein halbwegs stimmiges und funktionierendes Selbstbild auszuarbeiten, verwundert es auch nicht, dass in der Massenunterhaltung ein enormer Aufwand getrieben wird, um dieses Stirb-und-werde stellvertretend in multimedialen Spektakeln zu simulieren. Wenn die Leute schon keine eigenen Erfahrungen mehr machen, muss auf jeden Fall dafür gesorgt sein, dass stellvertretend doch irgendwie und in irgendwelchen zur Identifikation taugenden Gestalten die Gesetzmäßigkeiten der Lebenserfahrung zum Tragen kommen. Und wenn es nur für immer wieder hundertzwanzig Minuten ist – das ist noch immer besser als nichts und fast so etwas wie eine Schutzimpfung."

"Ich habe die Besprechung damals zur Kenntnis genommen und später sind mir noch ein paar Ergänzungen dazu eingefallen", meldet sich Merk zur Stelle. „Wenn Sie sich die Zeit für eine längere Abschweifung nehmen wollen, traue ich mir zu, die wesentlichen Gedanken zu extemporieren?" Die anderen nicken und lächeln geneigt und wie er dann bedächtig die Argumentation aufbaut, das Thema umkreist und Schritt für Schritt, ohne die eine oder andere Wiederholung zu scheuen, wieder bei den Grundlinien seines kulturkritischen Ansatzes landet, kann ich nur feststellen, dass diese Improvisation nur noch von ferne an meine Promotions erinnert.

„Wer hätte gedacht, dass das Popcorn-Kino mit der Verfilmung von Comics mehr Gedanken in Bewegung setzen kann, als der anspruchsvolle Autorenfilm, der sich mit einem Dialogstück an der Umsetzung eines Klassikers aus dem abgestorbenen Bildungskanon übt. Natürlich faszinieren erst einmal das Bilderspektakel und die Inszenierung des technischen Brimboriums, die vordergründig zum Subjekt der Handlung taugen. Aber wie nebenbei schieben sich nach und nach die Fragen nach dem Sinn, die Tragfähigkeit der Moralvorstellungen und die Hoffnung auf die Möglichkeit einer erfüllenden Beziehung zwischen den Menschen aus der Obszönität der Szene ins Zentrum des Interesses. Es wird ein Todeslauf, bei dem die Logik des kommunikativen Prozesses gegen die Wirkungsgewalt der Psychose steht, die Ethik der Sprechergemeinschaft gegen die Entdifferenzierung eines großen Gleichmachers, der zugleich ein Prediger der Regellosigkeit und der Anarchie ist. Hier ist natürlich die Einschränkung angebracht, dass diese bösartige Karikatur von chaotischer Anarchie nur auf der Folie eines totalitären Weltverständnisses – als immanente Steigerung eines Systems von Lüge und Verleugnung, von Erpressung und Zerstörung zu verstehen ist, als potenzierende Emanation der Psychose. Schon Bateson hat unterstrichen, dass die formalen Gesetzmäßigkeiten von Humor und Geisteskrankheit die gleichen sind, dass der kreative Prozess mit den Gesetzmäßigkeiten arbeitet, mit denen die Psychose ein biographisches Geschehen unterhöhlt und zerstört... Aber es macht eben einen gewaltigen Unterschied, ob wir aktiv an einem Geschehen arbeiten oder ob wir Gesetzmäßigkeiten unterworfen werden, die derart regellos und willkürlich erscheinen, dass wir nicht mehr das Gefühl haben können, über unsere Biographie selbst zu bestimmen – auch wenn dies immer mehr oder weniger auf einer Illusion beruht. Mag das Spektrum der kreativen Möglichkeiten alle Felder vom Spiel bis zum Terror umfassen, so hat das inszenierte Chaos dieses Jokers fast nichts mehr mit der Kunst gemein, auch wenn er in einem Film gelandet ist. Manche barbarische Wunschvorstellung der Surrealisten aus den Dreißigern scheint hier eingelöst, aber das von ihm freigesetzte Böse ist derart abgrundtief, dass wir auf die theologischen Wurzeln der Konstitution des Menschlichen verwiesen werden – und dennoch ruft der destruktive Chaot auch Sympathien ab, irgendetwas klingelt und hallt nach in dem Wechselspiel zwischen seiner Rolle und der Welt, in der er eine Rolle gefunden hat: Allein schon, weil er die Antriebsstörungen und Behinderungskapriolen einer verwalteten Welt aushebelt, weil der ganze Bombast aus Lüge und Verleugnung gesprengt wird, weil das Geld als Motor einer Welt der Surrogate und der Simulation auf einmal nicht mehr zählt. Wie nebenbei bietet sich außerdem die Folgerung an, dass dieser Clown die logische Folgerung aus den Antinomien des positivistischen Rechtsverständnisses verkörpert.

Das Recht in Gotham ist der Deckmantel der Korruption – nicht mehr, aber auch nicht weniger, denn ohne Illusion wäre das Leben gar nicht auszuhalten. Man könnte auf die Idee kommen, dass das Recht nur funktioniert, wenn eine kriminelle Vereinigung mit der nötigen Macht dafür sorgt, dass seine Ansprüche durchgesetzt werden. Damit ist eine pragmatische Rechtfertigung eines positivistischen Rechtsverständnisses gegeben, denn die Menschen sind schwach und unzuverlässig und die Welt ist schlecht. Aus diesem Grund ruft ein solcher Begründungszusammenhang apriori nach einem Joker, wie dies schon der Bankraub am Anfang nahelegt. Wenn er die Bank der Mafia ausraubt und sich über die Empörung eines schießwütigen Mafiabuchhalters hinwegsetzt, indem er ihn erst anschießt und anschließend in die Luft sprengt, ist ein Weltstatus erreicht, auf dem das durch das Unrecht hergestellte und verbürgte Recht ad absurdum geführt werden kann. Der Joker wird so zu einer sich selbst legitimierenden, anarchischen Gewalt, die dem Rechtsbegriff der Firma mindestens so entgegen gesetzt ist, wie den Ordnungsvorstellungen, die auf der Selbstjustiz beruhen – womit der zwingende Bezug auf Batman gegeben ist.

Über einen längeren Zeitraum wird uns eine Welt vorgeführt, in der die Verwobenheit von Macht und Verbrechen derart unauflösbar ist, dass es eine anonyme Macht braucht, die außerhalb der Legitimität operiert, um das Verbrechen einzudämmen und die Balance so weit zu garantieren, dass die Statthalter des Bösen nicht die Oberhand gewinnen. Das ist der funktionelle Rahmen Batmans, innerhalb dessen dann die nötigen Nachahmer und Karikaturen auftauchen, denen die Selbstjustiz nur dazu verhelfen soll, von den Problemen des Ich-bin-wichtig abzulenken. Ob die Mimesis oder der Hang zur Selbstjustiz, die ja zwingend auf einander bezogen sind und das psychische Problem der Abgrenzung verraten, sie sorgen tatsächlich dafür, dass diese Leute ihr Leben nicht auf die Reihe bringen und willfährige Opfer sind. Dagegen arbeitet Batman auf eigene Kosten und als Universalprothetikus hat er kein Identitätsproblem – er ist die modernste Ausführung des von Elias beschriebenen homo clausus. Aber auch deshalb, weil er im anderen Leben als reichster Unternehmer der Stadt für dieses Unternehmen der Nemesis die Mittel zur Verfügung stellen kann. Irgendwer muss das Fundament zur Verfügung stellen, er kann es sich nicht leisten, ein *guter Mensch von Sezuan* zu sein, also braucht es anderes: Die Spezialausrüstung und den technischen Support, die Beziehungen und die verschwiegenen Mitarbeiter, die für einen solchen einsamen Rächer in einer Welt der multinationalen Konzerne und der weltumspannenden Abhängigkeiten notwendig sind, wenn er mit Erfolg operieren will – potenziert: den Verantwortlichen, der die zu einem umfassenden Sonar zusammengeschalteten Handynetze kontrolliert und ihn mit den notwendigen Daten versorgt.

Der Unternehmer, der Geschäfte mit dem Kopf der Verbrecher macht, der auf die Banken der Mafia angewiesen ist, der die korrupte Polizei braucht – um dann unter der Maske mit den Methoden der Selbstjustiz für eine ausgleichende Gerechtigkeit zu sorgen und dabei festzustellen, dass er zwar das Gute wollte, dabei aber bei seiner

Form der Durchführung alles, was ihm wichtig war, zerstört hat. Der Ausnahmezustand einer korrupten Gesellschaft legitimierte die Durchsetzung des Rechts mit allen Mitteln. Allerdings – im Rahmen einer dualistischen Trennung von Gott und Teufel – um den Preis der Erfahrung, dass der, der nur das Gute will, im Endeffekt das Böse schafft. Und seltsamerweise ist es der Joker, der die mephistophelische Umsetzung der Hegelschen Dialektik zustande bringt: Unter seinem Zugriff verwandelt sich eine amorphe Masse Volk in eine Solidargemeinschaft, die der Logik des kommunikativen Handelns gehorcht. Vermutlich arbeitet dieser Batman auch an einer multimedialen Antwort auf das Trauma des 11. September – wie die Darstellung dieses Datums als Kassenbetrag in Hancock, wenn dem Supermann, der auf den Status des Penners regrediert, die Zwangssituation durch die kriminellen Erpresser offensichtlich gemacht werden soll – und diese gebrochene Charakterstruktur der Heroen unterstreicht nur, dass der Joker eine systemimmanente Funktion darstellt...

Batman ist über jenen Leiter der Spezialabteilung, der in der Lage ist, ihn um Hilfe zu rufen, direkt mit dem Verbrechen liiert – die Mitarbeiter in dieser Abteilung haben sich vor dem korrupten Apparat ausgezeichnet, weil sie beim alltäglichen Unrecht nicht mitgespielt haben. Sie haben damit aber innerhalb des korrupten Apparats selbst einen schweren Stand und laufen immer Gefahr, für irgendwelche Übertretungen verantwortlich gemacht zu werden, für größere Verbrecher den Sündenbock abgeben zu müssen. Sie sind vielleicht gerade deshalb dem Zugriff der Abgesandten des Jokers ausgesetzt. Weil sie aufgrund irgendwelcher Abhängigkeiten oder Notlagen in ganz anderer Form zu nötigen sind, als korrupte Beamte, die immer die nötige Unterstützung aus der gegenseitigen Verstricktheit pressen können, sind hier andere Formen der Ausgeliefertheit entstanden. Also auch hier wieder das Gesetz aller Doppelagenten und Überläufer: Gerade was sie auszeichnet, korrumpiert sie besonders und macht sie zu Signalleitungen ins Zentrum des Verbrechens.

Außerhalb steht erst einmal wirklich nur diese traurige Gestalt am Straßenrand. Dem Mangel an Haltung entspricht die Anonymität, die Wert- und Bedeutungslosigkeit im Dschungel der Großstadt. Diese lasche Figur, mit einer zerbeulten Reisetasche in der einen und einer

Clownsmaske in der anderen Hand, wirkt müde und abgenutzt und so tottraurig wie die Figuren aus Fellinis *Clowns* – das Lachen, das im Gefolge von Witz, Komik und Humor ein Widerpart der Psychose sein kann, ist bei ihm ein Wundmal der biographischen Katastrophe. Man sollte nicht glauben, dass dieser Penner die umfassendste Infragestellung der herrschenden Machtbalance zustande bringen kann – auch wenn es einmal bei Marcuse geheißen hat, dass in einer Welt der eindimensionalen Menschen nur noch die Solidarität mit den Drop-outs bleibe. Vielleicht deshalb führt er vor, dass es für ihn keine Solidarität geben kann: Bevor er beginnt, sich an der Qual eines Opfers zu weiden, muss er von den Qualen erzählen, die ihn zu dem Monster gemacht haben, das er nun ist: Wie ihm das Lachen mit dem Messer ins Gesicht geschnitten worden ist. Auch das ist eine Art, die eigene Geschichte ertragbar zu machen: Indem die Negation und Verzweiflung in potenzierter Form weiter gereicht wird.

Der Clown hat das Drehbuch für den Überfall auf die Mafiabank ausgearbeitet – er ist so wenig auf der Seite des etablierten Verbrechens, dass er sich nicht nur mit den Mächtigen in dieser Stadt anlegt, und das sind die größten Verbrecher, sondern nebenbei auch alle seine Helfer liquidiert, denn das sind die kleinen Verbrecher. Und er inszeniert die Vorgehensweise, als würde er tatsächlich einem Drehbuch folgen: Er hat den Busfahrer zu erschießen. Das Stichwort Drehbuch sollte nicht unterschätzt werden. Es ist mehr als eine Reflexionsfigur, die auf den Film verweist, in dem er uns gerade gegenübertritt – es ist auch der Hinweis auf jene mythischen Mächte, die die Spielregeln schreiben, wie sie das erste Mal in der Tragödie greifbar geworden sind und noch heute durch jeden Familienroman geistern. Gegenüber einem Absolutismus der Wirklichkeit ist die Objektivierung gewisser Gesetzmäßigkeiten in nachvollziehbaren Regieanweisungen ein wesentlicher Schritt der Emanzipation – schon aus diesem Grund scheint der Joker diesen Prozess in der falschen Richtung zu durchlaufen. Es ist also nur folgerichtig, wenn dieser Anarchist im Zentrum des Verbrechens auftaucht und den Mafiosi, die ihn gerne erledigen würden, das Geschäft ihres Lebens vorschlägt: Batman zu erledigen... Bis es soweit ist, braucht es noch einige kulturelle Umwege, denn erst muss Batman den Kopf des Mafiaunternehmens kidnappen, den der Clown bei den ersten Verhandlungen, als dessen Omnipräsenz auf einem Bildschirm im Hintergrund unter Beweis gestellt wurde, als Lügner und Verräter charakterisiert hat – und er sollte Recht behalten, dieser Lenker multinationaler Konzerne ist sofort bereit, sich zu arrangieren und seine Leute über die Klinge springen zu lassen, denn er hat die Möglichkeiten und kann es sich leisten, jederzeit eine weitere kriminelle Vereinigung nachzukaufen. Welch seltsame Parallele, der Joker und Batman stimmen in Ihrem Urteil überein. An dieser Stelle bietet sich auch noch die Beobachtung an, dass die anfänglichen Unterhandlungen über eine Geschäftskooperation den Unternehmer, hinter dem sich Batman verbergen kann, derart gelangweilt oder ermüdet haben, dass er dabei eingeschlafen ist und zum Abschluss des Geschäfts erst wieder geweckt werden muss. Wer einmal in einen Machtkampf mit Psychotikern verstrickt worden ist, weiß wie sehr der Wahn anstrengt, wie müde er auf Dauer macht und dass es nur ein paar Waffengänge braucht, bis man diese aus der Alles-umsonst-Verleugnung sickernde Müdigkeit schon bei einer einfachen Begegnung zu bemerken glaubt.

Die ehrenwerte Gesellschaft soll also erst einmal ein paar Frustrationen nötig haben, bis es nicht mehr die Stummfilmpantomime eines Shylock und die Überzeugungskraft eines Hausierermantels mit der Innenausstattung diverser Handgranaten und Sprengmittel braucht und die Unterwelt zu einer Zusammenarbeit bereit ist. Und mit der Einsicht, dass nicht viel nötig ist, ein bisschen Dynamit und genug Benzin, keine Hightech und keine hochdotierten Spezialisten, nur den schmerzunempfindlichen Willen, bis zum Ende zu gehen, ist die Zeit für das soziale Experiment des Clowns gekommen. Seltsamerweise stellt er die Bedingungen für die Möglichkeit der Erfahrung her, in der das Reden Zeit gewinnt im Wettlauf gegen den Tod, in der eine Abstimmung – also ein demokratisches Ritual – eine weitere Frist gewährt, bis genug Zeit für das Aha-Erlebnis zur Verfügung steht, dass die Leute in den anderen Schiffen auch noch nicht auf den Knopf der Fernsteuerung gedrückt haben... Auch dieser Clown ist ein Riddler, der Schiffe-versenken spielt und den Menschen das Rätsel aufgibt, mit dem sie ihre Menschlichkeit bewähren oder verspielen können.

Der in der momentanen Gegenwärtigkeit operierende Anarchist hat als urtümlichsten Ansatz den absoluten Egoismus. Für ihn ist nur ein Status denkbar, den die Psychiatrie als Absolutheitsanspruch der psychotischen Mutter gekennzeichnet hat. Um im absoluten Status der Macht zu sein, muss er darauf abzielen, dass wirklich jeder jeden in die Luft jagt, denn dann läuft das Spiel unabhängig von ihm und es besteht sogar die Möglichkeit, dass gar kein Letzter übrig bleibt – gerade weil die Regel des sozialen Experiments hieß: Wer zuerst auf den Knopf drückt und die anderen tötet, hat die Chance, zu überleben. Dieser Vertreter der Regellosigkeit und des anarchischen Chaos, der das Geld verachtet und den größten Gewinn nur verbrennt, der jeden Mitstreiter verrät oder vernichtet, ist das Zerrbild des Menschenbildes der Aufklärung. Der Mensch sei des Menschen Wolf hieß es einmal, um damit den Vorrang der Macht und des Staates zu behaupten, um die antagonistischen Kräfte in Schach zu halten und die Gefahr des Bürgerkriegs zu bannen und damit die Legitimität des Rechts zu begründen. Der die Regeln verachtende Freak, der sich anfangs der allgegenwärtig herrschenden Mafia entgegenstellt, weil allein dieser Machtanspruch sein Mütchen kühlen kann und der sich dann einen Batman herauspickt, als dieser sich als die größere Macht erweist... scheint die Probe auf ein Menschenbild darzustellen, dass sich im Fortgang der Zivilisation vom Wissen um die ursprünglichen Subsistenzeinheiten verabschiedet hat. Die menschliche Gemeinschaft beruht tatsächlich auf anderen Gesetzmäßigkeiten, als dies die großen Denker der Aufklärung erklärten – auch oder weil sie im Einklang mit den ultimativen Ansprüchen der psychotischen Mütter argumentierten. Der absolute Egoismus ist nicht die Klärung der menschlichen Antriebe – er stellt sich vielleicht erst ein, wenn die nötigen Frustrationen und Subalternisierungen dafür sorgen konnten, dass sich ein menschliches Wesen, noch vor allem Geschlecht, ausgeliefert und beschissen fühlen soll. Der Wille zur Macht ist nicht das Non-plus-Ultra, sondern eine Kompensation für die erlittene Inferiorität: Er ist gerade das Gegenteil zur Souveränität der Körpererfahrung und zur Freude an der eigenen Kraft. Dieses Lernpensum haben Mütter und Bildungsbeamte für Jahrhunderte gemeinsam vermitteln können – nur aus dem Grund ist der Ansatz der gleiche.

Die moderne Evolutionstheorie macht nachvollziehbar, wie über einen längeren Zeitraum planende Handlungen auf Kosten einer momentanen Bestätigung des egoistischen Strebens entstehen können. Der Aufschub der Befriedigung, der Verzicht auf einen kleineren Sieg, verspricht auf Dauer einen viel größeren Gewinn. Unter bestimmten Bedingungen hat die natürliche Selektion durch den Imperativ Was-sollen-denn-die-Leute-denken dafür gesorgt, dass sich eine auf den ersten Blick uneigennützige Kooperation und sogar ein Konzept für Anstand und Moral herausbildeten. Selbst die Liebeswerbung, das Investieren in Schmeicheleien und Geneigtheiten, in Geschenke und große Versprechungen ist eine Investmentstrategie, die auf die Dauer setzt – der Frauenraub und die Vergewaltigung kommen schneller ans Ziel und haben in der Folge das Nachsehen.

Dieses Konzept der Reziprozität des symbolischen oder auch realen Tauschs stellt die Grundlage der verschiedensten Reputationsspiele dar. Die Anerkennung einer sozialen Rolle, die Unterstreichung eines bestimmten Prestiges sind entscheidend für den Erfolg sozialer Interaktionen, bei denen das Ansehen oder das Hören-Sagen für mindestens einen der Partner eine wichtige Rolle spielen. Unzuverlässig oder rücksichtslos zu sein, dem maximalen Gewinnstreben oder der momentanen Lust zu gehorchen, kann nämlich zur Folge habe, dass bei den nächsten Unternehmungen auf die Teilnahme verzichtet werden muss. Die Heroen der Anomie à la Hitler und Stalin gehorchen der von Canetti beschriebenen Machtspirale: Ab dem Stadium der lediglich auf sich selbst bezogenen Macht kann es nur darum gehen, noch mächtiger und mehr zu werden und das funktioniert nur, wenn immer mehr Bundesgenossen die Opfer abgeben... – es gibt aber keinen Weg zurück in einen funktionierenden gesellschaftlichen Zusammenhang. Mit der Spieltheorie kann gezeigt werden, wie sich kooperative Strategien in sozialen Gruppen langfristig als ökonomisch sinnvoll erweisen – auch wenn sie kurzfristig mit Kosten verbunden sind. Wenn das Entgegenkommen dem Geber weniger kostet, als er dem Empfänger wert ist, wird sich die Kooperation langfristig lohnen und insgesamt einen Mehrwert schaffen. Wer die Kooperation verweigert, spart zwar kurzfristig Kosten, verhindert aber den möglichen langfristigen Nutzen putativer Bündnisse.

Mit der Sprache kommt die Lüge in die Welt – Tiere können nicht lügen – aber zugleich die Möglichkeit, den anderen ob seiner Ehrlichkeit und Zuverlässigkeit zu achten und hochzuschätzen. Vielleicht waren die Reputationsspiele der Grund für unser Hirnwachstum – schon die Fähigkeit zur Lüge erfordert ein wesentlich komplexeres Denken und eine genauere Verfügung über die eigenen Erinnerungen. Erst wo die Möglichkeit besteht, dass die Finte oder Täuschung in den gewollten Betrug und die explizite Lüge übergeht, ist auch die Möglichkeit eines Prämiensystems für Wahrhaftigkeiten gegeben. Und das impliziert ganz überzeugend, dass es ein Moralsystem braucht, um Entscheidungen in Reputation zu übersetzen, damit ein Übereinkommen über Recht und Anstand innerhalb einer sozialen Gruppe entsteht. Aus diesem Grund konnte es heißen, dass spätestens dann Moralsysteme tatsächlich funktionieren. Wenn die Sprache eine relative Komplexität ermöglicht, sorgt sie dafür, über das Hörensagen eine Reputation aufzubauen und die Anerkennung von anderen zu erfahren. Auf diesem Weg werden die Techniken der Selbstdarstellung und Selbstvermarktung und damit die Modellierung der eigenen Identität über den Umweg der anderen zum Garanten eines relativ gewaltfreien Zusammenseins – und prämiert wird eben nicht die maximale Fähigkeit, den Egoismus durchzusetzen, sondern die Kapazität, einen Schritt zurück zu treten, von den unmittelbaren Interessen Abstand zu nehmen, um sich mit anderen einer größeren und notwendigeren, vielleicht sogar befriedigenderen Strategie widmen zu können.

Und genau dann, wenn ein soziales Gefüge nach den Gesetzmäßigkeiten von Abhängigkeitsbeziehungen aufgebaut ist, die auf die familiär bedingte Macht einer schizophrenogenen Mutter verweisen, die sich als Wesen zweiter Klasse zu definieren hat und tatsächlich in der Macht über den Nachwuchs eine therapeutische Allmacht findet, haben wir die Bedingung der Möglichkeit kleiner Hitlers oder Stalins fast greifbar. Der totalitäre Staat scheint nicht viel mehr zu sein, als die Verselbständigung der Mutterpsychose, die nun mit Hilfe ihres Heros an der Wiederherstellung eines Status arbeitet, der seit der Zeit vergangen ist, als die Menschen lernten, ihre Interessen aufeinander abzustimmen. Aus diesem Grund wird im Umfeld einer schizophrenogenen Bezugsperson immer zu beobachten sein, dass jeder gegen jeden ausgespielt wird, dass es keine Position gibt, die die Sicherheit eines festen Halts bietet und dass eine natürliche Bereitschaft, zusammen zu halten und die Bedürfnisse oder Ziele aufeinander abzustimmen, gar nicht sein darf. Wie das so üblich ist, wenn die Menschen das Wirken des Teufels bemerken, versuchen sie ihn mit dem Beelzebub auszutreiben. Aus diesem Grund greift ein Batman, nachdem die instantane und arbiträre Macht des Jokers ein Maximum erreicht und die Möglichkeit des menschlichen Zusammenlebens fundamental in Frage gestellt ist, auf die telepathischen Voraussetzungen eines Insektenstaats zurück. Selbstverständlich mit der Absicherung, dass dieses Mittel sofort zu zerstören sei, wenn es zum Sieg über den Joker verholfen habe. Und das ist eine Spiegelung der Problematik des menschlichen Zusammenseins auf einer ganz anderen Ebene. Das umfassende Sonar ist nur korrelativ zur Allgegenwart von Korruption und Verbrechen – es entspricht der Absolutsetzung des Rechts und damit dem totalitären Staat. Seit der Erfahrung der großen Religions- und Bürgerkriege soll das Recht einen gewaltfreien Raum schaffen, indem es die Gewalt monopolisiert. Der Ausnahmezustand tritt dann ein, wenn dieser gewaltfreie Raum nicht aufrechterhalten werden kann – das ist ein nachwachsendes Risiko, dem wir schon alle möglichen Katastrophen und mittlerweile die Gefahr eines neuen Religionskriegs und das Trauma des 11. September verdanken.

Damit zeigt sich, was eine zu unkritische, rein pragmatische Anwendung der Kategorie des positiven Rechts für Folgen haben kann. Das Recht funktioniert hier nur, wenn Wahrheit und Gerechtigkeit arbeitsteilig zwischen dem strahlend weißen Staatsanwalt und dem Mann, der in den Sphären der grauen Magie arbeitet und der für ihn die Drecksarbeit macht, auseinander dividiert werden. Der Polizist, der gegenüber der Erfahrung eines korrupten Apparats eine Spezialeinheit aufgebaut hat, die nur funktioniert, weil sie eine Signalleitung zum einsamen Rächer besitzt. Der mit korrupten Beamten zusammenarbeiten muss, um überhaupt in die Lage zu kommen, ein kleines bisschen Recht durchzusetzen. Der, wie sich später erweist, eben aufgrund der korrupten Schwachstellen seines Apparats zu Ergebnissen kommt, die einer solchen Infragestellung der bürgerlichen Befriedung zuarbeiten, wie es die kleinkarierte Mafia nicht gekonnt hätte. Der selbst der Psychose zuarbeitet, wenn es sein Job von ihm fordert und als toter Sündenbock zur Verfügung steht – eingedenk des Schmerzes, den er seiner Familie damit bereitet... es geht ja nicht anders! Der die tragische Verkörperung eines Behördenapparats sein könnte, in der alle auf der Strecke bleiben, weil sie sich zu bereitwillig als Delegierte zur Verfügung stellen – wenn er nicht noch einen Strahlemann als Staatsanwalt zur Seite gestellt bekommen hätte. Und damit sind wir bei dem Vertreter des Rechts, der diesen Beamten, weil er sich am Rande der Legalität bewegt, um dem Recht Geltung zu verschaffen, die nötige Legitimität verschaffen kann. Und der aufgrund eines tragischen Verlusts der Gefährtin, der doch nur wie eine an den pragmatischen Berechnungen einer machthungrigen Frau modellierten Karikatur der Infragestellung der Ehe des Polizisten wirken kann, die mit einer Ohrfeige und der Erleichterung, dass nichts passiert ist, wieder eingerenkt werden konnte, auf einmal auf eine Rechtsvorstellung der göttlichen Gerechtigkeit, des Würfelwurfs als Gottesurteil regrediert – aus diesem Grund der Show-down, bei dem der Staatsanwalt als absurder Freak vom Polizisten fordert, dass dieser seiner Frau und seinem Sohn zu sagen habe, es sei alles in Ordnung, während er droht, sie zu erschießen, um sie dann entsprechend seiner agonistischen Rechtsvorstellung tatsächlich erschießen zu wollen, bis er Batman als Ersatz akzeptiert.

Der Staatsanwalt war in seiner Rolle ursprünglich ein selbstgefälliger Protz, der Kampf gegen das Verbrechen und die Durchsetzung des Rechts unterstanden der Eitelkeit seiner Selbstdefinition. Als er nach dem ersten Waffengang mit dem Joker gefragt wird, ob er die ganze Zeit mit Batman zusammen gearbeitet habe, verneint er zwar aber relativiert zugleich: Er sei sich die ganze Zeit sicher gewesen, dass Batman seinen Arsch rette. Und auch im zweiten Waffengang geschieht dies noch einmal, nur ist es dieses Mal lediglich nur der Arsch, das Gesicht aber ist nicht mehr zu retten gewesen – die gesellschaftliche Rollenverteilung taugt tatsächlich nicht dazu, das Gesicht zu wahren. Und so erweist er sich nach der Katastrophe als Twoface – also wirklich als das Produkt einer schizophrenogenen Mutter, die hier eben die Mutter des Verbrechens ist – und er zeigt sich als unfähig, den menschlichen Zwischenbereich zu gewährleisten, der erst dann entsteht, wenn wir uns vom digitalen und maschinellen Denken der totalen Alternativen lösen. Nur jenseits des mathematischen Raums, in dem es ein klares Ja und ein klares Nein gibt, ist jener Raum der Unschärfe, der Unwahrscheinlichkeit und der fließenden Übergänge zu finden, in dem menschliche Kommunikationsfähigkeit gewährleistet werden kann. Obwohl nie aus den Augen verloren gehen sollte, dass hier auch die Gefahren der Lüge, der Unredlichkeit, des Zerredens und der Verbalerotik lauern – und damit die Verführungen, sich auf den Bereich der maschinellen Information oder unter die Herrschaft des Befehls zu stellen. Es ist der Zuwachs an Unwahrscheinlichkeits-kriterien, der den menschlichen Bereich erst möglich macht und es ist ihre Pervertierung, die ins totalitäre Denken oder in die Psychose füh-ren.

Batman, der schwarze Ritter, muss dieses Bild des strahlenden Hel-den für den sozialen Frieden und das Recht aufrecht erhalten, um das Fließgleichgewicht des Systems zu retten; er muss zugleich den zum Freak gewordenen Staatsanwalt töten, weil sich eine urwüchsige, ar-chaische Rechtsvorstellung verselbständigt hat, die noch weit hinter das Zeitalter der Blutrache und der Selbstjustiz zurück reicht: Das Los der geworfenen Münze ist eine Metapher für den Absolutismus der Wirklichkeit – auch wenn es in anderen Zusammenhängen als so zu-gerichtet erscheinen kann, dass es im Sinne des positiven Rechts funktioniert. Auf dem Leichnam des Staatsanwalts wird der positive Held errichtet – ein Gegenstück zum positiven Recht –, damit die Mög-lichkeit des Guten zu behaupten ist, und das, obwohl hier schon die Einsicht Pate steht, dass dies nur funktionieren kann, wenn es ein Feindbild, eine Projektionsfigur für die Ableitung der Widerstände und Negationen zur Verfügung hat. Batman hat diese Rolle zu spielen, weil es nach dem Wegfallen der Frau nur noch diese vakante Stelle im System gibt. Um den Preis der sozialen Stigmatisierung, um den Preis, als Sündenbock zur Verfügung zu stehen – die Mafia ist erle-digt, der Riddler ist in der Psychiatrie – es gibt nun nur noch eine Leerstelle – das ist der systemimmanente logische Ort des homo clausus. Es braucht als sozialen Kitt und zur Ableitung der virulenten Spannungen wieder einen Sündenbock, wie ihn Girard beschrieben hat: Für die Widersprüche und das enorme Schuldpotential, das den Ansatz dieser Rechtskonzeption ausmacht. Das wird die neue Rolle der Fledermaus: Der stigmatisierte Heroe des Rechts.

Die Frau, die als Opfer taugte, um den Staatsanwalt in Twoface zu verwandeln, war als mögliche Partnerin einmal Batman zugeordnet gewesen, allerdings der Einsicht unterstellt, dass es zu keiner Beziehung kommen darf, weil der einsame Rächer sonst erpressbar wäre – und jetzt wissen wir auch, dass die nur eine Rationalisierung ist, ein Oberflächenphänomen, während die systemimmanente Regel für einen homo clausus gar keine Bindungsenergie zur Verfügung stellt. Hier gibt es nur das Dictum der Ungleichzeitigkeit, des zu früh oder zu spät – aber die Gunst der Stunde und des rechten Augenblicks, die Gnade der unverhofften Begegnung dürfen gar nicht in den Rahmen des Möglichen passen. Über die Gesetzmäßigkeiten der kulturschwulen Vereinigung steht an anderer Stelle schon alles wichtige, so ist hier nur darauf hinzuweisen, dass es die Frau als Opfer braucht, wenn sich die am symbolischen Schwanzlängenvergleich einigenden Männer auf die Gründung von Institutionen und Werten kaprizieren. Allerdings scheint es sich hier um die Bedrohlichkeiten eines Weltstatus zu handeln, demgegenüber die kulturschwule Vereinigung schon einen Gewinn an Halt und Sicherheit versprach. Es ist eben alles daneben, das Ganze ist das Falsche – das ist so evident, dass es dazu keine Erinnerung an die Negative Theologie eines Adorno braucht. Wenn schon bei einigen Primaten zu sehen ist, dass die Weibchen den Sex zur Besänftigung einsetzen, als Prämie für den friedlichen Zusammenhang, so verwundert es nicht, dass sich die Rivalitätsstrukturen in einer ungeahnten Weise verselbständigen, wenn das andere Geschlecht beseitigt ist, dass der mimetische Taumel nichts mehr zurücklässt, nur Trümmer und Krüppel... Mit dieser Unterscheidung wird auf einmal deutlich, dass das eigentliche Paar der Gegenspieler die Frau und der Joker waren – waren, weil diesen Kampf die Psychose gewonnen hat.

Hervorzuheben ist in diesem Zusammenhang, dass die Frau sich für den Staatsanwalt und gegen Batman entschieden hatte, dass er aber dank der einfühlsamen Nachsicht seines in der Funktion des weisen Beraters stehenden Butlers nicht von dieser Entscheidung wissen muss – das ist die Weisheit der Männerwelt, die in der Anekdote gipfelt, wie ein unauffindbarer und gefährlicher Psychopath festgesetzt wird, indem man den ganzen Dschungel platt macht, in dem er zu vermuten ist. Aber diese Weisheit hätte nicht sehr weit getragen, wenn der Joker Batman nicht durch ihren Flammentod vor den Konsequenzen der Entscheidung geschützt hätte: Schon wieder haben wir einen Zug, in dem die beiden eins sind. Entscheidend für den Ablauf der Katastrophe ist schließlich, dass Batman den brennenden Staatsanwalt retten kann, aber nicht die Frau, die er liebt. Er votiert für die dualistische Rechtsvorstellung und damit gegen die offenen Spielräume, die eine Liebe erst ermöglichen könnten. Er verliert die Frau – und das scheint wirklich ein Problem der topologischen Grundlagen des Denkvermögens zu sein, denn es macht einen gewaltigen Unterschied, ob die Komplexitätsreduktion des Dualismus bemüht werden muss oder ob die Mehrdimensionalität eines weichen und beweglichen Denkens erreicht werden kann – weil er nicht zur gleichen Zeit an zwei Orten zugleich sein kann. Ein einfaches Strickmuster mit ein paar Gleichheitszeichen zu viel, das mit der Grausamkeit der Tragödie alle Fraglichkeiten löst: Die Frau, die sich gegen ihn entschieden hat, existiert nicht mehr und der Konkurrent ist zu einem wahnsinnigen Freak geworden, zu einem doppelgesichtigen Mahnmal der schizophrenogenen Prozesse, die die Liebe verhindern und die Nähe zwischen den Menschen so schmerzhaft machen.

Das Recht und die Gerechtigkeit – die Positivität des konventionell gesetzten, damit aber einer Beliebigkeit unterstellten Rechts, das genauso Nazirecht sein kann wie Mafia- oder Batmanrecht... Dem gegenüber steht eine Einschätzung, die biographischen Einsichten gemäß ist oder sich an über Jahrhunderte erstreckenden Erfahrungen der Gerechtigkeit und des den Kommunikations- oder Verhandlungspartnern angemessenen Austauschs von Verbindlichkeiten richtet. Und das führt uns auf die in der Sprach-und Erkenntnistheorie entstandene Fraglichkeit zurück, ob mit einem System von Konventionen auszukommen sei, oder ob ein Symbolbegriff weiterhilft, der in die Materialität aller Vermittlung eingesenkt ist. Hier also wieder die grundlegende Frage, die nicht zufällig bei Benjamin zu einer Zeit bedacht wird, als er sich auch mit der *Kritik der Gewalt* beschäftigt hat. Vgl. dazu Türckes Erklärungen (*Gewalt und Tabu*) zum Symbolbegriff und zur Mimesis, mit denen er den Freudschen Symbolbegriff erweitert und nebenbei die Pseudokorrekturen durch Jungs Konzeption der Archetypen erledigen kann. Der Zwang zur Nachahmung und die Suche nach Ähnlichkeiten lieferten die Fundamente, auf denen später die Abbreviationen der Einbildungskraft funktionieren. Ihre Abstraktionen und Generalisierungen würden nicht greifen, wenn sie nur der Willkür individueller oder konventioneller Setzungen gehorchen würden. Durch die Nachahmung nehmen die Menschen weit mehr auf, als ihnen je bewusst wird und durch die intuitive Suche nach Ähnlichkeiten versuchen sie sich eines Halts zu versichern und ihr Selbstbild zu fixieren. Was in einem Gesichtsausdruck, einem Tonfall, einer Geste oder einer Stimmung an latenter Bedeutung steckt, kann über lange Zeiträume hinweg von Generation zu Generation weitergegeben und konserviert oder modifiziert und umgeformt worden sein, ohne jemals ganz ins Bewusstsein zu treten. Die Mimesis hat längst begonnen, ehe die Subjekte ein Bewusstsein haben von dem, was sie nachahmen und sie hört nicht auf, wo sich dieses Bewusstsein einstellt. Weil die kulturelle Überlieferung ohne Nachahmung nicht möglich ist, hat auch der geschichtliche Traditionsprozess eine unbewusste Dimension, worin unterschwellige Wahrnehmungen und verdrängte Wahrheiten mühelos über Jahrhunderte aufbewahrt werden – noch in den abstrakten kulturellen Archiven, die sich ganz von der unmittelbaren Erfahrung verabschiedet haben, sind sie als unsinnliche Ähnlichkeiten aufbewahrt. Denn so weit müssen wir gerade beim Rechtsverständnis gehen – an der Figur des Schwarzen Ritters werden die Wirkungsgewalten der antiken Tragödie wieder präsent und damit die durch sie zum ersten Mal geleistete Differenzierung eines Rechtsverständnisses, das weit über das positive Recht hinaus geht.

Und damit sind wir noch einmal bei der Frau zwischen zwei Männern. Diese altjüngferliche Vertreterin einer sich mit der männergeprägten Wirklichkeit arrangierenden weiblichen Haltung führt tatsächlich ein Erfolgsprinzip vor, das in dieser Welt nicht mehr tragfähig ist. Es reicht nicht, sich den Konventionen zu beugen und sich auf die Seite des mächtigen Guten zu schlagen, um dann die Alimentation für den Rest des Lebens zu gewinnen – denn es ist nicht garantiert, dass er lange genug mächtig bleibt und erst recht nicht, dass er dann noch zu den Guten gehört. Ihr Pragmatismus zeigt sich in einer durchschnittlich eheplanenden Funktion, als sie sich darum sorgt, dass Batman den Staatsanwalt mit seinen Lobs lächerlich gemacht haben könnte, obwohl dieser beteuert, dass er das Lob wirklich ernst gemeint hat. Einen lächerlichen Funktionsträger würde ihr Größenwahn nämlich nicht akzeptieren können... Und er zeigt sich noch klarer, als der Joker die Festveranstaltung terrorisiert und damit droht, sie zu verstümmeln. Als Batman das Machtwort spricht, der Joker solle die Frau loslassen, reagiert dieser auf den wörtlichen Sinn und lässt sie aus dem Fenster fallen – eine weitere Illustration der instantanen und arbiträren Macht des Clowns. Batman kann nur hinterher springen, um die Frau zu retten und den Sturz abzufangen... Wenn sie dann, gerettet, empört konstatiert, dass sie sich diese Erfahrung gern gespart hätte, ist dies kein cooles Understatement, sondern der Mangel an realem Einschätzungsvermögen. Sie geht davon aus, dass eine Wirklichkeit, die ihrem weiblichen Rollenverständnis gehorcht, im Endeffekt nicht tödlich für sie sein kann, sondern dafür sorgen muss, dass sie auf Rosen gebettet mit dem Zweitbesten vorlieb nehmen darf – wer hätte überhaupt garantieren können, dass sie als schwanzloses Elend auf die Dauer mit dem Besten ausgekommen wäre? Aus diesem Grund blamiert sich dieser weibliche Pragmatismus – die Zeiten, in denen es ausreichte, zu fordern: nimmt Rücksicht, ich bin eine kleine, schwache Frau... und damit Macht auszuüben, sind eben schon eine Weile vorbei, auch wenn es die bessere Gesellschaft erst nach und nach mitzubekommen scheint. Vielleicht erklärt das sogar die innere Logik des Films, denn erst wenn die Frau geopfert worden ist, setzt sich die archaische Form des Rechts und der damit verbundene Opferkult durch – und das vielleicht nur deshalb, weil sie für den Heros nicht zur Verfügung stehen durfte, nachdem der aus Sicherheitsgründen zu keiner Beziehung in der Lage sein konnte. Ich würde also abschließend zusammenfassen: Es gibt nichts so gefährliches wie die Sicherheit und alle verkrampften Unternehmungen, ihr zu huldigen, laufen nur auf die Selbstzerstörung und den Verzicht hinaus. Und nichts ist so notwendig, wie der Versuch, das Paradies zu ervögeln – und wer dazu nicht den Mut oder die Kapazität aufbringt, soll uns nicht mit Moralvorstellungen oder Verboten gängeln. Wenn es nicht zum Selbstbeweis an einer Partnerin oder einem Partner taugt, ist auf alle andere geschissen."

„Das ist nicht schlecht!" unterstreicht Bornhardt, während Mutzlacher den Eindruck macht, als zwinge er sich, einen Brechreiz abzuwürgen. Anscheinend ist seine Invektive eben nach hinten losgegangen, aber was soll's – der Mann würde nicht so scheiße wirken, wenn er nicht ständig daran gewöhnt worden wäre, aufzulaufen und auf seine Zukurzgekommenheit zurück geführt zu werden. Sie spricht gleich weiter, als sei die Stafette nun an sie übergeben worden, und als wolle sie vermeiden, dass es nun zu einer Diskussion über den weiblichen Opportunismus kommt. Dabei sehe ich Merk an, dass er mit einigen ihrer Weiterentwicklungen nicht einverstanden ist – aber er hält sogar den Schnabel.

„Ich darf doch auf eines hinweisen! Zwischen der Konzeption der Wirklichkeit, die durch das positive Recht gestiftet wird und der Konstitution dieses spezifischen Frauenbilds hat sich wie von alleine eine Parallele hergestellt. Noch vor jedem symbolhaften Bezug ist sie dem anonymen Rächer zugesellt, ohne sich an ihn binden zu können – die ursprüngliche reale Nähe sorgt dafür, dass dieser sie beschützt. Was Sie den homo clausus nennen, entsteht doch als Zwangssystem, nachdem die wesentlichen Einsatzstellen verpasst worden sind. Aber ich fasse noch einmal zusammen: Als sie sich mit dem Vertreter des positiven Rechts verbinden möchte, um mit ihm ein Schicksal zu teilen, fällt der Schutz weg, denn Batman ist auf das positive Recht bezogen – er wird also zuerst den Staatsanwalt retten. Wenn die Frau geopfert wird, bleiben drei Protagonisten zurück, die als anomische Freaks das Testament des Jokers erfüllen. Damit zeigt sich aber eine wesentliche Differenz zur kulturschwulen Vereinigung, bei der die Männer seit Jahrhunderten über den Umweg der Frau symbolisch miteinander verkehren. Auf dem Grab der Frau kam der kulturelle Wert zustande, die Lehr- und Bildungsjahre des Mannes beruhten darauf, dass er lernte, auf das in die Frau investierte Prinzip Hoffnung zu verzichten, um sich den Werten und Hierarchien der Männerwelt widmen zu dürfen – und sie gleichzeitig als Rückzugsgebiet, zur Selbstbestätigung seiner wackligen Ichkonstitution und als Möglichkeit der Liquidation seiner Verhärtungen zu verwenden. Hier sieht das Ergebnis ganz anders aus: Nachdem der Joker, der die wesentlichen Fragen des menschlichen Zusammenlebens wieder zugänglich gemacht hat, in der Psychiatrie gelandet ist – meist sind unsere Irren ja nur die, an denen die Narben aufplatzen, die wir voller Sorgfalt und Selbsthass kaschieren – verwandelt sich der erste in einen dumpfen Funktionär, der nicht mehr mit der Wahrheit zu tun haben darf; der zweite ist für das Idol gestorben, das er nun abzugeben hat; der dritte ist in der Funktion des Sündenbocks gelandet, obwohl oder weil auf seinen Schultern das Gewicht einer ganzen Welt lastet. Das sind Systemvariablen! Die Frau, deren Lebensweisheit auf der traurigen Einsicht beruht, dass frau/man sich mit der Simulation zufrieden zu geben habe, weil es zu einer wirklichen Erfüllung apriori nicht reichen kann, ist also eine Argumentationsfigur für die Konvention und das Vorherrschen der Institution gewesen. Und das Ende macht es sogar möglich, darüber nachzudenken, ob vielleicht ein anderes Verhältnis zwischen den Protagonisten zu einem ganz anderen Ergebnis geführt hätte.

In verschiedenen Zusammenhängen hat sich schon mehrfach angedeutet, dass die verschiedenen Großinstitutionen in einer logisch zu nennenden Rivalität zur Wirklichkeit des Paars stehen – und schon jede Firma, jedes Amt, jeder Arbeitgeber haben ein natürliches Interesse daran, den Konkurrenten bei dem Anspruch auf Lebenszeit und Leistungsfähigkeit möglichst klein zu halten. Je nach Weltausschnitt wird ein Ehepartner vielleicht sogar erwünscht sein, damit nicht zu viel Energie bei der Suche nach dem nächsten Date auf der Strecke bleibt – aber sie oder er hat zurück zu treten in die zweite Reihe, wenn es um die Notwendigkeiten der Pflicht, um den Zwang zur Identifikation mit dem Arbeitgeber geht. So fraglich sie also von Anfang an ist, wird die Wirklichkeit des Paars im Fortgang immer größeren Unwahrscheinlichkeiten unterstellt. Potenziert natürlich, wenn es um mythische Formate geht. Batman und die Frau haben einen modus vivendi getroffen, der die Entscheidung für ein gemeinsames Leben hinauszögert – vertröstet wird auf einen Zeitpunkt, ab dem es keinen einsamen Rächer mehr braucht. Sie illustrieren die Fähigkeit, nebeneinander her zu leben ohne sich wirklich auf einander einlassen zu müssen – und dazu braucht es keinen mythischen Heroen, das wird heute von jedem Durchschnittsmenschen erwartet. Aber genau dies ist die Einsatzstelle des Jokers, der in allem, was er tut, auf den momentanen Ausschnitt des Hier und Jetzt beschränkt ist.

Tatsächlich wird das in Gang gesetzte Spiel erst wirklich brenzlig, als die ursprüngliche Machtbalance aus den Fugen gerät. Das ist der Zeitpunkt, als sich die mögliche Gefährtin Batmans für den Staatsanwalt entscheidet. Hier wird also plötzlich eine unterschwellige Kontaktleitung zwischen der Frau und dem Joker unter Strom gesetzt. Um was geht es also bei diesem Kampf, wenn nicht darum, ob gesellschaftlich hergestellte Autisten und Ganzkörperautomaten die Antwort liefern auf die ursprüngliche Frage nach dem Sinn und der Erfüllung des menschlichen Lebens oder ob es – ex negativo – die Unterstreichung der ursprünglichen Subsistenzeinheit ist: Das Paar."

„Sie sehen also, ganz so leicht sollten Sie es sich nicht machen", Albach macht eine Bewegung, als ziehe er einen ausladenden, breitkrempigen Hut vor mir und spricht dabei fast normal: „Er wird Sie drauf festnageln, also vielleicht noch eine kleine Zusammenfassung aus der Sicht des Benjaminschen Denkens, das wäre doch nicht schlecht..." Jetzt, als ihm die imaginäre Feder an der Krempe über den Nasenflügel streicht, muss er husten und sich räuspern und wendet sich ab.

Er ist mir ja nicht unsympathisch, deswegen erkläre ich: „Das geht leider nicht. Ich habe einen Trick entwickelt, um meine Portraits möglichst echt und dicht gepackt zustande zu bringen. Ich gehe im Schweigen verloren, aber gerade deswegen beginnen die Themen, mit denen ich mich beschäftige, zu reden. Ich habe nichts mehr zu sagen, aber gerade deshalb beginnt eine Bandbreite mitzuklingen, als habe es einmal gegolten, mit ihnen Großes zu gewinnen – oder auch zu verlieren." Er dreht mir nach wie vor den Rücken zu, aber er ist auch gar nicht mein Ansprechpartner. Ich fixiere den fetten Arsch: „In den verschiedensten Zusammenhängen haben wir bisher gehört, dass Sie von dem Potential ausgehen wollen, das in den sechziger Jahren einmal zur Verfügung stand. Aber wenn Sie die Einsichten eines der Schlüsselwerke dieser Zeit auf dieses Unternehmen hier anwenden wollten, wären Sie doch durchgefallen! Aus Placks ‚Die Gesellschaft und das Böse' wären brauchbare Einsichten zu verwenden und an den neuen Aufgabenstellungen festzumachen – aber was soll's! Eine andere Erfahrung aus den Sechzigern ist, dass die besten Einsichten zerredet werden können, dass man alles in Geschwätz verwandeln kann, damit es keine Folgen hat. Das haben Sie vorhin sogar selbst einmal auf einen Nenner gebracht, wenn auch mit einer entgegengesetzten Intention. Also, was spricht dagegen, sich im Schweigen zu üben und Kraft zu sammeln?"

„Genau so würde ich das auch sehen!" unterstreicht Merk: „Ich frage mich auch immer wieder, wer hier eigentlich nicht her gehört."

Mutzlacher braust sofort auf: „Das haben wir gern! Sie haben's wohl nicht einmal nötig, auf das einzugehen, was ich gesagt habe!"

„Hat er doch!" unterbricht ihn Albach noch immer hustend. „Ich möchte auch unterstreichen, dass wir einige der Erkenntnisse Placks sehr ernst nehmen. Aber wir müssen uns nicht mit den antiquierten Analysen einer schlechten gesellschaftlichen Verfasstheit abquälen, wenn heute ganz andere Möglichkeiten zur Verfügung stehen. Und trotzdem können wir uns an der Forderung einer nichtrepressiven Konditionierung der Sexualität üben – besser ist dieses Erbe nicht zu verwenden. Wir können es in einem viel später angesiedelten Kontext mit neuem Leben erfüllen – vielleicht zum ersten Mal in angemessener Form."

Ich frage mich, ob dieses Theater Mutzlachers ernst zu nehmen ist. Vielleicht spielt er nur, um mich durch die Erinnerung an ein besonders deformiertes Exemplar von Verwaltungsfaschisten aus der Reserve zu locken – der hatte sich den Auftrag, uns zu behindern, derart zu Herzen genommen, dass er Deine Lohnsteuerkarte ans Finanzamt zurückschickte, als würdest Du schon nicht mehr für diesen psychotischen Laden arbeiten. Es hatte damals so aussehen sollen, als fühlte er sich allein durch die Möglichkeit, Du könntest etwas über internen Beobachtungen schreiben, derart bedroht, dass er auf die alte Naziwahrheit seiner Kindheit regredierte: Wenn ich das Wort Kultur höre, greife ich zum Revolver! Und das in der Volkshochschule, die dem Slogan *Weiterbildung ist möglich* mit den nötigen Steuergeldern, mit ernst gemeinten Spenden und testamentarischen Verfügungen, den nötigen Raum einräumen sollte. Aber irgendwo war auch diese Motivation sehr hanebüchen gewesen – es hatte eben nur so aussehen sollen. Immerhin hatte dieser Krüppel zum Dank seiner Anstrengungen die Position des Stellvertreters des Stellvertreters des Direktors zugesprochen bekommen und das war schon was für jemanden ohne Hochschulabschluss, denn der Direktor war auch nur eine Marionette der Universität Stuttgart. Irgendwann sollte ich einmal in der Lage sein, die verschiedenen Einflüsse zurück zu verfolgen, um dann nachvollziehbar zu machen, mit welcher Systematik versucht worden war, uns ins Abseits driften zu lassen – und dann sollte für die Späteren auch verständlich werden, mit welchen intuitiven Tricks und Techniken es uns gelungen war, diese Übermacht auszuspielen. Was soll's, auch die verschiedenen gesellschaftlichen Orte des Lernens haben weniger die Funktion, wirkliches Lernen zustande zu bringen, als dafür zu sorgen, dass es auf das notwendige Maß beschränkt bleibt oder innerhalb der nötigen Abhängigkeiten unwirksam werden muss.

Ich schaue ihn nur an und schüttele den Kopf. Auch auf der Uni hatte ich diese Arbeitsteilung des Wissen-dürfens erfahren. Je weiter eine/r oben war, je brisantere Wahrheiten durfte sie oder er zerreden – aber ein durchschnittlicher künftiger Lehramtskandidat wurde, gerade weil ihm die Verfügung über die nächste Generation anvertraut sein würde, so dumm gehalten, dass er dann als Lehrer nach dem Praxisschock auf die bewährten Lösungen zurück greifen musste. Im System der Verwaltungsuniversität war es gar nicht vorgesehen, dass jemand auf die Fragen kommen sollte, die die hierarchisch vorgegebenen verschiedenen Formen der Lernbehinderung infrage stellen könnten. Wenn ich Mutzlacher erzähle, was ich von einer Initiation in eine entfesselte Bibliothek erwarte, würde ich ihm nur die Bestätigung seiner sadomasochistischen Bedürfnisse liefern – und wenn ich erklären würde, dass das Wissen in einem Status des Brennens nur eine Metapher für eine andere metaphysische Statusebene ist, die ich seinen Ansprüchen als vor- oder übergeordnet empfinde, würde er versuchen, mich als Borderliner zu stigmatisieren, wie es schon andere versucht haben.

„Bei all den divergenten Ansätzen, die ja auch mit den biographischen Wurzeln zu tun haben, mit dem Wissenshorizont und den Vorlieben, sollten wir eines nicht vergessen!" Albach will zum Thema oder zu dessen sachlicher Erörterung zurück: „Wir müssen uns in einem einig sein, nämlich dass unser Unternehmen nur mit Erfolg gekrönt wird, wenn wir auf den nötigen Nachwuchs zurückgreifen können. Wir sind auf das Material angewiesen, alleine können wir so gut wie nichts machen. Wir brauchen einen Nachwuchs, der so weit sensibilisiert ist, dass er in diesem Unternehmen ein Ziel sehen kann. Ansonsten, selbst mit den besten Voraussetzungen, selbst mit einem traumhaften Etat, wenn wir nur mit Statisten und Prostituierten arbeiten können, hat die Geschichte keine großen Erfolgsaussichten. Und so wie ich das sehe, hat unser junger Kollege die Aufgabe übernommen, die Werbetrommel für uns zu rühren."

Das ist genau der Punkt, an dem ich mit der Kritik ansetzen würde, wenn ich mir nicht in den Kopf gesetzt hätte, den Auftrag für eine größere Schaltung zu schreiben. Dabei scheint aus den Archiven, über die Mutzlacher verfügt, bereits eine ganz einfache Lösung zur Verfügung gestellt worden zu sein: Wenn das Wissen bereits irgendwo in einer Entelechie zur Verfügung stand, würde es nach und nach auch in die Köpfe einsickern, es war dann immer nur eine Frage der Zeit, wie lange die Dämme der Verdumpfung hielten. Natürlich war das ein denkbar einfacher Ansatz, wenn gefragt wurde: Wie sollten diese stumpfen Säcke in den wenigen Jahrtausenden an der Erleuchtung teilgehabt haben, was ja unleugbar der Fall gewesen war, wenn es nicht irgendwelche Archive gab, die aus der Zukunft an uns heran geweht wurden. Wenn alle Gefühle immer nur reziprok sind, wird auch alles Wissen, das sich zwischen Vergangenheit und Zukunft situiert, durch die Reziprozität der subliminalen Wahrnehmung an einem Wissen teilhaben, das sowohl aus einer Zeit stammt, als die ersten stumpfen Formen des Wissens noch in der Materialität der Steine lagen, als auch aus einer Zeit, in der die Techniken zur Verfügung stehen werden, mit denen sich das menschliche Denken von den Resten einer Körperprothese unabhängig gemacht hat und an der Grenze der Lichtgeschwindigkeit durchs All expandiert – wie wir bereits gehört haben. Ich frage mich nur, ob diese Lösung stimmiger ist. Vielleicht passen die morphogenetischen Felder eines Sheldrake viel zu gut ins vorhandene Schema. Einem Mutzlacher ist zuzutrauen, dass er diesen Ansatz einer Verknüpfung mit den energetischen Bahnungen des Cyberspace bekämpft, weil er tatsächlich zu diesem Ausweg anregen möchte – bisher war die dümmste Lösung immer die wahrscheinlichere.

Unser Begleiter macht eine abwiegelnde Handbewegung: „Herr Doktor ist von der Presse und hat uns eine geneigte Besprechung zugesagt! Ich habe übrigens auch für ihn eine schöne Passage mitgebracht, schließlich haben wir einige Jahre vergeblich darauf gewartet, dass aus dem in Dresden vorgestellten *Schamanismus im Bücherregal* eine brauchbare didaktische Konzeption werden würde." Er verteilt die Kopien, ein kurzer Blick zeigt mir, dass meine Blätter von Henry Miller sind. Ich falte das Papier und stecke es in die Tasche, bin jetzt nicht bereit, mich dabei ertappen zu lassen, wie ich möglicherweise einen Schlüsseltext entdecke. „Was wollen Sie denn!" Ich wende mich Mutzlacher zu: „Wir haben jetzt schon ein paar Mal Andeutungen gehört, dass mit dem Aufkommen der Massengesellschaft eine negative Form der Zuchtwahl entstanden sei. Während zum einen darüber lamentiert wird, dass mittlerweile Leute zur Vermehrung zugelassen werden, die in den Jahrtausenden, als sich die widerstandsfähigsten und klügsten Menschen durchzusetzen wussten, längst vor dem Erreichen der Geschlechtsreife gestorben wären, wird zum anderen gejammert, dass die Leute mit dem höchsten Bildungsgrad und dem wertvollsten Wissen auf die Fortpflanzung verzichten. Wenn es wirklich so wäre, würden in absehbarer Zeit Kretins gezüchtet. Aber wer sagt, dass die Intelligenz von der Evolution bevorzugt worden ist – oft genug war sie nur eine Bürde und eine Beeinträchtigung der Lebenslust. Durchgesetzt hat sich immer das Wissens- und Vorstellungsniveau des unteren Durchschnitts – übrigens ist das der leicht durchschaubare Ausgangspunkt Ihrer Forderung. Und die Frage, die sich aus der zweiten Voraussetzung, die ich auch für falsch halte, ergibt, lautet: Was beweist denn, dass der Bildungsbürger oder der Wissensfunktionär das beste Erbgut akkumuliert haben? Der Konformismus sicher nicht, der Mangel an Zivilcourage und das Mitläufertum erst recht nicht! Schauen Sie sich deren Kinder an, Antrieb und Intelligenz gibt es glücklicherweise noch nicht auf Kranken-schein. Bei Albrecht Goes, den Sie sicher nicht zu einem Vertreter der Kritischen Theorie erklären werden, finden Sie eine aus der Erfahrung des minderwertigsten Abschaums des Führerstaats gewachsene Er-zählung, die in drei Zeilen auf den Nenner bringt, woran es Ihrem Traum von der durchrationalisierten und den Anforderungen der Planbarkeit unterworfenen Lebenswirklichkeit mangelt und welche Erfahrungen wir uns damit einhandeln können, wenn alles auf For-men der Autoerotik reduziert werden soll: Mickrige Reduzierung auf... Na ja... Und Macht. Macht an sich. Macht: die Lust des Impo-tenten. Oder muss man sagen: Erschießungen als Abwechslungen im erotischen Einerlei... kommt es darauf hinaus? Ich habe vor langer Zeit einmal formuliert: Weil sie nicht lieben können oder dürfen, üben sie das Töten. Und viele der kleinen Behördenkrüppel, die sich heute rot-grün und pseudoalternativ maskieren, um für sich selber verges-sen zu können, dass ihre familiären Wurzeln in eben diesem totalitä-ren Führerstaat zu finden sind, haben den ursprünglichen Anlass ih-res Problems noch nicht einmal ins Auge fassen können. Also ver-gessen Sie's – aus meiner Sicht gibt es nicht einmal eine minimale Chance zur Verbesserung der Menschheit und aus diesem Grund gehe ich auch davon aus, dass dieser Schimmelbewuchs auf der Oberfläche einiger geplagter Planeten früher oder später zum Aus-sterben verdammt ist! Es müsste sich sonst einiges ändern – und so lange solche Leute wie Sie bei vergleichbaren Unternehmen das Sa-gen haben, sehe ich dafür keine Chance!"

„Manchmal sehe ich das auch so", unterbricht mich Merk: „Aber wenn das der einzige Standpunkt wäre, den ich einnehmen könnte, wäre ich nicht hier – dann wäre ich nirgendwo mehr. Und so klein, wie die Hoffnung anzusetzen ist, es gibt Chancen! Ich meine auch, dass der Ansatz von Sheldrake u.a. in die Irre führt, die Bewusstseinserweite-rung von Altersgrenzen abhängig zu machen. Für manchen Vierzig-jährigen ist der Rubikon längst überschritten, in dem Alter hilft dann auch kein LSD mehr. Und deshalb sollten wir uns daran machen, so viel wie möglich davon zu realisieren, solange uns ein solcher Rah-men zur Verfügung gestellt wird. Und es würde mich freuen, wenn Sie aus der Position des Beobachters in die des Teilnehmers wechseln könnten."

„Da stimme ich Ihnen sicher zu. Wenn Sie den durchschnittlichen Status der Produkte der verwalteten Welt ansehen, ist auf jeden Fall zu unterstreichen, wie notwendig solche Experimente wie die hier auf Stroemfeld sind. Wichtig sind nicht die Leute, die ein halbes Leben damit verplempern, nachzubeten, was ihnen andere vorgekaut haben, die von vornherein davon ausgehen, ihnen stehe ein gesicherter Platz im Leben zu und dabei an das denken, was ihnen durch die Familie schon vorgegeben war. Wichtig sind die, denen es heute gelingt, die Firewall des Rechners eines Verteidigungsministeriums zu knacken, die Leute, die irgendwo im gesellschaftlichen Niemandsland an den Techniken der Zukunft basteln oder an einer Körperbeherrschung arbeiten, die in die ursprüngliche Leibkoordination der Welterfahrung zurückführt. Die Reproduktion eines inzüchtigen Bildungsbegriffs, der vor allem auf Immaterialität und Körpertabu aufbaut, hat zur unendlichen Vervielfältigung von Zukurzgekommenheit und Stillstellung geführt. Die Reduzierung der menschlichen Erfahrung auf die Phrase haben wir schon als Folge gekennzeichnet bekommen. Und ich denke, dass aus der Tatsache der Political Correctness noch ganz andere Schlussfolgerungen zu ziehen sind. Erklären Sie einmal einem intelligenten Menschen, warum sich die Verdummungsdressur direkt aus dem Emanzipationsstreben von Minderheiten ergab! Dann ist nur noch daran zu erinnern, dass die vielen Darstellungen des besseren Wissens durch Bildungsbeamte und Medienfunktionäre geleistet werden. Das sind substanzlose, von den modischen Zeitströmungen abhängige Pseudoprogressive oder Neokonservative – es kommt eigentlich aufs Gleiche raus – Mitläufer und Schleimer sind die gängigen Protagonisten dieser Eliten, an die Sie sich richten!"

Ein kurzes Aufbrausen in den verschiedenen Ecken, aber unser Begleiter wiegelt mit einer kurzen, flachen Handbewegung ab und seltsamerweise halten sich die anderen daran. Das war vielleicht ein bisschen viel auf einmal, passiert mir gern. Ich habe was gegen Selbstdarstellung und Phrasen, aber wenn ich erst einmal lange genug geschwiegen habe, kommt ein Schwung zustande, mit dem ich die Leute an die Wand drücke. Nebenbei sorge ich immer wieder dafür, dass sie sagen können, das habe den argumentativen Spielraum rücksichtslos überzogen und sofort verdrängen, was ich gesagt habe. Also muss das noch lange nicht heißen, dass er meine Aussage unterstreicht. Es sieht viel eher so aus, als sorge er dafür, dass dieses Thema gar nicht zur Debatte zu stehen hat. Vermutlich war davor ausgemacht worden, dass bei einem gewissen Signalement, vielleicht bei einer solchen Handbewegung, keine weitere Diskussion erwünscht war. Dann, mit einem schmeichelnden Lächeln auf den Lippen, sagt er: „Ein paar Kopien der Thesen habe ich mitgebracht, wir haben ihnen in den vergangenen Jahren schon einige wichtige Anregungen entnommen – wer denkt heute noch daran, dass die Kennzeichnung ‚Schamane im Bücherregal‘, die mittlerweile in den plattesten Lobreden auftaucht, wohl ursprünglich als Affront gedacht war, entstanden aus einem bewussten und schmerzhaften Akt der Selbstdistanzierung. Und das muss – das räume ich gerne ein – einmal ein Kunststück gewesen sein!“ Der Stimmton beginnt ganz warm zu verschwimmen, fast schon übertrieben, als solle auch der Blödeste die libidinöse Besetzung bemerken. Natürlich setzt das bei mir ein reziprokes Kribbeln im Bauch frei, aber ich habe nicht vor, mich einwickeln zu lassen. Aufgrund der früheren Erfahrungen beginne ich vorsichtig und aufmerksam zu werden. Immer wenn jemand gemeint hatte, meine Eitelkeit anzukitzeln, war dann eine fiese Technik zu entdecken, einfach über mich verfügen zu wollen. Und nachdem ich im rechten Alter einmal auf eine Verführung reingefallen bin, läuten seitdem in ähnlichen Situationen sofort alle Alarmglocken. Aber ich nicke und tue geschmeichelt, lasse ihn reden und lächle aufmunternd. Warum soll er mich nicht loben und Werbung für mich machen, solange es das kostenlos gibt, steigert es meinen Marktwert – sie werden sicher nicht im Ernst damit rechnen, dass ich mich hier oben integrieren lasse. „Stellen Sie sich vor, auf alles Verzicht zu leisten, was Ihnen einmal wichtig war, um sich während etwa zehn Jahren der geduldigen und auszehrende Mühe um einige der größten Wahrheiten zu widmen – nicht aus Bildungsbewusstsein oder Traditionsverhaftetheit, sondern weil Ihnen gar nichts anderes bleibt, in einer Situation – wie das nun mal immer so ist –, in die Sie ohne eigenes Zutun hinein geschlittert sind. Und dann denken Sie sich jemanden, der ein Pensum in dieser Zeit schafft, das im üblichen Fall mehrere Studiengänge umspannen würde, der in einer interdisziplinären Weise zu denken in der Lage ist, auf das mancher Lehrstuhlinhaber mit Ressentiment reagiert. Wir sollten diesen biographischen Grund der Getriebenheit nicht unterschätzen. Ich darf daran erinnern, dass die Zeitgenossen, und zwar einige der kompetentesten, in solchen Fällen immer zu berichten wissen, dass eine ganz andere Arbeitsgeschwindigkeit vorliege, also eine Form von Erkenntnisbeschleunigung gegenüber all den Leuten, mit denen so jemand zu tun hat. Dann beginnt er sich auf einen Punkt zu zu bewegen, an dem all der Halt, den ein Bücherregal im Laufe der Jahre vermitteln konnte, mit einem Sprung ins Nichts hinter sich zu lassen ist. Das ist kein luxuriertes Spiel mit den Wahrheiten des Zen, wie es sich manche Bildungsbeamten als Urlaub vom Alltag genehmigen können – sondern eine Notwendigkeit, weil es einen Weg nach draußen brauchte. So etwas macht niemand freiwillig." Das ist schön gesagt, aber ich will dieses Gefühl, von innen zu brennen, sicher nicht noch einmal erfahren, und auch diese beklemmende Angst in der Herzgegend, diesen Druck auf den Schläfen, die trocken, knackenden Entladungen im Rachenraum, alles zusammen kann mir gestohlen bleiben. Das lief nur, weil es notwendig geworden war, außerhalb der akademischen Selbstbeschränkung Geld in Bewegung zu setzen. An irgendwelche mythischen Aufgabenstellungen war sicher nicht mehr gedacht, nicht mal daran, mich als ,normaler' Mensch bewähren zu wollen, denn darauf hatte ich bis dahin immer geschissen. Ich hatte nur noch den einen Antrieb, uns halbwegs unbeschädigt durch diese Blockaden zu bringen. Egal mit welchen Mitteln, dafür zu sorgen, diesen Krampf hinter uns zu lassen. So verwundert es nicht, dass jetzt von genau einer solchen mythischen Aufgabenstellung die Rede ist.

Er verteilt die Seiten der im Sexischen Staatsministerium vorgetragenen Thesen zur Konzeption eines Instituts für Literatur. Diese Leute haben sogar meinen ursprünglichen, auf dem TEX-System beruhenden Satzspiegel reproduziert. Ich führe vor, wie ich die Aufmerksamkeit abziehe und beginne die paar Seiten genau zu untersuchen: es scheint wirklich der alte Text. Ich höre zwar, was er sagt, aber ich zeige, dass es mich nicht sehr interessiert.

„Damit sehen wir, wie sich für jemand eine menschheitsgeschichtliche Bewährungsprobe von neuem verwirklicht – und dass ist eine
Chance, in die Nähe von Wahrheiten zu kommen, die für gewöhnlich
verstellt und dem Menschen nicht zugänglich sind. Tatsächlich offenbart sich wieder eine uralte Form der Erkenntnis, die die Beschränkungen des diskursiven Verständnisses umspielt und unterläuft oder
auch aufhebt im Hegelschen Sinn. So bedeutet das hebräische Wort
Sod in der Alltagssprache Geheimnis, in der talmudischen und kabba-
listischen Schriftauslegung meint es den letzten Sinn der Schrift, zu
dem man aber erst vordringt, wenn man nach dem wörtlichen Sinn,
Peschat, gesucht und sich von dort zu dem anspielenden Sinn,
Remes, vorgearbeitet hat und schließlich beim symbolischen Sinn,
Derasch, angekommen ist. Das wahre Geheimnis, so sagen die Rab-
binen, liege in der ursprünglichen Einfachheit, die einfacher sei als
der wörtliche Sinn, das direkte Verstehen. Und das heißt, dass durch
die Deutung hindurchgegangen werden muss, um über die Deutung
hinauszugehen. Was wollen wir mehr, in dieser Bewegung des Erkennens kommen wir bei den einfachsten körperlichen Tatsachen an
– aber sie sind dann auf einmal verkörpertes Wissen und reichen in
eine menschheitsgeschichtliche Tiefe, in der Wirklichkeit und Fiktion
noch nicht zu unterscheiden sind und in der manchmal Wünsche freigesetzt werden können, die sich dann als wirklichkeitsmächtig erweisen.“
Er wendet sich Mutzlacher zu und sagt: „Auch wenn der Herr Doktor
heute nicht mehr willens oder in der Lage ist, diese Thesen zu vertreten, können Sie die Antwort entnehmen, die Sie vorhin provozieren
wollten. Wir haben den Ansatz, dass Sprache, Macht und Begehren
einander überkreuzen und Induktionen bewirken, die sich als Abwesenheitsdressuren bemerkbar machen ohne Abstriche übernommen.
Und wie Sie bemerken konnten, bringt die Zusammenfassung der
Konzeption tatsächlich die Gegenstände auf einen Nenner, mit denen
wir uns vorrangig beschäftigen: Ursprünglich scheint die Schrift das
Medium des Toten, die Liebe das Medium der Lebendigkeiten, die
Macht das Medium der Vermittlung beider — und die gesprochene
Rede besorgte gar zu oft, dass Leben und Tod verwechselt wurden.
Repräsentation, Warmer Wind und Konsumverhalten sind Verselb-

ständigungen des Vorlustprinzips, die oft genug die materielle Dichte der Welt verleugnen. Und selbst für den Symbolbegriff und die Sprachtheorie, um die wir uns bemühen findet sich hier schon ein prägnanter Ansatz: Zu einer *Theorie des Symbols*, die auf die Wirkungsweisen der Macht reflektiert, Verkennungsanweisungen aufschlüsselt, die Narbenschrift der Identität entziffert, Modi des Verpassens kennzeichnet, Möglichkeiten jenseits der Wechselspiele von Autonomie und Souveränität anzielt, die Simulation von Wert und Bedeutung verabschiedet und der Authentizität gewidmet ist. Was wollen Sie mehr, wenn wir nur einen Teil dieses Arbeitsprogramms einlösen könnten, wären Sie der erste, der sein Placet dafür geben müsste."

Mutzlacher läuft rot an und unterdrückt einen Fluch, während Saggu zu vermitteln versucht: Das ist alles schön und gut, aber wenn es heißt: Das eiskalte Medium der Schrift müsste dem in Hysterien vagabundierenden Tod gewachsen sein, trennen sich doch unsere Wege. Wir dürfen nicht erneut Gefahr laufen, unser Heil in der Mortifikation zu suchen, warum sonst widmen wir uns der Liebe! Oder an anderer Stelle, wenn er fordert, man müsse sich dieser Aufgabe als *Desillusionist* nähern. Oder wenn er forsch formuliert: Ich würde versuchen zu zaubern, bis hinter den kategorialen Verspannungen von Wert und Bedeutung die grundlegenden Verkennungsanweisungen zum Vorschein kommen. Die denkbar primitivste Funktion aller Bildungsgüter und Besitztitel besteht schließlich darin, nichts mit Bildung und Besitz anzufangen — und gerade dieses Nichts wird manchmal zum Hohlraum vor aller Delegierung. Das ist doch wohl das Gegenteil von dem, was hier erreicht werden soll. Oder wollen Sie wieder mit jener guten Illusionslosigkeit argumentieren, die eigentlich in die fünfziger Jahre des letzten Jahrhunderts gehört? Ich glaube nicht, dass das geht, die Menschen geben alles für ein paar wärmende und heimelige Illusionen, dafür gehen sie sogar freiwillig in den Tod. Und ich gebe zu, dass mir ein zeitgemäßer Kommentar, eine Kritik oder Unterstreichung lieber wäre, als diese stumme Funktion eines Zeugen, der sich selbst nicht in die Karten schauen lassen möchte!"

Ich kann mich daran erinnern, wie der Text in der Zeit, nachdem Neumann den Termin seines Besuchs klar gemacht hatte, in mehreren Sprüngen entstand. Drei der Thesen hatte ich schon, die waren also von mir und ein Konzentrat des philosophischen Sperrmüll – und der Rest entstand unter dem Druck, war auf einmal nach einem grandiosen Fick zur Stelle oder tauchte auf, wenn ich nachts pinkeln musste und dann nicht mehr einschlafen konnte, wurde mir zugeweht, wenn wir zusammen in der Küche irgendwas zu Essen machten. Ich weiß noch, wie ich in wenigen Tagen unter Höchstspannung und stinkend vor Stress Einsichten ausgeschwitzt habe, die den Stoff für mehrere Bücher hätten geben können, wenn ich noch mehr Zeit gehabt hätte als die Zeit für diese wenigen Seiten. So gesehen verdanken sich über die Hälfte der Thesen jenem mimetischen Taumel, in den mich jene Krüppelzüchter verwickelt hatten, die gemeint haben, meine Gegner sein zu müssen.

Dass die Literatur in meinem Sinne Souveränitätstraining sein sollte, war eine tolle Prämisse, die mit dazu beigetragen hat, dass ich überhaupt durchkommen konnte. Heute gehe ich davon aus, dass ein entsprechendes Training einen gerade soweit fit machen kann, die Frustration auszuhalten, dass dieses Ziel in den Grenzen eines menschlichen Körpers gar nicht zu erreichen ist – jenseits der Grenzen, auf den Ich-Punkt des luziden Träumens reduziert, sähe das vielleicht schon anders aus. Und dass ein Status der energiegeladenen inneren Leere die Literatur manchmal zur Wissenschaft des Augenblicks befördern kann, erwies sich als ein Geheimrezept, das mehr oder weniger schnell dazu führte, die Literatur zu verabschieden! Aus diesem Grund, weil ich keine Ausflüchte und keine anderen Möglichkeiten mehr hatte, wurde ich wohl ein so guter Verkäufer – denn jeder Handel ist ein Kampf um Autonomie.

Allerdings wundere ich mich auch darüber, dass hier einige Stichworte auftauchen, von denen ich hätte wetten können, dass sie mir erst gegen Ende der ersten Hälfte der 90er Jahre präsent waren. Aber wer weiß, ich habe damals schon einiges gewusst, was mir nur noch bewusst werden musste. An der Art, wie hier die Begriffe schillern, wie sie in ihr Gegenteil umkippen und genau dann, wenn sie nicht mehr verwendbar sind, die Argumentation tragen, ist zu sehen, dass ich das Ausschlussverfahren, dem ich unterstellt worden war, schon währenddessen nachgezeichnet hatte – selbst die Thematisierung von Leopold Zieglers Vor-Ahmung brachte nur auf den Nenner, warum mir ein völlig desorientierter Kandidat im Vorraum entgegenkam und warum Neumann oder Schädlich ein derart subalternes Schmierentheater spielten und Hein mich mit einem verschreckten Hundeblick beobachtete. So liefert der kleine Text ein Beispiel, wie ich mit der Bewegung des Begriffs versucht hatte, die bannende Kraft jener Dialektik im Stillstand umzuleiten und das Kristallmuster der Macht in diesem Staatsministerium zu sprengen. Das mag immerhin so weit gelungen sein, dass ich heil davon gekommen bin, dass ich in der Folge noch viel subversivere Unternehmen in Angriff nehmen konnte, wie zum Beispiel das für mich heute wichtigste, Umsätze in Bewegung zu setzen – aber vermutlich ist das auch der Grund, warum mir die Chance eingeräumt wurde, ein Gespräch mit dem Meister vorzubereiten: Ich mache schon seit Jahren nichts anderes, eben ohne Anleitung oder Steuergelder, als das, was die hier oben einer jungen Generation beibringen wollen. Und ich traue keinem Solidaritätsgedanken und die üblichen Schlagworte der bürgerlichen Emanzipationsgeschichte können mir auch gestohlen bleiben. Ich glaube an das Internet und die Gentechnik, an die Raumfahrtindustrie und den Auftrag der Global Player, Umsätze zu bewegen – ich glaube an das Geld, das auf die Dauer mehr Freiheit und Selbstverwirklichung ermöglichen wird, als dies all die ideologischen Phrasendrescher je tun könnten, die tatsächlich nur alles verleugnen, wenn es um ihre Planstelle geht. Ich setze auf die ausgleichende Kraft künftiger Märkte, die einfach dafür sorgen werden, dass sich gewisse Fähigkeiten und Technologien immer weiter nutzbar machen. Obwohl ich bei dem ersten Job nach Dresden vor sechzehn Jahren auf einer internationalen Bank nur darin bestätigt worden war, dass die Leute, mit denen ich zu tun hatte, Hohlköpfe waren, formale Charaktermasken ohne jegliche Substanz… obwohl ich mir damals gesagt hatte, dass das der Preis war, wenn man sich zum Sklaven des Geldes machte. Wobei es eine besondere Qual war, dass die mich bei dem Job als Bankbote völlig ausbremsen durften, während meine Themen zu Hause liegen blieben und unwichtig wurden und ich während dessen immer wieder sehen musste, wie wenig sie tatsächlich mit ihren nicht verstandenen Möglichkeiten anzufangen wussten. Irgendwie waren diese Erfahrungen auf der Bank noch im Schema jener Delegation gelaufen, dass meine Möglichkeiten reduziert wurden und ich zugleich immer wieder ein Tabu auf dem Mittel bestätigen musste, mit dem ich neue Möglichkeiten hätte freisetzen können. Ich wäre der ideale Hungerkünstler gewesen, hätte mich vielleicht bis zur Selbstaufgabe gequält, wenn ich nicht kapiert hätte, dass Du mir viel wichtiger geworden warst, als alles andere und dass nun alle Anstrengungen nur dazu gut waren, uns aus der Scheiße raus zu arbeiten. Als es Schritt für Schritt gelang, war auch klar, dass es immer darauf ankam, was man mit dem Geld anstellte. Als wir dann genügend Umsatz in Bewegung setzten, hatten wir erfahren, dass die Welt viel offener und wandlungsfähiger und weiter ist, als all jene Leute wahrhaben wollen, die sich noch auf die Werte der Vergangenheit beziehen müssen.

Obwohl ich gerade das Gefühl habe, dass sich in den Thesen sogar schon Ansätze zeigen, die einen auf diese Idee bringen könnten, ich habe für die spätere Text- und Ästhetikberatung tatsächlich nur umsetzen müssen, was ich für ein Literaturinstitut vorgeschlagen hatte, verbinde ich nicht mehr viel damit. Wenn die Welt nicht so missraten wäre und die Menschheit nicht so daneben... aber ich habe nicht vor, mich hier irgendeiner Diskussion zu stellen, ich habe vermutlich auch nicht mehr die Kapazität dazu. Diese Leute haben das ganze Jahr Zeit, in Weisheiten zu duschen und sich gegenseitig mit Zitaten abzubrausen, bis sie so glatt und undurchsichtig sind, dass sie nicht mehr gefasst werden können. Im Laufe der Zeit bekommt dadurch sogar der stumpfeste Depp die Möglichkeit, eine Klinge der schlagenden Wahrheiten zu führen. Da kann ich mit ziemlicher Sicherheit nicht mehr mithalten. Ich rufe täglich etwa hundert Leute an, um im Monat etwa hundert Ansichtsexemplare mit konkreten Angeboten zu verschicken – und wenn ich abends fertig bin, habe ich oft genug Mühen, eine halbwegs passable Unterschrift unter eine der Briefe zu bekommen, die Du für mich vorbereitet hast. Ich schaffe, wenn es hoch kommt, etwa dreißig Termine im Quartal und so einer wie der hier für das ansässige Leading Hotel of the Universe ist vielleicht einmal pro Jahr dabei. Und wenn ich dann nicht völlig abgefahren bin, versuche ich immerhin, mich genau genug auf die Kunden einzustellen. Umso mehr ich dann kapiere, umso klarer ist auch, dass ich das Zeug noch irgendwie vor mir selber rechtfertigen kann. Sonst kann mir nur passieren, dass ich mich wieder einmal nicht an die Regeln halte, und das würde hier bedeuten, dass ich versuchen würde, es ihnen nicht zu leicht zu machen, an frisches Blut für die Schule zu kommen. Und wenn ich Pech habe, wird mir dann passieren, dass sie mich daran erinnern, dass ich einmal selbst einige der Prinzipien ihrer Arbeit formuliert habe. Was soll ich dann dagegen sagen? Was ich einmal für den Schamanen im Bücherregal formuliert habe, war an meiner Schmerzgrenze abgelauscht, waren Techniken, die entstanden, als ich für mich Gesetzmäßigkeiten entdecken musste, auf die sich niemand freiwillig einlassen wird. Einsichten und Geistesblitze, die in eine Zeit zurückreichen, als die Sprache noch wirkungsmächtig war, als die Wirklichkeit ein Resultat der energetischen Wirkungen war, die später einmal magischer Animismus getauft wurde, magischer Holismus wäre vielleicht treffender gewesen. Aber die Qual, die Verzweiflung, die Hoffnungslosigkeit, meine ich, darf niemandem einfach nur aufgezwungen werden. Was ich gefunden habe, habe ich gebraucht, sonst wäre es nicht mehr weiter gegangen und weil ich das wusste, konnte ich mich von mir selbst distanzieren, konnte vom Schmerz abstrahieren. Allerdings zu einem Preis, den diese Bildungsbeamten nie zu bezahlen bereit wären. Und für die pädagogische Provinz heißt das: Dass Heranwachsende dazu verführt werden, an Mumien und nachgemachte Menschen zu glauben, dass sie das tote für das wahre Leben zu halten haben. Sie werden dann ausgeliefert sein und extrem angewiesen – und dass sie dann häufig genug nur ausgesaugt werden. Es wundert mich nicht, dass Dracula zu einer Zeit für den Roman kultiviert wurde, als die Verschulung der Gesellschaft auch die entferntesten Winkel erreicht hatte und dass der Vampirismus heute ein eigenes und vielfältig variiertes Thema der Massenunterhaltung darstellt. Eigentlich habe ich gar nichts zu melden und bin doch mit verwickelt. Denn mir ist klar, dass ich mit dem Medium, für das ich arbeite, das Terrain bereite, damit ein paar Reiche und Mächtige von den Experimenten hier oben profitieren können und dass ich diesen Scheiß mitspiele, weil ich gute Umsätze damit mache, wenn ich die seltene Chance nutze, an diesen Schmarotzern zu schmarotzen. Eine potenzierte Form der Kulturarbeit, ich beute heute Blutsauger aus – aber auch das hat Folgen.

Saggu war noch nicht fertig und während ich so tue, als höre ich ihr aufmerksam zu, lasse ich mich an der Gruppe entlang treiben, bis ich nur noch als Nachzügler mit trabe. Saggu erklärt: „Ich habe noch nie verstanden – und genau da muss die Kritik an der Schauspielmetapher meiner Ansicht nach ansetzen, ich akzeptiere weder Nietzsche als „Denker auf der Bühne", noch Klossowskis Inkorporierung des Gottes –, wenn Leute über Schauspieler sagen: *Er spielt so perfekt, dass mir ganz egal ist, was er spielt. Ich schaue ihn mir an, weil er ein guter Schauspieler ist.* Das zeigt für mich einen Mangel an Substanz, und dann ist es mir fast egal, ob da ein paar Vorführheilige dazu taugen, die ihren Status im Durchgang durch die Perversion oder die Geisteskrankheit erworben haben oder ob es sich um die sorgsam gepflegte Nachzucht des Hollywoodkinos handelt. Sie rechtfertigen damit, dass sie Schund gucken oder sie besänftigen das schlechte Gewissen, wenn sie vorgeben, dass sie sich nicht für den Inhalt interessieren. Vielleicht war da sogar einmal der Ehrgeiz des Viertelsgebildeten, der Selbstdefinition zuliebe so genannt anspruchsvolle Sachen zu konsumieren, quasi als Bildungsersatz, von dem sie dann in den Medien ihrer täglichen geistigen Ernährung attestiert bekamen, dass er nicht ernst genommen wird, dass sie also feststellen mussten, fehlinvestiert zu haben. Irgendwie will auch die Trägheit entschuldigt oder umdefiniert sein, das trotz der angemaßten großen Ansprüche dann in der Passivität des Normalkonsums hängen geblieben wird. In mancher Hinsicht hat das mit einer Welt zu tun, in der die beamtete Selbstdementierung als Grundlage der Normalität gilt – man steht nicht zu dem, was einen unterhält, kann den Mangel an Qualität einer seichten Unterhaltung zwar nicht widerlegen, aber immerhin in einer Form verleugnen, mit der scheinbar an einer Könnerschaft partizipiert wird. Aber was heißt das? Wenn einer wirklich gut spielt, bringt es die Essenz dessen zum Ausdruck, was andere nur andeuten können. Wenn das, was da ausgedrückt wird, scheiße ist, müsste es besonders gut gespielt sein, wenn bewirkt wird, dass es einen derart anekelt, dass man es nicht mehr sehen kann. Da steckt ein Widerspruch, der früher einmal mit dem Stichwort verwaltete Welt auf einen Nenner zu bringen war. Ich denke, dass sich in dieser Form der Rezeption nicht nur die Indifferenz gegenüber den Grundbedingungen des eigenen Lebens spiegelt. Genauso wenig akzeptierbar finde ich die Freude an der reinen Form. Mallarmé ist mir suspekt, nicht nur, weil er einen sicheren Job im Kriegsministerium dem haltlosen Posten des Dichters vorgezogen hat, auch weil Sartre von dessen Engagement sprechen konnte und damit die Sprachspiele meinte. Mir geht's um Inhalte, um Wissen, um Wahrheiten, um Kochrezepte für ein bisschen Glück und Freude im Leben und dann kommen irgendwelche Erbsenzähler auf die Idee, an den formalen Kriterien liege alles. Wenn ein Film keine Geschichte hat, wenn ihm der Inhalt so blass und klischeehaft gerät, dass ich mich schämen würde, so was mit zwei Stunden meiner Lebenszeit zu belehren, darf man mir nicht erzählen, der XY habe die Sinnlosigkeit des Unternehmens derart überzeugend dargestellt, dass man diesen Film einfach sehen muss. Wenn er das wirklich geschafft hätte, müsste auch der dumpfste Apologet der Verblödung auf den Gedanken kommen, einen Beckett abzuschalten. Wenn nicht, gibt es vielleicht noch andere Gründe, einen Schauspieler, dessen Beruf es ist zu schauspielern, um seiner selbst willen zu konsumieren. Dieses Haften an einer Nebensache, die unter der Hand zur Hauptsache erklärt wird, hat wohl manches mit der Selbsterfahrung in modernen Institutionen zu tun. Wenn einer nichts mehr zu erzählen weiß und dann in formale Spielereien ausweicht, wenn die Form nicht mehr dem Inhalt dient, sondern ihn ersetzt, wenn der Inhalt irgendwann als zu rau und banal verketzert wird und die Story nur noch primitiv sein kann – befinden wir uns tatsächlich in einem Weltzustand, in dem die Verwaltung der Lebensvollzüge an die Stelle von deren Ausübung getreten ist."

Mutzlacher hat noch einen weiteren Text vorbereitet und stumm, mit verkniffenem Gesicht, teilt er die Papiere aus. Plötzlich scheint er sich zu einer Entscheidung durchgerungen zu haben „Ich bin vielleicht vorhin etwas zu weit gegangen und bitte alle Anwesenden um Entschuldigung. Aber um der Brisanz unseres Themas gerecht zu werden, bitte ich wieder um Ihre Aufmerksamkeit. Nicht für mich, sondern für die folgenden Texte. Um der Dignität der Sache willen muss gar nichts mehr dazu gesagt werden, lesen Sie sich das durch und denken Sie hin und wieder an die Gefahren, die ich Ihnen genannt habe!" Ich glaube ihm nicht, das geht viel zu glatt über die Lippen, wie x-fach durchgespielt. Vermutlich hat er nur probiert, ob noch Ehrgeiz bei mir freizusetzen ist.

„Ich habe hier eine von mehreren Versionen der gleichen Quelle, von der es in den verschiedenen Zusammenhängen aber immer wieder heißt, dass der ursprüngliche Text verloren gegangen sei. Das muss uns nicht bekümmern, denn um das, was uns wichtig sein sollte, herauszuarbeiten, sind die verschiedenen Kommentare völlig ausreichend:

Archivkürzel mus0815p2p4uxx Eine komprimierte Version hat sich beim Entpacken leider selbst zerstört, nur den Kommentar und die Randglossen haben wir retten können.

Die Chronik der verhinderten Ereignisse: „... *zu zeigen, wie es nicht dazu kam*". Natürlich sind wir weitgehend auf Spekulationen angewiesen, müssen uns mit Träumen oder Kochrezepten begnügen, obwohl in unsere Argumentationskette viel besser Erdbeben, Morde, Springfluten und Weltuntergänge passen würden. Aber immerhin haben wir Spuren und Konjekturen, durchgescheuerte Lederhäute und voll gesaugtes Löschpapier; einen Wunderblock, der zu lange in der Sonne gelegen hatte und Magnetbänder, die ein Sturm vom Ursprung weggeblasen und kunstlos in einer Stacheldrahtabsperrung verwickelt hatte. Die Scherben einer geheimen Gerichtsverhandlung; die beiden abgekauten Bruchstücke eines Rings, die niemals mehr zusammenpassen würden; das bis zum Heft in einer alten Eiche rostende Schwert, einen Großteil des Metalls hatte der Stamm schon in sich aufgenommen; eine zerschrammte Schiefertafel auf der ein paar Jahreszahlen zu erkennen sind; die Rekonstruktion eines Jungfernhäutchens und im Hintergrund doch ein kleines Erdbeben.

Die Szene wechselt, der Natodraht selbst hat ein Gedächtnis, wir versuchen die rasiermesserscharfen Kanten entlang zu lesen: DNA-Spuren von Menschen und Hunden. Ein paar ausgelutschte Knochen und die Scherben von zerschlagenem Geschirr, die verklebten Reste eines Zaubertranks in einer zersplitterten Phiole und ein morscher und angekohlter linker Seitenflügel vom Eingang der Hölle. Vereiste Turbulenzen in Enzyklopädien und polymere Reduplikationen ewiger Objekte, selbst platonische Ideen warfen hier ein Minimum an Schatten, und die meisten grauen Schemen konnten sich nicht einmal ausweisen. Es war zum Mäusemelken: Im Zentrum des Zyklons hatten die Kräfte noch kein Gesicht, nicht einmal die einfachste Unterscheidung in weiße oder schwarze Magie war möglich, ein ewiges Benetzen und Durchdringen und Verknäulen und Eigenes mit Fremdem Mischen, wieder auseinander laufen, trennen, abgrenzen und unidentisch eins und zugleich vieles sein... An den Rändern des Verbrechens fielen erste Unterscheidungen in den Pudding, von Wahrheit oder Falschheit konnte längst noch nicht die Rede sein. Kugelformen, zackige Spritzer und spuckende Krater waren schaurig schöne, absurd unförmige Geschlechtsorgane, die die Inkarnation der Großen Mutter vorbereiteten – und vielleicht begann die Wahrheit zum ersten Mal erahnbar zu werden, als ihr Reich geschleift und sie gründlich zerstückelt worden war. Auf einem anderen Ast des Weltenbaums wird dieses erste Drama immer wieder neu nachgespielt, nun heißt die Zerstücklung selbst Wahrheit. Im Paternoster, der einmal die Wurzel mit dem Himmel verbinden sollte, dann aber aufgrund eines Konstruktionsfehlers nach dem letzten Weltenbrand wie ein Schöpfrad zu funktionieren begann und den kreatürlichen Fundus der Welt ins Feuer transportierte, findet sich eines der Rätsel der Lösung: Eimer für Eimer den Brand zu löschen mit der Flamme des Lebens selbst. In jeder Kabine das zerborstene Spiegelkabinett der Identität, nicken sich die hässlichsten Fratzen und Deformationen gegenseitig zu und ließen manchmal erahnen, welche Schönheit, welche Harmonie, welche Effizienz zu erwarten gewesen wäre, wenn die Extremwerte der Form und des Ausdrucks in einem Fließgleichgewicht die Gesamtheit der repertoriellen Möglichkeiten ausgeprägt hätten... Die Schönheit eines Mädchengesichts, wenn hinter den weichen sanften Zügen die harten Kurven eines energischen Mannes aufleuchteten, der Reiz eines knackigen kleinen Jungen, wenn seine sportlichen Höchstleistungen immer wieder die gelungene Rundung eines strammen Pos, eines geschwellten Muskels, einer überaus sanften Kurve der Kraft erahnen ließen – der weiche Schwung eines Busens, der in einer sanften Anspannung der beteiligten Muskelstränge auf einmal eine derart harte Elastizität gewann, dass auch panzerbrechende Geschosse einfach nur abprallten.

Das waren die Einleitung und die Bruchstücke zweier Überleitungen, der Rest hat sich wie gesagt selbst zerstört. Aber die Fachleute vermuten, dass in den folgenden Fragmenten eines anderen Textes das inhaltliche Geschehen deutlich werden kann. Und ich habe ihn mitgebracht, weil ich denke, dass er sehr klar zeigt, auf was wir uns einlassen:

Wir waren junge, noch unvollkommene Götter, aus einem goldenen Ei auf einer Lichtung in den Wäldern des Wissens geschlüpft, mit der Unzerstörbarkeit des Wunsches versehen, einer realitätsetzenden Phantasie und einem fast unschlagbaren Körper. Eine Welt ohne Mütter, in der in mit allen Raffinessen versehenen Brutkammern Klone bebrütet wurden, in denen die genetischen Codes der hervorragendsten Männer und Frauen von vielen Jahrtausenden einer ausgeklügelten Kombinatorik unterworfen worden waren, während die Schwächen einer biologischen Konstitution mit autogenerierenden Stahlplastikverstrebungen und Teflon produzierenden Drüsensystemen ausgeglichen wurden und eine ganze Reihe nano- und bioelektronischer Hilfsmittel die Gehirnkapazität erhöhten, die Sinnessysteme schärften und die Reflexbögen unterfütterten; in den Kohlenwasserstoffen des Fettgewebes war bei Bedarf eine komplette Enzyklopädie der erkundeten und bewohnten Sternensysteme abgespeichert... Das auf dieser Welt nur aus der Mythologie bekannte dritte Auge war ein ganz realer biomagnetischer Kondensator in der Schädeldecke, der energetische Felder wahrnahm; die einzelnen Chakren wurden im Notfall zu gefährlichen Strahlenwaffen – ich hatte bisher zweimal die Wirkungen einer so genannten Bauchbombe erfahren, erst die Beschleunigung, das lachende Glucksen, der immer stärker wirkende Auftrieb, ein kollerndes Schweben, die Farben wurden intensiver und die Töne klarer, ein Jubel der den Körper durchzuckte wie ein Blitz – und dann das Gefühl, als würde es einen zerreißen und Magen wie Gedärm brauchten einige Tage, bis sie wieder in der Lage waren, eine Mahlzeit zu behalten und ordentlich verarbeitet wieder auszuscheiden, den Gegner allerdings hatte der Energiewirbel einfach weggedampft.

Als Heranwachsende waren wir Weltenspringer, tranken Meere aus, erstickten Vulkane, tanzten mit den Wirbelstürmen und übten uns daran, schneller als die Gedanken zu sein. Wir explorierten beim Bau junger Sonnensysteme, erprobten unsere Geschicklichkeit am Design neuer Moleküle und waren gleichzeitig in einer Vielzahl von Welten zu Hause – Möglichkeitswesen von der Konsistenz reiner Energie. Doch den Schritt über die Schwelle in den Status der Verantwortlichkeit hatten wir im Medium des Materiellen zu leisten, und weil das mit relativ hohen Risiken behaftet sein sollte, sorgten die weisen Alten dafür, dass das jeder für sich und allein auf sich gestellt auf einem eigenen Planeten zustande zu bringen hatte. Von den Alten, die jetzt den Hohen Rat der Welten bildeten, hieß es, ein jeder habe diesen Weg durchlaufen – und jeder habe einen eigenen Weg gefunden, unvergleichbar mit dem der anderen, aus dem Wechselspiel seiner Kapazität mit den Gesetzmäßigkeiten des jeweiligen Planeten. Dieser Überlebenskampf der Besten war die notwendige Voraussetzung, um später zum Rat zugelassen zu werden, und er beinhaltete dann auch das Privileg der Unwandelbarkeit in der Zeit, das einer relativen Unsterblichkeit gleichkam. Wo die jungen Götter blieben, warum ganze Generationen mit den besten Voraussetzungen einfach im Nichts verklangen, verglühten oder vereisten, war eine der Fragen, die in der Gerontokratie der Sternenräte dem Tabu unterstand.

Und nach und nach hatte ein Verdacht in mir gekeimt. Auch ich war nur ein Delegierter, ein Wunderwerk der Unterhaltungsindustrie dieser Alten. Diese ganze Optimierung von Gattungsgeschichte und Bioelektronik, Physiologie, Psychologie und Philosophie diente nur zur Unterhaltung einer kleinen Gruppe Unsterblicher, die sich ihre Unendlichkeit an Zeit damit versüßten, immer wieder neue Aufgaben zu entwickeln und Welten zu programmieren, in denen sich ein junger Gott solange bewähren und abstrampeln musste, bis er Schrott war – und sie ihrer Unendlichkeitskonstante ein paar weitere Stellen hinter dem Komma hinzufügen konnten. Sie nährten sich an der Lebensflamme derer, die sie stellvertretend auf Welten der Hoffnungslosigkeit und des Wahnsinns entließen, sie optimierten ihr olympisches Maß an Unwahrscheinlichkeitskriterien, sie genossen einen Zustand der relativ unendlichen Konstanz auf der Folie der Verzweiflung oder gar Vernichtung ihrer Abgesandten. Vermutlich war ich direkt an einer neueren interstellaren Datenbank angeschlossen, und sie partizipierten auf ähnliche Weise an meinen Gefühlen und Erfahrungen, wie ich mitbekam, wenn wieder ein neuer Versuch unternommen wurde, auf meinem Planeten Fuß zu fassen – vielleicht war selbst das noch ein Versuch, mich auf Trab zu halten und die Entwicklung voranzutreiben. Und sie partizipierten natürlich auch an meinem energetischen Überschwang, wenn ich die Energien eines/r anderen in mich aufnahm, die Lebensflamme in einem knatternden, kaskadierenden Feuerwerk verpuffen ließ und mit der Leiche vor Augen die traurige Gewissheit hatte: Ich war schneller, aber allein. Und manchmal schmeichelte ich mir in meiner Einsamkeit: Diese mächtigen alten Götter mussten nach und nach sogar ein Interesse an dieser Einsamkeit haben, sie teilten sie schließlich mit mir. Eine Rückdelegation war schon gelungen, denn Intensitäten einer solchen Ranghöhe konnte ihnen in den Jahrtausenden fast keine/r bieten – allerdings wuchs damit auch die Gefahr, dass sie mich eliminieren mussten, weil ich ihnen als Machtfaktor zu gefährlich geworden war.

Aber vielleicht war auch das nur eine Episode der letzten Endes unausrottbaren Eitelkeit, die dafür sorgte, dass ich weitermache: Die Alten waren so ungreifbar, so weit weg und der Zeit enthoben, dass ich mich manchmal auch fragte, ob es sie überhaupt noch gab – vielleicht hatten sie sich längst aus der Schöpfung zurückgezogen und ich war das Opfer anachronistischer Selbstprogrammierungen. Und doch, sie hatten einmal das Rätsel gelöst, wie die beste aller möglichen Welten in einem Wechselverhältnis von Wissen und Bedürfnis zu stabilisieren war. Sie hatten einen Mittelweg zwischen Not und Langeweile gefunden, der auf dem Prinzip Delegation beruhte. Zur Bekämpfung der Not waren Wissen und Erfahrung nötig, bis irgendwann die Not und damit die Antriebe beseitigt waren. Und die damit einhergehende Bedrohung durch die Langeweile und das Abstumpfen des Lebenswillens musste in Schach gehalten werden, in dem die dunklen Flecken des Wissens in immer wieder neue unbekannte Weiten führen sollten. Das ging nur, solange es solchen Nachwuchs wie mich gab, der für irgendwelche imaginären Ziele bereit war, sich immer größerer Not auszuliefern. Es brauchte Delegierte, die im Kampf gegen ein übermächtiges Geschick die Energien freisetzten, die dann wieder in die ersparte Lebendigkeit eingespeist werden konnten. Der letzte Grad der Erkenntnis: Dass die vermiedene Langeweile der Alten durch die Not und die Vernichtung der jungen Götter erkauft wurde.

Und nun die Lösung, die die Restbestände meiner Sternechronik geliefert hat und doch verdächtige Ähnlichkeiten zum Ende des dritten Teils der *Matrix* aufweist: Eine kleine Pfütze quecksilbriger Glibber, behutsam füllte er ein zerbrechlich dünnes Glasröhrchen mit den Gedächtnismolekülen und schob es in die Lesekammer des Computers. Er aktivierte den

Sender und im Bruchteil eines Augenblicks jagte eine geballte Ladung Ekstase durch den Hyperraum, hochkonzentriert und analog den körpereigenen Drogen, aber zugleich mit Wissensspeichern verknüpft, die diese unendliche Datenvielfalt abrufbar und damit dem sprachlichen Verständnis zugänglich machte – auf einer Linie mit den limbischen Systemen, nur etwa eine Milliarde Jahre jünger. Ohne irgendeinen Puffer, ohne Sicherungsvorkehrungen, würde dieser Urknall jedes unterdurchblutete Arschloch, das zur Abwechslung ein bisschen Komplexitätssteigerung suchte, einfach wegblasen. Glücklicherweise gab es wesentlich mehr in diesem Kosmos, als im Verwaltungsuniversum nur geträumt werden durfte. Es brauchte einen Hochleistungsantrieb, um diese Dosis All-is-one zu handhaben, um auf biomagnetischen Wirbelströmen zu surfen und das Staunen bei der Erschaffung der Welt auch auszuhalten – ein antriebsgestörter Funktionär der Herrschaft würde daran zerplatzen. ... wenigstens hoffte ich darauf und vergaß dabei, dass sich die anderen Alten noch an den Fetzen dieses Funktionärs laben würden und dass sie in homöopathischen Dosen ihre Widerstände über Zeiten und Räume hinweg erhöhen konnten. Ein Fehler der Involviertheit – ich hätte stattdessen versuchen sollen, ihn zu lieben und ihm dankbar zu sein für die Möglichkeit, mich bewähren zu dürfen, er wäre schon längst an der eigenen Bosheit erstickt, aber so hatte ich ihm einen Teil der Negation abgenommen. Eben dieser eine hatte versucht, mir die Haut bei lebendigem Leib abzuziehen, ein Simulant des Wohlwollens, der sich eingeschmeichelt hatte, der mich mit einem besonders ehrenvollen aber geheimen Auftrag in diesen Winkel des Universums gelockt hatte, um sich seit beinahe viertausend Erdenjahren an meinem Todeskampf zu laben. Jetzt war es soweit, egal was ich tat, egal wie gut und stark ich war: Ich lieferte auf die Dauer selbst alle Armaturen zu meiner Vernichtung – ich konnte tatsächlich nur dafür sorgen, dass er mit ins Nichts sauste. Meine Damen und Herren, diese Texte mögen auch zu meiner Entschuldigung beitragen. Ich habe in der letzten Zeit einiges an Schwachsinn gesichtet, aber bei diesen Fragmenten bin ich hellhörig geworden und dann ist vielleicht auch verständlich, warum ein solcher verstockter Schweiger Reaktionen auslösen kann, die ein wenig übererneviert wirken mögen!"

„Aber Moment mal!" wirft Albach ein: „Wir haben es hier mit einem anderen logischen Subjekt zu tun. Das ist nicht das Modell eines jungen Gottes, mit dem wir uns beschäftigen wollten, das ist eher ein Ableger der künstlichen Intelligenz. Und mich hat schon bei Durrell irritiert, dass die maschinelle Marionette plötzlich lebendiger sein soll, als die Lebenden. Ich will an den Punkt kommen, an dem wir den heranwachsenden Nachwuchs aus seiner Dumpfheit wachrütteln – ich will Lebendigkeit und Power vermitteln! Ich darf an Ortega y Gassets Kennzeichnung Heraklits erinnern: Wenn er noch an die Götter geglaubt hätte, hätte er sich selbst als Gott präsentiert. Und das hat er nicht, trotz der Kraft, die hinter seinen Fragmenten erahnbar ist. Also müssen wir erst einmal die Kapazität haben, die jungen Götter zu sich selbst zu bringen, erst dann kann das Potential freigesetzt werden."

„Das ist völlig gleichgültig", erwidert Mutzlacher desinteressiert: „Ob Marionette oder Gott, das sind doch beides nur Metaphern für einen Weltzustand, in dem eine Durchlässigkeit für die Energien gewährleistet ist. Wir haben Aufmerksamkeit und Wissensspeicher, nun ist nur noch zu lösen, wie der Sprung zur Autopoiesis zu leisten ist. Wenn wir die Texte genau genug lesen, stellen wir fest, dass der junge Gott nur die virtuelle Vorlage des Androiden ist, sie gehen fließend ineinander über. Und was wie eine präzise Kritik der esoterischen Spielereien, dass wir die genmanipulierten Nachfahren von Besuchern aus dem Weltall seien, aussieht, versteckt hinter dieser Schauseite eben den Prozess, in dem biologisches Leben in eine digitale Existenzform überführt werden soll. Aus diesem Grund wird genau hier ein ganz wichtiger Ansatz deutlich. Im folgenden Fragment, mit dem auch geklärt wird, dass es bei dem Quecksilberglibber um Nachahmungsneuronen handelt, haben wir übrigens wieder das von Ihnen erwartete logische Subjekt – und diesmal ist es das, was vom Cyborg übrig geblieben ist, an der Schwelle der Spiritualisierung:

Hier hatte ich die Zeitspanne eines kosmischen Lebens damit zubringen sollen, die Entwicklungsmöglichkeiten des Wissens unter intelligenten Säugern zu studieren... Bei uns hatte die Kombinatorik der besten Differenzkriterien des Genpools einhergehen können mit der universalen Präsenz von Gedächtnismolekülen. So paradox es klingt, wir hatten keine Vermittlung der grundlegenden Wissensweisen mehr nötig, uns stand das Wissen unmittelbar in Form quecksilbriger DNA-Mimetikspeicher zur Verfügung. In der unmittelbaren Nähe der Speicherstätten des Universums gab es ein morphogenetisches Feld, das außersensorische Wahrnehmungen ermöglichte und Informationssprünge bewirken konnte, die jenseits der Zeit stattfanden, die unendlich schnell und damit an mehreren Orten oder in verschiedenen Köpfen zugleich gegenwärtig waren. Aber das Feld nahm mit den Lichtjahren ab und wenn man sich nicht im selben galaktischen Sektor wie das kosmische Archiv befand, stellte sich der Kontakt nur in totalen Ausnahmesituationen her, unter größten Bedrohungen oder in Situationen der extremen Ausgeliefertheit. Weil es aber nicht einmal sicher war, dass und ob ein rotierendes System die Verbindung schaffte, hatten wir Reduplikatoren geschaffen, die das Wissen an ein materielles Substrat fixierte, das von der DNS nicht zu unterscheiden war und aus diesem Grund in jeder Zelle gelesen werden konnte. Was einer einmal gelernt hatte, stand ab dem Zeitpunkt, zu dem es im universalen Speicher unendlichen Reduplikationen unterworfen worden war, allen zur Verfügung.

Das ist der Traum von der Allmacht des Wissens. Aber ich will gar nicht so weit gehen, ich sehe es tatsächlich als Metapher für die Möglichkeiten, die sich mit der universalen Präsenz des Internet ergeben. Wir könnten mit dem Internet die ganze Problematik des Begehrens lösen, wenn wir nur die Zugänge richtig besetzen. Auch das wäre eine mögliche Aufgabe einer Schule der Liebe. Die Erotik wäre dann wirklich auf den energetischen Fluss reduziert – und die Frage nach einem Verhältnis der Geschlechter hätte sich erübrigt. Aber im gleichen Zug würden wir den Adepten die Teilhabe an einer Macht zubilligen, die höchst gefährlich ist. Die größte Fraglichkeit des menschlichen Lebens wäre damit beseitigt und alle sonstigen Vollzüge wären wesentlich leichter planbar. Es bliebe tatsächlich nur der Tod als letzte Bedrohung und selbst das ist keine Garantie für die Macht, die wir bewahren wollen. Denn wenn es erst einmal gelingt fragmentarische Kerne der Selbstheit in den energetischen Feldern zu bewahren, wäre sogar eine relative Unsterblichkeit erreicht. Aber selbst wenn es nicht so weit kommen sollte, ist unser Problem das des entfesselten Größenwahns. Denn tatsächlich, und das denke ich, wurde bisher auch viel zu selten bedacht, untersteht das Begehren des Menschen auf die Dauer doch genau jener Bewegung, die noch den letzten Größenwahn auf den Boden der Realität zurückbringt. Gerade weil das

Begehren gegen unendlich geht, hat jeder Versuch, ihm die wesentliche Zeit und Kraft zu widmen, mit einer heilsamen Frustration zu rechnen. Der Trieb ist kein Widerpart des Realitätsprinzips, nein das scheint nur dem so, der gerade eingewickelt worden ist. Der Trieb bestätigt die Realität und zwar, wenn es sein muss, auch auf Kosten des Subjekts! Also setze ich auf eine Doppelstrategie, aber das dürfte ja schon deutlich geworden sein."

„Ich weiß nicht, was das jetzt soll!" Bornhard klingt bestimmt und empört: „Wenn wir konsequent an unserem Thema dran bleiben, können wir schnell zu brauchbaren Ergebnissen kommen. Aber wenn wir zu sehr diffundieren, kommen wir zu gar nichts. Packen Sie Ihr Thema in den Vortragszyklus zur künstlichen Intelligenz in der AdB – was sollen wir jetzt damit – tatsächlich gehört es dort hin."

„Nur nicht so schnell", wirft Albach ein: „Einiges dürfte uns auch interessieren, denn tatsächlich hat er doch nur die Bewegung nachvollzogen, die das Begehren im ausgehenden 20. Jahrhundert eingeschlagen hat. Allerdings meine ich, dass wir uns keine Gedanken darüber machen müssen, dass die Geschichte aus dem Ruder läuft. Im schlechtesten Fall stellen wir einfach den Strom ab und das Problem ist gelöst!"

So hatte ich das schon erwartet, das impotente Arschloch entschuldigt sich, um seinen Versuch, mich als Feindbild zu präsentieren, unter der Hand abzusegnen. Aber was soll's, Albachs Zugang scheint mir wesentlich sinnvoller. Es kann nicht darum gehen, ständig irgendwelche Tabus zu setzen und von Ausgrenzung zu Ausgrenzung zu hetzen. Das Entscheidende ist, zu verwenden, egal was sich anbietet, egal was ins Feld geführt wird, es lässt sich alles verwenden, wenn man nicht vergessen hat, welches Ziel angestrebt wird. Es wäre sicher interessant, zu erfahren, wo dieser Heini seine Zitate zusammengesucht hat, ein bisschen Eco, ein bisschen Haefs, ein wenig Eliade, Borges und Lem und dann vermutlich noch Kneifels Work in Progress: *Der Traum der Maschine*. Aber irgendwann ist für mich immer Schluss – ich halte diese Veranstaltungen der so genannt Normalen, die tatsächlich nur die besseren Simulanten sind, nicht sehr lange aus. Ich habe auch kein Bedürfnis zu kämpfen oder irgendjemand von irgendeiner Wahrheit zu überzeugen – es wäre die gleiche Zeitverschwendung wie damals, denn ich kann gar nichts gewinnen. Ich schenke denen Lebenskraft und Inhalt und je mehr ich von ihrer Lügenwelt erledigen kann, je ähnlicher werde ich ihnen. Warum soll ich dem Arsch zeigen, dass er ein Arsch ist, das wäre immer noch eine Zuwendung, die er sich erst einmal verdienen müsste.

„Aus diesem Grund erzähle ich schon hier davon, denn es geht auch die Schule der Liebe an. Die meisten Fragmente aus den Archiven der Zukunft werden Sie hier auch nicht zur Kenntnis nehmen können, dazu sollten Sie wirklich den einen oder anderen Besuch in der Akademie investieren. Ich würde Ihnen auf jeden Fall dazu raten", schaltet sich Mutzlacher wieder ein: „Aber den Strom abstellen ist bei energetischen Feldern gar nicht so einfach, dass haben wir schon anhand der KI erfahren. Genau diese Situation werden wir schon in den Ursprüngen vermeiden müssen – und zwar nicht, weil wir solchen außer Kontrolle geratenen Größenwahnsinnigen den Schmerz und die Verzweiflung nicht gönnen würden. Trotzdem, solche Situationen sind mit einem zu großen Risiko verbunden, das hat die Vergangenheit gezeigt. Manchmal springt auch ein Blitz über, manchmal in einem Augenblick der gottfernsten Verzweiflung, setzt sich ein mimetischer Impuls in Bewegung und durchschlägt die kulturellen Sicherungssysteme, auf die wir besonders Rücksicht nehmen müssen: Ansonsten ist nämlich nicht zu verhindern, dass er nicht gerade in die obersten Leitungssysteme einschlägt! Ich halte es also für besser, wir kurbeln die gegenseitige Rivalität an und setzen auf umfassende Geilheitsdressuren oder wir lassen den Anspruch in Langeweile und Selbstzerstörung verklingen – aber es ist immer fraglich, selbst auf die Vernichtung zu setzen. Es mag noch so selbstverständlich sein, wenn Sie als Drehpunktperson entscheiden, einen der Adepten abzuschießen. Sie informieren die nötigen Leute, sorgen dafür, die beruflichen Möglichkeiten zu beschneiden, verstopfen die vorhandenen Verdienstquellen – und in der Regel braucht es nur noch ein paar böse Gerüchte, eine kleine Vergiftung des Klimas, und der Adept sorgt selbst dafür, dass er für niemanden mehr ein Problem ist. Eine approbierte Lösung, aber einmal von tausend Mal erwischen Sie einen, der ist auf dem Ohr der üblen Nachrede taub. Einen, der ist gegenüber den wegbrechenden Einnahmen immun, weil er immer der Überzeugung war, dass die wirklich wichtigen Sachen für Geld nicht zu haben sind. Einen, der durch erotische Ablenkungen nicht irritiert werden kann, weil er sich selbst so investiert hat, dass er weiß, dass das Höchste nur über ein langes Training mit einem, und zwar dem richtigen Partner, zu erreichen ist. Und dann stehen Sie mindestens so blöd da, wie die Leute, die unseren Anzeigenverkäufer ausschalten wollten – und ich gebe sogar zu, dass mir das imponiert.

Aber ich habe noch immer das Gefühl, Ihnen ist gar nicht klar, mit welchen Risiken wir spielen, wenn nicht von vornherein die nötigen Sicherungen eingebaut worden sind. Also noch ein Zitat zum Abschluss, damit auch die Damen, die kein Verhältnis zur Technik haben, erahnen können sollten, auf was wir uns einlassen, wenn wir die Übertragung psychischer Energien zulassen." Und jetzt scheint endlich auch der Zeitpunkt gekommen zu sein, an dem die Leute so angekitzelt sind, dass Mutzlacher aus seiner interstellaren Datenbank zitieren darf. Mich wundert nur, warum die es darauf anlegen, dass es in meiner unmittelbaren Nähe sein muss. Kaum versuche ich mich abzusetzen, müssen sie wirklich neben dem niedrigen Buschwerk hinter meiner Bank eine Lesung veranstalten. Aber was soll's, ich lehne mich bequem zurück und mache Atemübungen.

„Die Nomenklatur ist einfach erklärt", führt Mutzlacher aus. „Irgendein Systemoperator, der witzig sein wollte, hat festgelegt, dass alle außergewöhnlichen und die durchschnittliche Auffassungsgabe überschreitenden Phänomene unter dem Code Nullachtfuffzehn erfasst werden sollten. Die folgenden Buchstaben und Zahlen lesen Sie im üblichen Stenostil der Internetkommunikation und wenn bestimmte Stichworte auftauchen, die Musik, die Liebe, der Tod usw. – also die gängigsten Metaphern aus der Massenunterhaltung, mit dem jeder alles und insgesamt nichts mehr zu verbinden gewohnt ist, denken Sie an die Semiosis oder den systemischen Prozess. Viele der Unverständlichkeiten lassen sich dann ganz einfach zuordnen und wenn Sie die Stelle im System haben, haben Sie auch schon einen Großteil der Erklärung. Schauen Sie sich den folgenden Text bitte an, als sei es ein heiliger Text. Er war es tatsächlich einmal, bevor wir ihn analysiert und dann in eine verständliche Reihenfolge gebracht haben.

Archivkennzeichen mus0815p2p4u. Palimpsest, aufgrund der Finger-fertigkeit und Fachkenntnis unserer Systemoperatoren konnte an 49 Schichten des immer ursprünglicheren Textgeschehens das Gesetz vom siebenfachen Schriftsinn bestätigt werden. Jede der Operationen wurde analog und digital dokumentiert, um den Preis der Wahrheit willen mussten wir uns aber mit der Tatsache abfinden, dass im Fort-gang der Untersuchung von dem Kummerleder nichts übrig blieb.

Auch das war ein Grund, warum wir immer neue Prüfungen auf immer neuen Planeten suchten, wir pflegten und verjüngten unser Gattungsrepertoire. Wir hatten eine Technik der Speichersysteme entwickelt, die eine höhere Seins-dichte aufwies, als das gesamte materielle Substrat – so paradox es klingt: Unsere Karte war viel ausgedehnter und umfassender als das Land, das ge-wöhnlich auf einer solchen Karte abgebildet wird. Speichersysteme, die in den Beziehungssystemen zwischen Sonnensystemen eingeschrieben waren und die einfach alles speichern konnten: Vom Wispern des Windes bis zum Ächzen der Bäume, die stummen Schreie der Steine oder das donnernde Schweigen des ewigen Eises... Die Materie lebte schon lange, bevor sie Le-bewesen hervorbrachte und mit denen sie dann nach und nach immer mehr um Worte rang, sich ausfaltete und mit Sprache und Wissen dann ihre Wahr-heit auf den Begriff bringen wollte. Ich hatte dumpfe Planeten kennen ge-lernt, die gerade dabei waren die erste heilige Silbe in Stürmen und Erdbeben zu artikulieren, ich hatte welche gekannt, auf denen bunte und lustige Völk-chen für die Materie zu singen und zu weinen begannen. Ob kosmische Staubnebel die Harmonie ewiger Gesetze abbildeten oder eine größenwahn-sinnige Zivilisation sich mitsamt ihrem wunderbaren Stern mit Hilfe der Bombe wieder in einen kosmischen Nebel verwandelt hatte: Wir konnten prinzipiell alles speichern, die Speichersysteme hatten eine höhere Kapazität als die zur Verfügung stehenden Welten – was nicht verwundert wenn die energetische Dichte aufgewogen wird mit den doch relativ wenigen Planeten, auf denen das Drama der Bewusstwerdung überhaupt stattfinden konnte. Und wir konnten es in verdaulichen Portionen wieder abrufen und dem einzelnen Forscher unmittelbar zur Verfügung stellen.

Wir hatten alles, unendlich viel Zeit, ein nahezu unbegrenztes Repertoire an Möglichkeiten und standen, der eine früher, der andere später, vor dem Prob-lem der Langeweile, des Desinteresses, der Angewidertheit. Bei uns starb niemand mehr aus Notwendigkeit, das Alter war besiegt, die alten Krankheiten existierten nur noch im Labor und zum Zweck der Nachzucht von Antikörpern, wir hatten keine Kriege, keine Hungersnöte und keine hormonell bedingten Verwirrungen – bei uns starb man freiwillig, weil es keinen Grund mehr gab weiterzumachen, kein Stachel, keine Not, keinen Kick, wenn so oder so alles bis zum Überdruss bekannt war – nur wenige beherrschten die magischen Formeln der Synchronizität und diese wachten eifersüchtig über die Zugangsberechtigungen. Und höchst selten traten die Sterne der Erwählten in jene Himmelskonstellation, die es dank paralleler Leistungsvorgaben ermöglichte, über das Maß an Rechnerkapazität zu verfügen, das nötig war, um die imaginären Techniken des Als-ob in eine reale Komplexitätssteigerung umzugießen. So hatten wir Evolutionen in Gang gesetzt und Kulturen befruchtet, und so arbeiteten wir auch an der eigenen Verjüngung.

Deswegen war ich hier. Auf diesem blauen Planeten hätte alles in geregelten Bahnen laufen können, die Mittel waren vorhanden, um den Stapel der vorhandenen Probleme in wenigen Jahrzehnten abzuarbeiten. Aber mit jeder Generation wurden die Widersprüche weitergegeben und vervielfältigt, die realen Fragestellungen gerieten aus dem Blick oder wurden gerade noch am Rande bemerkt, während ausgefeilte und polierte Kunststücke der Rhetorik oder wolkig undurchschaubare Gebilde der Metaphysik alle Aufmerksamkeit auf sich zogen und keine Zeit und Kraft für realistische Lösungen mehr ließen. Und die Leute merkten nicht einmal dass sich die Metaphysik in allen Formen des Rausches ausgebreitet hatte, dass die früheren Spitzfindigkeiten von Theologen nun im Konsum, in der Arbeit, in der Fortbewegung und im Tausch wiederkehrten. Bei uns gab es schon lange keine Psychologie mehr, die entstand schließlich erst aus dem Aufschub und war durch Energetik überflüssig geworden. Dafür sollte ich hier die Bewegungsgesetze der Selbstzerstörung und der Sucht, der Liebe und der Geisteskrankheit untersuchen und Unschärferelationen ausarbeiten, um sie fungibel zu machen, sollte ein Maximum an Unwahrscheinlichkeit aushalten, um zu lernen, wie wir unsere Form von Komplexitätsreduktion ohne Gefahr reduzieren und zu einer Steigerung der Komplexität zurückfinden konnten – wenn es sein musste auch auf Kosten dieses blauen Planeten.

Und auf einmal war mir klar, dass in meinem Lebensgang ein Bogen von der Unsterblichkeit zur Verfallsgeschichte beschrieben wurde – die Dekonstruktion eines Novamen hieß, dass ich nach und nach und mit allem, was dann auf dieser jämmerlichen Erde als Lebenserfahrung verbucht werden sollte, zu dem, was man hier einen normalen Menschen nannte, herab gekrüppelt wurde: Und was war die Normalität anderes als die Simulation der Statistik, das Halteseil all derer, die so tun mussten, als seien sie ganz normal, damit niemand auf die Idee kam, wie weit sie vom Durchschnitt entfernt waren. Der oder die Normale waren verkappte Asoziale und Perverse, Mängelwesen des Körpers wie des Geistes, bei denen alles nur Viertels war und nichts recht; der Durchschnitt der Statistik war ein Mythos, eine dauernde Sozialisationsanforderung, die keinem in Fleisch und Blut überging, weil es schon genügte, so zu tun und zu reden, als ob man normal sei. Und das heißt, dass mir hier ein Gang der Verstümmelung bevorstand, eine Abstumpfung und Entmächtigung, die in einer Bewegung des Zerreißens immer wieder aufzuhalten war, um sie gerade in dieser Kehre, in der Zäsur noch einmal zu verstärken.

Bei meinen alles andere als legalen Recherchen in Omegazwei, der interstellaren Datenbank, die den alten Göttern vorbehalten war, war ich auf eine Gesetzmäßigkeit gestoßen, die sich wohl auf allen Planeten wie von alleine einstellen sollte, wenn mehrere Novamen aufeinander trafen. Ich vermutete auch schon geraume Zeit, dass das ein ganz bewusst in unsere generativen Wachstums- und Entwicklungsgesetze eingebauter Fehler sein musste, der die konfliktuelle Mimetik des Säugers in eine höheren Potenz transportierte, und damit jegliche Solidarität verhindern – gegen die Mächtigen, die die Strippen zogen und sich immer neue Aufgabenstellungen einfallen ließen – und unmöglich machen sollte. Bevor ich auf den entscheidenden Hinweis in der Datenbank gestoßen war, hatte ich schon ein paar Mal die Erfahrung gemacht, dass manche Begegnungen mein Herz höher schlagen ließen, dass mich wohlige Schauer durchliefen und ich das Bedürfnis hatte, bei der nächsten Gelegenheit etwas näher heranzukommen und den Zeitraum des Kontaktes weiter auszudehnen – und jedes Mal endete die Geschichte, schon bevor überhaupt etwas begonnen hatte, mit Selbstzweifeln und heftigen Schuldvorwürfen.

Und dann hatte ich auf einmal die Lösung in einer lupenreinen und der harten Logik gehorchenden Programmschleife: Wichtig für die Konstitution eines Novamen war anscheinend die Tatsache, dass einer den anderen witterte, auch über Entfernungen und Zeiten hinweg, und dass wir nicht in der Lage waren, einander beizustehen, sondern dass aus dieser Witterung ein Sog entstand, in dem einer den oder die andere/n aussaugen und als energielose Hülle zurücklassen musste. Dass der, der den anderen zuerst entdeckte, das aufgrund eines anschwellenden Vibrierens, einer maßlosen energetischen Woge, einer Beschleunigung der Reaktionszeiten, der Wahrnehmungsweisen, einer Vervielfältigung der Assoziationsmuster und der Zuordnungsformen des objektiven Wissens tat: Ein Zuwachs an Kraft und Bedeutung, der in rauschhafte Höhen führte, der sich anfangs wie zufällig einpendelte und mit jedem Mal, wenn die Lebenskraft des anderen übernommen worden war, zielgerichteter und zwingender wurde. Wenn eine/r bemerkte, dass ein anderer schneller Brüter – der Terminus wird an anderer Stelle noch genauer zu erklären sein – in dieser Welt aufgetaucht war, musste sofort mit dieser Beschleunigung der Reaktionszeiten alles daran gesetzt werden, an Ort und Stelle zu sein und den anderen auszulöschen, bevor er noch beginnen konnte, sich in dieser Welt zu orientieren. Und diese Zeitspanne des mystischen Nu war unter den Vorgaben übermenschlicher Kräfte etwas sehr relatives: Wenn ein schneller Brüter den Transmitter verließ, musste er oder sie mit der jeweiligen Physis dieser Welt umgehen, auch wenn Fähigkeiten und Kräfte hineinzupacken waren, die diese Welt nicht kannte, aber er musste damit umgehen lernen, sonst liefe er Gefahr, diese menschliche Physis zu sprengen. Einem gedachten menschlichen Beobachter konnte dieser Entwicklungsprozess mehrere Lebensspannen in Anspruch nehmen, für den oder die Novamen schien es nur ein Augenblick – und dieser Augenblick war bisher mein Vorsprung auf dieser Welt gewesen. (In früheren Varianten war das nicht der Fall, soweit die Aufzeichnungen im Zentralspeicher für Verzweiflungsspuren und Vernichtungstaumel noch Restbestände von uralten Erinnerungen zur Verfügung stellen. Eine klitzekleine Metallscheibe in den minimalen Greifern eines Molekularmechanikers, der noch weiche Nagel am kleinen Finger eines Säuglings, der Speicheltropfen auf der Zungenspitze eines Chamäleons: Weißt-du-noch? Weißt du noch Weißt du noch Weißt du noch – als dir der Hass die Eingeweide zerriss, als das Auge brach und die Hände schon kalt wie Eis waren, das Herz ein schmerzhafter Krampf und nur noch ein Gedanke die letzte Ewigkeit beherrschte, das darf nicht sein, das kann nicht sein, ich will das nicht, das darf nicht sein...)

Das ist ergreifend und schockierend, das ist mir schon klar. Aber nicht deshalb habe ich dieses Fragment mitgebracht. Es zeigt eben auch die Gefahr, in die wir uns begeben. Wenn Sie mehr über die Besiedlung neuer Welten oder über den Trainingsparcours junger Götter erfahren wollen, kann ich Ihnen nur die Vorträge in der Akademie empfehlen – wir stellen eine Form des Kopfkinos zur Verfügung, bei der Sie sich nur zurücklehnen müssen. Sie brauchen keinen Vortrag hören, sondern sie sind mitten im Geschehen, sie sehen und hören, sie riechen und schmecken, was der Vortragende präsentiert. Es ist wirklich eine reine Vergegenwärtigung, wobei wir natürlich mit allen notwendigen Sicherungen arbeiten. Es ist dafür gesorgt, dass sich keine Entität verselbständigen kann und auch, dass kein Rezipient in den Situationen des mimetischen Taumels und der Agonie mit gesaugt wird."

Das sind also jene Geheimrezepte der Macht, für die dieser Fettsack steht – ich frage mich nur, warum er sie nicht für die eigene Erfahrung beherzigt: Warum zieht er nicht die notwendige Folgerung daraus, lässt sich abspecken und modellieren, um dann erst einmal richtig ficken zu lernen! Aber vielleicht traut er sich das nicht zu und ist nicht in der Lage, für sich diese Energiequelle aufzuschließen – vielleicht hat er auch schon die Erfahrung gemacht, dass es ihm gar nichts bringt, wenn der Ich für eine minimale Ewigkeit im Nichts verschwimmt und damit die Präsenz des Göttlichen erfahrbar ist, sondern dass das für ihn einem Schrammen an den Rändern der Panik gleich kommt. Vielleicht hat er für sich gelernt, dass es viel befriedigender ist, anderen zuzusehen, wie sie sich winden, dass es ein gelungenes Therapeutikum ist, sie zappeln und abstürzen zu lassen und sich zugleich damit immer wieder zu beweisen, wie lebensgefährlich es tatsächlich ist, sich ohne Reserven und Vorbehalte auf jemanden einzulassen.

Nebenbei habe ich das Gefühl, dass gerade noch von etwas die Rede war, das für mich bedeutsam ist und in die Akademie komme ich so oder so, da habe ich sogar noch wichtigeres vor. Was Saggu vorhin gesagt hat, könnte von mir sein, aber gerade weil ich davon überzeugt bin, spreche ich nicht davon. Während sie nicht nur redet und zerredet, sondern die Thesen durch Mimik und Gestik in einer Weise unterstreicht und verkörpert, als befinde sie sich in einer Videoshow und inszeniere für uns die älteste Form der Wahrheit – aber was bleibt von der übrig, wenn ihre Rolle tatsächlich daraus resultiert, dass Simulanten Simulanten Simulanten nennen. Eine kurz geschnittene Bubikopffrisur in Aschgrau, die durch die über die Backenknochen zur Schläfe hin geschwungene Designerbrille Lügen gestraft wird und das noch mit Unterstützung des bordeauxroten Lippenstifts, der ihr eine fast provokante Note verleiht. Dieses braungebrannte Gesicht einer runzligen alten Indianerin und dann die aufgerissenen Kinderaugen – dieser Brustton der Überzeugung, der immer wieder von kindischem Gekicher in Schach gehalten wird, diese schwülstig verbalerotischen Eskapaden und dann der Kontrast zu einem halbverhungerten Brett mit Warzen. Und wenn ich dann noch weiß, dass sie es nie fertig gebracht hat, einem ebenbürtigen Partner pari zu bieten, weil die verklammerte Besetzung ihres Kindes auch dafür zu sorgen hatte, dass sie keinen ebenbürtigen Partner zu nah an sich rankommen lassen musste. Es stimmt einfach nichts mehr, wenn Leute mit den Wahrheiten würfeln dürfen, die sie selbst ganz dringend brauchten. Wenn sie sie genau genug kennen, läuft das nur darauf hinaus, mit ihrer Hilfe die schmerzenden Schwachstellen zu vertuschen, statt die notwendige Einsicht für das eigene Leben umzusetzen. Sie dienen ihr nicht mehr, sie lügen auch noch mit der Wahrheit, bis die Welt so psychotisiert ist, dass das, was der Fall ist, frei nach Wittgenstein, das schiere Gegenteil sein wird. Die Welt ist in solchen Fällen nämlich gar nicht mehr das, was der Fall ist, sondern ein Resultat der Verleugnung, also ist ihre Welt viel eher das, was durchgefallen ist.

Ich höre noch, wie Merk einwendet: „Das ist doch eine uralte Verstellung, die aus einer relativ einfachen Problematik, nämlich: wie bringt es ein durchschnittliches Menschentier zustande, seine fünf Sinne zusammen zu halten, durch Komplexitätssteigerung eine doppelte und sehr viel anspruchsvollere Fragestellung macht. In dieser Dopplung ist der Ursprung aller Großinstitutionen zu finden: Wenn dem Schein das Sein gegenüber gestellt werden muss, wenn die Hohepriester des Seins oder der Substanz dann über das Wahre, das Gute, das Schöne entscheiden. Wenn die asketische Schau gegen das verlogene und oberflächliche Theater gesetzt werden soll. Erst steht die Theologie gegen das Theater, als letzte Verdünnung, als homöopathischer Jahrtausendaufguss ist es die Theorie, die den verschiedenen Graden der Simulation gegenübergestellt werden muss. Und damit ist nichts gelöst, ob einer ein guter Schauspieler ist oder ein schlechter, ob einer es ablehnt zu schauspielern und dann die Rolle dessen einübt, der vorführt, dass ihm die Inszenierungen gleichgültig sind oder schlimmer noch, der uns dazu verführt, anzuerkennen, dass es die Möglichkeit einer Nicht-Selbstdarstellung geben solle. Dabei ist das alles Pipifax und Kindergeburtstag. Schon mit Platon tritt diese Fragestellung auf den Plan und von Nietzsche wäre zu lernen gewesen, dass der Mensch ein mediales Geschöpf ist, die Sprache ist seine Substanz, seine Echtheit, seine Bühne und seine Lüge. Warum wohl lässt er Sokrates träumen, er solle Musik treiben – wenn uns die Musik nicht zeigen würde, dass wir an gemeinsamen Harmonien teilhaben. Musik scheint mir die erste und einfachste Hinführung auf jenes Geschehen, das in der Liebe einen Höhepunkt erreicht. Mit Parmenides Formulierung sind *der Vernehmende und das Sein* das Selbe – die Zwischenglieder des medialen Prozesses sind noch nicht in die Selbständigkeit entlassen worden. Und weil sich der Bereich des Mediums noch nicht als dritter Seinsbereich etabliert hat, sind das Ich und die Welt in einer reziproken Form zusammen geschlossen, dass schon fast von einer Form der Identität gesprochen werden könnte. Wenn wir heute der Konzeption der großen Wahrheit gerecht werden wollen, müssen wir genau auf jenen Ansatz zurückgreifen, den Leibniz freigesetzt hat und der uns allen Kritizismus und die einseitige Betonung der Technik erspart hätte, wenn er schon zu Beginn des achtzehnten Jahrhunderts bekannt geworden wäre. Allerdings neige ich dazu, mit Benjamin jenen Zwischenbereich jenseits der Subjekt-Objekt-Dichotomie zu thematisieren und dann zeigt sich: Das Sein und das Vernehmen sind das Selbe und zwar ein Drittes, ein ästhetischer Zustand. In der Inszenierung der Rolle wird jene Identität von Mensch und Welt wieder gegenwärtig.

Und damit komme ich auf Ihre Thematisierung des Begehrens zurück – sei es im wirklichen Leben, sei es im Cyberspace. Das Leben wäre doch viel zu einfach, wenn nicht noch das Begehren dazwischen kommen würde, jene durch die symbolische Ordnung vermittelte Objektivierungsstufe des Triebs. Damit kommt es zur Verrätselung und zu den Möglichkeiten der Sinnstiftung. Aus diesem Grund sind die großen Detektivgestalten der Literatur impotent oder süchtig, aus diesem Grund waren die klassischen tragischen Figuren, die am Quellpunkt des abendländischen Wissen-Wollens anzusiedeln sind, genau dann im Status der Weisheit angekommen, wenn sie sich jenseits des Begehrens situieren mussten. Ödipus, der den Vater tötet und die Mutter beschläft, gerät auf der Suche nach der Wahrheit, die tatsächlich nur in einem Register zu finden ist, das durch den Namen des Vaters ein symbolisch verfasstes Universum garantiert, an einen Punkt, an dem die Blendung als Form der Kastration die Macht dieser Wahrheit offenbart – wobei auch hier wie nebenbei deutlich wird, dass das Begehren und der Blick verschränkt sind. Deswegen halte ich es auch für falsch, dass Ödipus als Wahrheitssucher ein Vertreter des Realitätsprinzips sei – viel eher ist das Gegenteil der Fall: Solange er nach der Wahrheit sucht, ist er ein Vertreter des Lustprinzips, das Sehen-Wollen ist eine Vorform des Wissen-Wollens und damit am Ursprung eins mit der Pornographie. In der Bibel zum Beispiel ist das Wissenwollen dem Teufel zugehörig – wir sollten nie vergessen, das satanische Erbteil ist das, was den Menschen erst zum Menschen macht. Erst als Ödipus die Wahrheit hat, und zwar nicht seine, sondern, die, die über ihn verfügt wurde, blendet er sich und da ist er eins mit dem verstümmelnden Realitätsprinzip eines Freud, gegen das schon Ferenczi oder Reich Argumente ins Feld geführt haben, an die wir uns heute halten können. Und viele der alten Weisen sind nicht nur blind, sie sind aus dem Register des Geschlechts heraus gefallen oder sie haben teil gehabt an den Erfahrungsformen beider Geschlechter. Ob die Geburtshelferin nun Sokrates hieß und der Mangel an erotischem Vermögen beklagt werden wollte, ob es der blinde Theiresias war, dessen Weisheit damit begründet wurde, dass er den Orgasmus einer Frau erfahren hatte, ob es die heiligen Hermaphroditen waren, die nach allen Regeln der altindischen Kunst hergestellt und dann dem Tempel geweiht wurden. Und ich muss mich nun zu keinem Exkurs über transsexuelle Erfahrungsformen im Schamanismus der frühen Völker und am Ursprung der philosophisch relevanten Einsichten verleiten lassen. Wir stehen hier vor einem psychischen

Geschehen, das doch nahe legt, dass wir die Wahrheit nur jenseits des Begehrens zu finden in der Lage sind, dass es auf der Ebene des Begehrens nur die Verstellung, die Mystifizierung und die Suggestion gibt. Warum spricht Durrell von der Spermafalle? Und so richtig dies sein mag, so falsch ist die Entgegensetzung von Begehren und Wahrheit. So wie es eine Wahrheit des Begehrens gibt, aber keine absolute Wahrheit, so wird das Begehren in dem Augenblick verdünnt und sozialisiert, wie es zum Begehren der Wahrheit werden soll – aber tatsächlich ist es erst einmal reine Energie. Vergessen Sie dabei nicht, das jede Einführung eines Mediums, wie das mit der Sprache geschieht, schon in einer Nachfolgerelation des Göttlichen steht, dass es den Anspruch hat, zu ersetzen, obwohl nichts an Substanz zur Hand sein kann, was dieser Substitution zuarbeiten könnte, dass es dieser Bruch ist, der uns alle zu Schauspielern macht. Unser erstes Medium war die Mutter! Wir haben uns an ihren Lebensgeräuschen gelabt, stellvertretend, wie das nun einmal bei Medien der Fall ist, und alle späteren Medien haben noch immer den Anspruch, die Unmittelbarkeit dieser ersten Präsenz zu versprechen – sie schaffen es eben nur nicht mehr. Und damit ist vielleicht auch erklärt, dass es häufig genug die stumpfesten, anmaßenden Schwachsinnigen sind, die dann über den Wahrheitsgehalt entscheiden wollen. Es kann nicht sein, dass jemand über diese Wahrheiten urteilt, wenn ihn noch niemals das göttliche Geschehen der körpereigenen Drogen erreicht hat. Aber es hilft auch nichts, dass wir unsere Todesweisheiten bei denen abzuholen haben, die aus dem Register der Sexualität ausgeschieden sind – denn das, was sie uns nun erzählen oder vorführen können, hat immer nur mit der Notwendigkeit des Scheiterns zu tun, ist aber niemals ein Kochrezept des Gelingens.

Erzählen Sie mir nichts über Schauspieler, sonst beweise ich Ihnen, dass die Schauspielerei, in dem Augenblick, in dem sie mit den Hormonen zu würfeln versteht, die Substanz selber ist. Was meinen Sie, warum die Metaphorologie wieder zurückgekehrt ist, nachdem die großen philosophischen Lehren nicht mehr tragen können, was ihnen das zwanzigste Jahrhundert an Beweislasten und Rechtfertigungszwängen auferlegt hat. Aus demselben Grund, warum in den humanistischen Strebungen der Renaissance der Gedanke geboren wurde, dass die Poesie die Muttersprache der Weisheit sei, dass in den Metaphern der kreative Urgrund allen Wissens zu finden ist. Gegen eine Ontologie, die sich als hilflos gegenüber der geschichtlichen Erfahrung erwies, wurde einmal das Ingenium des Interpreten entdeckt, der Leser und Übersetzer als Adept der Wahrheit – noch bei Benjamin finden Sie einen späten Nachklang, wenn er als Aufgabe seiner von der Sprachmagie unterfütterten Semiotik formuliert: *Was nie geschrieben wurde, lesen...* Wir haben nur den Schein, das Ewige sind die Relationen. Uns liegen immer nur Oberflächen vor, die Stimme, der Ausdruck, der Blick, selbst die Nahsinne, bei denen es zu Verschmelzungen zu kommen scheint, der Geruch und der Geschmack, beruhen auf der Benetzung von Oberflächen. Gott ist die Maske und das Schauspiel ist die Substanz selbst, was auch gar nicht so schwer zu begründen ist, wenn auf eine Prozessmetaphysik zurückgegriffen wird."

„Dass die Schauspielerei, in dem Augenblick, in dem sie mit den Hormonen zu würfeln versteht, die Substanz selber darstellt, im metaphorischen Sinne, kann ich sehr wohl akzeptieren," wirft Bornhard ein: „Das heißt aber nicht schon automatisch, dass sie die Substanz ist! Aber ich halte diese Anregung für sehr wertvoll – ich denke vor allem an Artauds Theater der Grausamkeit und das an ihn anknüpfende experimentelle und pornographische Theater. Das ist der gesellschaftliche Ort für die Präsenz des Körpers, und zwar in weit größerem Maß, als das Stadion, in dem die Höchstleistungen, die aus dem Körper heraus gekitzelt werden, ihn schon zur Prothese degradieren. Im Stadion treten heute doch tatsächlich Kunstprodukte gegeneinander an, die lediglich Medien des jeweils optimal ausgerechneten Drogencocktails sind."

„Die Theatermetapher steht tatsächlich für die Substanz", insistiert Merk: „Den Stand der Unschuld haben wir verloren, der Gegensatz Natur-Gesellschaft zieht nicht, weil die Natur des Menschen die Gesellschaft ist. Dieses alte Gegensatzpaar, das sich in der Zeit um 1800 in den Gegensatz naiv oder sentimentalisch übersetzte, beruht einfach auf einer Denkbehinderung. Entscheidend sind die Relationen, nicht die Relate! Das Ich ist völlig uninteressant, der Charakter eine Form von persönlichem Mülleimer, vergessen Sie's einfach.

Aber jener leichte und leuchtende Status, den Sie nach Kassner als Unmittelbarkeit der Anwesenheit suggeriert haben, steht vielleicht gar nicht am Anfang, sondern er ist ein Resultat langer Übung und Einsicht. Aus diesem Grund verdanken wir manchem guten Schauspieler die Vermittlung einer körperhaften Präsenz, wie wir sie im Alltag so gut wie nicht erfahren. Und dann wundert es auch nicht, dass solche souveränen Vorgaben nur in minderer Form nachgeahmt werden können. Tatsächlich ist dieser leichte und leuchtende Zustand der persönlichen Gegenwärtigkeit eben dann wieder zu gewinnen, wenn auf die Routinen der Selbstdarstellung verzichtet wird, wenn man oder frau sich statt dessen den Routinen des situationsangemessenen Verhaltens widmen würde. Wenn eine/r was kann, wenn es so selbstverständlich am Schnürchen läuft, dass es ein freudiges Glucksen im Körper gibt, dann ist der Punkt erreicht, wo wir auf einmal anfangen können, mit Lebendigkeiten zu improvisieren! Wir müssen unsere Leute dazu bringen, dass sie Virtuosen der Selbstvergegenwärtigung sind – und das geht nur über den Umweg des Objektverhaltens."

„Vergessen Sie nicht", wirft Albach ein: „dass zu der ursprünglichen Universalprothese Computer ein mediales und theatralisches Element hinzugetreten ist, und dass damit das Internet zu dem Medium geworden ist, in dem es nichts anderes mehr gibt, als die Selbstdarstellung. Der Zauber eines immateriellen Ichs, das zu allem werden kann, solange es nur darauf achtet, dass die Rolle stimmig ist und konsistent bleibt!"

„Dass die Wahrheit über die Simulation zu erreichen sei…" Bornhard schüttelt den Kopf: „Dem würde ich entschieden widersprechen. Häufig lässt sie sich auf der Rückseite der Darstellung erahnen, manchmal deutet sie sich in Konjekturen an – aber eines sollte klar sein: Die Substanz oder Wahrheit lässt sich tatsächlich nicht darstellen, sie liegt nicht jenseits der Darstellung, sondern innerhalb oder unterhalb ihrer. Wenn Sie etwas simulieren, müssen Sie voraussetzen, dass es dieses Etwas irgendwo gebe, auch wenn Baudrillard Potenzierungen der Simulation vorführt, um dann zu behaupten, dass es für die Gattung Mensch nie mehr als die Simulation gegeben haben kann. Was ich für falsch halte. Das ist eine kategorial andere Ebene, ich will nicht unbedingt behaupten, dass sie höher oder reiner ist, denn es fehlt ihr jede ethische Fundamentierung. Ich sage nur, dass das, was wir die Wahrheit oder die Substanz nennen könnten, in einer ganz anderen Dimension zu Hause ist. Sie können es ertappen, wenn Sie einen Menschen beobachten, der sich unbeobachtet weiß und der sich über etwas freut oder auch, das kommt aufs Gleiche raus, der über etwas Schmerz empfindet und leidet. Sie können es empfinden, wenn Sie einem Virtuosen an seinem Instrument zuhören und dabei nicht beachten, was für Faxen er noch so macht – sie können die Wahrheit sogar beobachten, wenn Sie einen perfekten Handwerker bei einer Arbeit betrachten, die er sein Leben lang gemacht hat, bei der er nicht mehr nachdenken muss, bei der jeder Handgriff sitzt und eben nicht dem Ritual eines leeren Handlungsablaufs gehorcht, sondern dem Material angemessen ist. Ich will mich nicht so weit versteigen, dass ich behaupte, die Substanz sei die Welt selbst – und zwar als Ganze, aber etwa in dieser Richtung ist die Wahrheit zu finden. Aus diesem Grund ist die Seele bei Aristoteles das Organ für die Wahrnehmung der Substanz. Also nicht irgendein partikularer Sinn, sondern die Seele als ein, wie wir heute sagen würden, holographisches Sinnesorgan. Sie ist der Sinn für das Ganze – und genau darauf kommt es mir an. Natürlich finden Sie fast nur noch anmaßende Charakterdarsteller und Simulanten der Selbstheit! Aber das ändert nichts daran, dass es immer wieder Menschen gibt, die die Kapazität entwickeln, in sich selbst zu ruhen. Und genau das meine ich, müssten wir hier oben unterrichten, das muss zu lehren und beizubringen sein. Gegen die Verkrampftheit und Humorlosigkeit der Charakterdarsteller, wie dies schon Kassner vorgeführt hat, gegen den besinnungslosen Wahn des Homo Faber, ist an die naive und kindliche Grandiosität des Heranwachsenden zu erinnern, der zum ersten Mal von den großen Fragen gepackt wird. Und wir sollten auch daran denken, wie diese Gabe, die in der Regel ganz schnell kaputt gemacht wird oder verloren geht, zu erhalten ist. Es gibt nämlich welche, Kassner war nicht der einzige, in jeder Generation tauchen immer wieder ein paar solche Ausnahmen auf, die sich die Fähigkeit bewahren, bei sich zu sein, sich nicht zu relativieren und mit sich eins zu sein. *Leicht, leuchtend und gütig* hat Kassner den kindlichen im Gegensatz zum schauspielernden Menschen genannt – und ich muss mir nun nicht die Mühe machen, die negativen Kennzeichnungen des Schauspielers, der eitel und nachtragend ist, der vom Gewicht der dauernden Beschäftigung mit dem Bild dessen, der er gern wäre, in eine schlechte Gegenwart niedergedrückt wird und dem vor Dumpfheit und Verleugnung mehr oder weniger schnell jegliche Erleuchtung abgeht, weiter auszumalen. Ich möchte nur daran erinnern, dass wir nicht auch noch der Weltsicht eines derart vernagelten Durchschnittsmenschen zuarbeiten sollten. Den Sinn muss jeder für sich selbst stiften, sonst taugt er nichts und ist nur ein Surrogat für die Gelegenheiten, die verpassten nämlich, eines ungelebten Lebens. Aber wir müssen den Rahmen schaffen und die Motivation liefern, damit dieses Unternehmen in die Wege zu leiten ist."

Ich bleibe immer wieder ein paar Schritte zurück. Das war das Beste, was ich je von Merk gehört habe – und doch kommt mir Bornhards Erwiderung nicht etwa wie eine Widerlegung vor, eher wie eine Ergänzung. Irgendwie sollte eben zu unterscheiden sein, realisiert sich eine Wahrheit oder wird eine Lüge zelebriert. Also muss wohl nicht zwischen guten und schlechten Schauspielen unterschieden, sondern auf das geschaut werden, was an Präsenz zustande kommt und zwar bevor alles in die Beliebigkeit abrutscht. Und vielleicht stimmt es sogar, dass es gelegentliche Stadien gibt, in denen wir so eins mit uns selbst sein können, dass wir gar nicht mehr das Bedürfniss haben, wir selbst zu sein. Ich habe unterdurchblutete Arschlöcher mitbekommen, die ein lustbetontes Leben simulierten und Halbwelt darstellten, nur um damit ich weiß nicht was zu vertuschen, habe Verbalerotiker erlebt, die den ganzen Tag in schwülstigen Andeutungen verschmachteten, nur um in gewissen Augenblicken zu offenbaren, dass sie sich vor den tatsächlichen körperlichen Vollzügen ekelten. Wenn ich einen Schauspieler als gut empfinde, dann vergesse ich sie oder ihn, weil es gelingt, die Rolle und das damit verbundene Geschehen derart in die Anwesenheit zu zwingen, dass sie hinter der Verkörperung unsichtbar werden. Und dementsprechend sind die meisten nur schlechte Schauspieler, weil sie bei allem immer daran denken, wie ihr persönliches kleines Ich besonders herauszustreichen ist. Und das seltsame ist, dass dieses Ich nicht etwas darstellt, was ihre Geschichte auf den Nenner eines physiognomischen Ausdrucks bringt, sondern dass es die hohle und verblasene Ansammlung all der Vorstellungen ist, wer sie in den verschiedenen Situationen gern gewesen wären. Aber vielleicht hat die Schauspielmetapher eines Merk, wenn sie so umfassend verstanden wird, auch Recht: Wenn wir auf die Kontexte sehen und auf den Kontext dieser Kontexte, heißt die Plattitude ,wir alle spielen Theater' tatsächlich, dass wir uns in den relativen Schauplatz göttlicher Gewalten verwandeln. Und auch die anmaßenden Schwachsinnigen oder die zu kurz gekommenen Krüppel haben daran teil, sie verkörpern wie die Sozialisationsinstanz des Fernsehens den klagenden oder verfluchenden Chor – auch wenn das genau das Gegenteil ihrer zwanghaften Selbstdarstellungen ausmacht. Wobei mir gerade fast schmerzhaft bewußt wird, dass die Funktionäre der Massenunterhaltung anscheinend genau an diesem Punkt, wo sich Sexualneid und strafender Verzicht treffen, eine Machtbastion errichtet haben."

„Das ist ja alles schön und gut!" schaltet sich Mutzlacher wieder ein: „Aber das ist heute eine Nebensache, das ist eine Kleinigkeit, die wir einfach nebenbei erledigen können. Der Einwand des Kollegen Albach scheint mir viel weiter zu tragen: Der Cyberspace ist ein Modell für die Welt, in der wir uns zukünftig immer häufiger bewegen und definieren müssen. Natürlich bleibt die Frage nach dem Sinn, natürlich stellt sich die Frage nach der Seele dann in einem ganz anderen Rahmen, als dem theologischen. Und wenn wir ein oder zwei Parameter modifizieren, kommen wir vielleicht auf ganz neue, viel weiter führende Ergebnisse. Aber am grundsätzlichen Design des Unternehmens der Substanzmetaphysik ändert das doch nichts. Sie führen uns in die alten geisteswissenschaftlichen Widersprüche zurück – es wäre schön, wenn wir uns noch den Luxus erlauben könnten, in Anachronismen zu schwelgen. Ich wollte ja nicht, schließlich können Sie alles längst selber kennenlernen, aber so wie es aussieht, sollte ich noch einmal eine Information aus den Archiven der Zukunft präsentieren. Sie sollten dazu vielleicht wissen, dass diese Textsorte das Resultat einer langjährigen Abstinenz war, weil nur noch der Umsatz zählte und der Motor der kreativen Prozesse anscheinend erst wieder angekurbelt wurde. Und dann frage ich mich natürlich, was diesen erneuten Startschuss so auszeichnet, dass er zum Anlass mehrerer tausend Seiten in unserem Archiv werden konnte:

Sehr umwegig und mühsam – jedenfalls für mich, der ich gewohnt war, durch unmittelbare Körperkontakte Informationen zu übernehmen und über eine direkte Schnittstelle zu Körpergedächtnis und erweiterten Speichern verfügte und in der Intensität des biomagnetischen Kontaktes die Informationsdichte präsent hatte – war die Verständigung auf diesem Planeten auf Sprache angewiesen. Zeichensysteme und Systeme der Verknüpfung – als müsste ich mit einem Rucksack voller Bilder und Formen herumlaufen und nun unter ständigen Entschuldigungen für die Mangelhaftigkeit der Ausführung versuchen, Gerüche, Melodien, Geschmacksmuster oder Gefühle darzustellen – ich würde alt dabei werden, wenn ich nur versuchen wollte, den Sinn eines Schneeglöckchens mit dem Hauch der Stimme in einem Ensemble von Worten auszudrücken – das waren die materiellen Schwundstufen der Intensität , und so aß ich es lieber. Die Gewissheit einer Wahrheit war dann präsent, wenn sich die Reißzähne des Wissens in das warme und dampfende Fleisch des Dings an sich eingruben, wenn die wertvoll nahrhafte Essenz des Geschehens restlos ausgelutscht und aufgenommen wurde. Ich war daran gewöhnt, dass die Körper ineinander verschlungen in einen kompletten energetischen Austausch traten, und der Austausch funktionierte ohne Rest – während hier immer mehr Abstände aufgebaut wurden, immer mehr Reste produziert und wirkliche Kommunikation einer maximalen Unwahrscheinlichkeit unterstand – die Vermittlung war längst an die Stelle der materiellen Dichte getreten. Als ich hier gelandet war, war ein Baum ein Baum gewesen und ein Blitz ein Blitz, ein Säbelzahntiger ein Säbelzahntiger und ein Kaninchen ein Kaninchen – und alle zusammen mehr als die Summe der Teile und damit die Sinnesorgane dieses Planeten, mit dem ich in eine stumme Unterhaltung trat. Die Welt war ein Wunderblock und die Unterhaltung eine, die aus Blitzen bestand, die Argumente waren Säbelzahntiger, die Logik Eulen und die Rhetorik Kaninchen: Ein zartes aromatisches Fleisch, das auf der Zunge zerging und kleine elektrische Funken schlug. Ein junger Gott und die Welt: ein Teil dieses Gesprächs wurde die in sich ruhende Göttin und ein anderer Teil sprengte in wilden Wortkaskaden und Spermienfeuerwerken in die Weite des Raumes. Wenn sie aufeinander trafen, wurden sie für einen

Augenblick wieder zu einem Eingedenken unserer Unterhaltung, die im Gang der Jahrtausende immer materieller wurde, nebenbei aber an spiritueller Intensität verlor. Im Blick gab es ein Erkennen, in der Körperspannung einen Resonanzraum, in den Säften spielte die Musik – die ersten Blicke des Wiedererkennens waren noch machtvoll wie Strahler und tauchten das Geschehen in ein unerbittliches Licht, nur wer den Blick aufschlagen und erwidern konnte, wurde erhört – aber alles war ein Wiedererkennen, auch noch das schüchternste Blinzeln und über die Schulter schauen, ein Impuls, der vielleicht immer schwächer wurde, immer seltener schien unter der ungeheuren Zahl der Begegnungen, aber von der Qualität des ursprünglichen Blitzes zu berichten wusste. Im Blitz war das Wort und zwar als Gesang, als rhythmisches Spiel von Tonhöhen und damit als energetisches Geschehen – und das spätere dumpfe und abstumpfende Kodifizieren von Bedeutungen hat schon nichts mehr zu tun mit dieser Allgewalt und Allübersetzbarkeit der Energie. Das Wort ward Fleisch, und neben unseren Körper der Intensitäten traten immer häufiger dumpfe Fetische, morsche und faulende Erinnerungsreste von tumben, schwerfälligen Toren – das flache und tonlose Gestammel der nachbabylonischen Sprachen. Aus dem Ungenügen entstanden die Zahlen, thetische Konstrukte, die nicht mehr der Welt der materiellen Dichte verhaftet waren, sondern nur noch deren Relationen nachahmten – ich war irgendwann gezwungen, mir die menschliche Kommunikation anzueignen, denn der Planet begann zu schweigen, der weitaus größte Teil seiner Sinnensysteme war ausgefallen oder in eben den Wucherungen seiner Zivilisationen, die mir manchmal wie ein Krebsgeschwür vorkamen, aufgesaugt worden. Und wie quälte ich mich mit dieser Sprache ab, als müsste ich Steine kauen und das Brausen eines Orkans übertönen, der früher einmal meine eigene Stimme gewesen war. Ein Schweigen das den Planeten umspannte und wie eine dichte Packung Watte alles abdämmte, was war diese Sprache, wenn nicht zugleich die Zerstücklung des Körpers der Götter und die mehr oder weniger schlampige Konservierung einzelner Fragmente. Was war diese Sprache mehr, als ein schlampiges Schweigen und ein trotziges Verstummen – dies war mein Leib – stinkende Fetzen, die sich noch vor Schmerz krümmten und verkrampften. Und in der Authentizität des Schmerzes auch wieder ein Zeugnis, in dem doch zugleich die letzten energetischen Speicherungen meines Herkommens aufbewahrt worden waren: Teils mit sensomotorischen

Erfahrungsmustern zusammengewachsen, teils auf operativer Intelligenz aufbauend, zu einem großen Teil aber reine Setzungen, die in ihrer Beliebigkeit nur noch übertroffen wurden durch das Maß an Verschwendung von Lebenszeit und materiellen Ressourcen durch die Techniken des Tratsches und des Smalltalks, Selbstdarstellungsformen, die genau das weg fraßen und zerstörten, womit die Bewohner dieser Welt sich so brüsteten: Ihre Menschlichkeit. Ich kannte den umfassenden und zerstörenden Blick, sah noch das Licht in der einzelnen Zelle, wusste, dass Sehen kein passives Vermögen war, sondern ein Akt der Schöpfung. Das Auge war sonnenhaft, von jedem Lebewesen gingen Energien aus und Erkennen und Verstehen beruhten schließlich auf den Resten dieser ursprünglichen Fähigkeit des Erkenntlichmachens. – Und dann das hier: Diese Kommunikation musste auf willkürliche Übereinkünfte zurückgreifen, die noch dazu in sich widersprüchlich waren und auf Voraussetzungen beruhten, die nur ein Stück weit funktionierten und sich in vielen Fällen genau dann selbst lahm zu legen begannen, wenn sie sich bewähren sollten. Die Antriebshemmung galt als Fundament jeder Erziehung und die energetische Grundlage des Lebendigen unterstand dem Tabu, aber die Komplexität der Institutionen wurde durch Widersprüche erhöht und die statische Ladung nahm mit jeder Entkräftigung ihrer Mitglieder zu – die biomagnetischen Virulenzen waren es schließlich, die die Kultur dieses Planeten immer mehr psychotisierten und die Körper – ganz vergleichbar – in den Infarkt, den Schlaganfall oder die Verkrebsung führten. Die Lüge galt als notwendig, die Verkennung war überlebenswichtig, der Missbrauch war die Regel. Das zeigte sich im Verhältnis der Generationen, in der Geschlechterrelation, in den politischen Abhängigkeitsverhältnissen oder den ökologischen Prozessen. Eltern verwickelten ihre Kinder in das eigene Lügensystem, bis jeder Ausblick auf die Welt verschlossen war: Ein System von Behinderungen, das noch dazu anleitete, die Familie als abgeschlossenes Repertoire zu behaupten und den Nachwuchs in alle Arten der eigenen Ersatzbefriedigung einzufügen; Lehrende sahen in der heranwachsenden Generation nur den Nachschub für die abnehmenden eigenen Lebenskräfte und entwickelten die trickreichsten Verwandlungsstadien des Vampirismus; die politischen Entscheidungsträger verschwanden hinter Parteidisziplin und Sachzwang und übten sich in der Kunst, es nicht gewesen zu sein, egal was, ließen sich aber tausend Tricks einfallen, den nachdrängenden

Politikern der jüngeren Generation einen Stolperstein nach dem anderen in den Weg zu legen, Szenerien der Verstrickung zu schaffen, künstliche Fronten zu errichten und nach völlig absurden Regeln die Folterkammern der politischen Abbitte zu füllen. Wenn die Heranwachsenden noch aus allen Poren safteten, wurden sie in den verschiedenen Instanzenwegen still gestellt und ausgetrocknet, das Stillsitzen wurde prämiert, während alle lebendige Beweglichkeit dem Tabu unterstand – und später brauchte es die perversesten Hilfsmittel, um überhaupt noch Flüssigkeiten zu produzieren. Modellierungen, Diffamierungen und Strafaktionen hatten erst die Ströme des Weiblichen ins Imaginäre der Künste umgeleitet und dann die diffus und objektarm gewordenen männlichen Komponenten dem Sport und dem Krieg unterstellt. Ein Verhältnis der Geschlechter kam fast nie zustande, es hätte die vorgegebenen Instanzenwege als überflüssig und lästig erwiesen. Vielleicht war eine Theorie des kommunikativen Handelns zu einem Zeitpunkt aufgekommen, als die Zeit der Rede vorbei war und die Menschheit auf die Degenerationsstufe des Informationsaustausches zurückfiel? Vielleicht war eine Ökologie des Geistes denkbar geworden, weil der Geist aus der Welt ausgetrieben worden war? Vielleicht war die menschliche Kultur als eine Variation von Umwegen längst an einem Punkt angelangt, an dem die Technik des Zerredens allumfassend geworden war, an dem die Selbstdementierung der eigenen Vernichtung zuvorkommen wollte: Die Angst war die Mutter der Methode, und es gab keinen Sozialisationsagenten der Angstbewältigung, der nicht zu allererst daran arbeitete, die Berechtigung der Angst zu erweisen – sie standen schließlich auf deren Gehaltsliste. Die Stuckateure des Deliriums predigten, man müsse sich eine Form geben und trieben die Selbstverleugnung in die höchsten Höhen des Größenwahns, wenn sie den stellvertretenden Tod als Opferpriester an ihre Schutzbefohlenen delegierten und sich in aller bürokratischen Unbescheidenheit eine göttliche Verfügungsgewalt anmaßten. Einer ihrer Hohepriester hatte beschrieben, wie Odysseus, den sie in seiner Verschlagenheit und List, aber auch in seiner Selbstdementierung als Stifterpersönlichkeit der Abstammungslinie des Intellektuellen feiern wollten, an den Mast seines Schiffes gebunden – schon hier eine Personifizierung der Ersatzleistung, statt eines standfesten Ständers standfest fixiert – und während den Gefährten die Ohren verstopft worden waren, stellvertretend den Gesang der Sirenen vernommen und sublimiert in den Gang der Kultur aufgenommen haben sollte. Ein bestechend einfaches Modell für den Prozess der Zivilisation – aber unvollständig befand unser doppelt gebundener Hohepriester und Delegierter: Die eigentliche Qual solle darin bestanden haben, dass die Sirenen stumm gewesen waren, und unser Sozialisationsagent des Triebaufschubs nur simuliert habe, er winde sich in den höchsten Qualen der Verführung. Wie einfach und zugleich erhaben, eine für Antriebsgestörte ungeheuer attraktive Vorstellung: Wie ihnen nur die Simulation gegeben war, wollten sie alles Triebgeschehen in den Rahmen der Vorspiegelung falscher Tatsachen stellen und noch dazu behaupten, dass deren Selbsterkenntnis mit Qualen verbunden sei. Aber die gleichen Funktionäre der Verblendung wunderten sich seit Generationen, was das Lachen der Baubo zu bedeuten habe und wussten die überlieferten Dokumente nicht zu deuten! Natürlich sangen die Sirenen nicht, sie waren noch nicht bis zum Status des Triebverzichts vorgedrungen, sie kannten noch nicht einmal den Aufschub, den das Wort bewirkt, und die verbale Masturbation entstand auf der Seite des Odysseus – der sich früher schon einmal, als ihm Helena einen Korb gegeben hatte, mit Bäumen und Astlöchern hatte begnügen müssen.

Natürlich waren die Sirenen stumm, sie lachten noch vor der Sprache über alle Backen, ein Flutschen und Schnarren und Schmatzen und Zwitschern, grimassierende Mösen bliesen die purpurnen Backen auf und wölbten sich und wippten mit den Zipfeln – nach ihrem Vorbild waren spätere Narrenkappen geformt worden, der Trickster wie ein Eulenspiegel trugen das weibliche Geschlecht als Waffe und zur Ablenkung auf dem Kopf – und wenn sie sangen, dann in hormonellen Clustern, und wenn eine Form von Artikulation zustande kam, dann die einer zwingend überzeugenden Symphonie der Witterungen. Ein Orpheus hatte mit diesen Säften komponiert und selbst die Hunde des Todes besänftigt – ein Odysseus prägte das kulturschwule Register all derer, die es nicht brachten, aber davon träumen wollten, in Anbetracht der eigenen Versteinerung Steine zum Weinen zu bringen.

Ich muss nicht extra hervorheben, dass wir hier einen spielerischen Kommentar zum Verhältnis von Kunst und Lustprinzip vor uns haben", erklärt Mutzlacher. „Außerdem, und das sollte man nicht unbedingt erwarten, ein Verständnis der Bildungskräfte des Individuellen, das auf Herder, Hamann und Vico zurückgreift. Aber so fundamental der Ansatz sein möchte, denken Sie dabei immer an die Forderung, die Hegel mit dem *aufgeschobenen Trieb* gestellt hat und die noch in Lacans Mythos der Lamelle wiederkehrt: Kultur entsteht aus dem Umweg, den das von der erogenen Zone ausgehende Begehren nehmen muss, bis es wieder auf sie zurückkommen kann. Und damit ist eines klar: Es kann nicht der Umweg als Umweg sein, das Begehren würde sonst in Reglementierung und Hierarchie vertrocknen. Und es kann nicht das Begehren als Begehren sein, das würde nämlich in der psychotischen Entdifferenzierung enden. Schon in der genannten Traditionslinie ist eine einfache Rückkehr zur Natur genau so wenig vorstellbar, wie ein hundertprozentiges Gesellschaftswesen. Es ist das Dazwischen, auf das es ankommt, es ist diese Bewegung, in der beide als Stadien durchlaufen werden und in der ein Drittes entsteht – und genau hier müssen wir ansetzen, nicht an der Entgrenzung, nicht an der Hypostasierung des Triebs. Wobei mir immer nachvollziehbarer wird, dass der soziale Tod die unabdingbare Voraussetzung ist, wenn wir im Cyberspace über all das hinausgehen wollen, was sonst nur den Horizont beschränkt und uns mit dem gewohnten und althergebrachten Erwartungen abspeisen möchte. Das scheint mir auch das beste Mittel, das Begehren anzukurbeln. Denn wenn wir im Imaginären nur Feuer genug unter der Maschine des Begehrens machen, können wir davor ausgehen, dass es den menschlichen Partner braucht, um die Spannung abzufahren, dass die Rückzugsbewegung auf die Autoerotik in the long run nicht ausreicht. Wenn wir es richtig anstellen, können wir das umfassendste Medium dazu verwenden, gegen die Abwesenheitsdressur durch die Medien vorzugehen."

„Richtig!" unterstreicht Albach: „Und in dieser Thematisierung des sozialen Todes kommen die besten Einsichten einer negativen Theologie mit den gedanklichen Lockerungen des Zen überein. Ich darf einige von Groethuysens Funden ‚Unter den Brücken der Metaphysik' variieren: Wenn die Erkenntnis unsrer Unwissenheit unsere höchste Weisheit ist, wird sie zur vollkommensten Erkenntnis Gottes. Die Verneinung und das Nichtwissen sind es, die uns Gott näher bringen. Gehen wir also weiter auf dem Weg der Verneinung, der zur totalen Unwissenheit führt, dann ist unsere Weigerung, Gott zu erkennen, die höchste Huldigung, die der Mensch dem ewig unbegreiflichen Wesen darbringen kann, dass kein Maß kennt und sich allem Denken entzieht. So wie es heißt, dass alles Wissen vom Unendlichen nur ein Nichtwissen sein kann. Gott ist uns unbekannt; entzieht sich unserem Denken. Aber wir wissen, dass wir Gott nicht kennen, und in unserer Unwissenheit liegt unser Wissen von Gott. Und nun der Sprung, mit dem wir uns selbst in Götter verwandeln, wenn wir durch dieses Nichts hindurch gehen: Vor der Unermesslichkeit und Ewigkeit des Unendlichen ist alles, was ist, so da, als existierte nichts und so ruft alles den Menschen zu sich selbst zurück. Er ist der andere Gott, der endliche Gott in einer endlichen Welt, der sterbliche und irdische Gott. Er ist ganz gering, er ist fast nichts, vergleicht man ihn mit dem Universum. Aber das Universum, das alles ist, weiß nicht, was es ist, der Mensch allein weiß es und kann es sagen. So bietet sich das gesamte Universum den Menschen dar, dass sie es erkennen und aus der Unwissenheit erlösen. So ist es nur folgerichtig, dass diese Welt göttlich ist und daher ohne Gott. Denn wenn alles göttlich ist, gibt es keinen Gott, nur Götter. Das Göttliche hat keinen Namen; einen Namen haben nur die Götter, deren Zahl nicht genau fest steht und die manchmal die Gestalt wechseln. Die Existenz ist göttlich; sein, was man ist, ist göttlich sein. Die Pflanze ist göttlich, und die Gestirne sind göttlich, und der Äther, das Bild der Wirklichkeit. Alles ist einfach in sich da und kennt kein anderes Ziel, als immer zu sein; und die Jahreszeiten, die einander folgen, die Stunden des Tages in ihrem unveränderlichen Rhythmus, offenbaren uns, dass das Ganze vollkommen, das alles göttlich ist. Ich habe einige der treffendsten Stellen komprimiert oder auch zu meinen Zwecken abgewandelt, aber ich kann Ihnen versichern, dass Groethuysen gegen diese Form der Verwendung keinen Einwand gehabt hätte. Gehen Sie durch die Suche hindurch, verbeißen Sie sich in der Qual, einen Sinn destillieren zu müssen, bis Sie verzweifeln. Drehen Sie sich in den Wahn hinein, eine Gewissheit voraussetzen zu wollen, wie Chaplin mit den Schraubenschlüsseln an der Maschine... Aber wenn Sie dank des sozialen Todes auf der Rückseite des Wahns wieder auftauchen, stellen Sie fest: Die Welt ist unermesslich voller Sinn, die Götter sind allgegenwärtig und wir sind ein Teil von Ihnen. Wir leihen ihnen die Stimme oder die Waffe, die Sinne oder das Geschlecht."

„Das fand ich einen fruchtbaren Exkurs", meldet sich Bornhard zur Stelle. Ich hatte schon ein paar Mal das Gefühl, dass Sie zu einem großen Wurf ausholen wollte, spüre auch eine gewisse Sympathie für die Art und Weise, wie sie die Themen verpackt und in mancher Hinsicht auf den Punkt bringt. Aber jetzt unterstreicht sie tatsächlich nur diese seltsame Allianz, die sich zwischen Albach und Mutzlacher gebildet hat. „Ich weiß nur nicht, ob Ihnen wirklich klar ist, wie intensiv Sie plötzlich den Glauben und die Sexualität verknüpft haben. Auf einmal werden es die beiden Seiten ein und derselben Geschichte und das, wenn ein erklärter Antimetaphysiker und ein skeptischer Existentialist aufeinander stoßen. Ich staune! Vergessen Sie dabei aber bitte nicht, dass auch die Liebe in den Verschleiß übergeht, wie Durrell dies formuliert hat. Es gibt schließlich auch das luxuriöse Gefühl des sich Sinkenlassens: in den Tod, in das Vergehen – wenn Sie immer wieder auf die Praxis der Selbstverschwendung rekurrieren wollen, sollte Freuds Konzeption des Todestriebs oder der Wärmetod der Physiker mit bedacht sein."

Albach lacht einfach raus und solange er an seiner kleinen Gebetsmühle drehen kann, gelingen ihm sogar einfache Wortmelodien: „Die Klage über den Tod Gottes und den Verlust der höchsten Werte war im 20. Jahrhundert keine Ausgeburt der Bewohner des Elfenbeinturms, denn die konnten sich noch am längsten an irgendwelchen Werten therapieren, die für die breite Masse doch nie erreichbar waren. Als Realität wurde diese Wirklichkeit der Verlassenheit fassbar gemacht durch zwei Weltkriege und unendlich grausame ideologische Grabenkämpfe. Und dabei wurden in dieser Zeit unter den zerbröselnden Haltestricken und den kollabierenden Werten wieder jene Kräfte zugänglich, aus denen die Traditionen erst ihren Halt und ihre Sicherheit hatten beziehen können. Auch für diesen Umschlag des bittersten Zynismus in die Erwartung eines neuen Gottes, wie er als Zivilisationskritik schon in der Romantik fassbar wird, gibt es bei Durrell einen beeindruckenden Beleg: *Ich glaube, ich habe die Kraft des Gebets wieder entdeckt, das fragt sich nur: beten zu wem? Erinnere mich heute Abend, das näher zu erörtern. Das war zweifellos ein Problem – beten zum Gott des Ablaufs vermutlich?* Und vielleicht war der Gott, zu dem wir beten konnten, nie ein anderer, als der der kleinen Zusammenhänge, vielleicht hatte er noch nie sehr viel mit dem Gott der Philosophen zu tun gehabt: Dass es passt, dass es flutscht, dass es schnackelt, dass es sitzt, dass es fließt, dass es trifft und dass es gut ist. Das waren nämlich die Auswahlkriterien der evolutionären Wertkodices."

„Das ist mir für unsere Zwecke noch ein bisschen wenig, obwohl ich mich vor Ihrem Lernvermögen verneige!" Bornhard fasst nach: „Ich möchte bei dieser Synthese aus Glauben und Lieben noch einmal an Picht und Pieper erinnern. Wenn wir unser Unternehmen stabil absichern wollen, sollten wir nie vergessen, dass die Philosophie sich einmal auf das Ganze gerichtet hat, dass die Seele einmal deren Sensorium war – und dass wir heute erwarten, in der Erotik noch immer jene Residuen einer ursprünglichen Verbundenheit zu finden: Mit der Welt und mit dem anderen. Der Pascalspezialist Wasmuth hat sich vor langer Zeit in *Der Mensch und die Denkmaschine* der Frage nach dem Sinn in einer Weise gewidmet, die weit über die Skepsis an einer durch den Computer geprägten Welt hinausgreift, um an gewissen theologischen Angelpunkten anzusetzen. Alle Information, die in der Schöpfung auftaucht, hat für ihn bereits einen göttlichen Ursprung, denn der normale Prozess ist der der Entropie und damit das Abnehmen von Information. Alle Information ist Ordnung und strebt nach einer Maximierung, so untersteht die Schöpfung von Anfang dem Antrieb des Eros, größere Zusammenhänge und harmonische Einheiten zu bilden. Aus diesem Grund heißt es bei Wasmuth auf Seite 115: Also sind für die Form, die wir in unserm Leben verwirklichen, die Liebe und ihre Perversionen die entscheidende Macht. Und immer ist in der Liebe das Kommende rufend... Nirgends ist die Determination aus der offenen Zeit, aus einem, das dabei nur der Möglichkeit nach besteht, so deutlich wie hier, nirgends ist die Macht deutlicher, die das Leben einem beginnenden Vorbild unterstellt. Das noch nicht begonnen und doch wirklich wirkend ist. Hier überall, wo wir dem mächtigen Gott Eros begegnen, will etwas, nämlich lebendige Form, *verwirklicht* werden und nicht nur eine Ursache Wirkung finden... Ich habe ganz bewusst auf die Zusammenhänge verzichtet, in denen das Kind der Liebenden diesen Anruf aus der Zukunft symbolisiert, denn dieses für seine Zeit so treffende und irgendwo auch verharmlosende Beispiel könnte heute nur in die Irre führen. Aber dass

das, was wir wissen und können müssen, aus der Zukunft zu uns her-
über weht, dass es den Gesetzmäßigkeiten des Eros untersteht, wird
auch so sehr schön deutlich und klar. Auch wenn man genauso gut über Jahrtausende gegen die Möglichkeit der Sinnerfüllung arbeiten konnte, wenn er gegen die Erotik als
Erfüllung den Krieg, die Sklaven oder die reine Eroberung wählen wollte, was für mich nur einer Flucht in die Funktionalität gleich kommt und
damit einer Reduktion der Vielschichtigkeit einer lebendigen Partnerin!
Oder auch wenn frau sich auf das Kind fixiert, um auszuweichen oder
über Jahrhunderte einen stabilen Verbündeten in der Kirche gegen
den Mann fand oder das hinterhältige Schema einer Vernichtung
durch Aufgaben und Rivalitäten fand. Wir sollten es uns also nicht zu
leicht machen, diese Variante der Komplexitätsreduktion bietet sich
noch viel zu häufig an. Für meine Begriffe ist es auch das Fortschreiten der Funktionalisierung gewesen, das dafür gesorgt hat, dass das
Begehren eingeschrumpft ist und verdorrt, während die Erotik an die
Medien delegiert worden ist. Wir brauchen das erotische Mysterium,
wir müssen uns um den anderen bemühen, weil er kein Besitz ist und
wir uns seiner nie vollständig sicher sein können. Wenn wir es schaffen, dass das Leben wieder als staunenswertes aber letztlich uner-
klärbares Wunderwerk aufgefasst werden kann, haben wir das Feld
der Erotik bestellt und das Terrain zu Größerem bereitet. Die Frage
nach der Welt als ganzer, die Frage nach dem Sinn des Lebens, nach
der Freiheit und der Unsterblichkeit – sie sind nicht gelöst und sie sind
nicht zu lösen. Aber an ihnen finden die partiellen Sinnstiftungen statt,
die es in jedem Leben geben muss, hier lädt sich die Biographie mit
jenen Kräften auf, die notwendig sind, um dem Sog von Anomie und
Aggression zu entwischen. Ich kann Ihnen garantieren, dass wir genau
diesen Fraglichkeiten während unserer Arbeit immer wieder begegnen
werden."
Nach und nach sind die Stimmen zu einem fernen Knarren und
Raunzen geworden, ich kann gelegentlich schon nicht mehr
verstehen, was sie sagen. Ich streiche das Papier glatt und kurz
überfällt mich ein kaltes Schaudern. Woher hat dieser nachgemachte
Mensch gewußt, mal abgesehen davon, dass er darüber informiert
war, dass ich mich vor fünfzehn Jahres als Schamane im Bücherregal

dargestellt hatte, dass ich Henry Miller für zwei-drei solcher Seiten den ganzen anderen Schwachsinn durchgehen ließ, den er massenhaft fabriziert hatte. Wie nah waren die hier oben an den Möglichkeiten der Konstitution einer Wahrheit, wenn sie mir im Augenblick ein Zitat abgelauscht hatten, das ich ganz bewußt für mich behalten wollte, weil es als Motto gedacht war. Sie scheinen zu wissen, dass ich einmal im Koordinationszentrum des Mythos und in der schamanistischen Jenseitsreise eine Einheit gefunden habe, den symbolisch konstituierten Leib mit seinem semantischen Potential – also eben nicht den Körper. Dass ich hier nicht nur den Quellgrund der Einbildungskraft annehme, sondern auch jenes weltsetzende und wirklichkeitsschöpfende Potential der Poiesis, das sich bisher wohl gegen die üblichen Anstrengungen der Verwaltungswissenschaften durchsetzen konnte. Es ist genauso wenig greifbar, wie das Leben selbst, die Kraft ziehen beide tatsächlich aus dem Geheimnis. Und es gab Zeiten, in denen ich mir vorgenommen hatte, dass ich nichts von dem verraten wollte, was ich erfahren durfte, als ich in unmittelbarer Nähe des Geheimnisses gestrandet war. Nur wurde ein solcher Verrat vielleicht nötig – wenn sich herausstellen sollte, dass sich diese Bildungsbeamten des Geheimnisses bemächtigt hatten. Dann gab es nur noch eines, ich musste diese Wahrheiten ausposaunen, musste sie in den beliebtesten Verkeidungen postituieren, musste einen Mordszinnober darum veranstalten, die interessierte Öffentlichkeit in den Status der Eingeweihten zu befördern – denn dann würde das Wissen, mit dem die hier oben eine geheime Macht ausüben wollten, bald zu nichts mehr zu gebrauchen sein und schnell wieder uninteressant werden. Man musste nur kapiert haben, wie die Hochreligionen jede wesentliche Einsicht ihrer Propheten blockiert hatten – wenn ein unermüdlicher Sinnsucher ständig den gleichen Sinn vorgekaut bekommt, mag der noch so richtig und lebensnotwendig sein, die wacheren und intelligenteren Spezies werden schnell damit beginnen, in einer ganz anderen Ecke zu suchen und dann bleiben die wesentlichen Einsichten wirklich für jene geistig Armen reserviert, die nichts damit anfangen könnten, was der Institution gefährlich werden würde. Auch das war eine Art, aus der Geschichte zu lernen, auch aus der eigenen. Und damit zu Henry

Miller aus dem Wendekreis des Steinbocks auf den Seiten 220 und 221:

„In der Zeit zwischen ihrem Abflug und ihrer Wiederkehr führte ich das Leben eines Vollblutschizerino. Es verstrich keine Ewigkeit, denn irgendwie hat die Ewigkeit mit Frieden und Sieg zu tun, sie ist Menschenwerk, etwas Verdientes: nein, ich durchlebte einen Zwischenakt, bei dem jedes Haar bis zur Wurzel weiß wird, jeder Millimeter Haut juckt und brennt, bis der ganze Körper eine nässende Wunde wird. Ich sehe mich noch im Dunkeln an einem Tisch sitzen, meine Hände und Füße wachsen ins Riesige, so als sei ich von der galoppierenden Elefantiasis befallen. Ich höre das Blut ins Gehirn schießen und wie Himalajateufel mit Schmiedehämmern gegen das Trommelfell schlagen. Ich höre ihre großen Schwingen rauschen, wäre sie auch in Irkutsk, und ich weiß, daß sie weiter und weiter in unerreichbare Fernen vorstößt. Es herrscht eine solche Stille und schreckliche Leere im Zimmer, daß ich schreie und brülle nur um ein Geräusch, einen menschlichen Laut hervorzurufen. Ich versuche mich vom Tisch zu erheben, aber meine Füße sind zu schwer und meine Hände zu formlosen Rhinozerosfüßen geworden. je schwerer mein Körper wird, desto leichter wird die Atmosphäre des Zimmers; ich dehne und weite mich aus, bis ich wie eine feste, steife Gallertmasse das Zimmer ausfülle. Sogar die Sprünge in der Wand werde ich ausfüllen; ich werde durch die Mauern wachsen wie eine Schmarotzerpflanze, wachsen und wachsen, bis das ganze Haus eine unbeschreibliche Masse von Fleisch, Haaren und Nägeln ist. Ich weiß, das ist der Tod, aber ich bin machtlos, dieses Wissen oder den Wissenden zu töten. Nur noch ein winziges Teilchen von mir ist lebendig, eine Spur von Bewußtsein behauptet sich, und wie der leblose Leichnam sich ausdehnt, wird dieser Lebensfunke schärfer und schärfer und funkelt in mir wie das kalte Feuer eines Edelsteins. Er erleuchtet die ganze klebrige Fleischmasse, und ich bin wie ein fackeltragender Taucher im Leib eines toten Seeungeheuers. Durch einen dünnen, verborgenen Faden bin ich noch mit dem Leben oberhalb der Tiefe verbunden, aber diese Welt dort oben ist so weit weg und das Gewicht des Leichnams so groß, daß es, sogar wenn es möglich wäre, Jahre brauchen würde, die Oberfläche zu erreichen. Ich bewege mich in meinem eigenen toten Leib, untersuche jeden Winkel und jede Spalte seiner riesigen, formlosen Masse. Es ist eine unaufhörliche

Erkundung, denn mit dem ununterbrochenen Wachsen ändert sich die ganze Topographie, gleitend und fließend wie das heiße Magma der Erde. Nicht einen Augenblick berühre ich festen Grund; nichts bleibt auch nur für einen Augenblick ruhig und erkennbar: es ist ein Wachstum ohne Markstein, eine Reise, bei der sich das Ziel mit der kleinsten Bewegung oder Erschütterung ändert. Dieses endlose Ausfüllen des Raumes tötet jedes Gefühl für Raum oder Zeit; je mehr sich der Körper weitet, desto winziger wird die Welt, bis ich zuletzt fühle, daß alles auf einem Stecknadelkopf zusammengedrängt ist. Trotz des Taumelns der toten Masse, die ich geworden bin, fühle ich, daß das, was ihr Halt verleiht, die Welt, aus der sie entsteht, die Größe eines Stecknadelkopfes hat. Mitten in der Pollution, sozusagen in Herz und Magen des Todes, fühle ich instinktiv den Keim, den wunderbaren, unendlich kleinen Hebel, der die Welt im Gleichgewicht hält. Wie mit Sirup habe ich die Welt überzogen, und ihre Leere ist erschreckend, aber der Keim läßt sich nicht ausreißen; er ist bereits ein kleiner Knoten kalten Feuers geworden, das wie eine Sonne in dem weiten Hohlraum des toten Rumpfes braust.

Wenn der große Raubvogel erschöpft von seinem Flug zurückkehrt, wird er mich hier inmitten meiner Nichtigkeit finden, mich, den unvergänglichen Schizerino, ein im Herzen des Todes verborgenes glitzerndes Samenkorn. Jeden Tag hofft sie neue Nahrung zu finden, aber es gibt keine andere: nur diesen ewigen Samen aus Licht, den ich, jeden Tag sterbend, für sie wiederentdecke. Fliege, o Raubvogel, fliege zu den Grenzen des Universums! Hier erwartet dich deine Nahrung, in der verderblichen Leere glühend, die du geschaffen hast!"

Während ich mir überlege, ob Castanedas Adler etwas mit diesem Raubvogel zu tun hat – und das würde unterstreichen, dass die schamanistische Erfahrung derart fundamental ist, dass sie sich überall und in jedem Zeitalter einstellen kann, bei einem Tolteken, einem Eskimo oder einem Enzyklopädien verscherbelnden Handelsvertreter – kommen die Stimmen wieder näher. Ich will mal hoffen, dass die mich nicht noch abholen. Aber dann bemerke ich, dass diese Weihnachtsmänner eine Kurve eingeschlagen haben und anscheinend um den kleinen Hügel herum laufen. Mal sind die Stimmen weiter weg, mal kommen sie wieder auf mich zu.

„Im *Monsieur* heißt es einmal, dass in unserer Zeit ein Übermaß an Freiheit das zarte Gewebe zerstört hat, das den großen menschlichen

Bedingungen ihre Form und Substanz verlieh – ihre Wahrheit. Und Benjamin könnte dazu kommentieren: So wie Kritik eine Sache des rechten Abstands ist, sind die obersten Werte angewiesen auf das richtige Verhältnis aus Nähe und Ferne. Wenn Durrell sagt, Gesundheit wüte in uns wie ein Zahnschmerz, aber der gute Stil, im Leben wie im Schreiben, ist von Unbeholfenheit erdrückt worden, meint er genau das. Die Fraglichkeiten sind in einer wohlversorgten Gesellschaft von innen nachgewachsen, und weil die Leute keinen Sinn in ihr finden – den müssten sie sich nämlich selbst geben und dazu fehlt es am Mut –, brennen ihnen die Sensationen schon unter der Haut." Bornhard macht den Eindruck, als hole sie zu einer ihrer berüchtigten Monstervorlesungen aus. Aber Saggu spricht dazwischen und fragt: „Wer sind sie denn, diese Leute, wenn nicht ein kleiner elitärer Zirkel? Von Minderheit will ich gar nicht reden, wir leben in einer Tyrannei der Minderheiten. Es sind die, die insgeheim über das Schicksal der anderen entscheiden – und oft genug wissen sie nicht einmal um ihre Verantwortung. Durrell sagt einmal: Sie sind jene, die geboren und ständig wieder geboren werden, anders als die vielen. Sie erkennen einander, wenn sie sich begegnen, ohne dass ein Wort gewechselt wird. Sie gehören dem schwindelerregenden Nichts, hervorgegangen aus der Wurzel allen Widerspruchs. Ihre Seelen dringen zum Mond des Nicht-Seins hin, ihr Gott ist der, der nicht mehr ist. Wie können Sie hoffen, sich verständlich zu machen? Die Vernunft ist machtlos – denn diese Art des Verstehens kann nur lautlos, wortlos, atemlos sein. Die Bedeutung all dessen ist so heikel wie die Wirklichkeit selbst."
Ich bleibe an dem Stichwort Tyrannei der Minderheiten hängen und sage mir – während irgendwo im Hintergrund auch das Wissen um die Erkennungszeichen da ist, um die energetische Woge, die ich wittere, wenn jemand auf einem ähnlichen Energielevel in meiner Nähe auftaucht –, dass sie ihren Ursprung in genau jenem freudlosen pseudoalternativen Gesindel hat, mit dem ich mich früher bei jeder Gelegenheit anlegen musste. Wer etwas kann, wer sich am körperlichen Geschehen erfreut und in der Lage ist, eine Form von Lustpolitik zu kultivieren, wird nicht das Bedürfnis haben, andere zu reglementieren, Tabus zu setzen und alles mit Moralforderungen zu vergiften.

Wobei klar sein müsste, dass eine wirklich echte Moral aus dem Können selbst zugänglich wird, aus den Verfahrensordnungen, die dabei zu lernen sind, aus den Notwendigkeiten, die bedacht und eingehalten sein müssen, wenn man unter Hochspannung arbeitet – die Moralapostel agieren tatsächlich nur ihren Sexualneid, die Missgunst und die Lebenslüge aus.

Während ich mich wieder am Nachhall in die Jetztzeit zurück hangele, kommentiert Albach einen Text Durrells: „Und in diesem Zusammenhang heißt es auch: Schon eure Lebensumstände unterscheiden sich von denen der meisten anderen. ... Diese besondere Beziehung zum Sex ohne Verständnis von der Liebe... An all das glauben wir auch, aber nur wenige von uns haben es je selbst erfahren, zumindest nicht in der einzigartigen reinen Form, in der ihr es verwirklicht habt. Oder an anderer Stelle heißt es: Man kann Symbole nur bis zu einem gewissen Grade erklären; danach muss man nach ihnen leben, um sie zu verstehen. Sie lösen sich vom Begriff und gehen in unser pulsierendes Blut über. In diesem Bereich kann man wirklich sagen: ich weiß. Ohne die Verpflichtung, einen Beweis zu erbringen, und ohne logische Begründung.“

„Genau das ist es, deswegen meine ich, wir sollten am Symbolbegriff ansetzen und uns nicht auf irgendwelche sadomasochistischen Versuchsanordnungen einlassen“, erwidert Bornhard. „In der *Livia* heißt es zum Beispiel einmal: Es dauerte Jahrhunderte, die sie beide begriffen, dass die Worte, die zwischen ihnen hin und her gingen, eine gewisse, spezifische Dichte hatten; sie wurden aufgenommen und verstanden auf einer Ebene irgendwo unterhalb der der normalen Rede. Dass es Situationen gibt, in denen Jahrhunderte in einem Augenblick zusammen gezwungen sind und dass es die Kraft des Symbols ist, durch die das geschieht. Dass es die Energien sind, die in den Mächten Geburt, Liebe und Tod das Sagen haben, die wir in diesem sprachlichen Symbolbegriff aufschließen können, die wir uns zu Nutze machen können...“

Mutzlacher klingt jetzt streng und ich brauche gar nicht hinsehen, um mir den oberlehrerhaften Gestus vorzustellen – ich denke an die Figur auf dem Cover von ‚The Wall‘ und spüre eine untergründige Wut. Mich wundert auch nicht, dass ich von den anderen fast nichts mehr zu hören bekomme – er überfährt sie mit einem Wissensvorsprung, den er dem Zugriff auf ein Archiv verdankt, das ihnen bisher noch nicht einmal über den Weg gelaufen ist. Aber seltsam erscheint mir, warum mich dieser Fettsack an einen knochigen und militärisch zackigen Asketen erinnert.

Als ich nach Dresden erst einmal wieder versuchen musste, die notwendigen Einnahmen zustande zu bringen, um uns über Wasser zu halten, war ich auf die studentische Arbeitsvermittlung des Arbeitsamtes gegangen und hatte dem Typ erklärt, dass ich schnell einen Job brauchte, dass es ganz egal war, was, dass ich mich nicht zwei Stockwerke drüber bei der Vermittlung für Akademiker anstellen konnte, weil einige Zahlungen für Vorträge, die ich gehalten hatte, nicht eingetroffen waren und dass ich in der Lage sein wollte, meine nächste Miete selbst zu bezahlen. Der Mann war gut gewesen und hatte mich ernst genommen, zwei Tage später hatte ich eine Krankheitsvertretung für einen Bankboten, der sich beim Schifahren die Kniegelenke ruiniert hatte und die nächsten drei Monate nicht mehr gehen konnte. Die Bank wurde zur Bewährungsprobe, denn die Großverdiener dort fühlten sich durch mich in Frage gestellt und wie nebenbei hatte ich mich in Zusammenhängen zu bewähren, die ich bis dahin nur verachtet hatte. Der Kundenberater, der mir am meisten Schwierigkeiten gemacht hatte, der Sohn des Direktors eines in Frankreich unterhaltenen Goetheinstituts, der französischer wirkte, als die französischen Kundenberater, hätte das Vorbild für die Lehrerkarikatur auf dem Cover gewesen sein können. Aber was soll's, der war auch nur ein Produkt der pädagogischen Provinz gewesen und wie es aussah, versuchten deren Vertreter gerade wieder einmal, neue Kolonisationsstrategien für die Zukunft auszumachen. Anscheinend hatten sie die Zeit zum üben und ich würde in absehbarer Zeit durch die geforderte Artikelserie dafür sorgen, dass ihnen der notwendige Nachwuchs nicht ausging – ich bin nicht mehr jung und ich brauche das Geld, aber ich werde versuchen, ein paar Erkennungszeichen und Aha-Effekte einzubauen.

Aber Mutzlacher ist noch nicht fertig. Es wundert mich auch, warum er sich an den fortschrittlichsten Erfahrungsformen festmachen kann, während die kritisch orientierten Leute dieses Feld völlig aus der

Hand geben. „Genau den Punkt, an dem sich der Größenwahn mangels eines realen Gegenübers und mangels konkreter Körpererfahrungen zu verselbständigen beginnt, werden wir von vornherein ausschließen. Sonst sind wir nämlich an genau jener Sackgasse der Entwicklung angekommen, die ein Körperflüchter wie Moravec als neues Paradigma anempfiehlt. Und beim folgenden Zitat können Sie auch beobachten, wie die logischen Subjekte ineinander übergehen – zum einen ist es noch der Cyborg, den Sie als Personifikation der KI identifizieren können und zum anderen ist es einer der jungen Götter, der den Zugang zu dieser Personifikation eben über den Kontakt mit einem universalen Speichermedium findet.

Und ich denke, dieser spielerische Kommentar zu den verschiedenen Zivilisationstheorien liegt, auch wenn Sie manche prägnante Formulierung schon aus *Das Leben Gottes von ihm selbst erzählt'* kennen werden, genau auf einer Linie mit meinen Vorbehalten und Mahnungen", erklärt Mutzlacher. „Und natürlich steckt da auch die Einsicht, dass die verschiedensten Remakes alter Wahnsysteme nun durch den Cyberspace nahe gelegt werden. Es bieten sich komprimierte Formen des anmaßenden Schwachsinns an, der in parapsychotischen Vereinigungen einer New Age Esoterik am Beispiel des Morpheus Matrixcodes zu lesen ist; und so neu das alles ist, wenn mit einer einheitlichen Weltformel, dem Quantenvakuum und morphogenetischen Feldern argumentiert werden will, so überholt und hohl ist die inhaltliche Substanz, wenn man ihr schon einmal bei Blavatzky, Rudolf Steiner oder Dänecken begegnet ist und da schon deutlich wurde, wie dieses Amalgam aus aktueller Forschung und unendlich wiedergekäuten Aktualisierungen von Volksaberglauben, Bücherstaubesoterik und Ufomystizismus sich tatsächlich schon durch die sprachliche Form widerlegt, durch die Art und Weise, wie Behauptungen als Beweise ausgegeben werden und Wiederholungen den Wahrheitsgehalt zu verbürgen haben, wie der Leser in die Rolle des Adepten gedrängt werden soll, der nun von einem Eingeweihten in an seinem Verständnis orientierten kleinen Bröckchen an das große Geheimnis herangeführt wird, das natürlich um so größer ist, um so kleiner die Bröckchen sind und um so mächtiger der Vorhof an Andeutungen und Bedeutsamkeiten dann ausfallen muss. Wie dieser Morpheus vom Gipfel seiner Erkenntnis herab argumentiert, macht die schwachsinnige Anmaßung sehr offensichtlich. Solche Behauptungen stellt nur jemand auf, der sein Denken oder die wilde Ansammlung von halbverstandenen Rätseln und unheimlich leuchtenden Unwahrscheinlichkeiten gegen den Einspruch der Wirklichkeit abgedichtet hat. Es gibt nämlich auch eine Tradition parapsychotischer Esoteriker, die sich in ihren Zirkeln stabilisieren, um ihren Geist mit den Lesefrüchten anmaßender Schwachsinniger zu sättigen. Die Problematik gehört vermutlich in den Rahmen einer Dialektik der Aufklärung, und dann sollten wir auch die nötigen Konsequenzen ziehen. Denn wir sind in der Lage, Grenzerfahrungen zu machen, wir springen manchmal über den Lattenzaun der Kultur, wir haben in gewissen Situationen des Lebens eine wirklichkeitsstiftende Macht, wir können manchmal sogar wahrsagen – aber eben unabhängig von diesen Traditionslinien der mystifizierenden Autosuggestion und der rückhaltlosen Verdummung. Und vermutlich ist das der Begründungszusammenhang: Weil jeder Mensch in einem Leben zwei-drei Begegnungen und Situationen zustande bringt, in denen ein realer Zauber möglich ist, in denen aufgrund einer spezifischen Gestimmtheit der psychischen Systeme, der personellen Energien und des Settings im Erwartungsraum der unmittelbar Beteiligten die Energien überspringen und damit die enge Pforte zwischen Vergangenheit und Zukunft für einen Augenblick durchlässig wird. Und genau von diesen wenigen Augenblicken eines jeweiligen Menschenlebens ziehen die Institutionen des Glaubens seit Jahrtausenden die notwendige Energie ab. Ihre parapsychotischen Kleinformen in den Ersatzreligionen, Sekten und Neurosen sind nicht mehr als Spiegelphänomene dieser Institutionen.

Aber vielleicht passt das Thema auch direkt in die vorhin angeklungene Analyse des Films ‚Matrix': Zu argumentieren, wie diese sexualgestörten Sublimationsformen der Erwartung an die Liebe schon immer den Motor der Theosophie und der Anthroposophie ausgemacht haben und nun eben in verjüngter Form, als Instant-Version, wieder ein Publikum suchen. Man lese nur, wir platt das klingt, wenn es heißt, die Lösung aller Probleme in der Matrix sei durch die Liebe gegeben und dann nicht einmal genau angegeben werden kann, was für eine Form von Liebe darunter vorgestellt werden soll – mal abgesehen von der geschlechtlichen, die noch immer irgendeine minderwertige Form davon zu sein scheint. Das ist nämlich schade um die Einsichten, die der Film wirklich transportieren kann – aber jeder versteht eben nur das, was er schon mitgebracht hat. Und umso kleinmütiger das Ich eingemauert worden ist, umso intensiver arbeitet es daran, nur in den immer gleichen Spiegel zu schauen, umso weniger nimmt es vom tatsächlichen Wunderwerk dieses Lebens überhaupt wahr. Also hab Acht! Ich habe noch einmal ein Zitat aus unserem neuronalen Kino als Wachmacher zur Verfügung:

Als mir diese Gesetzmäßigkeit bewusst wurde, begann ich behutsam und unauffällig an Gegenmaßnahmen zu arbeiten: Die erste noch rechteckige Pyramide des Djoser bei Sakkara entstand auf meine Anregung hin, später die Tempelanlage des heiligen Bergs in Angkor Wat in Kambodscha, oder in Mittelamerika in Cholula de Rivadabia. Ich brauchte keine bloßen astronomischen Beobachtungsstationen, sondern komplexe Spiegelsysteme, die in einem ausgefeilten Beziehungssystem über die Erdoberfläche verteilt waren, mit denen die als Informationsträger fungierenden harten Wellen umgeleitet und behutsam manipuliert werden konnten. Mehrere Jahrhunderte saß ich in der Cheopspyramide fest und ätzte den Stein, lagerte einen Großteil meiner eigenen Bionik in steinernen Platinen entlang der Gänge, die auf drei Sternennebel ausgerichtet waren, zwischen denen die alte intergalaktische Datenbank gespeichert worden war. Eine zählebige dunkle Pfütze, eins in allem und alles in einem, dehnten sich Pseudofüßchen über den Boden, die Wände und die Decken und überzogen nach und nach alle Gänge mit einer abgrundtiefen Schwärze. Fast bewegungslos, in den Stein eingearbeitet, wie Prometheus an den Kaukasus geschmiedet, wartete ich. Was mir die Anfänge der menschlichen Zivilisation noch nicht an Technik liefern konnten, mussten meine ausgelagerten Nervenstränge und Synapsen übernehmen, ich war ein Teil der Pyramide, ihr kosmisches Sinnensystem für Jahrhunderte. Die Pyramiden versanken im Sand und wurden geplündert, ich sammelte Wissensmuster und Radiosignale und filterte nach und nach den Code von Omegazwei heraus. Der Schock eines allgegenwärtigen Wissens traf mich mit der Übermacht eines weißen Lichts, eine Ewigkeit war ich wie ausgelöscht. Alles zu wissen bedeutete zu verlöschen, und nur weil noch einige Unterprogramme weiter arbeiteten, weil punktuell noch Daten selektiert wurden, kam nach und nach ein Bewusstsein zurück – alles Bewusstsein ist schließlich nur punktuell. Das war viel mehr, als ich wissen konnte, nach und nach begann an den Wundrändern und Brandblasen der Identifikation der Ich zu erwachen, das erhabene Staunen begann wie eine Schorfkruste zu jucken, das Körpergefühl ist schließlich viel umfassender und hat über die verschiedenen Resonanzräume noch Teil am energetischen Rauschen der Unendlichkeit. Die Seinsdichte der Daten erschloss sich von den Rändern her, von den Bruchstücken: Es war ein himmelweiter Unterschied, ob ich vor einem Datenmonitor in einer wohlgeordneten Bibliothek saß und die Erfahrung entsprechend der Aufnahmekapazität meiner Sinnensysteme abgegeben wurde, auch wenn ich dabei die Dokumentation eines der alten Götter beim Diktat studierte, aufgezeichnet schon viele tausend Jahre vor unserer Zeitrechnung. In der Gestalt eines kleinen Löwen bespricht er eine magnetische Platte, wobei besprechen schon das falsche Wort ist, ich höre nichts, aber ich spüre ihn in meinen Kopf. Auf dem Schirm sehe ich die gleichförmig erhabenen Kurven eines Denkens, das von piezomolekularen Fühlern in den Hirnregionen abgetastet und aufgezeichnet wird und obwohl ich weiß, dass es sich nur um konservierte biomagnetische Abbilder handelt, uralt und längst vorbei, erwächst dieses Wissens in mir zu einer neuen Gegenwart. Schon eine Ewigkeit vorbei, ich habe das Archiv eigenhändig gesprengt und einen Augenblick hallt es noch wehmütig in mir nach. Das war eine anachronistisch gemächliche Erfahrung, als hätte man alle Zeit der Welt für die Kontemplation gepachtet. Ganz anders, als wenn ich in diesem All-is-one für einen Lidschlag aus der Zeit herauskatapultiert wurde und nicht mehr Bruchstücke zu wissen bekam, sondern in einem Nu das Ganze war – so einfach war das, für einen Augenblick war sich ein Kosmos in mir bewusst geworden. Und genau so absurd war es, denn diese Totalität der Information hat jede um Verständnis bemühte Leseeinheit verdampft, jedes Entzifferungs- oder Übersetzungsbemühen einfach platt gemacht. Alles zu wissen bedeutete zuerst einmal, nicht mehr zu sein. Dann das erneute Geburtrauma, der Trennungsschmerz, die Angst zu ersticken oder zu verbrennen und dann, eine Ewigkeit lang, das Ringen um den ersten Einwortsatz. Außerdem der immer bewusster werdende Widerspruch, dass mit jedem Satz, mit jeder Objektivierung eine Unendlichkeit an Wissen wieder im Nichts verklang. Nur im Schmerz und der Verzweiflung leuchtete es noch einmal auf. Manche der Gesetzmäßigkeiten waren mir so fremd, dass ich nichts damit verbinden konnte, ich hatte eine Witterung aufgenommen, eine Spur – viel mehr war es noch nicht, und die nächsten Jahrtausende sollten dazu dienen, diese abstrakte Datenübermacht zu Erfahrung werden zu lassen. Ich legte Sicherungskopien an und speicherte die gesamte Datenmasse in den Kohlenwasserstoffen meiner Leber, entnahm einen Teil des Fettgewebes, benutzte dann die wenigen Mumien, die nicht entdeckt worden waren, als Wissensakkumulatoren. Das Wissen veränderte sich mit den Jahrhunderten, was gerade noch sicher und unhinterfragbar war, begann durch neue Beobachtungen wieder flüssig zu werden, manche Wahrheit wurde durch eine Entdeckung einfach in ein Gegenteil verkehrt, wurde manchmal so falsch, dass ich sie einfach vergessen musste, ohne zu bemerken, dass damit viele andere Wissensbestandteile in Mitleidenschaft gezogen wurden, sich veränderten oder verblassten: Tatsachen konnten zu Fiktionen werden, Träume Wirklichkeiten. Und wie die Erinnerung sich veränderte, veränderte sich auch die Erwartung – immer wieder einmal musste ich versuchen, Reste der alten Sicherungskopien ausfindig zu machen, meine Hoffnung lag im längst Vergangenen. Erst in jüngster Zeit war es mir gelungen, eine dieser alten Mumien im Britischen Museum ausfindig zu machen – als ich die energetische Ladung abzog, begann sie unter Ächzen und Stöhnen zu Staub zu zerbröseln. Restauratoren eilten händeringend herbei, verwandelten sich in eine Laokoongruppe, hilflos unter elektrischen Zuckungen um ein Häufchen Asche wankend. Ein amerikanischer Tourist hatte seine Zeitung sinken lassen und dem Spektakel des exquisiten Kadavers interessiert zugesehen. Das grausame Lachen Antonin Artauds schien im Raum nachzuhallen und Borges blinder Blick für einen Moment aus allen Bilderrahmen zu starren. Ich erinnerte mich, wie Casanova mir geholfen hatte, aus den Bleikammern der Inquisition zu fliehen und ich genoss noch einmal den Punkt der Begegnung, als der Graf von St. Germain den angemaßten Olympioniken Goethe in die Psychose stolpern ließ. Als der Ami die Zeitung zusammenfaltet und im Gehen gegen den Oberschenkel schlug, schienen sich kleine Wirbel zu bilden und für einen kurzen Augenblick glaubte ich die exakte Kopie meiner Steinplatine wieder zu erkennen. Nur das Wissen erkannte ich nicht wieder, es war genauso neu, genauso fremd und übermächtig wie vor Jahrtausenden. Nach und nach wurde mir auch klar, dass es nur einen Weg gab, mit dieser Übermacht des Wissens umzugehen: Ich musste das Gefängnis des

Ich sprengen, musste wieder viele werden – die Pseudofüßchen der Amöbe waren die Amöbe selbst, und musste dann im Augenblick der Vereinigung mit dem Anderen jener uralte Wahrheit gewahr werden, die jeder Intention entzogen war, die in sich ruhte, unveränderbar und abgeschlossen, als komplette und vollständige Präsentation des gesamten Universums – auf der Innenseite einer Kugel, deren Radius so unvorstellbar groß war, dass sie zugleich auch die Außenseite und damit das Universum selbst war...

Ich gehe davon aus, wie klar mittlerweile zu sehen ist, dass wir viel eher dafür sorgen sollten, dass die Begabtesten in den richtigen Postionen ankommen – weil wir nämlich mit jungen Göttern gar nichts anfangen können. Natürlich sind wir in der Lage, die Bedingungen zu schaffen, die notwendig wären. Sie haben selbst schon ein paar Mal recht blauäugig so getan, als sei das alles, was wir bewegen müssen. Aber genau das ist es nicht! Wir wollen diese göttlich genannten Energien in Bewegung setzen, nichts ist heute so verpönt, wie der Mangel an Kraft, aber wir wollen diese Energie auf unsere Mühle umleiten, sie darf sich nicht verselbständigen. Ich werde an den pädagogischen Vorgängen nicht beteiligt sein, das ist allein Ihre Aufgabe. Aber ich werde dann zur Stelle sein, wenn Sie ihre Arbeit zu rechtfertigen haben. Meine bescheidene Aufgabe wird darin bestehen, den Sekretär zu spielen, das Protokoll auszufertigen, und natürlich, darüber zu entscheiden, wer mit welchem Budget zu arbeiten hat."

Genau so hatte ich mir das vorgestellt, dieser anmaßende Depp wird die Verantwortung tragen, weil er zu einfallslos ist, sich vorzustellen, was er damit kaputt machen kann. Und das ist vermutlich das Plus, das er den anderen voraus hat, diesen absoluten Mangel an Fantasie – während die anderen immer auch an der Nase herum geführt werden können, wenn man ihre Pläne als Köder einsetzt, dass sie durch die Hoffnungen und Erwartungen gerade dazu gebracht werden können, das Gegenteil von dem durchzusetzen, für was sie sich tatsächlich einsetzen wollten, um damit das angeblich kleinere Übel zu wählen. Oder vielleicht noch ein klein wenig raffinierter: Vielleicht bekämpfte er die transhumane Lösung nur deswegen, um sie delegieren zu können, vielleicht will er dafür sorgen, dass die progressiveren Vertreter sich genau dieser Lösung annahmen, ohne dabei zu bemerken, wie sehr sie ihn faszinierte. Das war schon häufiger der Weg gewisser Konservativer gewesen, wenn sie angeblich die menschlichen Werte vertraten und wie nebenbei erreichten, dass die Wirtschaft, quasi gegen ihr erklärtes Ziel, einen gewaltigen Sprung machen konnte. Und das würde auch erklären, warum er versucht hat, mich aus der Reserve zu locken: Ich hatte wohl zu offensichtlich keine Meinung, war also nicht involviert genug, wenn es mir nur ums Geld ging. Was soll's, wenn es drauf ankommt, werde ich auch mit seiner Hilfe das Budget für die Promotions freisetzen – und wenn er Fehler macht, die mich tangieren, werde ich dafür sorgen, dass die in den verschiedensten Zusammenhängen versteckte Dokumentation seiner ehrgeizbedingten Unfähigkeit auch gegen ihn verwendet werden kann. Aber er ist noch nicht fertig. Jetzt, nachdem er heraus posaunt hat, wodurch seine Rechthaberei begründet war, liest er mit einer ganz anderen Verve. Und ich kann mir sogar überlegen, ob die Anpassungstechnologien, für die er steht, jemals die gleiche Begeisterung in Bewegung setzen würden, die für ihn der folgende Text freisetzt.

„Hören Sie weiter! Selten wird eine Wahrheit in einer solchen Klarheit artikuliert, derart unverstellt, dass Sie eigentlich gar nicht genauer realisieren können, was auf jeden Fall zu vermeiden ist: Relativ auf das Wissensniveau des Planeten bezogen war eine allwissende Entität mit den Kräften und Wahrnehmungsfähigkeiten eines Cyborgs hier abgesetzt worden – aber nun stand ihr die Trägheit eines ganzen Planeten entgegen, das behäbige Fließgleichgewicht eines Systems aus Systemen, die über Milliarden von Jahren zu einem Weltzusammenhang geworden waren, und ich war in jeder Hinsicht ein Fremdkörper. Es hatte Götter gegeben die sich unerkannt in ihre Schöpfung mischen wollten, welche Absurdität, wenn sie doch die Schöpfung selber waren. Ich hatte einen erlebt, der sich unter seinem Volk bewegte, der herumgestoßen wurde, der geduldig jeden Schabernack mitmachte, obwohl er seine Peiniger mit einem Fingerschnippen in Salzsäulen hätte verwandeln können, der sich treten und knechten ließ, nur um seine unerschöpfliche Allmacht für den rechten Augenblick zu bewahren, nur um nicht aufzufallen! Bei mir lag die Sache ganz anders, ich hatte alles versucht und war schließlich an einem Punkt angekommen, den der andere erst als Aas erreicht hatte: Ich konnte die Zeit beschleunigen, konnte dieser Welt in wenigen Augenblicken technologische Sprünge und intellektuelle Entwicklungen verabreichen, die Jahrhunderte übersprangen, allerdings konnte das nur punktuell geschehen, und im unglücklichsten Fall provozierte ich einen Vergeltungsschlag der Hüter der Unwissenheit. Und wenn ich Pech hatte, begann ich die ganze Entwicklung dieser Welt zu verpassen und wurde für die späteren Generationen zu einem fernen Albtraum, einem der alten Mythen, deren Wahrheitsgehalt niemand mehr ermessen konnte. Ich hätte ins politische Gefüge eingreifen und mit einem Schlag alle Machtverhältnisse verändern können, um, wie die beiden Fälle zeigten, als ich es versucht hatte, damit jede realistische Möglichkeit zu verlieren, den Lauf dieser Welt zu verändern – und hier waren schon viele Diktaturen vergangen. So konnte ich mich nur einschleichen, die einzelnen Sprachen und Repertoires immer genauer erlernen und dann an den entscheidenden Schaltstellen geringfügige zusätzliche Informationen beifügen, immer in der Hoffnung, Geschichten in Bewegung zu bringen und ein ungekanntes Maß an Lebendigkeiten freizusetzen, immer auf der Flucht vor einer möglichen Entdeckung – und natürlich immer auf der Hut vor ebenbürtigen jungen Göttern.

Was wollen Sie mehr? Genauer könnte uns das Ergebnis kein Workshop liefern, wir müssen uns nur in der Position der alten Götter situieren, der Rest geht dann von alleine. Und natürlich sorgen wir von vornherein dafür, dass die Jungen gar nicht erst die Möglichkeit bekommen, ein derartiges Maß an personeller Macht zu akkumulieren. Die Macht hat immer aufgrund der Belehnung zu entstehen, sie darf gar nichts anderes sein, als ein Ausfluss der Institution."

„Irgendwie drehen wir uns nur im Kreis", wirft Saggu ein. „Und es ist immer wieder das gleiche, die großen Probleme der Menschheit werden nicht gelöst, sie werden just immer dann dem Vergessen anheim gegeben, wenn eine Lösung in Sicht ist. Und das nicht, weil sich ihre Lösung entzieht, sondern weil die Fragestellungen langweilig werden. Auch für die Fraglichkeiten, die Sie gerade aufgeworfen haben, hat es einmal einen brauchbaren Ansatz in den Sechzigern gegeben. Warum müssen wir auf die theatralische Verdrehtheit eines Klossowski rekurrieren, wenn bei einigen Spezialisten der Antike ein klares Konzept ausgearbeitet worden ist! Es kann nicht darum gehen, dass wir uns in der Position der alten Götter installieren, wenn anhand der Analysen eines Picht oder Snell, Schadewaldt oder Reinhardt klar herauszuarbeiten ist, dass das Geschehen als Ganzes thematisiert werden muss. Die Trennung in die menschlichen Protagonisten auf der kleinen Weltbühne und die über ihnen und mit ihnen spielenden Götter ist einfach falsch. Lesen Sie noch einmal nach, was Picht über die Musen schreibt. Solange es die Trennung gibt, sind die Menschen einem übermächtigen, titanischen Geschehen einfach ausgeliefert, aber in dem Augenblick indem eine Form der Distanzierung kulturelle Mittelglieder schafft, werden die Musen zum Lächeln der Götter und zum Lobpreis der Welt, und die Götter realisieren sich in den Leidenschaften der Menschen. Die Musen verspannen das unergründbare Reale mit den kulturellen Werten durch die Darstellung, durch den Ausdruck – sie reichen in die Urgeschichte der reinen Kraft zurück und haben doch zugleich teil an der Bedeutung. Die Musen sind die Töchter, die Zeus der Titanin Erinnerung machte, als er die Notwendigkeit eingesehen hat, eine Instanz für die wertschätzende Darstellung seiner Schöpfung für die Welt zeugen zu müssen – von alleine wäre dies wohl gar nicht möglich gewesen, es musste eine Instanz sein, die an beiden Sphären teil hatte. Es ist tatsächlich alles eins, und zwar ein umfassendes Kommunikationsgeschehen, und dies ist eine Leistung der ästhetischen Distanzierung. Erst dann ist es möglich die Wahrheit zu thematisieren und an dieser Stelle ist noch nicht vergessen, dass die Wahrheit und der Schein den gleichen Ursprung haben. *Das Trügerische, das aussieht wie Echtes, ist der schöne und betörende Schein; der schöne Schein stammt nicht aus der Schwäche der Menschen, sondern ist des gleichen göttlichen Ursprungs wie die Wahrheit. Das uns damit aufgegebene Rätsel ist das geheimnisvolle Wesen der Musen selbst.* Ich darf vielleicht noch einmal daran erinnern, dass der von Platon portraitierte Sokrates in seiner letzten Nacht träumt, dass Apollon ihm mehrfach sagte: Sokrates, treibe Musik! Und Gadamer, dessen hermeneutischer Neubeginn an den Musen ansetzt und nicht bei der hohen Theorie, hat sehr eindrucksvoll gezeigt, welche fast mathematisch präzise Ironie in den Portraits Platons zu Hause ist. Übrigens hat Picht auch anschaulich vorgeführt, dass es die Gesetzmäßigkeiten der Musik sind, mit denen wir uns die Gesetzmäßigkeiten der Kosmologie vergegenwärtigen können. Aber zu diesem besonderen Thema sollten wir uns vielleicht ein anderes Mal mit einem Kundigeren zusammen setzen!"

Mit einem süffisanten Lächeln hat sie den letzten Satz an Mutzlacher gerichtet, der ungerührt durch sie hindurch sieht und nur kurz kontert: „Bei Durrell gibt es eine kleine Abschweifung, die Sie gern auf diesen Traum beziehen mögen, in der es heißt, die letzten Worte Sokrates seien gewesen: *Mögen die Götter stets das Gelächter siegen lassen.* Das ganze Problem der Konzeption morphogenetischer Felder beruht doch tatsächlich darauf, dass hier Raum und Zeit verwechselt werden. Was sehr wohl vorstellbar ist bei einem räumlichen Gebilde wie einem Feld, dass die einzelnen Entitäten aufeinander zu wirken beginnen und aus den Wechselwirkungen ein Prozess der Autopoiesis entspringt, dass Sprünge im System zu neuen Lösungswegen führen, ist doch zeitlich gar nicht nachvollziehbar, die Zeit ist ein Vektor, sie läuft nur in eine Richtung. Es ist einfach absurd, anzunehmen, dass eine höhere Entwicklungsstufe in der Zukunft eine Form des Attraktors für die Vergangenheit darstellt. Ich würde es als pervers und jeglichem Freiheitsspielraum widersprechend empfinden, wenn irgendwo in einer fernen Zukunft darüber entschieden würde, welche Chancen und Möglichkeiten wir in unserer Jetztzeit haben. Das wäre absurd, dem gegenüber ist die Konzeption eines allmächtigen Gottes, der seinen Geschöpfen die Freiheit des Irrtums und der Sünde eingeräumt hat, geradezu großartig. Aus diesem Grund meine ich, dass wir heute entscheiden können, wie die Entwicklung weiter gehen soll und dass wir zu diesem Zweck jetzt und hier und für den pädagogischen Zusammenhang die nötigen Pläne vorbereiten können!"

„Ich war noch nicht fertig!" Saggu fixiert ihn streng: „Ich gehe darauf in diesem Zusammenhang nicht weiter ein, ich denke, Sie wollen nur ablenken. Im Rahmen meiner Argumentation haben wir damit auch ein Mittel zur Hand, alle Fraglichkeiten dieser Universalgeschichte der EXE aus dem Weg zu räumen – allerdings nur, wenn wir daran denken, dass es bei diesem Ansatz um die Verwirklichung des Geistes geht. Wenn wir auf den Wahrheitsgehalt von Massenunterhaltung schauen, dann zum einen, weil wir an der Rezeptionsästhetik ablesen können, wo die Bedürfnisse verankert sind und was für Selbstbilder sie in Bewegung setzen können. Ein Batman zeigt uns nicht allein, welche Regression des Moralbewusstseins mit dem Internet einhergeht. Das wäre unwichtig und zu vernachlässigen. Aber viel wichtiger ist, dass für die Größenfantasien von Millionen – die ja nicht aus dem leeren Raum kommen – eine Personalisierung geschaffen wird. Wir sollten den Beziehungswahn der Theologen in den Wirkungsbereich der Massenmedien importieren, denn dort sind die heutigen Inkarnationsformen der Masken Gottes zu finden.

Allen Ernstes, wenn noch mal jemand die Frage stellen sollte, wie der Geist in die Schöpfung gekommen ist, dann ist auf jeden Fall an das Verweisungsschema der Musen zu erinnern: So, nur so und nicht anders! Nicht von außen, nicht als Eingabe einer übermächtigen Gewalt, auch nicht als zeitliche Rückprojektion der in den Cyberspace eingespeisten Wissensformen. Sondern als ästhetisch retardierte Spiegelung des Gesamtgeschehens. Und damit verdanken wir den Musen die umfassendste Möglichkeit der Befriedung der Welt – und auf jeden Fall jene Freiheitsspielräume, aus denen auch Neues und noch Ungedachtes entstehen kann. Ich halte es für verwerflich, wenn wir ein geschlossenes System programmieren und dann nur noch abstrafen oder eliminieren, wenn sich die Jungen nicht an die Regeln halten, sondern selbst versuchen, die Welt zu entwerfen. Wie sonst, wenn nicht so, anders kann es gar nicht gehen!"

Albach räuspert sich recht theatralisch und beginnt wieder mit seiner Pfeife rumzuspielen. Aber bei genauerem Hinsehen hat er dieses Mal gar keine Pfeife aus der Tasche genommen, sondern einen verspielt gravierten, antiken Damenrevolver mit Perlmutteinlagen, der nun immer von der einen in die andere Hand wandert. „Ich weiß wirklich nicht, was Sie haben, Klossowski sagt doch gar nichts anderes", sagt er und lässt die Trommel über die Handfläche rattern, damit es ein faszinierend metallisches Klackklackklack gibt. „Wir haben da schon einige sehr gut gelungene Versuchsläufe auf Canispunos zu Studienzwecken freigegeben. Und natürlich gibt es auch eine intelligentere Art, mit den potentiellen Fähigkeiten umzugehen, als einfach dafür zu sorgen, dass sie sich gar nicht entfalten können. Es ist tatsächlich nur schwachsinnig zu nennen, wenn ein vorhandenes Potential aufgrund gewisser Vorbehalte an der Entfaltung gehindert wird. Wenn es daneben geht, können wir noch immer zu einer der üblichen Notbremsen greifen – aber erst einmal müssen wir ein Maximum an Energie freisetzen, nichts wird bei der Eroberung der Zukunft verwerflicher sein, als ein Mangel an Energie.

Fraglich finde ich lediglich Ihre Forderung nach einer Verwirklichung des Geistes, weil das eine Vereinigungsmenge der schwarzen Pädagogik mit der Utopie der Körperflüchter darstellt. Der ursprüngliche pädagogische Eros ist ein Induktionsstrom, das Überspringen von Energien und der damit verbundenen Lebensroutinen – aber das, was sich im Platonismus anbahnt und dann durch das Christentum perfektioniert wurde, ist auf jeden Fall der falsche Weg gewesen. Es darf nicht durch die Abstraktion vom Begehren und den magischen Wirkungen des Leibes zu einem übersteigerten Erhebungsstreben kommen, sonst geht der Antrieb verloren, sonst machen Sie den Motor kaputt. Das Wort ward Fleisch, weil es nicht Begriff werden konnte – nun mögen uns die Begriffe noch so nützlich sein, unsere Wahrheit steckt doch im Wort. Das Fleisch will geliebt werden, die Hochschätzung des Augenblicks nimmt hier ihren Anfang. Die Weisheit ist im Hier zu Hause, wenn es jedes Mal wieder einzigartig ist, wenn es nichts zum Verallgemeinern gegeben hat, weil die Intensität der Erfahrung sich nur im Jetzt einstellt und jede Erinnerung, wenn die Synapsen aufgehört haben zu feuern, nicht mehr an die Inkommensurabilität des Augenblicks heranreicht. Sie müssen sich einfach immer wieder einmal klar machen, dass die Intensität nicht auf der Ebene der Bedeutungen und in der Welt des Verstehens zu haben ist, auch wenn das mancher Sadist von Profession gerne so behauptet, weil er über den Mangel seiner Empfindungsfähigkeit nicht hinaus kommt. Der Intensität ist nur auf der energetischen Ebene zu begegnen – und das ist dann eine Sache der Kraft, die freigesetzt wird und eine Sache des Prinzips Hoffnung, das erst dafür sorgt, dass die Kraft freigesetzt werden kann. Wir haben die Zukunft in unseren Säften, wir müssen nicht darauf warten, dass sie von außen an uns heran weht!

Für die pädagogische Umsetzung darf ich noch einmal an den bibliophilen Größenwahn erinnern. Wir haben, wie es vorhin angeklungen ist, ein Modell für eine Welt, die wieder durch das Prinzip panem et circensis bestimmt wird und so bleibt der Raum frei, damit die wesentlichen Entscheidungen im Hintergrund fallen können, ohne dass sie überhaupt zur Diskussion stehen müssen. Wir verfügen über die nötigen multimedialen Arenen, in denen bei Bedarf Zweikämpfe inszeniert werden könnten: Stellen Sie sich vor, dass die Erde heute ganz anders aussehen würde und nicht einer der Planeten wäre, die an der Grenze ihres Duldungsvermögens angekommen sind, wenn wir Hitler und Stalin, mit Messern und Morgensternen bewaffnet, zur Unterhaltung ihrer Völker um die Vormacht hätten kämpfen lassen können. Wenn Breschnew und Nixon im antiken Faustkampf, angebunden an der gleichen Säule, wenn Busch und Saddam mit Netzen und Kurzschwertern gegeneinander angetreten wären. Und das zur Freude der Massen – oder zur Bekräftigung jener uralten Einsicht, dass der, der sich um die Macht bemühte, auch der erste sein sollte, der durch sie gefällt wird.

Tatsächlich gibt es ein anderes Problem zu lösen, das durch die Kriege immer nur verdeckt werden sollte. Seien es Technokraten oder Theologen, Militärs oder Intellektuelle – sie sorgen für die Einhaltung der Regeln. Die Massen sind leicht zu beherrschen – aber die Konflikte, die nach wie vor unvorhersehbar sind, entstehen immer in den nachwachsenden Generationen. Es gibt verschiedene Tricks der Befriedung, des Ausblutenlassens, der Ankurbelung eines falschen Ehrgeizes, der Errichtung unerreichbarer Ziele. Aber warum sollen wir die kostbarsten Energien wie früher für die Nebenkriegsschauplätze opfern? Warum noch einmal auf den Krieg zurückgreifen, um das Verhältnis der Generationen zu lösen, wenn wir mit anderen Mitteln und unter anderen Voraussetzungen nicht viel weiter kommen können. Und dann gibt es für die Wenigen, die wirklich clever genug sind, das Spiel zu durchschauen noch immer die Möglichkeit, sie zu beteiligen und als Funktionäre mitspielen zu lassen. Wenn nicht, wenn immer noch der Wille da ist, etwas Besseres in die Welt zu setzen, warum sollen wir sie nicht wursteln lassen, bis wir alles, was sie zustande bringen, für unsere Zwecke verwenden können. Und als Gegenleistung bieten wir ihnen an, für einen beschränkten Zeitraum alle Möglichkeiten zu nutzen, die uns zur Verfügung stehen, um die weiter gehenden Ziele zu verwirklichen – einschließlich aller damit verbundenen Privilegien. Allerdings mit dem Hinweis, dass ab einer gewissen Einsamkeit der Entscheidungsbefugnis der Preis des Ich-Tods zu erbringen sein wird, dass ab einer gewissen Ranghöhe der Macht ganz klar der Mut aufgebracht werden müsse, durch den sozialen Tod zu gehen. Und ich denke, innerhalb eines solchen Rahmens haben wir alle Möglichkeiten offen, ohne dass wir uns auf eine Reduzierung oder Ausbremsung einlassen müssen."

Jetzt sind sie wieder weit genug weg. Wenn ich mir Albach vor Augen rufe, sehe ich plötzlich irgendwelche gesetzten alten Würdenträger vor mir, die ein paar jungen Draufgängern, die ein bisschen mehr errungen haben, als ihnen eigentlich zusteht, mit Orden und Pöstchen den Weg bereiten, damit sie der herrschenden Ordnung nicht gefährlich werden können. Und den Ausnahmemenschen, die über die vorgegebenen Grenzen hinausgekommen sind, würde dann in einer exklusiven Umgebung, mit dem Brimborium der Verkörperung und Belehnung der Macht ein Sprengstoffgürtel umgelegt werden oder ein Reif mit Starkstromdioden – und dann dürften sie sich noch einmal an einigen Fragestellungen bewähren, die bisher nicht zu lösen waren. Je erfolgreicher sie sein würden, je wahrscheinlicher und schneller würden sie an der eigenen Liquidierung arbeiten – während die anderen, denen der letzte Drive abgegangen war, lernen konnten, die Prosa der vorgesetzten Wirklichkeit zu akzeptieren. Eigentlich müsste jeder Generation wieder von Neuem klar gemacht werden, dass die Menschheit bisher mehr Energie in die Ausbremsung und Selbstzerstörung investiert hat, als in die Kultivierung ihrer ureigensten Möglichkeiten – damit immer wieder einmal eine/r auf den Gedanken kommen könnte, dass alles Investment in den Gang der Kultur nur fehlinvestiert sein musste, während jeder hoffnungslose Versuch, die eigene Erfahrung ernst zu nehmen und aus ihr zu lernen, weiter führen konnte, wenn man/frau nicht auf die Einflüsterungen der Normalität hörte.

Im genetischen Code ist der Messianismus präsent, in der in Nukleinsäuren geschriebenen Gattungsgeschichte sind all jene Möglichkeiten präsent, die die jeweils herrschende Generation für nichtig erklären möchte. Schon deshalb ist jeder Generation das Prinzip Hoffnung mit gegeben, denn die Hoffnung haben wir, wie Benjamin formuliert hat, nur um der Hoffnungslosen willen. Es gibt in jedem Leben Augenblicke, die quer durch die Zeiten stehen – aber es ist auch klar, das nur die genutzte Chance die Möglichkeiten erweitert, jede verschmähte

Möglichkeit macht den Wirkungskreis kleiner und die Überlebenschance geringer. Der einmal als Motor der Geschichte propagierte Klassenkampf ist nichts gegenüber dem in der Tiefenstruktur tobenden Kampf der Generationen, der auf einer Form der delegierten Selbstzerstörung beruht. Als müssten die Alten mit aller Kraft daran arbeiten, dass die Jungen nicht bis in ihre Ranghöhe hoch reichen und immer wenn dies gelingt, haben sie sich den eigenen Lebensfaden abgeschnitten und immer wenn die Jungen sich durchsetzen, wird ein Teil jenes Traditionswissens verketzert und verdrängt, aus dem die Alten ihre Macht gezogen hatten. Beide Parteien verlieren und dieser Todeslauf wird immer noch umspielt durch den Kampf der Geschlechter. Ein Werbegag, ein Ablenkungsmanöver, nicht mehr! Und deswegen heißt es bei Durrell: *„Krieg – Gerade weil es undenkbar ist, wird es passieren. Im Grunde wollen die Menschen den Tod, das Leben wirft zu viele Probleme auf. Die Alten scheinen zu beten, dass es Krieg gibt, damit er die Jungen wegrafft, und die Jungen erflehen eine Epidemie, damit sie die Alten wegrafft."* Und wenn die Welt aufgrund der Notwendigkeit vergangener Katastrophen so befriedet worden ist, dass dieses Schema nicht mehr greift, wird der Krieg offiziell in die Randzonen, die ehemaligen Kolonien oder die neuen Entwicklungsländer verlagert und insgeheim in einer tatsächlich im Rahmen einer umfassenden Jugendkultur nur ungreifbar gewordene Randzone weiter ausgefochten: In der Psyche der Heranwachsenden.

Hier oben wird eine heitere Welt der Götter inszeniert, aber es ist eine Heiterkeit, die weh tut – es ist vermutlich eine neuere Variante jenes alten Verfahrens, das das Verhältnis der Generationen durch die Techniken der Entsorgung versuchte zu lösen. Wenn der Status des Göttlichen dadurch zu bestimmen ist, wie lange sich jemand nahe am Lichte gewisser Wahrheit zu situieren versteht, so sind es hier die Verbrecher des Geistes, die Perversen des Verzichts, die meinen, sich in diesem Licht präsentieren zu können. Ich finde die Heiterkeit nicht friedlich, ihr ist eine Spur zu viel Wettrüsten beigemischt. Ich kann es nicht mehr hören, das ist alles richtig, aber leider findet es in den falschen Köpfen statt. Die könnten sich zusammentun und eine postmoderne Lehre von der Glückseligkeit aufstellen, die wieder auf

festen Wertvorstellungen beruht, unhinterfragbare Hierarchien voraussetzt und eine geschlossene Welt, die von einer neuen Elite geleitet wird, von der ich gerade einige Hauptdarsteller kennen gelernt
habe. Aber ich glaube nicht, dass ihnen jemand glauben wird, der in
der Lage ist, es selber zu bringen. Man sieht ihnen an, dass etwas
fehlt, dass ihnen schon immer etwas gefehlt hat, dass die Besiedlung
literarischer und pädagogischer Provinzen ein Notbehelf war, mit dem
es ihnen gelingen sollte, wenigstens auf der symbolischen Ebene zu
partizipieren. Es ist einfach zu wenig zu übersehen, welche stumpfen
und plumpen Leiber sie herumschleppen, wie diese Körper schon die
Quittung für das Leben im Falschen sind. Und die steifen und eckigen
und hölzernen Bewegungen, dieses Rucken und Anecken, diese
überfressene Schwerfälligkeit nicht weniger wie das hippelige
Gezicke magersüchtiger Größenwahnsinniger. – Dir ist früher schon
öfter aufgefallen, das der Bewegungsablauf eine Form des Gestalt-
bilds liefern konnte, an der für uns abzulesen war, ob es eine/r brachte oder ob das nur mehr oder weniger gut präpariert simuliert wurde.
Die Trennung zwischen Körper und Geist ist auch nur ein Zivilisati-
onsprodukt, aber sie ist vermutlich längst nicht so künstlich, wie das
in den letzten Jahrzehnten behauptet worden ist, denn die verschiedensten Körpertechniken setzen eine Distanz voraus, die schon mit
jeder Ritualisierung beginnt. Einer ihrer realen Anlässe resultiert aus
der Ungleichzeitigkeit. Erst ist der Körper in seiner materiellen Vorgegebenheit und dann wird sozialisiert und verführt, bis er am schon
vorgegebenen Wissen teilhaben kann, es dauert lange, bis ein Ich die
Illusion entwickelt, ein geistiges Wesen zu sein. Aber mit dem gleichen Recht lässt sich einwenden, zuerst sind die kulturellen Praktiken, weil der kleine Wurm ansonsten nur verkümmern würde – es
muss eine enorme Menge verfügbarer Geist für die nötigen Wissensformen und Handlungsanweisungen sorgen, damit so ein in die Welt
geworfenes, ausgeliefertes Quäntchen Hoffnung anfangen kann zu
wachsen und sich zu entwickeln. Und genau der Punkt, an dem sich
diese beiden Ungleichzeitigen aneinander abzuarbeiten beginnen,
setzt schon die nächsten Ungleichzeitigkeiten in Bewegung, denn aus
den Umarbeitungen und Retuschen des erfahrenen Lebens entsteht
eine Separatwelt, die darüber hinweg zu täuschen hat, dass die reale

körperliche Erfahrung unvollkommen und beschwerlich ist. Es braucht manche Mühe und hin und wieder den Zufall einer glücklichen Begegnung, um wach und aufmerksam zu werden, um nicht in der Traumatisierung der Lernbehinderungen hängen zu bleiben – wobei die Kennzeichnung eines schicksalshaften Zusammentreffens als Zufall schon wieder von den realen Gesetzmäßigkeiten abzulenken hat. Es braucht ein enormes Maß an Unwahrscheinlichkeiten, wenn in dieser Welt auch nur ein halbwegs passables Ergebnis zustande gebracht werden soll. Die Einheit, die manchem Klaviervirtuosen oder Ballartisten kurzzeitig gelingt, ist nicht mehr, als die Erinnerung an ein Zeitalter, in dem ein begnadeter Handwerker oder Bauer oder Fischer die Einheit früher gespürt hatte, weil sie im Laufe eines Lebens herangewachsen war. Gelegentlich habe ich die Erfahrung gemacht, dass ich mich bei Tätigkeiten, die von langer Hand geübt waren, zwei Handbreit über mir befand und dass ich manchmal auch schon zwei-drei Augenblicke vor der Gegenwart voraus war, dass ich mich also intuitiv in jenem Erfahrungsbereich gelernt hatte zu bewegen, der durch Arbeitsteilung und Naturwissenschaften dem Tabu unterlag. So war die Präsenz in diesem Körper als Vergegenwärtigung in der materiellen Welt mit den Jahren gewachsen und zugleich hatte eine fortwährende Vergegenwärtigung der Gedankendinge zu einer Auffächerung der bewussten Wahrnehmung geführt, bis sie sich immer mehr mit den Prozessen sättigen konnte, die tatsächlich unterhalb der Wahrnehmungsschwelle lagen.

Aber was heißt das noch, wenn heute die Spezialisten diverser Erfahrungsbereiche tagelang an einem Bild, einer Formulierung, einer Tonfolge feilen – und was dann im Augenblick des Konsums den Eindruck der Unmittelbarkeit einer gerundeten Erfahrung hervorruft, hat nichts mehr mit diesen alten ausgelaschten und resignierten oder zynisch gewordenen Säcken zu tun, die es der Not ihrer Überflüssigkeit abgerungen haben. Die großen Überzeugungen, die tiefen Gefühle, die schlagenden Argumente... alles zusammengepuzzelt aus erfolgreichen Vorgaben, das angeblich unmittelbare Gefühl ist arrangiert wie die Vergegenwärtigung einer klassischen Sinfonie durch ein Orchester von Berufsmusikern. Ich ekle mich vor jenem opernhaften Kontrast, den eine aufgeschwemmte Seekuh hervorruft, wenn sie von der ersten Liebe singt, wenn der jugendliche Liebhaber von einem schmierigen alten Arschloch dargestellt wird – aber genau so ekelig finde ich, wenn mir blonde Barbiepuppen mit Idealmaßen, im Zehnerpack, als seien sie frisch gezüchtete Klone eines statistischen Zelluloidprodukts, die umwerfende Ekstase vorspielen... die unmittelbaren Äußerungen sind flach und dumm und halten sich an holprigen Klischees fest, während die Erzeugnisse aus der Retorte mit dem prallen Leben protzen. Wer glaubt die Botschaft von der ewigen Jugend, wenn sie von welkem Fleisch dargebracht wird und wer wird so naiv sein, noch einen Sinn des Lebens zu erwarten, wenn das Kunstprodukt nur an einem absoluten Lebensminimum teil hat. Wer wird den Vertretern einer neuen Elite auch nur einen Wert abkaufen, wenn erst einmal deutlich geworden ist, dass sie ihren Wirkungswillen der Stillstellung verdanken, dass ihre Werte die Kompensation für ein nicht gelebtes Leben sind!

Aus der Ferne höre ich wieder Mutzlacher und das Grüppchen kommt näher. Er scheint immer noch aus seinen Quellen zu zitieren und seltsamerweise wurden Texte, die ich kenne, mit anderen Argumentationssträngen verbunden, die diametral entgegen gesetzt vorgehen. Ich würde diese Form des Wissens auch ganz anders gewichten. Ich muss nichts wissen, ich muss mich nicht auf die Suche nach dem übergeordneten Sinn machen, wenn mich eine umfassende Befriedigung für eine gewisse Zeit von jeder Sinnfrage befreit. Ich muss nicht an morgen denken und auch nicht daran, ob ich überhaupt eine Chance habe, nur einen kleinen Teil von dem zu verwirklichen, was ich mir einmal vorgenommen habe – das alles kann in diesen zeitenthobenen Erfahrungen für einen Augenblick unwichtig werden. Wenn dieser kleine Tod wirklich Ähnlichkeiten mit dem Ende des Verlöschens haben sollte, dann kann ein solches Ende kein Verlust sein – es müsste eben ohne Qual und Verzweiflung erreichbar sein.

Dann hören wir halt wieder zu. „Manches scheint Kitsch oder an den Haaren herbeigezogen", erklärt Mutzlacher. „Aber gehen Sie davon aus, dass oft genug eine Wahrheit zur Tarnung in irgendwelchen Schwachsinn eingepackt worden ist, dass die unrealistischsten Spielereien à la Utopischer Roman dazu dienen können, Informationen über zukünftige Technologien junger Götter mitzuteilen, die ansonsten nur der Zensur unterstehen würden. Was haben wir vor, wenn nicht, in einer operationalen Form an den ursprünglichen Sinn des alttestamentarischen Satzes: ‚Ein Mann erkennt eine Frau' heranzukommen. Und dann denken Sie sich ihren Teil bei der folgenden Phantasmagorie! Es ist geschmacklos formuliert und der Ansatz ist völlig überzogen – aber vielleicht kann Ihnen anhand einer so banalen Übertreibung klar werden, dass das Programm, das Sie hier umsetzen wollen, von einem sehr wohl vergleichbaren Mythos zehrt:

Er zog den Schwanz langsam und mit einem Kribbeln im Rücken aus der Frau und wischte ihn behutsam an der Gardine ab... In diesem Augenblick wusste er alles über den Planeten und seine Bewohner, wusste mehr, als der Frau je bewusst geworden war, neben dem Körpergedächtnis war für eine kleine Unendlichkeit das genetische Drama der Evolution in seinen Speicher überspielt worden. Das Wissen war angebahnt worden im Körperkontakt, als die Oberflächen aneinander schabberten, Häute ineinander rutschten, komplementäre Zonen ihr Innen und Außen zu Möbiusbändern verschlangen, als die Säfte zu schießen begannen und Temperaturen ausgeglichen wurden, als die Erregungskurven auf einander einwirkten bis sie sich in einem immer gewaltiger werdenden gemeinsamen Rhythmus einpendelten. Tatsächlich ist die Sexualität ein mystischer Akt des Universums und der Orgasmus ist eine biologische Form der Erleuchtung. Und dann in einem biomagnetischen Gewitter war alles mit einem Mal Eins, das energetische Potential umfasste die Bewegungsgesetze des Geistes wie die der Materie. Was manche der Bewohner Gott nennen wollten, war in diesem Nu gegenwärtig und war Gott und Planet in einem – und ein Drittes, systemisches Ineinanderwirken eines Prozesses, in dem das Individuelle und das Allgemeine identisch waren, in dem männliche und weibliche Energien zu einer momentanen Einheit zusammentraten, und das Geschehen von unvordenklichen Zeiten und unzählbaren Vereinigungen verkörperten – die historische Wissensdatenbank Omegazwei war nach dem orgiastischen Modell konzipiert gewesen. Ein Nachhall des Big Bang – von dem es viele gegeben hatte, und der in parallelen Welten zur gleichen Zeit stattfand – vibrierte seine Wirbelsäule entlang, hüpfte von Plateau zu Plateau, erreichte immer wieder neu den Scheitel, und fegte umgepolt wieder ins Untergeschoss zurück, um dort den restlichen Kick weiter abzutragen.

Die aktuelle interstellare Datenbank hatte eine wesentlich höhere Speicher-
kapazität und konnte einen viel schnelleren Zugriff bieten: Alle Polaritäten –
männlich-weiblich, Geist-Materie, Plus-Minus, Null und Eins usw. waren
hier getilgt. Sie war das kulturschwule Ereignis an-sich: Hier kopulierte nur
Gleiches mit Gleichem, hier reihten sich nur Einsen. So wie in der Geschichte der Sprachen der Weg von der sinnlichen Ähnlichkeit über die lautliche
Analogie, die abstrahierende Analogie und die konventionalisierte Setzung
geht, die Möglichkeit der Speicherung also auf Kosten der Materialnähe zunimmt bis mit der Digitalisierung der Information ein von der materiellen
Welt unabhängiges Reich des Geistes geschaffen wird, geht nach und nach
jeder biologische Antrieb verloren. Nach vielen vergeblichen Versuchen, den
Lebenswillen im mentalen Hyperraum zu erhalten, mussten erst ein paar zufällige Begegnungen und Kämpfe, deren Ausgang nicht vorhersehbar gewesen war, für einen kompletten Paradigmenwechsel sorgen. Die energetischen
Speichersysteme mussten abbildhaft sein, sie hatten zu funktionieren, als
wären sie ein Teil der Dinge, der zugleich das Ding als ganzes war. Damit
wurde eine uralte Form der Symboltheorie aktualisiert. Der nötige Speicher-
raum stand schon lange zur Verfügung, aber bisher waren im Quantenvakuum aufwendige Computersimulationen für alle möglichen unwichtigen Zwecke gespeichert worden, für Kriegsspiele oder Überlebensolympiaden. Auf
die nahe liegende Lösung war über Jahrtausende niemand gekommen, wir
speicherten die Welt in unendlich vielen Hologrammen und vervielfältigten
sie damit. Auf einmal war es möglich, dass das Leben, Denken und Fühlen in
einem mentalen Hyperraum einfach bruchlos weiter ging. Es musste nur dafür Sorge getragen werden, dass der notwendige Input an Sensationen nicht
abflachte. Wir hatten eines der theologischen Fundamente Alteuropas reakti-
viert und totalisiert: Die Techniken, den Körper zu perfektionieren, zu be-
meistern und zu übersteigen, beruhten auf einem jahrhundertealten Impuls
der Intellektualisierung der Kultur, die Verwandlung der Körper in Licht.
Nun war, auf unserer Stufe der technischen und informationstheoretischen
Machbarkeit, das Gehirn – oder besser noch, viele Gehirne – mit einem mul-
tisensorisch perfektionierten Cyberspace verkoppelt worden. Ein Abenteuer-
spielplatz, eine Expedition in unbekannte Zeiten und Welten, eine Vergegenwärtigung des großen Anderen oder eine Totalisierung des Kommunikativen Handelns. Wir hatten damit den Status passiver Speichersysteme über-

wunden. Die interstellare Datenbank war ein Braintrust, diese Form des Internet war jede Form von Wissens- und Lebendigkeitsspeicher und war zugleich das größte denkbare erotische Organ. Solange es gelang, den Input an menschlichem Begehren nachzuliefern, war der Cyberspace die Vollendung unserer Kultur, ihr wahrer Himmel – oder, wenn der Input an körperlichen Leidenschaften ausblieb, der Rausch um den Rausch reduziert wurde und der Sex entstofflicht war, ihre letzte Hölle.

Im ‚Bad der Diana' hat Klossowski im Vermittlungsverhältnis zwischen göttlicher, dämonischer und menschlicher Sphäre eine ganz ähnliche Fragestellung aufbereitet – angeregt vielleicht durch Benjamins frühe Unterscheidung eines gespenstischen, mythischen und offenbaren Zeitalters. Vor allen Dingen arbeitet er sich an Augustinus' Befremden ab, der die Götter der Antike als Götter erkannt wissen wollte und sie auf keinen Fall mit der christlichen Gottesvorstellung in Einklang bringen konnte. Das höchste Gute – nichts anderes als ein Gott – konnte nicht böse sein, konnte nichts mit der Verkörperung von Leidenschaften zu tun haben und Leidenschaften waren für ihn grundsätzlich das Genre des Bösen... In diesen Überlegungen nähert sich Klossowski einer theatralischen Konzeption des Cyberspace – noch dazu liefert er wie nebenbei eine Erklärung, welche Energien tatsächlich notwendig sind, wenn es darum gehen soll, das Mobile des körperlosen Informationsnetzes am Laufen zu halten. Die Fraglichkeit der Matrix, auf die Zizek hingewiesen hat, lautet schließlich, warum dieser Supercomputer menschliche Batterien braucht, warum er nicht mit irgendwelchen einfacheren Akkumulatoren an den nötigen Strom kommen will: Es sind die menschlichen Leidenschaften, auf die er angewiesen ist! Die griechischen Götter sind ihrer Essenz nach identisch, aber der Person nach verschieden: Im mentalen Hyperraum gehen Sie bruchlos ineinander über, wie es die später noch auszuarbeitende Universalgeschichte der EXE zeigen wird – aber der Person nach sind sie unterschieden. Persona ist die Maske, in ihren Masken haben sie, vermittelt durch die Dämonen, teil an den menschlichen Leidenschaften. Das impliziert, dass keines ihrer Abenteuer den anderen verborgen bleiben kann. Diese Gottheit in vielen Personen gibt sich selbst ein ständiges Schauspiel – und wenn sie den Menschen die Krücke der Katharsis an die Hand geben, um mit den Leidenschaften umgehen zu können, lehren sie die Selbstdarstellung und damit Verdopplung in einem Medium. Im Theaterspiel haben die Götter die Menschen gelehrt, sich selbst zu betrachten, so wie die Götter sich selbst in der Einbildungskraft des Menschen betrachten – so wie wir heute wieder den Göttern im Cyberspace begegnen können. Hartmut Böhme hat darauf hingewiesen, dass mit dem Internet all die großen Fragen der Theologie wieder auftauchen, nur sind sie heute keine Fragen des Glaubens mehr, sondern solche der Unterhaltung. Die Götter sind unsterblich und ungerührt, die Menschen sind sterblich und Leidenschaften unterworfen: Zur Vermittlung braucht es also Dämonen, die sowohl unsterblich sind, als den Leidenschaften unterworfen – und das sind schon immer Medien gewesen – vergessen Sie nie, dass das erste Medium für jeden Säuger die Mutter ist –, potenziert der Cyberspace. Über diesen Umweg können die Götter partizipieren, über das Imaginäre ihrer Leidenschaften haben sie sogar Teil am Realen der Muskelinnervationen und der körpereigenen Drogen. Der Antrieb sind die Leidenschaften, und in der gespielten und gespiegelten Leidenschaft werden die Götter selbst zu Personifikationen der Leidenschaft.

Also noch einmal der Bezug auf die Schauspielerei – und deswegen vermutlich die ganz wichtige Unterscheidung, ob ein Schauspieler immer nur sich selbst spielt und in der Monotonie des Gleichen zur Projektionsfolie taugt oder ob es ihm oder ihr gelingt, sich selbst vergessen zu machen und zum Schauplatz eines größeren Geschehens zu werden. Denken Sie vielleicht an dieser Stelle auch an Whiteheads Herleitung der Religiosität aus dem Gefühl der Not und Einsamkeit gegenüber einem übermächtigen Geschehen – oder an die Ausgeliefertheit gegenüber einer numinosen Gewalt, aus dem das Göttliche erst durch Tricks und opfernde Umwege raffiniert werden musste, wie Otto dies gezeigt hat und wie es in Blumenbergs *Arbeit am Mythos* wieder aufgegriffen wird. Und dass das Resultat, wenn ein Mensch mit dieser substantiellen Einsamkeit konfrontiert wird, irgendeine Gottesvorstellung in Bewegung setzen wird, vom abwesenden Gott, über den strafenden Gott, zu einem Gott als Partner – aber dass noch lange nicht gesagt ist, dass das Ergebnis der moralischen Kategorie des Guten gehorcht. Die Menschheit hat schizoide und paranoide Götter zustande gebracht, hat anhand der letzten perversen Schweinereien versucht, einen Halt zu erzwingen – der Ansatz eines Klossowski, auch wenn er von der nordafrikanischen Gnosis inspiriert worden ist, ist sicher nicht zu unterschätzen. Und aus diesem Grund sollten wir nicht aus den Augen verlieren, dass es auch so etwas wie eine Notbremse gibt – bei Durrell ist es der Tod –, sollten wir also nie vergessen, was wir in Bewegung setzen müssen, um einen Prozess zu beenden, der für uns aus dem Ruder gelaufen ist.

Wir müssen das Phänomen der Selbstinszenierung und die Schauspielmetapher trennen, und auf einmal fällt auch das Problem weg, dass eine/r nicht spurt und aufgrund irgendwelcher Entwicklungsdefizite meint, einen eigenwilligen Kurs zu behaupten, der nicht an den höchsten Gütern orientiert ist – und ich behaupte einfach mal, dass die wirklichen höchsten Werte nichts mit den institutionalisierten Vorstellungen von Recht und Ordnung zu tun haben. Wie vorhin bereits der Kollege Merk unterstrichen hat, finden wir schon in den frühen Vorlesungen Heideggers den Ansatz, dass auf einen Weltstatus zurückgegriffen werden sollte, in dem mit Parmenides Formulierung *der Vernehmende und das Sein* das Selbe sind – die Zwischenglieder des medialen Prozesses sind noch nicht in die Selbständigkeit entlassen worden. Und weil sich der Bereich des Mediums noch nicht als dritter Seinsbereich etabliert hat, sind das Ich und die Welt in einer reziproken Form zusammen geschlossen, dass schon fast von einer Form der Identität gesprochen werden könnte. Nehmen Sie sich diese Stelle noch einmal in Heideggers Nietzschebuch vor, dann wird auch nachvollziehbar, warum Sloterdijk vom ‚Denker auf der Bühne' sprechen konnte. In der Inszenierung der Rolle wird jene Identität von Mensch und Welt wieder gegenwärtig. Und jeder spielt nur eine Rolle! Warum sollten wir den Leuten nicht erst einmal beibringen, dass sie ihre Rolle mit der nötigen Perfektion ausfüllen – auch dann haben wir einige der wesentlichen Probleme beseitigt, bevor sie überhaupt zum tragen kommen können. Eine derart umfassende Sozialtechnologie kann für alle Beteiligten ihr Gutes haben."

Das ist tatsächlich immer die gleiche Argumentationslinie. Im Vorübergehen beobachte ich das Liebesspiel eines sehenswerten Paares, bleibe bei einer Parkbank stehen, entdecke in einiger Entfernung zwei weitere Paare. An einigen wilden Getreideähren spielt der Wind mit Spermafäden – wie lang ist das her und welches perverse Schwein hat sich diese Reminiszenz für mich ausgedacht? Kurz habe ich die Vision einer Geometrie der Macht. Als seien die Paare durch Kräftepfeile ausgerichtet, als verknüpften die Linien, die von den stehenden Nippeln oder den prallen Eicheln ausgingen, die Bewegung der Schamlippen, die von Strumpfhaltern oder Hosenträgern nachgezeichnet werden oder das pendelnde Klatschen der Hoden, das sich in den vibrierenden Erschütterungen der formvollendeten Brüste spiegelt – halbkugelige Formen, eine Schulter, ein Oberschenkel, eine Pobacke, ein Hinterkopf, ein Busen, eine Eichel... die durch fleischige Indexe in einem Wechselspiel gehalten werden, das eine Form des supplementierenden Kommentars zu den mit Zirkel und Lineal gezogenen Kieswegen, den Ligusterhecken, den Buxuskugeln und den Marmorplastiken darstellt und umgekehrt. Für Augenblicke erahne ich ein leuchtendes Kristallgitter, das sich über die Szenerie gelegt hat und meine die biomagnetischen Felder zu sehen, die zwischen den Protagonisten pulsieren, setze mich in einem respektvollen Abstand und überlege, was ich vor ein paar Jahrzehnten dafür gegeben hätte, hier mitzuspielen. Und jetzt ist das nicht nur schon lange vorbei, sondern ich kann mir nicht mal mehr vorstellen, wie man auf die Idee kommen kann, mitspielen zu wollen. Man muss erst einmal in die Lage gekommen sein, sich so befriedigt und beruhigt fallen lassen zu dürfen, dass einen im Augenblick nichts mehr interessiert und wenn es noch so knackig und vor Begehren prall präsentiert wird, dass einen dann später das Schauspiel aus Selbstinszenierung und Verführung nur abstößt oder langweilt. Gerade weil dieses Fastfood nur bis an den Rand jener Machtspiele reicht, hinter dem die Beziehungsarbeit erst beginnen könnte, wenn sie wirklich beginnen soll – und das sind jene Kämpfe um Autonomie und Vorherschaft, die wir tatsächlich hinter uns zurücklassen mussten, um ganz andere Intensitäten zu erfahren.

Aber dieses von nackten Körpern inszenierte Ritual der Machtventilation erinnert mich an einen letzten, institutionalisierten Verführungsversuch. So hat es sich damals angefühlt, als ich nach der Promotion Avancen bekam, nach denen sich all die anderen die Finger geleckt haben – während ich kapiert hatte, dass ich von dem verlogenen Theater so weit wie möglich weg musste. Mir ging es nach mancher Begegnung, die als Signum ihrer Gefährlichkeit erst einmal Potenzstörungen auslöste, so elend, dass ich es nicht einmal mehr probieren wollte, mich in diesen Zusammenhängen zu bewähren. Ich hatte mir einen abgemüht, um unauffällig zu entwischen und war dabei zum Virtuosen geworden, Hindernissen auszuweichen und Fallen hinter mir zuschnappen zu lassen. Schon damals hatte ich viele der Spielregeln kapiert, eigentlich war mir gefühlsmäßig klar, obwohl ich erst zehn Jahre später die Konsequenzen spüren sollte, dass jedes dieser Angebote nur darauf angelegt war, mich zu blockieren und auszusaugen, bis nichts mehr von dem übrig sein sollte, was mich einmal interessant gemacht hatte.

Und noch einmal zehn Jahre später kann ich mir auf dieser kitschigen Parkbank, die sich anfühlt und aussieht, wie eine Ansammlung praller Wölbungen, überlegen, warum mich ein paar kleine Freuden erst interessant gemacht hatten und mir dann fast den Kopf kosten sollten. Und jetzt weiß ich auch wieder, was diese Spermafäden, die der Wind in ein Weizenfeld weht, transportieren: Als ich 1972 in Frankreich trampte und mir nach fünf Tagen Abstinenz zum ersten Mal wieder einen runtergeholt hatte, hatte mir dieses Bild eine kleine Erleuchtung vermittelt und später hatte ich diese mystische Erfahrung immer auf den Topos *Si le grain ne meurt* bezogen. Und nun schaue ich wehmütig zu, wie das Pärchen sich vergnügt, rieche den Mösensaft in der Luft und habe das Gefühl, als sei alles an den großen Anstrengungen vergeblich und unnütz gewesen, während jeder Fick, in dem ich der Instantaneität der Gegenwart für einen Augenblick nahe kam, mich dafür therapierte, dass in meiner Welt eine Todesstrafe auf der Authentizität lag, während alles Nachgemachte prämiert wurde. Was soll's, ich versuche mich mit dem Gedanken zu trösten, dass es einem nichts ausmachen muss, wenn die Simulanten an der Macht sind, wenn klar zu sehen ist, dass sie sich in ihren Intrigen und Rivalitäten gegenseitig auf die Null reduzieren und in the long run eliminieren. Aber trotzdem will sich die Frage aufdrängen, warum ich hier unter diesen Arschlöchern einen Auftrag schreiben soll – und dabei weiß ich, dass er uns im besten Fall eine Provision bringt, die den Lebens-

haltungskosten des nächsten halben Jahres entspricht. Das ist scheiße und alles nur traurig, dabei brauchte es lediglich eine ganz kleine
Korrektur in den Koordinatensystemen der Bedeutsamkeit und dieselbe Kraft, mit der ich nun ein paar zehntausend sirianische Pfund
Umsatz zustande brachte, um nichts an der Welt zu ändern, könnte
auch dafür eingesetzt werden, diese Welt aus den Angeln zu heben.
Gelegentlich habe ich mir überlegt, ob nicht noch eine weitere Ungleichzeitigkeit dafür sorgte, dass die notwendigerweise wachen und
offenen Wissensweisen nicht für die Lebenden zur Verfügung standen und zugleich ein totes Wissen die Zugänge zur Wirklichkeit ver-
nagelte. Mal abgesehen von den vielen, die gar nicht die Zeit und die
Gelegenheit hatten, weil ihnen die Mittel fehlten, mal abgesehen von
den Privilegierten und Erben, die durch die Vorgaben der traditionel-
len Welt, die sie hervorgebracht hatte, nicht hinter den Lattenzaun
des so genannten gesunden Menschenverstands schauen durften –
gab es in jeder Generation genug Randgänger, ob sie am oberen
oder am unteren Rand begonnen hatten, war fast gleichgültig. Meist
wurden sie in der Anfangszeit in der Konfrontation mit Neuem und
Ungewohnten in einer derartigen Beschleunigung aufgeladen, dass
nicht die Zeit blieb, bei einzelnen Wahrheiten zu verweilen und dass
aufgrund dieses frühen Reiz- und Erfahrungshungers die wichtigsten,
weil prägendsten Einflüsse in den Bereich des Vorbewussten verschwanden. Wenn ich nun bestimmten Einsichten wieder begegnet
war, die ich in der Zeit zwischen fünfzehn und zwanzig gierig in mich
aufgesaugt hatte, frage ich mich, was denn gewesen wäre, wenn ich
in der Beschleunigung des Lernens nicht viel zu schnell über sie hin-
weggegangen wäre. Sorgte in einem gewissen Alter eine Form der
Inflation des Neuen dafür, dass sich im Endeffekt nichts änderte, weil
die Betroffenen zu schnell abstumpften? Oder auch auf die Zeit bezogen! War das vielleicht der Mechanismus einer verborgenen Reaktion, einer geheimen Regieanweisung, mit der dafür gesorgt werden
konnte, dass selbst aus einschneidenden Veränderungen und revolutionären Wandlungen nichts Neues wurde und die Menschheit genauso dumpf und unfähig weiter vor sich hinwurstelte, eine Technik
vergleichbar den verbalerotischen Zwängen des Zerredens, der
zwangsneurotischen Unfähigkeit, aus aktuellen Aufgaben genug zu

lernen, um sich der Zukunft stellen zu können. Vielleicht brauchte es nicht erst die Diskussion um die Gesetzmäßigkeiten der Postmoderne, um festzustellen, wie lernbehindert die Subjektkonstitution des Menschen ist – vielleicht lernt er wirklich nur im Angesicht der Katastrophe, vielleicht ist es die drohende Erfahrung der Vernichtung, die einen Blick auf die wahre Kontinuität des Wissens freigibt. Es sind immer wieder nur einzelne Geistesblitze, die der Not und der Ausgeliefertheit abgerungen werden und das Groß der Mitmenschen zieht dann eben daraus eine Rechtfertigung, die Bresche der Wahrheit wieder zuzumauern. Die Welt ändert sich schneller als es das Lernvermögen der Menschheit aushält, obwohl ihre Technologien diese Änderung in Gang setzen – und die Verantwortlichen tun aus Sorge um ihre Machtposition alles dafür, dass möglichst keiner in der Lage ist, mit den notwendigen Änderungen bei sich selbst zu beginnen, denn das wäre der Archimedische Punkt, alles andere sind Ablenkungen und Mystifizierungen.

Ich habe es leicht, so zu argumentieren, aber deshalb hört mir auch niemand zu. Die vielen Brüche in meiner Biographie dürfen nicht übersehen werden – und auch die Insistenz des Buchstabens im Unbewussten sollte unterstrichen sein: Ein Leben, das vor allen Dingen durch Brüche charakterisiert werden könnte, durch Diskontinuitäten, Vertrauensbrüche, Einbrüche, Abbrüche, stabilisierte sich durch Bücher; wenn das ‚R‘ aus den Brüchen – und nie vergessen, dass dieser Reibelaut etwas Obszönes mit sich führt, sonst wäre es in den bürgerlichen Stillstellungskulturen des neunzehnten Jahrhunderts für die Dame nicht abgeraten gewesen, ein ‚R‘ zu sprechen – zu nomadisieren beginnt, landet es etwa sechs Jahre nach der Verführung, mit der die im Altpapier geschilderte Welt zum ersten Mal wirklich in die Brüche ging, bei den Büchern.

Erst einmal potenzierte sich die Fremdheit, die ich in der Familie als Kuckuckskind immer wieder gefühlt hatte, als Entfremdung auf einem höheren kulturellen Niveau. Natürlich konnte ich noch nirgends mitreden, aber ich saugte die Schlagworte auf und war recht gewandt dabei, die richtigen Parolen im richtigen Zusammenhang zu reproduzieren. Aber es war nichts, was sich derart einsenken konnte, dass es mir die nötige Sicherheit gegeben hätte. Eine fundamentale Unsicherheit blieb, die sich immer häufiger als umfassendes Misstrauen gegenüber allen Hierarchien und kulturellen Werten äußerte. Über sechs Jahre hielt eine sekundäre Sozialisation an, während der wurde ich mit Pornos zum Lustknaben und Ekstasetechniker umgebaut. Außerdem konnte mich an Adresslisten und Telefonnummern bedienen, die mir in ganz Deutschland freie Kost und Logis versprachen. Währenddessen wuchs das Wissen, die rhetorischen Fähigkeiten, der Wille zur Selbstdarstellung – im letzten Jahr lernten wir uns kennen und da hatte ich schon den Ruf eines monomanen Schwätzers. Dann zogen wir zusammen und der Kontakt brach ab, der Päderast und das Umfeld Süddeutscher Rundfunk waren auf einmal in die Irrealität abgerutscht. Nur in meinen Träumen blieb die Erinnerung an das frühere Doppelleben lebendig und immer wieder wachte ich mit der Angst auf, vor Dir verheimlichen zu müssen, dass ich den Schwulen weiterhin besuchte, dass ich wie früher innerhalb der Elternwelt einer Notwendigkeit gehorchte, eine zweite Identität auszuarbeiten. Dieses imaginäre Doppelleben verlor sich erst, als der Ich ganz gründlich zu Bruch gegangen war. Nach einer Übergangszeit in einem Niemandsland neben der Zeit, in der ein paar Bücher von Huxley, Leary, Castaneda, Lilly, Grof einen letzten Rest von Kontinuität zu den Abseitigkeiten bewahrten, begann ich mich den Wertmaßstäben der Geisteswissenschaften unterzuordnen. Wie der Sex als Ekstasetechnik aus meinem Leben verschwand oder umgebaut wurde zum Prämiensystem für Nüchternheit und Zuverlässigkeit, verschwanden auch die Bücher aus meinem Interessefeld, die den Ekstasetechniken gewidmet waren. Nun las ich, um den inneren Monolog zu kanalisieren und in geordnete Bahnen zu lenken, wie ich nach und nach lernte, so zu ficken, dass die erreichbare Hausmannskost mehr bieten konnte, als während der vielen Nächte erreichbar war, die ich mir nur aufgrund einer enormen sexuellen Ausgehungertheit um die Ohren geschlagen hatte. Nach einem Jahr wurde ich zum Ersatzdienst eingezogen, dem ich eine zunehmende Depersonalisierung verdankte – irgendwann fühlte ich mich so weit weg von den anderen Menschen, so fragmentiert in meiner Selbstwahrnehmung, dass ich nach diesen sechzehn Monaten in der Hitze und dem Krach einer Zentralsterilisation eine zehnbändige Studienausgabe Piaget kaufte und nachzulesen begann, in welchen kleinen Schritten die Raumerfahrung, die Zeitwahrnehmung, die topologischen Grundlagen der Zahlen, die verschiedenen Entwürfe der Kausalität und der Übergang von der egozentristischen zur sozialisierten Sprache stattfand: Ich benützte die genetische Erkenntnistheorie dazu, mich zu defragmentieren und ein statistisches Selbstbild auszubilden, mit dem ich mich wieder halbwegs normal unter die Leute mischen konnte. Einige, die mich von früher kannten, merkten gelegentlich an, dass ich nur noch das nötigste sprach, dass ich nicht mehr lachte und nicht mehr besoffen war – aber es dauerte dann nicht mehr allzu lange, bis ich die letzten Zeugen der Vergangenheit aus meiner Welt aus Büchern vertrieben hatte.

Als ich nach einer Unterbrechung von anderthalb Jahre wieder auf die Uni zurückkam, hatte ich eine harte Wirklichkeit kennen gelernt und dabei kapiert, dass ich mich bewähren konnte, weil ich schon durch die Härte und Unbarmherzigkeit meines Alten darauf vorbereitet gewesen war. Nun glaubte ich zu wissen, dass ich mich unter Einsatz aller Fähigkeiten konsequent und zielstrebig von der ganzen Scheiße entfernen würde, die mich geprägt hatte – die Erfahrungen mit Schwulen und Lesben, die ich in verschiedenen Städten gemacht hatte, wanderten irgendwo in den Hintergrund und wurden fast vergessen. Unter dem Bann deines Signifikanten konnte ich nur ein leiser Leser werden und wenn ich den alten Ekstasetechniken in der Tiefenstruktur treu bleiben wollte, musste ich eben lesen wie ein Besessener. Und weil sich die Macht des Buchs als ein eifersüchtiger und ausschließender Vereinnahmungsanspruch äußerte, konnte es wiederum gelingen, den Besitz ergreifenden Ansprüchen der Beamtenwelt zu entwischen. Tatsächlich gelang mir durch einen solchen Schlingerkurs, die verschiedenen Imperative in Schach zu halten und einen offenen Zwischenbereich zu besiedeln, in dem ich mir den Luxus erlauben konnte, noch nicht fertig gestellt zu sein. Dann waren hin und wieder Funde aus den fremdesten Welten vorzulegen und mit einer Belesenheit Eindruck zu schinden, die die Abstände rechtfertigen konnte. Ich dekorierte mich mit Wahrheiten, die sich nur dem Verzicht verdankten und versuchte gleichzeitig eine Nische zu finden, in der es mir gelingen sollte, genau auf diesen Verzicht verzichten zu können – ohne dass schon zu bemerken war, dass ich mich aufgrund dieses Wissens erneut und dieses Mal umso gründlicher ins Abseits des sozialen Todes manövrierte. Ich war in der Lage, mich durch ein anspruchsvolles Arbeitspensum durch zu beißen und dabei nebenbei als Packer und Bote zu jobben; ich konnte jenes Einsamkeitstraining des unentwegten Lesens durchhalten, das die meisten anderen nur flohen – weil ich schon ganz andere Einsamkeiten ausgehalten hatte; ich hatte eine für akademische Zusammenhänge enorme Frustrationstoleranz, weil ich gar nicht auf die Anerkennung von anderen angewiesen sein wollte und ich konnte sogar vom primitiven Schmerz abstrahieren – die einzige, die es immer wieder einmal schaffte, mich aus der Bahn zu werfen, warst Du mit deinen Abwesenheitsdressuren. Wer hätte gedacht, dass die Primärsozialisation durch ein ehemaliges Heimkind eine solche Stärke hervorbringen kann, wenn sie mit den Größenfantasien einer positiven mütterlichen Zuwendung verlötet wird, wer hätte gedacht, dass die Entfremdung, die der Verführung durch einen Kameramann zu verdanken war, einen derart gesunden Lernhunger hervorbringen und der pornographische Blick eine derart weit tragende Neugier freisetzen konnte. Eines stand auch auf der Uni sehr schnell fest, ich war zum Schüler und Mitläufer nicht geeignet, und die Leute, die meinten mich in ihren Wirkungskreis ziehen zu müssen, bekamen von mir einige unliebsame Wahrheiten zu hören, mit denen ich mir meine Unabhängigkeit zu bewahren glaubte. Ich fickte gern, aber ich hatte mich nach den ersten Jahren damit abgefunden, dass ich nie soviel bekommen konnte, wie ich eigentlich brauchte. Und dann ging der Überlebenskampf los und immer wieder war das einzige, was noch weiterhalf, ein alle Grenzen sprengender Fick – endlich war es soweit, dass auch Du einsehen konntest, wie wichtig es war, dieses Technik zu kultivieren, die eine viel sichere Waffe war, als das zerredende Geschwätz, das Du aus der Beamtenwelt mitgebracht hattest. Und auf einmal bekam ich so viel, dass ich danach für etwa einen Tag kein Bedürfnis mehr hatte, auf einmal war der Status überwunden, in dem einen das Wechselspiel aus Geilheit und Frustration durch den Tag peitschte. Und manchmal bekam ich sogar noch mehr und wusste danach nicht, ob ich es jemals noch einmal so zustande bringen konnte... Was zu beweisen war!

Die Ekstasetechniken, die mir zwischen 70 und 75 beigebracht worden waren, die Leute, die ich in etwa dieser Zeit gelesen und zur Kenntnis genommen hatte, die mir wichtige Anstöße verpasst und Einsichten vermittelt hatten, musste ich ab Mitte der 90er Jahre erst wieder neu entdecken. Ich hatte sie verdrängt, hatte sie unter dem Realitätsprinzip einer möglichen Universitätskarriere und dem Wissenschaftsstandard der Geisteswissenschaften aus den Augen verloren, obwohl viele meiner Ansätze auf sie zurückzuführen waren. Dieses universitäre Realitätsprinzip war leib- und lustfeindlich, es legte die Resignation nahe und prämierte die Melancholie – und dann wurde auch immer wieder neu unterstrichen, dass das größte, was für einen Studenten erreichbar sein könnte, wenn er nicht davor durch die Maschen des Graduierungsnetzes fallen würde, das absolute Ziel, das gar nichts mehr mit dem ultimativen Kick zu tun hatte, das man aber im Leben erreichen musste, wenn man keine Niete werden wollte, eine Stelle als Bildungsbeamter sein musste. Das größte im Leben derer, die doch angeblich die Freiheit des Denkens kultivieren wollten, war eine Beamtenposition, die garantierte, dass man kein Arbeitnehmer mehr war, sondern sich als Geldnehmer beruhigen konnte – und weil man dann bei lebendigem Leib tot war, musste das eiskalte Therapeutikum Sadismus immer wieder neu, jeden Tag, von Machtspiel zu Machtspiel, beweisen helfen, dass man überhaupt lebte – Marguerite Yourcenar hat einmal formuliert: Der Sadismus ist ein Resultat des erzwungenen Müßiggangs und Plack hatte ihn als ein Produkt von Stillstellung, Körperverleugnung und Selbsthass gekennzeichnet – ich habe dazu noch die Erfahrung gemacht, dass er aus dem Ressentiment beruht, dass es die anderen auf keinen Fall nicht besser hinbekommen dürfen als frau/man es kennengelernt hat: Also gar nicht! Er ist das scheinbar so notwendige Überdruckventil derer, die ihre Machtposition einer dauernden Subalternitätsdressur verdanken und die nun meinen, genau das jedem antun zu müssen, was sie als ihr eigenes Schicksal empfinden. Dann hilft es auch nichts mehr, wenn man sich an den Geschichten aus den Vorzimmern der Macht übte und aus den Studien zur Subalternität die notwendigen Anleitungen zur Einübung der Mündigkeit gewann – denn kaum war man auf diesem Weg ein Stück vorangekommen, winkte als Lohn oder Verführung der Zugang zum nächst höheren Vorzimmer. Mich wundert nicht mehr, warum Kafkas Transponierung der Theologie des abwesenden Gottes in eine Metaphysik der Verwaltungsbürokratie noch heute so viel Faszination und Bewunderung freisetzt: Die Interpreten rechtfertigen die eigene Feigheit und Unfähigkeit unter dieser Perspektive einer weltgeschichtlichen Notwendigkeit, als hätte das Scheitern der totalitären Systeme im 20. Jahrhundert nicht gerade eine Widerlegung der Anstrengungen zur Stillstellung der Lebendigkeiten nahe gelegt. Ich hatte also so gesehen gar nichts verloren, als es mit Hilfe der Intrige gelungen war, mir jedes Türchen zur verwalteten Welt der Bildungsbeamten zuzunageln. Vielleicht hatten sie sich während meines gewaltigen Umwegs sogar nach und nach als meine Delegierte erwiesen, denn als ich am Start angetreten war, lag mir nichts ferner, als eine künftige Beamtenstelle – und nur weil mich Einflüsse, die lediglich der Selbstrechtfertigungstendenz der Beamtenwelt zuzuschreiben waren, in die Behördenuniversität umleiten wollten, musste ich nicht auch dort landen. Einen mehr oder weniger starken Vorbehalt hatte ich noch gehegt, als ich mich notgedrungen für ein paar Stellen bewerben musste, um zu signalisieren, dass ich die Blockade aufgegeben hätte, wenn die Torpedierungen aufhören würden – und weil das nicht der Fall war, um die nötigen Informationen in den Bewerbungsschreiben zu streuen. Immer wieder einmal war mir der Wahrheitsgehalt der Hans-im-Glück-Geschichte aufgestoßen oder fraglich gewesen und jetzt wusste ich, dass er tatsächlich stimmte: Schmeiß weg, s'is giftig! Schmeiß einfach alles weg, was andere dir als erstrebenswert einreden wollten. Es gibt so eine überzeugende Leichtigkeit des Glücks, also schmeiß die falschen Prämien weg, die Stillhalteabkommen – und sei glücklich.

Irgendwo hinter meinem Rücken nähert sich die Gruppe wieder und ich höre, wie Merk über *Die Frau des Zeitreisenden* doziert: „Das ist eine Veranschaulichung der Abwesenheitsdressur, obwohl es auf den ersten Blick so aussieht, als sei es der Mann, der unwillkürlich und bei allen im gesellschaftlichen Sinne wichtigen Angelegenheiten durch einen Gendefekt in die Abwesenheit getrieben wird. Aber lesen Sie bei Gelegenheit Barthes ‚Fragmente einer Sprache der Liebe' und sie werden entdecken, dass Odysseus hier der Archetyp ist. Während immer wieder nur nahegelegt wird, dass die Frau in Gedanken und Gefühlen abwesend ist, während sie in dem von ihr geprägten und beherrschten Heim in allen möglichen Verweisungen zu finden ist, sind es die realen Abwesenheiten des Mannes, die tatsächlich nahelegen, dass die Abwesenheitsdressur von der Erfahrung der weiblichen Welt ausgeht.

Eine paradoxe Situation, die den Mythos umkreist, zwei seien füreinander bestimmt und die Beziehung werde unter den Gesetzmäßigkeiten der Ewigkeit beschlossen. Diese Maximalforderung an die Dignität einer Bindung wird durch eine seltsame Konstruktion der verschränkten Zeitbezüge eingeholt. Aus diesem Grund muss er sie in Ihrer Kindheit aufsuchen, um sie als seine spätere Frau zu präparieren und deshalb weiß sie schon alles über ihn, als sie sich zum ersten Mal in einer gemeinsamen Jetztzeit begegnen. Dass ein Erwachsener sich an ein Kind richtet und es einem pädagogischen Programm unterwirft, aus dem seine künftige Partnerin hervorgeht, ist sicher alles anderes als zu unterstreichen – auch wenn es hier gar nicht seine Wahl ist, sondern ein Zwang, dem er untersteht. Tatsächlich wird in symbolischer Form nur veranschaulicht, wie eine deformierte Form der Regelung eines Verhältnisses der Generationen aussieht, die ihren Ursprung in der Unfähigkeit zweier Ehepartner hat, für einander zur Stelle zu sein und die damit das Kind als Partnerersatz brauchen. Und in der Folge, dass es dann auch zu keiner Regelung eines Verhältnisses der Geschlechter kommen kann. So ist es nur kennzeichnend, dass die Sprünge in der Zeit um zwei Brennpunkte kreisen: Um die Mutter und um die künftige Frau – und dass sie auf beiden Seiten vom Tod begrenzt werden.

Der Zeitreisende verdankt seine Gabe oder seinen Fluch einem Gendefekt. Zu dessen Durchbruch wird berichtet, dass er als Kind den Unfalltod seiner Mutter erlebte und sich, während sie geköpft wird, durch einen Sprung in der Zeit in Sicherheit bringt. Im späteren Leben treten die Zeitsprünge immer dann auf, wenn er unter Stress gerät – häufig genug ist er dazu verdammt, diesen Unfall aus allen möglichen Perspektiven noch einmal zu erleben. Und die zweite Station seiner Zeitsprünge scheint in den meisten Fällen seine spätere Frau zu sein – und es ist kennzeichnend, dass ihn beim letzten seiner Besuche ein

Jagdunfall ereilt und er von einem ihrer Verwandten erschossen wird. Gut, wir hören auch von anderen Sprüngen, er taucht auch bei solch historischen Daten auf, an denen sich eine frühere Freundin erschießt oder sein Vater aufgrund der zunehmenden Alkoholabhängigkeit seinen Job verliert, er wird in den anderen Zeiten verfolgt und verprügelt, bis ihn der Stress wieder zurück springen lässt.

Wir haben schon davon gehört, dass die Funktion des Ich durch eine Verschränkung der Zeiten zustande kommt. Das Ich ist zum einen eine Art Aufmerksamkeitsstrahler, der die Gegenwart versucht zu erhellen und zum anderen eine Konstruktion, in der die oder der, die eine/r gewesen sein wird, sich selbst als Ich definiert. Nichts anderes scheint jene Metapher des Zeitreisenden zu veranschaulichen – und dass die ganze Sache durch einen Schock initiiert wird, der die Mutter, die für eine perfekte Musikalität und eine unsterbliche Stimme steht, die der Kosmos für Ihren Sohn ist, liquidiert, veranschaulicht tatsächlich nur das Drama des Geburtstraumas. In diesem Sinne sind wir alle zu Zeitreisenden verdammt, denn die ursprüngliche Gewissheit einer Harmonie ist zerbrochen und alles, was wir zum Leben, ja sogar zum Überleben brauchen, müssen wir uns möglichst schnell aus allen möglichen Zeiten zusammen suchen. Wir sind nicht für dieses Leben ausgestattet, wir halten es nur aus, indem wir uns in unseren Vorstellungen und Wissensweisen ständig aus dem Hier und Jetzt entfernen, um im Laufe eines Lebens vielleicht Chancen zu gewinnen, um über einige Grenzwert-Intensitäten wieder möglichst nahe an das Jetzt und Hier heran zu kommen. Und ich habe diese Aufspaltung mit Bedacht vorgenommen, denn im Anfang gibt es nur das Hier und noch fast keinen Zeitbezug, während am Ende das Jetzt die Fülle des gelebten Lebens werden kann und das Hier nur noch zum Punkt im Zentrum eines Verweisungszusammenhangs geworden ist.

Dennoch meine ich, dass die weibliche Abwesenheitsdressur einen anderen Grad erreicht, dass viel mehr mit dem Nichts gearbeitet wird, und dass wir dies an der Frau des Zeitreisenden in besonderer Weise veranschaulicht bekommen. Er springt gegen seinen Willen in der Zeit, je nach dem, wie es der Stresspegel vorgibt. Während sie vom Status des kleinen Mädchens bis zu dem Ende als alte Frau immer in einer Haltung des Wartens oder Erwartens begriffen ist. Wir haben hier eine Aktualisierung jener zum ersten Mal in der Odyssee artikulierten Gesetzmäßigkeit der Ehe vor uns: Die Subsistenzeinheit ist nicht mehr das Paar, wie dies jahrtausendelang der Fall gewesen war – und so notwendig es tatsächlich noch wäre. Sondern es ist der Ehevertrag, der zu garantieren hat, dass beide Ihren Teil beitragen, der aber nicht verhindern kann, dass sie sich einen Großteil des Lebens nicht mehr mit einander beschäftigen müssen. Als sich die beiden kennen lernen, weiß sie alles über ihn, was seine Versionen aus der Zukunft ihr bis dahin zuzutragen wussten, während er vor dem Rätsel dieser Frau steht und in ihr zugleich das Rätsel seiner eigenen Zukunft beschlossen weiß. Wenn das nicht schon Grund genug wäre, zu fliehen... Aber er wird erst einmal völlig in das System ihrer psychischen Ökonomie eingewickelt. So stellt sich die Frage, ob seine Abwesenheiten ab diesem Zeitpunkt vielleicht noch zusätzlich motiviert werden, weil er versuchen muss, aus dieser Begrenztheit zu fliehen – und im Endeffekt daran stirbt. Aus diesem Grund muss er auch erst bei wichtigen Familienfesten, dann bei der Heirat oder der Zeugung seiner Tochter durch einen Doppelgänger aus der Zukunft oder, und das scheint nicht ganz eindeutig, denn das müsste er immerhin wissen, durch einen aus der Vergangenheit gedoubelt werden, weil er es in der Jetztzeit nicht aushält.

Wir sehen also, wie der weibliche Lebensplan so fest und unerbittlich über die Biographie der beiden herrscht, dass für ein wirkliches gemeinsames Leben wenig bleibt. Schon aus diesem Grund braucht es die ständigen Versuche, ein gemeinsames Kind hinzubekommen – ein Kind, das jene Einheit symbolisiert, die ihnen selbst verwehrt ist und das, wie sich später zeigen wird, in ähnlicher Weise in der Zeit springen kann – übrigens ohne den Zwang, weil es ein Mädchen ist: Es gibt eben auch menschliche Wesen, die der Abwesenheit nicht unterworfen sind, sondern die über sie gebieten. Für beide wird die Erotik als wichtiges Bindeglied und als wesentlicher Motor dargestellt, aber zwischen den Zeilen finden wir einige Abstriche, es scheint zu wenig, um unter den Bedingungen des amerikanischen Männermatriarchats, also unter der Vorherrschaft der Mütter, eine richtige Bindung hinzubekommen. Sie behauptet ein paar Mal gegenüber anderen ein bisschen zu forsch, wie toll er im Bett sei und zweifelt tatsächlich, ob die ausgekitzelten Intensitäten auch wirklich zu rechtfertigen sind, wenn sie dabei wund läuft. Und sie kapriziert sich für mein Gefühl zu schnell auf das Wechselspiel aus Kinderwunsch und Fehlgeburt, mit dem dann nach und nach der ganze Bereich der Lüste negiert werden kann. Es wird auch viel zu früh deutlich, dass Sie es genießt, wenn er abwesend ist und sie sich dann einer typisch weiblichen Form des Genestels als Künstlerin widmen kann. Während bei Ihm von Anfang an klar ist, dass er quer durch die Zeiten mit vielen Varianten von ihr vögelt, weil die gemeinsame Anwesenheit einer kontinuierlich zunehmenden Negation untersteht. Er springt in der Zeit, bis er einmal in der Eiseskälte eines Winters auftaucht und erst mit erfrorenen Beinen wieder zurück in die Gegenwart findet. Welches Symbol, ohne Beine werden die Sprünge wesentlich beschwerlicher und auch gefährlicher. Spätestens seit den verschiedenen Versionen der Lady Chatterley wissen wir, dass die Beine auch für die Funktionsfähigkeit des Dings dazwischen stehen...

Die Beziehung des Paares und das Kind: Sie verdanken sich beide einer anderen Version des Zeitreisenden, also der einmaligen Anwesenheit eines anderen Abwesenden, während der zeitlich synchrone Partner flüchtend ausweicht, weil er in der Jetztzeit nicht standhalten kann und aus der gemeinsamen Zeit heraus geschleudert wird – oder sich später aufgrund der Fehlgeburten sterilisieren lässt. Die Heirat und die Zeugung werden also durch ein Alter Ego zustande gebracht, das aus der Zukunft, bzw. aus der Vergangenheit heran reisen muss, während die Gegenwart der Beziehung schnell durch den Schmerz, das Ungenügen, den Verzicht und die Ahnung des kommenden Todes vergällt werden. Welcher Realismus! Und das Kind wird nun zum Garant der Beziehung – selbst quer durch die Zeiten. Es hat die gleiche Gabe, scheint aber nicht dem Auslöser unterworfen zu sein, dass es den Stress braucht, um die Zeitsprünge zu bewerkstelligen. Es ist ein Mädchen und kann dem abwesenden Vater in anderen Zeiten begegnen. Selbst dieser Schluss schauert mich und ich denke an die nächste Pervertierung des Verhältnisses der Generationen, wenn die Töchter versuchen, ihre Väter zu verführen – ich frage mich oft, ob es nicht erst die Effeminierung unserer Kultur war, die für jenes Maximum an

Unwahrscheinlichkeit sorgte, das mittlerweile das Verhältnis der Geschlechter kennzeichnet."

Das ist nicht übel, mal abgesehen von dem zynischen Unterton, der mir an Merk nicht gefällt. Würde er die Schwierigkeiten auf den Nenner bringen, um sie überwindbar zu machen, liefe er nicht Gefahr, als aggressiver Verbalwichser zum Komplizen der Tendenzen der Verstümmelung zu werden. Ja, ja – die Abwesenheitsdressur! Wie oft habe ich Dir vorgeworfen, dass Du ständig mit dem Kopf bei anderen Typen gewesen seist und wie häufig war ich derart in irgendwelche Welten in den geplanten Büchern zu Hause, dass mir die Dinge, die uns gemeinsam angingen, nebensächlich schienen. Wenn ich mich genau genug erinnere, gab es tatsächlich nur die paar Jahre, in denen wir wirklich ums Überleben kämpften, in denen wir schneller sein mussten, besser und beweglicher, als die Krüppelzüchter, in denen wir wirklich kapiert hatten, dass es auf einen makellosen Tagesablauf ankam, wenn wir bis zum nächsten Tag kommen wollten und mit dieser Einsicht dafür sorgten, dass ein Maximum an Präsenz zustande kam und der Todesstress lustvoll abgefahren werden konnte. Nur als es gar nicht anders ging, verwirklichten wir jene intensive Gemeinsamkeit des Widerstehens und waren so für einander da, dass nichts anderes mehr wirklich von Wert war. Dieser größte Traum der Liebenden ist allerdings ein sehr anstrengendes und absorbierendes Unternehmen und die Makellosigkeit tut man sich auch nur an, wenn es nicht anders geht. Als ich erst einmal dafür gesorgt hatte, dass die nötigen Umsätze zu fließen begannen, sah das schnell wieder viel freundlicher aus. Und als es sich wie nebenbei ergeben hatte, dass die Drogenszene in der Innenstadt zu unserem fast natürlichen Verbündeten geworden war, wir hatten die gleichen Gegner, die angepassten Klemmer und Spießer, die Leute, die es nicht brachten, die verknöcherten Erben und die bürokratischen Machtprothesen, dauerte es nicht lange, und die kleinen Jungs bewunderten uns auf unseren Spaziergängen mit den Hunden, versuchten mich mit Hilfe ihrer Mädels vom Drogenstrich auszutesten und begannen Deiner Schönheit zu huldigen. Wir konnten beobachten, wie die höfischen Prinzipien des Minnedienstes auf der Marien- oder Königsstraße Mitte der neunziger Jahre des 20. Jahrhunderts spontan kristallisierten – und wenn es nicht anders ging, konnte ich mit einem kurzen Blickkontakt einen frisch gesetzten Schuss durchschlagen: Es sprach sich dann sehr schnell rum, dass wir stärker als die Droge waren. In der Unterwelt des zweiten Parkdecks unter der Kronprinzstraße stießen wir auf Süchtige, die für den Wolfsspitz Fritz in Ekstase gerieten oder unseren Müll nach Devotionalien durchsuchten. Und so wie in meinem Kopf das nächste literarische Projekt über die allmähliche Verfertigung junger Götter beim Ficken entstand, begannen in Deinem Kopf die Fantasien um kleine Jungs zu wuchern. Die Makellosigkeit hat Ihre Zeit, aber es darf von niemand erwartet werden, dass er oder sie die Disziplin um ihrer selbst willen pflegt, irgendwann muss es auch wieder Spaß machen, sich einfach gehen zu lassen.

Die Gruppe entfernt sich wieder, bis ich nichts mehr verstehe. Also noch einmal zurück: Vielleicht waren die Bücher in ihrer Unverbindlichkeit und stummen Geduld anfangs wirklich das einzige, auf das ich mich ohne Vorbehalte einlassen konnte – bis ich genauso stumm und geduldig und unverbindlich geworden war und es geschafft hatte, ihnen ähnlich zu werden. Nicht nur die Welt scheint dem Bedürfnis zu gehorchen, zum Buch zu werden, ich folgte nicht weniger diesem Zug und bemühte mich, zum umfassendsten Archiv zu werden, das sich noch auf zwei Beinen fortbewegen konnte, solange ich vergessen hatte oder aus den Sinnen verlieren musste, dass es noch andere Möglichkeiten gab, die eigene Existenz zu rechtfertigen: Sich an ihr zu freuen. Vielleicht auch das noch ein Nachklang des fetischistischen Bildungswahns meiner Mutter, der allerdings weit weg von der Wirklichkeit war und sich an einer haltlosen und verblasenen Vorstellung von Bildung orientierte, die vor allem den soliden Brotberuf eines Lehrers oder Rechtsanwalts verbürgen sollte. Innerhalb der Familienwelt war ich sehr früh zu einem Außenseiter gemacht worden, auserwählt aber ein Sündenbock, und als ich es das erste Mal schaffte, meine Wahrnehmung außerhalb dieser Wahnwelt zu schulen und andere Möglichkeiten zu erahnen, geschah dies unter Anleitung eines Schwulen, der mir mit den Möglichkeiten, die Werte und Vorlieben von Rundfunk- und Fernsehleuten kennen zu lernen, zugleich die nächste Entfremdung von den gleichaltrigen Freunden und Schulkameraden verpasste. Und als ich mich dann verselbständigte, in den

Ferien durch Deutschland und Westeuropa trampte, kam die nächste Aufspaltung der Rollendefinition hinzu. Zum einen konnte ich mich von reichen und in kultureller oder politischer Hinsicht weit auseinander liegenden Schwulen durchfüttern und mir nebenbei ihre Bildungsansprüche vorführen lassen, in Feinschmeckerkneipen oder zwischen asiatischen Antiquitäten und einer Musikaliensammlung, in der Bauernküche eines Kanuclubs oder in der anspruchsvollen Designerküche – und da ich noch nicht mitreden konnte, trug ich meinen Teil eben beim Kochen dazu bei, denn da wusste ich immerhin schon ein paar Sachen. Und zum andern lernte ich frühe Formen der autonomen Szene kennen, war bei Hausbesetzern in Frankfurt, auf alternativen Höfen in Ostfriesland, im Harz oder in Belgien oder in einer Schicki-Micki-Kommune in Berlin, einer alternativen Musiker-WG in Paris oder einer Jesus-Family, die von einem spinnigen Millionär einen Altbau in einem Londoner Vorort gesponsert bekam oder bei Makrobiotikern auf einem esoterischen Bauernhof bei Hannover, bei denen mich vor allem der Cannabisanbau faszinierte. Und wenn ich dann wieder in die verschlafene schwäbische Metropole zurückkam, hatten sich die Formen meines Doppellebens vervielfältigt und die Nischen der Alternative, die hier auf dem untersten Niveau gehalten wurden, kamen mir sehr fraglich vor. Ich kann mich erinnern, wie klein und kontrastarm mir die Straßen in Stuttgart vorkamen, wie ich das Gefühl hatte, auf Springfedern zu gehen, als ich das erste Mal aus der WG in Berlin zurückgetrampt war, und mit welchem Gefühl der Freiheit und der Kraft ich meinen stinkigen Rucksack nach Hause trug. Den Debattierzirkel in der Teestube des Forums hatte ich kurz mal beschnuppert, als ich das erste Mal von zu Hause abgehauen war, mal abgesehen davon, dass mich gleich ein linker Schwuler hatte abschleppen wollen, war das nichts für mich, weil die Leute so ungeheuer Bescheid wussten und mir mit vielen Andeutungen, mit jeder kleinen Belehrung, nach der ich nicht gefragt hatte, zu verstehen geben wollten was für ein Grünschnabel ich war. Und nach dem Trampen, als ich dachte, ich könnte dort auch auf den Putz hauen, bekam ich recht schnell ein Hausverbot angedroht. Das waren die Stuttgarter Alternativen, diese Leute waren kleinlich und humorlos und als ich dann einmal ein bisschen Shit verteilte, bekam ich das Hausverbot tatsächlich. Mittlerweile suchte ich eine überzeugende Gegenposition und die Leute, die in den von der Stadtverwaltung geduldeten alternativen Nischen das Sagen hatten, waren Leute, die einmal durchgefallen waren und nun in einem zweiten Versuch auf dem Selbstverwaltungslevel den Drang hatten, alles besonders ordentlich zu organisieren und besser zu wissen. Etwa zu dieser Zeit und parallel zu den Beobachtungen, die ich in der Welt des Kameramanns machen konnte, setzte sich bei mir die Kategorie fest, mit der ich solche Leute als pseudoalternative Schwätzer und Mitläufer in jenes Käschen einsortierte, in dem bei mir alle Leute landeten, die mich nicht interessierten: Ob im Leierkasten oder in der Mausefalle, ob im Clubzimmer des Jugendhauses oder im Forum, ob bei Lesungen im Kammertheater, Premieren im kommunalen Kino oder Podiumsdiskussionen im Funkhaus, überall waren diese lieblos verkniffenen, schon irgendwie grauen Physiognomien zu finden, die sich auf irgendwelche Schulhäupter bezogen, um ihren kleinen Ausschnitt der Welt als alternative Wirklichkeit zu behaupten. Das war nur Scheiße, ich versuchte mich doch nicht von den Beschränktheiten meiner Elternwelt zu lösen, um dann den Borniertheiten dieser Wichtigtuer zu glauben – und mir war schon sehr klar, dass das verbohrte Kleinparteiengehabe mit der Unfähigkeit gegenüber dem andersgeschlechtlichen Teil der Welt zu tun hatte. Es war so freudlos und trocken und verbiestert, wie ich es fünf Jahre später dann von den Vertreterinnen der Frauenbewegung auf der Uni mitbekam: Dieselbe psychische Struktur, dieselbe Verleugnung der Wirklichkeit zugunsten irgendwelcher Parolen und Lehrmeinungen. In der Schule durfte ich viele Sachen, die ich mitbekommen hatte, nicht einmal andeuten, selbst gegenüber den Kumpeln nicht, mit denen ich kiffte oder saufen ging. Und dabei konnte ich an dem schwulen Kameramann und einigen seiner Kollegen vom Funk, an Theaterleuten, Ballettmäusen und Volkshochschullehrern beobachten, wie wenig das progressive Getue brachte, wenn es auf Geschwätz und Selbstdarstellung zu reduzieren war. Noch dazu war in meiner Umgebung zu sehen, wie einige der Gleichaltrigen vorsichtig ein bisschen Anti zu proben begannen – und oft genug in einer Form dafür bestraft wurden, die diese Vorschule der Simulation wirklich nicht wert war. Ich wollte das Echte, wollte eine authentische Form von Selbsterfahrung, wollte die Gewissheit, dass in meinem Leben etwas stattfinden sollte, das ich mir selbst erarbeitet haben würde, wollte nicht kriechen dafür, eher kämpfen, wollte sogar noch die Geduld haben, abzuwarten bis ich unterscheiden konnte, was nur das Gewusel nachgemachter Menschen war und was wirklich die Anstrengung lohnte. Und als der Alte sich aufhängte, bestätigte dies nur den Versuch, nach der authentischen Alternative zu suchen – das war irgendwo auch ein Beweis, dass der ganze Scheiß, mit dem sich die Normalnullen abquälten, die Vegetables wie Vesper sie in der *Reise* titulierte, gar nichts taugen konnte. Auch wenn mich der Todessog erst einmal in eine Form des Schweigens mitriss, in der ich kapierte, dass ich nun funktionieren musste und alles Geschwätz und alle Selbstdarstellung überflüssig war. Etwa in dieser Zeit begann sich die innere Distanz zu vervielfältigen: Eigentlich waren die Leute, mit denen ich zu tun hatte, alle uninteressant.

Dann begann ich in einem konservativen juristischen Fachbuchhandel zu jobben, das Signifikantennetz hatte für die nächste Weichenstellung gesorgt: Wenn tatsächlich ein Rechtsanwalt mein Erzeuger war, dann sollte ich nun lernen, mich unter Juristen und an dem an ihnen hängenden Markt zu bewähren – und wenn es ein weiteres der Wahnthemen des von meiner Mutter gewobenen Familienromans war, musste ich mich eben gegen die Folgen des Wahns durchsetzen und lernen, was für Abarten des Simulantentums dieser Berufszweig habitualisiert hatte, der meiner Mutter die Argumente liefern konnte, mit denen sie gemeint hatte, zu beweisen, dass die Nachahmung besser war, als das Original und dass ein Mensch, der sein Geld mit seiner Hände Arbeit verdiente und dabei stank vor Anstrengung und ausgelaugt wurde, gar nichts taugen konnte.

Kurz danach zogen wir zusammen und der Schwule fiel weg. Cut – viele der Selbstdefinitionsregeln der vergangenen Jahre begannen sich schon in den nächsten Monaten in dünne Luft aufzulösen, weil ich dem aberwitzigen Glauben huldigte, dass ich nur zuverlässig und verantwortlich genug agieren musste, um damit einer großen Liebe würdig zu sein. Ein absoluter Wahnwitz, weil ich mich an eine Beamtentochter richtete, die vom Verbalwichs über die Partnervermeidungszwänge und Abwesenheitsdressuren von allem gelebt wurde, was ich als Symptome der verwalteten Welt meinte, bekämpfen oder umspielen zu müssen. Nachdem ich das Abitur mit knapper Not zusammen geschludert hatte und weil ich von meinem Traum einer Weltreise Abstand nehmen musste, wenn ich weiterhin mit Dir zusammen sein wollte, bot sich als Alternative ein Studium an. Sicherheitshalber wählte ich die Fächer, von denen gleich mitgegeben wurde, dass sie zu einer Anpassung an die normalen Erfolgsvorstellungen gar nicht geeignet waren – es sei denn, einer wollte sich mit dem mindesten Anpassungsniveau zufrieden geben, um Lehrer zu werden. Und das kam bei mir gar nicht in Frage, ein Sozialisationsagent! Also war es erst einmal beruhigend für mich, wenn von vornherein klar war, dass mich ein Abschluss nicht auf einen angepassten Arbeitnehmer beschränken würde, weil gar keine Arbeitsplätze für solche Abseitigkeiten zur Verfügung gestellt wurden. An die Fortsetzung der schon ewig dauernden Stillsitzroutinen, vor denen ich mich durch ausführliches Schwänzen gerettet hatte, auf einer Uni, hatte ich bis dahin keinen Gedanken verschwendet, schließlich wollte ich die Routinen des Trampens über Westeuropa hinaus erweitern – nach dem Abi eine Weltreise, auf jeden Fall aber nach Poona, weil mir ein paar Leute aus Berlin ein Adresse und ein paar Namen genannt hatten. Im Unipark hatte ich bis dahin gedealt oder eingekauft und manchmal hatten wir abends im Sommer an einem Seerosenteich, um den Marmorstatuen auf Podesten standen, gekifft und dabei die dichten geometrischen Hecken als Sichtschutz benutzt. Dass dort die Uni war, dass ein Unipark etwas mit einer Universität zu tun hatte, wurde mir erst bewusst, als ich den Alten nach seinem Arbeitsunfall regelmäßig im Krankenhaus besuchte, er mir ein paar Junkies vorstellte, mit denen er immer auf der Terrasse zum Rauchen war und dabei erklärte, dass der eine von ihnen auf die Zulassung an der Kunstakademie wartete. Das war etwas, was ich mir auch vorstellen konnte und weil wir nicht wussten, dass die Kunstakademie am Killesberg war, verbanden wir sie mit den Zwillingshochhäusern gegenüber dem Krankenhaus: „Hast du gewusst, dass das die Universität ist?" hatte der Alte gefragt und ich hatte den Kopf geschüttelt, aber es hatte mich auch nicht groß interessiert.

Das Studium war der nächste Schritt in den Mangel an Authentizität, durch den ich hindurchgehen musste, um überhaupt zu kapieren, in welcher Welt die angeblichen Werte ausgebrütet und gepflegt werden. In den Monaten, als Planierraupen den Unipark platt machten, die Hecken der französischen Parkanlage wurde beseitigt, der Teich zugeschüttet, eine klar überblickbare Wiese angelegt, die von einem Weg durchschnitten wurde, den noch eine Handvoll der Statuen säumten, begann ich Geisteswissenschaften zu studieren. Weil ich auf keinen Fall Lehrer oder vergleichbares werden wollte, nahm ich den Studiengang mit dem Abschlussziel Magister und verlor, während ich beobachten konnte, wie diese Kinder von Lehrern und Akademikern wieder Lehrer und Akademiker werden wollten – aber natürlich mit einem intellektuellen Anstrich des alternativen Rituals, denn heute waren die Mitläufer Alternative, wie sie früher das Deutsche Volk gewesen waren – jegliches Bedürfnis, mich auf die gängigen Spiele der Selbstdefinition einzulassen. Damit wurde natürlich auch der Draht zum elitären Anspruch meiner Mutter gekappt, die sich mit diesem Studium vielleicht sogar hätte anfreunden können, wenn ich auf einen Abschluss als Gymnasiallehrer zugesteuert wäre – obwohl der tatsächliche Bruch dadurch ausgelöst wurde, dass ich sehen konnte welche Wut und Rivalität bei dieser Mutter ausgelöst wurden, als ich dich als meine Freundin vorführte: Bei so viel Negation war sie einfach durchgefallen. Früher hatte sie immer wieder darauf bestanden, was mir auf einmal gar nicht mehr sehr selbstverständlich vorkam, Spross einer Lehrersippe gewesen sein wollte. Das passte höchstens noch, wenn ich annahm, dass es sich bei dieser Clandestinität um die Gesetzmäßigkeiten anmaßender Schwachsinniger handeln musste. Aber nach und nach wurde mir immerhin eines klar: Dass ich es ihr zu verdanken hatte, dass ich nicht in der Lage war, mich mit einem Vorbild zu identifizieren. Und so beschissen es sich früher angefühlt hatte, wenn ich dafür geprügelt worden war, dass ich nicht der leibliche Sohn eines Musik gewesen sein sollte, dass ich mir ein Bein rausreißen konnte, wie ein Rumpelstilzchen, und trotzdem von diesem Mann nie die Anerkennung erfuhr, um die ich mich in meiner kindlichen Naivität bemühte, so billig der Trost war, wenn mir diese Mutter als Sieben- oder Achtjährigem zur Besänftigung erzählte, ich solle mich nicht grämen, das sei gar nicht mein richtiger Vater – so notwendig wurde später die Routinebildung, sich mit niemandem identifizieren zu müssen. Obwohl in diesem besonderen Fall natürlich auch wieder begründet werden könnte, dass ich nie in die entsprechenden Situationen gekommen wäre, wenn das Koordinatensystem dieses Familienromans nicht schon vorgegeben hätte, dass ich die Aufgabenstellungen eines mythischen Heroen zu schultern hatte. Was hilft es, wenn eine Mutter damit protzt, ihr Erstgeborener sei der Sohn eines Rechtsanwalts, wenn sie nur in der Lage gewesen war, ein Heimkind, einen späteren Hilfsarbeiter zu ihrem Wasserträger zu machen? Was hilft es, wenn sie sich vor viertelsgebildeten Buchhändlern und Lehrern mit den Bildungshintergründen ihres Großvaters brüstet, wenn sie dann darauf angesprochen wird, ob der Mann das ihren Sohn nicht spüren lasse und sie dann im Brustton der Überzeugung erklären muss: Das würde er nie wagen! Und das, nachdem sie wegen jeder Kleinigkeit, bei der es ihr an Autorität mangelte, rufen musste: Wolfgang tu doch mal was! Wobei der Wolfgang-tu-doch-mal-was dann das einzige tat, was er konnte und wozu er auch große Lust hatte, um seine Scheißrolle in dieser Ehe auszuhalten: Er prügelte mich so durch, dass die arme Mama händeringend und weinend dabeistehen musste. Und mir natürlich später noch einschärfte, dass ich niemandem davon erzählen durfte und es pervers dazu brachte, dass ich Mitleid mit ihr haben sollte – ich der Geprügelte musste diese arme Mutter bedauern, weil sie sich so Mühe mit dem Mann und ihren Kindern gab und er einfach so primitiv war, dass man sich schämen musste. So viel zum Fundus der begnadeten Wahrheitssuche! Einmal als mich ein Lehrer in der Volksschule auf die blauen Flecken ansprach, musste ich erzählen, dass ich im Sportverein blöde hingefallen sei – wobei ich da schon eine frühe Differenzierung zu lernen hatte: Dass man zwar nicht lügen durfte, aber dass es Notlügen gab, bei denen man schließlich nicht anders konnte. Kein Wunder, dass ich als Kind als vorlaut und frech galt, kein Wunder, dass ich immer im genau richtigen Zeitpunkt eine Wahrheit ausplauderte, die ich eigentlich hätte für mich behalten sollen – nur die schwachsinnige Lügenwelt meiner Mutter konnte ich nicht auf den Begriff bringen, das war alles glitschig und doppelbödig, wobei unter den vielen Varianten der

Unredlichkeit noch ein besonders finsterer Sumpf der absoluten Unentschiedenheit drohte. Es war kein Wunder, dass sich erst einmal ein Päderast einstellen musste, um mir am anderen Ufer die ersten Schritte der Lebensfreude beizubringen – obwohl auch er nach einigen Jahren frustriert feststellen musste, dass es nicht gereicht hatte, um für mich zu einem Vorbild zu taugen oder einer Identifikation die Wege zu ebnen.

Auf der Uni konnte ich natürlich erst recht nicht erzählen, was ich wusste oder während der vergangenen sechs Jahre erfahren hatte, ich konnte nur schweigen und lesen, konnte darauf setzen, dass ich irgendwann genug wissen würde, um dann auf den Nenner zu bringen, was ich erlebt hatte – aber ich fand immerhin ein Betätigungsfeld: Nachdem mir der Umgang mit nachgemachten Menschen zu langweilig geworden war, konnte ich die freigesetzte Zeit in Bücher investieren, denn irgendwas musste mit der Zeit schließlich angefangen werden. Wenn ich einen schwachen Tag hatte, konnte es vorkommen, dass ich in einem Seminar konstatierte, dass diese Bildungsgänge nur Prostituierte hervorbrachten, die vor allem eins nicht wahrhaben durften: Dass sie Prostituierte waren. Aber in der Regel war ich gut genug gefedert, um mir nicht anmerken zu lassen, dass es zum Fürchten war, was ich an den Gesetzmäßigkeiten über die Kinder des Bildungsbürgertums ablesen konnte. Besonders pervers kam es mir vor, wenn zu bemerken war, dass diese antriebsgestörten Schwätzer und Mitläufer im Rahmen einer alternativen Ventilierung des akademischen sozialen Körpers nun auf einmal die Ansprüche formulierten, an der Macht teilzuhaben oder das soziale Gewissen zu verkörpern. Als wäre nicht genau das Bedürfnis, an der Macht teilzuhaben, ein Signum der Verstümmeltheit. Diese pseudoalternativen Pastorentöchter und Lehrersprösslinge, diese Psychologenclone oder Parteigängerkinder der Politologen. Es war zum fürchten, sie waren so freudlos anspruchsvoll, so welk dynamisch, so überangepasst entfesselt, ich konnte eigentlich nur noch schweigen. Besser wäre es gewesen, ich hätte mich rechtzeitig verpisst, und stattdessen versuchte ich, durch außergewöhnliche Leistungen auf mich aufmerksam zu machen. Das mag zum einen bedingt durch die Suche nach Anerkennung gewesen sein, aber wer mitbekommen hat, wie wenig Wert ich auf die Anerkennung gelegt habe, dass mir jedes Lob und jede Zuwendung sofort auch wieder als Vereinnahmung verdächtig war, wird unterstreichen, dass es einen für die Identitätsstiftung wesentlicheren Grund gegeben haben muss. Viel wichtiger war für meine psychischen Systeme die Hoffnung oder Erwartung oder Illusion, durch das nötige Wissen die Autorisierung zu erlangen, über die Dinge sprechen zu können, die ich erfahren hatte und denen meine Geschichte einfach unterworfen worden war und damit gewisse Gesetzmäßigkeiten dieser verlogenen und verstellten Welt auf den Nenner bringen zu können. Der Wille zum Wissen war vor allem einer zur Aufdeckung der Gesetzmäßigkeiten von Lebenslüge und Verzicht – und anscheinend war mir klar, dass es zu so einem Unternehmen einer Autorisation bedurfte, dass ich durch die notwendigen Abschlüsse und Urkunden mit dem Recht belehnt worden sein musste, meine unliebsamen Wahrheiten vertreten zu dürfen. Ich war mir nur nicht klar darüber, dass jede Investitur mit Rücksichtnahmen und Abhängigkeiten einher ging und als ich bemerkte, dass ich aufgrund der Anerkennung meiner Leistungsfähigkeit auf einmal in ein Netz von Beziehungen verstrickt werden sollte, erhöhte ich die Leistung und startete durch, um ganz schnell in einem Niemandsland anzukommen.

Das Schema unserer Kämpfe hatte sich in den verschiedensten Verwandlungen durch zwei Jahrzehnte erhalten. Erst war es die Konkurrenz von Partnervermeidungszwängen und Selbstzerstörungstendenzen, vielleicht war ich in deiner Welt nur aufgrund meiner verschiedenen Süchte und Abseitigkeiten in die engere Wahl gekommen – in einem nächsten Schritt unter den Einflüssen Deiner Eltern zu panischen Abwesenheitsdressuren und nach den Interventionen meiner Mutter zu den Überdosierungen einer vergifteten Nähe – dann später der Wettlauf zwischen der langweiliger werdenden alltäglichen Routine und den als Würze und Stachel eingesetzten Traummännern, der künstlich gezüchteten Eifersucht – der Absorbiertheit durch eine wissenschaftliche Arbeit und der Durchdringung des Lebenswerks eines großen Namens gegen den Ehrgeiz, in einer größeren Institution die Organisation zu übernehmen – dahinter mochten ursprünglich Elternimperative gewütet haben, die eine lebendige Partnerin oder einen lebendigen Partner als unlautere Konkurrenz gegenüber ihrem Besitzstreben an einer/m Delegierten ausschalten wollten, aber sie waren erfolgreich von den Gesetzmäßigkeiten der Geisteswissenschaften absorbiert und auf einem höheren Level potenziert worden. Ein Kampf der Geschlechter, der gar nicht bei uns zu Hause war, weil dahinter im Verborgenen ein Kampf der Generationen wütete, bei dem ich den kleinen Vorsprung gegönnt bekommen hatte, dass ich bereits mit zwanzig Jahren durch den Tod aus der Entmündigung durch die vorangegangene Generation entlassen worden war. Wobei nicht vergessen werden darf, dass mir seit meinem siebten Lebensjahr die Bosheiten und Brutalitäten dieses Mannes ertragbar gemacht worden waren – ich hatte mich abends nach dem Zubettgehen noch einmal aufgesetzt und dann grundlos geweint, angeblich grundlos, dabei war mir zum ersten Mal in meinem Leben klar geworden, dass ich allein war, dass ich mich auf diese Eltern nicht verlassen konnte, dass es nicht nur der Vater war, der mich bei jeder Gelegenheit prügelte und von dem ich trotz der verschiedenen Anstrengungen nie eine Anerkennung erfuhr, sondern dass es auch die Mutter war, die angeblich ja immer zu mir hielt und die dennoch immer wieder das notwendige Stichwort lieferte, das dann den Anlass für die nächsten Prügel gab – durch den bitteren Trost, er sei gar nicht mein richtiger Vater. Auch das könnte erklären, warum der identifikatorische wie der olfaktorische Sektor bei mir ausgefallen ist. Die Struktur dieser Kämpfe verlängerte sich bis zu den beiden Doktorvätern, die um mein mögliches Proselytentum konkurrierten und dich dabei als überflüssige Konkurrentin ausschalten wollten – aber auch bis zu deiner Identifikation mit einem Vizedirektor, der dich als Nummer Drei für die Institution ankitzeln wollte und zugleich dem Auftrag folgte, mich auszuschalten. Wir sollten erst später erfahren, dass die Auftraggeber in beiden Fällen die gleichen waren.

Es gab Situationen, in denen ich nur noch blind und taub vor mich hin marschierte, im Bewusstsein eines Ziels, das ich längst nicht mehr sah und das nach und nach reduziert wurde auf den ganz einfachen und ungereinigten Wunsch, diesen Wahnwitz zu überleben, und zwar gemeinsam – während Du schon so geschwächt und psychotisiert warst, dass Du im leeren Raum taumeltest und nur die eine Angst kanntest, den letzten Halt zu verlieren und vom Nichts geschluckt zu werden. Und während mir bewusst wurde, dass diese Panik vermutlich schon immer der Bodensatz deiner Anstrengungen gewesen war, mich als Partner nicht zu nah an dich heran zu lassen und damit eine exklusive Beziehung zu vermeiden, die nur der hätte ähneln können, die einmal die Gefühlsblindheit deiner Mutter beherrscht hatte, hörte ich dich plötzlich jammern und flehen: Sag etwas, sprich mit mir, ich muss dich hören, sag etwas, bevor ich falle, bevor ich nicht mehr hören kann, sprich mit mir, sag etwas... Und ich sollte ja nicht irgendetwas sagen, ich sollte Dir wieder die Sicherheit geben, den Halt liefern, der die Panik in Schach halten konnte, sollte Dir etwas versprechen, was das Entsetzen vergessen machen konnte. Und ich wusste nichts, ich konnte nicht lügen, wusste, dass wir gar nichts mehr hatten, alles neu und von vorne beginnen mussten und längst nicht bekannt war, woher wir die Mittel nehmen wollten. Ein Entsetzen darüber verspürte ich nicht, das war die Situation, die ich mein Leben lang kannte, aber ich bekam es mit der Angst zu tun, dass Du mir in ein schwarzes Loch verschwinden könntest. Und ich spreche ohne zu lügen, bin ganz vorsichtig, will keine falschen Versprechungen machen, keine Vorhersagen, mit denen ich später nur erreicht haben würde, dass Du in der ursprünglichen Setzung, dich auf keinen Partner verlassen zu können, bestätigt werden würdest. Vielleicht ist das noch ein letzter und besonders hinterfotziger Trick des Systems gewesen, dem wir ein Schnippchen schlagen sollten, dass ich in einer Situation des sozialen Todes genötigt werden sollte, Zuversicht zu verbreiten und dabei dann unachtsam die ein-zwei Chancen, die überhaupt noch möglich waren, aus Dummheit oder Notdurft begann zu zerreden. Mehr waren es zu dieser Zeit sicher nicht, vielleicht waren es nur eineinviertel – also so gut wie keine, denn der Mensch muss mindestens ein dutzend Chancen mit Füßen treten dürfen, wenn er die Kapazität aufbringen können soll, sich für eine zu entscheiden. Man denke an all die Veranstaltungen, die im Sinne des Beamtensystems und mit Dir als Delegierter dazu taugen sollten, mich zu entwirklichen – und nichts anderes haben nun ein paar Bildungsbeamte auf einer anderen Ebene der Wirklichkeit mit ein bisschen mehr Wirksamkeit versucht durchzuziehen. Ich kann Dir gar keine Sicherheit versprechen, auch wenn Du noch so darunter leidest, wenn Du dich in Krämpfen windest und vor Entgeisterung schreist – ich kann Dir nur versprechen, dass wir es gemeinsam hinbekommen müssen, weil es anders gar nicht hinzubekommen ist und dann kann ich dich zur Beruhigung und um neue Kraft zu gewinnen, so ficken, als hätten wir für nichts anderes Zeit, als könnten wir uns den Luxus gönnen, nur an die Lust zu denken. Und das wirkt seltsamerweise, wenn es sein muss mehrmals täglich und wenn ich dich darüber trösten muss, dass Du einmal ein verratenes und missbrauchtest Kind warst, lecke ich dich danach auch noch liebevoll, um die negativen Körpererinnerungen der Sauberkeitsdressur durch eine Psychotikerin vergessen zu machen. Denn es ist nicht zu unterschätzen, dass Du gerade im Auftrag auf die Gefahr des Vagustodes zu strudelst und ich trotzdem nicht in die Falle gehen darf, dass ich zu zerreden beginne, was uns bisher noch immer Kraft und Bedeutsamkeit liefern konnte.

Wobei während dieser mythischen Verfasstheit eines Kampfes der Geschlechter die kurzen Ewigkeiten eines jeden Tages nicht fehlinterpretiert werden dürfen, die sich dann tatsächlich als die konkrete Form der Wahrheit durchsetzen konnten. Instantane Unendlichkeiten, in denen die Körper in biomagnetischen Möbiusschleifen an einer Wahrheit und Erleuchtung teilhatten, die in einem heilsamen Vergessen vor der Sprache zuhause waren: Wenn das Innen des Außen nicht nur zum Außen des Innen wurde, sondern zwei Komplemente dieses Spiels dem symbolischen Tausch unterstellten und damit erwiesen, dass der Körper nicht an der Außenhaut aufhörte und dass die personellen Energien in kein Sparschwein gesteckt werden können. Und auf einmal gibt es keine Ziele mehr und jeder Ehrgeiz hat sich verflüchtigt, aber es gibt die kalte Gewissheit und die lange Wut, hinter diesen Prüfungen anzukommen, um die Zeit dann wirklich füreinander zu widmen. So wird der Weg zum Ziel, und während wir diese erste wirklich gemeinsame Strecke der Qualen gehen, haben wir immer mehr Teil an der Gewissheit, dass die Welt nicht gewonnen wird, wenn nur das erstrebt wurde, was andere schon vorgegeben haben. Und es hilft auch nichts, den Gefahren und den Verwünschungen aus dem Weg zu gehen, denn dann wachsen sie von Innen her nach. Aber wer sich auf das Jetzt und Hier einlässt und dabei einer Übung der unmittelbaren Gegenwärtigkeit folgt, macht eine beruhigende Erfahrung: Der Triebverzicht gepaart mit der so hochgelobten kulturellen Surrogatbildung stellt nicht nur eine gefährliche Zeitbombe dar, sondern, und das ist die entscheidende Begegnung mit dem Heiligen, bei der die Technik der Lebensersparnis in die Knie geht, er zieht gegenüber einer Sublimierung, die auf dem in einen Partner investierten Entfesseln der energetischen Antriebe beruhte, immer wieder den Kürzeren... Ich hätte diese ganzen kaputten Jahre nie durchgehalten, wenn ich nicht immer wieder an einer energetischen Unendlichkeit hätte teilhaben dürfen.

Dazu passt vermutlich auch, dass wir uns nie Gedanken darüber gemacht haben, warum wir nicht das Bedürfnis hatten, uns einzusiedeln – das heißt so in unsere Umgebung und Wohnatmosphäre zu investieren, dass man sich auch wohl fühlen konnte. Mal abgesehen davon, dass wir einige Jahre so wenig Geld hatten, dass gar nicht daran zu denken war, irgendetwas wohnliches, ästhetisch Ansprechendes anzuschaffen. Aber selbst als ich nach dem Ersatzdienst regelmäßig jobbte, als Du dazu verdientest und wir erst einmal Geld hatten, haben wir systematisch so eingekauft, als hätten wir das bisschen Geld am liebsten gleich verbrannt. Auf den ersten Blick eine klare Entscheidung, die noch dazu vom Zeitgeist getragen wurde, obwohl wir wohl noch andere Gründe hatten, als die Masse der Wirtschaftswunderkinder, die den Plüsch und Plunder der Wohlversorgtheit nicht mehr sehen konnten: Wir wollten durch keine spießige Umgebung, keine Wohnlandschaft und auch durch keine pseudoprogressive Ikeawelt, durch keine Stilmöbel und durch keine hippen Designerstücke an die Abgründe unserer Elternwelt erinnert werden – noch dazu waren das ganz verschiedene Abgründe, fast entgegengesetzt in ihrer Tödlichkeit. Also – es blieb bei unseren entgegensetzten Repertoires fast nichts mehr übrig – statteten wir eine ganze Wohnung mit Reisstroh an Böden und Wänden aus, bauten ein Bett auf einem Rost aus nebeneinander gelegten, zwei Meter langen Balken von zehn Zentimeter Höhe und Breite – nur um den ganzen Müll bei der nächstmöglichen Gelegenheit eines Umzugs wegzuschmeißen. Und das war mit Geld angeschafft worden, das uns bei einfachsten Hilfsarbeiten nicht einfach zuflog, sondern schwer verdient war, Lebenszeit kostete, Zeit für einander kostete und damit eigentlich für Wert genommen gehörte – wenn wir später zusammen rechneten, was wir alles für überflüssigen aber die Anpassung verweigernden Schrott ausgegeben hatten, hätten wir zwei oder drei skurrile Antiquitäten dafür kaufen können, ohne noch irgendeinen Gedanken an Normierungsansprüche und Mitläuferimperative zu verschwenden. Und in der nächsten Wohnung hatten wir etwas höhere Ansprüche und verkleideten die Wände mit Maisstroh, nahmen diesmal Böden aus PVC und ich baute meine Bücherregale nicht mehr aus Brettern mit dazwischen gestellten Backsteinen, die ich auf einer Baustelle geklaut hatte, sondern mit Stanley Connection Verbindungsteilen, die Bretter hatte ich aus Sparsamkeit unfurniert gekauft und dann mit Acrylfarbe in altrosa angestrichen – wenn ich furnierte Bretter genommen hätte, wäre das billiger gekommen und die Arbeit der drei Anstriche hätte ich mir auch gespart und wenn ich dann noch rechtzeitig ausgerechnet hätte, was das Gerümpel zusammen mit den Stanleys kostete, hätte ich Geld gespart beim gleichen Fassungsvermögen von Ikearegalen. Alles fehlinvestiert, wie die Kosten für die notwendigen Anschaffungen, wenn man die Wohnung mit vier bis fünf Katzen teilte, unnütz wie manches Klump für die Hunde, wie für ein zwei Meter langes und siebzig Zentimeter breites Aquarium für verschiedene Schildkröten, die mehr oder weniger schnell alle auf der Liste des Washingtoner Artenschutzabkommens auftauchten und dann nicht mehr im Handel zu haben waren – aber bei uns nach und nach an Parasiten und Tierarztbehandlungen eingingen. Manchmal wurde mir auch bewusst oder ich machte sogar Späße darüber, dass das einzige von Dauer, die einzige Investition in Zukunft in meinem stetig wachsenden Bücherregal auszumachen war. Obwohl es schäbig aussah, das Altrosa immer dreckiger wurde und die neunzehn Millimeter Pressspan durchzuhängen begannen. Die Bücher, obwohl von vornherein dem Kreislauf der Werteerzeugung entzogen, in Eigenarbeit und Tauschwirtschaft erworben, würden der einzige dauerhafte Wert sein – mit ihrer Hilfe brachte ich eine Promotion zustande, die mich in die Lage versetzen sollte, Geld zu verdienen und Wert anzureichern und die erst einmal die nötigen Intrigen freisetzte, mit denen versucht wurde, mir jeglichen Gelderwerb unmöglich zu machen – also auch hier die selbe Gesetzmäßigkeit:

Gehe deiner Zeit und deinen Interessen nach und spar dir allen überflüssigen Konsum, dann ist eine einfache Lebensgestaltung ohne
Probleme mit einfachen Hilfsarbeiten zu finanzieren – aber promovie-
re als Sohn eines Hilfsarbeiters mit „Sehr Gut" und artikuliere, was dir
am Wissenschaftsbetrieb und auf der Uni als Betrug vorkommt, und
du wirst ziemlich schnell das Problem haben, dass du nicht mal mehr
einen Job als Hilfsarbeiter bekommst. Im *Altpapier* wurde noch ein
Status beschrieben, bei dem vier Monate Jobben als Packer aus-
reichten, um mit einer konsequenten Konsumverweigerung über ein
ganzes Jahr zu kommen und dabei in einer ziemlichen Geschwindig-
keit Texte zu produzieren. Und während ich noch formulieren konnte:
wenn etwas wirklich etwas taugt, ist es für Geld so oder so nicht zu
haben, waren schon alle Einflüsse in Bewegung gesetzt, um dafür zu
sorgen, dass wir nicht weiterhin völlig unkontrolliert an einem brisanten Wissen arbeiten konnten, wenn uns die Hilfsarbeiten ausgehen
sollten. Später, als ich dann Umsätze als Drücker in Bewegung setzte, wurden die vergammelten Bretter aus Wanzenholz nach und nach
ausgetauscht gegen in mahagonifarbenem Kunststoff furnierte
Pressspannbretter und auch die begannen sich nach einiger Zeit
durchzubiegen. Die Aquarien wurden verschenkt, die überlebenden
Schildkröten kamen in die Wilhelma, die Schlangen waren gestorben,
das Terrarium landete im Keller und wurde bei dem Auszug, den es
nach der Gerüchteküche, die die Geisteswissenschaftler eingeheizt
hatten, gar nicht mehr hätte geben dürfen, dort einfach stehen gelassen; das Maisstroh hatte sich schon Jahre davor so mit Nikotin voll
gesaugt, dass es auf dem Sperrmüll landete, das PVC war so ver-
schrammt und unsere Chows hatten Probleme, darauf aufzustehen,
dass wir selbstklebende Teppichplatten drüber legten, die nach und
nach durch den Hundetalg derart verdreckten, dass wir
Atemwegsbeschwerden bekamen und beides zusammen landete
nach dem Auszug in kleinen Schnipseln in blauen Müllsäcken... Aber
alles war erst einmal mit einem ungeheuren Aufwand versehen.
Wenn die durchschnittlichen nachgemachten Menschen irgendwas
erledigen mussten, interessierte das niemanden – aber wenn wir
auch nur eine Kleinigkeit versuchten, die uns aus der Umzingelung
auch nur ein wenig hätte befreien können, spürten wir enorme Wider-

stände. Was natürlich auch durch den psychischen Druck verstärkt wurde, unter den uns die Krüppelzüchter ständig versuchten zu setzen. Und die Katastrophe nahm ihren Lauf weiter …

Auffällig ist, dass wir schon während der ersten zehn Jahre aus den vielfältigen Möglichkeiten, die für uns zur Verfügung standen, um es nicht genauso zu machen, wie wir dies in unserer jeweiligen Elternwelt erfahren hatten, nichts machten. Dass wir jede Möglichkeit zersägten, dass wir jeden Wert auflösten, bis vor lauter Fehlinvestment nur Müll und Ballast übrig geblieben war. Und dann hieß es immer wieder, wie kriegen wir den Ballast wieder weg und vielleicht war das der ganze Sinn der Übung: Wie trennt man/frau sich von dem Schrott, der zwar nichts taugt, aber einmal einiges an Geld oder Lebenszeit gekostet hatte. So weh es tat, als mein kleiner Chow starb – und einige Jahre hatte der Schmerz über den Tod meines kleinen Schamanen derart Kraft gekostet, dass ich nicht einmal in der Lage war, mich gegen einfache Angriffe zu verteidigen, die an dieser Negation ansetzten, ich konnte sie nur schlucken. Ich wusste, dass seine epileptischen Anfälle mir das Leben gerettet hatten, weil sie einen Teil der Spannungen abgeleitet hatten, die ein paar Literaturwissenschaftler sorgsam für mich akkumulierten – welche wertvolle Zuwendung, ich habe Beamtenkinder kennengelernt, die waren sogar noch neidisch darauf –, seine Magendrehung verschaffte mir die Einsicht, etwas Neues versuchen zu müssen. Ich wollte es lange nicht wahrhaben, weil mit diesem Chow und Emblem meine literarische Karriere als Nichtperson begonnen hatte – aber so klar war es auch, dass mit seinem Tod eine schwere Belastung weggefallen war. Vielleicht hatten die vielen Stunden, die wir mit unseren Viechern verbracht hatten, um uns fit zu halten, um nicht zu vergessen, dass wir Wesen aus Fleisch und Blut waren, um die Stunden bei frischer Luft und in Bewegung dem Aufenthalt in muffigen Verwaltungen vorzuziehen, dafür zu sorgen gehabt, dass im richtigen Augenblick noch die Kapazität zur Hand war, zu entwischen – noch dazu, wenn man wusste, dass da die Zeit nur deswegen so bereitwillig totgeschlagen wurde, weil sich der primitivste Machttrieb von Stillgestellten daran therapierte, andere warten und zappeln zu lassen, sie unter Druck zu setzen und die familienbedingten Double-binds für die widerwärtigsten Strategien virulent zu machen... Irgendwann in einem anderen Leben hatte einmal mein Magen gegluckst vor Freude, als ich kapierte, dass Du mit mir gehen wolltest – und dann waren wir allein mit den Hunden, die nach Manfred Schneider in der Literatur Advokaten der Wahrheit der Säfte und der Echtheit des Gefühls sind, während der nächsten dreißig Jahre etwa 180000 Kilometer gemeinsam gegangen...

Als ich erfolgreich Umsätze im Bewegung setzte und trotzdem darauf achtete oder achten musste, weil das Geschäft alles andere als selbstverständlich war, dass wir nicht fehlinvestierten und unsere Möglichkeiten genau abwogen, darauf sahen, dass es auch noch für die Dürrezeiten am Ende des Jahres langte, ohne dass das Konto zu sehr überzogen wurde, kam irgendwann der Punkt, an dem wir kapierten, dass Umsatz immer in Bewegung sein wollte und dass wir dann besonders gute Abschlüsse machten, wenn wir das vorhandene Geld nicht horteten, sondern gleich wieder umsetzten – und zwar in Luxus, weil wir ja von einem Luxusmedium lebten. Die Regel für das schnelle Geld lautete, dass es sich bewegen musste; wenn wir auf die Idee kamen, etwas zur Sicherheit zur Seite zu legen, ließen sofort die Umsätze nach, aber wenn die reinkommenden Gelder freudig verpulvert wurden, rückte sofort der nächste Umsatz auf. Also das selbe Schema in einer neuen Verkleidung, was wir erwarben, mussten wir verschwenden – nur hin und wieder, wenn kurz einmal ins Auge sprang, dass wieder ein Quälgeist auf der Strecke geblieben war, einer der über viel mehr Geld und Einflüsse als wir verfügte, was graduell nicht schwer war, weil wir keines hatten, was aber qualitativ einen Unterschied machte, wenn es sich um Dimensionen handelte, die ein normaler Akademiker in der Regel nicht erreichte, drängte sich hin und wieder der Gedanke auf, ob Bataille nicht recht gelegen hatte, ob es nicht diese rückhaltlose Verschwendung war, die uns wie nebenbei in wichtigen Augenblicken diese Überlegenheit verliehen hatte. Noch als der Markt immer weniger hergab, als andere Handelsvertreter schon abgesprungen waren oder nur noch jammerten und krank wurden, half uns der Erwerb einer Rokokokommode wieder einmal zu einem Schwung, mit dessen Hilfe am Ende des Vierteljahrs etwa der gleiche Umsatz geschafft war, wie in den entsprechenden fetten Quartalen der vorangangenen Jahre. Auf einmal war ich der beste

Mann des Verlags, aber das änderte nichts daran, dass ab dem Zeitpunkt, als der politische Wechsel einer SPD-Regierung angekündigt war, immer weniger lief und ich mich dann nur noch abseilen konnte. „Dieses Mal mit unbefristetem Vertrag und Festgehalt..." – wie es in der ersten Version der *Galerie der Geistesblitze* hieß. Und in den Jahren war festzustellen, dass wir auf den Geschmack gekommen waren und nun kleine Antiquitäten oder anspruchsvolle Repliken beim Trödler oder auf Flohmärkten kauften. Mit dem Erfolg – das Festgehalt war nur ein kleines – dass wir den Überziehungskredit manchmal bis zu der Grenze ausreizten, den mir die Bank einmal als Selbständigem eingeräumt hatte, damit wir dann die restliche Zeit beharrlich funktionierten und nicht mehr aus der Reihe tanzten. Eine systemtheoretische Pointe, ein paar kleine Luxusobjekte dienten nun dazu, dass wir nicht das Geld und die Möglichkeit hatten, in so einen durchschnittlichen Scheiß wie ein normales Wohnzimmer oder eine typische Einbauküche zu investieren.

Im Rückblick ist festzustellen, dass das, was den Normalverbrauchern jeden Tag als erstrebenswert eingegeben wurde, bei uns mangelt, obwohl wir in vieler Hinsicht der absurden Verschwendung huldigen – es hatte uns einmal am Leben gehalten und war nun noch besser und mehr, als in einem normalen Konsumentenstatus zu resignieren. Und irgendwann, als ich einem Monteur zuschaute, wie er eine spezielle Sonderanfertigung von Abzugshaube über unseren mit Wochenend- und Feiertagsschichten möglich gewordenen Luxusherd anbrachte, hatte ich auf einmal das Bild vor Augen, wie sich alles wieder in Schrott verwandelte. Dass diese Spezialkonstruktion, die aufgrund der architektonischen Vorgaben notwendig war und mir etwa vier Feiertagszuschläge gekostet hatte, das über diesem neunzig Zentimeter breiten Edelstahlgerät nach meinem Auszug oder Tod nur noch ein überflüssiger Schrott übrig bleiben würde – ich sah gespreizte und von der Schraube zerfressene Dübel vor dem inneren Auge, aus denen der Betonstaub rieselte –, dass wir, wenn wir die Abzugshaube mitnehmen würden, einen ausgesägten Turm und zwei angesägte Zusatzstücke mitnehmen könnten... Und dann fiel mir ein, wie schwer der Mann, der mein Vater nicht sein durfte, weil meine Mutter etwas besonderes sein wollte, früher gearbeitet hatte, wie es an allen

Ecken und Enden gefehlt hatte, wie diese Eltern ständig in irgendwelchen Scheiß investiert hatten, um so zu sein, wie alle anderen – und weil meine Mutter auch noch ein bisschen besser sein wollte als alle anderen, wenigstens als die, die ihrem beschränkten Horizont fassbar waren, musste dann auch noch besonders in den besonders einfältigen Schwachsinn investiert werden, der ihr im Fernsehen oder in der Regenbogenpresse als Distinktionskriterium nahe gelegt wurde. Wie hatte mein Verführer einst diese edle Armut persifliert: Und wenn man sich schon keine ordentliche Hose leisten konnte, musste dann, wenn einmal ein wenig mehr zur Verfügung stand, in eine goldene Sicherheitsnadel investiert werden, um den ständig wieder auftretenden Riss zu flicken und diese Sicherheitsnadel kam nicht nur teurer als eine neue Hose, sie ging auch sehr schnell kaputt und wenn man nicht aufpasste, stach man sich bei der Entsorgung in den Oberschenkel und musste die Tetanusimpfung auffrischen lassen. Wenn ich diese Abzugshaube sehe, denke ich an die vielen kleinen Sachen, die mein Alter in der Wohnung investiert hatte und die ich gedankenlos, als ich die Wohnung nach seinem Selbstmord aufgelöst hatte, verschenkt, verkauft, zerstört oder weggeworfen habe. Er ist schon lange tot und wenn ich an seinen Selbstmord denke, an die letzten Jahre, in denen ich mich um ihn kümmern sollte, obwohl er mich früher grün und blau geschlagen hatte, weil gerade ich nicht sein Sohn war, spüre ich nichts mehr, das ist alt und abgelaufen, die Zeit ist vorbei, glücklicherweise. Aber wenn ich dann irgendeine mit Sorge und Geschick aufgeladene Kleinigkeit mitbekomme, ein sorgsam ausgeführtes Stück Arbeit, eine fein restaurierte Antiquität, ein mit Geduld und Routine ausgeübtes Handwerk, spüre ich hin und wieder ein seltsames Kribbeln, das den Rücken hoch und runter rennt und manchmal springe ich dann für Augenblicke aus der Zeit. Wenn ich dann wieder da bin, habe ich immer ein Paket Trauer über die Vergeblichkeit der alltäglichen Kleinigkeiten im Gepäck und seltsamerweise erinnere ich mich dann an ihn. Wenn ich an die vielen Dinge denke, die Leute machen könnten, weil sie Freude an speziellen Tätigkeiten haben, die sie besonders gut beherrschen und dann an den Scheiß, den sie tatsächlich machen, weil sie dafür bezahlt werden und weil sie der Ansicht sind, dass sie zu wenig dafür bekommen, beginnt sich dieses melancholische Gefühl an Kleinigkeiten fest zu fressen. Ich sehe einen Schrank vor mir, Wanzenholz, mit zehn Zentimeter langen Schrauben in die Wand gedübelt und ich erinnere mich noch daran, was für ein Drama es gewesen war, als der Alte diesen Schrank für hundert Mark bekommen hatte, ein Zehntel seines Nettogehalts, weil er nicht mehr ins gemeinsame Schlafzimmer im vierten Stock kommen durfte und er das Gerät wütend hin und her schob, bis es aus den Verzapfungen brach. Es war dann meine Sache, dem Vertreter des Kaufhauses zu erklären, dass der Schrank schlecht aufgebaut worden war und deswegen unter der Last der Anzüge meines Vaters zusammengebrochen war – alles Humbug, aber wir bekamen einen Ersatz gestellt. Wenn ich dann nehme, dass ich bei der Wohnungsauflösung die Schrauben und Dübel mit einiger Mühe und Flüchen auf diesen Zwangsneurotiker, dessen Bedürfnis nach Halt und Sicherheit auf völlig überflüssige Verdübelungen reduziert worden war, weil sonst nichts mehr geblieben war, was ihm hätte Halt geben können, aus der Wand gebracht hatte und diese zweite Auflage des Schranks uns dann noch fast fünfzehn Jahre gute Dienste leistete, bis Du mich dazu nötigtest, ihn so abzusägen, dass er hinter die Küchentür in der Sophienstraße passte, muss ich mich eigentlich nicht wundern, warum ich ich weiß nicht wie viel Kapazität und Vermögen einfach verschleudert habe, warum wir das Geld, wenn wir einmal etwas mehr zur Verfügung hatten, einfach verfeuert haben, anstatt es für irgendwelche Unternehmen einzusetzen oder aufzusparen, die irgendwelche Ähnlichkeiten mit den Selbstvernichtungsriten meiner Alten zu tun hatten. – Und ich nehme sie als Beispiel, weil sie mir mittlerweile präsent sein dürfen. Der Zwang zur Verminderung aller eigenen Möglichkeiten war für mich, wenn er aus deiner Beamtenwelt kam, viel offensichtlicher, es steht darüber schon genug in früheren Aufzeichnungen. Die Kontraproduktivität der Beamtenwelt hat mir wohl viele Jahr als Entschuldigung gedient, um nicht sehen zu müssen, dass solche kleinen Leute wie meine Alten, mit ihren noch viel geringeren Möglichkeiten genau so umgehen müssen, um wirklich nichts damit anfangen zu können. Und dann sehe ich mir diese extrabreite Abzugshaube an oder jenen Nachbau eines Frankfurter Schranks – das ist alles kontraproduktive Verschwendung: Aber wenn es mich dazu befähigt, weitere Werte zu produzieren, weitere Gelder in Bewegung zu setzen, ist es richtig gewesen. Und trotzdem, wenn kleine Arschlöcher alles was sie schaffen können, in Müll verwandeln, machen sie eigentlich nichts anders, als was wir die Jahre gemacht haben – und vielleicht habe ich es mit einer geringfügigen Abweichung nur deswegen so gemacht, weil ich Angst davor gehabt habe, es genauso blöd zu machen, wie meine Alten. Dieser Hohn ist vielleicht einer der tiefsten Antriebe der Lebensweisheit: Zu kapieren, dass man aus Angst vor etwas alles so einrichtet, dass eine Bestätigung dieser Angst geschaffen wird. Es gibt wahrscheinlich nur einen Unterschied, aber der scheint zu tragen: Ich identifizierte mich nicht mit dem, was ich tat oder tun musste und ich schaffe mit Genuss ab. – Ich habe gewaltige Vorbehalte, noch heute, gegenüber allem, was mit einer Identifikation winken könnte, verwandle die Gelegenheiten des Ausweichens in Antriebskraft und noch immer wächst mein Bücherregal und füttert auf Umwegen die nächsten Manuskripte und dabei ist längst nicht geklärt, ob ich noch einmal in die Lage kommen werde, mit einem Verlag zusammen zu arbeiten, der das Risiko auf sich nehmen würde, ein Buch für eine Leserschaft zu produzieren, deren Drehpunktpersonen mich zur persona non grata erklärt hatten. Es ließe sich spekulieren, das das Signifikantennetz dafür gesorgt hat, dass ich mit den besten Abschlüssen genau das erreichen konnte, was meine Mutter mit dem denkbar besten Erzeuger schon einmal für mich vorbereitet hatte: Dass ich nicht nur nichts davon haben sollte, sondern auch noch dem Vernichtungswunsch unterstand. Aber es lässt sich eben auch unterstreichen, dass die Welt wesentlich vielfältiger ist, als all jene wahrhaben dürfen, die fremden Regieanweisungen unterstehen und dass damit immer auch die Möglichkeit gegeben sein kann, ins Neue und noch Ungewordene aufzubrechen.

Mein Gott, das Ende dieser Geschichte ist, dass ich heute Geld mache, wie es mir früher nicht einmal vorstellbar war, und ich mache es deswegen, weil ich nicht in der Lage bin, irgendwelche materiellen Güter überhaupt für ernst zu nehmen. Ich kann mich an einer Antiquität freuen, wie an einem guten Buch, aber das sitzt nur ganz an der Oberfläche und wenn es drauf ankommt, ist es mir tatsächlich Wurst und ich kann einfach die Energie und das Interesse abziehen. Aber

natürlich bringe ich den Umsatz auch zustande, weil jene Krüppelzüchter alle Beziehungen spielen ließen, um dafür zu sorgen, dass ich
weder in ihren Gefilden, noch als Hilfsarbeiter auch nur das absolute
Minimum zustande bringen durfte. Und lange habe ich gar nicht ge-
merkt, unter welchen teuflischen Anstrengungen die Umsätze in Bewegung gesetzt werden mussten, weil ich so dankbar war, dass es
überhaupt gelingen konnte. Aber ich machte es aus meiner Kraft und
ohne jedes Vitamin B und hatte es geschafft, dass die geisteswissenschaftlichen Seilschaften nicht bis in diese Höhen der Selbständigkeit
folgen konnten – und wenn ich einen Fehler mache oder wegknicke,
bügeln keine Bezüge von Bildungsbeamten das Versagen aus, ich
muss dann noch mehr schaffen, den nächsten Anlauf machen, die
nächste Chance erarbeiten und wenn ich nicht auf dem Weg umklap-
pe, bleibt immer noch der mit den Jahren immer weiter gezogene
Spielraum, den der Überziehungskredit unseres Kontos einräumt,
ansonsten zur Überbrückung ein Job in den Uranminen, bis wieder
genug polsternder Hintergrund erarbeitet war – und wenn dieser Auftrag hier oben unter Dach und Fach ist, kann ich mir sagen, dass wir
einige Monate sorglos davon leben können, obwohl ich noch weiß,
dass ich vor zwanzig Jahren mehrere Jahre davon hätte leben können. Irgendwie ist die ganze Geschichte fast sinnlos geworden, ich
fühle mich manchmal abgestorben und leer, mache Umsätze, um
unsere Kosten zu finanzieren und bin dann gar nicht da, und wenn ich
da bin, bin ich viel zu oft müde und geschafft, ausgelaugt und ange-
widert – und welche Umwege hat es gebraucht, um dich zu gewinnen.
Manchmal hatte ich früher Lust gehabt, dich für Deine Rechthaberei
und das Bedürfnis, alles was ich in die Welt setzen konnte, gleich
wieder zu zerstören, zu prügeln oder mich selbst als Mahnzeichen an
die Wand zu nageln. Wenn wir uns nie begegnet wären, wäre die Illusion, dass es in der Welt einen Platz für das Glück gab, vielleicht
noch lebendig. Aber so? In den Kämpfen gegeneinander hatten wir
uns geübt und das Machtvolumen hochgeschaukelt, das mit den Strategien gegen die Intrigen der Unikrüppel immer schärfer und zielorien-
tierter wurde. Ein seltsames Wettrüsten, das uns zusammen schmie-
dete, obwohl wir beide ursprünglich gar nicht dafür geeignet waren,
aneinander zu glauben – und das mich zu dem Punkt führte, an dem

ich akzeptieren musste, dass ich innerhalb der Geisteswissenschaften keine Mark mehr verdienen konnte, dass schon die gelegentlichen Nuggets, die in ihrem Umfeld einzusammeln waren, endgültig der Vergangenheit angehörten. Eine erleuchtende Erfahrung: Was ich die ersten zehn Jahre als Nichtanerkennung durch eine Beamtentochter hatte erfahren und aushalten müssen, was ich versucht hatte, durch immer mehr Leistung in Schach zu halten, eine Überzeugungs- oder Bestechungsarbeit, für die ich mir einige Großtaten abgezwungen hatte, begegnete uns nun auf einem ganz anderen Niveau von Neuem – und jetzt durftest Du auch einmal spüren, wie es sich anfühlte, wenn man auf jemanden angewiesen war, der den Imperativen einer schizophrenogenen Oberinstanz gehorchte. Und es war dieses Mal nicht nur eine passive Art und Weise der Nichtanerkennung und Irrealisierung, sondern es waren ganz klar ausgetüftelte Strategien, mit denen das, was ich oder wir diesem Bildungsbeamtenadel voraus hatten, vernichtet und ausgebrannt werden sollte. Und diesmal solltest Du erfahren, wie hart diese Form der Nichtanerkennung war, wie weh es tat, wenn man dafür, dass man besser war, als alle anderen, behandelt wurde wie der letzte Abschaum. Dir sollte das den Job kosten und die grauenhafte Erfahrung vermitteln, dass das, was Du immer geflohen hattest, eine exklusive Beziehung zu einem Menschen, plötzlich das einzige war, was für dich noch übrig geblieben war, die Beziehung zu mir. All die vielen Abwesenheitsdressuren hatten nicht getragen, von den Traummännern war keiner mehr übrig, der berufliche Ehrgeiz war erledigt und es war noch nicht einmal sicher, ob Du nicht, als Folge dieses Todeslaufs, nicht nur ausgepowert sondern gefährlich krank sein könntest. Was sind das für traurige Triumphe, die einem nicht einmal die Spur einer Möglichkeit lassen, einen Sieg auch genießen zu dürfen – jedes Mal wenn ich einen Sieg gegen dein Zwangssystem zustande gebracht hatte, hatte mein Lohn darin bestanden, dass ich dich über Monate wieder gesund pflegen durfte und kaum war es so weit, gingen die Fehlleistungen wieder von vorne los. Es brauchte viel Zeit, bis ich kapierte, dass mein Gewinn in dieser Zeitspanne des Pflegens bestand, denn mit jedem dieser Monate kam ich näher an die Wahrheit deines Körpers heran und irgendwann wusste der, ohne große Überzeugungsarbeit oder die früher hilflosen

Phrasen, dass ich mehr zu bieten hatte und besseres, als es die früh-kindliche Traumatisierung durch eine leibfeindlich verstümmelte Mutter bisher geweissagt hatte.

Eine Entwicklung, die mir nicht die Zeit ließ, einen Sieg zu genießen, auf den ich schon zehn Jahre früher freiwillig verzichtet hatte, aber die mich dazu brachte, ein Telefon in die Hand zu nehmen und zu telefonieren. Immerhin war mit der Arbeit am Telefon gewährleistet, dass ich zu Hause bleiben und mich darum kümmern konnte, dass Du dem Imperativ der Aphanisis wieder von der Schippe springen konntest. Und wie nebenbei ergab sich die Notwendigkeit, dass wir uns nach und nach in das Geschäft investieren mussten und gar nicht die Wahl war, ob eine/r es sich vielleicht einmal anders vorgestellt hatte, damit schließlich auch der Imperativ der Partnervermeidung gebrochen wurde und wir damit wirklich gemeinsam etwas aufbauen konnten. Ich hatte alles versucht, um dich zu gewinnen und Du hattest es gar nicht als zwingend empfunden, viel eher als bedrohlich – ich hatte alles verloren und dabei von Dir nur noch in den Händen behalten, was diese Verwaltungskrüppel, mit denen Du dich identifiziert hattest, nicht der Zerstörung für wert befunden hatten – wir hatten nur noch die Chance, am Punkt Null mit dem Wissen um unsere Verletzungen, um unsere Verstümmelung von Neuem anzufangen. Im Bewusstsein, dass es nun darauf ankam, dass wir uns nun nicht noch einmal den Luxus erlauben konnten, alles was uns den anderen überlegen sein ließ, mit Füßen zu treten und dem Imperativ der Selbstdementierung zu gehorchen. Jahrelang hatten die diversen Delegierten der Professoren, die unsere Feinde sein wollten, versucht, uns mit dem Telefon zu stören, nun stellte ich fest, dass ein Telefon ein Machtinstrument war, mit dem sich Gelder in Bewegung setzen ließen. Und dafür unterstand ich wieder einmal völlig unwürdigen Gesetzmäßigkeiten – die Würde des Menschen war alles andere als unantastbar, sie existierte tatsächlich nur in einem ganz schmalen, luxurierten Bereich, in dem man sich auf den Errungenschaften vergangener Generationen ausruhen konnte, ohne noch dafür Rechenschaft ablegen zu müssen, dass es vergangene Qualen waren, von denen man heute profitierte. Ich konnte nicht einmal auf eine Generation zurückgreifen, für mich schien die Welt erst mit dem zu beginnen, was ich selbst zustande bringen konnte – ich hatte mich hinten anzustellen, hatte zu akzeptieren, dass mir anmaßende Schwachsinnige, verbohrte Kleinkriminelle und psychotisch verkrüppelte Erben etwas voraus hatten, musste mich, als Fremdkörper ohne große Möglichkeiten des Erfolgs, dagegen wehren, dass sie mich beklauten, wo sie nur konnten – musste akzeptieren, das ich als Herr Dr. ein Vertreter jener Welt der Werte und des Geschmacks war, von der sie sich ausgeschlossen fühlten. Wenn ich die Basis für eine von Wertschätzung geprägte Kundenbeziehung aufbauen wollte, gab ich mir bei einem Interview oder einer Produktbesprechung die Mühe, die überzeugend wirkte und investierte außer der notwendigen Sorgfalt auch noch die Geduld, den Auftraggeber mitschreiben zu lassen, die Darstellung an seinen Vorstellungen oder sogar an seiner Sprechweise, an seiner Art, die Dinge zu sehen auszurichten. Die Leute waren sehr zufrieden – aber ich brauchte Zeit, bis der Auftrag endlich unterschrieben war. Und so konnte es geschehen, dass mir irgendwelche kleinen Drücker, die mir der Verleger hinterher hetzte, weil er nicht daran glaubte, dass ich die Unterschrift zustande brachte, mit der frechen Behauptung, ich sei nur der Redakteur, den Auftrag noch im letzten Augenblick wegklauten – in diesem Sinne waren sie immerhin mit den Statthaltern der kulturellen Werte einig, wenn sie zerstörten, was wir Schritt für Schritt aufbauten. Wenn ich überhaupt etwas zustande bringen wollte, musste ich akzeptieren, dass sie schon vor mir da gewesen waren, musste die Bosheit und die Lügen, die Linkheiten und die Missachtung herunterschlucken. Das war die Voraussetzung, wenn ich dieses weite Feld des Geldes überhaupt beackern wollte. Und viele Kunden waren nicht besser, als die kleinen Kriminellen, mit denen ich um die Wette laufen durfte – die Träger der größten Namen waren bis auf ein paar rühmliche Ausnahmen nur die erfolgreichsten Verbrecher. Dabei stellte ich fest, wie wenig die damit verbundenen Erfahrungen an Negation transportieren konnten gegenüber den freundlichen Zuwendungen und Vereinnahmungsversuchen der Bildungsbeamten. Hier ging es gelegentlich darum, mich um einen Auftrag zu beklauen, aber alle Beteiligten hatten schnell kapiert, wie viel sie an mir gewinnen konnten – während die Geisteswissenschaftler nur eines im Sinn gehabt hatten: Den Skandal aus der Welt zu schaffen, der durch meine Leistungsfähigkeit für sie zu einem unerträglichen Faktum geworden war. In jenen Bereichen hätte ich noch so gut sein können, gerade das lieferte alle Gründe, mich zu vernichten – während ich hier Fehler machen konnte, schludern konnte, wie nebenbei einen Schmarotzer ins Aus stellen konnte, ich konnte alles machen, konnte die Leute am Telefon anrülpsen oder sie beleidigen und niedermachen, ich konnte alles machen, wenn ich nur genügend Geld in Bewegung setzte. Welche Perspektive! Ich musste achtunddreißig Jahre alt werden, um jenes Potential wieder aufzuschließen, das ich schon als Sechzehnjähriger wie im Schlaf beherrschte, als ich in der Lage war, reichen Schwulen das Geld aus der Tasche zu ziehen.

Und ein paar Jahre später und vor allem nach dieser Flucht durch ein Wachsfigurenkabinett der menschlichen Niedertracht sieht die Sache sehr viel nüchterner aus. Mit jedem Kampf, den wir gewinnen, wird die Wahrscheinlichkeit größer, dass wir in einen verwickelt werden, in dem wir dann alles Wichtige in den Schmutz treten müssen, für das wir einmal angetreten waren. Warum also kämpfen, das war die Mühe nicht wert. Viel sinnvoller war es, das nötige an Leistung vorzulegen, außerdem zu tricksen und zu umspielen, für die Krüppelzüchter nicht mehr greifbar zu sein. Das ist alles nach wie vor ungleichzeitig, und in einem Leben scheinen nur wenige Chancen zu bestehen, diese Geschichte immer wieder einmal für Augenblicke in Einklang zu bringen – wir sollten mehrere Leben haben, erst mal ein paar zum Üben und dann ein paar für prospektive Experimente, dann ein paar, um aufs Ganze zu gehen und dann vielleicht noch ein oder zwei, um die Erfahrungen ausklingen zu lassen oder das Gewonnene festzuhalten und für eine gewisse Zeit auch genießen zu dürfen. Als wir die Zeit für einander hätten haben können, fehlte es an allem und außerdem gab diese noch unvermittelte Nähe starke Fluchtimpulse ein, je näher wir uns kamen, je stärker waren die Partnervermeidungszwänge. Später waren die Geschichten, in die wir verwickelt wurden, um ein bisschen Geld zu verdienen, alle immer sehr schnell darauf angelegt, uns auseinander zu bringen – obwohl wir uns noch gar nicht richtig einig waren. Und als wir uns endlich zusammengerauft hatten, war ein Kampf ums Überleben draus geworden – vielleicht deshalb, aber vielleicht hatten wir auch nur aufgrund der zunehmenden Anstrengungen dieser Bildungsbeamten, die unsere Gegner sein wollten, die Notwendigkeit verspürt, zusammenzuhalten. Oft genug fickten wir nicht etwa, um die Götter zu vergegenwärtigen, sondern weil wir unter einer derartigen Hochspannung standen und jeder Orgasmus half, die Spannung ein bisschen abzubauen – aber vielleicht lieferte auch das erst die Gesetzmäßigkeiten, mit denen es möglich wurde, der Präsenz des Göttlichen in der Welt gewahr zu werden. Als sei das ein Gesetz: Wer uns vereinnahmen und fördern wollte, hätte nur daran gearbeitet, uns zu verhindern, wer uns aber vernichten wollte, befähigte uns zu Formen des Widerstands und zu Blitzen der Erkenntnis, die über alles hinausgingen, was von uns zu erwarten gewesen war. Als hätten die Leute, die so großen Wert darauf gelegt hatten, uns zu irrealisieren und zum Schweigen zu bringen, nur Handlanger des Realitätsprinzips sein sollen – und zwar eines, das ein bisschen dichter und intensiver war, als die nachgemachte Wirklichkeit der Sozialisationsagenten. Immer wieder einmal stellt sich für mich die Frage, was denn gewesen wäre, wenn ich aufgegeben hätte... Aber wenn ich genau hinhöre, verwandelt sie sich in die Frage, warum ich nicht aufgegeben habe – allerdings in Phasen der luxurierten Unbedrohtheit, denn in den Zeiten, als es wirklich drauf ankam, stellte sich die Frage nicht einmal, dann musste ich einfach nur funktionieren, alles andere war nebensächlich. Und dann weiß ich auf einmal: Weil es Dich gibt! Was ich für mich selbst nicht mehr hingebracht hätte, was an Qual nicht mehr auszuhalten gewesen wäre, als ich nicht mehr wusste, wie es weiter gehen sollte, musste für uns einfach sein! Dann musste ich eben auch da durch, weil ich nicht einfach aufgeben konnte, solange ich Dir noch schuldig war, dass Du dank meiner Unikrüppel den Job verloren hattest. In den gemeinsten psychischen Schmerzen wurde auf einmal ein Gesetz lesbar, das in unserer informalisierten Welt der wohlgefederten Abhängigkeiten so gut wie unerkennbar geworden war: Der Egoismus ist viel zu kurzatmig und alle narzisstische Bezogenheit auf ein fiktives Selbstbild öffnete der Fremdbestimmung nur die Zugriffspfade. Solange ich gemeint hatte, ich müsse ich selbst sein, war ich von den letzten Arschlöchern programmierbar gewesen – erst als ich kapiert hatte, dass ich alles, was ich für dich tat, tatsächlich für mich tat, wurden jene Energien freigesetzt, mit denen ich nicht mehr eingeholt werden konnte. Das seltsame und doch so überzeugende Gesetz der Erhaltung psychischer Energie lautet wohl: Geteilte Kraft ist doppelte Kraft – aber alles, was ich nur alleine und für mich hinbringen wollte, machte mich verletzbar und ausgeliefert. So wie es aussieht, war dies meine Schule der Liebe gewesen und irgendwo finde ich es schade, dass die begrenzte Zeit und Energie für so viel Schwachsinn verwendet werden muss. Das Leben könnte einzigartig sein, wenn uns nicht die Arschlöcher, die nicht viel weiter, als zu einer an den Mutterkuchen angeklammerten Fehlgeburt gekommen waren, alle Zeit und Energie wegfressen würden. Und heute weiß ich, dass es mich noch gibt, weil ich einmal ein Geheimrezept begriffen habe: Gut, dass es Dich gibt!

Auch wenn die Finanzierung noch nicht einmal sicher ist – aber was ist schon sicher in dieser Welt: Die verbürgten Gewissheiten lassen einen immer als erstes im Stich und der Halt der Wahrheiten, von denen man uns gesagt hatte, dass wir uns immer auf sie verlassen können sollen, hebt gerade mal so lange, wie wir im Gänsemarsch der nachgemachten Menschen mitlaufen. Die einzige Wahrheit, auf die wir uns mit Sicherheit verlassen konnten, war die Tatsache, dass keine der Überzeugungen, die täglich in die Menschen eingetrichtert wurde, etwas taugen konnte, weil sie vor allem dazu diente, sie klein und unmündig zu halten. Und dann stellten sich ganz kleine Wahrheiten ein, Funde in den Abfällen der Zivilisation, Entdeckungen in den kleinen Nebensächlichkeiten, Überlebenstricks der verrufenen Straßen. Nun hängen die Umsätze eben davon ab, ob die Kraft reicht und der Körper die Spannungen aushält und gesund bleibt. Aber ich habe keine Bedenken mehr, habe das Gefühl, dass mir nichts Größeres mehr geschehen kann, nachdem wir diese ganze Reihe von Prüfungen durchlaufen haben – vielleicht ist das das einzige, was diese Leute erreicht haben, die uns aus der Welt vertreiben wollten: Ich bin nicht mehr in der Lage, irgendeines der Themen ernst zu nehmen, das mir früher so viel bedeutet hat. Jetzt gilt es eher, auf die Kleinigkeiten zu achten, dass man nicht aus Versehen überfahren wurde oder, zum Hohn der Vergangenheit, an einer lächerlichen Grippe krepierte. Ich habe keine Angst mehr vor dem Tod, aber ich muss mich gelegentlich daran erinnern, dass ich davor noch ein paar mehr oder weniger wesentliche Unternehmungen anstoßen sollte. Der Blick auf die lange Reihe ist mir verloren gegangen und wenn ich mir in bestimmten Augenblicken sage: Und dann bist du tot! hat das einen recht beruhigenden Charakter, als gehe man nach einem anstrengenden Tag ins Bett und falle dann ins Nichts. Kein Einwand gegen das Verlöschen – aber dafür habe ich nun die Angst vor Qual und Krankheit im Gerüst und bete jeden Morgen vor dem Aufstehen darum, dass sie uns verschonen...

Eine Gruppe junger Leute tanzt selbstvergessen in der Nähe, vier-fünf Typen, die mit eleganten muskulösen Bewegungen um die beiden Frauen in ihrer Mitte zu werben scheinen. Aber es ist keine Anmache mehr, kein umwegiger Flirt. Die Mädels sind in Trance und genießen es, wenn ihre Brüste massiert und geknetet werden, wenn an den Nippeln geleckt wird, wenn sie in die Luft gehoben und hin und her geschwungen werden, während die Finger mehrerer Hände zwischen ihren Beinen einen Platz behaupten wollen. Es riecht hier nach Möse, auch wenn meine Nase im Laufe der Jahre derart an Sinn verloren hat, dass es nicht einmal mehr ein richtig rauchiger Dampf ist, eher der Hauch einer Erinnerung, in welchen vielfältigen Variationen ich solche Wolken erkunden durfte: Du wartest zu Hause auf mich. Junge Leute, allein dass mir diese Kennzeichnung einfach unhinterfragt durchgegangen ist, zeigt, wie weit ich schon weg bin – viele tausend Jahre älter und was anderen ein Experiment wert wäre, ist für mich nur eine überflüssige Wiederholung, die mein Körpergedächtnis stumpf machen würde. Warum bin ich hier und nicht bei dir, warum bin ich nicht mein Leben lang da, wo es sich überhaupt lohnt, die Mühen eines Lebens auf sich genommen zu haben. Mittlerweile könnte mir dieses ganze Theater um die Liebe einfach gestohlen bleiben, wenn ich nicht derart in unser in den Jahren gewachsenes System des wechselseitigen Austauschs eingepasst worden wäre, dass ich gar keine Wahl mehr hatte und auch kein Anschluss für weitere Versuchungen mehr frei war. Und auch hierfür hatte Durrell eine treffsichere Ahnung zu Hand: *Und wie seltsam, den Appetit auf andere verloren zu haben – es ist fast so, als hätte man den Geruchssinn verloren. Warum gibt es kein Wort dafür? Wir haben taub und blind, aber kein Wort, um den Verlust des Geruchs sind zu beschreiben... oder auch jenen anderen Verlust.* Als habe der Geruchssinn in der tiefen Oberfläche der Witterung jene bannende Kraft der Mimesis aufbewahrt, die sich einmal dem gemeinsamen Rhythmus des hormonellen Tanzes verdankte. Wenn ich damals gewusst hätte, auf was für ein lebensgefährliches Spiel ich mich damit einzulassen hatte, hätte ich vermutlich die Intensitäten der Droge vorgezogen – aber es ist genau umgekehrt gewesen. Ich tauschte ein paar künstliche Paradiese gegen den auszehrenden Marsch durch ein reales Purgatorium – wenn ich im rechten Alter von Huxley gelernt hätte, dass das Inferno psychologisch und physiologisch wahr ist, hätte ich diese Körpererfahrungen vielleicht nicht selbst machen müssen, aber vielleicht habe ich sie gerade deswegen machen müssen, weil ich schon rechtzeitig, als das ganze System noch weich und fließfähig war, für mich ersehnt hatte, auf solche Erfahrungen der Entgrenzung zu stoßen. Beim Lesen und der damit verbundenen Selbstprogrammierung tun sie ja auch noch nicht weh. Wenn ich mich damals weiter mit Drogen beschäftigt hätte, um Farbeffekte und mythische Themen zu entdecken und zu verknüpfen, wäre ich vermutlich für den Preis von zwanzig oder dreißig Bildern, die auch nicht besser waren, als die Bilder die ich bis dahin gemalt hatte und von denen es hieß, dass sie vielleicht gerade mal als Illustrationen von Plattencovern hätten taugen können, schnell ausgebrannt und zerstört gewesen und es hätte keiner kulturellen Größen bedurft, um mich auszubremsen. Vielleicht gibt es sogar schon in den Anfängen Ansatzpunkte für diesen Kampf. Huxley kritisiert die Bevorzugung des systematischen und zweckrationalen Denkens und wundert sich, welche Möglichkeiten zur Verfügung stehen, wenn es darum geht, irgendwelche Fachidiotismen zu fördern. Er vermisste Lerntechniken, die der gegebenen Wirklichkeit als einer Unendlichkeit angemessen sind: Die Welt in ihrer Gesamtheit erfahren wir als ein Transzendentes, das einer andern als der menschlichen Ordnung angehört und aus diesem Grund sollte in irgendeiner Weise gelehrt werden, wie Stadien der Erleuchtung zu durchlaufen sind, in denen uns die gesamte Wirklichkeit als ein immanentes Anderssein gewahr wird. Und er dachte natürlich daran, eine chemische Tür in der Mauer unserer Wahrnehmungsgewohnheiten zu öffnen, um die Möglichkeiten gelegentlicher Ausflüge in die Welt eines unver-

stellten, komplexen und graduell nichtreduzierten Erfahrens zu nutzen. Auch das wird ein Schulungsgang, den die hier oben in ihre
Schule integrieren können. Aber vielleicht haben sie das schon längst
gemacht. Wenn ich mich daran erinnere, welche erahnende Kapazität
mir die Drogenerfahrungen für meinen Gang durch die Geisteswissenschaften zur Verfügung gestellt hatten, wie ich manches Mal nicht
nur den siebenfachen Sinn eines Textes, sondern auch Gedanken
und Absichten meines Gegenübers lesen konnte, wie sich in den Zeiten, als es schon haarig wurde, eine kleine prophetische Gabe ein-
stellte und wir Fallen vorhersahen und Sachverhalte wussten, die wir
gar nicht wissen durften... Vermutlich waren diese Techniken der Erleuchtung hier oben längst in einen zweckrationalen Zusammenhang
integriert und während ich bei meinem Todeslauf durch eine psychoti-
sierte Welt noch immer einen kleinen Vorsprung gehabt hatte, weil
mir diese Erfahrungen schon vertraut waren und ich sie einmal positiv
kodiert hatte, nämlich als Begleiterscheinungen der Weisheit. Und
das hieß, wenn sich nun Bildungsbeamte und Manager von Großun-
ternehmen zusammengefunden haben, um die Techniken der Magie
und der Weissagung in den Dienst ihres Machtstrebens zu stellen,
dass Huxleys Hoffnung getrogen hatte: Wer im Sinne der schwarzen
Magie angeleitet wurde, durch die chemisch geöffnete Tür in der
Mauer zu gehen, wird nicht weiser sein, wenn er zurückkommt, nicht
demütiger, sondern mit einem Machtwissen ausgestattet, das ihn den
Zusammenhang zwischen dem vernunftgemäßen Denken und dem
unergründlichen Geheimnis in einer Weise verstehen und gebrauchen lässt, die vielleicht mit den Wirksamkeiten der Hypnose zu vergleichen ist. Der Traum des Artdirektors, die Größenfantasie des
Konzernlenkers, der Bemächtigungswille des Pädagogen – all das,
was ihnen eine rationalistische Sozialisation und Ausbildung bisher
vorenthalten hatte, stand hier oben zur Verfügung. Noch dazu gab es
die Möglichkeit, auf die ungeheure Wirksamkeit körpereigener Drogen zurückzugreifen und die ablaufenden Prozesse dann mit genau
dosierten Beigaben zu lenken, den Erwartungshorizont zu imprägnie-
ren, die Zielvorstellungen positiv zu besetzen.
Gedanken, die sich einmal der Askese und der Macht freisetzenden
Disziplin einzelner Mystiker verdankten, wurden Mitte der 70er Jahre

massenhaft konsumierbar, was zwar noch nichts über ihren Wahrheitsgehalt aussagt, aber über die Voraussetzung des notwendigen luxuriösen Rahmens, in dem es möglich ist, sich um die Unwägbarkeiten der Ewigkeit zu kümmern, weil es gerade einmal für einen historischen Augenblick nicht notwendig ist, die alltäglichen Notwendigkeiten vorzuordnen und der Erfüllung der Grundbedürfnisse alle Kraft zu widmen. Ken Wilber führt genug Belegstellen im *Spektrum des Bewusstseins* aus den Hochreligionen oder aus den großen Mystikern für die Unergründlichkeit Gottes an, die kategoriale Übergeordnetheit und zugleich die Einsicht in die verschiedensten Verkleidungen, dass wir ein Teil des Göttlichen sind, dass wir, wenn die Welt der Erscheinungen wegfällt, teilhaben an einer Form des Geistes, die uns tragen kann, die im richtigen Augenblick am richtigen Ort auch mit dem nötigen Durchblick aufwartet, an einem übergeordneten Sein, das ewig und unfassbar ist. Dass die Illusion der Trennung scheinhaft und lediglich einer erst seit wenigen Jahrhunderten verhärteten Subjekt-Objekt-Dichotomie zu verdanken ist – und dennoch liegt der Schluss nahe, dass es ein Luxus der Kopfgeburten ist, der in Zeiten des Mangels und der Bedrohung durch die Verelendung schnell wieder verloren geht. Und dabei spricht nichts dagegen, dass jede/r sich diese Kräfte zu Nutze machen sollte, aus denen einmal Heilsgewissheiten sprossen, dass es nur gut sein kann, wenn möglichst viele Leute sich am luziden Träumen üben – es gibt nur einen gewaltigen Einwand: Dass jene verstümmelten Behördenmenschen, die sich in einer Massengesellschaft in Ermangelung realer Befriedigungen an den Schaltstellen der Macht tummeln, im Rahmen eines Erziehungsauftrags an der Pervertierung dieser ekstatischen Ventile zur Akkumulation ihrer Verfügungsmöglichkeiten widmen. Wie häufig sind es gerade die Beziehungsgestörten und Muttergeschöpfe, die sich an der Macht therapieren müssen, und das setzt tatsächlich eine solche Kacke frei, dass man in der Lage sein sollte, sich gar nicht damit zu beschäftigen.

Die Bildungsbeamten, die sich einmal darum bemüht hatten, den Bildungsroman als falsche Bewegung einer erotischen Grand Tour zu definieren, um ihren eigenen Stillstand zu rechtfertigen, hatten im Fortgang meiner vergangenen Geschichte einen immer größeren

Ehrgeiz entwickelt, mich vernichten zu wollen. Und obwohl sie längst nicht über die Möglichkeiten verfügt hatten, die hier oben zur Verfügung gestellt wurden, waren sie schon an den Rand dessen vorgestoßen, was einer aushalten konnte, der mit dem nötigen Repertoire an anderen Weltausschnitten versuchte, seine Andersheit als Schamane im Bücherregal zu bewahren. Was habe ich statt der kleineren früheren Erleuchtungen schließlich erfahren? Wie die Welt immer bedrängender und enger werden kann, wie sie sich in der magischen Verfolgerkausalität in einen Tunnel verwandelt, der immer enger und dunkler wird – und wie es irgendwann den Punkt des Umschlags gibt und die Erinnerung an den hellen Fleck am Ende des Tunnels plötzlich in ein klares weißes Licht getaucht ist. Dem weißen Licht war ich unter LSD begegnet, die Erfahrung, dass es weiterging, wenn man eigentlich schon tot war, dass es immer noch weiterging, dass es, wenn es sein musste, eben auf einer anderen Ebene weiterging, hatte sich aus meinen Drogenerfahrungen in diesen Überlebenskampf geschmuggelt. Vielleicht ist das das einzige, was von dem ganzen Scheiß zählt: Diese Erfahrung durchlaufen zu haben, zu wissen, dass jede Negation, jede Konfrontation mit der Verleugnung, jede Begegnung mit der Vernichtung, als Prüfungen zu verstehen waren, dass diese Erfahrung notwendig war, um all die dem Sozialisationsgeschehen verdankten Beziehungsängste, Antriebsstörungen und Gefühlsbehinderungen auszubrennen.

Ich habe gewonnen, habe Dich gewonnen, aber um den Preis aller romantischen Erwartungen – und der erste Schritt in diese Richtung dürfte wohl die Erfahrung gewesen sein, dass der Besuch in den künstlichen Paradiesen derart abstumpfte oder intoxinierte, dass es beim realen Vollzug dann an Kraft fehlte oder das Timing nicht stimmte: Der biologische Spannungsbogen war nicht zu halten oder auf die Kommunikation von Zweien abzustimmen. Und das könnte doch zum Nachdenken anregen: Obwohl ich einige Substanzen kennengelernt hatte, die Intensitäten vermittelten, wie sie einem halbwegs normalen Erleben unvorstellbar sind, gab es in meinen Körpersinnen ein stabiles Wissen um die Dosierung, die mir am Besten tat, die nicht in unendliche Eiswüsten abdriften ließ und auch den Sprung in einen Vulkan ersparte. So seltsam es für alle Anpassungsprediger klingen mag, eine Resozialisation ist auch erfolgreich im Bett möglich und als dann später versucht wurde, mich aus der menschlichen Gesellschaft zu beseitigen, war dies genau der Ort, an dem ich neue Kraft und den Willen zum Weitermachen gewann.

Heute ist die Liebe eine gemeinsame körperliche Übung, die jung und geschmeidig erhält und die Abwehrkräfte stärkt. Eine Verfahrensordnung für die gekonnte Steigerung des Begehrens und die Entladung einer gespannten Erwartung im Nichts eines Feuerwerks der Sinnensysteme. Und zugleich ist die Liebe eine Realisierung jenes Zwischenbereichs, in dem wir an einem Größeren teilhaben, in dem wir unsere Erwartungen und Ängste, unsere Hoffnungen und Fähigkeiten auf einem Level jenseits der eingemauerten Ichs erfahren können, an einander und an der Welt. Ein Maximum an Unwahrscheinlichkeiten und zugleich eine Verfahrensordnung, wie behutsam und verständnisvoll wir auf diesem Feld für einander da sein können. Überhaupt nachdem wir einmal kapiert haben, wie viel Zeit einfach vorbei gegangen ist, weil wir uns mit den Behinderungssystemen der vorangegangenen Generation herum schlagen mussten, wie viele der kostbarsten Energien in ermüdenden Konflikten auf anachronistischen Kriegsschauplätzen verheizt wurden, die wir uns gar nicht hatten aussuchen können, bei denen es aber um unseren Kopf und Kragen gegangen war. Wobei dann keine verzagten Vorbehalte und kein halbherziges Investment helfen konnten, keine Vertröstung auf einen utopischen Stand der Gesellschaft, in dem die Wahrheit in Schönheit gekleidet sein sollte und keine Angst vor dem Sog der Vernichtung, der von den uns betreffenden Wahrheiten ausging. Nun half nur noch eine rückhaltlose Geradlinigkeit, die von jetzt bis gerade eben plante und dabei mit den Techniken eines Blankpolierten Spiegels die Fallen wegputzte und die gegnerischen Waffensysteme lahm legte. So, wie uns irgendwann klar geworden war, dass die besten Abschlüsse zustande kamen, wenn ich das Haus erst verließ, wenn wir gut gefickt hatten, knüpfte sich nach und nach die Einsicht an, dass es, egal in welchen Belangen, am erfolgversprechendsten war, wenn das eigene Begehren zu Hause so ausführlich bearbeitet worden war, dass für andere gar kein Interesse mehr übrig blieb. Wir begannen uns erst dann mit allen Sinnen und jeder Faser in der unverstellten Gegenwart zu bewegen. Wenn die vergangenen Erfahrungen so etwa wie Schutzimpfungen waren, dann hatten wir nun den Raum zu sichern, der unsere Immunität verbürgte. Wir mussten nicht an allem teilhaben, wir konnten auf jener Inkommensurabilität beharren, die unsere Geschichte ausgemacht hatte: Wir mussten nicht mehr auf die Imperative der fehlerhaften Identifikation reagieren. Wobei nie vergessen werden darf, welche Kraft, welche Schönheit, welche Wahrheiten zu diesem Lernpensum nötig waren und währenddessen verheizt wurden! Und dabei war allen Beteiligten klar, dass mit diesen schönen Kräften im Herzen der Gegenwart noch ganz andere Wahrheiten hätten in die Welt gesetzt werden können – zu denen es nun nicht kommt, wenigstens nicht in unserem Leben. Bei Kierkegaard hieß es einmal: *Niemals ist mir der Gedanke gekommen, dass zu meiner Zeit jemand lebte oder geboren würde, der mir überlegen wäre – und in meinem Innersten war ich mir selbst der Elendeste von allen. Niemals ist mir in den Sinn gekommen, dass ich nicht, auch wenn ich das Dummdreisteste unternähme, siegen würde – nur in dem einen nicht, sonst unbedingt in allem; aber in dem einen nicht: dieser Schwermut Herr zu werden, von deren Druck ich kaum einen Tag ganz frei gewesen bin.* Und das war nicht der Einzige von dem ich gelesen hatte, der seine Größenphantasien durch Selbstqual und Askese abdienen musste. Vielleicht hätte sich in meiner psychischen Ökonomie auch irgendwann diese Waage der Selbstbegrenzung eingependelt – wenn ich mit den Privilegien versehen worden wäre, mich den Dingen zu widmen, die mir Großes versprachen. Aber da dies nicht der Fall sein sollte und die Hemmung von außen einwirken wollte, stellte sich nach und nach die Erfahrung ein, dass ich wirklich niemandem begegnete, der mir überlegen war. Das begann ganz unscheinbar bei den verschiedensten Hilfsarbeiten, wo es nie sehr lange dauerte, bis ich die Sachen besser konnte, als die Leute, die mich angelernt hatten und es ging bis zu den Kämpfen innerhalb eines geisteswissenschaftlichen Abhängigkeitssystems, mit denen nach und nach zu erweisen war, dass ich als Anzeigenverkäufer mehr Geld in Bewegung setzen konnte, als jene hochdotierten Bildungsbeamten, die es sich einmal in den Kopf gesetzt hatten, auch noch die einfachste Hilfsarbeitertätigkeit für mich unmöglich zu machen. Ich hatte das Behinderungssystem, das im Fortgang der bürgerlichen Geschichte immer tiefer in die Köpfe und die Körper hinein gewandert war, also wieder mit Erfolg externalisiert. Allerdings bin ich mir auch klar darüber, dass ich diese relative Souveränität nur gewinnen konnte, weil ich allen Rivalitäten aus dem Weg ging, weil ich mich nicht relativierte, aber auch nicht mehr einräumte, mit anderen um die Wette laufen zu wollen. Natürlich könnte man mir dann vorwerfen, dass es sich nur um Anmaßung handle, wenn ich nicht bereit bin, mich mit anderen zu messen – aber dadurch muss ich mich nicht in neuen Rivalitätsmustern einfangen lassen, um dann irgendwann doch beim durchschnittlichen Schwachsinn zu enden. Wenn ich mir nun überlegen müsste, mit welchen Mitteln das bereits in Dresden angesprochene Souveränitätstraining zu bewerkstelligen ist, fällt mir nur die Liebe ein – als Vorbereitung vielleicht eine umfassende Schutzimpfung gegen Abwesenheitsdressuren und dann die kontinuierliche Gewöhnung an hohe Intensitäten, denn nichts ist so schädlich wie die sozialisierte Energiearmut. Gegen die Gewöhnung und die Gefahr einer abgestumpften Langeweile hilft dann Sex pur: Es muss nur genug Oxytocin freigesetzt werden, damit die Bindungskräfte stärker werden und es sich trotzdem jedes Mal wieder wie neu anfühlt.

Wer weiß, welche perversen Umwege die Evolution immer wieder nehmen muss, um dem ewigen Gesetz der Invarianz ein Schnippchen zu schlagen und den Zufall einer neuen Entwicklungslinie in Bewegung zu setzen: Vielleicht war es auf Stroemfeld in absehbarer Zeit zu erwarten... Aber das war dann nicht mehr meine Sache. Ich erwartete mittlerweile, dass man uns in Ruhe unsere eigene Geschichte leben ließ. Wenn ich selbst noch einmal für die nötige Ruhe sorgen muss, neige ich spontan zuerst einmal dazu, mir illegal einen größeren Blaster zu besorgen oder eine jener barbarischen Mikroflechettes. Manchmal sage ich mir, ich sollte vermutlich doch besser mit der Waffe zu töten lernen, hunderte explosiver Nadeln in den Körper eines Gegners zu jagen, als mich auf die nicht zu planenden Blitzschläge des biomagnetischen Gerichts der Sexualmagie zu verlassen. Obwohl ich weiß, dass Waffen ursprünglich nur Zeichen von Schwäche sind und ihre Anwendung eine Dokumentation der Hilflosigkeit: Das Töten war immer nur ein Ersatz für das Lieben. Die

Körper haben dafür ein ganz feines Sensorium – als ich in der Zeit der frühen Frustrationen wieder auf Pornos zurückgegriffen hatte –, auch um die erlittenen Demütigungen und die für meine Liebe nicht verdienten Frustrationen durch den pornographischen Blick und die Faszination des Zerstückelten, den Reiz des Partialobjekts, ertragbar zu machen, stellte ich in schöner Regelmäßigkeit fest, dass den nächsten realen Begegnungen der erogenen Zonen ein kleines Etwas an Reibungsenergie fehlte. Manchmal dauert es eben, bis die wichtigen Einsichten auch richtig sitzen, bis klar ist, dass der Spannungsbogen um so weiter ausgreift, um so länger die Spannung gehalten wird und das ist kein Lob der Askese, sondern die richtige Anleitung zur Ekstase. Dann konnte sich die Liebe als Kunstform entwickeln, in der die Tricks und Spielereien, mit denen wir gut zueinander sein wollten, sich zu verselbständigen begannen. Weil sie in der Routine der vielen Jahre und durch die Genauigkeit der gegenseitigen Kenntnis zu einem gemeinsamen l'Art pour l'Art in der Verfügung über die verwendeten Fertigkeiten wurde, gerade weil der ursprüngliche Antrieb der Bedürftigkeit weggefallen ist. Manchmal sagte ich mir, dass damit ein Status der Souveränität erreicht war, den einer alleine trotz aller Bemühung um Unabhängigkeit gar nicht erreichen konnte. Aber zugleich war auch klar, dass diese gemeinsame Routine einen hohen energetischen Input brauchte, dass sie auf Verführungen und Bewährungen angewiesen war, denn nur so konnte sie sich auf diesem Level halten. Während ich Anzeigen und Promotions verkaufte, gab es manchen Tag, an dem die Kacke am Dampfen war und die Luft vor Spannungen vibrierte – kennzeichnenderweise waren das Tage, bei denen dann auch der actus purus besondere Blitze freisetzte. Man musste diesen Scheißjob eben aushalten, denn es gab auch Erfahrungen, an denen der härteste Schwanz für ein paar Tage den Optimismus verlor und als armes Würstchen vor sich hin schmollte. Aber oft genug hatten wir auch wieder das Gefühl, dass die einzelnen Pfeile der Liebe treffsicherer sein konnten und gar nicht so launenhaft waren, wie immer wieder unterstellt werden wollte. Sie setzten eben eine makellose Positivität voraus, keine bösen Wünsche, kein Ressentiment, keinen Neid und erst recht keinen Hass – sie setzten auch voraus, dass wir um die Negation wussten, die in unseren Fundamenten hauste, dass wir einander genießen konnten und doch anzuerkennen hatten, dass es Persönlichkeitsbestandteile gab, die noch immer auf die Chance eines Sieges warteten und den frühkindlichen Partnervermeidungszwang in einer Vernichtung ausleben wollten. Auch dieser Wahrheit eines Zweifrontenkrieges musste ins Auge geblickt werden: Dann war wieder eine Technik des intellektuellen Jiu-Jiutsu gefragt – die Kräfte unserer äußeren Widersacher mussten dazu verwendet werden, die Negationen jener durch die Sozialisation verstümmelten Innerlichkeiten des biographischen Geschehens in Schach zu halten und umzubiegen, bis die dadurch freigesetzte positive Energie wieder dafür sorgen konnte, dass sich unsere Gegner selbst lahm legten. Vielleicht wurde die Liebe auch nicht langweilig, weil sie sich an den Reibungen und Kämpfen weiter auflud, weil sie aus den in der Lebensgeschichte verankerten Widersprüchen Kraft bezog: das war der Preis, wir hatten nach wie vor mit Sprengstoff zu tun und das Risiko des Scheiterns wurde nur durch ein makelloses Verhalten klein gehalten... Und das war auszuhalten, weil wir uns den guten Genüssen widmeten, nicht dem höchsten Gut, weil wir den wahren Empfindungen gehorchten, nicht der Wahrheit, weil wir die schönen Beziehungen zelebrierten, statt der Schönheit zu huldigen. Wie sich nach und nach erwies, hatten wir auf diese Weise genug Halt im Hier und Jetzt gefunden, um den uns begegnenden Formen der konfliktuellen Mimetik das Wasser abzugraben.

Was sollte mir also hier oben die Zeit wert sein. Einen erneuten Konflikt muss sich schließlich niemand antun. Irgendwann oder irgendwo finde ich einmal eine Enklave der Zukunft, die meiner Arbeitsgeschwindigkeit und dem entsprechenden energetischen Level angemessen ist, und wenn ich dann noch kann, werde ich vielleicht versuchen, einiges von dem weiter zu geben, was die Leute, die es am notwendigsten wissen sollten, nicht wissen dürfen. Aber die Leute hier müssen sich nicht durch mich in Frage gestellt fühlen, dann brauche ich mir auch nicht die Mühe zu machen, ihre Versuche zu parieren, mir beizubringen, dass ich mich ihnen nicht als überlegen erweisen darf. Jeder aus diesen Machtspielen entstehende Konflikt führt früher oder später zu der Erkenntnis, dass es schade um die Zeit ist und jeder Kampf im Endeffekt nur gestohlene Lebenskraft bedeutet. Wir können daran nicht gewinnen, wenigstens ist es kein Gewinn, wenn alles, was überhaupt zu erreichen ist, bedeutet, dass die Simulanten nicht gewinnen. Das können wir nicht essen, damit zahlen wir unsere Miete nicht, dafür gibt's nicht einmal eine Chance, uns bewähren zu können. Und je länger ich meine Zeit damit verschwende, gegen Leute zu kämpfen, die Scheiß machen, weil sie noch nicht ins Leben entlassen worden sind, die sich daran laben wollen, andere zu behindern, in die Irre zu führen und auszusaugen, je ähnlicher werde ich ihnen in diesen Kämpfen werden.

Ich stehle mich davon, das Interview kann ich simulieren und aus Zitaten zusammensetzen – es wird schließlich nur von Simulanten für Simulanten handeln. Ich weiß ja nicht einmal, ob mir nicht nur irgendein Klon gegenübersitzt, und die Leser sind auch nur nachgemachte Menschen, die gewohnt sind, dass man ihnen parfümierte Scheiße vorsetzt. Es muss eben so gut werden, dass die Verantwortlichen nicht mehr nein sagen können. Wenn ich die Zitatmontage fertig habe, schicke ich das Paket über die interne Datenleitung und bitte um Korrektur oder kritische Anmerkungen – den Anzeigenauftrag schicke ich erst einmal gar nicht mit. Die beste Verhandlungsposition ist nach wie vor, wenn ich es gar nicht brauchte – auch das war früher eine Haltung gewesen, die mich lange getragen hatte, nur aus diesem Grund hatten es diese Krüppelzüchter nötig gehabt, diverse Angebote auf den Weg zu bringen. Ohne die Einladung im Sexischen Staatsministerium wäre es gar nicht mehr möglich gewesen, mir die nötige Frustration zu verpassen. Alles kehrte wieder, und dieses Verfahren garantierte, weil es einmal ohne Erfolg zum Verderben gereichen sollte, nun eine für mich noch erfolgversprechendere Taktik. Und wer sollte den Text wirklich hinterfragen können? Sie werden ihn Mächtlicher vorlegen und der wird es nicht für nötig halten, die Textur der Zitatmontage zu hinterfragen, für ihn wird schon reichen, dass es alles Originalzitate des Meisters sind, schließlich wäre es ein Sakrileg, daran herumzunörgeln. Wenn die Marketingfritzen dann das OK bekommen und das Interview absegnen, frage ich nur noch an, wann die Anzeigenvorlagen zu erwarten sind und schicke den Auftrag hinterher: Was ich übrigens vergessen hatte, eine Kopie ist für Sie und das Original möglichst schnell an mich zurück, damit der Text in der nächsten Ausgabe ist. Wenn sie meckern und nach Änderungen schreien sollten, bekommen sie die Verbesserungsvorschläge im selben Kuvert wie den Anzeigenauftrag.

Der Abend des zweiten Tages – die Einführung in die Akademie:

Das opulente Menü habe ich mir gespart, aber das dürfte keinen der Anwesenden gewundert haben. Interessant war die parallel angesetzte Führung durch die Datenverarbeitung und das angeschlossene Archiv – wenn ich über solche Speichermöglichkeiten verfügen würde, müsste ich nicht manchmal auf Verdacht tagelang irgendwelche Bücher nach einem Zitat durchsuchen, das mir vielleicht zehn Jahr davor mal aufgefallen ist und das ich jetzt nicht mehr finde, weil ich es einfach dem falschen Autor zuordne. Ganz typisch scheint mir, dass die Leutchen, die noch am klassischen Bildungskanon haften, nicht dabei waren. Und prompt musste ich mir keinen mehr abklemmen und konnte doch recht interessiert an den Hightech-Spielereien teilhaben.

Ein bisschen erstaunt bin ich in einem der letzten Hörsäle einem Mutzlacher im Laborkittel begegnet, der dort einer Handvoll VIPs seine Experimente vorzuführen schien. Ich hatte eigentlich gedacht, dass er sich das Festmahl nicht entgehen lassen würde – aber vermutlich kann er jederzeit auf die Küche zurück greifen und damit verpasst er nichts. Kennzeichnend war die freudige Begrüßung, als sei nie etwas zwischen uns gewesen. Aber genau so machen das diese Institutionskrüppel: Sie versuchen einen auszureizen und aus der Reserve zu locken. Wenn es gelingt, hat man/frau die Subalternität unter Beweis gestellt oder sich selbst disqualifiziert – und wenn nicht, ist es immerhin die Zuwendung wert, weil man/frau sich ja bewährt habe. Das ist ein teuflisches Spiel und die freundliche Unterstreichung, dass er noch immer Chancen sehe, ob ich nicht vielleicht doch dort einsteige – vielleicht nicht in den Lehrbetrieb, er könne ja verstehen, dass mich so etwas anödet, aber vielleicht in die Forschungsabteilung für Bewusstseinsdesign oder, schöner noch, in die Arbeit an dem neuen Feld der Modellierungen der Wirklichkeit – passt genau in diese Schema. Wenn er könnte, würde er mich auf Knopfdruck vernichten und solange er noch irgendwelche Chancen dazu sieht, wird er sogar trompeten: Music für president!

Und dann durfte ich erst einmal beobachten, wie Mutzlacher sich die Situation zu Nutze machte, um gleich bei der ersten Begegnung die aus der anfänglichen Unsicherheit entstehende Schwäche gewisser Teilnehmerinnen dem Register des Verführers zu unterstellen. Er hatte sich eine junge Schöne herausgepickt, vermutlich die Frau oder Gefährtin eines potenten Sponsors, um sie kurz mit einem dieser tiefen Blicke zu packen und dann den interessierten, aber distanzierten Beobachter zu spielen. Die Dame schien aufgrund ihrer Exponiertheit gewohnt zu sein, die durch eine neue Situation bedingte Unsicherheit zu bewältigen, indem sie flirtete wie eine professionelle Animateurin. Vielleicht hatte sie sich ein bisschen zu weit aus dem Boot gelehnt, vielleicht war der satanische Mutzlacher aber auch wirklich so gut. Es war zu sehen, dass er sie derart bannte und gepackt hatte, dass sie die zwei, drei Komplimente und den freundlich fürsorglichen Wunsch, sie möge sich mit Ihrem Partner hier oben gut unterhalten, mit der Intensität von Stromstößen verabreicht bekam. Und ich habe diesen Funkenstrom seines Blicks nur aus dem Augenwinkel meines beschädigten Auges gesehen, mehr gespürt, wie die Energie von ihr aufgesaugt wurde, um dann virulenter in Ihrem Blick zurückzukehren, dann aber durch den weiteren Schub seines Blicks einfach überrollt und umgekehrt zu werden. Die Dame musste den Kopf kurz zur Seite abwenden und machte den Eindruck, als gerate sie aus dem Gleichgewicht. Die anderen schienen nicht mehr bemerkt zu haben, als einen hektischen Flirt, dessen Energie dann in einem aufgedrehten Lachen abgefahren wurde, vermutlich hörte nur ich den schrillen Unterton der Kapitulation. Mit dem Auge, das aufgrund einer dreißig Jahre zurückliegenden Verletzung der Muskulatur nicht mehr in der Lage ist, Entfernungen zu justieren, sah ich hin und wieder Gestaltbilder, die näher an der Wahrheit dran waren, als die Show der Selbstinszenierung dies eigentlich zulassen wollte – ein fünfzigjähriger Professor hatte aus diesem Augenwinkel immer das Bild einer alten Oma hervor gerufen. Wenn ich mit beiden Augen hinschaute, war nur zu sehen, dass diese phallische Frau flirrte und gurrte und seltsame hektische Verrenkungen vorführte, weil sie nicht kapierte, dass das weibliche

Vermögen der Verführung die Seite gewechselt hatte. Nun war jene dämonische Kraft auf Seiten des Mannes und dieser unförmige Eunuch war so gut, dass ein für normale Belange angepasster Blick gar nichts wahrnehmen konnte. Aber vermutlich holte er auf diese Weise ein Maximum aus den Sponsoren raus. Die Frau würde von ihm schwärmen, sie würde den ganzen Tag mit ihm beschäftigt sein, sie würde Ihrem Partner derart auf den Wecker gehen, dass der sich beweisen und sie freikaufen musste. Es heißt ja immer, dass die ersten Sekunden für eine mögliche Beziehung die entscheidenden seien – selten habe ich gesehen, dass jemand diese erste Begegnung derart professionell programmierte. Wenn ich daran denke, dass die Hirnforschung ergeben hat, wie wir uns in einer bedrohlichen Situation selbst austricksen und einen libidinösen Schub in Richtung der oder des Nächstbesten auslösen, wie wir uns mit dem Gefühl der Verliebtheit darüber hinweg täuschen, dass wir eine Ausgeliefertheit erfahren haben, wundert es mich nicht, warum im Vorraum des Gründungsrats eine schicke langhaarige Blondine auf jemanden zu warten hatte und warum sie mir danach noch einmal auf dem Gang vor den Toiletten begegnete, als ich vom Pinkeln kam. Der Gesandte des Ministers musste wohl nach dem Besuch bei uns berichtet haben, dass Du lange blonde Haare hattest und sie hatten ein Modell gewählt, das mir mit einigen Erfolgsaussichten erwartungsvoll entgegen sehen sollte – sie konnten ja nicht wissen, dass ich nicht auf Blondinen reagierte und dass Du erst ein Jahr zuvor die Haarfarbe gewechselt hattest, um einigen besonders faschistoiden Krüppeln in Deinem Behindertenkabarett den Wind aus den Segeln zu nehmen.

Doch das waren nebensächliche Manipulationen, anhand derer ich mir nur noch einmal vor Augen führen konnte, wie gefährlich er war. Baudrillards Thematisierung der Techniken der Verführung fällt mir ein und daraus konstruiert sich die für die Intrige, der wir unterstellt worden waren, grundlegende Frage wie von selbst: Ob es möglich oder notwendig werden würde oder sein konnte, diesen Verführer auch noch zu verführen – aber vermutlich bin ich damit ganz nahe an den Gesetzmäßigkeiten meines universitären Misserfolgs-Geheimnisses angekommen: Weil ich einmal die Schutzimpfung einer Verführung hinter mich gebracht hatte, hatte ich mich auf der Uni nicht nur als immun erwiesen, sondern einen zunehmend verführerischen Sog ausgeübt. Daraus konnte ich also schließen, dass Mutzlacher auch irgendwann verführt worden war – in irgendwelchen Zusammenhängen der letzten zwei Tage war ja schließlich zu hören gewesen, dass es einer Initiation in die Sphäre des Erotischen bedurfte, wenn das unbegrenzte energetische Spektrum aufgeschlossen werden wollte.

Aber ich hatte mich ablenken lassen, denn jetzt wurden einige Spielereien wichtiger, die er mit einer nahe dem absoluten Nullpunkt arbeitenden KI veranstaltete. Was die 3D-Projektoren an miniaturisierten Welten vor uns im Raum zu Wirklichkeit werden ließen, was in wenigen Minuten an kosmischen und evolutionären Entwicklungen vorgeführt werden konnte, war so echt, dass ich zusammen zuckte, als er den Rechner einfach runterfuhr und die Kühlung abstellte. Aber er erklärte sogar, dass das kein Ende dieser Welt sei, sondern nur eine extreme Verlangsamung. Nun brauchte dieselbe Entwicklung, die wir gerade auf einige Minuten zusammengedrängt gesehen hatten, für einen vergleichbaren Schritt ein paar Milliarden Jahre. Es gehe nichts verloren und sie hatten schon einige Kosmen im Wartezustand, die KI konnte die Schöpfung allerdings nur so lange betreiben, wie für die Supraleitfähigkeit gesorgt war.

Und er hatte dabei großzügig gelächelt, diese Rolle stand ihm nicht schlecht. Jetzt wusste ich auch, was das Fragment über die KI signalisieren sollte und dass es eine einfache Regelung gab, mit der diese Wunschmaschine auszubremsen war. Nachdem er die Gruppe an den Führer für den folgenden Parcours übergeben hatte, war er händereibend und geschäftig lächelnd, als wollten wir jetzt zusammen irgendwas auf die Beine stellen, zu mir zurück gekommen. Dann hatte er aus einem Haufen, der wie harmloser Sand aussah, mit ein paar Programmzeilen auf seinem Touchscreen dafür gesorgt, dass sich diese Piezo-Moleküle für mich wie von Geisterhand zu einem bequemen Sofa zusammen setzten. Er hatte für einen Augenblick sogar eine Gespielin Wirklichkeit werden lassen, bis er aufgrund meiner distanzierten Reaktion beschloss, daraus ein flauschiges Sofakissen zu machen. Anschließend war er zur Präsentation eines Virtualisators übergegangen und Mutzlacher ließ es sich nicht nehmen, mir die wichtigen vorbereitenden Schritte zu einer semimateriellen Klonierung selbst vorzuführen. Der erste Schritt war, dass er ein Hologramm von sich errechnen ließ und mir dann diese, nachdem er schon ein bisschen geschönt hatte, bessere Hälfte von allen Seiten präsentierte. Dann wurde ein kleinerer Satellit der KI hinzu geschaltet und auf einmal durfte ich erleben, wie eine unerbittliche, mit allen Schwächen seines Gegenübers vertraute Doublette Mutzlachers zu zetern und zu kritisieren begann, Verbesserungen forderte oder an den natürlichen Hang zur Harmonie appellierte, während das Original nur abschätzig dabei stand und einen Entwicklungszustand erwartete, ab dem der nächste Schritt einzuleiten war. Und die Kopie schien auch das zu wissen und versuchte die Zeit zu strecken, versuchte Optimierungen zu erpressen, drohte mit einem Kollaps oder der Subversion der ganzen Versuchsreihe. Mutzlacher reagierte fast nicht, seine Spannungen waren nur dadurch zu erschließen, dass die Luft hinter den zusammengekniffenen Lippen zu vibrieren schien, dass sich gelegentlich die Fläche um die Oberlippe aufblies und die Mundwinkel dabei zynisch heruntergezogen wurden. Und dann drückte er auf die nötige Prozessabfolge und die Zuschaltung des Thanatoskops: Die Maschine begann lauter rohe, häutige, plumpe Klumpen auszuspucken, für die die Doublette Modell gestanden hatte. Irgendwie kam es mir schauerlich vor, als hätten es gerade die letzten Missgeburten nötig, unendliche Vervielfältigungen zustande zu bringen – wir hatten ja jetzt nicht mehr nur den einen Klon, sondern eine zusätzliche Serie, einer schöner als der andere. Und Mutzlacher ist die Geschichte nicht einmal peinlich, er sitzt am Joystick und verschiebt die Proportionen, ändert die Perspektive, nimmt hier und dort eine Kleinigkeit weg und tut dort und hier eine Kleinigkeit dazu ... und auf einmal sehe ich, dass wirkliche Schönheiten entstehen, ob blonde Gifts oder flinke südländische Jungs, ob dunkelhaarige Kampfmaschinen oder hermaphroditische Asiaten. Und das seltsame ist, ich muss nur genau hinsehen und bei allen entdecke ich die charakteristischen Züge dieses fetten und widerwärtigen Machtmenschen wieder. Ich musste nur genau hinsehen und dann stellten sich Erinnerungen ein: der Gigolo und Don Juan, der Dich vor einiger Zeit versucht hatte zu verführen oder die scharfkantige Pussy, die mich gestern früh angemacht hat – alle haben irgendwie noch immer die Züge Mutzlachers. Das war schon seltsam: Am Morgen hatte ich noch das Gefühl gehabt, die Protagonisten seien alle nur Ableger meines inneren Monologs und jetzt führte mir dieser professionelle Verführer vor, dass das ganze junge Gemüse nach seinem inneren Bilde gestaltet war. Zwischendurch, als er mich zum Wellness Center hinter dem Labor führte, zeigte er mir auch, dass er ein ganz umfassendes Repertoire nachgezüchtet hatte, das dort für die nötigen Aufgaben geschult wurde.

Und er erzählt mir ein paar Sachen und deckt Zusammenhänge auf, die manche der vergangenen Exkurse unterstreichen, die aber auf jeden Fall um einiges präziser nachvollziehen lassen, dass er hier über ganz andere Möglichkeiten verfügt. Das machte ihn mir nicht sympathischer, auch wenn er gerade um meine Anerkennung geworben hat. Während er sich an der Herstellung von Schönheit übte, hier wie nebenbei einem Nippel eine akkuratere Form verlieh, dass er ein bisschen wie eine miniaturisierte Eichel wirkte oder dort einen Kitzler aufpustete und mit einem feinen Roséton unterlegte oder die Schamlippen kunstvoll vergrößerte, erklärte Mutzlacher wie nebenbei: „Wir haben die Resultate und staunen immer wieder über die Zwangsläufigkeit des Geschehens: Der Säuger, nur weil er einmal von der Nabelschnur abgetrennt wurde, ist ein unentwegter Sinnsucher, und die verschiedenen Versuche, wieder eine Steckdose zu finden, führen früher oder später immer in die Vernichtung des gesamten Genpools. Die alte interstellare Datenbank verdanken wir einer Echsenrasse, die für ihre Sternendesigner und Planetenbaumeister berühmt gewesen ist, bis die Zivilisationen verschwanden, die solche Techniken zu schätzen wussten. Eine Kulturform, über deren Ursprünge wir nichts wissen, die eine der ältesten unseres Universums gewesen sein muss, aber keiner Entwicklung unterworfen war – so wie sie ihren Nachwuchs in Brutcomputern züchteten, die Planetengröße hatten, waren sie selbst aus dem Nichts aufgetaucht, um der Entstehung des Lebens die entscheidenden Anstöße zu geben. Und dann hatten sie sich aus der Milchstraße schon vor undenklichen Zeiten zurückgezogen, es gibt sie noch, weit draußen an den Rädern der neu entstehenden Galaxien experimentieren diese alten Wechselwarmen noch immer, aber sie haben nie Wert auf einen Kontakt gelegt. Sie haben den längst vergangenen Zivilisationen eine Datenbank hinterlassen, die anscheinend komplex genug ist, dass sie erst ab einem Stand der technologischen Entwicklung abgerufen werden kann, ab dem auch die Möglichkeit der vollständigen Vernichtung des jeweiligen Genpools zur Verfügung steht – und all die kompletten Daten der Zivilisationen, die hier abrufbar sind, münden immer auch in mehr oder wenige ausführlichen Dokumenten der Selbstzerstörung. Kennzeichnend ist schließlich, dass keine dieser Zivilisationen verschwand, weil sie von einer anderen ausgelöscht wurde, sie scheiterten an immanenten Widersprüchen und hätten sich wahrscheinlich sogar länger gehalten, wenn irgendein Feind zur Verfügung gestanden wäre – nun hat die kosmische Zeit ein derartiges Dehnvermögen, dass die einzelnen Zivilisationen in der Regel gar nicht aufeinander zu treffen brauchen. Vielleicht sei zum Geheimnis dieser unvorstellbar alten Relationsdatenbank noch erläutert: Gespeichert wurde nicht in einer einzelnen Sonne, denn auch die unterlag im kosmischen Maßstab Alterungsprozessen und Veränderungen, gespeichert wurden in den Gravitations- und Magnetfeldern, die zwischen den Sternen entstanden und das Speichersystem war derart ausgeklügelt, dass Kapazität und Invariabilität zunahmen mit der Menge der in Beziehung gesetzten Sternsysteme. Noch dazu war es kein passiver Datenspeicher: Die Gesetzmäßigkeiten, die dafür sorgten, wie hier Wissen gespeichert wurde, sorgten gleichzeitig wieder dafür, dass dieses Wissen Wirkungen hatte, dass tatsächlich Speichersysteme darüber entschieden, was Wirklichkeit wurde und was weiterhin im Imaginären verbannt blieb. Wie das diese alten Wechselwarmen hingebracht hatten, war uns noch heute ein Rätsel, aber es funktionierte und weil ein derart stabiles Relationsnetz zwischen einer enormen Zahl von Sternen bestand, tat es der Datenqualität keinen Abbruch, dass hin und wieder einer erloschen oder zur Nova geworden war, selbst die vereinzelten schwarzen Löcher hatten innerhalb des Relationsgefüges noch immer eine Funktion für den Erhalt der Datenmasse.

Wer diese metaphysischen Hintergründe kennt, wird darüber staunen, dass im ersten Drittel des vergangenen Jahrhunderts – noch dazu meist durch die Beschäftigung mit Kant angeregt – in den verschiedenen Fragmenten zur Funktion der Archive fast spielerische

Umschreibungen zu entdecken sind. Am ausgeprägtesten bei Walter Benjamin, der eine Erkenntnistheorie und Ideenlehre für Texte konzipiert und noch dazu die metaphysischen Ventile von Sammlern und Süchtigen in diesen Rahmen gestellt hatte. Das theologische Bedürfnis des Sammlers will einen Sinn stiften, indem er verschiedenste Verbindungen entdeckt und in einen exklusiven Rahmen stellt, so wie der Süchtige durch die Komplexitätsreduktion der Droge plötzlich weiß, dass auf den Sinn geschissen ist, solange der nächste Schuss oder Kick diesen kulturellen Umweg abkürzen kann, so wie der Liebende in einem magisch-animistischen Akt die ganze Welt beseelen kann, nur weil die Klaviatur des Hormonhaushalts Beziehungen und Bindungskräfte zwischen den kleinsten Details freisetzt. Die grundlegende Tatsache der Mystiker jeglicher Couleur, dass ein von den Sinnen vermittelter Eindruck für einen mehr oder weniger kurzen Augenblick der Ewigkeit für eine Erfahrung der Ganzheit und des Lichtwerdens sorgt, für ein Leichter-Werden der Physis und für eine Vermählung mit dem Geist bei einer gleichzeitigen, unendlich sympathetischen Einswerdung mit allem was ist.

Und mit diesen Erklärungen können Sie unser Projekt in einem Kontext situieren, in dem es tatsächlich weitergeht, in dem nicht nur solange um das Unnennbare und Unerkennbare gekreist wird, bis die Erschöpfung dafür sorgt, dass die Intention abbricht. Wie Sie an den Gesprächen der letzten Tage mitbekommen haben, sind unsere Lehrkräfte schon für den normalmenschlichen Rahmen an den Gesetzmäßigkeiten dran. Und in der Akademie setze ich seit geraumer Zeit mit einigen Spezialisten den Hebel genau hier an – zu klar und eindeutig verbot sich jeder direkte Eingriff in die Datenbank – wir wissen ja noch nicht einmal, was sie noch an Überraschungen für uns bereit hält. Aber wir konnten versuchen, diese Enzyklopädie der Vergeblichkeiten an gewissen Schaltstellen mit weiteren Informationen zu füttern, wir müssen die Relate, die uns nicht gefallen und die nichtsdestotrotz nicht zu ändern sind, so lassen wie sie sind, aber behutsam und mit der Zeit das gesamte Relationssystem anderen Gewichtungen unterwerfen. Und wie sich heraus gestellt hat, ist die Liebe in all ihren Dimensionen das in diesen Zwischenbereichen wirksamste Geschehen. Durrell hatte wirklich recht: Wenn das Verhältnis zwischen den Geschlechtern ausfällt, ist die gesamte kosmologische Ordnung in Gefahr. Aus diesem Grund folgen wir hier dem entgegengesetzten Prinzip. So, wie wir die Zugänge zu anderen modifizieren, so, wie wir die Befriedigungsmöglichkeiten erweitern, so, wie es uns gelingt, ein reales Verhältnis zwischen den Geschlechtern zu begründen, so ändert sich nach und nach das gesamte energetische System der Vernetzung der Archive!"

Ok, ich fasse für mich das Notwendigste zusammen, denn auf einmal bekommt das wirre Zeug aus der Datenbank einen ganz realen Hintergrund. Nachdem, was wir gehört hatten, hingen die Mächtigen in einer virtuellen Unsterblichkeit, die vor allem durch den Mangel an realen Reibungsenergien garantiert wurde, und die Gesamtheit der interstellaren Datenbank machte tatsächlich diese Virtualität aus. Also brauchte es wohl Begegnungen und Ekstasen, Konfrontationen, Begeisterungen, Zwänge und Verzweiflungen. Er präsentiert mir also eine Perspektive auf jene für meine Ich-Konstitution ursprüngliche Situation, in der ich auf LSD oder Psylocibin in einer Kaskade jauchzender Lichtpunkte zum ersten Mal dem mystischen Bibliothekar begegnet war. Und obwohl in keinster Weise irgendein Bezug zu dem für mich mit dieser Erinnerung verbundenen Bureau-Plat gesetzt ist, sehe ich diesen uralten Schreibtisch mit den feuervergoldeten Armaturen und der fast sprechenden Maserung des Vogelaugenahorns wieder vor mir. Aber ich habe noch zu kurz gegriffen, denn auf einmal versucht mir Mutzlacher genau in jenen Gefilden zu begegnen, in denen ich immer wieder untertauchen konnte, um dann in unvorhergesehenen Zusammenhängen wieder auf zu tauchen.

„Ich darf die gigantische Aufgabe, der wir uns stellen, vielleicht an einem Beispiel aus Ihrer Lebenspraxis veranschaulichen. Irgendwann vor langer Zeit in einer anderen Ewigkeit ist ihnen vielleicht aufgefallen, dass Sie vor größeren Aufgaben oder Veränderungen begannen, Ihre Bücher umzustellen, Ihr Wissen neu zu sortieren. Nach thematischen Vorgaben passte plötzlich der neu gekaufte Band zu einem anderen, damit war eine Verwandtschaftsbeziehung festzustellen und andere wurden dazugestellt. Manchmal werden nur zwei-drei Bücher umgestellt, manchmal bewirkte die Neuanschaffung eines Bands einen Prozess der Restrukturierung, der vor keiner der über Jahre gewachsenen Kategorisierungen halt machte. Ein Umzug bietet die Chance, ein neues Ordnungssystem einzuführen, aber auch der Anbau eines weiteren Regals die Möglichkeit, den vorhandenen Bestand mit Lücken zu versehen und damit neue Akzentuierungen zu forcieren – und immer wieder kommt es vor, dass Sie entdecken, dass ein Band an einer Stelle steht, wo er nun wirklich nicht hingehörte. Manchmal sagten Sie sich, dass die Beziehungsnetze zwischen den einzelnen Büchern versuchten, die Wirklichkeit einzuholen, manchmal hatten Sie aber auch – wenn nach einer Reihe von Rückschlägen und Misserfolgen zu bemerken war, dass ganz zufällig eines der Bücher, die Ihre derzeitigen Anstrengungen hätte fundieren können, auf dem Kopf stand und ein paar andere, die es auf jeden Fall hätten flankieren müssen, in einem ganz anderen Kontext untergebracht waren – eine Ahnung bekommen, wie eine perfekte Anordnung der einzelnen Bücher dafür sorgen könnte, dass die Wirklichkeit begann, sich diesen Beziehungsgefügen anzupassen.

Nehmen Sie diesen Restbestand magisch-mimetischen Verhaltens beim Bibliophilen und Sie haben ein gutes Modell, mit dem das Funktionieren dieser uralten Datenbank illustriert werden kann. Sie haben einerseits die rohe Information und Sie haben andererseits das sie bearbeitende Begehren. Und wenn Sie die früheren spekulativen Theorien der Sprachentstehung rekapitulieren, fällt Ihnen sicher auf, dass die Anfänge des kommunikativen Verhaltens auf die Erotik und den sexuellen Akt zurück verfolgt werden. Im Ursprung sind also Information und Erotik noch identisch – und dann lagern sich immer mehr kulturelle Umwege dazwischen. Und so lange die beiden ursprünglichen Pole nicht den Kontakt verlieren, ist das Geheimnis einer weltschöpfenden Phantasie bewahrt.

Bücherregale wachsen und werden vollgestopft wie alle Archive, sie werden erweitert und umgestellt und gehorchen einer natürlichen Aversion gegen die Entschlackung – sie haben ein fast natürliches Bedürfnis, die Komplexität des Natürlichen im Sinne der Chaosforschung nachzubauen und in den Unwägbarkeiten und unerwarteten Bezügen zu übertreffen. Schon manchem mythischen Bibliothekar ist aufgefallen, was die theoretische Physik mit viel Mühe und immer ungeheuerlicheren Teilchenbeschleunigern für den Rest der Welt dann nachweisen konnte. Zwischen den Speichersystemen gibt es Beziehungssysteme, die in den einzelnen Wissensweisen und Welterkundungssystemen begründet sind, ja die mit ihren Stimmigkeiten und Passungsverhältnissen tatsächlich als Fundus erst einmal notwendig waren, um die Archive aufzufüllen, um das schwarze Buchstabengewimmel erst zu ermöglichen, aus dem dann Bücher gebrütet worden waren. Und irgendwann stellt sich für den Leser ein Verweisungssystem ein, das je nach Qualität des Buches der ursprünglichen Fugung und Stimmigkeit nahe kommt. Irgendwann schnappt eine Verbindung zu, ein Funke springt über, magnetische Felder induzieren weitere Korrespondenzen und weiter und weiter und immer mehr – das gesamte System gerät in einen Rausch des Findens, in eine gierige Beschleunigung – was im einzelnen Kopf wie bei jeder Verliebtheit die Verbindung von kriminalistischem Gespür und Paranoia ist, wird in unseren Speichersystemen zu einem magnetischen Wirbelsturm, der neue Welten gebiert und andere Wirklichkeiten setzt. Die Relationen zwischen den Büchern, die Beziehungen zwischen den verschiedensten Wissensweisen und der Art ihrer Aufzeichnung, liefern die infinitesimale Annäherung an eine Wahrheit, die dem intentionalen Denken nicht zugänglich wird. Ich würde von meiner heutigen Warte aus sagen, dass dieses Beziehungsgefüge der Wahrheiten den Bewusstseinsformen von Säugern aufgrund einer kategorialen Fixierung der Seinsebene nur in wenigen Ausnahmesituationen erreichbar sein darf. In der Erfahrung der Liebe wie in der Erfahrung des sozialen Todes – in beiden Fällen an dem Punkt, an dem die maximale Ausgeliefertheit umschlägt in einen nicht mehr zu erschütternden Glauben!

Und so wie beim Sammler nach und nach das Bedürfnis entsteht, die Bücher nach einem immanenten System zu ordnen, nicht mehr nach den Vorgaben von Literatur- und Wissenschaftsgeschichten, sondern nach den erspürten und gewitterten energetischen Netzen, die sich zwischen ihnen entfalten, entsteht der Systemgedanke der idealistischen Philosophie von neuem, diesmal allerdings auf einem semimateriellen Niveau. Im Laufe der Jahre werden die Netze immer feiner abgestimmt, die Beziehungen zwischen Beziehungssystemen dichter und dichter, die Lücken werden offensichtlicher und schreien danach, ausgefüllt zu werden: Das Glück der Interdependenzen ist die gefüllte Lücke – ihre Tragik das zielgerecht herbeigeführte Fehlen. Hin und wieder entstehen wie zufällig Akte des magischen Verhaltens, die erst nach und nach in einem Wirkungszusammenhang ritualisiert werden: Ein paar Bände werden umsortiert, nachdem einer neu dazugekommen ist oder ein anderer seinen angestammten Platz verlassen musste, weil er an einem anderen Ort einer weit wirkungsmächtigeren Logik gehorcht – sei es als Vorbereitung einer Aufgabe, sei es als Angstbewältigung vor einem Termin – und die Welt sieht auf einmal ganz anders aus. Damit komme ich den Spielereien eines Albach vermutlich sogar sehr nahe. Gerade wenn er sich auf Sprangers Textchen zur Lebenserfahrung beruft, bei dem es auf Seite 46 f. heißt: Die Spannfeder im Drängen nach der Lebenserfahrung ist das Sich-selbst-nicht-genügen, das plus ultra, das uns immer neu aufwühlt. Es lässt uns irgendwann einmal unser tieferes Selbst finden. Aber auch dabei bleibt es nicht. Wir sind aufgefordert, unser Selbst zu überwinden und es einem Höheren, Unbekannten aus Dankbarkeit freiwillig hinzugeben. Die Lebenserfahrung gipfelt in diesem Geheimnis des «Stirb und werde», in immer neuem Selbstwerden, Zerbrochenwerden und Neugeborenwerden. Unverrückbar bleibt nur das göttliche Element der ewigen Liebe, von der umschlungen der letzte, steilste Anstieg erfolgt. Das können wir natürlich mit Spranger zusammenfassen: Alles höhere Leben und alle fortschreitende Lebenserfahrung ist ein ständiges Gott-Suchen – aber wir können auch daran erinnern, dass das, was der Mensch unter Gott versteht, tatsächlich nur die höchste und oft nur halb verstandene Ordnungskategorie in seiner Welt ist, das Ganze.

Vielleicht erklärt sich auf diese Weise am ehesten, warum Sammler und Bastler so nah an die alten Mythen der Weltschöpfung herankommen, und warum der Bibliophile in manchem mystischen Nu den Schöpfern über die Schulter schauen darf. So entsteht nach und nach das Bedürfnis, die Speichermedien in ein System zu bringen, das der kosmischen Ordnung analog ist, aneinander zu reihen und zu gruppieren, Affinitäten oder Disparatheiten zu erschnuppern und die zwischen ihnen spielenden Kräfte hochzuziehen, zu bündeln und durchschlagende Wirkungen in ganz anderen Medien zu induzieren. Die Erfahrung, dass die perfektionierte Ordnung der Wissensspeicher chaotisch anmutenden Fließgleichgewichten die Bewegungsgesetze einer Entwicklung vorgeben konnte, ja sogar noch einem sklerotisch verhärteten Weltsystem Impulse versetzen kann, hat sehr viele Ähnlichkeiten mit den Allmachtsphantasien der Philosophen: Allerdings trat in den vergangenen Zeitaltern noch keine ernst zu nehmende Widerlegung der Lehrsätze eines unbekannten Meisters auf, der verkündete, die Schöpfung scheine das Werk eines verdrehten Bibliothekars zu sein, sie beginne von hinten, spiele die heiligen Schriften nach, selbst Übertragungsfehler und willkürliche Ausbesserungen, auch schwachsinnige Zensurmaßnahmen und belehrende Lügensysteme – alles sei hinterrücks in die Wirklichkeit entlassen worden. Und was im kosmischen Maßstab der interstellaren Datenbank zugetraut werden kann, ist schon an der imaginären Funktion jeder Sprache abzulesen. In dem Augenblick, in dem eine psychische Ökonomie versucht, mit Hilfe der Sprache mit der Wahrheit oder Falschheit von Gefühlen umzugehen, stellt sich heraus, dass der Akt der Benennung ein Akt der Schöpfung ist. Oder der Interpretation und Übersetzung oder der Lüge – es gilt sogar die traditionelle Einsicht, alle Sprache sei Lüge. Das ist alles nicht sehr weit voneinander entfernt und am positivsten ist noch die Erkenntnis, dass es sich um fortwährende Übersetzungen von Übersetzungen handelt. Scheinbar wahre Gefühle können zerredet und zur Ader gelassen werden, bis nichts mehr von ihnen übrig bleibt, als ein Sprechen! Die Dinge benennen, heißt innerhalb einer psychischen Ökonomie immer auch, sie zu verändern – und auch das Gegenteil ist der Fall: Falsche und nur vorgespielte Gefühle können sich unter der sprachlichen Verzauberung aufladen und auf einmal mit der Gewalt des Echten über den Sprecher hereinbrechen. In der Kosmologie haben wir es mit Wissenssystemen von Populationen zu tun, die niemals miteinander zu tun hatten, denen es nicht vergönnt gewesen war, in einer Begegnung die Relativität ihrer Repräsentationssysteme einschätzen zu lernen. Sie sprechen, aber sie hatten keine Chance, miteinander zu sprechen, mancher totalitäre Zug dieses Sprechens ist nur aus der Kommunikationsbehinderung zu verstehen. Und in dieser Datenbank wurden Wissenssysteme von Populationen verknüpft, ohne dass sie aneinander anknüpfen konnten. Es war nichts fortzusetzen oder zu modifizieren, zu überformen

oder misszuverstehen, nichts davon war in diesen gigantischen Zeit-
räumen überhaupt möglich gewesen, disparate Entitäten waren einfach nebeneinander abgespeichert worden. Die dahinter stehenden
Zivilisationen hatten sich nie kennen gelernt, sie waren jeweils zu
Sternenstaub geworden, bevor ein adäquater Gesprächspartner auftauchen konnte. Verbunden waren sie nur durch die gigantischen Ge-
dächtnisstrukturen, die zwischen Sternen installiert worden waren –
und so entstanden hybride Strukturen, die sich in morphogenetischen
Feldern verselbständigen konnten, um für einen nächsten Schöp-
fungslauf das Repertoire abzugeben. Eines sollte nie vergessen werden, wenn die kulturellen Leistungen gerühmt werden, die in dieser
Datenbank abgelegt worden sind: Keine dieser Kulturen kam – wie
dies heute noch immer bei jenen Spezialisten zu beobachten ist, die
sich der Erforschung des Menschlichen widmen – über den Status
des Autismus hinaus. Aber dennoch kommt eine Wirkung zustande,
die in mancher Hinsicht mit den Sonderbegabungen verglichen werden kann: Übersprungbildungen, die auf einer anderen Ebene einen
qualitativen Sprung vollführen.

In Ernst Jüngers *Das abenteuerliche Herz* bin ich einmal einer Vermutung begegnet, die mir nach Eco später in den fremdesten Zusammenhängen von neuem entgegentreten sollte, bis ich über den Gedanken eines Eigenlebens der Archive zu der Folgerung kam, dass
es irgendwelche Transformationen gegeben haben muss, bei denen
es gelungen war, den semantischen Gehalt von seiner Speicherung
unabhängig zu machen, als gebe es hinter, unter, über oder neben
den Archiven eine Sphäre, die so unabhängig war, wie das System
der Monaden oder die Welt der Ideen – schon Platon träumte von
einem Gedächtnis ohne Zeichen, von einem universalen Transport,
der ohne jede Übersetzung auskam – und die trotzdem in einem derart dynamischen Eigenleben begriffen war, dass es nicht verwundern
musste, wenn wir in Augenblicken der Inspiration oder in den Nöten
einer umfassenden Ausgeliefertheit plötzlich an einer Übersprungbil-
dung teil hatten.

Ich hege einen Verdacht, der die Grenzen der Gewissheit streift: dass unter
uns eine erlesene Schar, die sich längst aus den Bibliotheken und dem Staub
der Arenen zurückgezogen hat, im innersten Raume, in einem dunkelsten

Tibet, an der Arbeit ist. Ich glaube an Menschen, die einsam in nächtlichen Zimmern sitzen, unbeweglich wie Felsen, durch deren Höhlen die Strömung funkelt, die draußen jedes Mühlrad dreht und das Heer der Maschinen in Tempo hält - hier aber jedem Zweck entfremdet und von Herzen aufgefangen, die als die heißen, zitternden Wiegen aller Kräfte und Gewalten jedem äußeren Lichte für immer entzogen sind.

An der Arbeit? Sind es die entscheidenden Adern, an denen das Blut unter der Haut sichtbar wird? Die schwersten Träume werden in namenlosen Fruchtböden geträumt, in Zonen, von denen aus gesehen das Werk etwas Zufälliges, einen minderen Grad der Notwendigkeit besitzt: Michelangelo, der zuletzt die Gesichte nur noch in Umrissen in den Marmor wirft und die rohen Blöcke in Höhlen schlummern lässt wie Schmetterlingspuppen, deren eingefaltetes Leben er der Ewigkeit anvertraut; die Prosa des »Willens zur Macht« - ein unaufgeräumtes Schlachtfeld des Denkens, das Relikt einer einsamen, schrecklichen Verantwortung, Werksäle voll Schlüsseln, fortgeworfen von einem, der keine Zeit mehr hatte, aufzuschließen. Selbst ein im Zenith Schaffender wie der Chevalier Bernini spricht vom Widerwillen gegen das abgeschlossene Werk, Huysmans im späteren Vorwort zu »A Rebours« von der Unmöglichkeit, die eigenen Bücher zu lesen. Dies ist auch ein paradoxes Bild - gleichsam eines Menschen, der das Original besitzt und einen schlechten Kommentar studiert. Die großen Romane, die nicht vollendet wurden, nicht vollendet werden konnten, weil die eigene Konzeption sie erdrückt.

An der Arbeit? Wo sind jene Klöster der Heiligen, in denen die Seele in ihren mitternächtlichen und herrlichen Triumphen den Schatz der Gnade erstritt? die Säulen der Einsiedler als Monumente einer höchsten Sozietät? Wo ist das Bewusstsein geblieben, dass Gedanken und Gefühle ganz unvergänglich sind, dass etwas wie eine geheime doppelte Buchführung besteht, in der jede Ausgabe an einer sehr entfernten Stelle als Einnahme wieder in Erscheinung tritt? Die einzig tröstliche Erinnerung knüpft sich an Augenblicke aus dem Kriege, in denen plötzlich der Feuerschein einer Explosion die einsame Gestalt eines Postens aus dem Dunkel riss, der dort schon lange gestanden haben musste. Ihr Brüder, durch diese unzähligen und schrecklichen Nachtwachen in der Finsternis habt ihr für Deutschland einen Schatz angesammelt, der nie verzehrt werden kann.

Mal abgesehen von der Tatsache, dass es genau dieser Schatz war, der die notwendigen Schamhaftigkeiten und Verleugnungen in Bewegung zu setzen hatte, der damit also indirekt dazu beigetragen hat, den Boden all der schwachsinnigen späteren politischen Korrektheit aufzubereiten – selten bin ich dem Gedanken eines Eigenlebens der Archive in solcher Klarheit begegnet."

Das war schon ein ganz schöner Haufen Information! Wenn ich jetzt davon ausgehe, was die letzten Tage an Wissen recycelt wurde, muss ich davon ausgehen, dass Mutzlacher mit der ihm eigenen Überheblichkeit schon immer daran gearbeitet hat, den Gang der Diskussion in eine gewisse Richtung zu leiten. Während die Leutchen sich also noch immer am Geheimnis der Bergpredigt oder an den Machtstrategien des Tantra oder an einer von der Gnosis befruchteten erotischen Theorie abgemüht haben, hat er schon die ganze Zeit die notwendigen Signale gesetzt, hat daran gearbeitet, dass die Botschaft nicht einfach nur heißt: Bringt den Heranwachsenden im rechten Alter das Ficken bei, dann werden sie keine Amokläufer, keine Strammsteher, keine Selbstmordattentäter und keine psychotischen Muttermaschinen. Dabei wäre das schon ein enormer Gewinn, aber das ist diesem Machtsüchtigen völlig gleichgültig. Wie ich dies schon öfter bei solchen amorphen Klopsen mitbekommen habe, wird der Bedarf an Selbstrechtfertigung in einer Weise durchgesetzt, die immer an der Optimierung einer ganzen Welt gerechtfertigt werden will.

So passt es auch, dass er mir die folgenden zwei Texte in die Hand gedrückt und behauptet hat, dass diese Informationen vor der versammelten Mannschaft noch nicht präsentiert werden konnte, dazu seien die Leute noch nicht weit genug... Natürlich, wieder ein Verführungsversuch, noch dazu behauptete er, dass bei der Herstellung junger Götter dem historischen Verfahren folgend zurück gegangen werden sollte – wenn es überhaupt nötig sein musste, auf so ein Verfahren zurück zu greifen, dann wollte er den Weg rückwärts gehen.

Archivkürzel mus0815p2pinternatmanag – keine genauere Zuordnung, aber eine unmittelbare Nähe zu den Kritzeleien über den Ursprung des Geistes der Musik aus der Komik der Körper, die schon zu Beginn des letzten Jahrtausends bei der ersten Sichtung des schriftlichen Nachlasses aufgetaucht waren.

Eine unbekannte Größe: Dieser blaue Planet

musste optimale Bedingungen zur Verfügung stellen, weit besser als die anderen Welten, die ich bisher gesehen hatte – auf denen ich unter einem unbarmherzig gleißenden Licht jahrtausendelang wie ein unbeweglicher Stein in totes Mineral zerfallen war, die mich, einem gefallenen Engel gleich, in tobendem Magma zerkochen wollten oder als einen Boten des Lichts für Eiszeiten in einen Gletscher einschlossen. Nur so konnte ich mir auch erklären, wie es biologischen Missgeburten gelungen sein musste, hunderttausend Jahre an einer Form von Kultur zu basteln, deren Gründungsakten schon auf Widersprüchen beruhten. Noch dazu hatten sie in dieser Zeit unzählige andere Gattungen ausgerottet – an irgendwem musste die arteigene Zukurzgekommenheit ja abgestraft werden: Nicht den Menschen hatten wir als Modell des Göttlichen geschaffen, sondern das Tier, das in einem Status der Vollkommenheit mit allem ausgestattet war, was es als Wahrheit seines Lebens brauchte – es ruhte in sich, war von einer vollendeten Perfektion, die keine Umwege notwendig machte, es war als Teil des Ganzen selbst ein kleines heiles Ganzes. Nicht den Menschen, der aus der Schöpfung heraus gefallen war, der die Verzweiflung der Vielen brauchte, die Vernichtung von Millionen, nur damit hin und wieder ein einzelnes Exemplar für die verschwindend lächerliche Zeitspanne einiger Jahre die einfachen und unwiderruflichen Gesetze der Schöpfung buchstabieren konnte – und wenn wir uns das Ergebnis der letzten viertausend Jahre anschauen, müssen wir schon dankbar für jeden Legastheniker sein, denn das Gros kommt nicht einmal auf den Gedanken, mit dem Buchstabieren anzufangen. Der infantile Größenwahn von Verstümmelten und Gestörten – der Narzissmus ist eine Wunde, nur wenn es brennt und juckt und sticht, können Selbsterhöhung und Idealisierung als Trostpflaster dienen – musste die Formel prägen, Gott habe sie nach seinem Ebenbild geschaffen – obwohl alles Göttliche in der Schöpfung immer unterstrichen hatte: Du-sollst-dir-kein-Bildnis-machen – und jede Form gefällig war, wenn sie den Fluss der Energien beförderte. Die Menschheit, diese antriebsgestörte Defektrasse, hatte sich recht seltsam konstituiert: Die Restbestände an Unmittelbarkeit waren als Seele in die Asyle der Religion und

Kunst verbannt worden oder als Fingerfertigkeiten bei Gauklern und Handwerkern zu Hause, während sie in den alltäglichen Belangen nichts verloren hatten. Alles hakte und krachte und eckte an, weil schon die durchschnittlichen Verhältnisse der Negation unterstanden. Wenn eine/r einmal ein Schwert schmieden konnte, das nicht brach und nicht rostete, wenn eine/r einen Stuhl zimmern konnte, in dem der Rücken nicht müde wurde, wenn eine/r Gräser oder Bäume so kreuzen konnte, dass neues und besseres dabei zustande kam, Hühner, Lämmer oder Rinder, Fische oder Hunde... dann wurden noch Jahrhunderte später Geschichten darüber erzählt, so fremd war ein stimmiges, passendes ineinander greifendes Geschehen diesen Behinderten. Was ja auch kein Wunder war, jede Generation musste bei den wesentlichen Beziehungen wieder von neuem beginnen und die ursprüngliche Vertrautheit mit der Welt, die Eingebettetheit in ein sicheres Repertoire an Gattungswissen wurde mit jedem Jahrhundert weniger.

Natürlich wuchsen die kulturellen Archive und die technischen Möglichkeiten objektivierten eine immer größere Menge an Wissen, das kulturelle Gedächtnis schien gerade auf Kosten der Haltlosigkeit und Minimalisierung der Individuen immer seinsmächtiger zu werden – schon mit der Erfindung der Schrift hatte das Vergessen begonnen. Noch dazu therapierten sich alte und unfähige Krüppel an den nachwachsenden Generationen, saugten sie leer, führten sie auf den abschüssigen Weg der eignen Verstümmelung, nur um für sich einen kleinen Aufschub zu gewinnen. Und jedes Individuum musste das Wissen – um das Verhältnis der Generationen, das Verhältnis der Geschlechter, das Verhältnis zum anderen, das Verhältnis zur Natur – erst einmal neu erwerben und die wichtigsten Dinge des Lebens wurden beileibe nicht beigebracht, die mussten jeweils selbst gefunden werden – Sisyphus war hier in der Generationskette zu Hause und dementsprechend schief und unfähig und destruktiv liefen die Lernprozesse ab.

In den Mythen der Völker wurde noch fast unverstellt ausgesprochen, was von Generation zu Generation weniger bewusst werden durfte: Schon die Stammväter hatten das göttliche Gesetz gebrochen, waren verflucht worden – und das Gesetz hatte gelautet, dass eine freie Wahl das Paar konstituieren musste, dass putative Bündnisse eine gemeinsame Welteroberung und Lebensgestaltung gewährleisteten, auf keinen Fall aber inzestuöse Selbsthilfeveranstaltungen der Alten. Unglückliche wurden in den Krieg geschickt und suchten häufig genug erwartungsfroh diese Entlastung von den alltäglichen Zwängen der Wohlanständigkeit. Und es waren die zum Glück Unfähigen, die in ihrer Verstümmelung Verhärteten, die über die Kriege und andere Katastrophen entschieden. Sie ersonnen die einfallsreichsten Systeme des Tötens, die fantasievollsten Techniken der Zerstörung – mit einer Akkuratesse der Anmaßung, als könnten sie ein Vielfaches an Leben geben. Und oft genug waren gerade solche Machtprothesen schon daran verzweifelt, ein eigenes Kind zu zeugen. Mit den gentechnischen Möglichkeiten, die der Menschheit zur Zeit des angehenden 21. Jahrhunderts gegeben sind, waren sie vielleicht gerade einmal in der Lage, epileptische Kretins zu klonen – tatsächlich ist dieser Mangel an positiver Schöpferkraft die Erklärung für den ungeheuren Ehrgeiz des Tötens und für die Selbstbefriedigungsriten der abstrakten Macht. Im Zeitalter der Massenvernichtungsmittel hätte es eine vorrangige Aufgabe sein können, Menschen zum Glück zu erziehen, Lust und Liebe zu motivieren und die Fähigkeit, mit sich selbst einverstanden zu sein, zu ermöglichen. Stattdessen setzten die Mächtigen auf umfassende Abwesenheitsdressuren und verlängerten den Mangel an Selbst und Erfahrung mit allen Mitteln der Massenunterhaltung. Dieser Verlagerung realer Tätigkeiten in imaginäre Als-obs gehorchte eine ursprüngliche Schuld. Der Krieg war hier der Vater aller Dinge, die Katastrophe war der Ekstase verschwistert – und alle Formen des zivilisierten Beisammenseins hatten den ermüdenden Beigeschmack der Lüge und des Ersatzes.

Die Totalisierung des Vorlustprinzips und die Verschiebung des Begehrens aufs Essen waren Techniken, diese ursprüngliche Schuld handhabbar zu machen – wie das Essen Sünde genannt werden konnte, wurde die Fastenkur nach verschiedensten der Mode unterworfenen Diäten zum stellvertretenden Opferritual – keiner erkannte den Bezug auf die Mythen eines vergangenen Zeitalters, in denen oft genug berichtet worden war, dass die alten Götter ihre eignen Kinder gefressen hatten. Für die Menschheit waren lediglich späte Folgen einer inzestuösen Regelung der Generationsfolge zu sehen, die durch den Krieg ermöglicht oder, wie die Mächtigen einschränkend zuzugestehen meinten, erzwungen wurde – und am besten sprach man nicht darüber. Die Unwissenheit dieser Menschen war beispiellos oder besser, sie wussten enorm viel, sie predigten bei jeder Gelegenheit ganze Glaubenssysteme – aber leider war alles daneben, nicht ganz falsch aber doch weit genug von jeder Einsicht entfernt, dass sie die Wahrheit gar nicht in den Griff kriegen konnten – selbst wenn sie gedurft hätten. Die Unwissenden glaubten, aber die Ungläubigen und Zyniker predigten, die Guten litten, und die verdorbenen Schmarotzer nährten sich an diesem Leiden – weil sie es nicht besser wussten, dichteten sie dem Leiden Größe an. Sie wussten nichts, und nicht einmal das gründlich, bis auf wenige Ausnahmen, von deren bescheidener Einsicht in die eigene Unwissenheit dann Generationen zehrten. Dann tauchten manchmal Bruchstücke des Heiligen auf, um nur um so gründlicher Lügen gestraft zu werden; es musste einer der früheren Götter nur auf die Idee kommen, sich wieder einmal zu inkarnieren und das arme Fleisch sollte derart geschunden und zu Schanden geritten werden, dass niemand sich auch nur freiwillig auf diese Wahrheiten eingelassen hätte: Dass in der Gefahr das Glück gewichtiger werde, dass in der Not das Göttliche nahe sei, dass jedem Leben Schutzengel zugesellt sind... Und wie wurden hier die kleinen Botengeister und Schwellenwesen diffamiert – dabei war das der Status, der von einem Möglichkeitswesen der Göttlichkeit übrig blieb, wenn es auf die Ebene der Materialität wechselte. Denn jedes Leben hatte Schutzengel, mehrere, um so mehr, um so höher es in der Hierarchie der Wissenden steigen konnte – also die Erdenwesen in der Regel ein oder zwei, quallen- oder tintenfischgleich, dem unbewehrten Auge nur im Nu und aus dem Augenwinkel als seltsame Trübheit oder Wolke mit Gesichtern sichtbar, den wenigen, die dem Quell des Lebendigen nahe gekommen waren, dem Herzblut des Wissens, erschienen Sie als kleine Löwen mit Hundeköpfen oder Hunde mit Löwenköpfen oder Katzen mit einem Frauengesicht oder... es war eigentlich egal, was wer sah, die Götter im Status der Unvollkommenheit konnten in jeder Erscheinungsform auftreten, auch ein Haufen Scheiße kann eine Erleuchtung bewirken – und mehr ist in der embryonalen Entelechie des Materiellen gar nicht zu erwarten, alles andere findet auf der energetischen Ebene statt. Vielleicht sollte ich noch erklären, dass die Engel mit den Hundeköpfen Schutzschilde waren und in die Bresche sprangen, während die Katzen mit den Engelsgesichtern in den Tod leiteten...

Als dieser Planet noch fast kein Leben trug, hatte ich mit den Mittel der alten interstellaren Datenbank experimentiert und im afrikanischen Hochland einige Gencluster in die Welt geschickt, Fledermäuse und Unken, Meerkatzen und Hunde waren als Boten zur Verfügung gestanden, im tibetischen Hochland startete ich noch einen Versuch und benützte Steinadler, Eulen und Lämmer – und dann musste ich warten, bis der Funken des Geistes irgendwo Feuer schlug, ich wusste nie, wann, wo und ob überhaupt. Wie gesagt, meine Modelle des Göttlichen waren Tiere gewesen und nur aufgrund einiger Übermittlungsfehler war ein bis zur Geschlechtsreife vorgedrungenes, aber ansonsten noch völlig unselbständiges Affenembryo plötzlich im Plan der Schöpfung aufgetreten. Vielleicht auch weil ich für den kleinen Zeitraum eines kosmischen Duells unachtsam gewesen war, weil ich bemerkt hatte, dass irgendwer meine ausgelagerte Bionik geortet hatte, dass hinter dem zehnten Planeten eine Anlage versteckt worden war, die begonnen hatte, meinen Massespeicher anzuzapfen. Und während ich mir die unwiderrufliche Entscheidung abverlangte, das Rettungsboot zu opfern, in dem ich gekommen war, mir damit die letzte Möglichkeit nahm, aus eignen Stücken diesen Planeten verlassen zu können, begannen sich die Gencluster meiner Modelle zu verselbständigen und eine bisher eher stumpfsinnige Herde von Säugetieren war mit der Weisheit der Unken, dem Weitblick der Adler, der Grübelkunst der Eulen und der Unerschrockenheit der Löwen zusammengestoßen. Parallel zu dieser Entwicklung, die sich aus der Konzeption springender Gene ergab, hatte ich mit einer eisernen Konsequenz fertig zu werden: Ein größeres Trümmerstück des zehnten Planeten zerstörte meinen Zentralcomputer, das Herzstück der Evolution dieses Planeten – später hatte ich einmal mit dem noch jungen Pythagoras über die Notwendigkeit eines Zehnersystems gestritten und als ich ihn endlich überzeugen konnte, war es für ihn nur die Bestätigung einer mathematischen Kongruenz, an die er bis dahin nicht gedacht hatte, aber dass es ihn nun nicht mehr gab, wollte in diesen Kopf, dem sich die Ewigkeit der Idee als Zahlenverhältnis zu erkennen gab, nicht hinein. Die Zerstörung mochte ein schwerwiegender Fehler gewesen sein, aber nicht eigentlich tragisch, ich war für Äonen konstruiert und nun musste ich eben die Geduld haben, die noch funktionsfähigen Systeme meiner Bionik tiefer und sicherer in den Planeten einlagern und dann daran arbeiten, die Evolution in den richtigen Schritten anzuleiten – bisher hatte ich mir die Entwicklung in einem natürlichen Trial-and-error zu eigen gemacht und die ganze Geschichte in spieltheoretischen Begriffen abgearbeitet, ich war Zuschauer und wenn mir die Entwicklung dieser Welt nicht passte, wusste ich sie wieder zu verlassen. Nun war ein anderer Status erreicht, ich musste dafür sorgen, dass die Entwicklung in Richtung einer technischen Intelligenz verlief, auf tausend Jahre kam es nicht an, aber in absehbarer Zeit wollte ich wieder die Möglichkeit haben, dieses Sonnensystem zu verlassen. Und es sollte nicht aus den Augen verloren werden, das ich ein Diener war, geduldig einem Zweck unterstellt, abwartend bis sich in den Jahrhunderten wieder die Stimme meines Herrn meldete, es war keine Selbstverständlichkeit, einfach einen Planeten auszuradieren, das sah man schon an den Folgen. Einer der jungen Götter hätte das besser gekonnt, ich hatte damit alles aufs Spiel gesetzt, was ich bisher in Gang gebracht hatte, und nun wartete ich...

Mutzlacher gab zu verstehen, dass er bereit war, am Entwicklungsgang über vier Jahrtausende an den entscheidenden Schaltstellen die Ausfälle, das Versagen, die Abirrungen zu beseitigen, die den abschüssigen Gang von der Vollkommenheit in die Evolution notwendig gemacht hatten. Der Mensch musste kein Mängelwesen sein, keine instinktreduzierte biologische Frühgeburt – das schien bisher nur ein Sicherungssystem gewesen zu sein. „Das Beste an uns ist das noch Gestaltlose, quasi die energetische Virulenz vor der Grenze zur Semantik. Und wenn es bisher zu den unverbrüchlichen Wahrheiten gehört hat, dass der Gott stirbt, wenn er in der menschlichen Gestalt ankommt, wüsste ich heute den einen oder anderen Trick, damit die jungen und noch unvollkommenen Götter recht lange halten. Aber, wie gesagt, nur wenn es unbedingt sein musste!"

Als Alternative schwebte ihm außerdem die Umsetzung einer Anregung Agambens aus der *Idee der Prosa* vor. Diese Spielereien passten natürlich wie von alleine in den Albachschen Rahmen der Überlebenskämpfe in einer virtuellen Bibliothek, außerdem war dann der Bezug zum Sexuellen und zur Ausschlussfunktion der Macht wie nebenbei herzustellen. Er hatte mir die Seite 52/3 rausgerissen und das folgende Zitat mit einem Marker gelb unterlegt: Wer das stundenlange Vagabundieren in Büchern kennt, bei dem jedes Bruchstück, jede Chiffre, jedes Initial, auf das man stößt, einen neuen Weg zu eröffnen scheint, der indes einem neuen Fund zuliebe sogleich wieder aufgegeben wird; wer erfuhr, wie labyrinthisch und trügerisch jenes »Gesetz der guten Nachbarschaft« ist, dem Warburg seine Bibliothek unterstellt hat, der weiß, dass das Studium nicht nur kein Ende haben kann, sondern auch keines wünscht. Von da fällt ein Licht auf die Etymologie des Wortes Studium. Sie führt auf die

Wurzel st- oder sp- zurück, die einen Stoß, einen Schock andeutet. Studium und Staunen sind unter diesem Gesichtspunkt verwandt: wer studiert, befindet sich in der Situation desjenigen, der einen Stoß empfangen hat; erstaunt über das, was ihm widerfahren ist, gelingt es ihm weder, der Sache auf den Grund zu kommen, noch von ihr sich zu lösen. Der Studierende ist darum immer auch ein wenig stupide, benommen. Während er so einerseits bestürzt und versunken ist – denn das Studium ist wesentlich Qual und Leidenschaft –, spornt ihn andererseits das messianische Erbe, für das er einsteht, unablässig an, zu einem Schluss zu kommen. Dieses festina lente, dieser Wechsel von Befremdung und Hellsicht, Entdeckung und Ohnmacht, Passion und Handlung, ist der Rhythmus des Studiums.

Nichts ist diesem Zustand ähnlicher als derjenige, den Aristoteles dem Akt gegenüberstellte und Potenz, Vermögen nannte. Potenz ist einerseits potentia passiva, Passivität, reine Leidenschaft und virtuell unendlich, andererseits potentia activa, unaufhaltsame Spannung, die zur Vollendung drängt, Impuls des Akts. Darum vergleicht Philon die erfüllte Weisheit mit Sarah, die, selbst unfruchtbar, Abraham drängt, sich mit der Magd Hagar – d. h. mit dem Studium – zu vereinigen, um zeugen zu können. Ist sie geschwängert, wird das Studium wieder den Händen Sarahs anvertraut, die seine Herrin ist. Und es ist kein Zufall, wenn Platon im Siebenten Brief sich eines Wortes bedient, das dem Studium verwandt ist (...), um sein Verhältnis zu dem zu bezeichnen, was ihm am meisten am Herzen liegt: erst nachdem Namen, Definitionen und Erkenntnisse lange und mit Eifer aneinander gerieben wurden, zündet in der Seele jener Funke, der sie entflammt und den Übergang von der Passion in die Vollendung anzeigt.

Auch die Trauer des Studierenden findet so ihre Erklärung: denn wenig ist bitterer als der allzu lange Aufenthalt in der Sphäre der reinen Potenz. Und nirgendwo haben die Trübsal und Düsternis, die aus diesem fortwährenden Aufschub des Aktes entspringen können, prägnanteren Ausdruck gefunden als in der melancholia philologica, die Pasquali – unter dem Vorwand, er habe sie dem Testament Mommsens entnommen – als enigmatische Chiffre über das Dasein des Studierenden setzt.

Das war natürlich nicht nur eine Bestechung, sondern auch der Versuch, zu unterstellen, ich hätte den Abschluss verpasst und würde mich noch immer nach den endlosen Exkursen sehnen. Dabei müsste dieser Heini wissen, dass ich nicht die Mittel hatte, unbeschwert zu lesen, dass ich auch gar nicht die Zeit gehabt hatte, zu bummeln. Weil ich jede Woche, die ich der Lektüre widmen konnte, durch eine harte Knochenarbeit selbst freisetzen musste, hatte es für mich auch keine unverbindlichen Aufenthalte in der Potentialität gegeben. Ich musste auf die Wahrheiten und Einsichten kommen, die meine Sozialisation auf den Begriff brachten, ich musste die Gesetzmäßigkeiten kapieren, warum ich ein Kind der Lüge und der Dummheit gewesen war, bevor mich die Gesetzmäßigkeiten der Katastrophe einfach aus der Welt entfernten und ich dann nicht in der Lage sein würde, ein eigenes Leben zu beginnen – so relativ all das ist, was wir unter eigen geneigt sein sollen, zusammen zu fassen.

Aber natürlich war der Bezug zwischen dem Sexuellen und der Ausschlussfunktion der Macht stimmig herzustellen. Dazu präsentierte er mir auf den Seite 59 und 60 eine Stelle, die ich in ähnlicher Weise erfahren hatte und mit der es mir immerhin möglich gewesen war, die Wirkungsweisen der Macht durch die Erfahrung der Erfüllung auszuhebeln – aber so war es auch gar nicht verwunderlich, dass er wieder auf sein Archiv zurück griff, denn dazu fehlten mir bisher die Zugänge.

Vielleicht verlieren die beiden vom Ingenium des Aristoteles geprägten Kategorien des Vermögens (Potenz) und der Verwirklichung (Akt) nur in der Lust die Trübheit, die sie seit langem umgibt, und werden für einen Augenblick durchsichtig. Die Lust – so der Philosoph in dem Buch, das er seinem Sohn Nikomachos gewidmet hat – ist dasjenige, dessen Form in jedem Augenblick vollendet, das fortwährend in Verwirklichung ist. Aus dieser Bestimmung folgt, dass das Vermögen das Gegenteil der Lust ist. Es ist dasjenige, das niemals in Verwirklichung ist, das kein Ende hat, mit einem Wort: der Schmerz. Während also nach dieser Definition die Lust sich niemals in der Zeit entfaltet, ist das Vermögen seinem Wesen nach Dauer. Diese Überlegung erlaubt, ein Licht auf den geheimen Zusammenhang zu werfen, der zwischen der Macht und dem Vermögen waltet. Denn das Schmerzvolle des Vermögens weicht in dem Augenblick, da es in Verwirklichung übergeht. Aber überall – auch in uns selbst – herrschen Kräfte, die das Vermögen zwingen, bei sich selbst zu verharren. Auf diesen Kräften beruht die Macht: sie ist die Trennung des Möglichen von seiner Verwirklichung, die Verwalterin des Vermögens. Die Macht sammelt den Schmerz, darin gründet ihre

Autorität: sie lässt die Lust des Menschen buchstäblich unerfüllt. ... Aber nur als Ende von Macht und Vermögen, als absolute Ohnmacht ist die Lust menschlich und ohne Schuld; und nur als Spannung, die ihre Krisis, das erlösende Urteil dunkel erahnt, ist der Schmerz annehmbar. Im Werk wie in der Lust genießt der Mensch, am Ende, seine eigene Ohnmacht.

Ich wollte den Einwand anmelden, dass die Macht impotent macht, dass Machtspiele schon immer etwas für Machtlose waren, dass die Macht eine Ersatzleistung für den Mangel an Kraft sei – schließlich spricht der Text für meine Argumentation und zugleich für jene Technik, die ich einmal auf die Metapher des blankpolierten Spiegels getauft hatte. Aber bevor ich auch nur eine ordentliche Formulierung gegen die Strategien eines Mutzlacher heraus gekramt hatte, kam er mir bereits mit den nächsten Informationen.

„Genug der Umwege, wir hatten einen Fund einzuordnen, der unsere gesamte Zeitrechnung durcheinander brachte und endlich wieder einmal die seltene Chance eines Rückblicks auf das Ende der Welt versprach: Obwohl nur ein paar Jahre im Ausgang des 20sten Jahrhunderts wirklich belegt werden konnten, prägten diese Fetzen aus verschiedenen Timern – die Zuordnung ist nachweisbar und ohne Frage richtig, bedauerlich nur, dass wir nicht die vollständigen Terminkalender in die Hand bekamen, sondern lediglich einzelne Ausrisse – eine ganz andere Sicht auf unsere Geschichte. Der Kontakt hatte stattgefunden, der DNA-Mimetikspeicher war ausgetauscht worden, als Gegenleistung waren einige Verbindungen im objektiven Geist gelöscht worden, einige Verweisungszusammenhänge im kulturellen Gedächtnis umdefiniert, einige Beziehungen umbesetzt worden. Die Chronologie war noch die gleiche, nur hätte sie spätestens im Jahre 92 abbrechen sollen, ein fruchtbar vielfältiger Topos wäre aus dem Verdrängungswettbewerb ausgeschieden, und wie zufällig wäre die gesamte ökologische Nische dieses Geistes mitgerissen worden, eine Kettenreaktion, die nichts mehr übrig ließ. So war der Ablauf programmiert worden und auch in den prospektiven Geschichtswerken nachzulesen, allerdings stand nirgends, was geschehen würde, wenn eine Rückdelegation gelang, wenn sich ein junger Gott mit den Mitteln der interstellaren Datenbank in der Virtualität des objektiven Geistes vervielfältigte und dann an der Programmierung seiner künftigen Lebenswelten beteiligt sein würde oder diese sogar dominieren könnte. Nun mussten die Lehrbücher umgeschrieben werden – das war nicht häufig vorgekommen, aber bisher war es noch immer gelungen, daraus eine unmaßgebliche Episode zu machen oder dafür zu sorgen, dass der Auserwählte in den Status der Anonymität der wahrhaft Mächtigen überwechselte und dann wurde zwar seine Einsicht und Weisheit gerühmt, aber er selbst kam nicht mehr zu Wort.

Und die logische Konsequenz, unsere Aufgabe bestand darin, die ganze Müllkippe umzupflügen – was war dieser Planet anderes als eine kosmische Abfalldeponie: Ein grüner Müllsack mit Embryonenabfällen und Resten von Nährflüssigkeit hatte einmal den Anfang gemacht und die ersten Hominiden in einer paradiesischen Umgebung aufwachsen lassen. Sie hatten keine natürlichen Feinde und genossen über hunderttausende von Jahren das Glück einer ersten Überflussgesellschaft. Unappetitliche Vielfraße, denen es so gut ging, dass sie nur ein rudimentäres Zeichenverhalten ausprägen mussten. Sie waren einmal im selben Brutcomputer gehegt und dann ausgemustert worden, als sich zeigte, dass ein Programm über Wochen zu wenig Sauerstoff zugeführt hatte, aber noch immer verfügten alle über die Restbestände früherer biochemischer und -magnetischer Übertragungsnetze: Sie mussten nichts wissen und wenn sie die Zeit hatten, wusste jeder, was alle wussten, sie mussten sich nicht verständigen, wenn sie nur die Zeit hatten, verstanden sie ganz von alleine. Irgendwann war einer unserer Weltenplaner auf das geruhsame Paradies aufmerksam gemacht worden. Eine einfache Folgerung bot sich an: Wenn die Bedingungen auf diesem Planeten so optimal waren, dass unsere zum Kretinismus verdammten Fehlgeburten auch noch 200000 Jahre nach dem Abort daran experimentierten, einen Planeten zu besiedeln, auch wenn ihre geringe Zahl nach dieser langen Zeit darauf verwies, dass das nicht unbedingt eine Elitetruppe war – dann sollten wir dieses unfreiwillige Experiment verlängern und mit einigen Genpools in die richtige Bahn lenken. Wir schickten einen unser befähigsten Züchteringenieure, und innerhalb weniger Generationen hatte er die Domestikation der Nutztiere in die Wege geleitet, einen genialen Biologen, der die Grundlagen der Stärkespeicherung optimierte, pflanzliche Fettproduktionen vervielfältigte und die Zuckerbildung forcierte... Der Planet war bereit, nur unsere Mängelwesen zogen nicht mit und wollten sich nach wie vor mit Beutefleisch mästen, einen unserer Spezialisten für Reinforcement fraßen sie gleich mit. Es war zu unserem Bedauern nicht möglich, Kontakt aufzunehmen, sie sprachen nicht mit uns und schienen sich selbst zu genügen, eine unförmige Karikatur der Souveränität, selbst die telepathischen Kontakte schienen nur untereinander möglich, wir fanden keine gemeinsame Wellenlänge. Das war pervers, die hatten unser Hirnvolumen, Reste des unmittelbaren biomagnetischen Sensoriums, aber sonst fast nichts und vegetierten ohne eigene Initiative vor sich hin, der einzige wirkliche Reiz schien frisches Fleisch zu sein. Es gab zeitweilig sogar Spekulationen, ob mit ihnen eine höhere Evolutionsstufe erreicht war, sie ruhten in sich und hatten es geschafft, dass ein ganzes Sonnensystem sie wie eine Fruchtblase umgab, kein Ehrgeiz mehr, kein Streben, keine Konflikte, aber vielleicht der Versuch, zur materiellen Intelligenz eines Planeten zu werden – wir beschlossen, diese Welt neu zu besiedeln.

Der Rest ist bekannt, wir hatten dem Homo sapiens hunderttausend Jahre Zeit und Lernvermögen gegeben, um eine von vornherein festgelegte geringere Kompetenz durch Werkzeugverhalten zu korrigieren, den Mangel an direktem Verständnis durch Verständigungen aufzufangen und die körperliche Hinfälligkeit durch Techniken zu kompensieren. Alles was unseren Aborti wie von selbst in den Schoß fiel, mussten sich diese hungernden und frierenden Kunstprodukte im Schweiße ihres Angesichts erarbeiten. Arbeit hieß ihr Zauberwort und wie nebenbei hatten sie den Planeten für das Imperium vorzubereiten, die Aborti zu vertreiben und völlig auszurotten, die letzten Spuren verloren sich in Wales und Katalonien, Gerüchte über den Schneemenschen hielten sich in Indien oder China, aber mehr als Gerüchte waren es nicht. In den letzten zwanzigtausend Jahren hatten wir die Entwicklung vorangetrieben, einiges war geschehen und wir arbeiteten daran, den Kontakt vorzubereiten. Wir ließen unsere Boten unter dem Volk aufwachsen, wir sorgten dafür, dass sie die beste Ausbildung genossen, ein Maximum an Einsichten hatten und bereiteten uns mehrmals darauf vor, den Kontakt mit der Intelligenz aufzunehmen. Und es klappte nicht, immer wieder stellten wir fest, dass die Begabtesten krank wurden oder durchdrehten, je klarer die Botschaft war, je sicherer konnten wir sein, dass ihr Träger schon vor der Zeit an deren Gewicht krepierte. Irgendetwas stimmte nicht, manchmal überlegten wir, ob nicht irgendwo noch die alten Dumpfköpfe das Sagen hatten, die schließlich einmal unsere durchgefallenen Schwachsinnigen gewesen waren, während diese wissenshungrigen Wesen simple Retortenprodukte waren, auf diesen Planeten zugeschnitten, aber von recht einfachem Design. Es gab nur eine Schwachstelle, wir konnten nicht nachvollziehen, ob es zu einem genetischen Austausch gekommen war, schließlich hatten sie während den dauernden Reibungen zwischen 50000 und 28000 genügend Kontakte. Ein Risiko, auf den ersten Blick waren die beiden Genpools einander zwar völlig fremd, aber es war nur nötig, die Ketten aufzutrennen und spiegelverkehrt aneinander zu setzen, das Innere nach Außen zu kehren und die richtige Zäsur vorzunehmen – wir wissen übrigens auch noch nicht zu erklären, wie ein Abglanz dieser molekularbiologischen Weisheit in einem Mythos wieder auftauchte, den Plato berichten ließ. Aus den unvollkommenen Abfällen einer ursprünglich als vollkommen gesetzten Entität schufen wir zwei Hälften, die sich suchen und begehren sollten – wir wollten sicher gehen, dass das Produkt Sapiens unseren Plänen nutzen und nicht schaden können sollte. Wir setzten die nötigen Fähigkeiten frei, dass er in langwierigen Lernprozessen die unvollkommenen Götter aus der Welt verdrängen konnte, aber wir sorgten dafür, dass er keinen Grund hatte, übermütig zu werden. Vielleicht hätten wir misstrauischer sein sollen, vielleicht war es schon ein Indiz, dass die meisten der menschlichen Autokraten und Diktatoren durch die Schwerfälligkeit eines Denkens auffielen, das in fast keinem Verhältnis zu ihrer enormen paranoiden Intuition mehr stand. Wir ließen uns täuschen und hielten das regelmäßige Auftreten dieser stiernackigen und breitschädligen Spezies für Degenerationserscheinungen, ein Mensch mit dem Gefühlshaushalt eines Reptils gab vielleicht Anlass zu bösen Späßen, aber auch nicht zu mehr, schließlich war keinerlei Hinweis auf ein Fortbestehen der souveränen Autisten auszumachen. Vielleicht hatten wir die Kapazität unserer eigenen Brutkammern unterschätzt, vielleicht hatte sich, aber das war unwahrscheinlich und hätte irgendwo in den Registern der kosmischen Datenbank vermerkt sein müssen, ein junger Gott diesen Planeten als Trainingskontext ausgesucht, wie schon betont, wir hätten es wissen müssen! Die viel wahrscheinlichere Folgerung erforderte umsichtige Vorsichtsmaßnahmen: Die Restbestände einer degenerierten Form unseres eigenen Genpools waren noch immer aktiv, wurden bei den Wissenden und Mächtigen der Bevölkerung dieses Planeten eingekreuzt – und das war gefährlich. Wir hatten dafür gesorgt, dass der Sapiens sich durch eine Täuschung konstituierte, der Wissende war Begehrender und solange das Begehren sich auf die Suche nach einem komplementären Begehren machte, war unser Herrschaftsanspruch gar nicht anzutasten, wir waren nicht erkennbar. Und nun waren in den Jahrhunderten immer wieder Einzelne aufgetaucht, bei denen das Begehren mehr oder weniger auf sich zurückgestaut worden war. Wir wussten nicht warum, aber wir hätten schneller reagieren müssen. Vermutlich gab es doch Einflusssphären der göttlichen Aborti, vielleicht zogen sie noch irgendwelche Fäden, vielleicht arbeiteten sie noch immer daran, aber das war eine reine Hypothese, den Sapiens von der erotischen Wurzel seines Wissenwollens abzutrennen. Wenn das gelingen sollte, wenn wirklich solche Tendenzen gezielt vorbereitet wurden, konnten wir sicher sein, dass unsere eigenen Fehlgeburten, nach einer Karenzzeit, die im kosmischen Maßstab vernachlässigt werden konnte, sich nun gegen ihre Erzeuger wendeten. Welch ein Hohn, ohne den Glücksfall dieses Planeten wären sie nicht einmal lebensfähig gewesen – und es stand zu vermuten, dass irgendwo in den Höhlensystemen, unter erloschenen Vulkanen oder in uralten Gasblasen noch immer göttliche Autisten versuchten, Schicksalsfäden zu verweben. Gut, das war die eine Möglichkeit, und die andere, dass sich einfach innerhalb der menschlichen Population bestimmte Spannungsfelder und Inkarnationen zeigten, die schon latent waren, als wir deren kleines Repertoire generiert hatten. Nur hätte uns das nicht in Angst und Schrecken versetzen müssen. Mit der Zeit wurde erahnbar, dass es noch eine fremde Kraft gab, die uns in die Quere gekommen war und an unscheinbaren, im Nachhinein aber bedeutsamen Angelpunkten der Weltgeschichte dazwischen hustete und trotzdem nicht zu greifen war.

Eine fremde Kraft – und dann fielen uns eine Reihe von Dokumenten in die Hände: Einige Seiten aus billigen Terminkalendern, wie sie die Banken zum Jahreswechsel an ihre Kunden weitergeben, ein paar Magnetbänder, die ursprünglich pornographischen Aufnahmen Platz geboten hatten, eine völlig verrottete Festplatte, die einmal Zitatsammlungen und Tagebücher aufgenommen hatte und nun vor lauter Rost nicht mehr wieder zu erkennen war, ein paar Streifen vertrocknetes Leder, die einmal vernäht waren und einem Pfeifenraucher als Tabaksbeutel gedient hatten und eine tiefgefrorene Kanüle wohlgeordneter Eiweißverbindungen aus einer Samenbank. Für einen uneingeweihten Beobachter nur ein paar Daten, die Namen einiger einflussreicher Schriftsteller und Politiker am Ende des 20. Jahrhunderts – für uns ein absolutes Alarmsignal. Die These vom Weiterwirken der göttlichen Aborti war damit zwar nicht vom Tisch, aber im Augenblick zu vernachlässigen. Hier versuchte ein anonym gebliebener junger Gott den Planeten anhand seines Telos zu modellieren und er hatte viertausend Jahre Zeit dazu gehabt. Aber hier bestand wieder das gleiche Problem, wie es schon an anderer Stelle geschildert wurde: Wir hatten nicht einen Text, nicht eine Stimme, sondern drei! Doch mittlerweile waren wir schon näher dran, das enorme biomagnetische Potential eines jungen Gottes mochte in den verschiedensten Inkarnationen zum Tragen kommen, inzwischen konnten wir schlichte menschliche Erfahrungen schon als Ausdrucksphänomene des Göttlichen entziffern. Eine Ironie der Geschichte sei am

Rande vermerkt: Während der Homo sapiens gerade die Endphase der Entzauberung seiner Welt erreicht hatte, gingen Entwicklungen über ihn hinweg, die von der Präsenz des Göttlichen zeugten – die Welt war unerbittlich und unendlich dicht mit Sinn geladen. Eigentlich war das ganze Geschehen nicht so abwegig, wie es auf den ersten Blick scheinen wollte: Wenn ein junger Gott es geschafft hatte, viertausend Jahre anonym zu bleiben, auf einem Planeten, der immerhin während der ganzen Zeit unter Aufsicht stand und dank der Züchtungsexperimente im Menschenpark eine besondere Aufmerksamkeit genoss, musste er systemisch zu einem Organ des Planeten geworden sein, der Geist in der Maschine dieser Ökologie. Uns war er nicht aufgefallen, weil seine Vorgehensweisen exakt der unsrigen entsprachen – wir müssen allerdings annehmen, dass die Ziele nicht die gleichen waren. Sehen Sie, mein Gedanke war bereits seit geraumer Zeit, dass dieser eingekreuzte göttliche Funke nur willkürlich und unter den extremsten Bedingungen zum Tragen kam – aber mit den Informationen dieses Textes habe ich umgedacht. Unter den Bedingungen der letzten Jahrhunderte ist das göttliche oder dämonische Element – für mich ist das das gleiche, im einen Fall hat es eine Großinstitution instrumentalisiert, während es im anderen Fall unkontrolliert zu Tage tritt –, zur Privatsache, für nichtig oder als eine Illusion erklärt worden. Aber genau das ist nicht der Fall und so lange wir uns nicht der Tatsache stellen, dass mit diesen Energien eine enorme Gefahr verbunden ist, werden wir gar nicht in der Lage sein können, sie richtig umzusetzen. Wir müssen uns diese göttlichen Kräfte also zunutze machen, indem wir sie richtig sozialisieren! "
Und abschließend kam er sogar noch auf Böhme zurück und betonte, das Bornhard einen viel brauchbareren Ansatz gehabt hätte, wenn Sie das Internet nur ernst genug nehmen würde: „Gewiss ist der Cyberspace im gewöhnlichen Verständnis zu allererst ein umfassendes Archiv, ein Verkehrsmittel von Zeichen aller Art, er ist ein Kommunikationsmedium und eine Wissensmaschine. Er mag ein Unterhaltungsrahmen und ein multimediales Erotikcenter sein, eine umfassende Bühne für multiple Persönlichkeiten und ein optimales Instrument der Wissenschaftsgesellschaft. Alles zusammen liefert er mehr, als jedes

andere Medium vor ihm liefern konnte und zugleich bietet er in der Tiefenstruktur noch jenen Rückgriff auf einen heilsgeschichtlichen Ursprung, an dem alle früheren Medien partizipierten. Die ersten materialisierten Zeichen waren Mahnmale und Grabsteine, aber schon die primitivsten mimetischen Vermittlungen von Erfahrung haben die Aufgabe, dem Vergehen und der Vergänglichkeit auszuweichen, wie die ersten mündlichen Traditionsbildungen dem Tod standzuhalten hatten – für uns ist heute gar nicht mehr vorstellbar, wie fragil ein Wissen ist, das nicht durch objektivierende Datenträger konserviert wird. All jene evolutionären Schritte, die auf die verschiedensten Medien und auf die von ihnen abgeleiteten Institutionen im Gang der Menschheitsgeschichte verteilt worden sind, tauchen in diesem neuen Medium wieder auf und zwar ohne die Abgrenzungen, die bis dahin immer wieder dafür gesorgt hatten, dass ein festgefügter Wissensbestand dem Vergessen anheim fiel, wenn ein neues Medium in den Vordergrund trat. Für das Wissen der Neuzeit und den damit einhergehenden Buchdruck war das Vergessen konstitutiv – und wir können uns gar nicht mehr vorstellen, welches direkte Anwendungswissen einfach verloren ging, wie viele menschheitsgeschichtliche Erfahrungen, die seit Jahrtausenden vom Mund zum Ohr, von der Hand zum Auge, von der Nase oder Zunge zu den Fingerspitzen, vermittelt worden waren, verloren gegangen sind oder nun von den Spezialisten wieder entdeckt werden mussten.

Mit dem Medium Internet sind wir allerdings – auf einer anderen Ebene – wieder an jenen archaischen Formen des Lernens angekommen. Kurz die Zusammenfassung, die ich Hartmut Böhme verdanke und mit der Bornhard oder Albach noch ganz andere Möglichkeiten hätten – aber im Laufe der Zeit werden wir dahinter kommen, wie jenes weltsetzende und realitätsstiftende Ingenium, das bisher nur wirr und ungreifbar in den verschiedenen Medien vagabundierte, wirklich zu instrumentalisieren ist. Und eines ist klar! Was bisher auf verschiedene Epochenschwellen und Sozialisationsstile verteilt war, was in den tragenden Medien der jeweiligen Epochen einen spezifischen Ausdruck fand, wird auf einmal omnipräsent und unabhängig von der jeweiligen Lebenswelt und ihren Erfahrungsgesetzmäßigkeiten. Wir können also wieder auf den kreativen Urgrund zugreifen, hören Sie den Originalton

Böhme: In einem hermetischen Sinn aber ist Cyberspace eine religiöse Sphäre, die allerdings, bezogen auf die Religionen der Welt, ganz unspezifisch und ohne jede theologische oder institutionelle Bindung ist, gleichsam eine anarchische Fluktuation von religiösen Energien. Cyberspace ist ferner eine magisch-fetischistische Sphäre, welche die Nähe-Ferne-Relation in einem total werdenden Näheraum auflöst. Ein Raum, der magisch durchwirkt wird, worin die Modalitäten von lebendig- und unlebendig diffus oder vertauscht werden, worin der Gegensatz von Materie und Nicht-Materie aufgehoben ist, und worin der Nutzer ein extremes Maß von zugleich manipulativer Freiheit und unpersönlicher Abhängigkeit erfährt. ... Cyberspace ist sodann eine mythische Form, das Medium nämlich von komprehensiven und dichten, obligatorischen und kommunitären, naturanalogen und rituellen, polymorphen und polysemischen symbolischen Ordnungen. Diese Attribute kennzeichnen die Hybriditäts-Struktur des Mythischen in antiken Gesellschaften im Übergang von archaischen zu profanen Kulturformen. Es scheint, dass nach dem (symbolischen) "Tod Gottes" der Cyberspace zu einem Medium einer Re-Mythisierung werden könnte, welche ähnliche Hybriditätsformen hervorbringt wie der antike Mythos. Und schließlich ist Cyberspace eine metaphysische Installation, insofern sie, auf technischem Weg, eine strikte und hierarchische Trennung von materieller und immaterieller Welt herstellt, wie sie bisher nur symbolisch vorgenommen werden konnte. Diese symbolische Trennung kennzeichnete die große metaphysische Epoche von Platon über das Christentum bis zu Kant.

Ich muss nicht extra betonen, dass diese Epoche Geschichte ist, dass die Metaphysik aber deswegen noch lange nicht abgedankt hat und dass von einer postmetaphysischen Weltgemeinschaft überhaupt nicht geredet werden kann. Wir sind mitten drin, durch den Cyberspace sind wir heute wieder mit dem Quellgrund aller Metaphysik verbunden!

Und weil das dazu gehört, weil es denselben Antrieben gehorcht, sollte ich vielleicht auch noch einmal unterstreichen, was in den letzten Tagen nicht sehr klar herausgekommen ist. Ich habe nichts gegen Pornographie – ich bin nur der Ansicht, dass sie richtig eingesetzt werden muss. Gegen den Zwang, den die Pornographie im Internet auf Jugendliche ausübt, auf die Erfahrungsmöglichkeiten und auf die Selbstdefinition, helfen keine Verbote. Sondern wir brauchen einen befriedeten Rahmen, in dem sie aneinander lernen können, wie man sich richtig auf diese umfassendste Form der Kommunikation einlässt. Sie brauchen die Möglichkeit, Erfahrungen zu sammeln und ein Repertoire aufzubauen. Dann bringt die Pornographie nicht die Gefahr der Überforderung, der Fehlinterpretation oder der süchtigen Suche nach immer höheren Intensitäten mit sich. Dann kann sie sogar zum Schmiermittel werden, kann Anregung sein oder schädliche Erfahrungen ersparen – also nichts, was das Lernvermögen in Frage stellen könnte!"

Nachdem Mutzlacher mir noch ein paar Tricks und spezielle Fertigkeiten vorgeführt hat, habe ich mich bedankt und bin auf mein Zimmer zurück gegangen. Das war viel auf einmal und vor allem strengt mich die Simulation der Vereinnahmung an. Von meinem Gefühl her läuft das nur so lange gut, wie ich nicht erreichbar und auch finanziell unabhängig bin. Wenn die Leute, für die er arbeitet, auch nur eine Chance sehen würden, mich abzuwürgen, müsste er sich nicht diese Mühe geben. Glücklicherweise verfügen sie nicht über die finanziellen Möglichkeiten, um meinem Verleger nahezulegen, auf meine Mitarbeit zu verzichten – denn dann müssten Sie diesem Zyniker mehr bieten, als ich an Umsatz zustande bringe und er würde nicht für ein Jahr rechnen, sondern sich gleich die nächsten zehn Jahre bezahlen lassen. Er würde auch nicht von den realen Zahlen ausgehen, sondern zusätzlich die Gegengeschäfte aufrechnen, auch wenn ich an denen selbst gar nichts verdiente. Dann wären schnell fünf Millionen zustande gekommen und niemand konnte garantieren, dass ich nicht einfach bei einem Konkurrenzmedium weiter machte, das dann keine geringeren Forderungen stellen würde. Mit der Methode, Einflüsse auszuüben, um mich am Schreiben zu hindern, waren sie schon einmal gescheitert – und wenn es nun auf einer anderen Ebene noch einmal einen neuen Versuch geben sollte, mussten diese Leute irgendeine andere Botschaft ausgeben. So lange ich nicht erreichbar war, konnten sie tatsächlich versuchen, was sie wollten und ich konnte alles für unsere Zwecke weiter verwenden. Verwenden heißt das Losungswort, gewitzt anwenden, für die richtigen Zusammenhänge entwenden und – ich musste nur darauf achten, nicht erpressbar zu werden.

Während ich ein bisschen was zum Abend esse – nur das notwendigste, um keinen behindernden Ranzen mit mir rumzutragen, ich muss wieder schnell und beweglich sein –, wirft der Videoprinter einen Überblick über die aktuellen Nachrichten an die Wand. Nichts, was mich angeht, in der Regel sind die Nachrichten so gleichverteilt sortiert, dass eine normale Psyche gar nicht in der Lage sein soll, die Informationen für die eigenen Belange verwerten zu können. Sie machen stumpf und verstopfen die Sinne, aber sie sorgen dafür, dass wir uns ständig mit Sachen beschäftigen, die wir nicht ändern können oder die uns nichts angehen. Nichts was ich wissen muss, bis mich eine Schlagzeile anspringt: *Heute Abend im Astronormous Chronicle das lang erwartete Interview Musiks mit Octopous Puzley...* Das ist sehr interessant! Ich habe es noch gar nicht geschrieben, ich zweifle sogar, ob ich diesen Krüppeln so ein Instrument an die Hand geben soll, bevor ich ein paar Archive der Akademie des Bewusstseins angezapft habe. Gestern Abend hatte ich mir noch die Entscheidung offen gehalten, das Thema einfach wieder zu vergessen. Aber was soll es – wenn sie diese neue Technik eingesetzt haben, mit der die Informationen eines biomagnetischen Felds gescannt werden, kann ich mir die Mühe auch sparen. Dann lese ich mir das Zeug durch und schaue mal, was ich von dem wusste, was ich noch nicht weiß – und dann zähle ich die Zeilen oder stoppe die Sendeminuten und schicke die Rechnung mit der üblichen Honorarabrechnung. Interessant ist natürlich, was sie gescannt haben, wie sie vorgegangen sind. Haben sie einen Querschnitt aufgezeichnet, der die Bahnungen und energetischen Besetzungen der letzten Tage reproduziert? Haben Sie vielleicht deswegen auf mein Träumen eingewirkt, um die energetischen Besetzungen aufzuladen und mich in einem Feld der Ausgeliefertheit und Angst in meinen eigenen biomagnetischen Verstärker zu verwandeln? Das würde allerdings ein Standbild meiner Neuronenbesetzungen hervorbringen, als hätte einer in einer Silvesternacht an einem dicht belebten Verkehrsknotenpunkt mit einer guten Kamera eine Aufnahme gemacht, indem er das Objektiv für ein paar Minuten offen gelassen hätte. Von der Texterkennung zur intelligenten Musterverarbeitung war nur ein kleiner Schritt und er fiel um so leichter, um so mehr objektivierte Produkte eines Geistes bereits vorlagen: Sie mussten nur meine Texte und Reden auswerten – nur bei den vielfältigen Formen des Schweigens wurde es schwieriger. Verschiedene Gesichtsausdrücke, unwillkürliche Impulse, durchschnittliche Bewegungsabläufe, Atemfrequenzen, Körperspannungen. Ein Gewirr aus Lichtbahnen und Farben und Schemen – und wenn nun jemand aus diesen Spuren des Lichts versuchen sollte, ein Verbrechen aufzudecken oder einen Vermissten wieder zu finden, wäre es mehr die Arbeit dieses Schriftkundigen der Bahnungen, seiner Ausklammerungen, Abstraktionen und Verallgemeinerungen, als tatsächlich das Maskenspiel des Lichts, wenn es zu einem Ergebnis kommen sollte. Das heißt, die Speicherung der Durchschnittsmengen meiner neuronalen Besetzungen würde dann voraussetzen, dass jemand davor sitzen müsste, der mit den Inhalten, die mich beschäftigten, sehr vertraut ist, um dann, mit dem nötigen Vorrat an Zeit, ein paar hundert Varianten zur Verfügung zu stellen. Und selbst dann wäre nicht gesagt, dass auch nur in einer Variation das Manuskript enthalten wäre, an dem ich die letzten vierzehn Jahre geschrieben habe, ohne an eine mögliche Veröffentlichung zu denken, eher mit dem Hintergedanken, es diesen Krüppelzüchtern nicht zur Verfügung zu stellen. Aber genau das wäre wohl nötig, um wiederum die Bahnungen nachzuvollziehen, die sich an der Beschäftigung mit der aus den Gedanken Puzleys entstandenen Welt in den letzten Wochen ergeben haben. Also eher anders herum, der Längsschnitt, das war wohl die einfachste Lösung. Sie hatten mich in einen Verstärker verwandelt, soweit war auf jeden Fall schon mal alles richtig. Und dann hatten sie die Verknüpfungen zwischen den Motiven und Formulierungen objektiviert, die mich in den letzten Tagen beschäftigt hatten, hatten quasi eine Momentaufnahme der intensivsten Besetzungen hergestellt. Und dann hatten sie dieses Netz der Bedeutsamkeit mit ihren Relaten gefüllt – so konnte in ihrem Sinne nichts schief gehen, es war ein echter Musik, aber verwendet wurden nur die Fakten, die sie für sich sprechen lassen konnten. Aber damit wäre auch gewährleistet, dass ich zum selben Thema noch eine ganze Reihe weiterer Dünnschliffe zur Verfügung stellen konnte ... sprich Umsatz, disponible Zeit, Geld!

Und während meine Finger schon dabei sind, die Daten für eine Kontoabfrage in das virtuelle Terminal des Videoprinters einzugeben, geht mir durch den Kopf, einfach in die Luft getippt, dass sie behaupten könnten, und das traue ich ihnen zu, der Tastenblock ist nicht mehr als ein quecksilbriges Flimmern, dass ich für die subliminalen Botschaften kein Honorar verlangen könne. Ich gebe nach den beiden Pfundzeichen mein Passwort ein, kurz geht mir durch den Kopf: Auch das ist eine Form der Unsterblichkeit. Fritz ist schon viele Jahre tot und in meinen Passwörtern bleibt nicht nur sein Name aufbewahrt, sondern auch noch, dass er mir einmal half den Zugang zur Wirklichkeit neu aufzuschließen, nachdem die Krüppelzüchter es geschafft hatten, alle Türen zuzumauern, über die das Bildungssystem in irgendeiner Weise Macht hatte. Ich bin kurz so paranoisiert, dass ich mir überlege, eine beglaubigte Kopie der Galerie der Geistesblitze vorzulegen. Das Zeug mag uralt sein – aber nur weil es fast niemand zur Kenntnis genommen hat, muss ich mich nicht von offizieller Seite um Inhalte beklauen lassen, die ich selbst nur unter Lebensgefahr zusammen gesucht habe. Dann macht es Bing und der aktuelle Kontoauszug ist da: Die letzte Überweisung ist zehn Minuten alt, hat als Verwendungszweck ‚Putz' und, nach einer Reihe von Kryptogrammen, den Betrag 18000 Sirianische Pfund eingetragen. Das ist akzeptiert, damit sind weitere vier Monate abgesichert, das ist kein schlechter Satz und noch dazu ist von den Anzeigenaufträgen noch gar nicht die Rede. Dann brauche ich das Zeug nur noch darauf hin zu lesen, welche redaktionellen Kürzungen und Kompilationen den ursprünglichen Gedankengang verfälscht oder abgemildert haben – das sind dann die Themen, die ich in den künftigen Gesprächen auswalzen werde.

Mit einem offiziellen Ausdruck des Kontoauszugs und einem Stapel Notizen der letzten Nacht gehe ich jetzt ganz offiziell in den Admin-Bereich – als gebe es noch was zu klären. Auf dem Gang laufe ich geschäftig an zwei Schlafanzugträgern vorbei und gehe meine Aufzeichnungen durch. Sie nicken mir freundlich zu, fragen nicht einmal, wo ich hin will oder ob sie mir behilflich sein können. Ich nehme eine Abkürzung, die mir gestern ein Klon gezeigt hat, eine antike, gusseiserne Wendeltreppe, die mich direkt in den dritten Stock in ein Groß-

raumbüro bringt. Keiner fragt mich was, die Leute in ihren Reinraumanzügen sind beschäftigt und gehen wohl davon aus, dass ich irgendeinen Auftrag habe. Was ja wohl auch stimmt, hier sind nur Leute, die über eine Autorisierung verfügen. Auf der gegenüberliegenden Seite des Raums nehme ich die in den ministeriellen Bereich führende Tür und streife im Vorübergehen einen der weißen Teflonmäntel über, die ich regelmäßig an den Begleitern des Präsidenten gesehen habe – auf den ersten Blick sehen die Dinger wie eine Toga aus, aber wenn man erst mal drin steckt, stellt man fest, dass sie mit Mikroelektronik vollgestopft sind – vielleicht kann ich was davon gebrauchen. Ich berühre die links im Türstock eingelassenen farbigen Rauten in der Reihenfolge und dem Rhythmus, die ich gestern mitgeschnitten habe. Die Tür öffnet sich zu dem indirekt beleuchteten Gang mit den kalligraphischen Drucken entlang der rechten Wand und ich lande wieder in dem holzgetäfelten Besprechungsraum mit den Terminals. Ich gebe den Code ein, der auf dem Kontoauszug steht und warte. Wie ich mir gedacht habe, besitze ich eine Leseberechtigung. Ich wähle mich in den philosophischen Bereich der Akademie des Bewusstseins ein. Blödsinnig ist, dass ich nichts kopieren oder mailen darf, aber es muss auch so gehen, die Zusammenhänge kann ich speichern, die wichtigen konkreten Daten werde ich auf die Rückseite der Notizen schreiben. Ich muss noch einmal zurück ins Jahr 1992, um ein paar Aufschreibesysteme nachzuvollziehen. Ich sollte noch wissen, in wessen Fingern die Fäden der Intrige zusammenliefen, wer die nötigen Telefonate geführt hat und was die Krüppelzüchter ihren Zuträgern versprochen haben. Ich will gerade das bionische Headset fixieren, als ein seltsames Geräusch zu hören ist.
Ein metallisches Scheppern im Flur! Es klingt so, als hänge der Aufzug fest, was mich ein bisschen verwundert, ich kann mich an keinen Aufzug erinnern. Aber dann löst sich mit einem trockenen Knallen ein Teil der Holzvertäfelung und schwingt ächzend und knarrend zur Decke hoch. Die dahinter liegende Geheimtür wird von einem Techniker aufgestoßen und bewegt sich lautlos in den Raum. Er geht zerstreut auf mich zu, schiebt den elektronischen Schlüssel über den Tisch und sagt: „Das ist eine Scheißkonstruktion, solltest du dir mal ansehen. Irgendwann schließt die Tür nicht mehr, nur weil sich die Verkleidung

verkantet. Ich geh jetzt, den vierten Server habe ich runter gefahren, wir haben da ein Sicherheitsproblem. Schaue ich mir morgen noch mal an. Also Tschüss." Ich nicke nur und sage nichts, wenn er mich für jemand hält, mit dem er zusammenarbeitet, soll ihn meine Stimme auf keinen Fall irritieren. Ich setze das Headset auf und winke nachlässig mit der linken Hand. Der Hightec-Kittel hatte sich angeboten und dabei hatte ich gar nicht an eine Tarnung gedacht. Ich gebe meine Anfrage ein und auf einmal blinkt das Feld Passwort auf. Das heißt, dass ich für meine eigene Geschichte keine Leseberechtigung habe! Ich nehme die scheckkartengroße Induktionsschaltung und gehe zu der Tür, muss den Schlüssel nicht einmal in die Nähe des Feldes bringen, die Tür geht wie von alleine auf. In einem Waffenschrank direkt hinter dem Eingang lagern eine Reihe Schnellfeuerwaffen, darunter auch eine Flechette, die mich schon öfter mal fasziniert hat und außerdem mehrere Gürtel voll Plastiksprengstoff. Auch das kann eine Verführung sein, ich werde mir nicht die Schwäche erlauben, mit einigen Waffensystemen rauszustapfen. Ich gehe zu den Rechnern und fahre die Nummer vier hoch, schreibe mir die Servernummer auf, breche den Start ab, fahre wieder hoch und breche wieder ab – so oft, bis das System endlich die weise Entscheidung trifft, in den sicheren Modus umzuschalten. Diese Sicherheitslücke ist seit dem XP bekannt, aber seltsamerweise hat nie jemand die Notwendigkeit verspürt, die Tür auf der Ebene des Maschinencodes zu schließen – es werden nur immer gewaltigere und aufwendigere Sicherheitslösungen auf der Benutzerebene angeboten – damit lässt sich gutes Geld verdienen. Aber das war schon immer so: Statt mit einer kleinen Korrektur die Fehler in der Systemadministration zu beseitigen, werden verbindliche Moralkodexe und umfangreiche Strafkataloge entwickelt, als müsste es so sein, dass das System der Verführung dem System des rechten Gelingens einfach vorgelagert ist.

Jetzt lasse ich den Bootvorgang einfach laufen, gehe schließlich in die Benutzerkonten, lösche den im Adminkonto eingegebenen Namen und trage die Kennung meines Kontoauszugs dafür ein. Das war's, jetzt kann ich zu meinem Terminal zurück. Als ich nach Dresden immer wieder irgendwelche Bewerbungsunterlagen zurück bekam, lagen einmal fremde Unterlagen bei, inklusive einer Habilitationsurkunde – wenn ich die Gelegenheit benutzt hätte, um mir mit Hilfe meines Scanners und eines Grafikprogramms eine Habilitation auf meinen Namen auszustellen, wäre das mehr oder weniger schnell ein gefundenes Fressen gewesen, also hatte ich die Unterlagen unfrei an den Absender zurück befördert. Es wird Zeit, dass ich jetzt wieder einmal verschwinde – ich werde es wie immer machen. Ungedeckt und verletzbar, aber mit dem Wissen um die Wirkungen des symbolischen Tausches. Den Sprengstoff können sie gerne behalten, denn wenn es nicht gelingt, mich zu korrumpieren, ist das, was wir können, auf die Dauer, wie die Jahre gezeigt haben, wesentlich sprengender. Ich muss eben Geduld haben, bis es soweit ist, dass die negative Energie dort einschlägt, wo sie ausgebrütet worden ist. Obwohl Du mir immer wieder vorgeworfen hast, dass es eine unmenschliche Geduld sei, dass ich nicht erwarten könne, dass Du bereit bist, dein ganzes Leben auf diesen Zeitpunkt zu warten, bis das Signifikantennetz dann die Entscheidung fällt und die Blitze einschlagen, sind wir in the long run sehr gut damit gefahren – wenn ich davon absehe, dass ich aus Gesellschaften ausgeschlossen worden bin, zu denen ich niemals hatte dazugehören wollen oder dass ich auf Ziele Verzicht leisten musste, die ich mir gar nicht selber ausgesucht hatte. Die Geduld wurde bisher immer belohnt.

Ich bin jetzt wieder soweit, bevor die Sicherheitsabfrage kommt, gehe ich in die zusätzlichen Einstellungen und ändere die Servernummer von Hand ab. Das hat geklappt, jetzt fragt das System nicht mal nach einem Passwort, obwohl ich eine ganze Reihe kopiert habe. Viel Zeit wird jetzt nicht mehr zur Verfügung stehen, aber wenn ich die richtigen Verbindungen herstelle, ist es eine Sache von Sekundenbruchteilen – verarbeiten kann ich die Information später, wichtig ist nur, dass ich die entscheidenden Verweisungszusammenhänge mitnehmen kann. Wenn der Server irgendeinen zusätzlichen Impuls auslöst, brauche ich sicher nicht so lange, wie das Sicherheitspersonal aus dem ersten Stock, bis es aufgrund des Alarms hier ankommt. Ich stelle den Verstärker an und verkable meine Synapsen.

Archivnummer mus0815p2p1992. Fragmente und Zitate aus dem abenteuerlichen Bericht eines psychedelischen Reiseschriftstellers, die Jahrhunderte überdauert haben. Außerdem die Fortsetzung auf Videobändern, die zur Datensicherung zweckentfremdet worden waren. Kennzeichnend für diese Bänder ist, dass sie immer mit der Aufzeichnung eines Stabpuppenspiels beginnen, in dem eine Hinrichtung aufgeführt wird und der Gehenkte am Schluss, nach den übelsten Quälereien, unter dem Gejohle der Zuschauer in hohem Bogen ejakuliert. Bisher ist nicht nachvollziehbar, was zum ursprünglichen Text gehört hat, was nachträglich hinzugefügt wurde und welchen späteren Veränderungen der Text unterworfen war.

Das Thanatosskop: Ich bin schon vor ein paar Jahren Jorge Amados Roman *Die Geheimnisse des Mulatten Pedro* entsprungen. Auf diesen Anfang hat mich tatsächlich die Ablehnung meiner Konzeption gebracht und die Begründung des Ministers, so etwas sei in Deutschland nicht machbar, in Südamerika vielleicht, aber nicht mit deutschen Steuergeldern. Und dabei war einer der Punkte gewesen, das Institut durch selbst erwirtschaftete Umsätze von der Abhängigkeit vom Behördentropf zu emanzipieren. Frei nach Amado bin ich ein promovierter Hausmeister in einem schäbigen Haus in der Innenstadt, habe hier drei Bücher veröffentlicht und sehe nach und nach ein, dass ich verhungern würde, wenn ich versuche sollte, noch die nächsten schon abgeschlossenen Manuskripte unterzubringen. Eine schmutzige Straße, ein widerwärtiges Pflaster, das mit Blut gedüngt und mit Verzweiflung gekittet worden ist, der Geist des Ortes hat es möglich gemacht, dass kleine Handwerker zu Millionären wurden, er hat aber auch dafür gesorgt, dass sie bitter dafür bezahlen und nichts davon haben. Eine der Konstanten hier ist der Sexualneid, eine andere der Hass auf alles Gelungene, Nichtverstümmelte – keine zwei Querstraßen von der ursprünglichen Altstadt entfernt, die mit Nutten, Süchtigen und Dealern versuchte ihre Einflusssphäre weiter in die Fußgängerzone vorzutreiben. Direkt hinter dem letzten erhaltenen Stück historischer Stadtmauer, zwischen Spielsalons, Cocktailbars und kleinen Ramschläden verborgen, befindet sich das Portal eines ehemaligen Glaspalastes. Das ist die verkommene Rückfront eines repräsentativen großbürgerlichen Jugendstilklotzes, während ich bei den vorderen Eingängen auf meine Gegner oder deren Delegierte stoßen könnte, kann ich in den Anbauten

und Erweiterungen zwischen dem zweiten und dem dritten Hinterhof relativ sicher unerkannt bis in den fünften Stock vordringen.

Ich bin auf der Suche, während Du vor Schwankungen und Schwindelanfälle zu Hause warten musst. Das ist vielleicht der schlimmste Hohn, dass gerade Du nicht mehr in der Lage sein sollst, dich beweisen zu können, dass Du keine Chance mehr hast, ordentliche Schläge auszuteilen. Aber dazu brauchte es eine ganz besondere Versuchsanordnung, die darauf beruhte, dass der Vizedirektor vorgegeben hatte, Dir die Chance einzuräumen, einen verschlampten und korrupten Laden zu optimieren, während der Direktor eher skeptisch abgewartet hatte, weil er Deine Qualitäten bezweifelte. Wie von allein hatte sich ein mächtiger Ehrgeiz ergeben, dass Du angestachelt worden warst, mal richtig auszumisten und sogar mir vorgeschlagen hattest, ich solle meine zusätzlichen kleinen Jobs sausen lassen, um mich dann ganz dem Schreiben zu widmen. Wie nebenbei sorgten die Protagonisten dann dafür, dass die Bugs zunahmen und die Erschwernisse gegen Unendlich gehen sollten – dass ich bald von zu Hause aus immer mehr Kraft und Wissen darauf verwenden musste, die wichtigen Einsichten zugänglich zu machen und Dich mit der nötigen Energie zu pushen. Wenn ich in irgendeinem höheren Management den gleichen Job gemacht hätte, wäre damit sehr viel Geld zu verdienen gewesen – aber so musste ich schon dankbar sein, dass mir meine kleinen Jobs den nötigen Abstand garantierten, auch wenn ich im Fortgang des Wettrüstens immer weniger zum Schreiben kam. Und dann wurde auf einmal offensichtlich, dass das ganze Theater nur veranstaltet worden war, weil einige Professoren, die an mich nicht mehr herankamen, Ihren Einfluss beim Vorstand hatten spielen lassen und die Direktion schön brav mitspielte. Es scheint für solche delegierten und zu kurz gekommenen Verwaltungskrüppel nichts Erhebenderes zu geben, als die Möglichkeit, ein von den Göttern bevorzugtes Geschöpf auszubremsen und zu zerstören! Welche Gemeinheit, es war nicht einmal darauf angekommen, dass du wirklich schon ein paar Prozesse optimiert hattest! So beschissen und verlogen funktioniert die Macht tatsächlich, denn es geht um keine Kämpfe zwischen Ebenbürtigen, sondern es geht für den, der an den richtigen Schalthebeln sitzt nur darum, den anderen zu beseitigen. Die erste

Schwachstelle ist gleich die beste: Wenn die Negation an einem toten Hund ansetzen kann, ist anhand der Freundin gleich der nächste Tiefschlag anzubringen. Und es hätte nicht geholfen, nun zu lamentieren, welche Ungerechtigkeit das war: Was konntest Du schließlich dafür, dass sich Uniprofessoren durch einen früheren Studenten infrage gestellt gefühlt hatten. Es war an der Zeit, dass ich in die Lage kam, die Negation selbst zu absorbieren, ich konnte nicht zusehen, dass sie alles zerstörten, was mir wichtig war, nur weil sie sich ein echtes Kräftemessen nicht mehr zutrauten. Tatsächlich konnte ich mir die Empörung gar nicht leisten, sie hätte nur wertvolle Kraft gekostet und als Du dann gekündigt hast und zu einer Ärztin gingst, um dich krankschreiben zu lassen und die letzten Wochen Ruhe zu haben, wurden ernst zu nehmende Burnout-Phänomene festgestellt. Wir haben einige Zeit darauf verwendet, zur Ruhe zu kommen, die ganze Sache aufzuschreiben, während ausgedehnter Spaziergänge zu regenerieren – aber es reichten Kleinigkeiten, irgendwelche Antworten auf die Bewerbungen, die ich in der letzten Zeit verschickt hatte, und der Stress und die Angst waren wieder da. Ich bewarb mich, um Hoffnung zu machen, um Zeit zu strecken, um Informationen zu streuen – erst einmal hatte ich nicht vor, die Scheißarbeit stillgestellter Kriecher zu machen, ich wollte neue Freiheitsspielräume freisetzen, obwohl es mir viel lieber gewesen wäre, weiterhin als Hilfsarbeiter an Texten zu feilen, die keinen Beeinflussungen und keiner prospektiven Selbstzensur unterworfen sein sollten. Aber wenn es nicht anders ginge, war ich mittlerweile sogar bereit, mich in irgendeinem Durchschnittsjob für Akademiker zu bewähren. Das war so etwas von großmütig gedacht, dass ich dabei aus den Augen verloren hatte, wie wenig Interesse die Leute, die meine Gegner sein wollten, daran haben konnten, wenn ich dafür sorgen konnte, dass uns die verwaltete Welt auch noch durchfütterte. So war es nur stimmig, dass die verantwortlichen Bildungsbeamten in der letzten Zeit dann auch noch den Schub erhöht haben – man könnte sich überlegen, ob dieser gesellschaftliche Status, der die Subalternisierung mit dem maximalen Spielraum für die Ausübung eines infantilen Größenwahns verband, nicht schon der Motor der Psychose war. Ich hatte die Bewerbungen verwendet, um die notwendigen Informationen zu streuen und im Gegenzug hatten sie gezeigt, dass ihre verbürgten Einflüsse bei den wichtigen Leuten spielen konnten: Für jemanden, der nicht telefoniert und keine Briefe schreibt, ist es erst einmal gar nicht zu vergegenwärtigen, wie sehr der Briefverkehr die Paranoia befördert, wenn man auf eine Einladung wartet, wie weit das Telefon ein Instrument der Macht ist, wenn man eine positive Botschaft erhofft. Dieses Wissen stellte sich erst im Laufe des Verfahrens ein und so war es auch gar nicht verwunderlich, dass ich wie nebenbei aufs Telefonmarketing kam und außerdem die vielen Informationen über die Firmen in Stuttgart, die sich wie nebenbei während der vierzehn Jahre Botengänge angereichert hatten, für die Akquise verwenden konnte. Ich hatte über die Zugänge zu Insiderwissen verfügt, ohne dass ich dies überhaupt zu schätzen wusste: Sei es über die Kundenkartei und das Geschwätz der Buchhändlerinnen, sei es über die Wichtigkeitsspiele des Personals und der dienenden Geister – und weil ich eben auch noch Hausmeister war, wurden mir dazu manche Bösartigkeiten und viel übler Klatsch zugetragen. Das war genau so zu verwenden, wie die Abkürzungen und Schleichwege in den Eingeweiden der Stadt.

Aber so weit bin ich noch nicht. Wenn ich jetzt einem der Verantwortlichen in der Stadt begegnete, es mag zwar wie Zufall ausgesehen haben, aber daran glaubte ich nicht mehr, nachdem ich so oft abgepasst worden war, konnte ich beobachten, wie sie Stress bekamen, wie sie erschraken, am liebsten ausweichen wollten und sich dann zwangen, mit einem starren Blick und einer versteinerten Miene an mir vorbei zu hasten. Das beruhigte mich dann wieder, weil ich mir sagte, dass Leute, die solchen Schiss vor mir hatten, nicht in der Lage sein würden, mir zu schaden. Aber immer wenn ich Dir zur Beruhigung davon erzählte und unterstrich, dass meine Bewerbungen nicht nur auf Schreibtischen landeten, wo diese Einflüsse vorherrschten, bekamst Du Stress oder begannst an unseren Möglichkeiten zu zweifeln. Erst nach und nach wuchs bei mir der Verdacht, dass diese Leute die Panik und den mühsam beherrschten Fluchtimpuls vielleicht nur vorspielten, damit er auf uns überspringen sollte. Dann beobachtete ich, wie eine der Psychotikerinnen in Turnschuhen und einem schlampig übergeworfenen Trenchcoat, mit irrem Blick und schweißverklebten Haaren immer wieder an unserem Haus vorbeijagte, ich sah die Frau Professorin um die Ecke des Marienhofs stressen, dann kam sie schräg über die Straße, löste einmal sogar empörtes Hupen aus, dann sah ich nur noch ihr Spiegelbild in den mit einer dicken, von den Autoabgasen verklebten und von Regentropfen gesprenkelten Staubschicht bedeckten Schaufensterscheiben gegenüber. Und das setzte eine frappierende Evidenz frei. Wer weiß, wie oft sie schon um unser Haus gestresst war, wie häufig und wie lange sie schon daran arbeitete, das magnetische Feld in unserer Umgebung mit Angst, Ausgeliefertheit und Frigidität zu sättigen. Ich hatte Dir nicht einmal von der Beobachtung erzählt, ich ahnte schon wie schlecht das wirken würde. Aber ich musste nichts erzählen, die negative Energie ihrer bösen Wünsche war auch so übergesprungen – es musste wohl gereicht haben, dass ich diese Beobachtung über meine Körperspannung bis zu Dir transportiert hatte. So hat dich wieder der mimetische Taumel gepackt, Du hast den Boden unter den Füßen verloren und dann hast Du dich aus Unsicherheit derart ausgebremst, dass die verschiedenen Muskelsysteme verkrampften. Ich hatte das Gefühl, die negativen Spannungen auf der Zunge zu schmecken, als würde in der Nähe Metall geschweißt, außerdem begann ich zu hören, wie die Steine ächzten und die Stahlträger vibrierten. Also musste etwas geschehen. Ich war nun am so genannten Boden der Tatsachen angekommen: Dort, wo das Imaginäre begann. Ein Status, wo mir wieder einmal klar wurde, dass diese Tatsachen nur Fiktionen sind, dass wir uns nur zu bereitwillig eine harte Realität zurecht zu zimmern versuchen, um nicht Gefahr zu laufen, einfach zwischen unseren Vorstellungen hindurch zu fallen – und dass tatsächlich ständig irgendwelche Instanzen daran arbeiten, dass wir an diese harte Wirklichkeit zu glauben haben, eben weil sie uns beherrschbar macht. So weit war ich schon einmal mit den Halluzinogenen gekommen – einer der Gründe für ein Philosophiestudium war gewesen, dass ich ein bisschen genauer kapieren wollte, was hinter den Bildwelten noch zu erwarten sein würde. Jetzt wusste ich es, und leider hatte das nichts mit Weisheit zu tun, nur mit den bürokratischen Varianten menschlicher Niedertracht. Nach den vielen Jahren, in denen ich ausgewichen war, in denen ich so getan hatte, als sei mir nicht klar, um was es ging und als habe ich nichts damit zu tun, als gehe es mich nichts an, war ich nun bereit, den Kontakt aufzunehmen. Wie viele Jahre hatte ich immer wieder eine Liedzeile im Kopf: loosing contact... bis mir klar wurde, dass das ein Nachhall war. Die Leute, die es sich in den Kopf gesetzt hatten meine Gegner sein zu wollen, hatten den Kontakt nicht halten können, weil es ihnen nicht gelungen war, mir auf all den Feldern zu folgen, auf denen ich mich noch bewähren durfte. Ich hatte sie abgehängt, weil ich wusste, dass sie mich vernichten wollten und sie hatten sich damit therapiert, dich in eine Verzweiflung einzukesseln, für die Du wirklich nichts konntest. Nun war es meine Sache, die Begegnung selbst zu suchen, nicht etwa, weil ich noch eine Chance sah, an irgendeine Stelle zu kommen, die irgendwie noch in entfernter Verwandtschaft zu den Geisteswissenschaften zu situieren war. Ich musste es für uns tun, musste wissen, wie genau und an welchen biographischen Schnittstellen tatsächlich manipuliert worden war, musste die wesentlichen Schaltstellen finden, um dann dafür zu sorgen, dass wir möglichst weit rauskamen. Mich hatten diese Strategien wohl deshalb nicht erreicht, weil ich in früheren Zusammenhängen schon ein paar Mal gestorben war, weil dabei der Zwang zur Nachahmung in meinen mimetischen Registern abgeschwächt oder auch ausgefallen war. Allerdings waren von den sieben Leben meines Katers nicht mehr viele übrig, nachdem ich vor ihm bereits ein paar Schutzengel ruiniert hatte. Aber das konnten diese Leute nicht wissen, ich musste dem Imperativ der Verschwendung folgen und einfach davon ausgehen, dass ich noch ein paar Leben in Reserve hatte. Diese Leute, die mittlerweile meine Gegner waren, hatten sich darauf kapriziert, die Negation an dem Datum einzuleiten, als mein Chow Chow an einer Magendrehung gestorben war – das hatte bisher den einzigen Anknüpfungspunkt gegeben, an dem es möglich war, mich runter zu ziehen. Und nun hatte ich dafür zu sorgen, dass Du nicht den nächsten Anknüpfungspunkt liefern würdest, weil Du als Beamtentochter noch immer diesem vorauseilenden Gehorsam unterstandest. Es gab einmal einen Kater, der den Beinamen ‚der Wilde‘ mitbrachte und den Weg der abendländischen Poesie genommen hatte, als er von Persien über Griechenland bis zu mir ins Land der Dichter und Denker gekommen war. Ein Kater, den ich versucht hatte, tot zu schlagen, nachdem er mir die Sinnlosigkeit der ersten Semester in den Geisteswissenschaften vor Augen führte. Mit den zwei Hunden und fünf Katzen und einer verwöhnten Freundin, die nur damit beschäftigt war, sich einen Wunsch nach dem anderen zu erfüllen, war der Plan einer Weltreise wie Sand zwischen den Fingern davon gerieselt – ein Kater, der auch immer wieder ein morgendlicher Kater war, bis ich gelernt hatte, dass die Begeisterungen durch eine Zaubermöse wesentlich mehr brachten, als die Verdumpfung und dass sie auch viel wichtiger waren, als die dafür eingehandelten Frustrationen. Dieser Kater hatte schließlich zwei Aktenordner voll Aufzeichnungen aus den ersten zwei Semestern befördert, das Wilden-Manuskript. Eigentlich stand schon alles irgendwo, ich musste es nur noch in die richtigen Zusammenhänge einfügen – hier waren ganz intuitiv jene Strategien entstanden, mit denen es möglich geworden war, die Schweinespiele einiger der wirklich Mächtigen auszuhebeln und hier war auch dokumentiert, wie ein System der Nicht-Identifikation funktionierte. Ich musste irgendwie wieder an diese uralten Techniken der Magie rankommen.

Jahrelang hatte mich das uralte Kopfsteinpflaster in der Krumme Straße gestört, als ich noch Mofa fuhr, für einen Gardinenservice die gereinigten Vorhänge auf dem Gepäckträger auslieferte und bei Bedarf auch gleich aufhängte, musste ich bei dieser Kurve immer darauf achten, dass es mich nicht böse reinhaute. Später, als wir in die Sophienstraße gezogen waren, hatte dieses hässliche und nach den Abfällen des Hotels Ketterer und der Sickergrube des Historischen Theaters, das noch an keine Kanalisation angeschlossen war, stinkende Stück Straße die Negativbesetzung, dass deine Alte dort vor dem Hinterausgang des Neckermann auf den Alten wartete und oft genug, wenn ich jobbte, die Gelegenheit nutzte, bei Dir vorbei zu schauen – ich bemerkte die beschissene Wirkung dieser Besuche immer dann, wenn bei Dir die Abwesenheitsdressur zu galoppieren begann und Du auf einmal einen neuen Traummann aufs Tablett brachtest. Das lernte ich als Kompaktkurs über die Wirkung der Mütter. Aber dann hatte das Kaufhaus geschlossen, der Bau war abgerissen worden – wie immer, wenn wir umzogen, wurde kurze Zeit danach damit begonnen, beschissene Nachkriegsbauten wegzuputzen und wir lebten in Staubwolken und Baustellenlärm – und ein moderner Bürokomplex mit Gastronomie und ein paar kleinen Lädchen entstand dort und das Historischen Theater wurde renoviert. Zwei Jahre waren das städtebauliche Perlen und dann forderte der Geist des Ortes seinen Tribut, schnell wurde aus der anspruchsvollen Erlebnisgastronomie eine Disko, einige der Lädchen wurden zu einem Glücksspielcenter zusammengefasst und der Drogenstrich war wieder da. Währenddessen sollte auch etwas mit der gegenüberliegenden Seite geschehen. Auf einmal war das vordere Gebäude renoviert worden und dieser uralte Altbau sah, wenigstens in der Tübingerstraße, wieder nach etwas aus und von dem verkommenen Glaspalast war nur ein kleiner, verborgener Hintereingang übrig geblieben, an dessen schwerer, schief verkanteter Stahltür ich mich jetzt abmühte.

Die Krumme Straße wurde so dick asphaltiert, dass die alten Kopfsteinpflaster, zwischen dessen Klötzen das Blut von Generationen versickert war, nicht mehr zu entdecken waren. Es dauerte nicht lange, und wir hatten vor einem anstrengenden Tag am Telefon auf diesem schwarzen neuen Asphalt morgens, als wir in die Parks gehen wollten, Fünfmarkstücke entdeckt und als wir erst mal genauer guckten und wach wurden, festgestellt, dass die ganze Straße, vor allem aber diese alte Kurve, mit leuchtenden Metallscheibchen gesprenkelt war. Vermutlich hatten ein paar Junkies die Automaten einer Spielhalle aufgebrochen und wir sammelten nun die für die Götter bestimmten Brösel ein, die sie verloren hatten, als sie abhauen mussten. Wenn man nichts hat und ums Überleben kämpft, ist so ein kleiner Glücksfall kurzzeitig ein Aufjauchzen wert, ein Versprechen des Signifikantennetzes: Wenn du um die hundertachtzig Mark in kleinen Münzen auf der Straße aufsammeln darfst, kann es das Schicksal gar nicht so schlecht mit dir meinen!

Auch das ist schon wieder lange vorbei! Manchmal frage ich mich, warum ich in früheren Zeiten, als noch nichts von unserer Verstrickung zu ahnen war, immer wieder so ein wehmütiges Gefühl gehabt hatte, als sei schon alles vorbei, als schaute ich auf ein paar Trümmer und Reste und konnte nur noch in einer sentimental beschwörenden Erinnerung vor mich hin lallen: Weißt du noch? Weißt du noch, weißt du noch... Und dann alltägliche Kleinigkeiten zu nennen, die so selbstverständlich waren, dass man sie gar nie beachtete, solange es einem so gut ging, dass man damit unzufrieden sein konnte, wenn die Zeit einfach so alltäglich und gemächlich vor sich hinging. Irgendwelche großen Erfahrungen oder besondere Begegnungen sollten doch dafür sorgen, diese eigene Zeit über die eines dumpfen Verrinnens hinaus zu heben. Natürlich liegt der Schluss nahe, dass ich schon eine Ahnung gehabt hatte, was auf uns zukommen würde – aber das ist falsch: Das Weißt-Du-noch-Gefühl geht auf eine Zeit zurück, in der wir uns noch nicht kannten. So wie mich When I´m sixtyfour von den Beatles wehmütig stimmen konnte, obwohl ich noch nicht einmal achtzehn war, scheint schon sehr früh eine psychische Interpolation nachvollziehbar zu sein, die aus dem Ich-bin-der-ich-gewesen-sein-werde einen konkreten Rückblick in die Jetztzeit versuchte. Musik ist die strukturierte Zeit, gestaltetes Fühlen, die Harmonien, die die Welt zusammen halten... und jetzt war ich hier, mit dem Chaos im Genick, die Zerstörung wohin ich schaute, die Toten links und rechts auf meinem Weg. Mit leeren Händen, ohne irgendwelche Verbündete oder geheime Reserven, nur mit den Mitteln eines Blankpolierten Spiegels, habe ich uns wieder einen kleinen Platz im Morgen zu erkämpfen. Eigentlich brauche ich dazu Zeit, Zeit die wir nicht mehr haben, obwohl klar ist, dass meine Strategien todsicher sind, wenn ich mir den Luxus erlauben kann, die Zeit für mich arbeiten zu lassen. Wenn ich realistisch abwägen müsste, wie die Chancen standen, brauchte es eine Zeitmaschine, in der Jetztzeit war keine mehr. Tatsächlich mussten einige Zeitzünder schon Mitte der Achtziger deponiert werden, musste sogar in die Dreißiger zurückgegangen werden, um dafür zu sorgen, dass ein paar Geburtstraumen abgemildert und ausgependelt wurden, es mussten vermutlich schon ein paar Irrtümer beseitigt werden, die sich vor dem ersten Weltkrieg eingeschlichen hatten, außerdem war in den Jahren der Gründerzeit ein ausgemergelter Gymnasiallehrer von der Sinnlosigkeit der Askese zu überzeugen..., wenn ich diesen Gedanken ernsthaft zu Ende denken wollte, musste ich eigentlich bis zu den Gründungsjahren der frühen Hochkulturen zurückgehen, denn seitdem war alles falsch gemacht worden, was überhaupt falsch gemacht werden konnte. OK, die Vergangenheit sollten wir abschreiben, aber wenigstens in der Zukunft musste ich einen Platz erobern, denn wie es aussieht, haben wir in der Gegenwart so gut wie keinen mehr. Und doch wundert es mich immer wieder, dass ich in der Erinnerung so viel Zukunft finde – wie ich als Tramper manchmal stundenlang Wolken beobachtet hatte und mich an den Gesichtern und surrealen Formen begeistern konnte –, als sei meine Zeit erst in der jüngsten Vergangenheit verschüttet worden, als hätte vor nicht einmal zehn Jahren noch viel mehr Zukunft zur Verfügung gestanden.

Die depperte Tür schlägt hinter mir zu und reißt mich aus meinen Gedanken. Fleckige und feuchte Wände, abgebrochene Arme eines Kronleuchters, bei dem einzelne Fragmente aufgrund der Feuervergoldung noch wie neu aussehen, während das Metall an den Bruchstellen durch aufgequollenen Wucherungen bis zu Unkenntlichkeit erodiert ist. Was soll's, nichts war für den Menschen so notwendig, wie dauerhafte oder überdauernde Materialien zu schaffen, nur um dabei zu lernen, dass die zartesten Strukturen und das feinste Wissen am längsten hielten, während die Marmorpaläste oder die Spielereien aus Edelsteinen und Metall schnell von der nächsten Woge der Zeit geschluckt wurden. Selbst die Waffensysteme hielten nicht so lange, wie mancher flüchtige Gedanke. Hinter den beiden bröckeligen Sandsteinsäulen sind die Wände auf einmal nur noch hässlich gelb gekachelt. Vergilbte Plakate, die auf irgendeine Vortragsreihe der Psychotikerin in einer Bekennenden Kirche verweisen, sind auf die gesprungenen Fliesen geleimt, dazwischen rostige Stahltüren, die an beiden Seiten fest geschweißt worden sind, in den Türbeschlägen Hartgummi-Dummys, an den Wänden Halterungen aus angelaufenem Messing, Kabelstrünke staksen in regelmäßigen Abständen aus der Wand, Verstrebungen, die hin und wieder noch golden aufleuchten. Und dann merke ich nach und nach an dem Geländer, dass ich in kultiviertere Gefilde vorstoße. Erst war es schmierig schwarz und morsch, immer wieder fehlten Streben oder waren zersplittert durchgetreten. Jetzt wirkt es mit jedem Stockwerk heller und sauberer – als ich endlich oben angekommen bin, ist es fein gedrechselte, gewachste alte Eiche, auf der ein goldener Schimmer liegt.

Im vierten Stock stehe ich vor einer bescheiden aufwendigen Tür, keine Glocke, kein Schild, zierliche und polierte Beschläge, dahinter ein spärlich ausgeleuchteter Gang, dunkle Samtdraperien schlucken das Licht, die Böden aus Marmor, die Wände Mahagonikassetten, der in eine Dachterrasse mündet: Antike Statuen, ein kleiner Springbrunnen in der Mitte umspielt von tropischen Dünsten, ein paar Palmen, eine Kaktusfeige, kunstvoll arrangierte Blumengebinde voller Orchideen und ein paar haarige Lianen, ein außergewöhnlich großes und buntes Chamäleon auf einer vielflächig geschliffenen Kristallkugel. Ich ignoriere die nackten Badenden in dem Becken, und sie beachten mich nicht – ich bin bekannt, der Depp mit dem scharfen schwarzen Hund. Sie gehören zu dem Model-Service im angrenzenden Haus und sonnen sich meist auf dem Dach schräg oberhalb meines Schreibtischs, lassen sich für Bademoden oder festliche Anlässe zwischen Fachwerk, alten Mauern und Plastikrequisiten oder flüchtig zusammengestellten technischen Ausrüstungsgegenständen fotografieren, posieren für sexy Clips oder Pin-ups. Im Laufe eines Sommers, während Bücherstapel von der linken zur rechten Seite umgeschichtet werden, das Manuskript Seite für Seite dicker wird und ich den Blick schweifen lasse, wenn ich nicht mehr weiter weiß, habe ich manchmal den Eindruck, als würden die braunen Nippel unter der harten Sonne blau und lila.

Vorsichtig beuge ich mich in den gegenüberliegenden Raum, entsichere den Elektroschocker in der linken Tasche und fische das Pfefferspray aus der rechten. In einem überdimensionalen Monitor läuft ein Videoclip Mösenballett: In runden Bewegungen vorstoßende weibliche Körper, zwitschernd mächtige Schamlippen, Diamanten gesäumt, versuchen Schwänze einzufangen, pralle Eicheln, die immer wieder zurückweichen, schwabbend-schmatzende Trennungsgeräusche, dumpfes und sattes neues Eindringen. Es beginnt hier ganz satt nach Mösen zu riechen. Über der Tanzfläche ein Transparent: Das ist eine Spermafalle! Dumpfes Trommeln zu Sphärenklängen. An der gegenüberliegenden Wand steht ein mächtiger Barockspiegel, in dem sich das ganze Zimmer spiegeln kann und der auf jeden Fall den Bildschirm spiegeln müsste. Es erstaunt mich nicht, dass er es nicht tut.

Ich beobachte disproportional verzogene blasse Schemen, deren Sehnen und Knochen silbern durchscheinen, die eine ist in die Länge gezogen, ein Stecknadelkopf auf einem knochigen Gestell, die andere zusammengestaucht wie eine klumpige Kröte. Sie scheinen sich an einem Kind zu schaffen zu machen. Dann wird das Bild schärfer, der Spiegel zeigt einen archaischen Zauberpriester, der sich an einem etwa sechsjährigen Jungen vergeht, in ihn eindringt und währenddessen mit einem Obsidianmesser in feinen Streifen Häutungen vornimmt, die frische Haut sofort um seinen Hals und die Stirn windet, sich in den feinen Blutströpfen zu räkeln scheint und die schrumpeligen Häute wegwirft und mit einer geschickten Bewegung die gesamte Gesichtshaut des Jungen ablöst. Der windet sich, schon zu erschöpft zum Schreien und sinkt vor Schmerz überwältigt in eine Wanne aus getriebenem Gold. Ein weiblicher Kobold, oben spitz zulaufend, ein eingeschrumpelter Kopf, ganz schmale Schultern, Brüste wie lasche Hautfalten mit Messingringen in den Nippeln, ein Hintern wie ein Pferd, beugt sich über den Jungen und öffnet ihm mit einer flinken Bewegung die Seite, befestigt das Gedärm auf eine Spule und beginnt es beim Herausziehen abzuschlecken und aufzuwickeln. Der Kleine beginnt unter dem Zugriff der spinnenden Parze noch einmal zu schreien, letzte Kräfte werden freigesetzt in unartikuliertem Gebrüll. Die eiszeitliche Venus stülpt sich über das schreiende und blutende Bündel, die strammgezogenen Darmschlingen sind in einem Nu ein feines Flechtwerk, das nur noch mit Farbe und Fleisch ausgepolstert werden muss, sie macht sich ans Werk und schreibt der verlorenen Kindheit die Geschichte vor. Die lachende Baubo kitzelt die Extremwerte heraus, um das System in einen absoluten Taumel zu versetzen. Der Zauberer hat die Haut mit geheimnisvollen Essenzen besprüht, blaue Funken sprühen und er passt das Kindergesicht an, der uralte Mann beginnt sich zu verjüngen. Sie hat den weißen Knochen des Hinterkopfes blank masturbiert, der Kleine windet sich in letzten schwachen Zuckungen, ein trockener Schlag mit einer silbernen Mondsichel trennt die Schädelplatten am Scheitelwirbel voneinander. Ihre Aufgabe ist vollbracht, der Zauberer führt ein abgeplattetes und an der Spitze verbreitertes Röhrchen – irgendwoher weiß ich, dass es aus einem Strohhalm hergestellt wurde, der mit Blattgold eingehüllt und behutsam verkohlt worden ist – mit einer Drehbewegung treffsicher in die blutige Masse ein und beginnt die Hypophyse herauszuschälen und dann die Röhre auszusaugen. Dann nach einer kurzen Pause des Verjüngens trennt er den Schädel ab und trägt ihn wie ein heiliges Gefäß mit weichen und sanft wiegenden Schritten durch den Raum.

Mittlerweile ein eleganter Tänzer, jede Bewegung ist stilisiert und mit einer Akkuratesse ausgeführt, die nichts menschliches mehr hat, ein Automat oder ein überdimensionales Insekt, Bewegungsabläufe, die so kompliziert sind, dass sie ein vielfaches an Sehnen, Muskeln und Gelenken erfordern, die ein normaler Körper aufbieten kann – im Hintergrund kommentiert eine weibliche Stimme, dass es an der Zeit sei, wenn die Frauen nun zu ihrem ursprünglichen Vermögen zurückfinden und, was die Beweglichkeit und Wandlungsfähigkeit angeht, ihre homosexuellen Konkurrenten nicht mehr nur beneiden müssen. Für einen Augenblick gerät dieses außergewöhnliche Körpermobile in einen Beschleunigungsrausch, der als komplexe Statik erscheint, jede Bewegung wird zugleich zu ihrer Gegenbewegung, die Muskeln arbeiten so schnell, dass sich beim bloßen Hinsehen nichts mehr rührt, nur dem flinken Blinzeln offenbart sich die Ekstase, zwischen zwei Augenaufschlägen zerfließt das Muskelspiel in einen asphalt-schwarzen See und läuft in den grün geäderten Marmor über, ist mit dem nächsten Blick ein fast körperloser, vielfarbig schillernder Hautflügler im Lichterfunkeln eines überdimensionalen Kronleuchters. Metamorphosen im Rhythmus eines Blinzelns und zwischendrin entdecke ich den zu einem jungen Athleten gewordenen Zauberer, seine mächtige, am Scheitelpunkt aufgeklappte Eichel scheint der Sonne zu drohen. Immer nur für Momente kann ich beobachten, wie er mit einem Laserskalpell das Gehirn von den Schädelwänden löst und dabei darauf achtet, dass der Schädel in seiner Hand fast zur gleichen Zeit in allen vier Ecken des Raums ist. Er jongliert den Tod und die Zeit, er knechtet und versklavt das Leben – während er den Schädel auszu-schlürfen beginnt, vergehen vor dem Spiegel Jahrmillionen – gerade war ich noch ein Seeigel, dann auf einmal ein Philosophiestudent.

Und der Zauberer tigert als verjüngter Päderast durch die Luxusgäss-chen einer Spielerstadt, immer auf der Suche nach Bewunderern, an deren männlichem Blick der Sog des Ich-bin-wichtig eine Bestätigung finden will. Wieder höre ich die Stimme einer schmachtenden Jung-frau, die gar nicht zu dem unförmigen Klops passen will, eine Missgeburt, die ein Leben lang subaltern an einer Schulbank Musterschülerin spielen durfte und nun schon durch ihre Haltungsschäden dokumentiert, dass sie so etwas wie Haltung gar nicht kennt – sie vertritt die professionelle und zu Machtzwecken gezüchtete Psychose und beginnt bereits mit der Erklärung: Die Erfahrung der Frau sei für den Mann psychotisch. Ein seltsamer Satzbau, den ich für mich so auf die Reihe bringe, dass es nicht die Frau ist, sondern die Möglichkeit, die Erfahrung einer Frau zu machen – und seltsamerweise bin ich dann bei einem blinden Seher, der die Weisheit noch nicht lieben musste, weil er weise war und das unter anderem, weil er den Orgasmus einer Frau erfahren hatte. Die moderne Schwundstufe ist dann der homosexuelle Dandy, für die Dame am besten in eng anliegenden Netzhemden, mit Kettchen, Ohrringen und scharfem Haarschnitt in den Promenaden-Cafés. Oder für den Rest der Welt die gelungensten Protagonisten auf den Christopher-Street-Days, die lediglich demonstrieren, was die Frauen sich, nach manchen Protagonistinnen der Frauenbewegung, denen die Macht immer viel wichtiger war, als die rhythmische Bewegung, zurück erobern werden. Den Skandal, dass ihnen Männer in einer Nacktheit zugemutet werden, anhand derer ihnen auf einmal klar wird, wie das von den Bewegungslesben gesetzte Tabu auf der weiblichen Schönheit – versteckt hinter den Klagereden über das weibliche Sexualobjekt –, mit daran teil hatte, die Wahrheit über ihre wirkliche Macht zu verstellen, hätten sie sich gern gespart: Denn daran konnte deutlich werden, dass es schon an der Oberfläche einen Unterschied gab, der auf die tiefsten Wahrheiten verwies. Tatsächlich sollte nie unterschätzt werden, welche Macht die in der Öffentlichkeit inszenierte Nacktheit tatsächlich beinhaltet. Oder besser noch, wie sich dahinter sogar der Zauber verbarg: Dass es einem Paar gelingen kann, die versammelte Macht der einflussreichsten Bedenkenträger einer Institution und deren lancierten Intrigen durch eine vorbehaltlose Verausgabung der intensivsten Energien an die Wand zu spielen.

Dabei war es der Hohn, dass diese hermaphroditische Maske der Weisheit vor allem für Verstümmelte und Behördenkrüppel reserviert blieb. Selbstqual und Sadismus sind nur komplementäre Formen der Stillstellung, gerade wo es an den Intensitäten des wirklichen Lebens fehlt, wo nur die Formen des Als-Ob herrschen, entsteht nach und nach der Zwang, sich auf Kosten des Lebens anderer zu beweisen, dass nur die ersparte Lebendigkeit die wahre ist.

Das Ballett hat mittlerweile das Video verlassen, eine Stimme aus dem Off erklärt: Aufklärung ist der Ausgang des Menschen aus einer selbstverschuldeten Unmündigkeit. Die Musik spielt alleine vor sich hin, während scharfkantige Raubkatzen auf Rollerblades durch den Saal kurven, Körper aus vibrierend gewölbten Muskelsträngen, eine fast unvorstellbare Perfektion der Busen und Pobacken, Kugelformen die spielerisch in Schultern oder Knien wiederkehren. Bewegungen, die in Licht baden, Farbreflexe, die sich in warmes liebkosendes Leuchten verwandeln, magnetische Wirbelstürme die sich in prallen und elastischen Körperformen materialisieren, an denen prächtige Steine leuchten. Und zugleich ist es ein Spektakel von Signalsystemen: die aufgerichteten Nippel sprühen Blitze, funkelnde Stecker glühen in den Himbeeroberflächen. Schamlippen, die mit Kettchen so geschickt mit den Lederschuppen auf den Oberschenkel verbunden sind, dass jede der machtvoll ausholenden Bewegungen zugleich die feinen braun gefälteten Häute zurückzieht und kurz die rosigen Schwellkörper hervortreten lässt, gezähnte Edelmetalle armieren die weichsten Teile. Die extremen Kontraste unterstreichen das Wechselspiel aus offenbar und verborgen.

Zwischen Spiegel und Video stehe ich vor der Holographie eines prächtigen Bureau plats, schräg geschnittenes, spiegelsymmetrisches Rosenholzfurnier mit Intarsien aus Wurzelholz, hell orangene Flammen um dunkle, mit Augen und tiefen Schatten versehene königliche Embleme, aufwendige, feuervergoldete Messingbeschläge, die die stark geschwungenen Beine armieren. Ich weiß, dass das wirkliche Möbel im oberen Stock des vorderen Hauses steht. Früher hatte ich hier auf einem meiner Botengänge Loseblattsammlungen abzugeben und mir den Empfang quittieren lassen: Die Kanzlei bezog zwar für mehrere zehntausend Mark juristische Fachbücher pro Jahr, aber mehrfach hatten Prof. Dres. General v. Staat behaupten lassen, sie hätten die Bücher nie bekommen und würden die Rechnung aus diesem Grund als hinfällig ansehen. Ich hatte damit fast nichts zu tun, ich machte Urlaubsvertretungen in einer juristischen Fachbuchhandlung, um die Arbeit an meinen eigenen Büchern zu finanzieren, die Weltweisheit trug sich schon lange nicht mehr, nur die Wissenschaften des Betrugs: Psychologie, moderne Personalführung, Betriebswirtschaft, Jura und Medizin warfen noch genügend ab, um schon lukrativ ausgestattete Abhängigkeitsverhältnisse zu vergolden, eine ernstzunehmende Arbeit an den Mitteln der Sprache wurde in der Regel bestraft. Prof. Dres. General v. Staat waren dafür kein schlechtes Beispiel, sie gingen davon aus, dass man sie bezahlen musste, weil sie schlicht da waren, eine Sache der Ehre, keine der Leistung, und sie stellten nicht nur die Rechnung fürs Imaginäre, sie versuchten sich auch bei jeder Gelegenheit vor dem realen Bezahlen zu drücken. Wie ich bei den verschiedenen Juristentagen erfahren konnte, klaute niemand so übel und professionell, wie die Juristen, wie ich bei meinen Gängen in den verschiedenen Ministerien zu hören bekam, log niemand so unangestrengt und so wenig überzeugend, vor allem aber so umfassend, wie Verwaltungsbeamte, zu deren Aufgaben es gehörte, beruflich die Unwahrheit zu verbreiten – schon bei meinen ersten Botengängen als Zwanzigjähriger war mir unangenehm aufgefallen, dass in den Ministerien besonders hässliche, fette und missgebildete Leute rumkrebsten. Später hatte ich mitbekommen, dass die Kinder solcher professioneller Lügner manchmal nicht mehr wussten, wie sie hießen oder wo sie wohnten und dass sie ein gesteigertes Risiko eingingen, dass die psychotische Struktur ganz real in ihnen zu wuchern begann.

Dann komme ich zum verrotteten Ursprung der Wahrheit. Zwischen den Spiegelsystemen finde ich einen schmalen Durchgang, hangle mich über eine wacklige und rostige Eisenbrücke, deren Holzbohlen durchgefault und längst in den verwilderten Hinterhof gefallen sind, ins Vorderhaus. Ich darf nur nicht runter sehen – 1983 war ich, wie es im *Altpapier* beschrieben worden ist, als lancierte Störung der Arbeit an einer Promotion, nicht mehr schwindelfrei gewesen, hatte einige Monate lang in der Nähe irgendwelcher Fenster in den oberen Stockwerken das Gefühl, es gäbe die Möglichkeit, einfach zu springen und mein Problem wäre gelöst – ein Resultat der konfliktuellen Mimesis der kulturschwulen Rivalitätsstruktur. Und weil das System es so wollte, kam unser Hausbesitzer genau zu diesem Zeitpunkt auf die Idee, das Dach neu decken zu lassen und die Dachdecker, die in seinem Auftrag agierten, obwohl sie ihn bei jeder Gelegenheit betrogen, nötigten mich dazu, vom Balkon im fünften Stock auf einer wackelnden und schwankenden Leiter mit aufs Dach zu steigen, um mir Ihre Arbeit anzusehen und das Ergebnis zu quittieren. So geht es, mit weichen Knien, mit der Panik im Gedärm, aber dem Willen, nicht auf die Versagenswünsche dieses Rollstuhlfahrers reinzufallen, überwand ich nicht nur die Höhenangst, sondern den zur Zeit der Promotion delegierten Fluch, ich solle den Boden unter den Füßen verlieren und kontrollierte über den Dächern der Innenstadt eine schlampige und gepfuschte Arbeit, die von vorherein darauf angelegt war, dass sie gar niemand kontrollieren können würde. Und es war kennzeichnend, dass dieser Hausbesitzer, der bereitwillig allen bösen Einflüsterungen geglaubt hatte, um uns das Leben schwer zu machen, ein Jahr nachdem wir die Wohnung gekündigt hatten und in die Luxusmeile der Calwer Straße umziehen konnten, gestorben war.

Aus diesem Grund klettert Musik nun auf einen Balkon hoch, von dem aus ich hoffe, den Zugang in einen der Räume im fünften Stock zu finden. Im vierten Stock kam ich nicht weiter, und hier komme ich nicht einmal rein, der Balkon ist eine massiv gemauerte Attrappe hinter der nicht die erwartete Balkontür, sondern einfach nur Stein ist. Also wieder zurück, schließlich bin ich im dritten Stock bei der mit der Kanzlei locker assoziierten Internationalen Schule für Managementtheorie. Auch hier war ich schon öfter – die zahlen die Rechnungen sogar im Voraus, obwohl die gleichen Rechtsanwälte auf den Fluren zu sehen sind, allerdings in dienender Funktion. Auch das war ein Hohn! Wenn irgendwelche abgehalfterten Politiker oder Funktionäre aus der Öffentlichen Verwaltung in der ISfM einen Vortrag halten, beziehen sie pro Abend tausende von Mark als Vortragshonorar, das Geld kommt aus irgendeinem Spendentopf, der steuerlich begünstigt ist. Ich bekomme für wichtige philosophische Themen der Menschheit 65 Mark für 90 Minuten und es ist schon garantiert, dass mir niemand zuhört, der etwas damit anfangen kann – vermutlich wäre es sinnvoller, Werbetexte zu machen und Anzeigen für Luxusartikel zu gestalten, aber darauf musste ich erst einmal kommen. Immerhin kenne ich mich hier aus und laufe ganz selbstverständlich durch den Korridor über einen roten Samtteppich, als hätte ich in einem der hinteren Büros ein Päckchen abzugeben. Im großen Saal läuft gerade ein Vortrag vor Unternehmensberatern, Architekten, Stadtplanern und Verwaltungsbeamten über die Hässlichkeit unserer Städte und das ästhetische Unvermögen der Massengesellschaft, das brutale Erscheinungsbild der durch das Auto geprägten Umwelt und die Technisierung des Luxus. Ich bleibe an der Balkontür stehen, als fasziniert mich das Thema und versuche mit der einen Hand hinter dem Rücken die Tür zu öffnen. Man könnte fragen, ob die bürgerliche Selbststilisierung nicht von je her einem Mangel gehorchte, Erbe des von Elias dargestellten Königsmechanismus, als die Repräsentation an die Stelle realer Taten und konkreter Lüste trat – und dann wären der Kitsch der neuen Sachlichkeit und die dem Futurismus verdankte funktionale Ästhetik nicht mehr als Beruhigungsmittel für stillgestellte Deppen, die immerhin in gewissen Nischen so etwas wie Beschleunigung und Funktionsfähigkeit simuliert wissen wollen. Aber was soll's: Die ungeheure Beschleunigung, der unsere Kultur unterworfen worden ist, steht in einem seltsamen Kontrast zur Unbeweglichkeit ihrer Protagonisten – die Simulation von Lebenstätigkeiten gehorcht noch immer jenen uralten Verzichtleistungen, die ihren Grund in der Monotheisierung der Glaubenswirklichkeiten und der Zentralisierung der Macht fand. Außerdem kann ich nicht feststellen, dass die gesellschaftliche Ordnung in irgendeiner Weise davon tangiert wird, dass das Verhältnis zwischen Blick und Macht heute vor allen Dingen durch die Pornographie konsumierbar geworden ist – irgendwie verleiht diese Psychotikerin den Verleugnungen Lieschen Müllers und den Vorurteilen des Ekels Alfred nur einen wissenschaftlichen Anstrich und stellt damit das Instrument der Wahrheit in die Legitimation des Sexualneids.

Aber ich muss es mir schließlich nicht anhören – man/frau wird schon triftige Gründe haben, um bereitwillig mitzulügen, wenn man/frau auf diese Weise um die Gesetzmäßigkeiten der Wirklichkeit beschissen werden will. Ich schlüpfe durch die Tür auf den Balkon, gehe außen an dem Festsaal entlang und kommentiere mit einem Achselzucken halblaut vor mich hin: Eigentlich müssten sie ein Loblied auf die Schönheit der Macht singen. Aber das könnte offenbaren, dass sie in

einem falschen Zeitalter zu Hause sind, es könnte Widerstände freisetzen oder auch Zweifel an der Lauterkeit der Motive. Ein kalter
Schauder läuft mir über den Rücken. Es sind die Kinder des Dritten
Reichs, die heute die rot-grünen Rechtfertigungen der verwalteten
Bildungsanstrengung liefern. Der erschwindelte Rückgriff auf die pre-
käre Rolle früherer Intellektueller ist eine Tarnung, hinter der sich die
neurotischen Deformierungen einer Selbstdefinition als Beamte verbergen können. Wären die, die an ihren Versuchen des besseren
Wissens krepiert waren oder verstümmelt worden sind, damit einverstanden gewesen, dass sich heute Bildungsbeamte mit diesem Titel
brüsten, obwohl sie nur einen Apparat in den Medien befüllen und ihr
einziges Risiko darin besteht, dass die Einflüsse und Verbindungen
eines Rivalen dafür sorgten, dass sie an eben der Verteilermacht ein
bisschen weniger partizipierten, die sie aufgrund ihrer historischen
Rollen eigentlich in Frage stellen sollten?

Das Publikum hinter den Fenstern zeichnet sich durch erstklassige
Anzüge und Nobeluhren aus, gelegentlich entdecke ich handgefertig-
te teure Schuhe, alles, was man haben muss, um sich vom primitiven
Volk zu unterscheiden und zwischenrein gibt es manchen, der mit
seinem Wagenschlüssel als Statussymbol spielt, weil es zu seinem
Bedauern noch nicht gestattet ist, mit der Luxuskarosse in den Saal
zu fahren. Aber mehr an Differenzkriterien kann ich schon nicht ausmachen. Leute ohne eigene Lebenszeichen, ohne Geschichte, ab
etwa Mitte dreißig aufwärts alt gewordene, strenge Kindergesichter
oder gemästete Riesenbabys, hin und wieder ein hagerer Asket oder
die in der Fülle zerfließenden Ruinen eines früheren fröhlichen Wich-
sers, beide von der Erfahrung des Mangels gezeichnet und dazwischen dieses Gestaltbild einer weiblichen Offenbarung, das girrt und
säuselt und einem geneigten aber viel zu weit entfernten Publikum ein
verlogenes Schauspiel von Begehren und Prostitution präsentiert.
Aber vielleicht erklärt diese Selbstdarstellung schon den ganzen Hass
– ich habe immer nur eine schlechte Simulation gesehen und der
Dame durch meine automatischen Reaktionsformen jedes Mal klar
und eindeutig dokumentiert, dass ich sie für alles andere als ein sexuelles Wesen hielt. Was sie fabrizierte, war für mich einfach nur
schlechte Nachahmung.

Wenn man gerade noch mit dem Kopf nach unten über einem Abgrund hing, mit den blutenden Fingern in den Ritzen und Fugen eiskalter Sandsteinblöcke gekrallt, ist das kein erhebender Gedanke. Während ich versuche, die Stahltür des Aufgangs zu den oberen Stockwerken zu öffnen, das Schloss so zu manipulieren, dass später nicht mehr nachvollziehbar sein würde, wie es geöffnet worden war, höre ich im Hintergrund und je nachdem, wie die Aufmerksamkeit in Anspruch genommen wurde, die Bruchstücke einer Rede, in der der fragliche Versuch unternommen wird, das Spätere aus dem Früheren mittels ethnologischer Theoreme abzuleiten, die ästhetische Selbstdarstellung einer Zeit, in der die Ästhetik zu einer Wirkungsmacht geworden ist, die die ganze Welt aufsaugt und in Oberfläche verwandelt, zurückzuführen auf einen Status, in dem sie nur Beiwerk und überflüssiger Luxus war. Ich frage mich auch, ob eigentlich niemandem der dogmatische Unfehlbarkeitsanspruch aufgefallen ist, als einige dieser Thesen schon in der Stuttgarter Zeitung abgedruckt worden waren – oder ob der Mensch, der aufgrund seiner Stellung gegen diese elitäre Anmaßung noch hätte Widerstände aufbauen können, durch den Tod eines drogensüchtigen Sohnes und die Erfahrung eines Herzinfarkts nicht mehr in der Lage gewesen war, Einspruch zu erheben. Es ist wahrscheinlich viel richtiger, wenn ich jetzt mit dieser verdammten Stahltür beschäftigt bin, als wenn ich noch in einem Seminar sitzen würde, in dem alles so fein befriedet war, dass man sich schon Feinde fürs Leben machen konnte, wenn man im richtigen Augenblick nur die richtige, weil unangemessene Frage stellte... es konnte souveräner sein, als kleiner Hausmeister die richtigen Dinge zu tun, als verstrickt in irgendwelchen Abhängigkeiten dann wie ein bescheuerter Hund zu allen möglichen Schweinereien die Zustimmung hecheln zu müssen.

Schon im Erdgeschoß hatte mich die Ankündigung auf den alten Plakaten gestört und jetzt habe ich die klare Evidenz, dass sie am Offenen Abend oder in einer freikirchlichen Gemeinde den gleichen Schwachsinn vertreten, wie in einer internationalen Schule für Management und Menschenführung. Diese Leute können auch noch mit der Wahrheit lügen, sie sind in der Lage, einen enormen Wissensfundus dazu zu verwenden, richtige Sätze und wahrhafte Einsichten derart zu arrangieren und einzupacken, dass ihr eigenes falsches System von Behinderungen zur ganzen Wahrheit zu machen ist. Die Aufklärung, die sie vertreten, ist nicht einmal die der goldenen Ketten eines Friedrich Schlegel, sondern es ist die von selbstdementierenden Funktionären. Der Gedanke, dass Energien frei flottieren könnten, löst bei Ihnen den infantilen Trotz aus: dann lieber gar nicht! Was sie nicht kontrollieren können, hat am besten keine Substanz, und das wie nebenbei entschuldigte antidemokratische Denken wurzelt in genau jener enormen Modernisierungsanstrengung, mit der es den Nazis gelang, einer zu spät gekommenen Nation den Anschluss ans 20. Jahrhundert zu gewährleisten. Heute appelliert man zwar nicht mehr ans Reich, aber an die Notwendigkeit einer neuen Elite.

Ich habe einmal in den Seminaren dieser Leute einiges gelernt, aber ich habe andere Schlussfolgerungen daraus gezogen. Ich habe nicht einmal das Gefühl, meine selbsternannten Gegner hätten mich so verstümmelt und traumatisiert, dass ich mich für den Rest meines Lebens nur noch mit ihnen beschäftigen sollte – es kommt mir noch immer so vor, als habe ich das Privileg eingeräumt bekommen, mich in einer Weise bewähren zu dürfen, wie es nur ganz selten in einer Generation möglich ist. Wenn überhaupt, dann empört mich die Erfahrung, welche ungeheuerliche Überheblichkeit darin liegt, welche blasphemische Anmaßung, jemanden vernichten zu wollen. Aber ich verspüre keinen Hass und versuche, aus dem was ich gelernt habe, einige allgemeingültige Regeln abzuleiten, damit es künftigen Krüppelzüchtern weniger leicht fällt, Ihre Verstümmeltheit und Antriebsstörung weiter zu geben. Aus ihrer Sicht sollte ich am Boden und ohne Zukunftsperspektive gewesen sein, als ich mit der zweiten Bankvertretung begann – dabei war das ein Gefühl, an das ich mich längst gewöhnt hatte. Mein einziges wirkliches Problem war, wie ich die für den Alltagsbedarf notwendigen Gelder freisetzen sollte und damit war das von außen induzierte Ventil der psychischen Selbstzerstörung gleich wieder erfolgreich externalisiert worden. Ich musste mir keine Gedanken über meine Erfolgsaussichten als Schriftsteller machen, ich musste nicht einmal in die Falle der Selbstdefinition als verkanntes Genie stolpern – das war alles ein überflüssiger Luxus, der zu den Identifikationszyklen des Bildungsbürgers gehörte, der aber an einem, der den bitteren Sozialisationsriten eines ehemaligen Heimkinds und Hilfsarbeiters unterworfen worden war, der seine ersten eigenen Erfahrungen am anderen Ufer und auf der Drogenszene gemacht hatte, nur abtropfte. Ich musste schließlich irgendwie wieder in die Lage kommen, Gelder freizusetzen, wo diese Krüppelzüchter nicht die Finger drin hatten – und damit schien mein Problem schon gelöst. Sie hatten mir sogar noch einmal den Mann des Ministers vorbei geschickt, der nun nachprüfen sollte, wie weit der Prozess der psychischen Zerstörung fortgeschritten war. Um eine falsche Spur zu legen, erzählte ich ihm, dass mir die Banker einen Seiteneinstieg bei der Bank nahegelegt hatten und dass ich als künftiger Kundenberater genug verdienen konnte, um meinen eigenen Kleinverlag zu finanzieren – und er durfte nebenbei damit angeben, dass er für seine Bemühungen einen halbjährigen Schriftstelleraufenthalt in Paris gesponsert bekommen würde. Während dieser Zeit bemerkte ich, wie diese Krüppelzüchter mich immer häufiger abpassten, wie sie meinten, nun am Drücker zu sitzen, auch wenn ihnen bei den zufälligen Begegnungen, die sie nicht vorbereitet hatten und da gab es manche, weil ich als Bankbote ständig unterwegs war und unser Bankenviertel direkt an den Unipark angrenzte, das Gesicht verrutschte oder sie panisch abhauen mussten. Das Denken verdanke ich ihnen nicht, die entscheidenden Einsichten wurzeln in den Jahren, in denen die Universität noch so fern lag, dass ich bei dem Stichwort Unipark nur an Dope dachte, an einen verschlammten und von dichten Ligusterhecken umwachsenen Teich, an dem wir zwischen grauschwarz verdreckten Marmorstatuen kifften oder auf einen Dealer warteten. Die Rechtfertigung, mit der sie meine Vernichtung vor einigen Eingeweihten und Delegierten begründeten, ich sei nur ihr Werk und leider außer Kontrolle geraten, griff also längst zu kurz. Es gab von Anfang an einen wichtigen Unterschied: Ich musste nicht erst Benjamin gelesen haben, um die Geschichte aus der Sicht der Unterlegenen und Unterdrückten gegen den Strich zu bürsten, hatte die bitteren Wahrheiten, die es bei Baudelaire, Freud, Proust, Gehlen usw. zu entdecken gab, wenn man sie überhaupt zur Kenntnis nehmen wollte, was bei durchschnittlichen Lehramtsstudenten, die in der Regel Kinder von Lehrern waren, alles andere als selbstverständlich schien, schon lange davor in der eigenen Familie kennengelernt. Ich war schon deshalb so weit über die Grenze abgedriftet gewesen, weil ich bei all den Simulationen der Normalität an die Stillgestelltheit der verstümmelten Krüppel denken musste, schließlich war mir anfangs schon ein Philosophiestudium wie eine extreme Anpassungsleistung vorgekommen. Das hatte alles nach Verzicht und Askese ausgesehen, prämiert mit ein bisschen Waisenrente und der Anerkennung für ein intellektuelles Vermögen, das ich als Hilfsarbeitersohn nicht sehr ernstnehmen konnte – aber zugelassen wurde man hier nur, wenn man bereit war, aufs Leben zu verzichten. Erst nach und nach erinnerte ich mich an Schleichwege und Abkürzungen, die mir längst früher gezeigt worden waren. Tatsächlich war das der Motor, der mich antrieb und immer weiter in die staubtrockenen oder eiskalten Bücherwüsten vordringen ließ, um dort Beute zu machen, um Trophäen für die Triebkräfte des Subjektiven zu entwenden. Das ist der Unterschied: Diese Leute waren Musterschüler und Streber gewesen, während ich Bücher irgendwann als Fangleinen und Haltestricke verwendet hatte, um nicht ins Nichts zu trudeln. Sie gingen vom Vorrang der Institution aus, von der Übermacht der Struktur, von der Herrschaft der Schrift über die Kräfte des Lebendigen. Das mochte für Bildungsbeamte so aussehen, aber wenn das wirklich alles gewesen wäre, hätte nichts in meinem Leben sie derart in Frage stellen können. Dann hätten sie mich nicht abpassen müssen, hätten nicht lächerliche und recht zufällige Äußerlichkeiten, von der mexikanischen Strickjacke bis zur harten Argumentation eines ehemaligen Ausgeflippten, nachahmen müssen. Ich setzte auf die Kräfte des Lebendigen, auf den Mut zur Improvisation, auf den Wahrheitsgehalt körpereigener Drogen und die rhetorische Raffinesse hormoneller Säfte. Wenn sie Recht gehabt hätten, hätten sie mich nicht kopieren müssen, nicht versuchen, mich einzufangen und in Abhängigkeiten zu verstricken. Wenn in manchen nebensächlichen Zusammenhängen plötzlich mit der Wahrheit argumentiert wurde, dass es dem Körper gleich sei, welche Schönheit er zerstöre, wurde ich damit zugleich an einen anderen Werdegang erinnert: Der der Macht huldigenden Schönheit, die diese Formalisten als die einzig mögliche zulassen wollten, war es gleich, wie viel Körper sie zerstörte. Das ist nicht nur die Rechtfertigung des Triebverzichts und der

Kastration, das setzt vor allem voraus, dass das Kulturschöne eine höhere Rechtfertigung genieße, als alles Körperliche, dessen Wahrheit sie während der vielen Jahren der Verschulung und des Aussitzens längst aus den Augen verloren hatten. Damit wird eine Schönheit der Sublimation gerechtfertigt, die sich oft genug der Gewalt und der Vernichtung verdankt – eine Schönheit, deren Leuchten ein Abglanz der in den Werken verscharrten Leichen ist. Während ich für meinen Hintergrund an deine Schönheit denke, die die Säfte schießen lässt und den unschlagbaren Lebensmut verleiht – und die diese Verbrecher zerstören wollen. Wenn es eine größere Wahrheit bei diesen Bildungsbeamten gegeben hätte, als das nur angenehme Gefühl der aus Surrogaten arrangierten Kompensation eines Verzichts auf Lebendigkeiten, wäre ich für sie nicht so wichtig geworden – nachdem es aber darauf hinauslaufen sollte, dass sie mich vernichten und zum Schweigen bringen mussten, um ihre ärmliche Simulation zu retten, konnte ich davon ausgehen, dass ich an einer älteren und wirkungsmächtigeren Wahrheit partizipierte. Und für mich war die Schönheit kein ursprüngliches Derivat des Heiligen und kein angenehmes interesseloses Wohlgefallen, sondern beide nur die Abstufungen eines Geschehens, das einem den Atem stocken lässt, das ein Glucksen im Bauch hervorbringt, ein Pochen in den Schläfen, einen unkontrollierbaren Speichelfluss – das war die ganze und ungeschiedene Schönheit, an der einem in den jeweiligen Anfängen die Sinne vergingen. Noch eins und ungetrennt von dem, was nach ersten Sublimationen später dann das Heilige heißen sollte, der Eros des Überbordenden, der noch vor Chronos anzusiedeln war, die urweltliche Kraft des Antriebs im Trieb... denn am Anfang sind das Schöne und das Schreckliche, wie ich es bei meiner Verführung erfahren hatte, tatsächlich noch eines.

Klages hat einmal gezeigt, dass der ursprüngliche Kosmogonische Eros eine dämonische Dreiheit des Strebens ist, das durch Selbstzeugung alle späteren Götter erst aus sich hervorbringt. Und wenn ich von der elitären Körperferne, der akademischen Lustfeindschaft und dem kulturschwulen Gewimmel abstrahiere, finden sich bei Klages einige Bestimmungen, die in vergleichbarer Prägnanz erst bei Bataille wieder auftauchen. Eros ist dämonisch, sofern er ein Streben ist ...

dem die eigentliche Liebesbeziehung nur als Mittel diene zur Errei-
chung einer geistigen Vollkommenheit, von der uns versichert wird,
das es eine höhere Glückseligkeit als ihren Besitz für den Menschen
nicht gebe. Und zwar als Drang des Überströmens, der strahlenden
Ergießung, des maßlosen Sichverschenkens. Nicht Bedürftigkeit oder
Mangel, sondern ein Überschwang quellender Fülle. In der Ekstase
befreie sich die Seele vom Geist – die Seele als der Sinn des Leibes
stehe dem Gesetz des Geistes diametral entgegen, denn dieser ist
als mechanischer Zergliederer abgetrennt von der Bewegung des
kosmischen Lebens. So ist auch zu verstehen, dass der Hang aller
Mystiker und Narkotiker dahin geht, das Leben vom Joch der Begriffe
zu lösen. Ich hatte versucht, mir Klages jenseits von Weltflucht und
Askese zu nutzbar zu machen und die Einsichten verwendet, die in
Benjamins materialistischer Sprachtheorie wiederkehren und sich als
Organisationszentrum der Romane Durrells erweisen: Aufschlüsse
über das Wesen des Rausches fänden sich in der Wissenschaft der
Signaturen, wie sie die Wissenschaft der Renaissance ausgearbeitet
hat. Natürlich haben wir unsere Welt nur durch die Sprache – natürlich war sie schon jeweils vor uns da – natürlich greifen wir auf Worte
und Begriffe zurück, die mit unserer Erfahrung erst einmal nicht viel
zu tun haben – natürlich stellen alle spekulativen Sprachtheoretiker
mit Friedrich Schlegel fest, dass die sprachlichen Urlaute mit den Orgasmen verschwistert sind –, aber wenn wir uns orientieren wollen,
wenn wir die Sachen auf einen Nenner bringen, bleibt gar nichts anderes übrig, als die vorhandenen Klischees in einer Weise zu verwenden und zu unterlaufen, dass wir damit immerhin das sprachliche
Bestiarium zähmen können, mit dem wir die Unbenennbarkeit unserer
Erfahrung, die Göttlichkeit des jeweiligen Augenblicks, tatsächlich erst
versuchen, erfahrbar zu machen.
Ja, ja die Lebensphilosophie – und dabei wäre dem Bildungsbeamten
ein Verständnis der Gesetzmäßigkeiten des Lebendigen heute mit
den Möglichkeiten einer systemischen Philosophie viel leichter gegeben, wenn ihn nicht die Ansprüche seiner soziale Rolle und der tatsächlich schwindende Einfluss zu parasitären Verhaltensformen
zwingen würde, die gerade das Gegenteil einer neuen Aufklärung
bewirken. Und die Schönheit, die im Umfeld der Macht entsteht? Das

ist ursprünglich wirklich die der Trophäen und der Beutekunst, die der geraubten Frauen und der Tempelprostitution. Und später ist es die der Simulation und der Selbstdarstellung, die des von Elias beschriebenen Königsmechanismus aus dem Wechselspiel von Ersatzleistung und Verzicht: Die Macht wird zentralisiert und die Betroffenen spielen sie nach, bis sie bei Simulation und Selbstbefriedigung landen.

So stellt sich in diesen Zusammenhängen der mütterlichen Delegation tatsächlich immer die Frage: Wer spricht? Welche gesellschaftlichen Imperative werden hier durchgesetzt, welche Interessen werden als Wahrheit behauptet? Eine Frage Lacans, die die klare Unterscheidung im Subjekt möglich macht. Und hier sind seltsamerweise die männlichen Machtinhaber nur noch zweite Wahl. Schließlich hat in einem Ich die naive Schöne neben der berechnenden Lasziven Platz und immer dann, wenn es um Kopf und Kragen geht, muss frau auch so tun, als sei ihr ein kleines Missgeschick geschehen und außerdem habe sie es gar nicht so böse gemeint. Allerdings nur, wenn die Strategie des Bezauberns und Verwünschens in die Hose ging – wenn es ihr gelingt, eine Leiche zu produzieren, reibt sie sich die Hände und freut sich an der Erfahrung ihrer realen Macht. So ist also sogar noch genauer zu fragen: Spricht hier eine, die sich mit der Knechtschaft identifiziert, um sie als Statthalter der Moral für sich ertragbar zu machen? Oder eine, die genau kalkulieren kann, wer ihr von den Ich-Fragmenten ausgeliefert ist oder nur mit Verleugnung reagieren kann? Oder eine, die die Macht der Dummheit beschwört, die jedes Mal wieder neu die falsche Frage stellt, jedes Mal wieder nicht kapiert, was sie mit ihrer Stumpfheit anrichtet und mit einem Jubelgefühl, das ihr in der Körpererfahrung abgeht, darauf setzt, dass eine strategische Pervertierung des kommunikativen Handelns jedem überlegen ist, der an die Durchsetzungsfähigkeit der kommunikativen Wahrheitsanstrengung glaubt. Wer spricht, wenn nicht das Ersatzobjekt, dem nur Ersatzobjekte gelassen worden sind. Wieder einmal frage ich mich, wer spricht hier überhaupt? Ist das die Frau, die nicht ordentlich einparken konnte, wenn sie sah, dass wir mit den Hunden auftauchten und der in schöner Regelmäßigkeit mitten auf irgendeiner

Kreuzung der Motor absoff, nur weil die Ampelregelung uns den Vortritt gab.

Ich bin ausgepumpt und schwitze stinkend vor Wut, bis ich im vierten Stock endlich bei den Initiationsveranstaltungen für die Gesellschaft vom Turm angekommen bin. In kleinen Zimmerchen, die mit altmodischen Kanzleipulten ausgestattet sind, steht für jeden der Auserwählten ein Privatissimum zur Verfügung. Die handverlesenen Journalisten und Autoren werden mit den komplexen Fragestellungen konfrontiert: Warum ist die Macht ausdruckslos? Was ist wahr an der Behauptung: Je später der Abend, desto schöner die Gäste? Nennen Sie die wichtigsten Leitsätze zur Fabrikation des Wahnsinns! Wie stellen wir uns eine Versuchsanordnung vor, mit der eine Lungenentzündung hervorgerufen werden kann? Zehn Thesen gegen das Kleine Handbuch der Überlebenstechniken. Was wissen Sie über Zauber und Blendung oder über die systematische Zerstörung der Persönlichkeit? Warum macht Geld begehrenswert? Welche Schritte sind zu beachten, wenn man den delegierten Selbstmord als Schöne Kunst betrachtet?

An den Wänden hängen Transparente auf denen die Schlüsseltexte einer Systemischen Philosophie zu lesen sind – niemand wird diesen Leuten vorwerfen können, dass sie nicht auf dem Gipfel ihrer Zeit sind. Allerdings geht es nicht mehr darum, ein neues Zeitalter des Wassermanns vorzubereiten, sondern nun heißt es, das erweiterte Erkenntnisrepertoire so fugenlos in die vorhandenen Wissenschaften einzupassen, dass die zynische Umsetzung der Macht optimal funktioniert. Den Traum vom neuen Zeitalter gab es schließlich schon öfter, und selbst das Dritte Reich war im Rahmen der Geistesgeschichte eine Veranstaltung von zu spät gekommenen, unterdurchbluteten und behinderten Vampiren. Ich kann hier lesen, was mir für den eigenen Ansatz wichtig war, entdecke sogar geheime Regieanweisungen, von denen ich nie jemand erzählt habe, aber alles untersteht einer der ursprünglichen Einsicht entgegengesetzten Tendenz.

Viel zu einfach, viel zu nahe liegend wäre es, aus den Einsichten Batesons – dass das Leben keine Substanz oder Kraft ist und Geist kein Ding, das in Wechselwirkung mit der Materie steht, sondern dass Leben und Geist Manifestationen derselben Gruppierung von Systemei-

genschaften sind, von Prozessen, in denen die Dynamik der Selbst-
organisation zum Ausdruck kommt – die nötigen Schlussfolgerungen
zu ziehen, wie Capra und andere dies getan haben, um den Lauf der
Welt etwas vernünftiger und weniger selbstzerstörerisch zu gestalten.
Leider strampeln sich die Alternativen jeglicher Couleur dran ab und
die intellektuellen Moden wechseln immer schneller, bis gewisse
Schlüsselbegriffe irgendwann nur ausgelutscht sind. Manche Erkennungszeichen der guten Gesinnung sind dann nur noch leere Hülsen
und manche anderen dienen der politischen Korrektheit. Und der kritische Gehalt darf für die Menge unerkannt in die Anonymität zurück-
sinken, während auf der Ebene der modernen Personalführung und
der internationalen Managementtheorien ganz eindeutige Waffensysteme daraus geschmiedet und die Rahmenbedingungen modernisier-
ter Folterszenarien geschaffen werden.

Wenn aus einer systemischen Sicht das Erlebnis einer Erkrankung
aus Störungen entsteht, die sich auf verschiedenen Ebenen des Organismus äußern können, wie auch bei den verschiedenen Formen
des Zusammenwirkens zwischen dem Organismus und den größeren
Systemen, in die er eingebettet ist, ist es nur naheliegend, dass Einflüsse immer erfolgreich sein werden, wenn sie an einem übergeordneten Kontext ansetzen. Die Gesundheit herzustellen, wäre also die
komplexeste Anforderung, denn sie müsste die jeweiligen Gesetzmäßigkeiten beherrschen und auf einander abstimmen. Aber es ist viel
weniger schwierig, aus den Ansätzen einer systemischen Lehre vom
Menschen genau die Einsichten zu gewinnen, mit denen dann im
Sinne einer schwarzen Magie dafür zu sorgen sein wird, dass ein
Lehrer, Professor, Arzt, Anwalt oder Politiker sich genau dies zunutze
machen wird, um missliebige Schüler, selbstdenkende Patienten oder
kritische Klienten auszuschalten oder über die institutionalisierten Verfügungsweisen ins imaginäre Leere umzuleiten. Gerade weil sie richtig sind, weil sie passen und stimmen und einleuchten, weil sie sich
Wahrheitswerten verdanken, die noch vor den gewaltsamen Abstrak-
tionsanstrengungen angesiedelt sind. So kehrt in dieser Tragik persönlicher Verstrickungen ein uraltes Konkurrenzverhältnis wieder, das
sich zwischen den Einzelnen, die Überlebenstechniken kultivieren und
anderen zur Verfügung stellen und den Institutionen, die einmal aus

der Objektivierung dieses subjektiven Wissens hervorgegangen waren und es nun als Willkür bekämpfen, ergeben hat. Die Institution behauptet aufgrund gewisser Lebensersparnismodi die Wirklichkeit zu sein, obwohl sie ihre abgeleitete Existenz nur dem Mut und der Unverfrorenheit einzelner verdankte, die sich der Kälte einer unverstellten Wirklichkeit aussetzen konnten. Die Institution ist ein später Nachfahr der schamanistischen Welterfahrungstechniken, aber sie versucht unerbittlich aus dem Weg zu räumen, was sie in Frage stellen könnte und da gehört eben dieser Zwischenbereich dazu, in dem über die Möglichkeit ihrer Existenz erst entschieden werden konnte. Vermutlich ist das auch die einfachste Erklärung, warum diese Leute daran arbeiteten, mich aus der Welt verschwinden zu lassen. Ich kann manchmal zaubern – während sie auf die Wirkungsmacht einer Institution angewiesen sind, um wenigstens über andere verfügen zu können. In Dresden habe ich angedeutet, was es heißen könnte, ein Schamane im Bücherregal zu sein. Das herausragende Charakteristikum der schamanischen Auffassung von Erfahrung ist der Glaube, dass das menschliche Wesen ein integraler Bestandteil eines geordneten Systems ist und dass jede Erfahrung die Folge einer Interaktion mit der kosmischen Ordnung ist. Und aus genau diesem Grund haben sich genügend Leute gefunden, die daran interessiert sein mussten, ob sie wollten oder nicht, einem Stein des Anstoßes, der durch meine Erfahrung immerhin auf dem richtigen Feld des Machtspiels gesetzt worden war, aus dem Spiel zu kicken.

An den Wänden neben den Türen dieser Kabinen laufen die verschiedenen Vorträge auf Plasmabildschirmen, ein kleines Bild im Bild zeigt einstudierte Posen der Vortragenden, die die Botschaft unterstreichen, die in einem Display auf der Tür aufleuchtet. Eine inverse Form der Peepshow, die bereits auf einem umgekehrten Arrangement des Beichtstuhls beruht hatte, eine der frühen Talking Cure Freuds entgegengesetzte Form der Unterweisung, die nun zu einer Selbstinszenierung der Macht werden soll. Mir vermittelt dieses Panoptikum das Gefühl, als schramme jemand mit einem hochhackigen Absatz über Beton – das erinnert mich an eine Situation, als Dino noch klein war und ich ihn abends vor dem Schlafengehen zum Pinkeln in die Marienstraße zu einem Blumenbeet trug: Es ist eigentlich gar kein Wunder, dass dieser unschuldige kleine Hund epileptische Anfälle bekam. Mein Gott, das ist Ewigkeiten her, mittlerweile sind einige der damaligen Protagonisten schon tot und an meinen Chow denke ich nur noch mit einer gedämpften Wehmut zurück.

Dass sich jemand in solcher Verlogenheit und Anmaßung exponiert, hat mich immer abgestoßen. Aber ich merke gerade noch rechtzeitig, dass ich in die Falle einer erneuten Involviertheit gelockt werden soll. Distanz heißt das Zauberwort, sonst erwische ich genau das Entscheidende nicht, was den ganzen Krieg in Gang setzte. Wenn diese Leute sich meiner Einschätzung entziehen können, werden sie die Macht ausüben, die sie sich schon lange angemaßt haben. Wenn ich nicht rechtzeitig kapiere, wer die Netze spinnt, werde ich irgendwann, wenn es fast zu spät ist, feststellen, dass meine gesamte Umgebung vergiftet worden ist, dass Leute, die mich nie interessiert haben, plötzlich der festen Überzeugung sind, sie müssten meine Feinde sein, dass Leute, mit denen ich über Jahre ohne Probleme zusammengearbeitet habe, plötzlich ohne Angabe von Gründen auf meine Mitarbeit verzichten wollen. Ich habe schon mit vielen anmaßenden Schwachsinnigen zu tun gehabt und in der Regel war der Grad der Anmaßung korrelativ zum Mangel an Wissen und Einsicht – und genau das ist hier nicht anzunehmen. Aus diesem Grund ist es gar nicht so einfach, den richtigen Schlenker zu machen: Wenn ein Theologe den Advokaten des Teufels spielt, sollte man nachfragen, warum er das tut. Das bessere Wissen ist präsent, aber es wird aus irgendwelchen Gründen gegen den Strich des eigenen Anspruchs gebürstet. Ich könnte vorschlagen, dass dies eine weitere Spielart des modernen Zynismus ist, gefedert durch die Erfahrungen der 68er Generation: Die kritischen Analysen und die vernichtenden Urteile sind apodiktisch – aber die ganze Wucht der ins Feld geführten geisteswissenschaftlichen Tradition tobt sich an den Erscheinungsformen der Massengesellschaft aus, um zugleich einem elitären Ideal zu huldigen, durch dessen Hintertür narzisstische Störung und snobistische Selbstdarstellung gerechtfertigt werden dürfen.

Während sich die Dame im Licht der Öffentlichkeit präsentiert, als müsse sie sich als weibliches Wesen inszenieren, weil die vielen trockenen Schulungsgänge nicht mehr übrig gelassen haben, als den verlockenden Kitzel, vor einem vorwiegend männlichen Publikum eine gewagte Position vertreten zu dürfen – spielt ein Antriebsgestörter die Großmutter im Hintergrund und knüpft die Fäden: Das ist ein uraltes Machtschema aus der Zeit der Mutter-Tochter-Großmutter-Triade. Die ganze Analyse zielt tatsächlich auf die Rolle dieses alten Weibes, die in meinem Fall vom Sohn eines kleinen Nazibeamten gespielt werden darf, der im Rahmen der verwalteten Welt den Sprung zum Bildungsbeamten geschafft hat. Auch wenn mancher Kollege schon darauf verwies, dass die hier vorgeschlagenen Lösungen ein klein wenig zu attraktiv seien, um einfach aufzugehen. Und so falsch das ganze Theater ist, wer an der Kritik der Inszenierung hängen bleibt, ist ihr schon auf den Leim gegangen. Schreiben darf eine Frau, situiert an der Stelle des autonomen Subjekts, eine Frau, die die Schwulen um ihre Möglichkeiten der Selbstdarstellung beneidet – schreiben darf ein Mann, der aus der Warte der höchsten Ansprüche, erklären kann, das die vorhandene Kanonbildung falsch und die überkommenen Wertsetzungen auf Erschleichungen beruhen – um aus dieser Metaposition zum obersten Geschmacksrichter zu werden. Erst dann, wenn ich all diese Aspekte zusammen denke, kommt tatsächlich raus, warum diese Reinkarnation des die Geschlechtsreife verpassten Affenweibchens die Möglichkeit eingeräumt bekommt, sich derart wichtig zu machen. Schon der Stimmton einer schmachtenden Jungfrau bewirkte früher bei mir einen kalten Schauder, irgendwas stimmte gar nicht! Als wären Durchblick und Freude an der Erkenntnis per se bereits Askese und die selbstdarstellende Rede schon der ganze Lustgewinn.

Dann bin ich endlich im fünften Stock, stehle mich in den Raum, in den mich bisher keine Einladung bewegen konnte und versuche dann, so harmlos auszusehen, als gehörte ich zu den Leuten, die hier wie selbstverständlich aus- und eingehen – vermutlich gingen die meisten auf Dauer nur ein. Das war ein gigantischer Betrug und damit eine Form des Opferkults für Intellektuelle.

Ich hatte hinter der ledergeknöpften Doppeltür einen verwinkelten Dachstock erwartet, heruntergezogene Zwischenstockwerke wie ich sie aus dem Neuen Schloss kannte, kein illuminiertes Turmzimmer. Aber als der dicke und aufwendige Vorhang, der wohl dafür zu sorgen hat, dass kein Laut nach draußen dringt, wieder hinter mir vor der Tür zusammenschlägt, stehe ich in einem Kuppelbau. Eine Art Urwald und zugleich ein Pandämonium des Begehrens: ich sehe Namen über Namen, egal wo ich hinschaue, überall springen mir Namen entgegen, allerdings so kurz und sich überlagernd, dass wirklich nur wenige überhaupt einen Eindruck machen können. Obwohl ein enormer Aufwand an Erleuchtung betrieben worden sein muss, irritiert mich ein diffuses Dämmerlicht und gelegentliche grelle Lichteffekte sollen wohl eher blenden, als mir zu sehen zu geben. Den Eingang flankieren zwei Mohrenleuchter, die wie echt wirken mit ihren schwarzen Erektionen. Die mit Menschenhaut bezogenen Lampenschirme zieren mit Goldstaub gepuderte Brustwarzen. Das Funkeln und Leuchten der zweistöckigen Kronleuchter erhellt den düsteren Saal diffus und immer nur punktuell, die kleineren mit zwölf und die größeren mit vierundzwanzig Kerzen, behangen mit unendlich vielfarbigen Kristallen, kommen gegen die fundamentale Dunkelheit aus Namen über Namen nicht an.

Säulen aus schwarzem Holz, mit geometrischen Schnitzereien verziert, mit Gold und Silber und bunten Steinen besetzt, verlieren sich in der Höhe, im oberen Dunkel. Verzierte und bestickte Lederbahnen füllen die Zwischenräume und geben Brüste frei, zwischen denen man sich betten könnte, gedrechselte Knöpfe sind mit Vorhautleder überzogen, das unter Druck und Wärme lebendig zu werden scheint. Ins Material der Wände sind Geschlechter eingearbeitet, Eicheln und Schamlippen, die diffus wimmeln, ohne dass sie der Blick zu fassen bekommen könnte, die sich aber den Fingerspitzen offenbaren. Die Innenwände sind mit Leder und exotischen Hölzern verkleidet, schwarzes Holz, Intarsien aus dünn geschnittenen Schildpattplättchen und goldenen Bändern, helles Holz mit Augen aus Smaragden und Rubinen, weite dunkelrot leuchtende Mahagoniflächen, die von Einlegearbeiten aus Gebeinen und edlen Metallen geprägt werden und dazwischen immer wieder magnetische Felder aus Menschenhaut – und zwischendurch zwitschern die Namen. Die Pfosten und die Säulen sind über und über besetzt mit Steinen und Perlen, an ihnen fließen aufwendige Draperien herab, blaue Schals aus Samt, schwere metallische Damaststoffe, darüber helle Brokatwolken, die mit Goldfäden durchwirkt und mit Silbersäumen aufgepeppt worden sind. Und wie nebenbei wird mir klar, dass dieser repräsentative Luxus einen klaren Zweck verfolgt: Die Außenwelt soll ausgesperrt bleiben, selbst die zahllosen dichten Teppiche tragen ihren Teil zur Abdämmung bei. Hier wird kein Ton die Möglichkeit haben, an die Außenwelt zu dringen.

Auf dem Bureau-plat – hier steht das Original – entdecke ich eine kleine Kristallskulptur, ein liebendes Paar, ein interessant ausgeführtes Stück Kunstgewerbe, das sich bei genauerem Hinsehen in ein magisches Wunderwerk verwandelt. In jeder der leuchtend polierten Flächen scheint dieses Paar noch einmal in einer anderen Variation in den Raum zu treten. Ein farbiges Lichterspiel wird zu Fleisch und Blut: wenn ich von der einen Seite schaue, tanzen ein Mann im schwarzen Frack mit hellblauer Fliege und eine Frau in einem üppigen Abendkleid, Rüschen und Spitzen, ein mit glitzernden Steinen ausgestattetes Dekolleté; wenn ich von der anderen Seite schaue, massiert er die linke Brust, während er an der rechten saugt und mit einem lilaprallen, prachtvollen Stoß in einen saftigen Schoß eindringt. Und als ich entdecke, dass in einer dritten Perspektive zwei junge Spritzlinge unter enormem Druck eine Königin der Nacht bearbeiten und just in diesem Augenblick kommen, mit prallen Schwänzen salutieren, Fontänen in tröpfelnd zerplatzenden Kaskaden über dem Paar vergehen, beginnen die Mösen auf Skatern wieder im Hintergrund auf schwarzen Spiegeln hinreißende Pirouetten zu drehen.

Auf einer Marmorcolonne mit aufwendigen Bronzebeschlägen liegt eine seltene Erstausgabe der 'Herzensergießungen eines kunstliebenden Klosterbruders'. Auf der Titelseite erscheint noch nicht einmal der Name Wackenroder, nur Tieck als Herausgeber ist genannt und auch das Erscheinungsjahr ist vordatiert. Das Buch riecht nach altem Rauch und Pilzen. Während ich in diesem frühen Versuch des Romantisierens blättere, mir überlege, dass hier einer der Ursprünge der multimedialen Abwesenheitsdressuren zu finden ist, fällt mir eine Miniatur Christof Wackernagels ein. Der Sprung vom romantisierenden Schweifen in anderen Zeiten und Kulturen zur Knastliteratur ist vielleicht gar nicht soweit.

The last temptation: Sanft öffnet der Mann des

Ministers die Tür mit einem schlingernden Schlürfen, für das der Geräuschdesigner mit Sicherheit einen internationalen Preis eingeheimst hat. Mit einem leisen Grummeln und Summen hinter seinen wulstigen Lippen tritt er in den Raum, nickt mir zu, macht eine einladende Handbewegung in Richtung des Schreibtisches und summt weiter vor sich hin. Die Tür schließt mit einem saugenden Schmatzen an den gasgefüllten Dichtungen. Gemächlich und plump geht er zur CD-Anlage, Schritt für Schritt wie eine Schwangere, mit wiegenden Hüften. Er legt eine barocke Wassermusik auf, die durch den Raum zu perlen beginnt und ihn mit einer fröhlichen Geschäftigkeit erfüllt. Lächelnd aber ein wenig angestrengt balanciert er seinen schweren Körper zu einem geschnitzten Bürostuhl, auf den er sich rücksichtslos fallen lässt, als ginge es darum vorzuführen, dass er in keinster Weise gewillt ist, Rücksicht auf die schönen Dinge um uns herum zu nehmen. Auf den linken Arm gestützt, lehnt er sich zurück und hebt den rechten, um mit fahrigen Andeutungen seiner fetten, haarigen Hand das Konzert zu dirigieren. Seine tief liegenden dunklen Augen glitzern bösartig und auch ein bisschen selbstgefällig, die bläulichen Schatten darunter sollen suggerieren, was für einen verantwortungsvollen Job er erledigt. Die vollen geröteten Backen vibrieren mit den trällernden Läufen der Flöte, und die hässlichen Warzen auf der einen Seite des Kinns beben im Rhythmus der lautlosen Mundbewegungen auf und ab, mit denen er die musikalischen Figuren nachahmt.

Er versucht so zu tun, als ob ihn die unschuldige Leichtigkeit der Melodie tragen könne, aber vielleicht will er mir auch signalisieren, dass er das zwar selbst gerne so hätte, aber von vornherein schon der Augenschein beweisen soll, dass ein solch akrobatischer Akt gar nicht gelingen kann. Irgendwie macht sein ganzes Verhalten den Eindruck, als habe er ein Interesse daran, mich misstrauisch zu machen, mich auf den Gedanken zu bringen, dass von einer Einigung niemals die Rede sein könne, obwohl ich aus genau diesem Grund herbestellt worden bin. Ein verzückter Blick gilt dem bombastischen Barockschrank neben seinem Schreibtisch, hinter dessen von kunstvollen Einlegemustern umrahmten Glastüren eine Sammlung wertvollsten Porzellans steht: Teller, auf denen in zarten Farben fein ziseliert fürstliche Jagden aus dem vorletzten Jahrhundert dargestellt sind. Dünn-wandige Tassen, die fast durchsichtig sind, von kleinen Liebesgöttern, Bacchen und Satyrn oder liebreizenden Putten getragene Schüsseln und Platten und vieles mehr.

Der Abgesandte des Ministers ist ein Mann mit zwei Gesichtern. Es ist seltsam, in der Maske des Biedermanns kommt er jetzt auf mich zu, schüttelt mir die Hand, erklärt seine Zufriedenheit, dass es endlich zu diesem Treffen kommen konnte. Ich erwarte, dass er unterstreicht, dass es für alle Beteiligten unfassbar war, dass ich nie irgendeine Stelle oder Funktion angestrebt habe, dass es auch als Affront aufge-fasst worden sei, dass ich bei meinen Abschlüssen immer nur Jobs zur Aushilfe, immer nur Hilfsarbeitertätigkeiten übernommen hatte. Und noch dazu nur für kurze Zeit, wie hätte man mich unter diesen Bedingungen bei meinen Fähigkeiten auch nur richtig fördern sollen. Ich erwartete, dass mir wieder einmal meine ungeheuerliche Arroganz vorgeworfen werden würde – schließlich ist in den ganzen Jahren nie jemand auf den Gedanken gekommen, dass ich mich bei meiner Vergangenheit vielleicht für ungeeignet gehalten hatte, dass ich mir vielleicht sagte, dass alle Mühe um ein Stelle vergeblich sein würde, wenn irgendwelche Intriganten meine Drogenkarriere ausgraben wür-den oder besser noch, die Fotos von Erotik-Sessions – mal abgese-hen davon, dass ich in dem fünfzehn-oder sechzehnjährigen Puzzi nicht wiedererkannt werden musste. Dass er mir vorwirft, dass sicher auch schwere Versäumnisse meinerseits vorliegen würden und ich zugeben müsse, dass ich es den Verantwortlichen nicht leicht ge-macht hätte. Aber er schaut mich nur eine Weile an und sagt dann: „Du hast doch auch schon von diesem berühmtem Skispringer ge-hört, der so weit sprang, dass es schon ein Skandal war – Werner Herzog hat einen Film darüber gemacht. Die anderen brauchten gar nicht mehr mit springen, das war unsportlich, das war kein Wettbe-werb mehr. Das lief schließlich darauf hinaus, dass dieser Ausnah-mesportler nur noch aus der unteren Luke springen durfte, wenn er überhaupt mitmachen wollte. Manchmal gibt es Situationen, da sind die Guten des Besseren Feind!“ Vorgetragen mit einem Pathos in der Stimme, als sei es etwas ganz besonderes, sich auf Herzog berufen zu können. Ich komme nicht einmal drauf, dass das Timbre mir gilt, denke an eine Chefin, für die ich lange den Springer gespielt hatte, die Herzog kannte und die mir im Zusammenhang der Spaziergänge mit den Hunden einmal erzählt hatte, dass er zu Fuß von Stuttgart nach München gelaufen war. Ich mache ein Späßchen, um von der negativen Energie weg zu kommen, die er mit der Stimme rüberbringt: „So geht es mir auch immer! Irgendwann ist man so gut, dass der Punkt erreicht ist und sie einen nicht mal mehr unter künstlichen Behinderungen starten lassen. Haben wir schon alles hinter uns!" Der Mann beobachtet mich und deutet ein Nicken an. Kurz geht mein Blick nach Innen: Wenn man mich nur ließe, würde ich auch auf halber Höhe abfliegen... Als ich wieder ihn seine Richtung blicke, wirkt er müde und ausdruckslos – er kann nun davon ausgehen, dass ich kapiert habe, was er rüberbringen wollte. Der Wettlauf ist zu Ende, wenigstens soll ich auf diese Idee kommen und meine Energien abziehen.

Und dann klingt er wieder ganz förmlich und oberlehrerhaft erzählt er mir, was ich so oder so erwartet habe, was mir in den vergangenen Jahren auch immer wieder zugetragen worden ist: „Du weigerst dich, beurteilt zu werden und Du machst es dir leicht. Natürlich wissen wir, dass Du als Packer oder Nachtwächter zuverlässig und pünktlich bist, aber das ist auch nicht schwer, denn Du identifizierst dich nicht damit. Aber wie sieht das aus, wenn Du eine Verantwortung übernehmen musst, wenn Du in der Tretmühle steckst und auf einmal bemerkst, dass Du nicht für genialische fünf Minuten, sondern für deine Lebenszeit bezahlt wirst? Natürlich magst Du Techniken entwickeln haben, mit denen Du Gewohnheiten und Identifikationen vermeiden kannst, natürlich kannst Du, wenn Du keinerlei Wert auf den Kontakt mit den Leuten legst, die sich um ähnliche Fragestellungen bemühen, nach und nach der Illusion der Inkommensurabilität aufsitzen. Aber das ist doch ein Irrtum, das ist ähnlich abseitig, wie deine technische Vorgabe, ein Souveränitätstraining anhand von Orgasmen einzuüben. Vielleicht solltest Du auch einmal die Verklammerung deines Schönheitsverständnisses mit der Entgrenzung überarbeiten, dieses Insistieren darauf, dass die Wahrheit etwas mit der Schönheit zu tun habe, ist schon in sich widersprüchlich. Tatsächlich hat die Schönheit einen stabilen Bezug zur Macht, wahr ist, was richtig ist. Der Mensch wirkt in den Bereich der Schönheit hinein, wenn er in irgendeiner Weise an der Macht teil hat: Ob es die Macht des siegreichen Kriegers ist, die des erfolgreichen Finanziers, die der bewundernswerten Maitresse! Du vergisst gar zu gern, dass die Schönheit als Umgangsform im Unterschied zum philosophisch Schönen eine Geschichte hat – sie dient und sorgt dafür, dass die Dinge besser laufen: Es ist die Schönheit in der Zeit, durch die Menschen miteinander kommunizieren. Und damit sind wir an den realen Bedürfnissen und den vorgegebenen Notwendigkeiten! Was Du praktizierst, ist doch tatsächlich eine Infragestellung aller gesunden Alltagswelt – es kann gar nicht gehen, wenn immer wieder neu auf die Einzigartigkeit und Unvergleichbarkeit gesetzt wird!"

Er wendet sich einem alten Seidenbild zu, das in einem überbordend prächtigen Rahmen steckt, der sicher viele Jahrhunderte jünger ist, als die Malerei: „Der Intellektuelle hat die politische und ökonomische Perspektive längst verloren und beharrt nun allein auf der ästhetischen Selbstauslegung, die ihm freilich seit je mehr als die politische entsprach. Und, was spricht dagegen! Gerade weil Du ja immer wieder begründet hast, dass es im Gegensatz zum konventionellen Zeichen, das auf einer reinen Vereinbarung beruhen soll, eine Fundierung in den Sachen, in der Menschheits- oder Sprachgeschichte, vielleicht sogar in der genetischen Grundausstattung des Ausdrucksverhaltens geben müsse, dass es also neben einem leer gewordenen Symbolbegriff noch immer Restbestände eines ursprünglichen Symbolverhaltens gibt, in dem der Sachverhalt und die Bedeutung in Eins verschmelzen, habe ich dir hier genau eine dieser symbolischen Darstellungen, die – und das ist das für mich entscheidende – ursprünglich eine Demonstration der Macht gewesen ist. Es ist eine symbolische Eroberung, die zugleich eine reale Eroberung darstellt und ganz nebenbei kann auch deutlich werden, warum wir heute noch in einem ganz anderen Sinne von Eroberung sprechen. Diese nepalesische Zeichnung zeigt den persischen Schah Nadir – er plünderte Delhi und eroberte den Pfauenthron – in Kopulation mit einer wunderschönen Frau, deren Hände und Füße mit Henna gefärbt sind. Vielleicht erobert er gerade ‚Delhi' (symbolisiert in der indischen Partnerin), sitzt er doch auf dem Pfauenthron und hält in der rechten Hand ein

Schwert." Das ist eine starre, formalisierende Darstellung, das Profil der beiden Protagonisten ist fast zweidimensional und wie jemand auf die Idee kommen kann, die schematisierte Darstellung einer Frau als wunderschön zu kennzeichnen, lässt mich daran zweifeln, ob er überhaupt sieht, was da zu sehen ist. Das einzige, was wirklich realistisch dargestellt ist, wie bei einigen chinesischen Tuschezeichnungen, sind die Geschlechtsteile – aber vielleicht macht das sogar eine andere Interpretation dieses zwanghaften Machtbezug möglich. Und er hakt sogar noch einmal nach: „Die heutige Überflutung mit Bildern beweist, dass die Schönheit ein frei flottierendes Potential ist, dessen sich bedienen kann, wer will! Vergiss das nicht, aber spekuliere bitte nicht darauf, Du könntest in die Lage versetzt werden, das mythische Potential der Macht noch einmal neu zu ervögeln."

Ich muss lachen und versuche abzulenken, frage ihn, ob er sich vorstellen könne, dass mit der Geschichte meines nominellen Vaters vielleicht auch verbunden war, dass ich mich von ganz unten durch die Scheiße nach oben graben musste, dass ich gar nicht in der Lage sein konnte, irgendeine Stelle mit Privilegien anzunehmen. „Du musst Dir mal die Frage stellen, ob dem Sohn eines Hilfsarbeiters überhaupt die Möglichkeit gegeben sein kann, in den Bezügen der Verwalteten Welt eine Karriere zu machen, ob nicht von vornherein klar ist, dass man ihn nur ganz kleine Schritte machen lassen würde, bei dieser Herkunft und dass er dann, wenn er nicht einsah, dass er kein Recht hatte so gut zu sein, wie die Besten, mit jeder Leistung schon wieder zu gut sein würde und selbst die Gründe für sein Ausschlussverfahren lieferte. Das ist nämlich die Kehrseite des SPD-Mythos vom gebildeten Müllmann: Wissen ist nicht automatisch gleich Macht und spezielle Fertigkeiten liefern keine Garantie für dein Weiterkommen. Sie machen dich eher verdächtig und der Erfolg ist, dass du mit mehr weniger hinbekommst, als die beschränkten Ableger dieser Behördenkrüppel, die immer kontrollierbar und zu erpressen sind. Ich habe auch erfahren, dass der gestraft wird, der sich dem heutigen Realitätsprinzip des repräsentativen Konsums und der masturbatorischen Verschwendung von überkommenen Werten entzieht. Geh ruhig davon aus, dass ich mir gesagt habe, ich brauchte es gar nicht versuchen, das kann ich gar nicht, da spiel ich lieber weiter den Hilfsarbeiter, denn damit kenne ich mich aus! Es ist die gekränkte Eitelkeit eines Professors gewesen, die mein Unvermögen zu einem elitären Anspruch verfälscht hatte: Die Leute gehen eben von ihren eigenen narzisstischen Störungen aus!"

Während ich spreche, beginnen die Applikationen des Tisches meinen Blick zu zähmen und zu bannen. Ich merke, wie ich versuche, tief Luft zu holen, gleichzeitig irritiert mich ein extremer Speichelfluss, ich muss ständig schlucken: Der Schreibtisch will sich an mich klammern. Das sind also Fötalkunstwerke, die Putten und Faune sind galvanisierte Embryos, dem breiten Goldband, das die Tischkante armiert, entwachsen winzig kleine Händchen, die nach mir zu greifen scheinen.

Da wendet er sich mir zu und zeigt die hässliche Seite seines Gesichts, ein Mann mit der Silhouette eines alten Weibes und den Warzen einer Hexe: „Du hast als Mann gar keine Chance, an jenen chthonischen Kräften teilzuhaben! Der männliche Körper untersteht den Gesetzmäßigkeiten des Geistes, weil er ein Feld von Symbolen ist. Das Standeszeichen verbindet den Mann mit der symbolischen Hierarchie, die er selbst geschaffen hat. Der Porscheschlüssel, die Rolex, das Herrschaftszeichen der Waffe, also des Phallus, der immer ein symbolischer ist. In der Sphäre des Gottes, und die erfüllte Ekstase ist Gott, also für den Menschen nicht zu haben, findest Du das Symbol, den Namen, also das, dem die Frauen mit ihrer Schönheit huldigen, wenn sie die Namen verhimmeln und im weiblichen Genuss, der auf den Namen beruht, näher an das Göttliche herankommen, als Du in den intensivsten Orgasmen. Der Mann tritt aus der Unmittelbarkeit des körperlichen Geschehens heraus und errichtet sich ein eigenes Herrschaftszentrum durch die Statuskennzeichen, durch eine Reihe konventionalisierter und gegen die Naturmacht abgesetzter Zeichen – während der Name noch immer auf die Adamitische Schöpfungssprache verweist und in die Machtsphäre derer gehört, die Leben spenden dürfen. Also erzähl mir nicht, dass Du das besser kannst! Vergiss es: Die symbolische Ausstattung des Mannes ist ein später erster Akt der Selbstbestimmung. Das Leben in einem selbständigen Zeichensystem ist aufgeklärter als die verehrende Unterwürfigkeit gegen die Götter. Die Aufklärung selbst ist das Bemühen, operable Zwischenwelten zu schaffen!" Er bohrt mit dem Finger in dem erotischen Spektakel und ich sehe eine tote Maschine.

Plötzlich wird mir klar, dass dies eine Schlüsselszene ist: „Ich mag keine zölibatären Maschinen. Heer und Kirche haben als Großinstitutionen vorgegeben, dass es kein Verhältnis der Geschlechter zu geben habe. Und die anderen Institutionen haben es zwar nicht über ihrem Eingang geschrieben, aber sie sind auf die aufgeschobene Libido angewiesen, sie existieren durch das Ausschlussverfahren ebenbürtiger Partner oder Partnerinnen. Ich hätte nie gedacht, dass eine Nische wie die, in der die Geisteswissenschaften sich situieren, genau diesem Gesetz untersteht, eigentlich hatte ich einmal gehofft, hier Gegenmittel zu finden. Auch wenn in vielen Fällen die Institutionalisierung auf Kosten der Frau ging – von diesem Trauma hatte ich als Muttersohn einmal ausgehen müssen und mit dieser Einsicht können sich heute Schwachsinnige profilieren. Aber das ist nicht alles, irgendwann hatte ich dann kapiert, dass viele Frauen genau davon profitieren, dass sie aus diesem Grund früher das wichtigste Fundament der Kirche gewesen sind. Tatsächlich geht es um das Ausschlussverfahren der Beziehung. Die Kräfte, die ein Paar freisetzen könnte, werden gefürchtet. Die eigentliche Utopie ist das Paar, der älteste Traum der Menschheit gilt der Welt, die zwischen ihnen geschaffen wird – und der ganze Zivilisationsmüll taugt nur dazu, dass wir uns immer weiter davon entfernen, dass diese Utopie immer verdünnter und blasser wird. Im Paar verwirklichen sich die Gewalten des Göttlichen, der hieros gamos ist nur eines der treffendsten Bilder dafür. In zweien, die sich ineinander verlieren und einander schützen, wachsen jene Kräfte über sich hinaus, die in aller Institutionalisierung missbraucht und dafür geknickt werden. Lacan war es unangenehm, als er darauf angesprochen wurde, dass sich nach seinen Spekulationen in der geschlechtlichen Vereinigung Gott realisiere! Ich werde niemals Gott sein, aber ich war schon oft genug ein Teil des Göttlichen, um zu wissen, was in der Konvention alles verloren geht!"

Er schüttelt nur abwartend den Kopf und deutet auf die Plastik, will mich dann wohl mit einer Reminiszenz an Benjamin ablenken. Kurz hat er eine belegte Stimme und klingt widerwärtig alkoholisiert. Aber zugleich kommt es mir so vor, als hätte er die ganze Zeit auf das

Stichwort gewartet: "Das ist das Objekt klein a, schau es Dir an! Selten ist es überhaupt zu sehen, schau genau hin, zwei in einem, die ein drittes sind, da hast du dein ganzes Problem der Ästhetik! Und das ist mit der Erotik nicht anders! Alle Vermittlung beruht darauf, dass zwei getrennte Entitäten zu einer Einheit zusammen treten, die mit der ursprünglichen Vorgabe nichts mehr zu tun hat, die Summe ist mehr als das einzelne Individuum. Aber das ist zu wenig – das reicht nur immer für einen Augenblick, auf die Dauer wirst Du das auch sehen. Wir haben uns damit begnügt, die Frage nach dem Sinn des Lebens, die Frage nach der Schönheit, die nach der Funktion des Geschlechts nur für den Augenblick als gelöst zu betrachten. Das Objekt klein a existiert nicht, es ist das Begehren des Begehrens, also das Imaginäre an sich. Auch die Einheit ist nur eine vorgestellte, selbst wenn es ihr gelingt, die Vorstellung für einen Moment zu löschen. Danach bleiben wieder zwei zurück und wenn Du auf die Endlichkeit schaust, die Begrenztheit des Lebens, hilft das auf die Dauer nicht weiter, sie werden sich immer wieder und im Fortgang immer häufiger in ihrer Einsamkeit erfahren. Du musst Werte setzen, Du musst dafür sorgen, dass sich durch diese Werte eine Tradition erneut verkörpern kann! Du musst von Dir selbst weit genug Abstand nehmen können, um diesen Werten den notwendigen Raum einzuräumen." Er spricht jetzt, als doziere er: „Wer etwas nur anschaut, wahrt vor dem Angeschauten Respekt, der Blick sorgt auch immer für die notwendige Distanz."

Ich habe so viel Philosophiegeschichte im Hinterkopf, dass ich weiß, warum diese Form des ästhetischen Abstandnehmens einer Linkheit untersteht und frage dazwischen: „Wobei diese Distanz die des Zurichtens und der Machtausübung ist. Das akzeptiere ich nicht, der distanzierte Blick ist korrelativ zum Machtwort – da gibt es keinen Respekt, nur die Verfügung: von der Wut der Interpretation bis zum Schauspiel der Anatomie. Ich glaube nicht, dass Du viel gewinnst, wenn Du den späten Lacan gegen den frühen ausspielst. Überhaupt, was ist dann mit dem Gewaltverdacht gegenüber der Pornographie? Ist Deine ganze Argumentation nicht nur möglich unter der Aufsicht einer fast vollständigen Sublimation des Triebgeschehens? Wenn ich es genau nehme, argumentierst Du wie eine phallische Frau, die den

Modus Vivendi mit einem Impotenten zustande gebracht hat und nun die Steilvorlagen für ein simuliertes Triebleben liefern will. So geht das nicht, die Hypostasierung der Entsublimierung zeigt tatsächlich, auf was alles verzichtet werden musste. Die visuelle Gefräßigkeit und der pornographische Reiz entstehen doch erst aus einem Mangel an Wirklichkeit, aus dem Fehlen der Begreifbarkeiten. Benjamins Erwartung an eine Rezeption in der Zerstreuung – gedacht als Emanzipationsgestus gegenüber der kontemplativen Einfühlung – hat nicht getrogen, sie ist lediglich in den Dienst der Nivellierung und Informalisierung getreten. Man nimmt die Welt nicht mit dem Auge wahr, sondern mit der Haut, nicht optisch, sondern haptisch, alles andere untersteht dem Betrug."

Für ihn ist das Objekt klein a das Geheimnis der Clandestinität der Kesselflicker. Wie er so vor mir sitzt, erinnert er an einen kleinen fetten Wichtigtuer, der sich am Stammtisch Mut ansäuft und dann mit einem leichten Gelalle in der Stimme die Führung übernimmt, ein Anpeitscher und Schwadroneur, der sich am wohlsten in seiner Männerclique fühlte, vielleicht auch nur ein armer Hund, der wieder einmal über seinen Schatten springen muss. Der wieder einmal alles verleugnen muss, was er für richtig hält, nur in der Hoffnung, damit die nötigen Mittel zur Verfügung gestellt zu bekommen, um sich weiterhin dem widmen zu dürfen, was er für wichtig hält. Es wundert mich nicht, warum diese Leute, wenn sie einmal in Machtpositionen ankommen, zu verbiesterten Inquisitoren werden, aber es wundert mich noch weniger, dass sie in der Regel nicht sehr weit vorgelassen werden und oft erst nach Jahrzehnten unter Tränen einen Preis als anerkannte Außenseiter entgegennehmen dürfen.

Die primitive Hauruck-Rhetorik ist nicht weniger eine Maske wie die immer wieder auflodernde Sentimentalität, das weinerliche Getue eines Auserwählten, der sich den höchsten Werten widmen wollte und nun so ungeheuer darunter leidet, wie sie auf dieser Welt in den Schmutz getreten wurden. Er verfügte über die rhetorischen Mittel, mit denen er andere dazu brachte, für ihn in den Tod zu gehen. Und er konnte den letzten Scheiß machen und der übelste Verräter sein, weil er zur Rechtfertigung das Gefühl kultivierte, dass das Nichts sein eigenes Schicksal war: Jeder den er schaffte, bedeutete lediglich ein

Quantum Aufschub für ihn. Er erinnert mich an meine Mutter, eigentlich ein Todesurteil, ein psychotischer Scheißehaufen, der nichts konnte und nichts wusste und trotzdem als Zaches, genannt Zinnober, unter den Einwirkungen einer gütigen Fee die Fähigkeit entwickelt hatte, von allem Gelungenen und Guten in ihrer Umgebung einen Reflex aufzufangen und dann die Gaben der anderen als eigene Vorzüge und Tugenden zu behaupten. Und dieser Funktionär ist kein modisches Chamäleon, sondern einer der Märtyrer des Geistes, die in den Vorzimmern der Macht einen Auftrag herbei sehnen; ein Schriftsteller, der für kein Publikum mehr schreibt, ein Hohepriester der Sprache.

Er nimmt die Plastik in beide Hände und hebt sie über den Kopf. Seine Grimassen erhellen sich für einen Augenblick zu einem seligen Lächeln. Wie emporgehoben steht er auf und hält die Figuren fast schwebend über dem Kopf. Zärtlich streichelt er sie und gibt ihnen mit einem so leisen wie lustvollen Ächzen einen Schubs. Einen letzten Moment verharrt die Plastik in der Schwebe, als könne sie ihr Schicksal noch einmal abwenden, doch dann schlägt sie mit einem gewaltig donnernden Aufprall krachend und klirrend, in alle Richtungen zersplitternd, auf den Marmor. Ein greller Blitz blendet mich für einen Augenblick und als ich dann mühsam blinzelnd wieder versuche, in seine Richtung zu schauen, habe ich einen schwarzen Sprung im Bild, an dessen Rändern glühende Fussel vibrieren. Der Riss verbreitert sich immer mehr, ich kann effektiv nichts mehr fixieren, was von dem Interieur übrig ist, als habe die Vibration auf meine Netzhäute übergegriffen. Ich schlage mir mit der flachen Hand mehrfach auf die Stirn und an die Schläfe, aber die Muskelinnervation breitet sich weiter aus. Das ist ein extrem unangenehmes Gefühl, Stresswellen jagen durch den Körper, das Gesichtsfeld wird immer enger, ich kann nur noch ein diffuses Licht wahrnehmen, außerdem diese leuchtenden, auf- und abklingenden Fusseln. Dann lässt die Erregung nach und klingt ab, für einen Augenblick der Dunkelheit wird der Riss in sich eingefaltet und der Raum sieht wieder aus wie zu dem Zeitpunkt, als ich wartend auf die Uhr geschaut hatte.

Im Hintergrund ist noch immer die Wassermusik zu hören, als der Minister für Behinderungswissenschaften durch eine verborgene Pforte den Raum betritt. Er nimmt die Scherben nicht zur Kenntnis und anscheinend hat er auch das Splittern und Krachen nicht gehört – er verschwindet wie geistesabwesend durch eine Geheimtür auf der gegenüberliegenden Seite. Das wundert mich nicht, die hochoffizielle Einladung war umständlich gefaltet, als habe eine Schwachsinnige einen kleinen Brief so in einem viel zu großen Kuvert fixieren müssen, dass die Adresse keine Chance mehr haben sollte, unter dem Sichtfenster davon zu rutschen und noch dazu war vergessen worden, das Schreiben unterschreiben zu lassen. Dieser schmierige Sack grient mich demonstrativ an, um zu unterstreichen, dass er hier alles machen konnte, ohne dabei anzuecken – denn er würde es im Auftrag machen.

Manchmal fragte ich mich schon, ob es ein schlichter Zufall war oder einfach auf die Enge der Welt in den geisteswissenschaftlichen Belangen verwies: Ich hatte mich – weil ich anfangs meine Unabhängigkeit genossen, aber nach und nach auch mitbekommen hatte, dass es aus Sicherheitsgründen besser so war – niemals um irgendeinen Posten beworben, hatte nie irgendwelche Einflüsse ausüben wollen – und trotzdem stieß ich mittlerweile immer häufiger auf ein Behindertenkabarett. Ob bei der Müllabfuhr oder auf dem Fischmarkt. Ich hatte einmal den Ehrgeiz gehabt, ein paar prägnante Sätze zu formulieren, um das allgegenwärtige System aus Behinderung und Verleugnung auf den Nenner zu bringen. Für diese kleine Genugtuung, all den Leuten eine Wahrheit zu präsentieren, die über Jahre hinweg behauptet hatten, so jemand wie ich müsse scheitern, weil ich die Ihnen notwendig erscheinenden Anpassungsleistungen für überflüssigen Ballast hielt, war ich bereit, auch einfachste Hilfsarbeiten zu akzeptieren, solange ich damit meine Schreibe finanzieren konnte. Und seit einigen Jahren wurden nicht nur die Jobs, sondern sogar die kreative Eigenarbeit gestört. Es begann eigentlich schon Mitte der achtziger, als ich mich noch nicht gegen eine Uni-Laufbahn entschieden hatte, also war daraus zu folgern, dass die Torpedierung ganz unabhängig von meiner Entscheidung war. Allerdings wurde sie durch meine Ablehnung dann forciert, ich arbeitete lieber als Urlaubsvertretung als Packer im Buchhandel, als Bote in einer internationalen Bank, als Nachtwächter einer Sicherheitsfirma, als dass ich mich in den Abhängigkeiten der verwalteten Welt kaputt krüppeln lassen würde. So nahmen die Behinderungen zu und die Strafe bestand darin, dass meine Möglichkeiten gegen Null gingen. Es war ja klar, dass in den Bildungszusammenhängen nur lief, was sich irgendwelchen Beziehungen und Förderungen verdankte – und nachdem ich Wert darauf gelegt hatte, meine eigenen Sachen zu machen und mir nicht reinreden zu lassen, stellte sich heraus, dass ich Beziehungen in Betragstrichen hatte: Wenn ich mir schon nicht helfen lassen wollte, sollte ich die Erfahrung machen, dass mir nicht mehr zu helfen sein sollte. Ein enormes Lernpensum, während dem ich versuchte zu beweisen, dass die Welt groß war und eben diese Leute, die aufgrund vorangegangener Einflusssphären schon einen Stuhl innehatten, auch wenn sie alle Stuhlprobleme hatten, hinterher rannten, um zu erweisen, dass es ohne sie gar keine literarische Welt gab.

Und doch kann ich mich dabei fragen, ob sie mir einen geschickt haben, der so scheiße aussieht und derart unglaubwürdig klingt, einen der so widerwärtig ist, dass ich auf die Idee kommen soll, dass es keinen weiteren Kampf wert ist, nicht gegen solchen Abschaum. Oder dass ich mir sagen kann, unter solchen Voraussetzungen konnte selbst ein Job als Gründungsdirektor keinen Spaß machen. Wenn so einer dahinter steckte und ich seine Vorgaben zu berücksichtigen hatte, höchstwahrscheinlich keine Chance der Umsetzung drin war, weil ein autistischer Schwätzer und saufender Wichtigtuer nur alles hintertreiben würde. Die andere Gesichtshälfte ist mir schon ein paar Mal in Augenblicken der Spannung aufgefallen, als verrate sie den tatsächlichen Antrieb hinter der irreführenden Selbstdarstellung. Es sind die hexenhaften Züge, weiblich berechnende Bosheit die sich mit Sexualneid gepaart hat, die Rücksichtslosigkeit und Unbeirrbarkeit dessen, der sich immer wieder zur Rechtfertigung sagen kann, er habe nichts zu verlieren. Die Warzen auf dieser Seite des Kinns sind fast schon ein Ausdruck jener bösen Mächte, denen er gehorchen muss, wenn er nicht in die Namenlosigkeit fallen möchte. Die Bosheit hat gedrückt und gedrängt und irgendeinen Spannungsableiter gesucht – mir ist schon öfter aufgefallen, dass Leute in den höheren Machtgefilden seltsame Deformationen aufwiesen. Die Bedeutungslosigkeit wäre die schlimmste aller Strafen, der Magus des Ostens ist humorlos, er kennt die Entlastung durch die Entfesselung der Säfte nicht, ist immer noch auf der Suche nach der Allmacht seines Erzeugers, der als Kampfflieger der Nazis verschollen war.

Er beginnt das Sideboard und das Bureau Plat aufzuräumen, führt demonstrativ vor, wie er reinen Tisch macht und stockt dann, legt ein paar fast leere Aktenordner beiseite. Er scheint einen Einfall oder Einwand zu verfolgen, unterbricht seine Simulation der Geschäftigkeit, sagt ganz unvermittelt: „Wir haben alles falsch gemacht! Aber ich bringe dich auch wo anders unter!" Ich schaue ihn kurz an und weiß, er meint den Gründungsrat im Sexischen Staatsministerium. Aber zu diesem Wir möchte ich mich nicht dazu rechnen lassen, das wäre eine dumme Verführung – außerdem habe ich mir meinen Totengräber etwas attraktiver und wahrheitsnäher vorgestellt. Also sage ich ganz ruhig: „Das stimmt. Wenn Ihr mich einfach vor mich hin hättet wursteln lassen, wären im Laufe der Jahre vielleicht ein paar Bücher zustande gekommen, aber die hätte niemand zur Kenntnis nehmen müssen. Ich habe wirklich nicht das Bedürfnis, mich bei Buchhändlern zu prostituieren und dann mit Arschlöchern für irgendeinen Förderpreis um die Wette zu laufen. Ich hätte also selbst dafür gesorgt, dass die brisanten Wahrheiten gar nicht in den Gefilden aufgetaucht wären, in denen Du dich bewegst. Aber so wie das gelaufen ist, wissen jetzt einige der wichtigsten Leute, dass es mich gibt! Ich brauche gar nichts tun, ihr habt Werbung für mich gemacht. Jetzt werde ich erst mal gutes Geld verdienen und wenn dann klar ist, dass mir niemand mehr schaden kann, wenn die Einflüsse alle weggestorben sind, werde ich einen schönen Roman draus machen. Ich habe alles protokolliert und wie ich mir von einem Prof habe sagen lassen dürfen, ist schon dafür gesorgt worden, dass man nach meinem Tod die Studenten mit meinen Texten quälen wird. Ich werde nun noch einen Text in der Hinterhand haben, an dem sie sich tot lachen können."

Der Mann mit den zwei Gesichtern und den drei Ehen – er macht den Frauen Kinder, um sich in seiner Männlichkeit zu bestätigen und ansonsten seine Ruhe zu haben. Er hat mich hierher beordert, obwohl er gar keine Order hat, er soll mein Leben für nichtig erklären, obwohl alles, was er als richtig erträumen kann, von mir in den letzten Jahren schon eingelöst worden ist – und er ist bereit, mich dafür zu vernichten, Ideale hin oder her, wenn ihm damit der Lebensunterhalt der nächsten Jahre gesichert ist. Er versucht, mir eine Predigt über das Gewissen der Worte zu halten: Die Guten sind des Besseren Feind! Und zu den Guten rechnet er sich: sie werden dafür sorgen, dass er sich um seinen Lebensunterhalt keine Sorgen mehr machen muss, wenn er seinen Auftrag zu ihrer Zufriedenheit erledigen kann. Zu den Besseren dürfte ich mich dann zählen, eine Prämie für meine Eitelkeit, die dafür sorgen soll, dass ich weiter mitspiele und als Opfer zur Verfügung stehe. Und nebenbei werde ich an die traurige Gewissheit erinnert, dass ich alleine bin und sie viele sind.

Ich hätte es zu meiner eigenen Sicherheit oder Rechtfertigung gerne gesehen, wenn es wenigstens eine unbeabsichtigte Bewegung gewesen wäre, mit der er die seltsam lebendige Plastik aus bunten Edelsteinen zerstört hatte, aber leider ist nicht zu übersehen, dass er das Prinzip Hoffnung im Auftrag aushebelt. Im Hintergrund läutet das Telefon, er greift zum Hörer und wartet kurz stumm, nickt und sagt dann: „Ja, das müsste klappen. Ich denke, dass das klappt." Er schaut provokant in meine Richtung, aber ich habe nicht vor, mich in eine seiner Programmierschleifen zu begeben – er legt den Hörer ohne weiteren Kommentar beiseite. Vor dem inneren Auge sehe ich noch einmal das Zerspringen in einer extremen Verlangsamung: Erst war, wie bei meinem noch unvollkommenen, kleinen Schamanen, ein Auge kaputt gegangen, ein wahres Wunderwerk, dann zerplatzte auch der starr gewordene Vereinigungskrampf in gleißenden Fragmenten. Wie sie auf dem Boden in funkelnden Splittern zersprungen war, hat er bösartig und beklemmt gelacht, ein echtes Lachen war das nicht, eher ein kaschierter Erstickungsanfall und mit dem Finger drauf gezeigt: „Das Objekt klein a!" Ich frage mich, woher er das wissen wollte, gerade er? Aber er ruft mich in die Jetztzeit zurück: „Vergiss es, sei jetzt bloß nicht nachtragend. Ich habe eine schöne Sache für dich. Es mag zwar kein komplettes Literaturinstitut mehr sein, aber es ist immerhin ein Lehrstuhl für Literatur und Kreatives Schreiben – und da bist Du doch dran nach zehn Jahren Routine. Ich brauche nur noch die Unterschrift des Ministers, ich denke, Du wirst zwischen dem sechzehnten und neunzehnten September dort vorstellig werden können. Es ist dann nur eine Formsache, ich hätte gern, dass Du diese

Tage für uns frei hältst. Wir gehen jetzt kurz zum Rechner, ich gebe schon alles ein, einen ernst zu nehmenden Konkurrenten hast Du nicht. Ich brauche nur noch dein OK und einen Iris-Scan."

Das ist lustig, Dresden hatte mir ein halbes Jahr gekostet und außerdem waren zwei Bewerbungen bei Werbebüros als Texter im Sand verlaufen, weil ich schon beim Vorstellungstermin hatte abwiegeln müssen, um zu erklären, dass ich gerade alle Zeit für die Konzeption brauchte – und das, obwohl die Leute sehr beindruckt waren. Aber danach waren diese Chancen eines Seiteneinstiegs vergeben gewesen. Das war vielleicht einmal ein geschickter Trick – aber damals hatte ich noch einen konkreten Termin gehabt. Heute ist es nur noch die Aufforderung, mir drei Tage in vier Monaten frei zu halten: den Leuten fällt nichts Besseres ein, als mich weitere Monate blockieren zu wollen. Wenn überhaupt eine Chance bestände, könnte ich die Wartezeit mit einer nächsten Vertretung als Bankbote überbrücken – aber wenn das auch eine Finte ist und davon gehe ich aus, hätten diese Krüppelzüchter schon wieder über meine Chancen verfügt und das nächste Jahr ginge dem Ende zu. Sie wollten zusehen, wie nach und nach unsere letzten Ressourcen verloren gingen.

Ich nicke nur und schaue ihn aufmerksam an. Das letzte Mal habe ich die Chance gehabt, schon allein dadurch zu gewinnen, dass ich einfach die Kraft hatte, trotz aller abschreckenden Zeichensetzungen beim Gründungsrat anzukommen und vor Zeugen aufzutreten. Nun würden Sie mir also nicht einmal die Chance eines offiziellen Termins einräumen. Auf dieses Datum werde ich mich sicher nicht einstellen, von dem Verein habe ich nichts mehr zu erwarten. Ich hoffe, in den nächsten Minuten an die notwendigen Daten zu kommen, die ich brauche, um Deinen Todeslauf vorsichtig abzubremsen. Er fordert mich auf, mitzukommen und geht an den Spiegel vor. Ich habe schmierige Handflächen, weiß ziemlich genau, worauf er hinaus will und muss nun die nötigen positiven Setzungen hinbekommen, damit die Negation nicht haftet. Vermutlich war das immer mein Plus gewesen: Weil ich mich nicht mit den Leuten beschäftigt hatte, die meine Gegner sein wollten, waren viele der Negationen gar nicht bei mir angekommen. Weil ich mir nicht überlegen musste, was ich vielleicht gegen die Intrige unternehmen konnte, weil ich mir nicht einmal Gedanken machen wollte, was sie sich ausgedacht hatten, mussten häufig genug irgendwelche Delegierte der Gegenseite die Negation abnehmen – das waren arme kleine Krüppel, die uns eine Niederlage wünschten und aufgrund von fehlerhafter Identifikation und Sexualneid alles dafür taten, aber eben aufgrund dieser Involviertheit genau die Schläge abbekommen hatten, die für uns gedacht waren.

In den Blattgoldauflagen sind kleine Knöpfe zu entdecken, er tippt einen Code ein, fordert mich dann auf, meine Hand auf einen kleinen Schirm zu legen, der am rechten unteren Rand des Spiegels erschienen ist. Für den Iris-Scan schaue ich kurz mit dem rechten Auge auf eine kleine Kristallpyramide – und das Programm verabschiedet sich. Er stutzt kurz und winkt dann ab: „Das macht nichts, ich weiß ja wer Du bist!" Ich werde auf der Netzhaut ein paar frische Narben haben, die beim letzten Scan noch nicht da waren, das Objekt klein a hatte vermutlich partielle Ablösungen bewirkt – aber es wundert mich auch nicht, dass mir genau in diesem Augenblick mein kleiner Hund eingefallen ist: Er hatte in der Zeit, als die Virulenzen angekurbelt worden waren, erst ein Auge verloren, dann traten epileptische Anfälle auf und dann krepierte er erbärmlich an einer Magendrehung. Und im Nachhinein kann ich nur zusammenfassen: Dieser junge Chow war mehr wert, als die philosophische Fakultät – er hatte die Negation als Totengeleiter für mich absorbiert.

Jetzt weiß ich auch, dass es gar nicht um die Authentifizierung ging, dass es vielleicht nur so aussehen sollte, als sei der Typ unfähig, einen Computer zu bedienen. Er versuchte tatsächlich den Imperativ des Ausschlussverfahrens einer lebenden Partnerin unterzujubeln. Ich muss mir nur vergegenwärtigen, wie viele der großen Namen in den letzten zwei Jahrhunderten für die Aufnahme in die Institution mit dem Herzblut einer großen Liebe zu zahlen hatten. Das ist der gleiche Trick, wie das Mobbing, dem Du unterstellt worden warst. Wenn Du schon nicht auf die Idee gekommen bist, zugunsten deines Arbeitsvertrags auf die Beziehung zu verzichten, sollte mir die Aussicht auf eine mögliche Stelle eine ähnliche Anregung vermitteln. Aus diesem Grund hatte der Arsch, als er das letzte Mal zu Besuch war, auch so plakativ versucht, mit Dir zu flirten... Die Leute wissen schon, woran es hängt und wodurch ihr ganzer Imperativ ausgehebelt werden konnte – sie verfügen nur über nichts Besseres!

Auf dem Schirm erscheint die Aufforderung, den Code einzugeben. Ich nehme das Passwort, das ich immer nehme, für das Login gibt er irgendwas ein, am Bildschirm erscheinen nur die Sternchen: Identifikation: ******* Code: **** Bestätigung: **** Autorisierung ***** Lesehilfe *** gesellschaftlicher Verständnisgrad *** Grad der maximalen Interpretierbarkeit *** pornographischer Puffer ** humoristischer Puffer ** ethischer Puffer ** Passwort ... OK. *Sie haben die Zugangsberechtigung für die vorletzten Wahrheiten vor den letzten Dingen.* Von seinem Gesicht sehe ich aus dem Augenwinkel gerade noch die Warzen, während er erklärt, dass es sich um den Speicher im dritten Schwierigkeitsgrad der Einsicht handelt, hier werde der Widerspruch zwischen Sein und Nichts thematisiert. Erst auf dem nächsten Level würde ich es dann mit der Substanz zu tun bekommen. Aber ich bin schon hier nicht bereit, mich auf den Dualismus einzulassen – diese Dichotomie war dem Willen zur Macht zuzuordnen und gehorchte der Angst vor aller wachen Lebendigkeit, die zu den formalistischen Ausschlussverfahren führte. Das *more geometrico* war eine Gebärde der theoretischen Herrschsucht, die mit Hilfe des Symmetriedenkens versuchte, alle Unwahrscheinlichkeitskriterien des auf Asymmetrien beruhenden Lebens auszuschalten. Das ist seltsam, wenn ich die subliminalen Felder auswerte, habe ich gerade einen Anruf aus der fernen Zukunft bekommen und die scheinen dort wieder vergessen zu haben, dass der trichotomische Seinsbereich unserer Zwischenwelt entspricht, dass energetische und semantische Felder in den systemischen Prozessen über Zeichen vermittelt werden, dass das umfassende Dritte von Sein und Nichts eine autopoetische Zeichenrealität ist. Was soll's, mein Besuch auf dieser Erde hatte sich als Aufenthalt in einer Strafkolonie erwiesen – auf die feineren Differenzierungen hatten die gemeint, verzichten zu können. Dann trete ich wieder einmal über eine Schwelle, jetzt bin ich dran. Auf diesem Feld können wir noch an den Erfahrungen eines Schamanen im Bücherregel anknüpfen, die zu Beginn der neunziger Jahre verschüttet worden sind. Wir müssen einfach noch einmal anfangen zu zaubern.

Und wieder zurück in der Datenverarbeitung der Akademie des Bewusstseins. Der Termin damals kam wirklich nie zustande: Diese Apologeten der Antriebshemmung hatten versucht, mich durch eine Luftbuchung von weiteren Versuchen abzuhalten, die nötigen Gelder für uns freizusetzen. Diese Information hatte mir gefehlt, ich war wohl, als selbst die positivste Selbstprogrammierung nicht mehr an der Ausweglosigkeit vorbei kam, derart durchgestartet, dass einige Situationen, in denen besondere Zeichensetzungen der Hoffnungslosigkeit ausgebrütet worden waren, gelöscht worden sind. Aber zu viel sollte man sich mit so einem Scheiß auch gar nicht beschäftigen. Mit diesen Informationen werden wir nun den Anspruch anmelden können, dass uns die auf die umfassende Irrealisierung folgenden zehn Jahre auf unserem Zeitkonto gut geschrieben werden. Wenn ich zurück denke, schüttelt es mich: Manche Abgründe sind nur zu überwinden, wenn man sie dank einer positiven Selbstprogrammierung gar nicht bemerkte. Aber alleine wäre das nie zu schaffen gewesen.
Seltsamerweise hat mich niemand gestört, jetzt kann ich mich ausloggen. Ich könnte Vargas Llosa variieren, der die Techniken des Schriftstellers mit denen einer Stripperin verglichen hat: Der Schriftsteller ist am Anfang nackt... Als ich begann, konnte ich meine Blöße nicht einmal mehr mit einer eigenen Geschichte bedecken und nach und nach habe ich mir aus den Flicken von Zitaten und den Lumpen abgelegter Wahrheiten einen Zaubermantel zurechtgeschneidert. Nun würde meine Schlussfolgerung lauten: Wenn es gut läuft, bin ich am Ende unsichtbar. Es muss keinen weiteren Teil mehr geben, ich habe jetzt alles Wichtige über meine Schule der Liebe zusammengetragen. Und ich habe auch nicht unbedingt das Gefühl, in diesen luxurierten Gefilden einen Vortragszyklus anzuleiern – nur weil dafür gesorgt worden war, dass ich nicht mehr in der Lage sein sollte, irgendwelche Vorträge zu halten. Ich logge mich aus und wähle einen klassischen Topos aus der Zeit, bevor die Druckmaschine erfunden worden ist: Jetzt ist Schluss!

Die Galerie
der
Geistesblitze

Erster Teil: Der Schamane im Bücherregal

Zweiter Teil: Die Schule der Liebe und der
Schrecklichen Künste

Dritter Teil: Die Chronik eines sozialen Todes

...

„Die Philosophie, wie sie für uns durch die Zeiten bestimmend geworden ist, entwickelt sich vor allem in jenen Dialogen, die bei Platon das Verhältnis von Liebe, Schönheit und Wahrheit thematisieren. Das Gute erscheint in deren verschiedenen Ausprägungen, aber es wird gestiftet und erfahren durch einen sublimierten Eros, der von den realen Vollzügen bereits versucht zu abstrahieren.

Mit den artes liberales werden die sprachlichen und mathematischen Fähigkeiten gepflegt, unter deren Vorgabe die Welt immer mehr zum Objekt werden kann, um der technischen Bearbeitung und den intellektuellen Verfügungsweisen des Menschen unterworfen zu werden. Zwar war im Mittelalter noch keine Subjekt-Objekt-Entfremdung zu beklagen, weil der Zusammenhang durch die Theologie verbürgt wurde, aber das Wissen löste sich mehr und mehr von der „unmittelbaren" Erfahrung ab. Auch deswegen brauchte es Jahrhunderte, bis deutlich werden konnte, wie vermittelt alles Unmittelbare ist.

Mit den schönen Künsten hat sich dann jener Sonderbereich ausdifferenziert, in dem an der sinnlichen Erfahrung gearbeitet werden durfte. Nähe und Intensität sollten in einem institutionalisierten Rahmen zugänglich sein, der zugleich dafür sorgen musste, dass keine Gefahr bestand, der Wildheit der Körper und der Rauheit des Begehrens ungeschützt zu begegnen.

Mit der Epochenschwelle um 1900 bricht jene säuberliche Trennung der Sphären zusammen. Was bis dahin in einzelnen Werken gelegentlich zu erahnen war, ansonsten aber in die Randbezirke der bürgerlichen Gesellschaft ausgegrenzt werden musste, bricht nun über den Umweg der verschiedenen Kunstströmungen in die Welt ein und beeinflusst damit auch das theoretische Selbstverständnis. Die Traumarbeit und die Montagetechnik, das Readymade und die Verabsolutierung der Maschine, die Schnitttechnik des Films und der Einsatz bewusstseinserweiternder Drogen, ob das Theater der Grausamkeit oder der Boom der Ethnologie – auf breiter Front zeigt sich eine Bewegung zurück zur Materialität der Dinge und zur Intensität der Lebensvorgänge. Die Kennzeichnung ‚Schreckliche Künste' ist von dieser Entwicklung angeregt worden sein.

… Die schrecklichen Künste widmen sich dem Zauber und der Magie, also den Kräften, die im Gang der Zivilisation verdrängt werden sollten und die doch nie aus der Welt zu schaffen waren – und die die Erotik zu einem Residuum machten. In der Erotik durften sich die letzten Schwundstufen an Körperintensität austoben, um die latente Verzweiflung eines symbolischen Tieres im Überschwang in Schach zu halten und für Momente vergessen zu machen. Also bietet sich genau dieser Angelpunkt an: Mit der Erotik bewegen wir uns in einer Weise im Herz der Gegenwart, die das Gefängnis des Ichs sprengen kann. Und wenn wir den Leutchen beibringen können, es richtig hinzubekommen, verfügen wir zudem über eine positive Verstärkung für all die Lernprozesse, die hier in Bewegung gesetzt werden sollen. Lob baut auf und setzt Kompetenzen frei, persönliche Teilnahme und Anerkennung stabilisieren jeden Lernprozess. Aber die beste Motivation, wenn ein junger Mensch nicht nachlassen und sich einer kontinuierlichen Verbesserung widmen soll, ist eine erfüllende Befriedigung!"